eXamen.press

eXamen.press ist eine Reihe, die Theorie und Praxis aus allen Bereichen der Informatik für die Hochschulausbildung vermittelt.

Peter Pepper

Programmieren lernen

Eine grundlegende Einführung mit Java

3. Auflage
Mit 151 Abbildungen und 22 Tabellen

Springer

Peter Pepper
Technische Universität Berlin
Fakultät IV – Elektrotechnik und Informatik
Institut für Softwaretechnik und Theoretische Informatik
Franklinstraße 28/29
10587 Berlin
pepper@cs.tu-berlin.de

Die erste Auflage erschien 2004 im Springer-Verlag Berlin Heidelberg unter dem Titel *Programmieren mit Java. Eine grundlegende Einführung für Informatiker und Ingenieure*, ISBN 3-540-20957-3.

Bibliografische Information der Deutschen Nationalbibliothek
Die Deutsche Nationalbibliothek verzeichnet diese Publikation in der Deutschen Nationalbibliografie; detaillierte bibliografische Daten sind im Internet über http://dnb.d-nb.de abrufbar.

ISSN 1614-5216
ISBN 978-3-540-72363-9 Springer Berlin Heidelberg New York

ISBN 978-3-540-32712-7 2. Auflage Springer Berlin Heidelberg New York

Springer ist ein Unternehmen von Springer Science+Business Media
springer.de

Satz: Druckfertige Daten des Autors
Herstellung: LE-TEX, Jelonek, Schmidt & Vöckler GbR, Leipzig
Umschlaggestaltung: KünkelLopka Werbeagentur, Heidelberg
Gedruckt auf säurefreiem Papier 176/3180YL – 5 4 3 2 1 0

Für
Claudia

Vorwort

Ich unterrichte es nur; ich habe nicht gesagt, dass ich etwas davon verstehe.
Robin Williams in Good Will Hunting

Das vorliegende Buch hat das Programmierenlernen als Thema und JAVA als Vehikel. Und es geht um eine Einführung, nicht um eine erschöpfende Abhandlung über alles und jedes. Deshalb muss vieles unbehandelt bleiben. Alles andere wäre auch hoffnungslos.

Und so folgt dieses Buch einem Kompromiss: Es werden möglichst viele Aspekte des Programmierens konzeptuell angesprochen und exemplarisch auch bis ins Detail ausgearbeitet. Aber es wird kein Versuch gemacht, die verschiedenen Themen jeweils in enzyklopädischer Breite auszuloten. Dies betrifft beide Aspekte des Buches: die Konzepte von Algorithmen und Datenstrukturen ebenso wie die Konzepte der verwendeten Programmiersprache – in unserem Fall JAVA.

Apropos JAVA: In der ersten Auflage des Buches stand gerade der Übergang von JAVA 1.4 zu JAVA 1.5 (wie es damals noch hieß) bevor und es war noch nicht völlig klar, wie die Änderungen definitiv aussehen würden. Und das war wichtig, weil dieser Übergang die größte Überarbeitung der Sprache JAVA seit ihrer Einführung darstellte. Heute liegt nicht nur JAVA 5 (wie es jetzt heißt) vor, sondern bereits JAVA 6. Bei der Neuauflage des Buches wurde dieser Tatsache konsequent Rechnung getragen und bei allen Programmen grundsätzlich die neuen Sprachfeatures verwendet.

Damit stoßen wir auf eine interessante Frage:

Was macht eigentlich eine Programmiersprache aus? Die Frage ist schwerer zu beantworten, als es auf den ersten Blick scheinen mag. An der Oberfläche ist eine Sprache definiert durch ihre Syntax und Semantik. Das heißt, man muss wissen, welche Konstrukte sie enthält, mit welchen Schlüsselworten diese Konstrukte notiert werden und wie sie funktionieren.

Aber ist das schon die Sprache? Bei einfachen Sprachen mag das so sein. Aber bei größeren professionellen Sprachen ist das nur ein Bruchteil des Bildes. Ein typisches Beispiel ist JAVA. Der Kern von JAVA, also die Syntax und Semantik, ist relativ klein und überschaubar. Ihre wahre Mächtigkeit zeigt die Sprache erst in ihren Bibliotheken. Dort gibt es Hunderte von Klassen mit Tausenden von Methoden. Diese Bibliotheken erlauben es dem Programmierer, bei der Lösung seiner Aufgaben aus dem Vollen zu schöpfen und sie auf hohem Niveau zu konzipieren, weil er viel technischen Kleinkram schon vorgefertigt geliefert bekommt.

Doch hier steckt auch eine Gefahr. Denn die Kernsprache ist (hoffentlich) wohl definiert und vor allem standardisiert. Bei Bibliotheken dagegen droht immer Wildwuchs. Auch JAVA ist nicht frei von diesem Problem. Zwar hat man sich grundsätzlich große Mühe gegeben, die Bibliotheken einigermaßen systematisch und einheitlich zu gestalten. Aber im Laufe der Jahre sind zahlreiche Ergänzungen, Nachbesserungen und Änderungen entstanden, die es immer schwerer machen, sich in dem gewaltigen Wust zurechtzufinden.

Aber da ist noch mehr. Zu einer Sprache gehört auch noch eine Sammlung von Werkzeugen, die das Arbeiten mit der Sprache unterstützen. Auch hier glänzt JAVA mit einem durchaus beachtlichen Satz von Tools, angefangen vom Compiler und Interpreter bis hin zu Dokumentations- und Archivierungshilfen.

Und auch das ist noch nicht alles. Denn eine Sprache verlangt auch nach einer bestimmten Art des Umgangs mit ihr. Es gibt Techniken und Methoden des Programmierens, die zu der Sprache passen und die man sich zu Eigen machen muss, wenn man wirklich produktiv mit ihr arbeiten will. Und es gibt Arbeitsweisen, die so konträr zur Sprachphilosophie sind, dass nur Schauriges entstehen kann.

Irgendwie müssen sich alle diese Aspekte in einem Buch wiederfinden. Und gleichzeitig soll es im Umfang noch überschaubar bleiben. Bei JAVA kommt das der Quadratur des Kreises gleich. So gibt es zum Beispiel zwei Bücher mit den schönen Titeln „Java in a Nutshell" [19] und „Java Foundations Classes in a Nutshell" [18]. Beides sind reine Nachschlagewerke, die nichts enthalten als Aufzählungen von JAVA-Features, ohne die geringsten didaktischen Ambitionen. Das erste behandelt nur die grundlegenden Packages von JAVA und hat 700 Seiten, das andere befasst sich mit den Packages zur grafischen Fenster-Gestaltung und hat 800 Seiten. Offensichtlich muss es viele Dinge geben, die in einem Einführungsbuch nicht stehen können.

Jedes Einführungsbuch in JAVA hat mit einem Problem zu kämpfen: JAVA ist für erfahrene Programmierer konzipiert worden, nicht für Anfänger. Deshalb begannen die ersten JAVA-Bücher meist mit einem Kapitel der Art *Was ist anders als in C?* Inzwischen hat die Sprache aber einen Reife- und Verbreitungsgrad gefunden, der diese Form des Einstiegs überflüssig macht. Deshalb findet man heute vorwiegend drei Arten von Büchern:

– Die eine Gruppe bietet einen Einstieg in JAVA. Das heißt, es werden die elementaren Konzepte von JAVA vermittelt. Deshalb wenden sich diese Bücher vor allem an JAVA-Neulinge oder gar Programmier-Neulinge.

- Die zweite Gruppe taucht erst in neuerer Zeit auf. Diese Bücher konzentrieren sich auf fortgeschrittene Aspekte von JAVA und wenden sich daher an erfahrene JAVA-Programmierer. Typische Beispiele sind [67], [46], [44] oder [58].
- Die dritte Gruppe sind Nachschlagewerke. Sie erheben keinen didaktischen Anspruch, sondern listen nur die JAVA-Features für bestimmte Anwendungsfelder auf. In diese Gruppe gehören z. B. die schon erwähnten Titel [18] und [19], sowie das umfangreiche Handbuch [37], aber auch das erfreulich knappe Büchlein [61].

Das vorliegende Buch gehört in die erste Gruppe. Es beschränkt sich aber nicht darauf, nur eine Einführung in JAVA zu sein. Vielmehr geht es darum, Prinzipien des Programmierens vorzustellen und sie in JAVA zu repräsentieren. Auf der anderen Seite habe ich große Mühe darauf verwendet, nicht einfach die klassischen Programmiertechniken von PASCAL auf JAVA umzuschreiben (was man in der Literatur leider allzu oft findet). Stattdessen werden die Lösungen grundsätzlich im objektorientierten Paradigma entwickelt und auf die Eigenheiten von JAVA abgestimmt.

Weil JAVA für erfahrene Programmierer konzipiert wurde, fehlen in der Sprache leider einige Elemente, die den Einstieg für Anfänger wesentlich erleichtern würden. Das ist umso bedauerlicher, weil die Hinzunahme dieser Elemente leicht möglich gewesen wäre. Wir haben an der TU Berlin aber davon abgesehen, sie in Form von Präprozessoren hinzuzufügen, weil es wichtig ist, dass eine Sprache wie JAVA in ihrer Originalform vermittelt wird.

Damit wird das Lehren von JAVA für Anfänger aus didaktischer Sicht eine ziemliche Herausforderung. Dieser Herausforderung gerecht zu werden, war ein vorrangiges Anliegen beim Schreiben dieses Buches.

Das Buch ist aus zwei jeweils zweisemestrigen Vorlesungen an der Technischen Universität Berlin hervorgegangen, die zum einen für Informatiker und zum anderen für Elektrotechniker und Wirtschaftsingenieure eine Einführung in die Programmierung geben sollen. Die Erfahrungen, die in diesen Vorlesungen über mehrere Jahre hinweg mit JAVA gewonnen wurden, haben die Struktur des Buches wesentlich geprägt.

Mein besonderer Dank gilt den Mitarbeitern, die während der letzten Jahre viel zur Gestaltung der Vorlesung und damit zu diesem Buch beigetragen haben, insbesondere (in alphabetischer Reihenfolge) Michael Cebulla, Martin Grabmüller, Dirk Kleeblatt, Thomas Nitsche und Baltasar Trancón y Widmann. Martin Grabmüller hat viel Mühe darauf verwendet, die Programme in diesem Buch zu prüfen und zu verbessern.

Die Mitarbeiter des Springer-Verlags haben durch ihre kompetente Unterstützung viel zu der jetzigen Gestalt des Buches beigetragen.

Berlin, im Juni 2007 *Peter Pepper*

Inhaltsverzeichnis

Teil III Eine Sammlung von Algorithmen

Hinweis: Eine Errata-Liste und weitere Hinweise zu diesem Buch sind über die Web-Adresse `http://www.uebb.cs.tu-berlin.de/books/java` zu erreichen. Näheres findet sich im Anhang.

Teil I

Objektorientiertes Programmieren

Man sollte auf den Schultern seiner Vorgänger stehen, nicht auf ihren Zehenspitzen.
(Sprichwort)

Die Welt ist voller Objekte. Ob Autos oder Konten, ob Gehaltsabrechnungen oder Messfühler, alles kann als „Objekt“ betrachtet werden. Was liegt also näher, als ein derart universell anwendbares Konzept auch zur Basis des Programmierens von Computern zu machen.

Denn letztendlich enthält jedes Computerprogramm eine Art „Schattenwelt“, in der jedes (für das Programm relevante) Ding der realen Welt ein virtuelles Gegenstück besitzt. Und die Hoffnung ist, dass die Programme besser mit der realen Welt harmonieren, wenn beide auf die gleiche Weise organisiert werden.

In den 80er- und 90er-Jahren des zwanzigsten Jahrhunderts hat sich auf dieser Basis eine Programmiertechnik etabliert, die unter dem Schlagwort ***objektorientierte Programmierung*** *zu einem der wichtigsten Trends im modernen Software-Engineering geworden ist.*

Dabei war an dieser Methode eigentlich gar nichts Neues dran. Sie ist vielmehr ein geschicktes Konglomerat von diversen Techniken, die jede für sich seit Jahren in der Informatik wohl bekannt und intensiv erforscht war.

Und das ist auch keine Schande. Im Gegenteil: Gute Ingenieurleistungen erkennt man daran, dass sie wohl bekannte und sichere Technologien zu neuen, sinnvollen und nützlichen Systemen kombinieren. Das ist allemal besser, als innovativ um jeden Preis sein zu wollen und unerprobte und riskante Experimentalsysteme auf die Menschheit loszulassen.

Deshalb wurde die objektorientierte Programmierung auch eine Erfolgsstory: Sie hat Wohlfundiertes und Bewährtes zusammengefügt. Leider gibt es aber einen kleinen Haken bei der Geschichte. Die Protagonisten der Methode wollten – aus welchem Grund auch immer – innovativ erscheinen. Um das zu erreichen, wandten sie einen simplen Trick an: Sie haben alles anders genannt, als es bis dahin hieß. Das hat zwar kurzzeitig funktioniert, es letztlich aber nur schwerer gemacht, der objektorientierten Programmierung ihre wohl definierte Rolle im Software-Engineering zuzuweisen.

In den folgenden Kapiteln werden die grundlegenden Ideen der objektorientierten Programmierung eingeführt und ihre spezielle Realisierung im Rahmen der Sprache JAVA *skizziert. Dabei wird aber auch die Brücke zu den traditionellen Begrifflichkeiten der Informatik geschlagen.*

1

Objekte und Klassen

Wo Begriffe fehlen, stellt ein Wort zur rechten Zeit sich ein.
Goethe, Faust

Bei der ***objektorientierten Programmierung*** geht es – wie der Name vermuten lässt – um *Objekte*. Leider ist „Objekt" ein Allerweltswort, das etwa den gleichen Grad von Bestimmtheit hat wie Ding, Sache, haben, tun oder sein. Damit stehen wir vor einem Problem: Ein Wort, das in der Umgangssprache für tausenderlei Dinge stehen kann, muss plötzlich mit einer ganz bestimmten technischen Bedeutung verbunden werden.

Natürlich steht hinter einer solchen Wortwahl auch eine Idee. In diesem Fall geht es um einen *Paradigmenwechsel in der Programmierung*. Während klassischerweise die Algorithmen im Vordergrund standen, also das, was die Programme bei ihrer Ausführung tun, geht es jetzt mehr um Strukturierung der Programme, also um die Organisation der Software. Kurz:

Nicht mehr „*Wie wirds getan?*" ist die primäre Frage, sondern „*Wer tuts?*"

1.1 Objekte

Um den Paradigmenwechsel von der klassischen zur objektorientierten Programmierung zu erläutern, betrachten wir ein kleines Beispiel. Nehmen wir an, es soll eine Simulation eines Asteroidenfeldes programmiert werden. In der traditionellen Programmierung, der sog. imperativen Programmierung, würde man das in einem Design tun, das in Abbildung 1.1 skizziert ist. Bei diesem Design hat man zwei große, relativ monolithische Programme. Das eine realisiert die astronomischen Berechnungen, das andere zeichnet die Asteroiden auf dem Bildschirm. Beide arbeiten auf einem großen Datenbereich – üblicherweise ein sog. Array –, in dem die Attribute der einzelnen Asteroiden, also Ort, Masse und Geschwindigkeit, gespeichert werden. Dieses Design ist gut geeignet für die Programmierung in einer traditionellen Sprache wie FORTRAN, PASCAL, ADA oder auch C.

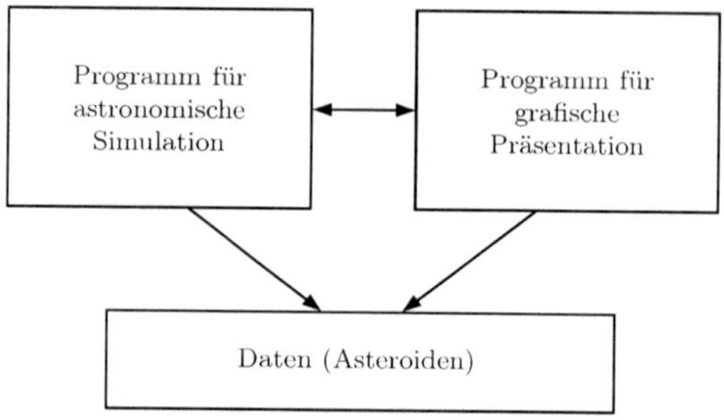

Abb. 1.1. Programmdesign im traditionellen imperativen Stil

In der objektorientierten Programmierung stört man sich primär an den großen monolithischen Programmen. Erfahrungsgemäß sind solche Programme schwer zu warten und nur mühsam an neue Gegebenheiten zu adaptieren. Deshalb löst man sie lieber in kleine überschaubare Einheiten auf.

Für unser obiges Beispiel führt diese Idee auf ein anderes Design. Wir erheben die Asteroiden von schlichten passiven Daten, mit denen etwas gemacht wird, zu aktiven „Objekten", die selbst etwas tun. Das heißt, jedes Asteroid-Objekt hat nicht nur seine Attribute Ort, Masse und Geschwindigkeit, sondern besitzt auch die Fähigkeit, selbst zu rechnen. Das Programm besteht damit aus einer Ansammlung von Objekten, die sich alle miteinander unterhalten können. Jedes Objekt kann von jedem anderen dessen Masse und Position erfragen, und aus diesen Informationen dann die eigene neue Geschwindigkeit und Position errechnen. Außerdem besitzt jedes dieser Objekte die Fähigkeit, sich auf dem Bildschirm selbst zu zeichnen. Das Ganze wird vervollständigt durch ein Objekt zur Simulationssteuerung, das im Wesentlichen nur dafür sorgt, dass alle Objekte synchron arbeiten.

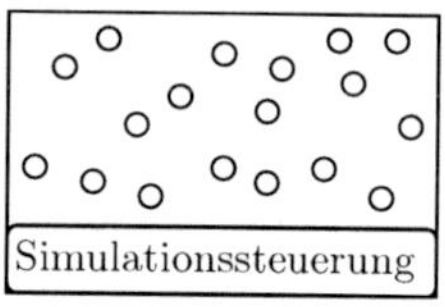

Dieses Design hat einen unschönen Aspekt. Die beiden Tätigkeiten der astronomischen Simulation und des Zeichnens auf einem Bildschirm haben nichts miteinander zu tun. Deshalb ist es nicht gut, sie in denselben Objek-

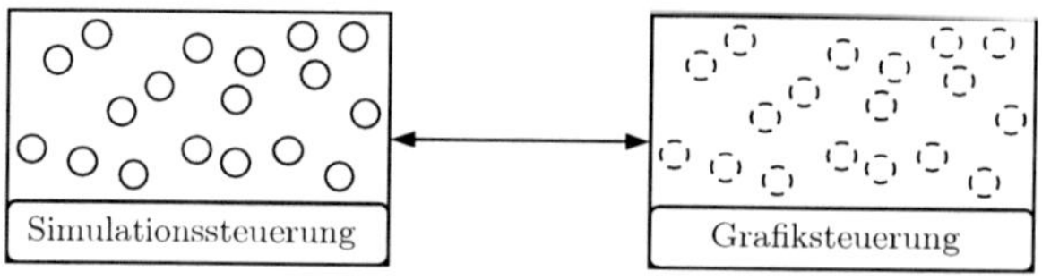

Abb. 1.2. Programmdesign im objektorientierten Stil

ten zu bündeln. Daher ist die beste Lösung eine saubere Aufgabentrennung, wie sie in Abbildung 1.2 skizziert ist. Jetzt gibt es zwei Arten von Objekten, die eigentlichen Asteroid-Objekte und für jedes von ihnen als „Partner" ein Grafikobjekt. Die Asteroid-Objekte beherrschen nur noch die Berechnung der astronomischen Gesetze, die zur Simulation gebraucht werden. Die Grafikobjekte können alles, was mit der Darstellung auf dem Bildschirm zusammenhängt. Die notwendigen Daten, vor allem die Position und ggf. auch die Größe erfragen die Grafikobjekte jeweils von ihrem Partner.

Durch diese Trennung von Rechnung und grafischer Darstellung ist das System wesentlich modularer und änderungsfreundlicher geworden. Es sind vor allem diese Eigenschaften, die wesentlich für den Durchbruch des objektorientierten Paradigmas bei der Softwareproduktion verantwortlich sind.

Aus diesem kleinen und noch recht informellen Beispiel können wir schon die zentralen Charakteristika von Objekten ableiten.

Definition (Objekt)

Ein ***Objekt*** wird durch drei Aspekte charakterisiert.

- **Eigenständige Identität**. Ein Objekt kann sich zwar im Lauf der Zeit ändern, das heißt, neue Attributwerte annehmen und ein neues Verhalten zeigen, aber es bleibt immer das gleiche Objekt. Programmiertechnisch wird diese eindeutige und feste Identität durch einen *Namen* (auch *Referenz* genannt) sichergestellt.
- **Zustand**. Zu jedem Zeitpunkt befindet sich das Objekt in einem gewissen „Zustand". Programmiertechnisch wird das durch sog. *Attribute* realisiert. Das heißt, der Zustand des Objekts ist immer durch die aktuellen Werte seiner Attribute bestimmt.
- **Verhalten**. Ein Objekt ist in der Lage *Aktionen* auszuführen. Das heißt, es kann seinen Zustand (seine Attribute) ändern. Es kann aber auch mit anderen Objekten *interagieren* und sie veranlassen, ihrerseits Aktionen auszuführen. Programmiertechnisch wird das durch sog. *Methoden* realisiert.

❑

Betrachten wir z. B. ein Auto. Es bleibt dasselbe Fahrzeug, egal ob es gerade steht, fährt, beschleunigt, bremst oder sich überschlägt. Sein Zustand ist durch eine Fülle von Attributen bestimmt; das reicht von kaum veränderlichen Attributen wie Farbe, Gewicht, Motorleistung etc. bis zu sehr flüchtigen Attributen wie Geschwindigkeit, Fahrtrichtung, Motortemperatur usw. Und schließlich gibt es auch eine ganze Reihe von Aktionen, die das Auto seinem Fahrer anbietet, etwa Starten, Beschleunigen, Bremsen, Lenken oder Hupen.

Einige dieser Begriffe sind bei Objekten der realen Welt etwas knifflig. Wenn wir z. B. bei einem Auto die Reifen wechseln oder das Radio austauschen, werden wir sicher sagen, dass es immer noch das gleiche Auto ist – von dem wir allerdings einen Teil ausgetauscht haben. Wenn wir aber einen Totalschaden hatten und nur das Radio in das nächste Auto retten, werden wir wohl kaum davon reden, dass wir immer noch unser altes Auto haben – nur mit gewissen ausgetauschten Teilen. Bei programmiertechnischen Objekten gibt es solche diffusen Situationen aber nicht: Hier ist die Identität von Objekten immer klar geregelt.

Grafisch stellen wir Objekte häufig folgendermaßen dar:

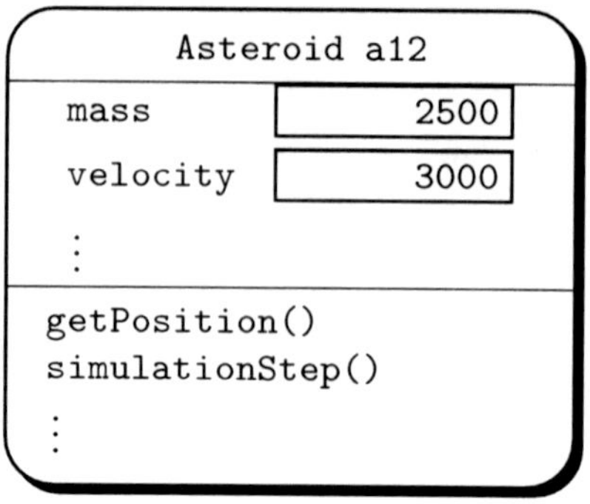

Diese Darstellung entspricht den drei Teilen des Objektbegriffs.

- Oben steht der *Name* des Objekts (`a12`) und um welche Art von Objekt es sich handelt (`Asteroid`).
- Den nächsten Block bilden die *Attribute* des Objekts. Dabei geben wir jeweils die Attributbezeichnung (z. B. `velocity`) an und tragen den aktuellen Wert des Attributs in den zugehörigen „Slot“ ein (z. B. `3000 km/h`).
- Den letzten Block bilden die *Methoden* des Objekts, in unserem Beispiel `getPosition` und `simulationStep`. Die Klammern deuten dabei an, dass es sich um Methoden handelt.

1.2 Beschreibung von Objekten: Klassen

In unserer Simulation haben wir Hunderte, wenn nicht Tausende von Asteroiden. Sie alle einzeln zu programmieren wäre offensichtlich ein hoffnungsloses Unterfangen. Und es wäre auch ziemlich dumm. Denn die Programme wären alle identisch. Wir brauchen also einen Trick, mit dem wir nur einmal aufschreiben müssen, wie unsere Asteroid-Objekte aussehen sollen, und mit dem wir dann beliebig viele Objekte schaffen können.

Dieser Trick ist jedem Ingenieur bekannt. Man nennt ihn *Bauplan* oder *Blaupause*. Wenn man einen Plan für einen Zylinderkopf hat, lassen sich nach dieser Anleitung beliebig viele Zylinderköpfe produzieren. Aber auch in der Einzelfertigung hat sich das bewährt: Selbst wenn man nur ein einzelnes Haus bauen will, sollte man sich vorher vom Architekten einen Plan zeichnen lassen.

Diese fundamentale Rolle von Bauplänen hat die Informatik von den Ingenieuren und Architekten übernommen. Wenn wir Objekte haben wollen, sollten wir sie nicht ad hoc basteln, sondern systematisch planen. Und wenn wir dann einen Plan haben, können wir damit beliebig viele Objekte automatisch herstellen – oder auch nur ein einziges, je nachdem, was wir brauchen. Solche Baupläne heißen in der objektorientierten Programmierung *Klassen*.

Definition (Klasse)

Eine ***Klasse*** ist ein „Bauplan“ für gleichartige Objekte. Sie beschreibt

- welche **Attribute** die Objekte haben;
- welche **Methoden** die Objekte haben.

❑

Um die Tatsache zu unterstreichen, dass Klassen als Blaupausen für Objekte dienen, wählen wir eine entsprechende grafische Darstellung.

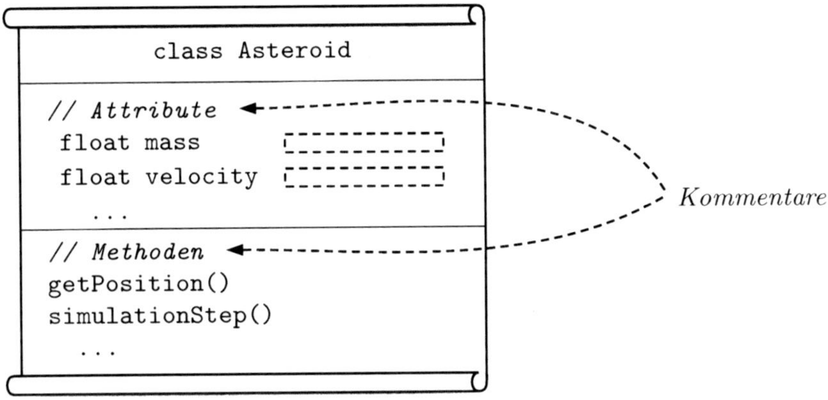

- Oben steht der *Name* der Klasse.
- Danach kommen die Namen der *Attribute*. Diese versehen wir auch noch mit dem Typ ihrer Werte. In unserem Beispiel sind die Attribute `mass` und `velocity` jeweils sog. Floating-Point-Zahlen.
- Den letzten Block bilden die *Methoden*. Dabei ist das Bild allerdings nur eine grobe Skizze. Im tatsächlichen JAVA-Programm steht an dieser Stelle nicht nur der Name der Methode, sondern der gesamte Programmtext.

In JAVA-Notation sieht das so aus:

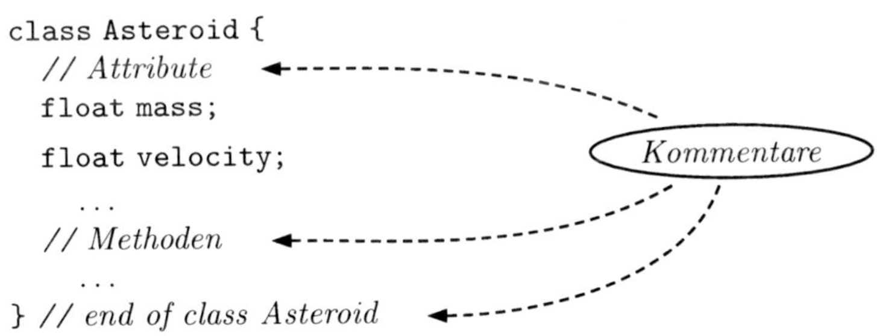

Dieses Minibeispiel zeigt die Grundstruktur der Klassennotation in JAVA. Sie wird eingeleitet mit dem Schlüsselwort `class`, gefolgt vom Namen der Klasse. Die eigentliche Definition erfolgt dann im ***Klassenrumpf***, der in die Klammern `{ ... }` eingeschlossen ist.

Klasse
`class «Name» { «Klassenrumpf» }`

In dem Beispiel sieht man auch einige andere Dinge, auf die wir später noch genauer eingehen werden.

- *Kommentare* werden mit einem doppelten Schrägstrich // eingeleitet. Alles was zwischen diesem Symbol und dem Ende der Zeile steht, wird vom Compiler ignoriert und kann deshalb zur Erläuterung und Dokumentation für den menschlichen Leser benutzt werden.
  Da in JAVA schrecklich viel mit dem Klammerpaar `{ ... }` erledigt wird, ist es eine nützliche Konvention, bei der schließenden Klammer als Kommentar anzugeben, *was* geschlossen wird.
- *Attribute* schreibt man in der Form «`Art`» «`Name`», also z. B. `float mass`. Die Art (auch *Typ* genannt) `float` ist in JAVA vordefiniert.

Da das Asteroidenbeispiel recht groß geraten würde, wollen wir uns im Folgenden lieber mit etwas einfacheren und kürzeren Beispielen beschäftigen.

1.3 Klassen und Konstruktormethoden

Nach den bisherigen allgemeinen Vorüberlegungen zu Objekten und Klassen wollen wir uns jetzt mit ihrer konkreten Programmierung in der Sprache JAVA befassen. Um das Ganze greifbarer zu machen, tun wir dies im Rahmen eines einfachen Beispiels.

1.3.1 Beispiel: Punkte im $\mathbb{R}^2$

Zur Einführung der JAVA-Konzepte verwenden wir ein Beispiel, das wir ziemlich vollständig ausarbeiten und in JAVA aufschreiben können. Nehmen wir an, wir wollen Programme schreiben, mit denen wir ein bisschen Geometrie im $\mathbb{R}^2$ treiben können. Dazu brauchen wir auf jeden Fall erst einmal Punkte. Ein Punkt ist durch seine x- und y-Koordinaten charakterisiert. Außerdem wollen wir ein paar Methoden zur Verfügung haben, z. B. um den Winkel und die Distanz vom Nullpunkt zu berechnen. Im Folgenden werden wir diese Klasse (und ein paar andere) Stück für Stück einführen und dabei einen ersten Einblick in die Sprachkonzepte von JAVA erhalten.

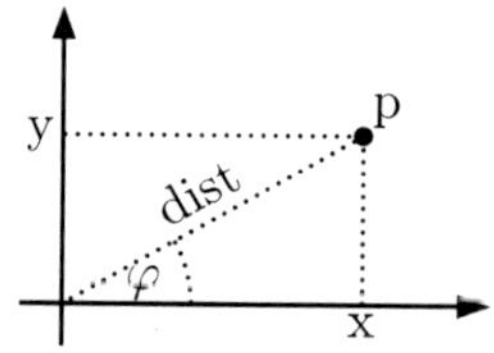

Der folgende Bauplan zeigt, dass die Objekte der Klasse `Point` zwei Attribute besitzen. Sie haben die Namen `x` und `y` und sind vom Typ `float`. Es gibt auch eine Reihe von Methoden, die wir aber erst später einführen werden.

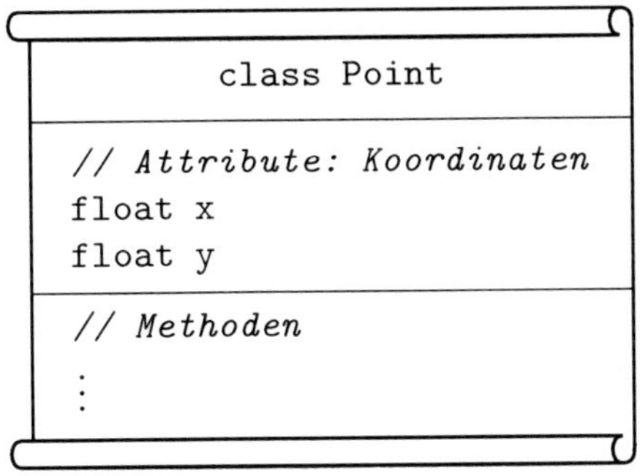

1.3.2 Klassen in JAVA

Wir wollen uns jetzt aber nicht mit abstrakten Bildern von Bauplänen begnügen, sondern auch die konkrete Programmierung in JAVA ansehen.

```
class Point {
  // Attribute: Koordinaten
  float x;
  float y;
  // Methoden
  ⋮
} // Point
```

Die nächste Frage ist: Wenn wir den Bauplan haben, wie kommen wir zu den konkreten Objekten? Dafür stellt JAVA einen speziellen Operator zur Verfügung: `new`. Wir können also schreiben

```
Point p = new Point();
Point q = new Point();
```

Damit entstehen zwei Objekte mit den Namen `p` und `q`. (Das ist zumindest eine hinreichend akkurate Intuition für den Augenblick. Genauer werden wir das in einem späteren Kapitel noch studieren.) Wir können uns das so vorstellen, dass mit den beiden `new`-Anweisungen im Computer zwei konkrete Objekte entstanden sind. Diese Situation ist auf der linken Seite von Abbildung 1.3 skizziert.

Aber diese Objekte sind noch unbrauchbar, denn ihre Slots für die Attribute sind noch leer. Das heißt, wir haben zwar zwei Objekte im Rechner kreiert, aber diese Objekte sind noch nicht das, was wir uns unter Punkten vorstellen. Damit sie ihren Zweck erfüllen können, müssen wir sie mit Koordinatenwerten versehen. Das geschieht – nach dem `new` – in folgender Form:

```
Point p = new Point();    // kreiere Punkt p
p.x = 7f;                 // setze x-Koordinate von p
p.y = 42f;                // setze y-Koordinate von p
Point q = new Point();    // kreiere Punkt q
q.x = 0.012f;             // setze x-Koordinate von q
q.y = -2.7f;              // setze y-Koordinate von q
```

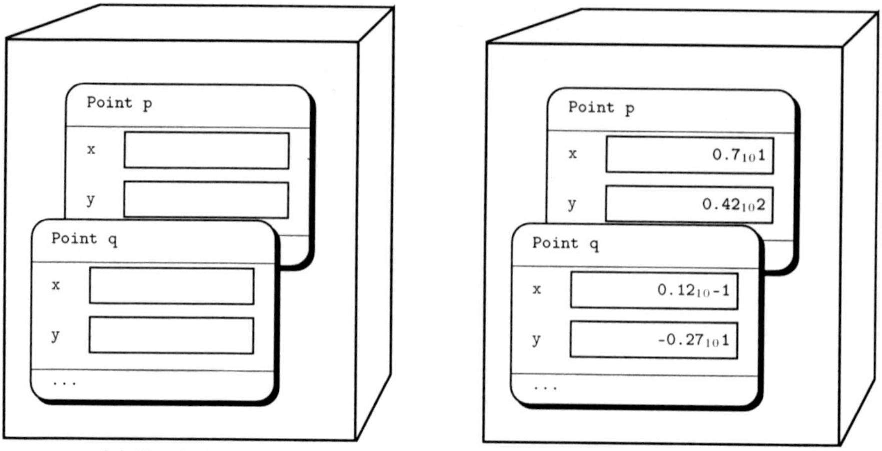

(a) Nach dem `new` (b) Nach den Attributsetzungen

Abb. 1.3. Effekt von `new` und Attributsetzung im Rechner

Diese sog. *Punktnotation* findet sich überall in JAVA. Die Namen der Attribute (und auch die der Methoden) dienen als *Selektoren*. Wenn in der Klasse `Point` ein Attribut mit dem Namen `x` eingeführt wurde, und wenn `p` ein Objekt der Art `Point` ist, dann wird mit der Selektion `p.x` der entsprechende Slot von `p` bezeichnet. Die Anweisung `p.x = 7f` trägt damit den Wert `7` in den zugehörigen Slot von `p` ein. Der Effekt der zwei `new`-Anweisungen und der vier Attributsetzungen ist auf der rechten Seite von Abbildung 1.3 illustriert.

Übrigens: Wie man hier auch noch sieht, muss man hinter konkrete Zahlen der Art `float` in JAVA ein '`f`' setzen, also z. B. '`7f`' (s. Abschnitt 2.1).

Außerdem kann man auch sehen, dass in JAVA jede Anweisung mit einem Semikolon '`;`' abgeschlossen wird.

Anmerkung: In dem Bild Abbildung 1.3(b) haben wir eine spezielle Eigenschaft von Computern berücksichtigt. In der Maschine werden sog. Gleitpunktzahlen (engl.: Floating point numbers) in normalisierter Form dargestellt. Das heißt, sie werden z. B. als $0.27_{10}1$ *oder* $0.12_{10}-1$ *gespeichert, also immer in der Form* $0.x\ldots x_{10}e\ldots e$*, wobei die sog. Mantisse* $x\ldots x$ *keine führende Nullen hat und die tatsächliche Position des Dezimalpunkts im sog. Exponenten* $e\ldots e$ *festgehalten wird.*

1.3.3 Konstruktor-Methoden

Unser Beispiel zeigt ein wichtiges Phänomen der Programmierung mit Objekten. Mittels `new` werden „blanke" Objekte kreiert, also Objekte ohne Attributwerte. Solche Objekte sind fast immer nutzlos. Deshalb dürfen wir nie vergessen, sofort nach dem Kreieren der Objekte ihre Attribute zu setzen.

Damit haben wir aber eine potenzielle Fehlersituation geschaffen. Menschen sind vergesslich, und Programmierer sind auch nur Menschen. Also wird es immer wieder vorkommen, dass jemand das Setzen der Attribute vergisst. Die resultierenden Fehlersituationen können subtil und schwer zu finden sein.

Die Lösung dieses Problems ist offensichtlich. Man muss dafür sorgen, dass die Erzeugung des Objekts und die Setzung seiner Attribute gleichzeitig passieren. Wir würden also gerne schreiben

```
Point p = new Point(7f, 42f);
Point q = new Point(0.012f, -2.7f);
```

Zu diesem Zweck stellt JAVA die sog. ***Konstruktormethoden*** zur Verfügung. Man schreibt sie wie im folgenden Beispiel illustriert.

```
class Point {
  // Attribute: Koordinaten
  float x;
  float y;
  // Konstruktor-Methode
  Point ( float x, float y ) {
    this.x = x;                    // setze Attribut x
    this.y = y;                    // setze Attribut y
  } // Point
  // Methoden
  ...
} // class Point
```

Das bedarf einiger Erklärung. Zunächst sieht man, dass die Konstruktormethode genauso heißt wie die Klasse selbst, in unserem Beispiel also `Point`. Die sog. *Parameter* – in unserem Fall haben wir sie `x` und `y` genannt – werden bei der Anwendung durch die jeweiligen Werte ersetzt. Das heißt

```
new Point(7f, 42f)    entspricht    this.x = 7f;
                                    this.y = 42f;
```

Damit bleibt nur noch zu klären, was es mit diesem ominösen `this` auf sich hat. Erinnern wir uns: Wir müssen die Attributwerte in die Slots der jeweiligen Objekte eintragen. Wenn wir Objekte wie `p` und `q` haben, dann beziehen wir uns auf diese Slots mit der Selektorschreibweise `p.x`, `q.x` etc. Aber die Klasse dient ja als Bauplan für *alle* Objekte; deshalb brauchen wir innerhalb der Programmierung der Klasse selbst ein anderes Mittel, um uns auf die Attributslots zu beziehen. Und das ist eben `this`. Damit gilt

```
Point p = new Point(7f, 42f)   entspricht   Point p = new Point();
                                            p.x = 7f;
                                            p.y = 42f;
```

Programmierer sind faule Menschen. Deshalb streben sie nach Abkürzungen. Und deshalb wären sie gerne den Zwang los, immer `this` schreiben zu müssen. JAVA kommt dieser Faulheit entgegen. Wir können die Konstruktormethode nämlich auch anders schreiben.

<table>
<tr>
<td><pre>
class Point {
  float x;
  float y;
  Point (float x, float y) {
    this.x = x;
    this.y = y;
  } // Point
  ⋮
} // class Point
</pre></td>
<td><pre>
class Point {
  float x;
  float y;
  Point (float fritz, float franz) {
    x = fritz;
    y = franz;
  } // Point
  ⋮
} // class Point
</pre></td>
</tr>
<tr>
<td>üblich</td>
<td>nicht üblich</td>
</tr>
</table>

Auf der linken Seite heißen die Parameter genauso wie die Attribute; deshalb muss man z. B. mit `this.y` klarmachen, dass das Attribut gemeint ist. Der Name `y` alleine bezieht sich nämlich auf den – näher stehenden – Parameter.

Auf der rechten Seite heißen die Parameter anders als die Attribute. Deshalb gibt es z. B. in `y = franz` für das `y` gar keinen anderen Kandidaten als das Attribut. Allerdings wäre auch `this.y = franz` erlaubt gewesen.

Im Übrigen zeigt die Wahl der etwas flapsigen Namen `fritz` und `franz`, dass man Parameter beliebig nennen darf. Dem Aufruf `new Point(7f, 42f)` sieht man diese Namen ohnehin nicht mehr an. Man kann das ausnutzen, um die Parameternamen möglichst einprägsam und selbsterklärend zu wählen. (`fritz` *und* `franz` *sind daher eine miserable Wahl!*)

In der JAVA-*Community* hat sich die Konvention eingebürgert, bei den Konstruktormethoden die Parameter genauso zu nennen wie die Attribute, die mit ihnen gesetzt werden sollen. Deshalb entspricht die linke Variante mit `this` den üblichen Gewohnheiten.

Definition (Konstruktor-Methode)

Eine ***Konstruktormethode*** heißt genauso wie die Klasse selbst. Sie wird üblicherweise dazu verwendet, bei der Generierung von Objekten mittels `new` auch gleich die Attribute geeignet zu setzen.

Als Konvention hat sich eingebürgert, die Parameter der Methode so zu nennen wie die entsprechenden Attribute. Deshalb wird das Schlüsselwort `this` benötigt, um Attribute und Parameter unterscheiden zu können. ❑

Jetzt wird klar, weshalb wir ganz am Anfang, als wir noch keine Konstruktormethode in der Klasse `Point` eingeführt hatten, schreiben mussten

```
Point p = new Point();
```

Das `Point` hinter `new` war gar nicht der Klassenname! Es war von Anfang an eine Konstruktormethode – allerdings eine ganz spezielle. Denn JAVA kreiert *automatisch* zu jeder Klasse eine Konstruktormethode, vorausgesetzt der Programmierer schreibt nicht selbst eine. Diese automatisch erzeugte Konstruktormethode hat *keine* Parameter, was sich in dem leeren Klammerpaar bei `new Point()` zeigt.

Diese automatisch erzeugte Methode gibt es aber nicht mehr, sobald man selbst eine Konstruktormethode in der Klasse programmiert. In unserer jetzigen Form der Klasse `Point` wäre die Anweisung `Point p = new Point()` also falsch! Der Compiler würde sich beschweren, dass er eine Methode `Point()` – also ohne Parameter – nicht kennt.

Was ist, wenn man so eine „nackte" Methode aber trotzdem braucht? Kein Problem – JAVA erlaubt auch die Definition mehrerer Konstruktormethoden in einer Klasse. Die einzige Bedingung ist, dass sie alle verschiedenartige Parameter haben müssen. Man spricht dann von ***Überlagerung*** (engl.: ***Overloading***) von Methoden (s. Abschnitt 3.1.4).

```
class Point {
  // Attribute: Koordinaten
  float x;
  float y;
  // Konstruktor-Methoden
  Point () {}                    // ohne Parameter
  Point ( float x ) {            // gleiche Koordinaten
    this.x = x; this.y = x;
  } // Point
  Point ( float x, float y ) {   // verschiedene Koordinaten
    this.x = x;   this.y = y;
  } // Point
  ...
} // class Point
```

Die erste dieser drei Konstruktormethoden hat einen leeren Rumpf – sie tut gar nichts! (Das ist erlaubt.) Die zweite besetzt beide Koordinaten gleich. Damit ist also `new Point(1f)` gleichwertig zu `new Point(1f,1f)`.

Programm 1.1 Die Klasse `Point` (Teil 1)

```
class Point {
  // Attribute: Koordinaten
  float x;
  float y;
  // Konstruktor-Methode
  Point ( float x, float y ) {
    this.x = x;              // setze Attribut x
    this.y = y;              // setze Attribut y
  } // Point
  // Methoden
  ...
} // class Point
```

Aber für das Weitere wollen wir uns auf den üblichen Fall konzentrieren, dass es eine Konstruktormethode `Point` gibt, und dass diese die beiden Koordinaten setzt. Das Programmfragment 1.1 fasst unseren bisherigen Entwicklungsstand bei der Klasse `Point` zusammen, von dem wir im Folgenden ausgehen werden.

1.4 Objekte als Attribute von Objekten

Im Beispiel `Point` hatten wir als Attribute nur Werte der Art `float`, also elementare Werte, die von JAVA vorgegeben sind und in Computern unmittelbar gespeichert werden können. Das muss aber nicht so sein.

1.4.1 Beispiel: Linien im $\mathbb{R}^2$

Nur mit Punkten zu arbeiten wäre etwas langweilig. Als Mindestes sollte man noch Linien zur Verfügung haben. Wie in der Geometrie üblich, stellen wir Linien durch ihre beiden Endpunkte dar. Damit haben wir gegenüber unserem Beispiel `Point` eine neue Situation: Jetzt haben die Attribute nicht mehr eine von JAVA vorgegebene Art wie `float`, sondern eine von uns selbst definierte Klasse, nämlich `Point`. Auf die weiteren Aspekte der Klasse, z. B. die Methoden für Steigungswinkel und Länge, gehen wir erst später ein. Grafisch stellen wir die Klasse mit folgendem „Bauplan“ dar.

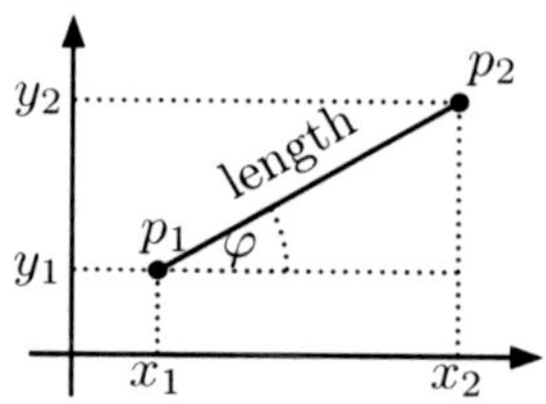


```
class Line
-----------------------------------
// Attribute: Endpunkte
Point p1
Point p2
-----------------------------------
// Konstruktormethode
Line ( Point p1, Point p2 )
// andere Methoden
⋮
```

Die Aufschreibung in JAVA-Notation sollte jetzt keine Probleme machen.[1]

[1] Die Arbeitsweise dieses Programms wird in einigen Folien illustriert, die man von der begeleitenden Web-Seite des Buches herunterladen kann. (Details findet man in Abschnitt A.10 im Anhang.)

```
class Line {
  // Attribute: Endpunkte
  Point p1;
  Point p2;
  // Konstruktormethode
  Line ( Point p1, Point p2 ) {
    this.p1 = p1;                  // setze Attribut p1
    this.p2 = p2;                  // setze Attribut p2
  } // Line
  // andere Methoden
    ⋮
}// class Line
```

Wenn wir ein Objekt der Art `Line` kreieren wollen, sieht das z. B. so aus;

```
Point p = new Point(1f,1f);
Point q = new Point(2f,3f);
Line l = new Line(p,q);
```

Was geschieht hier im Computerspeicher? In Abbildung 1.4 ist das illustriert. Wir haben zunächst zwei Objekte der Art `Point` erzeugt. Diese befinden sich

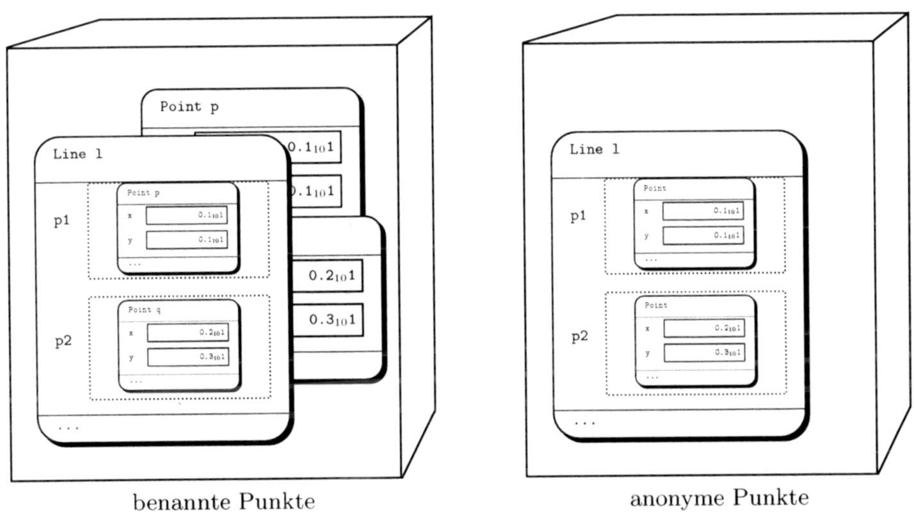

Abb. 1.4. Effekt im Computer

im Speicher unter den Namen `p` und `q`. Dann erzeugen wir ein weiteres Objekt der Art `Line` und speichern es unter dem Namen `l`. Die Attribute dieses Objekts `l` sind jetzt aber keine elementaren Werte, sondern die zuvor erzeugten Objekte `p` und `q`. Das heißt, Objekte können als Attribute wieder Objekte haben.

1.4.2 Anonyme Objekte

Wir brauchen die beiden Punkte nicht unbedingt vorher einzuführen und zu benennen. Als Variante können wir sie auch direkt bei der Kreierung der Linie `l` mit erzeugen:

```
Line l = new Line ( new Point(1f,1f), new Point(2f,3f) );
```

Hier werden zwei anonyme Objekte der Art `Point` erzeugt und sofort als Attribute in das ebenfalls neu erzeugte Objekte `l` der Art `Line` eingetragen. Was bedeutet das? Wir können die beiden Punkte im Programm nicht mehr direkt ansprechen, sondern nur noch über das Objekt `l`. Wir müssen also schreiben `l.p1` oder `l.p2`, um an die Punkte heranzukommen. Die Attribute der Punkte werden dann über mehrfache Selektion wie z. B. `l.p1.x` oder `l.p2.y` erreicht.

Auch hier halten wir im Programmfragment 1.2 wieder den Entwicklungsstand der Klasse `Line` fest, von dem wir im Weiteren ausgehen werden.

Programm 1.2 Die Klasse `Line` (Teil 1)

```
class Line {
  // Attribute: Endpunkte
  Point p1;
  Point p2;
  // Konstruktormethode
  Line ( Point p1, Point p2 ) {
    this.p1 = p1;
    this.p2 = p2;
  } // Line
  // andere Methoden
    ⋮
}// class Line
```

1.5 Objekte in Reih und Glied: Arrays

Eine Linie hat zwei Punkte. Ein Dreieck hat drei, ein Viereck vier, ein Fünfeck fünf und so weiter. Man kann sich gut vorstellen, wie die Klasse `Line` sich entsprechend zu Klassen `Triangle`, `Quadrangle`, `Pentagon` etc. verallgemeinern lässt, die jeweils die entsprechende Anzahl von Attributen der Art `Point` haben. Aber was machen wir, wenn wir allgemeine *Polygone* beschreiben wollen, die beliebig viele Punkte haben können?

Dazu gibt es in JAVA – wie in den meisten anderen Programmiersprachen – ein vorgefertigtes Konstruktionsmittel: die sog. *Arrays*. Unserer bisherigen Übung folgend wollen wir auch diese wieder am konkreten Beispiel einführen.

1.5.1 Beispiel: Polygone im $\mathbb{R}^2$

Ein Polygon ist ein Linienzug. Es läge daher nahe, Polygone als Folgen von Linien zu beschreiben; dann hat man aber die Randbedingung, dass der Endpunkt der einen Linie immer mit dem Anfangspunkt der nächsten Linie übereinstimmen muss. Einfacher ist es deshalb, die ansonsten gleichwertige Darstellung als Folge der Eckpunkte zu wählen. Außerdem betrachten wir nur *geschlossene* Polygone, bei denen die Anfangs- und Endpunkte jeweils übereinstimmen. Damit kann z. B. ein Fünfeck als Polygon mit fünf Eckpunkten beschrieben werden. Das können wir wieder in der Form unserer „Baupläne" darstellen.

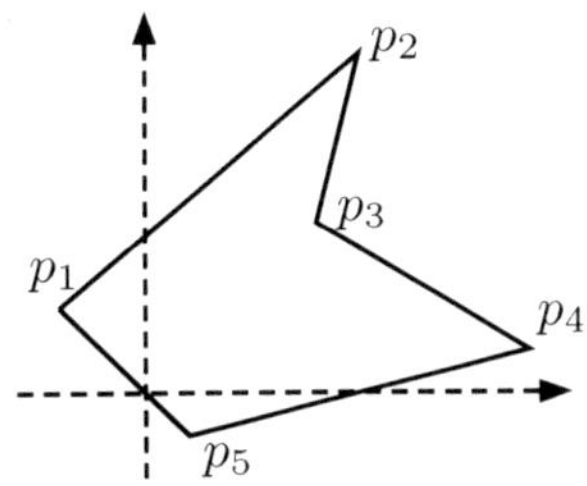


```
class Polygon
---------------------------------
// Attribut: Array von Eckpunkten
Point[] nodes
---------------------------------
// Konstruktormethode
Polygon ( Point[] nodes )
// andere Methoden
⋮
```

Die Aufschreibung in JAVA-Notation ist im Prinzip genauso, wie wir es schon bei `Point` und `Line` kennen gelernt haben. Das einzig Neue sind die leeren eckigen Klammern bei `Point[]`, die offensichtlich der Trick sind, mit dem wir die Idee „eine Folge von vielen Elementen" erfassen. Man spricht dann von einem *Array*. Programm 1.3 enthält die entsprechenden Definitionen.

Programm 1.3 Die Klasse `Polygon` (Teil 1)

```
class Polygon {
  // Attribute: Array von Eckpunkten
  Point[] nodes;
  // Konstruktormethode
  Polygon ( Point[] nodes ) {
    this.nodes = nodes;              // setze Attribut nodes
  } // Polygon
  // andere Methoden
    ⋮
}// class Polygon
```

Anmerkung: Vorsorglich sollte hier angemerkt werden, dass die Attributsetzung `this.nodes=nodes` *in der Konstruktormethode vom Prinzip her schon in Ordnung ist. Allerdings werden wir in einem späteren Kapitel (nämlich Kapitel 16) sehen, dass es subtile Unterschiede zu Attributen der Art* `float` *gibt. Aber für den Anfang können wir diese Unterschiede ignorieren.*

Wie kann man ein Polygon erzeugen? Zunächst braucht man genügend viele Punkte. Dann muss daraus ein Array gemacht werden, den man der Konstruktormethode des Polygons übergibt. Das sieht in JAVA z. B. folgendermaßen aus.

```
Point p1 = new Point(-2f, 2f);
Point p2 = new Point(5f, 8f);
Point p3 = new Point(4f, 4f);
Point p4 = new Point(9f, 1f);
Point p5 = new Point(1f, -1f);
Point[] points = { p1, p2, p3, p4, p5 };
Polygon poly = new Polygon( points );
```

Diese Schreibweise zeigt, dass man einen Array von Elementen in der Notation $\{x_1, \ldots, x_n\}$ schreiben kann. Übrigens ist es hier genauso wie bei den Eckpunkten einer Linie; man muss die Punkte nicht unbedingt explizit benennen, sondern kann sie auch anonym lassen. Das sieht dann so aus:

```
Polygon poly = new Polygon( new Point[] { new Point(-2f, 2f),
                                          new Point(5f, 8f),
                                          new Point(4f, 4f),
                                          new Point(9f, 1f),
                                          new Point(1f, -1f)  } )
```

Man beachte, dass man die Angabe `new Point[]` vor den eigentlichen Elementen `{...}` nicht weglassen darf (weil JAVA sonst nicht weiß, dass die Klammern einen Array bedeuten).

Aus unseren fünf Punkten lassen sich auch andere Polygone basteln. Zum Beispiel:

```
Polygon poly1 = new Polygon( new Point[] { p1, p3, p2, p4, p5 } );
Polygon poly2 = new Polygon( new Point[] { p1, p2, p4, p5, p3 } );
Polygon poly3 = new Polygon( new Point[] { p1, p2, p4, p5 } );
Polygon poly4 = new Polygon( new Point[] { p1, p2, p4 } );
```

Im Folgenden wollen wir uns etwas genauer mit dem Sprachmittel der Arrays befassen – jedenfalls in einer ersten Ausbaustufe.

1.5.2 Arrays: Eine erste Einführung

Häufig müssen wir eine Ansammlung von Werten betrachten, also z.B. eine Messreihe, eine Kundenliste oder eine Folge von Worten. Das lässt sich in Programmiersprachen auf vielfältige Weise beschreiben. Die einfachste Form ist der sog. „Array“.

Definition (Array)

Arrays sind (in JAVA) durch folgende Eigenschaften charakterisiert:

- Ein Array ist eine *geordnete Kollektion von Elementen.*
- Alle Elemente müssen den gleichen Typ haben, der als ***Basistyp*** des Arrays bezeichnet wird.
- Die Anzahl n der Elemente im Array wird als seine ***Länge*** bezeichnet.
- Die Elemente im Array sind von $0, \ldots, n-1$ durchnummeriert.

❑

Bildlich können wir uns z.B. einen Array von Zahlen oder einen Array von Strings folgendermaßen vorstellen:

0.7	23.2	0.003	-12.7	1.1
0	1	2	3	4

"Maier"	"Mayr"	"Meier"	"Meyr"
0	1	2	3

Array-Deklaration. Die Notation orientiert sich an dem, was sich in Programmiersprachen für Arrays allgemein etabliert hat. Mit „`float[]`" (lies: float-Array) bezeichnet man z.B. den Typ der Arrays über dem Basistyp `float`, mit „`String[]`" (lies: String-Array) den Typ der Arrays über dem Basistyp `String` und mit „`Point[]`" (lies: Point-Array) den Typ der Arrays über dem Basistyp `Point`. Die folgenden Beispiele illustrieren diese Notation:

1. Ein `float`-Array `a` mit Platz für 8 Zahlen wird durch folgende Deklaration eingeführt:
```
float[] a = new float[8];
```
   Im Ergebnis hat man einen „leeren" Array mit 8 Plätzen:

0	1	2	3	4	5	6	7

2. Ein Array `b` mit Platz für 100 Strings wird so deklariert:
```
String[] b = new String[100];
```

3. Manchmal will man einen Array sofort mit konkreten Werten besetzen (also nicht nur Platz vorsehen). Dafür gibt es eine bequeme Abkürzungsnotation: Einen Array mit den ersten fünf Primzahlen kann man folgendermaßen deklarieren (wobei `int` für den Typ der ganzen Zahlen steht):
```
int[] primzahlen = { 2, 3, 5, 7, 11 };
```
   Einen Array mit vier Texten erhält man z. B. so:
```
String[] kartenFarben = { "kreuz", "pik", "herz", "karo" };
```

Mit dieser Notation werden die Länge und der Inhalt des Arrays gleichzeitig festgelegt.

Array-Selektion. Um einzelne Elemente aus einem Array zu selektieren, verwendet man die Klammern `[...]`. *Man beachte, dass die Indizierung bei 0 anfängt!* Für die obigen Beispiele können wir z.B. folgende Selektionen benutzen:

```
primzahlen[0]        // liefert '2'
primzahlen[1]        // liefert '3'
primzahlen[4]        // liefert '11'
kartenFarben[0]      // liefert "kreuz"
```

Wenn man versucht, auf ein Element außerhalb des Indexbereichs des Arrays zuzugreifen – also z. B. `primzahlen[5]` oder `kartenFarben[-1]` – führt das auf einen **Fehleralarm**. (Dieser Alarm hat in JAVA den schönen Namen `ArrayIndexOutOfBoundsException`).[2]

Setzen von Array-Elementen. Die obige Form der kompakten Setzung von Array-Elementen, wie bei den Beispielen `primzahlen` und `kartenFarben`, ist nicht immer möglich oder adäquat. Deshalb kann man Array-Elemente auch einzeln setzen.

```
int[] a = new int[8];   // leerer Array
a[0] = 3;               // erstes Element setzen
a[1] = 7;               // zweites Element setzen
a[4] = 9;               // fünftes Element setzen
a[5] = 9;               // sechstes Element setzen
a[7] = 4;               // achtes Element setzen
```

Als Ergebnis hat man einen Array der Länge 8, in dem fünf Elemente besetzt und die anderen drei leer sind:

a =	3	7			9	9		4
	0	1	2	3	4	5	6	7

Länge des Arrays. Die Länge eines Arrays kann man über das Attribut `length` erfahren:

```
kartenFarben.length     // liefert den Wert 4
a.length                // liefert den Wert 8
```

Man beachte aber, dass der maximale Index um eins kleiner ist als die Länge, also z. B. höchstens `kartenFarben[3]` erlaubt ist – eine beliebte Quelle steter Programmierfehler!

---

[2] Auf die generelle Behandlung von *Eceptions* gehen wir erst in einem späteren Kapitel ein.

1.6 Zusammenfassung: Objekte und Klassen

Das zentrale Programmiermittel von JAVA sind *Klassen*. Sie werden in folgender Form geschrieben:

```
class «Name» {
  «Attribute»
  «Konstruktormethoden»
  «weitere Methoden»
}
```

Dabei dürfen die verschiedenen Bestandteile in beliebiger Reihenfolge stehen, aber die obige Gruppierung hat sich bewährt und wird deshalb von uns – und auch den meisten JAVA-Programmierern – grundsätzlich so eingehalten.

Klassen fungieren als „Baupläne" für *Objekte*. Die einzelnen Objekte werden dabei mit Hilfe des `new`-Operators erzeugt.

```
new «Konstruktor» ( «Argumente» )
```

Häufig wird dem Objekt bei dieser Gelegenheit auch gleich ein expliziter Name gegeben:

```
«KlassenName» «objektName» = new «Konstruktor» ( «Argumente» );
```

Man beachte die – unter JAVA-Programmierern übliche – Konvention, dass Klassennamen groß- und Objektnamen kleingeschrieben werden.

Zu jeder Klasse gehört mindestens eine *Konstruktormethode*. Sie heißt genauso wie die Klasse. Üblicherweise werden in dieser Konstruktormethode die Anfangswerte der Attribute für das zu kreierende Objekt mitgegeben. Wenn man keine solche Methode programmiert, dann generiert JAVA automatisch einen parameterlosen Konstruktor.

Wenn man eine Kollektion von vielen Elementen braucht, dann sind ein erstes und einfaches Sprachmittel dafür die *Arrays*. Arrays werden durch eckige Klammern notiert, also z. B. `float[] a` oder `Point[] a`. Erzeugt werden sie entweder uninitialisiert in einer Form wie `new float[«Länge»]` oder initialisiert in der Form {x_1, ..., x_n}. Der Zugriff erfolgt in der Form `a[i]`, die Zuweisung entsprechend `a[i]=...`. Die Länge eines Arrays erhält man in der Form `a.length`.

Anmerkung: Im Software Engineering gibt es inzwischen eine weit verbreitete Notation zur grafischen Darstellung von Klassen, Objekten und ihren Beziehungen, nämlich UML *[54, 63]. Wir verzichten hier aber darauf, neben* JAVA *gleich noch eine zweite Notation einzuführen, und beschränken uns auf intuitive Bilder, die die „Blaupausen-Metapher" widerspiegeln.*

2

Typen, Werte und Variablen

Wir sind bei unseren bisherigen Beispielen immer wieder auf elementare Werte und ihre Typen gestoßen. Das waren z. B. Gleitpunktzahlen wie `-2.7f` oder `0.012f`, deren Typ `float` ist, oder `42`, dessen Typ `int` ist. Diese Konzepte müssen wir uns etwas genauer ansehen.

Definition (Typ, Wert)

Ein ***Typ*** bezeichnet eine Menge „gleichartiger" ***Werte***. Die Werte sind dabei i. Allg. klassische mathematische Elemente wie *Zahlen* und *Zeichen*. ❑

Typische *Werte* sind z. B. Zahlen wie $1, 2, -7, 118, -1127$, hier also ganze Zahlen aus der Menge $\mathbb{Z}$. Sie sind „gleichartig" in dem Sinn, dass man das Gleiche mit ihnen machen kann: Addieren, Subtrahieren, Multiplizieren usw. Diese Gleichartigkeit wird als „Typ" ausgedrückt; bei ganzen Zahlen heißt der Typ traditionell `int` (für englisch *integer*).

Eine andere Gruppe von gleichartigen Werten sind die reellen Zahlen in $\mathbb{R}$, also z. B. 7.23, -0.0072, $-0.1 \cdot 10^{-3}$. Auch hier liegt die Gleichartigkeit wieder darin, dass dieselben Operationen anwendbar sind. In vielen Programmiersprachen wird für diesen Typ der Name `real` verwendet, in JAVA dagegen die Namen `float` und `double`.

Warum unterscheidet man zwischen `int` und `real`? Schließlich haben beide Zahlarten (fast) dieselben Operationen. Und warum unterscheidet man nicht auch die natürlichen Zahlen $\mathbb{N}$ und die rationalen Zahlen $\mathbb{Q}$ oder die komplexen Zahlen $\mathbb{C}$? Die Antwort ist ganz einfach: Es sind pragmatische Gründe.[1] Die benutzten Typen orientieren sich an dem, was die Computer hardwaremäßig anbieten.

[1] In vielen Sprachen wird übrigens genau diese weiter gehende und filigrane Unterscheidung gemacht. Aber wir konzentrieren uns hier auf die Ansätze in JAVA und ähnlichen Sprachen.

2.1 Die elementaren Datentypen von JAVA

Die Basistypen von JAVA sind in Tabelle 2.1 aufgelistet. Diese Typen umfassen gerade diejenigen Werte, die in Computern üblicherweise darstellbar sind.

`Typ`	*Erklärung*	`Konstante (Beispiele)`
`boolean`	*Wahrheitswerte*	`true, false`
`char`	*16-Bit-Unicode-Zeichen*	`'A', '\n', '\u05D0'`
`byte`	*8-Bit-Integer*	`12`
`short`	*16-Bit-Integer*	`12`
`int`	*32-Bit-Integer*	`12`
`long`	*64-Bit-Integer*	`12L, 14l`
`float`	*32-Bit-Gleitpunktzahl*	`9.81F, 0.379E-8F, 2f, 3e1f`
`double`	*64-Bit-Gleitpunktzahl*	`9.81, 0.379E-8, 3e1`

Tabelle 2.1. Die Basistypen von JAVA

Auf diesen elementaren Datentypen stellt JAVA eine Reihe von elementaren *Operationen* bereit. Diese sind in Tabelle 2.2 zusammengefasst.

Präz.	***Operator***	***Beschreibung***
	Arithmetische und Vergleichs-Operatoren	
1	`+x, -x`	unäres Plus /Minus
2	`x*y, x/y, x%y`	Multiplikation, Division, Rest
3	`x+y, x-y`	Addition, Subtraktion
5	`x<y, x<=y, x>y, x>=y`	Größenvergleiche
6	`x==y, x!=y`	Gleichheit, Ungleichheit
	Operatoren auf ganzen Zahlen	
1	`~x`	Bitweises Komplement (NOT)
	Operatoren auf ganzen Zahlen und Booleschen Werten	
7	`x&y`	Bitweises AND
8	`x^y`	Bitweises XOR
9	`x|y`	Bitweises OR
	Operatoren auf booleschen Werten	
1	`!x`	NOT
10	`x&&y`	Sequenzielles AND
11	`x||y`	Sequenzielles OR
	Operatoren auf ganzen Zahlen	
4	`x<<y`	Linksshift
4	`x>>y`	Rechtsshift (vorzeichenkonform)
4	`x>>>y`	Rechtsshift (ohne Vorzeichen)
	Operatoren auf Strings	
3	`x+y`	Konkatenation

Tabelle 2.2. Operatoren von Java

In dieser Tabelle gibt die erste Spalte die jeweilge ***Präzedenz*** an. Dabei gilt: Je kleiner der Wert, desto stärker bindet der Operator. Aufgrund dieser Präzedenzen wird also der Ausdruck

```
x < y & ~x + -3*y >= z | !a & b
```

genauso ausgewertet, als wenn er folgendermaßen geklammert wäre:

```
((x < y) & (((~x) + ((-3)*y)) >= z)) | ((!a) & b)
```

In den folgenden Abschnitten werden wir diese elementaren Typen und ihre Operationen etwas detailierter betrachten.

2.1.1 Die Wahrheitswerte

In Programmen müssen häufig Entscheidungen getroffen werden. Dafür braucht man die beiden Wahrheitswerte `true` («wahr») und `false` («falsch»), die in dem Typ `boolean` enthalten sind.

Operationen auf Wahrheitswerten. Die wichtigsten Operationen auf den Wahrheitswerten sind in Tabelle 2.3 definiert, wobei „0“ für `false` und „1“ für `true` steht.

`a & b` (AND)		
0	0	0
0	1	0
1	0	0
1	1	1

`a	b` (OR)		
0	0	0
0	1	1
1	0	1
1	1	1

`a ^ b` (XOR)		
0	0	0
0	1	1
1	0	1
1	1	0

`! a` (NOT)	
0	1
1	0

Tabelle 2.3. Boolesche Operationen

Es gibt auch noch die Varianten *sequenzielles AND* (geschrieben '`&&`') und *sequenzielles OR* (geschrieben '`||`'). Diese sind sehr angenehm in Situationen, in denen man Undefiniertheiten vermeiden will; typische Beispiele sind etwa

```
if ( y!=0 && x/y>1 ) ...
if ( empty(liste) || first(liste)<x ) ...
```

In solchen Situationen darf der zweite Test *nicht* mehr durchgeführt werden, wenn der erste schon gescheitert bzw. erfolgreich ist. Das ist auch mit der Tatsache verträglich, dass mathematisch `false` ∧ `x = false` bzw. `true` ∨ `x = true` gilt, unabhängig vom Wert von `x`.

Hätte man etwa im ersten der beiden Beispiele `if (y!=0 & x/y>1) ...` geschrieben, dann würde der Compiler zuerst die beiden Teilausdrücke auswerten und dann die resultierenden booleschen Werte mit '`&`' verknüpfen. Dabei würde im Falle `y=0` beim zweiten Ausdruck ein Fehler auftreten – was durch die Verwendung des sequenziellen AND verhindert wird.

2.1.2 Die ganzen Zahlen $\mathbb{Z}$

Die mathematische Menge $\mathbb{Z}$ der ganzen Zahlen kommt in JAVA in vier Varianten vor, die sich in ihrem jeweiligen Speicherbedarf unterscheiden (s. Tabelle 2.1). Auf der einen Seite bietet das sehr kurze `byte` die Chance zur kompakten Speicherung, auf der anderen Seite nimmt `long` schon auf die neuesten Entwicklungen im Hardwarebereich Rücksicht, wo allmählich der Übergang von 32- auf 64-Bit-Rechner vollzogen wird.

Übung 2.1. Wie groß dürfte die Bilanzsumme einer Bank höchstens sein, wenn man die Programmierung auf `int`*- bzw.* `long`*-Werte beschränken wollte.*

Wie man in Tabelle 2.1 sieht, werden *long integers* durch ein nachgestelltes '`L`' oder '`l`' gekennzeichnet. Ansonsten gilt: Welchen Typ ein Literal hat, hängt im Zweifelsfall vom Kontext ab:

```
byte b  = 12;    // '12' als  8-Bit-Integer
short s = 12;    // '12' als 16-Bit-Integer
int i   = 12;    // '12' als 32-Bit-Integer
long l  = 12;    // '12' als 64-Bit-Integer
```

Oktal- und Hexadezimalzahlen. Einige Vorsicht ist in JAVA geboten bzgl. spezieller Konventionen bei ganzzahligen Literalen. So führt z. B. eine *führende Null* dazu, dass die Zahl als *Oktalzahl* interpretiert wird (also als Zahl zur Basis 8, d. h. mit den Ziffern $0, \ldots, 7$). Und mit *Null-X*, also '0x' bzw. '0X', wird eine *Hexadezimalzahl* gekennzeichnet (also eine Zahl zur Basis 16, d. h. mit den Ziffern $0, \ldots, 9, A, \ldots, F$):

dezimal	oktal	hexadezimal
18	022	0x12
65535	0177777	0xFFFF

Über- und Unterlauf. Ein großes Problem haben alle Zahlentypen von `byte` bis `long` gemeinsam: Sie erfassen nur einen winzigen Bruchteil der mathematischen Menge $\mathbb{Z}$ der ganzen Zahlen. Denn mit N Bits lassen sich nur die Zahlen $-2^{N-1} \leq x < +2^{N-1}$ darstellen. (Man beachte die Unsymmetrie, die durch die Null bedingt ist.) Das hat u. a. zur Folge, dass es bei den Operationen Addition, Subtraktion, Multiplikation etc. einen sog. Zahlenüberlauf oder Zahlenunterlauf geben kann. Das geschieht dann, wenn die errechnete Zahl mehr Bits braucht als im Rechner für diesen Typ zur Verfügung stehen.

Vorsicht! Eigentlich würde man sich bei solchen Überlauf- oder Unterlaufsituationen eine ordentliche Fehlermeldung erhoffen. Aber in JAVA werden aufgrund der Rechner-internen Zahldarstellung einfach ein paar Bits abgeschnitten, sodass der verbleibende Rest eine technisch legale, aber aus Sicht des Programms erratische Zahl ist. Zum Beispiel erhält man bei der Addition zweier großer Zahlen üblicherweise eine negative(!) Zahl zurück:

$$2\,000\,000\,000 + 2\,000\,000\,000 = -294\,967\,296$$

Das führt zu Fehlersituationen, die nur sehr mühsam über lange Testläufe entdeckt werden können. Außerdem gelten aufgrund dieser pathologischen Situationen mathematische Gesetze wie die Assoziativität $(a + b) + c = a + (b + c)$ in JAVA *nicht*.

Operationen auf ganzen Zahlen. Auf den ganzen Zahlen gibt es in JAVA die üblichen arithmetischen Operationen wie z. B. `a+b`, `a*b` etc. und Vergleichsoperationen wie z. B. `a==b` oder `a <= b`. Dazu kommen noch bitweise Operationen wie `~a`, `a & b` und `a | b` sowie Shift-Operationen (s. Tabelle 2.2 auf Seite 24). Damit lässt sich z. B. die Multiplikation mit Zweierpotenzen auch als Shiftoperation realisieren. Und bei der Division liefert `a/b` den Quotienten und `a%b` den Rest.

`5 << 3 = 40`	`(=5*8)`	Multiplikation mittels Shift
`17 / 5 = 3`		Division
`17 % 5 = 2`		Rest („Modulo“)

Zu diesen elementaren Operationen, die in die Sprache JAVA direkt eingebaut sind, kommen noch einige sehr nützliche Funktionen, die in den speziellen Klassen `Byte`, `Short`, `Integer` und `Long` vordefiniert sind. Zum Beispiel stellt Java als besonderen Service die größte bzw. kleinste darstellbare `int`-Zahl in zwei Konstanten mit den schönen Namen `Integer.MAX_VALUE` und `Integer.MIN_VALUE` bereit. (Analog für `Byte`, `Short` und `Long`). Tabelle 2.4 listet einige dieser Funktionen und Konstanten auf.

`Integer.MIN_VALUE`	kleinste darstellbare `int`-Zahl
`Integer.MAX_VALUE`	größte darstellbare `int`-Zahl
`Integer.parseInt(s)`	String `s` als ganze Zahl
`Integer.toString(i)`	Zahl `i` als String
`Integer.toHexString(i)`	Zahl `i` als Hexadezimal-String
`Integer.toOctalString(i)`	Zahl `i` als Oktal-String
`Integer.toString(i,radix)`	Zahl `i` als String zur Zahlenbasis `radix`
`Integer.signum(i)`	Signum der Zahl `i` $(-1, 0, +1)$
...	...

Tabelle 2.4. Einige Operationen auf Zahlen (analog für `Byte`, `Short` und `Long`)

Man beachte, dass einige dieser Operationen, z. B. `parseInt(s)`, sog. *Exceptions* auslösen können (vgl. Kapitel 20).

2.1.3 Die Gleitpunktzahlen $\mathbb{R}$

Die mathematische Menge $\mathbb{R}$ der reellen Zahlen ist in JAVA in zwei Varianten vertreten. Der Typ `float` repräsentiert die 32-Bit-Zahlen und der Typ `double` repräsentiert die moderneren 64-Bit-Zahlen. Diese Typen spiegeln gerade die

Gleitpunktzahlen gemäß dem IEEE-754-Standard wider, wobei die Schreibweise wie `0.379E-8` aus der sog. Mantisse (`0.379`) und dem Exponenten (`-8`) besteht. (Anstelle von '`E`' wäre auch ein kleines '`e`' zulässig.) Wenn der Exponent fehlt, wird $10^0 = 1$ angenommen; wenn der Dezimalpunkt fehlt, wird .0 ergänzt.

Im Gegensatz zu den ganzen Zahlen (wo bei Literalen der kürzere Typ `int` angenommen wird und der längere Typ `long` durch ein nachgestelltes 'L' gekennzeichnet werden muss) wird hier der 64-Bit-Typ `double` als Standard genommen, sodass der Typ `float` durch ein nachgestelltes 'f' oder 'F' gekennzeichnet werden muss.

Natürlich wird auch hier die mathematische Menge $\mathbb{R}$ der reellen Zahlen nur zu einem winzigen Bruchteil erfasst. Das Problem ist sogar noch schlimmer als bei den ganzen Zahlen. Auch bei `float` und `double` gibt es die Beschränkung nach unten und oben; zusätzlich gibt es aber Lücken im Zahlenbereich, denn die Anzahl der Dezimalstellen ist beschränkt. Und daraus resultiert das bekannte und knifflige Problem der *Rundungsfehler* (das in Kapitel 9 noch eine Rolle spielen wird).

Unendlich ist eine Zahl! Es gibt sogar zwei Varianten von Unendlich: Entsprechend dem IEEE-754-Standard sind in JAVA bei den Typen `float` und `double` die speziellen „Zahlen" `Double.NEGATIVE_INFINITY` und `Double.POSITIVE_INFINITY` verfügbar (analog für `Float`). Und diese Zahlen entstehen auch in der Tat bei Division durch Null. Zum Beispiel liefert `1.0/0.0` das Eregebnis $+\infty$ und bei der Division `1.0/(-0.0)` oder auch `-1.0/0.0` entsteht $-\infty$. Testen lassen sich diese Situationen in der Form `Double.isInfinite(x)` bzw. `Float.isInfinite(x)`.

Die Nicht-Zahl ist auch eine Zahl! Eine weitere nützliche Besonderheit des IEEE-Standards ist in JAVA ebenfalls implementiert worden: Es gibt die Pseudo-„Zahlen" `Double.NaN` bzw. `Float.NaN` (*not-a-number*). Sie lassen sich sehr gut als Kennzeichen für Fehlersituationen verwenden.[2] Erzeugen kann man diese Zahl z. B. mittels `0.0/0.0`. Testen lässt sie sich in der Form `Double.isNaN(x)` bzw. `Float.isNaN(x)`.

Operationen auf Gleitpunktzahlen. Auf den Gleitpunktzahlen gibt es in JAVA die üblichen arithmetischen Operationen wie z. B. `a+b`, `a*b` etc. und Vergleichsoperationen wie z. B. `a==b` oder `a <= b`.

Man beachte jedoch, dass aufgrund von Rundungsfehlern und ähnlichen Effekten der Gleichheits- bzw. Ungleichheitstest auf Gleitpunktzahlen fast nie funktioniert! Stattdessen muss man auf eine gewisse Genauigkeit prüfen, indem man eine geeignete kleine Zahl wie z. B. `EPS = 0.1E-8` verwendet:

anstelle von ...	schreibt man ...
`x == y`	`Math.abs(x-y) < EPS`
`x != y`	`Math.abs(x-y) >= EPS`

[2] Der Versuch, etwa $\sin(10^{14})$ auszurechnen, sollte – in einer guten Sprache – zu `NaN` führen, da in der Praxis bei dieser Rechnung nichts als Rundungsfehler übrig bleiben.

Zu diesen elementaren Operationen, die in die Sprache JAVA direkt eingebaut sind, kommen noch einige sehr nützliche Funktionen und Konstanten, die in den speziellen Klassen `Float` und `Double` vordefiniert sind. Tabelle 2.5 listet einige dieser Funktionen auf. Weitere wichtige Funktionen auf (Gleitpunkt-)Zahlen werden außerdem in der Klasse `Math` bereitgestellt, die in Tabelle 4.1 auf Seite 69 auszugsweise angegeben ist.

`Float.MIN_VALUE`	kleinste darstellbare `float`-Zahl
`Float.MAX_VALUE`	größte darstellbare `float`-Zahl
`Float.MIN_EXPONENT`	kleinster möglicher Exponent bei `float`
`Float.MAX_EXPONENT`	größter möglicher Exponent bei `float`
`Float.POSITIVE_INFINITY`	$+\infty$
`Float.NEGATIVE_INFINITY`	$-\infty$
`Float.NaN`	*"Not-a-number"*
`Float.parseFloat(s)`	String `s` als Gleitpunktzahl
`Float.toString(f)`	Zahl `f` als String
`Float.toHexString(f)`	Zahl `f` als Hexadezimal-String
`Float.isNaN(f)`	Test, ob `f` die Pseudozahl `NaN` ist
`Float.isInfinite(f)`	Test, ob `f` unendlich ist
`Math.getExponent(f)`	Exponent der Gleitpunktzahl `f`
...	(s. Tabelle 4.1)

Tabelle 2.5. Einige Operationen auf Gleitpunktzahlen (analog für `Double`)

Auch hier gilt, dass einige der Operationen, z. B. `parseFloat(s)`, *Exceptions* auslösen können (vgl. Kapitel 20).

2.1.4 Ascii und Unicode

Der Typ `char` hängt in JAVA nicht mehr am althergebrachten ASCII-Code, der mit seinen 7 Bits (bzw. 8 Bits in den Erweiterungen) viel zu eingeschränkt ist, sondern ist bereits auf die Zukunft mit dem neuen 16-Bit-UNICODE ausgerichtet. In diesem Code können nicht nur ärmliche 256 Zeichen repräsentiert werden (oder gar nur 128, wie im originalen ASCII-Code), sondern rund 65 000 Zeichen – von denen etwa zwei Drittel für die chinesischen Schriftzeichen verbraucht werden, und das verbleibende Drittel für die restlichen Sprachen der Welt da ist.

Anmerkung: Inzwischen gibt es auch eine Entwicklung hin zu erweitertem 32-Bit-Unicode. Das neue JAVA 5 enthält auch schon Möglichkeiten, diesen erweiterten Zeichensatz anzusprechen.

Ein *Zeichen-Literal* ist ein einzelnes, in Apostrophe eingeschlossenes Unicode-Zeichen. Die klassischen ASCII-Zeichen wie `'A'`, `'3'` `'%'` etc. sind dabei als besonders einfache Unicode-Symbole mit enthalten. Andere Zeichen müssen mit Hilfe von sog. *Escape-Sequenzen*, die mit einem „\" beginnen, dargestellt werden. Dabei bedeutet '`\ooo`' eine (dreistellige) Oktalzahl und '`\uhhhh`' eine (vierstellige) hexadezimale Unicode-Nummer. Beispiele:

Escape-Sequenz	Bedeutung
'\n'	Zeilenwechsel (ASCII: 9)
'\"'	" (Doppelapostroph)
'\''	' (Einfachapostroph)
'\\'	\ (*Backslash*)
'\007'	*Bell* (ASCII: 7), oktal
'\u05D0'	א (*Aleph*), hexadezimal

Operationen auf Zeichen. Im eigentlichen Kern der Sprache JAVA sind auf Zeichen nur die Vergleichsoperationen und die Bitoperationen definiert (vgl. Tabelle 2.2 auf Seite 24); teilweise liefern sie allerdings überraschende Ergebnisse (nämlich Zahlen).

Daneben gibt es aber eine Fülle von nützlichen – und teilweise erstaunlichen – Funktionen, die in der Klasse `Character` bereitgestellt sind (vgl. Tabelle 2.6). Die wichtigsten dieser Operationen betreffen diverse Tests, insbesondere ob es sich bei dem Zeichen um eine Ziffer, einen Buchstaben, ein Leerzeichen (also Zwischenraum, Tabulator, Zeilenwechsel etc.) handelt. Man kann auch prüfen, ob das Zeichen groß oder klein ist, und man kann zwischen beiden Formen konvertieren. Außerdem kann man testen, ob das Zeichen in einem JAVA-Identifier (s. Abschnitt 2.3) zulässig ist. Allerdings sind bei all diesen Funktionen auch Überraschungen nicht ausgeschlossen, weil der Unicode eben eine Fülle von Zeichen umfasst, von denen viele z. B. als Buchstaben gelten.[3] Es ist sicher vernünftig, dass Buchstaben aus vielen Alphabeten kommen können, von deutschen Zeichen wie ä oder ß, französischen wie Œ oder è, spanischen wie ǫ, polnischen wie Ł oder auch skandinavischen wie Å oder Ø. Überraschender ist dagegen schon, dass auch die Unicode-Zeichen `\u00B5` (μ), `\u00AA` (°) oder `\u00BA` (ª) als Buchstaben gelten. Und auch jenseits der 256 ASCII-Zeichen finden sich Legionen von Buchstaben.

`Character.toString(c)`	Zeichen `c` als String
`Character.isDigit(c)`	Test, ob Zeichen `c` eine Ziffer 0, . . . , 9 ist
`Character.isLetter(c)`	Test, ob Zeichen `c` ein Buchstabe ist
`Character.isWhiteSpace(c)`	Test, ob Zeichen `c` ein „Leerzeichen" ist
`Character.isUpperCase(c)`	Test, ob Zeichen `c` ein Großbuchstabe ist
`Character.isLowerCase(c)`	Test, ob Zeichen `c` ein Kleinbuschstabe ist
`Character.toLowerCase(c)`	konvertiere Zeichen `c` in Kleinbuchstaben
`Character.toUpperCase(c)`	konvertiere Zeichen `c` in Großbuchstaben

Tabelle 2.6. Einige nützliche Operationen auf Zeichen

[3] Wer an solchen Dingen Spaß hat, kann sich längere Zeit damit amüsieren, herauszufinden, was alles in JAVA-Identifiern erlaubt ist.

2.1.5 Strings

Neben den obigen Basistypen werden wir in unseren ersten JAVA-Programmen auch Zeichenfolgen („Texte") verwenden. Diese werden in vielen Programmiersprachen als `String` bezeichnet. Das gilt auch in JAVA.

Genau genommen ist `String` in JAVA tatsächlich eine Klasse (was man daran erkennt, dass der Name – der üblichen Konvention folgend – mit einem Großbuchstaben beginnt). Der Bequemlichkeit halber listen wir `String` aber hier unter den JAVA-Primitiven mit auf.

Typ	*Erklärung*	Beispiel
`String`	*Zeichenfolge (Text)*	`"\nDas ist ein Text."`

Beispiele für die Verwendung von Strings:

```
String begrüßungsText = "Hallo!";
String aboutAleph = "Die Zahl \u05D0 ist eine ganz große Zahl.";
```

Dabei zeigt das zweite Beispiel, dass auch Unicode-Verschlüsselungen in Strings verwendet werden können (in unserem Fall `\u05D0` für ℵ).

Strings sind in JAVA unveränderliche Konstanten. Deshalb werden bei allen String-Operationen (s. unten) jeweils neue Strings erzeugt.[4]

Operationen auf Strings. Auf Strings gibt es als elementare Operatoren neben dem Gleichheits- und Ungleichheitstest `s1==s2` und `s1!=s2` nur noch die *Konkatenation* `s1+s2`. Das heißt,

```
String s = "Hallo" + "Leute!";
```

liefert für `s` den neuen String `"HalloLeute!"`. (Man beachte das fehlende Leerzeichen.) Als besonderen Service stellt JAVA auch die Konkatenation zwischen Strings und den elementaren Typen `boolean`, ..., `double` bereit:

```
int i = 42;
String s = "Die Antwort ist " + i + "!";
```

liefert für `s` den String `"Die Antwort ist 42!"`.

In der Klasse `String` werden zahlreiche nützliche Operationen bereit gestellt, von denen Tabelle 2.7 eine kleine Auswahl zeigt. Dabei sind allerdings einige Besonderheiten zu beachten:

- **Indizierung.** Die Indizierung von Strings beginnt – ebenso wie bei Arrays – mit „0". Das betrifft z. B. `charAt` und `substring`. Bei `substring(i,j)` erhält man den Teilstring von Position `i` bis Position `j-1`! Das heißt z. B., dass `"braun".substring(1,4) = "rau"` gilt.
- **Problem mit der Gleichheit.** Wie auch bei Gleitpunktzahlen ist der Gleichheitstest bei Strings mit Vorsicht zu genießen (wenn auch aus anderen Gründen). Genau genommen: Er funktioniert fast nie! Denn `s1 == s2` testet, ob `s1` und `s2` die gleiche Kopie des Strings im Speicher sind. Für

[4] Wenn man auf Strings so operieren will, dass man sie tatsächlich ändert, muss man die (ebenfalls vordefinierte) Klasse `StringBuffer` verwenden.

`s.length()`	Länge von `s`
`s.charAt(i)`	den `i`-ten Buchstaben in `s`
`s.substring(i,j)`	Teilstring von `i` bis `j`
`s1.startsWith(s2)`	Test, ob `s1` mit `s2` anfängt
`s1.endsWith(s2)`	Test, ob `s1` mit `s2` endet
`s1.indexOf(s2)`	Index des ersten Auftretens von `s2` in `s1`
`s.toLowerCase()`	`s` in Kleinbuchstaben umwandeln
`s.toUpperCase()`	`s` in Großbuchstaben umwandeln
`s.trim()`	*Whitespace* am Anfang und Ende löschen
`s1.equals(s2)`	Test, ob `s1` und `s2` gleich sind
`s1.equalsIgnoreCase(s2)`	Test, ob `s1` und `s2` gleich sind
`s1.compareTo(s2)`	Vergleich von `s1` und `s2`
`s1.compareToIgnoreCase(s2)`	Vergleich von `s1` und `s2`
`s.matches(r)`	Test, ob `s` zum regulären Ausdruck `r` passt
`String.valueOf(i)`	die Integerzahl `i` als String
`String.valueOf(f)`	die Gleitpunktzahl `f` als String
...	
`String.format(p, a1,..., an)`	formatiere `a1`, ..., `an` gemäß Pattern `p`

Tabelle 2.7. Einige nützliche Operationen auf Strings

den Test, ob es sich um die gleiche Zeichenfolge handelt, verwendet man `equals`:

anstelle von ...	schreibt man ...		
`s1 == s2`	`s1.equals(s2)`	*oder*	`s2.equals(s1)`
`s == "yes"`	`s.equals("yes")`	*oder*	`"yes".equals(s)`

- Mit der Operation `String.valueOf(...)` kann man Zahlen in die entsprechende textuelle Darstellung verwandeln.
- **Formatierung.** Neuerdings bietet JAVA auch die Möglichkeit, beliebig viele Argumente auf formatierte Weise zu einem String zusammenzufügen.[5] Die Möglichkeiten für die Formatmuster sind dabei fast unüberschaubar (weshalb man sie bei Bedarf am besten in der JAVA-Online-Dokumentation nachschlägt). Sie reichen von Zahlen bis hin zu Datumsangaben. Tabelle 2.8 enthält einige der wichtigsten Elemente, die in solchen Mustern verwendet werden können. Typische Beispiele sehen dann folgendermaßen aus:

```
String.format("Der %d-te Wert ist %f!",      9, 12.3456e-3)
String.format("Der %3d-te Wert ist %7.4f!", 9, 12.3456e-3)
String.format("Der %d-te Wert ist %e!",      9, 12.3456e-3)
String.format("Der %d-te Wert ist %g!",      9, 12.3456e-3)
String.format("Der %3d-te Wert ist %6.4f!", 9, 12345.6789e2)
```

[5] Das entspricht im Wesentlichen der Operation `printf(...)` aus C.

Symbol	*Effekt*	*Beispiele*
`d`	Dezimalzahl	`%d`, `%3d`
`f`	Gleitpunktzahl in Fixpunktdarstellung	`%f`, `%6.2f`
`e`	Gleitpunktzahl in mathematischer Notation	`%e`, `%6.2e`
`g`	Gleitpunktzahl in variabler Darstellung	`%g`, `%6.2g`
`s`	String	`%s`, `%12s`
`c`	Character	`%c`, `%2c`

Tabelle 2.8. Einige Formatierungselemente von JAVA

Die Formatierung erfolgt durch die Funktion `format`, die (nahezu) beliebig viele Argumente haben kann. Das erste Argument ist der Musterstring, die weiteren Argumente sind die zu formatierenden Werte.
Innerhalb des Musters muss für jeden Wert ein Platzhalter vorhanden sein. Diese Platzhalter werden mit einem %-Zeichen eingeleitet und enden mit einem der Formatiersymbole `d`, `f`, `e` usw. (vgl. Tabelle 2.8, die eine kleine Auswahl aus der Fülle verfügbarer Symbole enthält). Zwischen dem %-Zeichen und dem Formatiersymbol können noch Längenangaben stehen. Dabei bedeutet z. B. `%7.4f`, dass die Gleitpunktzahl 4 Stellen hinter dem Komma hat und insgesamt (inklusive Komma) mindestens 7 Zeichen lang ist; bei Bedarf wird links mit führenden Blanks aufgefüllt. (Bei einem Minuszeichen wie z. B. `%-7.4f` wird rechts aufgefüllt.) Aufgrund dieser Regeln liefern die obigen `format`-Anweisungen folgende Ausgaben (man beachte die Leerzeichen):

```
Der 9-te Wert ist 0,012346!
Der  9-te Wert ist  0,0123!
Der 9-te Wert ist 1.234560e-02!
Der 9-te Wert ist 0.0123456!
Der  9-te Wert ist 1234567,8900!
```

Neben der Methode `String.format(...)` gibt es noch weitere Methoden in JAVA, die diese Formatierungsmuster verwenden.[6] Wir kommen darauf in Abschnitt 4.3.5 zurück.

2.2 Typen und Klassen, Werte und Objekte

Die Verwandtschaft zwischen Typen und Klassen auf der einen und zwischen Werten und Objekten auf der anderen Seite ist ganz offensichtlich. Die Verwandtschaft ist so groß, dass andere Programmiersprachen (z. B. SMALLTALK)

[6] Außerdem gibt es noch weitergehende – wenn auch komplexer zu schreibende – Formatierungsmöglichkeiten in der Klasse `Formatter` im Package `java.util`, sowie in der Klasse `Format` und ihren Subklassen `NumberFormat` oder `DecimalFormat` im Package `java.text`; dabei werden insbesondere auch nationale Besonderheiten bei Zahl- oder Datumsschreibweisen berücksichtigt.

keinen Unterschied zwischen beiden machen. Auch wir werden die Entsprechungen

Typ	⟷	Klasse
Wert	⟷	Objekt

als so eng ansehen, dass wir die Begriffe in vielen Situationen nicht unterscheiden werden. Wir werden z. B. oft vom *Typ* einer Variablen reden und dabei sowohl Klassen als auch (elementare) Typen meinen. Ganz analog werden wir auch z. B. vom *Wert* einer Variablen reden und dabei gleichermaßen Objekte und (elementare) Werte einschließen.

Weshalb macht JAVA diese subtile Unterscheidung? Der Grund ist wieder ganz pragmatisch. Weil Werte und ihre Typen direkt in der Rechnerhardware verfügbar sind, kann man sie effizienter behandeln als Objekte und ihre Klassen. Und dieser Unterschied wird eben in der Sprache sichtbar gemacht (was durchaus kritisch zu bewerten ist).

Wir werden später (in Kapitel 16) noch sehen, dass diese subtile Unterscheidung auch ein leicht unterschiedliches Verhalten bei der Programmausführung bewirken kann.

2.3 Die Benennung von Werten: Variablen

Schon unsere kleinen Beispiele haben etwas gezeigt: Wir müssen den Werten und Objekten *Namen* geben können! In der Mathematik oder Physik wird das ganz intuitiv gemacht, üblicherweise in einer Form wie: „*Sei* $v_0 = 3.1$ *die Anfangsgeschwindigkeit; …*“. In den Programmiersprachen spricht man hier von ***Variablen***.

1. Deklaration. Die Einführung von Variablen erfolgt in sog. ***Variablendeklarationen***, in denen auch gleich der Typ festgelegt wird. Beispiele:

```
float mehrwertsteuer = 0.16f;
String geschwätz = "Blabla";
int wichtigeZahl = 42;
long ziemlichGroßeZahl = 999999999;
double x1 = 2.2;
double x2 = -2.5;
int[] messWerte = new int[100];
Point p1 = new Point(2.2f, 1.7f);
Point p2 = new Point(-3f, 2.5f);
Line l1 = new Line(p1,p2);
```

Der Vollständigkeit halber wollen wir erwähnen, dass es daneben auch noch eine andere Art der Variablendeklaration gibt, bei der zunächst kein Wert zugeordnet wird. Dann kann man sogar mehrere Variablen mit gleichem Typ auf einmal einführen. Allerdings ist diese Variante der sog. *uninitialisierten Variablendeklaration* methodisch ziemlich gefährlich, weil sie zu subtilen Programmierfehlern führen kann. In manchen Situationen weist der JAVA-Compiler sie auch zurück.

```
int temp;                  // Temperatur (uninitialisiert)
float x, y, z;             // Unbekannte (uninitialisiert)
```

Insgesamt gibt es also drei Formen der Variablendeklaration (wobei *Typ* natürlich auch *Klasse* mit einschließt):

Variablendeklaration
`«Typ» «Name» = «Wert»;`
`«Typ» «Name»;`
`«Typ» «Name₁», ..., «Nameₙ»;`

Dabei ist der ***Name*** (engl.: ***Identifier***) in JAVA eine beliebige Folge von Buchstaben[7] und Ziffern, die allerdings mit einem Buchstaben beginnen muss. Groß- und Kleinbuchstaben gelten als verschieden. Auch der sog *Underscore* „_" gilt als Buchstabe!

Eine *Konvention* im Rahmen der JAVA-Gemeinschaft ist es, Variablennamen immer mit einem Kleinbuchstaben beginnen zu lassen. (Der Compiler erlaubt zwar auch Großbuchstaben, es gilt aber als schlechter Stil.) Zur Lesbarkeit werden oft zusammengesetzte Begriffe mittels Großbuchstaben abgesetzt – wie z.B. bei `ziemlichGroßeZahl`.

2. Zuweisung. In der Programmierung gibt es aber einen wichtigen Unterschied zur Namensverwendung in der Mathematik: *Variablen können ihre Werte ändern!* Das geschieht durch eine sog. ***Zuweisung***:

```
int x = 5;          // jetzt hat x den Wert 5
int y = 6;
x = y + 1;          // jetzt hat x den Wert 7
```

Im Gegensatz zur Deklaration darf man bei der Zuweisung den Typ nicht mehr angeben, denn er ist ja von der Deklaration her bekannt. Es dürfen auch nur Zuweisungen an Variablen erfolgen, die zuvor deklariert wurden, also dem Compiler bekannt sind.

Zuweisung
`«Name» = «Wert»;`

Als Besonderheit kann man sogar schreiben

[7] Spezielle Buchstaben wie z. B. 'ä' oder 'ß' sind in Namen erlaubt. Das gilt auch für zahlreiche andere Buchstaben aus diversen Alphabeten. (Ein Testlauf mit Hilfe der Operation `Character.isJavaIdentifierPart(«code»)` fördert wahrlich Überraschendes zutage.) Bei manchen JAVA-Compilern (vgl. Abschnitt 4.1.1 und Anhang A) muss dann aber der Aufruf in der Form `javac -encoding latin1 «Datei»` erfolgen.

```
x = x + 1;
```

Im Gegensatz zur Mathematik ist das keine Gleichung (die unsinnig wäre, weil sie keine Lösung hat), sondern eine Zuweisung: „Setze `x` auf einen neuen Wert, der um eins größer ist als der alte Wert.“ Diese Zuweisung ist also eigentlich folgendermaßen zu lesen:

$$\mathtt{x}_{\mathtt{new}} = \mathtt{x}_{\mathtt{old}} + 1;$$

Anmerkung: Die Hässlichkeit dieser Notation hat N. Wirth bewogen, in der Sprache PASCAL *die schönere Notation* `x := x + 1` *zu verwenden. Leider sind diesem Beweis guten Geschmacks nicht alle Sprachdesigner gefolgt.*

2.4 Konstanten: Das hohe Gut der Beständigkeit

Variablen sind ziemlich unbeständige Gesellen. Man weiß nie genau, für welchen Wert sie gerade stehen. Aber es gibt Dinge, die ändern sich nicht – zumindest nicht im gegebenen Umfeld.

- *Mathematische Konstanten* wie die Zahlen π oder e ändern sich nie.
- *Physikalische Konstanten* ändern sich nie oder so gut wie nie. Die Lichtgeschwindigkeit c gilt als absolut unveränderlich, aber auch die Erdgravitation g ist in unserer realen Umgebung ebenso fixiert wie etwa der Siede- und der Gefrierpunkt von Wasser.
- *„Politische“ Konstanten* wie Mehrwertsteuersatz oder Lohnsteuerfreibeträge sind bekanntlich nicht besonders dauerhaft (wie in Deutschland gerade bewiesen wurde). Aber bezogen z. B. auf die Lohnabrechnung des Monats April sind sie doch stabil.

Aus methodischen Gründen ist es essenziell, diese Art von Unveränderbarkeit in Programmen auszudrücken. Das erhöht die Korrektheit, Robustheit und vor allem den Dokumentationswert erheblich.

> **Prinzip der Programmierung**: *Konstanz*
>
> Elemente, die sich (während ihrer Lebensdauer) nicht ändern können, sollten als ***konstant*** ausgewiesen werden.

Leider belohnt JAVA die Erfüllung dieses Prinzips nicht in Form von besonders schöner oder eleganter Notation; im Gegenteil, man muss noch zusätzliche Tipparbeit leisten. Denn Konstanten werden durch das Schlüsselwort `final` gekennzeichnet.

Konstante
`final «Typ» «Name» = «Ausdruck»;`

Somit kann z. B. die Konstante für die Erdanziehung folgendermaßen definiert werden:

```
final float g = 9.81f;        // Konstante für die Erdanziehung
```

Syntaktisch ist dieses Beispiel korrekt. Aber die JAVA-Community hat noch eine unglückliche Absprache draufgesattelt. Als *Konvention* sollen in JAVA-Programmen alle Konstanten groß geschrieben werden.

```
final float PI = 3.1415926535897932f;  // Zahl π
final float EARTH_GRAVITY = 9.81f;     // Erdanziehung
final int FREEZING = 0;                // Gefrierpunkt
final double KM_IN_A_MILE = 1.609;     // Umrechnungsgröße
```

Anmerkung: JAVA *verwendet das Schlüsselwort* `final` *auch in anderen Situationen; darauf gehen wir in späteren Kapiteln noch ein.*

Definition (Konstante)

Eine ***Konstante*** ist ein Name, der bei seiner Deklaration mit einem Wert verbunden wird. Diesen Wert behält die Konstante während ihrer gesamten Lebensdauer unverändert bei.

In JAVA werden Konstanten mit dem Schlüsselwort `final` eingeführt. ❑

2.5 Metamorphosen*

An dieser Stelle müssen noch zwei weitere Aspekte von Typen und Klassen angesprochen werden. Sie sind zwar etwas esoterisch und wären daher in einem späteren Kapitel besser platziert, aber vom Thema her passen sie nur hier.

2.5.1 Casting

Das erste Problem ergibt sich aus den Eigenschaften von Zahlen. (In Kapitel 10 wird sich zeigen, dass für Klassen das Gleiche passiert.) Wenn wir z. B. so etwas Harmloses schreiben wie

```
float mwst = 0.19;   // Vorsicht – Fehler!
```

dann reagiert JAVA mit einer Fehlermeldung. Warum? Ganz einfach (aber lästig): Die Zahl `0.16` wird als Wert vom Typ `double` interpretiert, also als eine 64-Bit-Zahl. Mit der Deklaration `float mwst` haben wir `mwst` aber als eine Variable für 32-Bit-Werte festgelegt. Grundsätzlich muss man davon ausgehen, dass 64-Bit-Zahlen nicht in 32-Bit-Variablen Platz haben. Also weist der JAVA-Compiler diese Anweisung als potenziell falsch zurück. (Leider ist er nicht clever genug, um zu sehen, dass bei dem Wert `0.16` natürlich 32 Bits reichen würden.)

Hier kann man sich damit behelfen, dass man richtigerweise – wenn auch hässlicher – schreibt

```
float mwst = 0.19F;   // so klappts
```

* Dieser Abschnitt kann beim ersten Lesen übersprungen werden.

Aber es gibt auch Situationen, in denen das Problem nicht so leicht umgangen werden kann. Nehmen wir an, wir haben es mit zwei Variablen zu tun, von denen die eine tatsächlich den Typ `float` und die andere den Typ `double` haben muss. Und es kann in der Programmierung auch folgende Situation entstehen:

```
double d = 3.14;
float f = d + 1;  // Vorsicht – Fehler!
```

Auch hier haben wir es wieder mit dem Problem zu tun, einen 64-Bit-Wert in eine 32-Bit-Variable zu packen. Und wieder können wir auf Grund des Programmtexts sehen, dass es bei dem aktuellen Wert klappen würde, aber der Compiler siehts nicht.

Für solche Situationen gibt JAVA dem Programmierer wenigstens die Chance, das Abschneiden des Wertes auf eigene Verantwortung zu machen. Die Notation ist allerdings sehr gewöhnungsbedürftig:

```
double d = 3.14;
float f = (float)d + 1;  // so gehts
```

Definition (Casting)

Die ***Anpassung*** von einem Typ $\mathtt{t}_1$ in einen anderen Typ $\mathtt{t}_2$ – auch als ***Casting*** bezeichnet – wird geschrieben, indem man den neuen Typ $\mathtt{t}_2$ in Klammern vor den Wert oder die Variable des Typs $\mathtt{t}_1$ schreibt, also z. B. `(float)1.7` oder `(float)x`. ❑

Dabei gilt generell: Das Casting in der Aufwärtsrichtung – also vom sog. *Subtyp* zum sog. *Supertyp* – wird vom Compiler automatisch gemacht. (Ein 16-Bit-Wert hat immer in einer 64-Bit-Variablen Platz.) In der Abwärtsrichtung muss der Programmierer das Casting aber explizit hinschreiben, was durch Voransetzen des gewünschten Typs in Klammern notiert wird. Bei den ganzzahligen Werten gilt: Wenn eine lange Zahl an eine kurze Variable angepasst wird, werden die führenden Stellen abgeschnitten (was den Wert ändert, wenn diese nicht nur führende Nullen sind). Bei der Konversion von reellen in ganze Zahlen werden die Stellen hinter dem Komma abgeschnitten. Tabelle 2.9 gibt die „harmlosen“ Castings an.

Von Typ ...		... nach Typ
`byte`	↣	`short, char, int, long, float, double`
`char, short`	↣	`int, long, float, double`
`int`	↣	`long, float, double`
`long`	↣	`float, double`
`float`	↣	`double`
«alle»	↣	`String`

Tabelle 2.9. Harmloses Casting (automatisch durch den Compiler)

Für `String` gibt es ein spezielles ***Casting***, bei dem Zahlen in die entsprechenden Zeichendarstellungen umgewandelt werden. Beispiel:

```
float pi = 3.14159f;
String text = "Pi ist " + pi + "!";
```

Jetzt enthält die Variable `text` den String `"Pi ist 3.14159!"`.

Anmerkung: Wir hätten das Thema eigentlich ignorieren können, aber es wird uns später noch an einer ganz wichtigen Stelle begegnen, nämlich bei Klassen im Zusammenhang mit der sog. Vererbung. Auf Grund der Verwandtschaft zwischen Typen und Klassen ist das auch zu erwarten.

2.5.2 Von Typen zu Klassen (und zurück)

Der einzige Grund, weshalb man überhaupt zwischen *Werten* und *Objekten* unterscheidet, ist pragmatisch: Werte lassen sich in Computern effizienter abspeichern, weil sie direkt von der Hardware unterstützt werden. Nun gibt es Situationen, in denen man Werte hat, aber JAVA nach Objekten verlangt. (Solche Situationen werden wir ab Kapitel 11 immer wieder antreffen.)

Typ		*Klasse*
`boolean`	$\leftrightarrow$	`Boolean`
`char`	$\leftrightarrow$	`Character`
`byte`	$\leftrightarrow$	`Byte`
`short`	$\leftrightarrow$	`Short`
`int`	$\leftrightarrow$	`Integer`
`long`	$\leftrightarrow$	`Long`
`float`	$\leftrightarrow$	`Float`
`double`	$\leftrightarrow$	`Double`

Für diese Fälle stellt JAVA für jeden der elementaren Typen eine entsprechende Klasse zur Verfügung. (Weshalb man bei `Integer` und `Character` lange Namen genommen hat, bleibt wohl das ewige Geheimnis der JAVA-Designer.) Mit Hilfe dieser Klassen kann man zwischen Werten und Objekten hin- und herpendeln. Das heißt, zu jedem Wert kann man ein Objekt kreieren, das genau diesen Wert als Attribut hat. Und aus dem Objekt kann man den Wert wieder extrahieren.

Wir betrachten als Beispiel den Typ `double` und die zugehörige Klasse `Double`. Wir können zu jedem `double`-Wert ein Objekt kreieren, das diesen Wert als Attribut hat:

```
Double gravityObject = new Double(9.81);
```

Und aus diesem Objekt können wir dann den Wert wieder extrahieren:

```
double gravityValue = gravityObject.doubleValue();
```

Das ist zwar von der Notation her alles ein bisschen schwerfällig, aber es funktioniert.

Analoges gilt für die anderen Klassen `Boolean`, ..., `Float`.

Verbesserungen seit JAVA *5*

Die Übergange zwischen Werten und ihren zugehörigen Objekten erfordern sehr hässliche Notationen, die die Programme unleserlich machen. Daher hat man in JAVA 5 Abhilfe geschaffen.

bis JAVA *1.4*	*ab* JAVA *5*
`stack.push( new Integer(42); )` `int i = (stack.pop()).intValue();`	`stack.push( 42 );` `int i = stack.pop();`

In der Operation `stack.push(...)` erwartet JAVA ein Objekt. Wenn man hier einen Wert wie die Zahl `42` hat, muss man ihn im alten JAVA in ein Objekt der Klasse `Integer` verwandeln. Im neuen JAVA erkennt der Compiler, dass eine solche Umwandlung notwendig ist, und führt sie automatisch aus.

Bei der Operation `stack.pop()` wird als Ergebnis ein Objekt geliefert. Wenn man aber den Wert braucht, muss er mittels `intValue()` aus diesem Objekt extrahiert werden. Im neuen JAVA übernimmt der Compiler auch das automatisch.

Auch wenn es nicht ganz genau die Definition trifft, kann man diese Umwandlungen als Grenzfälle unter den Begriff *Casting* subsumieren.

2.6 Zusammenfassung

Neben den Objekten gibt es in JAVA auch vordefinierte elementare *Werte*. Und so wie Objekte durch Klassen charakterisiert werden, gehören diese Werte zu vordefinierten elementaren *Typen*. Auf Grund dieser Analogie subsumieren wir unter dem Begriff *Typ* sowohl Klassen als auch diese elementaren Typen.

Die Benennung von Werten und Objekten erfolgt durch *Variablen* oder *Konstanten*. Variablen können durch *Zuweisungen* immer wieder ihren Wert ändern, bei Konstanten ist der Wert fest.

Attribute von Klassen („Slots“) werden als Variablen oder Konstanten deklariert.

3

Methoden

Objekte besitzen Attribute und Methoden. Attribute sind ziemlich simpel: Variablen und Konstanten („Slots"), die Werte aufnehmen können. Anders dagegen die Methoden: Hier spielt sich die gesamte algorithmische Vielfalt der Programme ab, in ihnen ist das gesamte *dynamische Verhalten* codiert. Zusätzlich sind sie noch ein Mittel zur *Strukturierung*.

3.1 Methoden sind Prozeduren oder Funktionen

Traditionell werden in Programmiersprachen für die Beschreibung des algorithmischen Verhaltens Programmkonstrukte verwendet, die als *Funktionen* und *Prozeduren* bezeichnet werden. In JAVA werden aber – der Konvention objektorientierter Sprachen folgend – *Funktionen* und *Prozeduren* gemeinsam unter dem Begriff *Methoden* subsumiert. Trotzdem ist es nützlich, die beiden Konzepte nacheinander zu betrachten.

3.1.1 Funktionen

Der Begriff der *Funktion* ist aus der Mathematik geläufig. In der Programmierung heißt das, dass wir einen allgemeinen Algorithmus haben, den wir auf unterschiedliche Argumentwerte anwenden können. Zum Beispiel ist die Berechnung der Sinus-Funktion als vordefinierter Algorithmus in vielen Programmiersprachen vorhanden. Eine solche Funktion können wir auf viele Werte anwenden, etwa $\sin(0)$, $\sin(\pi/2)$, $\sin(3 * \pi/4)$ etc.

Natürlich wollen wir auch selbst neue Funktionen definieren können. Für die Umrechnung von Temperaturen von Celsius nach Fahrenheit oder für die Berechnung des Volumens eines Kreiszylinders kann man in einem Physik- oder Mathematikbuch Vorschriften der folgenden Bauart finden:

$$fahrenheit(c) = c \cdot 9/5 + 32 \quad \text{// mathematische Notation}$$
$$volumen(r, h) = r^2 \cdot \pi \cdot h \quad \text{// mathematische Notation}$$

Wenn wir dann z. B. *fahrenheit*(100) schreiben, meinen wir das Ergebnis $100 \cdot 9/5+32 = 212$ und entsprechend bei $volumen(1,2)$ das Ergebnis $1^2 \cdot \pi \cdot 2 = 6.28$.

Das lässt sich in JAVA völlig analog nachvollziehen. Aber weil Programmtext nicht für intelligente Menschen geschrieben wird, sondern für stupide Computer, muss man etwas ausführlicher sein.

Beispiel 1. Die Umrechnung von Celsius- in Fahrenheittemperaturen wird in JAVA folgendermaßen geschrieben:

```
int fahrenheit (int celsius) {      // Ergebnistyp – Name – Parameter
    return celsius * 9/5 + 32;      // Ergebnisausdruck
}
```

Die Funktion `fahrenheit` hat einen *Parameter* namens `celsius` vom Typ `int` und liefert ein Ergebnis, das ebenfalls vom Typ `int` ist.

Der *Rumpf* besteht im Wesentlichen aus einer simplen arithmetischen Formel. Das Schlüsselwort `return` kennzeichnet die Formel als das Resultat der Funktion. Ein *Aufruf* der Funktion erfolgt z. B. in der Form

```
fahrenheit(38)
```

Hier wird der Parameter `celsius` mit dem konkreten Argumentwert `38` instanziiert und dann die so entstehende Formel `38 * 9/5 + 32` ausgerechnet (was gerundet zum Ergebnis `100` führt).

Beispiel 2. Das zweite Beispiel liefert die Fläche eines Kreises in Abhängigkeit von seinem Radius:

```
float kreisFläche (float radius) {
    return radius * radius * 3.1416F;
}
```

Ein Aufruf wie `kreisFläche(2)` liefert das Resultat `12.5664`.

Beispiel 3. Das nächste Beispiel zeigt die Verwendung mehrerer Parameter: Das Volumen eines Kreiszylinders hängt von der Höhe und dem Radius ab; beides sind reelle Zahlen.

```
float zylinderVolumen (float höhe, float radius) {
    return höhe * kreisFläche(radius);
}
```

Ein Aufruf wie `zylinderVolumen(1.5F, 1)` führt auf die Auswertung der Formel `1.5 * kreisFläche(1)` und damit zur Formel `1.5*1*1*3.1416` und schließlich zum Ergebnis `4.7124`.

(Hinweis: Da das Literal '`1`' per Default als `int` genommen wird, erfolgt ein Aufwärts-Casting an `float`. Bei '`1.5`' muss dagegen das '`F`' stehen, da sonst per Default `double` genommen würde.)

Wie wir an diesen einfachen Beispielen sehen, sind Funktionen in JAVA ganz ähnlich aufgebaut wie Funktionen in der Mathematik. Im Gegensatz zu den Gepflogenheiten der Mathematik wird bei JAVA-Funktionen allerdings zusätzlich noch ihre *Typisierung* mit angegeben.

Definition (Funktion)

- Eine ***Funktion*** hat null, einen oder mehrere ***Parameter***, in unseren Beispielen also *celsius* bei *fahrenheit* bzw. *höhe* und *radius* bei *zylinderVolumen*. (Der Fall von null Parametern ist als Randfall mit aufgenommen, auch wenn er bei Funktionen nicht viel bringt.) In Analogie zu Variablen wird den Parametern ihr ***Typ*** vorangestellt.
- Auch der Funktion selbst wird ihr ***Ergebnistyp*** vorangestellt, d. h., der Typ der Werte, die sie als Resultate liefern kann.
- Der ***Rumpf*** einer Funktion ist ein Ausdruck, in dem (im Allgemeinen) die Parameter vorkommen. Der Rumpf wird in die Klammern `{ ... }` eingeschlossen. Das Ergebnis wird durch `return` gekennzeichnet.
- Jeder ***Aufruf*** einer Funktion hat genauso viele ***Argumente*** wie die Funktion Parameter hat. Die Argumente müssen den gleichen Typ wie die entsprechenden Parameter haben. Der Aufruf wird ausgewertet, indem im Rumpf an Stelle der Parameter die entsprechenden Argumentwerte eingesetzt werden und der so entstehende Ausdruck ausgewertet wird.

❑

Funktion
«Ergebnistyp» «Name» («Parameterliste») { «Rumpf» }

Parameterliste
«Typ$_1$» «Name$_1$», ..., «Typ$_n$» «Name$_n$»

In unseren Beispielen können wir Aufrufe formulieren wie *fahrenheit*(100) oder *zylinderVolumen*$(1.2, 3.1)$ oder auch *zylinderVolumen*$(d/2, 2 * h)$. Bei Letzterem haben wir als Argumente ganze Ausdrücke (wobei in der Umgebung natürlich entsprechende Variablen `d` und `h` definiert sein müssen).

Funktionsaufruf
«Name» («Argumentliste»)

Argumentliste
«Ausdruck$_1$», ..., «Ausdruck$_n$»

3.1.2 Prozeduren

Was wir bei Ausdrücken gemacht haben, können wir natürlich auch bei Anweisungen machen, also bei Methoden, die keine Ergebnisse berechnen, sondern Aktionen auslösen (drucken, zeichnen, speichern, steuern etc.). Allerdings spricht man dann nicht mehr von Funktionen, sondern von Prozeduren. So können wir z. B. eine Prozedur schreiben, die eine Fehlermeldung ausgibt:

```
void alarm (String message) {
   Terminal.print("GEFAHR: " + message);
}
```

Wenn wir hier aufrufen `alarm("Temperatur zu hoch!")`, dann wird ausgegeben: `"GEFAHR: Temperatur zu hoch!"`.

Definition (Prozedur)

Prozeduren sind wie Funktionen, mit dem einzigen Unterschied, dass sie *kein Ergebnis* abliefern.

- Das „Kein-Ergebnis-Haben“ wird dadurch ausgedrückt, dass der Prozedur der ***Pseudo-Typ*** `void` vorangestellt wird.

  `void foo (...)` heißt also, dass `foo` eine Prozedur ist und *kein* Ergebnis hat.
- Im Rumpf der Prozedur steht konsequenterweise auch kein `return`.

❑

Prozedur
`void «Name» ( «Parameterliste» ) { «Rumpf» }`

3.1.3 Methoden und Klassen

Vor allem dienen Prozeduren dazu, die Attribute von Objekten zu setzen oder zu ändern. Außerdem kann in JAVA Programmtext nicht einfach irgendwo herumstehen, sondern muss immer in den Rahmen von Klassen eingebettet sein. Deshalb werden Methoden grundsätzlich in Klassen definiert.

Beispiel 1. Als Beispiel betrachten wir wieder unsere Klasse für Punkte im zweidimensionalen Raum und eine Prozedur `shift`, die diese Punkte verschiebt. (Wegen der Casting-Probleme steigen wir jetzt auf `double` um.)

```
class Point {
  double x;                                  // x-Koordinate
  double y;                                  // y-Koordinate
  Point ( double x, double y ) {             // Konstruktor-Methode
    this.x = x;
    this.y = y;
  }
  void shift ( double dx, double dy ) {      // verschieben
    this.x = this.x + dx;
    this.y = this.y + dy;
  }
} // end of class Point
```

Wenn wir ein Objekt dieser Klasse kreieren

```
Point p = new Point(3, 4);
```

dann haben die beiden Attribute die Werte $x = 3.0$ und $y = 4.0$. Wenn wir jetzt die Operation `shift` ausführen

```
p.shift(2, 4);
```

dann haben die beiden Attribute von `p` die neuen Werte $x = 5.0$ und $y = 8.0$. Das heißt, *das Objekt* `p` *ändert seinen Zustand; der Punkt wandert an eine andere Stelle.*

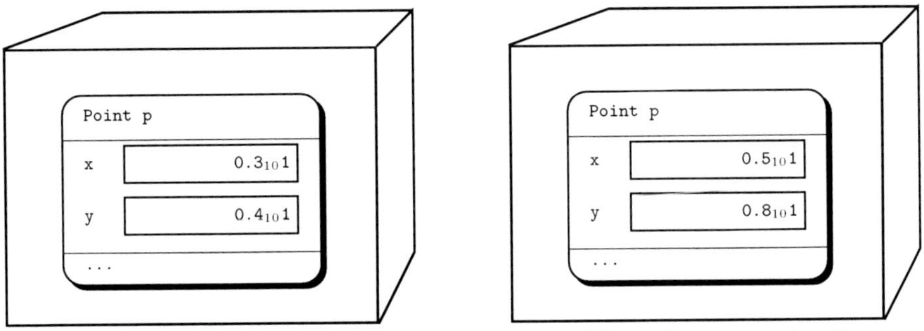

(a) Vor `p.shift(2,4)` (b) Nach `p.shift(2,4)`

Abb. 3.1. Effekt von `p.shift(2,4)` im Rechner

An diesem Beispiel erkennen wir auch, dass Methoden analog zu Attributen mit der Punktnotation selektiert werden.

Beispiel 2. Wir haben Punkte benutzt, um Linien zu beschreiben. Dann lässt sich `shift` ganz einfach auch für Linien einführen, indem wir die Methode auf die beiden Punkte anwenden:

```
class Line {
  Point p1;                                    // erster Punkt
  Point p2;                                    // zweiter Punkt
  Line ( Point p1, Point p2 ) {                // Konstruktor-Methode
    this.p1 = p1;
    this.p2 = p2;
  }
  void shift ( double dx, double dy ) {        // verschieben
    this.p1.shift(dx,dy);
    this.p2.shift(dx,dy);
  }
} //end of class Line
```

In der Klasse `Line` wird eine Prozedur `shift` erklärt, in deren Rumpf die beiden Punkte `p1` und `p2` jeweils ihre Methode `shift` ausführen. Wenn wir eine Linie einführen

```
Line l = new Line ( new Point(1,2), new Point(8,4) );
```

dann können wir mittels der einfachen Anweisung

```
l.shift(3, -1);
```

die Linie entsprechend verschieben (vgl. Abbildung 3.2)

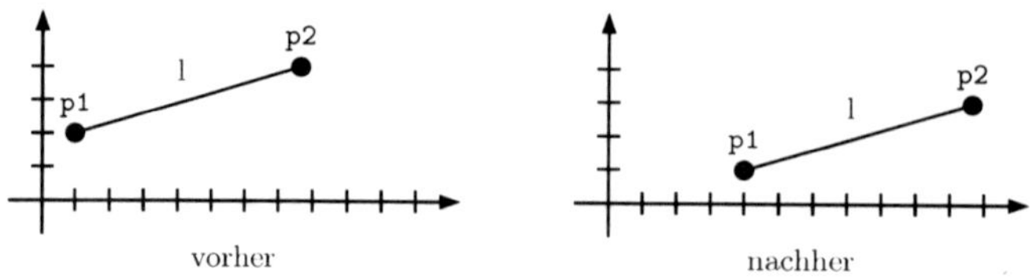

Abb. 3.2. Effekt der Prozedur `l.shift(3,-1)`

Man beachte, dass wir nach der Anwendung einer Prozedur wie `shift` immer noch *das gleiche Objekt* haben, allerdings mit geänderten Attributwerten.

3.1.4 Overloading (Überlagerung)

Ein spezielles Feature muss hier noch erwähnt werden, weil es in der Literatur sehr häufig benutzt wird. (Und auch wir haben es bei den Konstruktormethoden in Abschnitt 1.3.3 schon eingesetzt.) JAVA erlaubt das *Überlagern* (engl.: *Overloading*) von Methoden.

Definition (Overloading, Überlagerung)

Ein Methodenname wird überlagert, wenn er mehrfach für unterschiedliche Methoden benutzt wird. Als Bedingung ist jedoch notwendig, dass die Methoden sich in der Art und/oder Anzahl der Parameter unterscheiden. Man spricht dann auch von ***Overloading***. ❑

Ein typisches Beispiel werden wir in Abschnitt 3.3 sehen. Dort gibt es in einer Klasse zwei Methoden mit dem Namen `rotate`:

```
void rotate ( double angle ) { ... }
void rotate ( Point center, double angle ) { ... }
```

Die eine Methode bewirkt eine Rotation um den Ursprung des Koordinatensystems, die andere eine Rotation um einen beliebigen Punkt. Die Methoden können in der gleichen Klasse mit dem gleichen Namen koexistieren, weil man sie immer anhand ihrer Argumente unterscheiden kann.

Anmerkung: Andere Programmiersprachen sind noch flexibler. Sie erlauben sogar gleiche Parameterart, sofern wenigstens der Resultattyp sich unterscheidet. JAVA *ist hier – leider – strenger; es müssen die Parameter verschieden sein. Da resultatseitige Überlagerungsauflösung eine wohl bekannte Compilertechnik ist, ist diese unnötig restriktive Haltung besonders bedauerlich.*

3.2 Lokale Variablen und Konstanten

Um die Berechnungen von Methoden übersichtlich und lesbar zu strukturieren, ist es oft hilfreich oder sogar notwendig, Zwischenresultate zu benennen. Dazu verwendet man „lokale" Variablen oder Konstanten.

3.2.1 Lokale Variablen

Unter Verwendung einer lokalen Variablen hätten wir das obige Beispiel `zylinderVolumen` auch so programmieren können:

```
float zylinderVolumen (float höhe, float radius) {
   float fläche = kreisFläche(radius);
   return höhe * fläche;
}
```

Hier wird eine lokale Hilfsvariable `fläche` eingeführt, mit deren Hilfe der Resultatausdruck sich etwas besser strukturieren lässt.

Während dieses Beispiel so klein ist, dass die zusätzliche Strukturierung artifiziell wirkt, ist das bei dem folgenden Beispiel etwas besser. In Geometriebüchern kann man Erklärungen finden wie

Nach der Heron'schen Formel berechnet man die Fläche eines Dreiecks mit den Seiten a, b, c vermöge der Formel

$$F_{\triangle} = \sqrt{s \cdot (s-a) \cdot (s-b) \cdot (s-c)} \qquad \textit{wobei} \qquad s = \frac{a+b+c}{2}$$

Wie man hier deutlich sieht, ist eine solche Abkürzungsmöglichkeit dann besonders hilfreich, wenn ein Teilausdruck mehrfach vorkommt. Diese Nützlichkeit bieten die lokalen Variablen:

```
double heron (double a, double b, double c) {
  double s = (a+b+c) / 2;
  return Math.sqrt(s*(s-a)*(s-b)*(s-c));
}
```

Die lokale Variable `s` nimmt das Ergebnis des Hilfsausdrucks `(a+b+c)/2` auf, das dann in der Berechnung des eigentlichen Resultatausdrucks mehrfach verwendet wird.

Übrigens: Die merkwürdige Notation `Math.sqrt(...)` brauchen wir, um die Operation „Quadratwurzel" zu erhalten, die freundlicherweise von JAVA angeboten wird. Wie die Punkt-Notation ahnen lässt, geschieht das durch ein spezielles Objekt namens `Math`. Auf Details gehen wir später noch ein.

Bei den Klassen und Objekten hatten wir Variablen benutzt, um die Attribute zu repräsentieren; dabei hatten wir als Intuition die Idee der „Slots" benutzt, in die die Werte eingetragen werden. Diese Intuition lässt sich auf die lokalen Variablen von Methoden übertragen. Die Funktion `heron` besitzt einen Slot `s`, in den bei jedem Aufruf der Methode der jeweilige Wert `(a+b+c)/2` eingetragen wird (vgl. Abbildung 3.3).

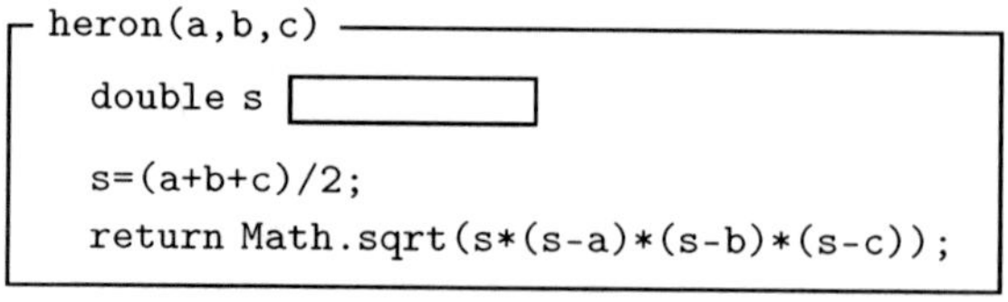

Abb. 3.3. „Slots" für lokale Variablen

Definition (lokale Variablen)

Variablen können innerhalb einer Methode (Funktion/Prozedur) ebenso deklariert werden wie innerhalb einer Klasse. Man nennt sie dann ***lokale Variablen***.

Im Gegensatz zu den Klassenattributen sind diese Variablen nur innerhalb der betreffenden Methode zugänglich (wie in Abbildung 3.3 illustriert). Den anderen Methoden der Klasse sind sie unbekannt. ❑

Eine Methode hat also grundsätzlich zwei Arten von Variablen, in die sie Werte hineinschreiben kann:

- die *Attribute* des zugehörigen Objekts.
  In diese Variablen werden diejenigen Werte geschrieben, die von mehreren Methoden benutzt werden sollen. Denn da die Objekt-Variablen länger leben als die jeweiligen Methoden(aufrufe), können sie dem Informationsaustausch zwischen den Methoden dienen;
- die *lokalen Variablen* der Methode selbst.
  Diese Variablen dienen nur als Zwischenspeicher für Werte, die die Methode im Laufe ihrer Berechnungen verwendet.

3.2.2 Lokale Konstanten

Wie bei den Klassen gibt es natürlich auch bei den Methoden die Unterscheidung zwischen den unbeständigen Variablen und den beständigen Konstanten. Ein typisches Beispiel sieht folgendermaßen aus:

```
float sum ( float[] a ) {
  final int N = a.length;
  float s = 0;
  ...
```

Hier wird der Wert N als Abkürzung für die Länge des Arrays eingeführt. Dieser Wert ändert sich während der ganzen Methode nicht mehr; deshalb wird er als Konstante gekennzeichnet.

Der Array-Parameter a kann zwar bei jedem Aufruf für einen anderen Array stehen, sodass die lokale Konstante N, die jeweils die Länge des aktuellen Arrays repräsentiert, bei jedem Aufruf einen anderen Wert hat. Aber *innerhalb der Methode* – also während ihrer jeweiligen Lebensdauer – ist N nicht änderbar!

3.2.3 Parameter als verkappte lokale Variablen*

Die Designer von JAVA haben sich leider entschlossen, ein schlechtes Konzept einiger anderer Programmiersprachen auch zu übernehmen: *Die Parameter einer Methode fungieren als lokale Variablen.* Wir können also z. B. schreiben

```
int foo (int a) {
   int x = a+1;
   a = x*x;              // VORSICHT! Miserabler Programmierstil
   return a+x;
}
```

Der Parameter `a` wird hier als eine lokale Variable missbraucht. Das heißt, das Bild, das wir in Abbildung 3.3 für die Methode `heron` gezeichnet haben, entspricht nicht ganz der Realität. Die Parameter müssen ebenfalls als „Slots" behandelt werden. Wir illustrieren das in Abbildung 3.4 anhand der Methode `foo`:

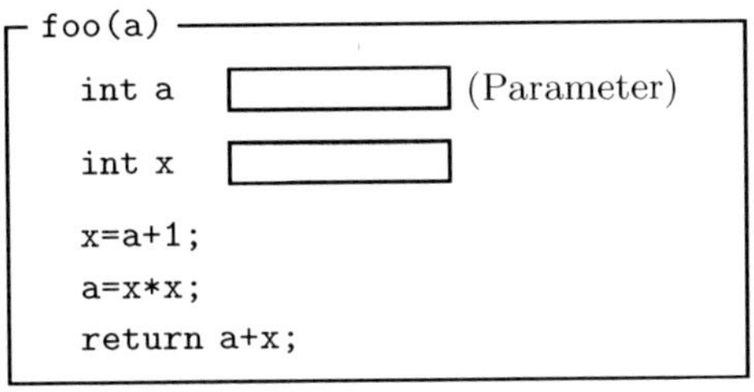

Abb. 3.4. „Slots" für lokale Variablen und Parameter

Was passiert z. B. bei einem Aufruf der folgenden Art?

```
int k = 2;
int s = foo(k);
int j = k;          // j wird auf 2 gesetzt
```

Beim Aufruf von `foo` wird der Parameter `a` auf den Wert von `k`, also 2, gesetzt. Das heißt, die 2 wird in den entsprechenden Slot eingetragen. Dann wird im Rumpf der Wert `a+1 = 2+1 = 3` in den Slot der lokalen Variablen `x` eingetragen. Als Nächstes wird der Wert `x*x = 3*3 = 9` in den Slot des Parameters `a` geschrieben. Als Letztes wird der Wert `a+x = 9+3 = 12` als Ergebnis abgeliefert. Damit beendet die Funktion ihr Dasein, was auch bedeutet, dass ihre lokalen Slots verschwinden. Die lokale Manipulation des Parameters hat deshalb (zum Glück!) keine Auswirkung auf den Wert von `k`; dieser ist auch nach dem Aufruf von `foo(k)` immer noch 2.

Es passiert also zum Glück nichts wirklich Schlimmes – mit Ausnahme einer ziemlichen Verwirrung des Lesers. Will man diese Verwirrung unterbinden, dann schreibt man das Schlüsselwort `final` vor den Parameter

* Dieser Abschnitt kann beim ersten Lesen übersprungen werden.

```
int foo (final int a) {
  ...
  a = x*x; {  // FEHLER!
  ...
}
```

Jetzt führt der Versuch, an a einen Wert zuzuweisen, zu einer Fehlermeldung des JAVA-Compilers.

Anmerkung: Leider haben die Designer von JAVA auch hier wieder den Fehler gemacht, guten Programmierstil mit erhöhtem Schreibaufwand zu bestrafen. Was aber noch schlimmer ist: Die Parameterlisten werden durch die zusätzlichen Annotationen mit `final` *so lang und unlesbar, dass man das Schlüsselwort lieber weglässt. (Auch wir werden das um der Lesbarkeit willen tun.)*

3.3 Beispiele: Punkte und Linien

Nachdem die notwendigen Grundbegriffe einzeln eingeführt wurden, illustrieren wir jetzt an unserem laufenden Beispiel der Punkte, Linien und Polygone das Zusammenspiel der Konzepte

Klassen – Konstruktoren – Methoden

3.3.1 Die Klasse `Point`

In Programm 3.1 wird zunächst die Klasse `Point` definiert. Die Methoden `dist` und `angle` berechnen die Polarkoordinaten des Punktes. Mit Hilfe von `shift` wird der Punkt an eine andere Stelle verschoben. Am aufwendigsten ist die Methode `rotate`, die – in der ersten Variante – den Punkt um einen gegebenen Winkel um den Nullpunkt dreht. In der zweiten Variante dreht sie den Punkt um einen beliebigen anderen Punkt c herum. (Man sieht hier wieder die Möglichkeit von JAVA Methoden zu überlagern, d. h., den gleichen Namen zu verwenden, solange die Parameter verschieden sind.) Das kann man einfach so implementieren, dass man den Drehpunkt c mittels `shift` zum Ursprung eines neuen Koordinatensystems macht, dann in diesem System das einfache `rotate` ausführt, und danach wieder ins alte Koordinatensystem zurückshiftet.

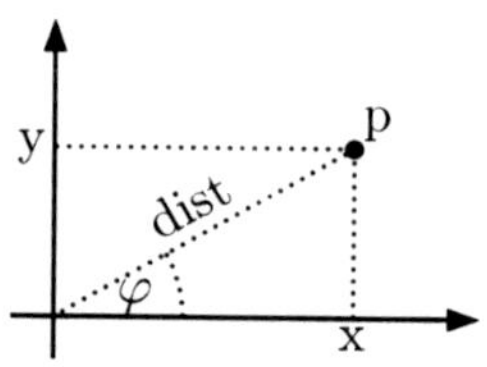

Man beachte, dass der Winkel für `rotate` in Grad angegeben wird, die Funktionen `sin` und `cos` aber im Bogenmaß (auch *Radiant* genannt und mit *rad* bezeichnet) berechnet werden. Dazu dient die in JAVA vordefinierte Funktion `Math.toRadians`.

```
class Point

// Attribute: Koordinaten
float x
float y

// Methoden
Point(double x, double y)
dist()
angle()
shift(double dx, double dy)
rotate(double angle)
rotate(Point center, double angle)
```

Die Prozedur `rotate` ist ohne eine grafische Erläuterung nicht verständlich. Am einfachsten wird die Berechnung, wenn wir nicht den Punkt $p = (x, y)$ im gegebenen Koordinatensystem in die Position $p' = (x', y')$ drehen, sondern stattdessen das Koordinatensystem rotieren und den Originalpunkt p in dem neuen System betrachten, wo er die Koordinaten (x', y') hat.

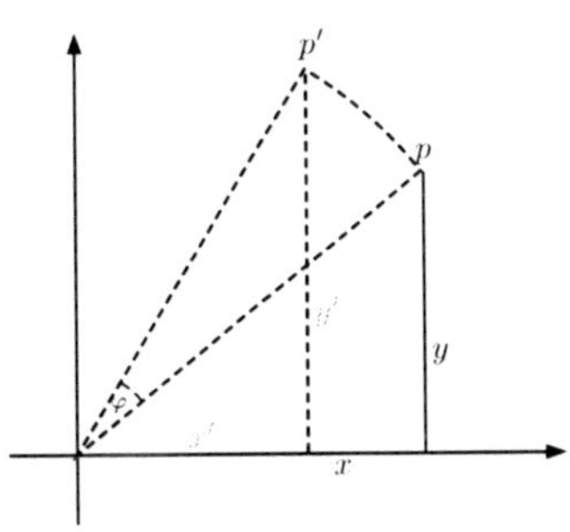

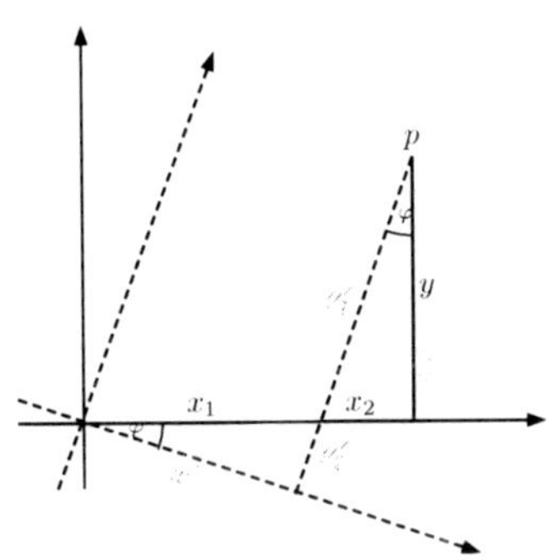

Dem rechten Bild entnimmt man sofort die folgenden Beziehungen:

$$x = x_1 + x_2 \qquad \sin\varphi = \frac{y_2'}{x_1} = \frac{x_2}{y_1'}$$

$$y' = y_1' + y_2' \qquad \cos\varphi = \frac{y}{y_1'} = \frac{x'}{x_1}$$

Damit ergeben sich folgende Rechnungen, um die neuen Koordinaten x' und y' in Abhängigkeit von den alten Koordinaten x, y und dem Winkel φ zu erhalten:

Programm 3.1 Die Klasse Point

```
class Point {
  double x;                                // Attribute: Koordinaten
  double y;
  Point ( double x, double y ) {           // Konstruktor-Methode
    this.x = x;
    this.y = y;
  } // Point
  double dist () {                         // Methoden für Polarkoordinaten
    double d = Math.sqrt(x*x + y*y);
    return d;
  } // dist
  double angle () {
    double phi = Math.atan(y/x);
    return phi;
  } // angle
  void shift ( double dx, double dy ) {    // verschieben
    this.x = this.x + dx;
    this.y = this.y + dy;
  } // shift
  void rotate ( double angle ) {           // rotieren
    // Note: angle is given as 0° ... 360°
    double phi = Math.toRadians(angle);
    double xOld = this.x;
    double yOld = this.y;
    this.x = xOld * Math.cos(phi) - yOld * Math.sin(phi);
    this.y = xOld * Math.sin(phi) + yOld * Math.cos(phi);
  } // rotate
  void rotate ( Point center, double angle ) {
    // Note: angle is given as 0° ... 360°
    double phi = Math.toRadians(angle);
    this.shift(-center.x, -center.y);
    this.rotate(angle);
    this.shift(center.x, center.y);
  } // rotate
} // end of class Point
```

$$\begin{aligned} x' &= x_1 \cos\varphi \\ &= (x - x_2)\cos\varphi \\ &= x\cos\varphi - x_2\cos\varphi \\ &= x\cos\varphi - y_1' \sin\varphi\cos\varphi \\ &= x\cos\varphi - \tfrac{y}{\cos\varphi}\sin\varphi\cos\varphi \\ &= x\cos\varphi - y\sin\varphi \end{aligned}$$

$$\begin{aligned} {y_1'}^2 &= x_2^2 + y^2 \\ y_1' &= \tfrac{x_2^2}{y_1'} + \tfrac{y^2}{y_1'} \\ &= x_2\sin\varphi + y\cos\varphi \\ y' &= y_1' + y_2' \\ &= (x_2\sin\varphi + y\cos\varphi) + x_1\sin\varphi \\ &= x\sin\varphi + y\cos\varphi \end{aligned}$$

Für Interessierte.

In den Standardbibliotheken von JAVA (auf die wir in Kapitel 14.3 noch genauer eingehen werden) gibt es ein *Package* `java.awt.geom`, in dem eine Klasse `AffineTransform` enthalten ist. Diese Klasse stellt Operationen bereit, die unserem `shift` und `rotate` entsprechen; dazu kommen noch die Operationen `scale`, die eine Dehnung des Koordinatensystems bewirkt, und `shear`, die eine Verzerrung des Koordinatensystems bewirkt.

Alle diese Operationen lassen sich kompakt in einer Matrixdarstellung folgender Art repräsentieren. Dabei wird eine dritte Zeile hinzugefügt, damit auch die additiven Bestandteile bei `shift` berücksichtigt werden können.

$$\texttt{shift(dx,dy):}\quad \begin{pmatrix} x' \\ y' \\ 1 \end{pmatrix} = \begin{pmatrix} 1 & 0 & dx \\ 0 & 1 & dy \\ 0 & 0 & 1 \end{pmatrix} \begin{pmatrix} x \\ y \\ 1 \end{pmatrix} = \begin{pmatrix} x + dx \\ y + dy \\ 1 \end{pmatrix}$$

$$\texttt{rotate(}\varphi\texttt{):}\quad \begin{pmatrix} x' \\ y' \\ 1 \end{pmatrix} = \begin{pmatrix} \cos\varphi & -\sin\varphi & 0 \\ \sin\varphi & \cos\varphi & 0 \\ 0 & 0 & 1 \end{pmatrix} \begin{pmatrix} x \\ y \\ 1 \end{pmatrix} = \begin{pmatrix} x\cdot\cos\varphi - y\cdot\sin\varphi \\ x\cdot\sin\varphi + y\cdot\cos\varphi \\ 1 \end{pmatrix}$$

$$\texttt{rotate(c, }\varphi\texttt{):}\quad \begin{pmatrix} x' \\ y' \\ 1 \end{pmatrix} = \begin{pmatrix} \cos\varphi & -\sin\varphi & (c_x - c_x\cdot\cos\varphi + c_y\cdot\sin\varphi) \\ \sin\varphi & \cos\varphi & (c_y - c_x\cdot\sin\varphi + c_y\cdot\cos\varphi) \\ 0 & 0 & 1 \end{pmatrix} \begin{pmatrix} x \\ y \\ 1 \end{pmatrix}$$

Man rechnet sofort nach, dass die Matrix von `rotate(c,`φ`)` sich aus dem Produkt der Matrizen

$$\texttt{shift(c.x,c.y)}\cdot\texttt{rotate(}\varphi\texttt{)}\cdot\texttt{shift(-c.x,-c.y)}$$

ergibt. Und das entspricht genau unserer Methode `rotate(center,angle)`, weil die Anwendung der drei Funktionen ja von rechts nach links zu lesen ist.

Zum Schluss sei noch erwähnt, dass die beiden weiteren Methoden der JAVA-Klasse `AffineTransform` sich durch folgende Matrizen darstellen lassen:

$$\texttt{scale(sx,sy):}\quad \begin{pmatrix} x' \\ y' \\ 1 \end{pmatrix} = \begin{pmatrix} sx & 0 & 0 \\ 0 & sy & 0 \\ 0 & 0 & 1 \end{pmatrix} \begin{pmatrix} x \\ y \\ 1 \end{pmatrix} = \begin{pmatrix} sx\cdot x \\ sy\cdot y \\ 1 \end{pmatrix}$$

$$\texttt{shear(sx,sy):}\quad \begin{pmatrix} x' \\ y' \\ 1 \end{pmatrix} = \begin{pmatrix} 1 & sx & 0 \\ sy & 1 & 0 \\ 0 & 0 & 1 \end{pmatrix} \begin{pmatrix} x \\ y \\ 1 \end{pmatrix} = \begin{pmatrix} x + sx\cdot y \\ y + sy\cdot x \\ 1 \end{pmatrix}$$

Genauso wie oben gezeigt, lassen sich alle möglichen Kombinationen dieser Operationen durch entsprechende Multiplikation der Matrizen erreichen. Die Matrixform liefert also eine Möglichkeit, auch komplexe geometrische Manipulationen auf kompakte Weise darzustellen.

3.3.2 Die Klasse `Line`

Diese ganze mathematische Mühe zahlt sich jetzt sehr schön aus. Denn nachdem wir in der Klasse `Point` die relevanten Methoden definiert haben, bekommen wir die Klasse `Line` „fast geschenkt". Die Operationen `shift` und `rotate` müssen nur jeweils auf die Endpunkte angewandt werden. Und für die Länge der Strecke und den Steigungswinkel φ stehen die entsprechenden Ausdrücke $\sqrt{(x_2 - x_1)^2 + (y_2 - y_1)^2}$ und $\tan\varphi = \frac{y_2 - y_1}{x_2 - x_1}$ in jeder mathematischen Formelsammlung. Man muss allerdings aufpassen, dass man keine senkrechte Linie hat, weil dann der Steigungswinkel unendlich ist (s. Abschnitt 2.1). Programm 3.2 enthält den Code.

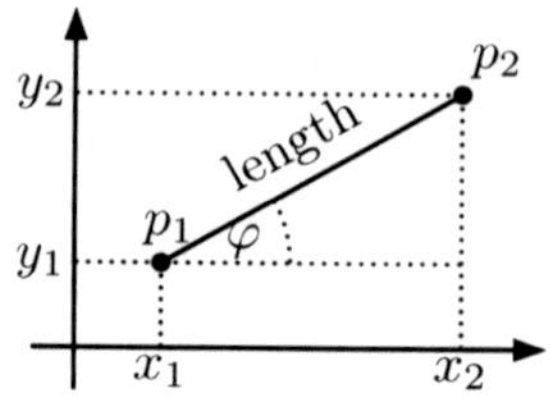


```
class Line

// Attribute: Koordinaten
Point p1
Point p2

// Methoden
Line(Point p1, Point p2)
length()
gradient()
shift(double dx, double dy)
rotate(double angle)
rotate(Point center, double angle)
```

Übung 3.1. Man ergänze die Klasse `Line` *um weitere Funktionen der Analytischen Geometrie, z. B.*

- `boolean contains (Point p)`: *Liegt* `p` *auf der Linie?*
- `Point intersection (Line other)`: *Schnittpunkt der beiden Linien (falls definiert).*
- `boolean isParallel (Line other)`: *Sind die beiden Linien parallel?*

Übung 3.2. Man ergänze die Klasse `Line` *um eine weitere Konstruktor-Methode*

- `Line(Point p, double length, double angle)`

die den Anfangspunkt, die Länge und den Steigungswinkel vorgibt.

Programm 3.2 Die Klasse `Line`

```
class Line {
  Point p1;                                        // Attribute: Endpunkte
  Point p2;
  Line ( Point p1, Point p2 ) {                    // Konstruktor-Methode
    this.p1 = p1;
    this.p2 = p2;
  } // Point
  double length () {                               // Länge
    return Math.sqrt(square(p2.x-p1.x) + square(p2.y-p1.y));
  } // length
  private double square ( double x ) {             //Hilfsfunktion (privat!)
    return x*x;
  } // square
  double gradient () {                             // Steigung (0° ... 360°)
    double phi = Math.atan((p2.y-p1.y) /(p2.x-p1.x));
    return Math.toDegrees(phi);
  } // gradient
  void shift ( double dx, double dy ) {            // verschieben
    this.p1.shift(dx,dy);
    this.p2.shift(dx,dy);
  } // shift
  void rotate ( double angle ) {                   // rotieren (0° ... 360°)
    this.p1.rotate(angle);
    this.p2.rotate(angle);
  } // rotate
  void rotate ( Point center, double angle ) {
    this.p1.rotate(center,angle);
    this.p2.rotate(center,angle);
  } // rotate
} // end of class Line
```

3.3.3 Private Hilfsmethoden

Die Methode `square` in der Klasse `Line` enthält etwas Neues. Vor den Typ haben wir noch das Schlüsselwort `private` gesetzt! Was bedeutet das?

Offensichtlich ist das Quadrieren einer Zahl – im Gegensatz zu `shift`, `rotate` etc. – keine Funktion, die zur geometrischen Idee der „Linie“ gehört. Wir benötigen diese Funktion nur, weil damit die Programmierung der Funktion `length` etwas kürzer wird. Solche Hilfsfunktionen sollen deshalb auch innerhalb der Klasse *verborgen* werden. Der Effekt ist, dass bei einem Objekt `Line l = new Line(p,q)` der Aufruf `l.square(x)` vom JAVA-Compiler als Fehler zurückgewiesen wird.

Genauer werden wir dieses Thema in Abschnitt 14.4 behandeln.

3.3.4 Methoden mit variabler Parameterzahl*

JAVA 5 hat eine syntaktische Bequemlichkeit eingeführt. Betrachten wir dazu ein kleines Beispiel: Wenn wir das Maximum zweier Zahlen bestimmen wollen, dann schreiben wir eine Funktion der folgenden Art:

```
int max ( int a, int b ) { «Rumpf» } // zwei Argumente
```

Wenn wir das Maximum dreier Zahlen brauchen, müssen wir eine weitere Funktion einführen:

```
int max ( int a, int b, int c ) { «Rumpf» } // drei Argumente
```

Und so weiter. Deshalb erlaubt JAVA, eine Funktion `max` zu schreiben, die mit *beliebig vielen* Argumenten aufgerufen werden kann. Dies geschieht in folgender Notation:

```
int max ( int... args ) { «Rumpf» } // beliebig viele Argumente
```

De facto ist der Parameter `args` jetzt ein Array der Art `int[]`, und so wird er auch im Rumpf von `max` behandelt. Wir können also Dinge schreiben wie `args.length` oder `args[i]`.

Die Bequemlichkeit (und Lesbarkeit) liegt darin, dass wir beim Aufruf nicht mühsam einen Array kreieren müssen, sondern einfach schreiben dürfen

```
... max(u,v) ... max(u,v,w,x,y,z) ...
```

Natürlich kann die Methode zusätzlich noch weitere Parameter enthalten. So würde z. B. eine Funktion, die aus einer Liste von Argumenten denjenigen Wert bestimmt, der am nächsten bei einem gegebenen Wert `x` liegt, folgendermaßen geschrieben werden:

```
int neighbor ( int x, int... args ) { «Rumpf» }
```

Anmerkung: Wir haben dieses Feature bereits in Abschnitt 2.1.5 bei der Operation `String.format(...)` *in Tabelle 2.7 kennen gelernt. Ihre Funktionalität ist* `String format(String pattern, Object... args)`.

3.3.5 Fazit: Methoden sind Funktionen oder Prozeduren

Funktionen und Prozeduren werden in JAVA prinzipiell nicht durch die Notation unterschieden. Das einzige Unterscheidungsmerkmal ist, dass Prozeduren als „Ergebnistyp" den Pseudotyp `void` haben.

Der **Ergebnistyp** wird – wie in JAVA generell üblich – vor den Funktionsnamen geschrieben.

Die Liste der **formalen Parameter** besteht aus null, einem oder mehreren getypten Namen, die durch Komma getrennt sind. Die Klammern sind zwingend vorgeschrieben; d. h., Methoden ohne Parameter werden durch die

* Dieser Abschnitt kann beim ersten Lesen übersprungen werden.

„leeren Klammern" `()` charakterisiert. Als neues Feature in JAVA 5 kann man auch Methoden mit einer variablen Anzahl von Argumenten definieren.

Der **Rumpf** wird in die Klammern `{...}` eingeschlossen und enthält die Aktionen, die die Methode bei ihrem Aufruf ausführt. Außerdem können im Rumpf auch noch lokale Hilfsvariablen und -konstanten eingeführt werden.

Bei **Funktionen** steht im **Rumpf** ein Ausdruck, der das Ergebnis liefert. (Üblicherweise – aber nicht notwendigerweise – ist dies die letzte Anweisung des Rumpfes.) Dieser Ausdruck folgt auf das Schlüsselwort `return`.

Übrigens: Auch die Konstruktormethoden sind offensichtlich Funktionen, denn sie liefern als Resultat ja gerade ein neues Objekt der entprechenden Klasse. Aber sie sind die einzigen Methoden, bei denen JAVA auf die Angabe des Ergebnistyps verzichtet. Eine Schreibweise wie `Point Point(double x, double y){...}` sähe ja auch zu komisch aus.

4

Programmieren in Java – Eine erste Einführung

One programs into a language, not in it.

David Gries [27]

Im letzten Kapitel haben wir die Grundelemente des objektorientierten Programmierens kennen gelernt. Jetzt wollen wir mit der tatsächlichen Programmierung in der Sprache JAVA beginnen. Dabei müssen wir folgende Aspekte unterscheiden:

- den *Programmierprozess*, d. h. die von uns als Programmierer auszuübenden Aktivitäten;
- das *Programm*, d. h. diejenigen Dinge („Artefakte"), die beim Programmieren entstehen;
- die *Programmierumgebung*, d. h. die Sammlung von Werkzeugen, die vom Betriebssystem und vom JAVA-System bereitgestellt werden;
- die *Bibliotheken*, d. h. die Sammlungen von Klassen, die von den JAVA-Entwicklern bereits vordefiniert wurden, damit wir beim Programmieren weniger Arbeit haben.

4.1 Programme schreiben und ausführen

Zunächst ist „das Programmieren" ein ingenieurmäßig organisierter Arbeitsprozess, in dem man im Wesentlichen folgende Tätigkeiten durchführen muss:

- Modellieren (des Problems)
- Spezifizieren (der genauen Aufgabenstellung)
- Entwurf (der Lösung)
- Codieren (in der Programmiersprache)
- Testen (mit systematisch ausgewählten Testfällen)
- Dokumentieren (während aller Phasen)

Wie man sieht, ist das eigentliche Programmieren (im Sinne von „Programmtexte in Sprache X eintippen") nur ein ganz kleiner Teil dieses Prozesses. Allerdings ist die Beherrschung dieses Teils unabdingbare Voraussetzung für alles andere!

Beim Entwickeln von Software stehen uns eine ganze Reihe von ***Werkzeugen*** (engl.: *tools*) zur Verfügung. Ohne diese Werkzeuge ist eine Programmerzeugung nicht möglich, weshalb ihre Beherrschung ebenfalls zu den notwendigen Fertigkeiten von Informatikern und Ingenieuren gehört.

4.1.1 Der Programmierprozess

„Die schlimmsten Fehler macht man in der Absicht, einen Fehler gutzumachen." (Jean Paul)

Der übliche Arbeitsablauf ist in Abb. 4.1 dargestellt.

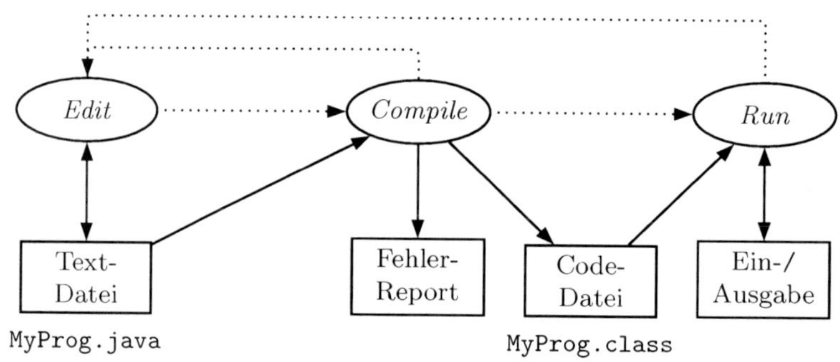

Abb. 4.1. Arbeitsablauf bei der Programmerstellung

1. Zunächst wird mit Hilfe eines ***Editors*** der Programmtext geschrieben und in einer Datei gespeichert. Wir nennen diese Textdateien hier *Programmdateien*. Dabei sind in JAVA folgende Bedingungen zu erfüllen:
   - Die Datei muss die Endung „`.java`" haben.
   - Der Name der Datei muss mit dem Namen der Hauptklasse des Programms übereinstimmen. (In unserem Beispiel in Abb. 4.1 muss die Hauptklasse also `class MyProg { ... }` sein.)
2. Dann wird diese Textdatei dem JAVA-***Compiler*** übergeben. Das geschieht, indem man in der Betriebssystem-Shell das Kommando
   ```
   javac MyProg.java
   ```
   eingibt. Der Compiler tut dann zweierlei:
   - Zunächst *analysiert* er das Programm und generiert gegebenenfalls Fehlermeldungen.
   - Falls das Programm korrekt ist, erzeugt er *Maschinencode* und speichert ihn in einer Datei. Diese Datei hat folgende Eigenschaften:

   - Sie hat den gleichen Namen wie die eingegebene Textdatei.
   - Sie hat die Endung „`.class`".
3. Die ***Ausführung*** dieses Maschinencodes[1] kann dann beliebig oft und jeweils mit anderen Eingabedaten erfolgen. Dies geschieht durch das Betriebssystem-Kommando
   ```
   java MyProg
   ```
   Hier darf die Endung „`.class`" **nicht** angegeben werden.

In diesem Prozess gibt es zwei Stellen, an denen man üblicherweise mehrfach iterieren muss: Wenn der Compiler ***Fehler*** im Programmtext findet, muss man sie mit dem Editor korrigieren. Und wenn bei den ersten ***Testläufen*** nicht die erwarteten Resultate herauskommen, muss man die Gründe dafür suchen und die entsprechenden Programmierfehler ebenfalls mit dem Editor korrigieren.

Abbildung 4.2 zeigt den Effekt der Übersetzung im Betriebssystem. (In diesem Fall handelt es sich um WINDOWS XP, wobei für die `.java`- und für die `.class`-Dateien spezielle Icons definiert wurden.)

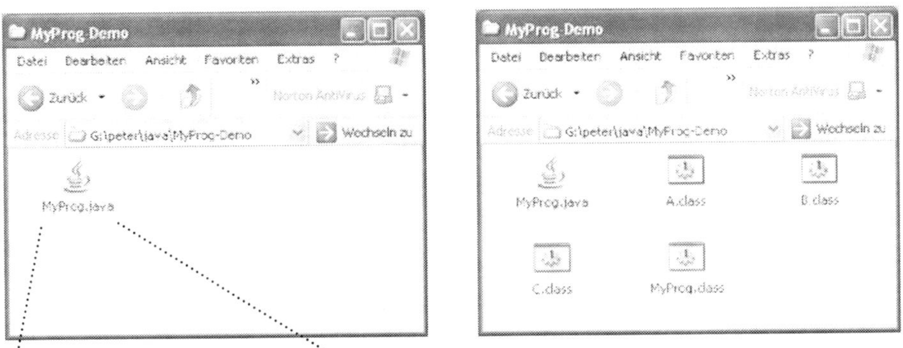

Abb. 4.2. Dateien vor und nach der Übersetzung

```
class MyProg {
  public static void main ( String[] args ) { ... }
}//end of class MyProg
class A { ... }
class B { ... }
class C { ... }
```

Man sieht, dass aus den vier Klassen, die in der Programmdatei `MyProg.java` definiert sind, vier individuelle `.class`-Dateien werden. Dabei muss die Hauptklasse so heißen wie die Datei, in unserem Fall also `MyProg`. Darauf gehen wir unten gleich noch genauer ein.

[1] Es handelt sich um Code für die sog. JVM (*Java Virtual Machine*).

Variationen.

Die obige Prozessbeschreibung trifft nur auf die allereinfachsten Fälle zu. In der Praxis ergeben sich Variationen.

- Ein Programm, das aus mehreren Klassen besteht, kann auch auf mehrere Dateien verteilt werden. In diesem Fall ist es guter Brauch, dass dann jede Datei nur eine Klasse enthält (deren Namen sie dann trägt).
- Meistens ist der JAVA-Compiler so nett, alle für ein Programm benötigten Dateien automatisch zusammenzusuchen und zu compilieren, sobald man die Hauptdatei compiliert. (Leider versagt dieser Automatismus aber in gewissen subtilen Situationen, was zu verwirrenden Fehlersituationen führen kann. Denn obwohl man den Fehler in der Programmdatei korrigiert hat, tritt er beim Testen immer noch auf.)

Anmerkung: Bei einer professionellen Entwicklung größerer Programmsysteme braucht man auch ausgefeiltere Werkzeuge. Anstelle von einfachen Editoren und der Übersetzung „von Hand“ verwendet man dann sog. Integrierte Programmierumgenungen *(*IDE*) wie z. B.* ECLIPSE *von* IBM *oder* NETBEANS *von* SUN.

4.1.2 Die Hauptklasse und die Methode `main`

Es gibt noch eine weitere Besonderheit von JAVA, die wir berücksichtigen müssen. Sie betrifft die *Hauptklasse* eines Programms. Im Beispiel von Abb. 4.1 haben wir angenommen, dass dies die Klasse `MyProg` ist und deshalb die Ausführung des Programms mit dem Befehl

```
java MyProg
```

gestartet. Eine solche Klasse kann aber viele Methoden umfassen. Woher weiß das JAVA-System dann, mit welcher Methode es die Arbeit beginnen soll?

Dies ist ein generelles Problem, das alle Programmiersprachen haben. Es lässt sich auf zwei Weisen lösen. Entweder man verlangt, dass beim Startbefehl nicht nur die Klasse, sondern auch die Methode angegeben wird. Oder man legt fest, dass die Startmethode immer den gleichen Namen haben muss. Die Designer von JAVA haben sich für die zweite Regel entschieden. Und der Standardname für die Startmethode ist „`main`“. Die Anforderungen sind aber noch schärfer: `main` muss immer den gleichen Typ haben.

Für unser Beispiel gilt somit, dass die Hauptklasse `MyProg` folgendes Aussehen haben muss:

```
class MyProg {
  public static void main ( String[] args ) { // Startmethode
    ...
  } // end of method main
  ...
} // end of class MyProg
```

Im Augenblick ignorieren wir, was die zusätzlichen Angaben „`public`" und „`static`" bedeuten und wozu der Parameter „`args`" dient. Wir merken uns nur, dass „`main`" immer so aussehen muss.

Damit können wir uns die Ausführung eines Programmes folgendermaßen vorstellen:

- Wenn das JAVA-System mit einem Befehl wie `java MyProg` gestartet wird, kreiert es als Erstes ein (anonymes) Objekt der Klasse `MyProg`.
- Dann ruft das System die Methode `main` dieses anonymen Objektes auf.
- Danach geschieht das, was wir im Rumpf der Methode `main` programmiert haben.
- Wenn alle Aktionen im Rumpf von `main` abgearbeitet sind, beendet das System unser Programm.

Im Prinzip können wir beliebig viel in den Rumpf von `main` hineinpacken. Und die Hauptklasse kann auch beliebig viele weitere Methoden enthalten. In der Praxis hat sich aber die Konvention bewährt, die Hauptklasse so knapp wie möglich zu fassen und die ganze eigentliche Arbeit in andere Klassen zu delegieren. (Was das heißt, werden wir gleich an Beispielen sehen.)

> **Prinzip der Programmierung**: *Restriktive Benutzung von* ***main***
>
> Die Methode `main`, die als Startmethode jedes lauffähigen JAVA-Programms zu verwenden ist, sollte so wenig Code wie möglich enthalten. Idealerweise kreiert `main` nur ein Anfangsobjekt und übergibt dann diesem Objekt die weitere Kontrolle.

4.2 Ein Beispiel mit Physik

In Physikbüchern kann man folgende Berechnung für den „schiefen Wurf" nachlesen: Ein Körper wird in einem Winkel φ mit einer Anfangsgeschwindigkeit v_0 geworfen. Für die Höhe und die Weite dieses Wurfes ergeben sich die mathematischen Formeln aus Abbildung 4.3.

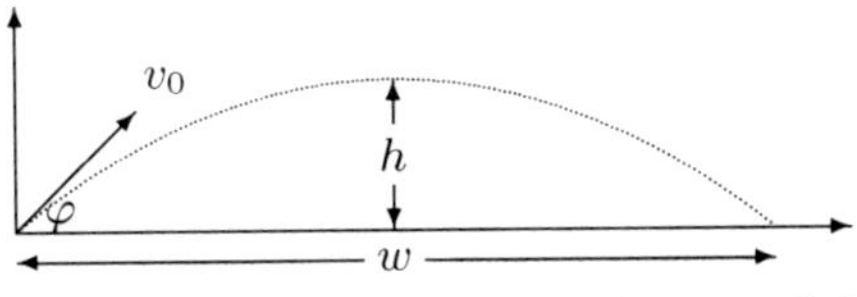

Wurfhöhe: $h = \frac{v_0^2}{2g} \sin^2 \varphi$

Wurfweite: $w = \frac{v_0^2}{g} \sin 2\varphi$

Abb. 4.3. Schiefer Wurf

Wir haben es bei diesem Programm mit mindestens drei Klassen zu tun, nämlich mit den beiden vordefinierten Klassen `Terminal` und `Math` sowie mit unserem eigentlichen Programm. Auf die vordefinierten Klassen `Terminal` und `Math` gehen wir später noch genauer ein. Zunächst konzentrieren wir uns auf unsere eigene Programmierung.

Wir haben schon in Abschnitt 4.1 (auf Seite 63) festgestellt, dass man die Methode `main` so knapp wie möglich fassen sollte.

Prinzip der Programmierung

- Die für JAVA notwendige Methode `main` wird in eine Miniklasse eingepackt.
- Die Methode `main` tut nichts anderes als ein Objekt zu kreieren, das dann die eigentliche Arbeit leistet.
- Das neu zu generierende Objekt wird durch eine eigene Klasse beschrieben.

Damit erhalten wir insgesamt vier Objekte (vgl. Abbildung 4.4): JAVA erzeugt beim Programmstart ein anonymes Startobjekt zur Klasse `Wurf`. Dieses generiert (in der Methode `main`) nur ein Objekt `werfer`, das dann – zusammen mit `Terminal` und `Math` – die eigentliche Arbeit leistet.

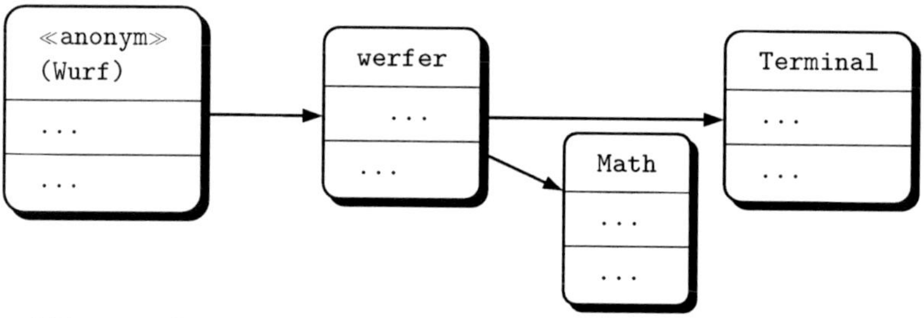

Abb. 4.4. Programm mit Terminal-Ein-/Ausgabe und Mathematik

Der Programmcode hat die Struktur von Programm 4.1: Die Klasse `Wurf` enthält nur die Methode `main`. (Auf die Annotation `public` gehen wir gleich in Abschnitt 4.3.2 ein.) In der Methode `main` wird zunächst ein neues Objekt `werfer` kreiert, dessen Beschreibung in der Klasse `Werfer` enthalten ist. Dann wird die Methode `werfen` dieses Objekts aufgerufen.

Die Klasse `Werfer` – genauer: das Objekt `werfer`, das durch die Klasse beschrieben wird – leistet die eigentliche Arbeit. Die Klasse `Werfer` umfasst die eigentlich interessierende Methode `werfen` sowie einige Hilfsfunktionen, nämlich `weite`, `höhe` und `bogen`. Außerdem gibt es noch die Gravitationskonstante `G`. Da es sich bei allen um Hilfsgrößen handelt, sind sie als `private` gekennzeichnet (s. Abschnitt 3.3.3).

Die zentrale Methode `werfen` funktioniert folgendermaßen:

Programm 4.1 Das Programm `Wurf`

```
public class Wurf {
   public static void main (String[] args) {
      Werfer werfer = new Werfer();
      werfer.werfen();
   }
} // end of class Wurf

class Werfer {
   void werfen () {
      Terminal.println("\nSchiefer Wurf\n");
      double v0     = Terminal.askDouble("v0  = ? ");
      double winkel = Terminal.askDouble("phi = ? ");
      double phi    = bogen(winkel);
      Terminal.println("");
Terminal.println(String.format("Die Weite ist %1.2f", weite(v0,phi)));
Terminal.println(String.format("Die Höhe ist %1.2f", hoehe(v0,phi)));
      }
   private double weite ( double v0, double phi) {
      return (v0*v0)/G * Math.sin(2*phi);
      }
   private double höhe ( double v0, double phi) {
      double s = Math.sin(phi);
      return (v0*v0)/(2*G)*(s*s);
      }
   private double bogen ( double grad ) {
      return grad * (Math.PI / 180);
      }
   private double G = 9.81;
} // end of class Werfer
```

- Das Programm gibt zuerst eine Überschrift aus und fragt dann nach zwei reellen Zahlen. Das geschieht über eine spezielle vordefinierte Klasse `Terminal` (s. Abschnitt 4.3.6).
- Da wir den Winkel in Grad eingeben wollen, JAVA aber alle trigonometrischen Funktionen im Bogenmaß berechnet, müssen wir den Winkel entsprechend konvertieren (mit der Hilfsfunktion `bogen`).
- Danach wird eine Leerzeile ausgegeben und dann folgen die beiden Ergebnisse. Dabei verwenden wir die Operation `format`, die wir in Tabelle 2.7 auf Seite 32 eingeführt haben, um die Gleitpunktzahlen besser lesbar zu machen.

In den Hilfsfunktionen `weite` und `höhe` berechnen wir die entsprechenden physikalischen Formeln. Dazu brauchen wir Funktionen wie `sin` und Konstanten wie `PI`, die von JAVA in der vordefinierten Klasse `Math` bereitgestellt werden (s. Abschnitt 4.3.4).

Übrigens: Die Hilfsfunktion `bogen` hätten wir nicht selbst zu programmieren brauchen. Die Klasse `Math` bietet uns dafür die Methode `toRadians` an (s. Abschnitt 4.3.4).

Anmerkung: Es ist klar, dass wir beim Aufruf von Methoden des *eigenen* Objekts *keine* Punkt-Notation brauchen. Das heißt, während wir bei fremden Objekten z. B. schreiben müssen `Terminal.println(...)`, genügt es natürlich nur z. B. `weite(v0,phi)` zu schreiben. (Es wäre aber auch legal, `this.weite(v0,phi)` zu schreiben – aber das würde die Lesbarkeit massiv stören.)

Dieses Programm kann z. B. zu folgendem Ablauf führen. Man beachte, dass die Weite aufgrund diverser Rundungsfehler nicht 0 ist, sondern eine winzige Zahl $\approx 10^{-15}$, genau: `1.248365748366313E-15`. Auch die Höhe wäre präzise `5.09683995922528`. Durch die Operation `format(...)` wird daraus eine lesbare Ausgabe mit nur zwei Stellen hinter dem Komma. Die Benutzereingabe kennzeichnen wir durch Kursivschrift.

```
> javac Wurf.java
> java Wurf
Schiefer Wurf
v0  = ? 10
phi = ? 90
Die Weite ist 0.00
Die Höhe ist 5.10
>
```

Am Ende zeigt uns das sog. Prompt '>' an, dass das Programm beendet ist und das Betriebssystem (z. B. UNIX oder WINDOWS) wieder bereit ist, neue Aufträge von uns entgegenzunehmen.

Übung 4.1. [Zins] Ein Anfangskapital K werde mit jährlich $p\%$ verzinst. Wie hoch ist das Kapital nach n Jahren?

Wie hoch ist das Kapital, wenn man zusätzlich noch jedes Jahr einen festen Betrag E einzahlt?

Sei ein Anfangskapital K gegeben, das nach folgenden Regeln aufgebraucht wird: Im ersten Jahr verbraucht man den Betrag V; aufgrund der Inflationsrate wächst dieser Verbrauch jährlich um $p\%$. Wann ist das Kapital aufgebraucht?

Hinweis: Für alle drei Aufgaben gibt es geschlossene Formeln. Insbesondere gilt für $q \neq 1$ die Gleichung $\sum_{i=0}^{n} q^i = \frac{1-q^{n+1}}{1-q}$.

4.3 Bibliotheken (Packages)

Es wäre äußerst unökonomisch, wenn man bei jedem Programmierauftrag das Rad immer wieder neu erfinden würde. Deshalb gibt es große Sammlungen von nützlichen Klassen, auf die man zurückgreifen kann. Solche Sammlungen werden ***Bibliotheken*** genannt; in JAVA heißen sie ***Packages***. Es gibt im Wesentlichen drei Arten von Bibliotheken:

- Gewisse Bibliotheken bekommt man mit der Programmiersprache mitgeliefert.
- Viele Firmen kreieren im Laufe der Zeit eigene Bibliotheken für die firmenspezifischen Applikationen.
- Schließlich schaffen sich auch viele Programmierer im Laufe der Jahre eine eigene Bibliotheksumgebung.

4.3.1 Packages: Eine erste Einführung

Ein Package in JAVA ist eine Sammlung von Klassen. (Später werden wir sehen, dass außerdem noch sog. Interfaces hinzukommen.)

Wenn man – so wie wir das im Augenblick noch tun – einfach eine Sammlung von Klassen in einer oder mehreren Textdateien definiert und diese dann übersetzt und ausführt, generiert JAVA dafür ein (anonymes) Package, in dem sie alle gesammelt werden.

Wenn man seine Klassen in einem Package sammeln möchte, dann muss man am Anfang jeder Datei als erste Zeile schreiben

```
package mypackage;
```

Das führt dazu, dass alle in der Datei definierten Klassen zum Package `mypackage` gehören. Wenn man also in fünf verschiedenen Dateien jeweils diese erste Zeile schreibt, dann gehören alle Klassen dieser fünf Dateien zum selben Package, das den schönen Namen `mypackage` trägt.

Diese Packages haben subtile Querverbindungen zum Dateisystem des jeweiligen Betriebssytems, weshalb wir ihre Behandlung auf Kapitel 14 verschieben. Wir wollen zunächst auch keine eigenen Packages schreiben (weil uns das anonyme Package genügt), sondern nur vordefinierte Packages von JAVA benutzen.

4.3.2 Öffentlich, halböffentlich und privat

Wir hatten in Abschnitt 3.3.3 gesehen, dass man Methoden und Attribute in einer Klasse verstecken kann, indem man sie als `private` kennzeichnet. Von außerhalb der Klasse sind sie dann nicht mehr zugänglich.

Wir werden in Kapitel 14 sehen, dass normale Klassen, Attribute und Methoden „halböffentlich“ sind. (Das heißt im Wesentlichen, dass sie in ihrem Package sichtbar sind.) Wenn man sie wirklich global verfügbar machen will (also auch außerhalb ihres Packages), muss man sie als `public` kennzeichnen.

Wir können auf die genauen Spielregeln für die Vergabe der `public`- und `private`-Qualifikatoren erst in Kapitel 14 eingehen. Bis dahin halten wir uns an die Intuition, dass wir diejenigen Klassen und Methoden, die wir „öffentlich verfügbar“ machen wollen, als `public` kennzeichnen.

4.3.3 Standardpackages von JAVA

Das JAVA-System ist mit einer Reihe von vordefinierten Packages ausgestattet. Da dieser Vorrat über die JAVA-Versionen hinweg ständig wächst, geben wir hier nur eine Auswahl der wichtigsten Packages an.

- `java.lang`: Einige Kernklassen wie z. B. `Math`, `String`, `System` und `Object`.
- `java.io`: Klassen zur Ein- und Ausgabe auf Dateien etc.
- `java.util`: Vor allem Klassen für einige nützliche Datenstrukturen wie `Stack` oder `Hashtable`.
- `java.net`: Klassen für das Arbeiten mit Netzwerken.
- `java.security`: Klassen zur Realisierung des JAVA-Sicherheitsmodells.
- `java.applet`: Die `Applet`-Klasse, über die JAVA mit www-Seiten interagiert.
- `java.beans`: „JAVA-*Beans*", eine Unterstützung zum Schreiben wiederverwendbarer Software-Komponenten.
- `java.math`: Klassen für beliebig große Integers.
- `java.rmi`: Klassen zur *Remote Method Invocation*.
- `java.sql`: Klassen zum Datenbankzugriff.
- `java.text`: Klassen zum Management von Texten.
- `java.awt`: Das JAVA *Abstract Windowing Toolkit*; Klassen und Interfaces, mit denen man grafische Benutzerschnittstellen (*GUIs*, „Fenstersysteme") programmieren kann.
- `javax.swing`: Die modernere Version der GUI-Klassen.
- `javax.crypto`: Klassen für kryptographische Methoden.
- `javax.sound...`: Klassen zum Arbeiten mit Midi-Dateien etc.
- `javax.xml...`: Klassen für das Arbeiten mit XML.

Einige dieser Packages haben weitere Unterpackages. Das *Abstract Windowing Toolkit* `java.awt` hat z. B. neben vielen eigenen Klassen auch noch die Unterpackages `java.awt.image` und `java.awt.peer`.

Als neueste Entwicklung gibt es das `javax.swing`-Package (das seinerseits aus 14 Unterpackages besteht), mit dem wesentlich flexiblere und ausgefeiltere GUI-Programmierung möglich ist. (Darauf gehen wir in den Kapiteln 23–26 noch genauer ein.)

4.3.4 Die Java-Klasse `Math`

Ein typisches Beispiel für eine vordefinierte Klasse, die in einer Bibliothek mitgeliefert wird, ist die Klasse `Math` (s. Tabelle 4.1). Denn die Sprache JAVA selbst sieht nur einfache arithmetische Operationen wie Addition, Subtraktion, Multiplikation etc. vor. Schon bei einfachen Formeln müssen wir aber kompliziertere mathematische Funktionen verwenden wie z. B. den Sinus oder Kosinus. Die Designer von JAVA haben sich entschlossen, diese komplexeren mathematischen Funktionen in eine spezielle Klasse namens `Math` zu packen. Diese ist im Package `java.lang` enthalten, dessen Klassen immer automatisch vom JAVA-Compiler verfügbar gemacht werden.

Math			
double	PI		*die Zahl* π
double	E		*die Eulersche Zahl* e
double	abs[1]	(double x)	*Betrag (float, int, long)*
double	sin,cos,tan	(double x)	*Sinus, ...*
double	asin,acos,atan	(double x)	*Arcussinus, ...*
double	sinh,cosh,tanh	(double x)	*Sinus hyperbolicus, ...*
double	atan2[2]	(double x, double y)	*kartes.* $\rightarrow$ *polar*
double	hypot[2]	(double x, double y)	*kartes.* $\rightarrow$ *polar*
double	toDegrees	(double phi)	*Bogenmaß* $\rightarrow$ *Grad*
double	toRadians	(double phi)	*Grad* $\rightarrow$ *Bogenmaß*
double	log	(double x)	*natürlicher Logarithmus*
double	log10	(double x)	*Logarithmus zur Basis 10*
double	exp	(double x)	*Exponentialfunktion*
double	pow	(double x, double a)	*Potenz* x^a
double	random[3]	()	*Zufallszahl* $\in [0.0..1.0]$
double	sqrt	(double x)	*Quadratwurzel* $\sqrt{x}$
double	cbrt	(double x)	*kubische Wurzel* $\sqrt[3]{x}$
double	max[1]	(double x, double y)	*Maximum*
double	min[1]	(double x, double y)	*Minimum*
long	round	(double x)	*Rundung*
int	round	(float x)	*Rundung*
double	rint[4]	(double x)	*Rundung*
double	ceil[4]	(double x)	*Aufrundung*
double	floor[4]	(double x)	*Abrundung*
int	getExponent[5]	(double x)	*Exponent (auch für* float*)*

Tabelle 4.1. Die Klasse `Math`

1. Die Operationen `abs`, `max` und `min` gibt es auch für die Typen `float`, `int` und `long`.
2. Die Operation `atan2(x,y)` rechnet einen Punkt, der in (x, y)-Koordinaten gegeben ist, in seine Polarkoordinaten (r, φ) um; dabei liefert die Funktion `atan2(x,y)` allerdings nur den Winkel φ, die Distanz r muss mit Hilfe der Formel $r = \sqrt{x^2 + y^2}$ bestimmt werden; dies leistet die Funktion `hypot(x,y)`.
3. Die Funktion `random()` generiert bei jedem Aufruf eine Pseudo-Zufallszahl aus dem Intervall $[0.0 \; .. \; 1.0]$. (Es gibt in JAVA auch noch eine Klasse `Random`, die filigranere Methoden zur Generierung von Zufallszahlen enthält. Im Allgemeinen kann man mit `Math.random()` aber gut arbeiten.)
4. Die Operation `rint` rundet wie üblich, stellt das Ergebnis aber immer noch als `double`-Zahl dar. Es gilt also z. B. `rint(3.4) = 3.0`. Die Operationen `ceil` und `floor` runden dagegen auf bzw. ab. Es gilt also z. B. `ceil(3.4) = 4.0` und `floor(3.4) = 3.0`.

5. Seit JAVA 6 gibt es die Operation `getExponent(x)`, die für `float`- und `double`-Argumente definiert ist. Sie liefert den sog. *unbiased* Exponenten als `int`-Wert. Das ist im Wesentlichen die Anzahl der Bits, die für den Vorkomma- bzw. Nachkomma-Anteil benötigt werden (bezogen auf die Binärdarstellung der Zahlen). Zum Beispiel: `getExponent(15.99) = 3` und `getExponent(16.0) = 4`; analog gilt: `getExponent(0.5) = -1` und `getExponent(0.49) = -2`.

4.3.5 Die Java-Klasse `System`

In einigen Fällen ist auch die Klasse `System` aus dem Package `java.lang` sehr nützlich. Sie stellt einige Werte und Methoden bereit, mit denen man auf die Umgebung des Programms – also auf das Betriebssystem – zugreifen kann (s. Tabelle 4.2).

System			
`InputStream`	`in`(1)		*Standard-Eingabe*
`PrintStream`	`out`(1)		*Standard-Ausgabe*
`PrintStream`	`err`(1)		*Fehlerausgabe*
`void`	`exit`(2)	`(int status)`	*Programmende*
`String`	`getenv`(3)	`(String name)`	*Umgebungsvariablen*
`String`	`getProperty`(3)	`(String name)`	*„Properties“*
`long`	`currentTimeMillis`(4)	`()`	*aktuelle Zeit*
`Console`	`console`(5)	`()`	*„Konsole“ der JVM*

Tabelle 4.2. Die Klasse `System` (Auszug)

1. Mit `System.in`, `System.out` und `System.err` kann man auf die Standard-Ein/Ausgabe zugreifen, z. B. `System.out.println("Hallo")`. Während dies bei der Ausgabe noch einfach ist, stellt die Eingabe größere Herausforderungen. Darauf gehen wir gleich in Abschnitt 4.3.6 näher ein.
2. Mit `System.exit(0)` beendet man das Programm „normal“. Andere Zahlen bedeuten Programmende mit einem entsprechenden Fehlercode.
3. Mit `System.getenv(≪Name≫)` kann man sog. *Umgebungsvariablen* auslesen. Zum Beispiel liefert `getenv("USERNAME")` den Benutzernamen des Nutzers und `getenv("HOME")` sein Homedirectory. Ähnlich arbeitet die Methode `getProperty`; `System.getProperty("user.dir")` liefert das aktuelle Directory. Und so weiter.
4. Mit der Operation `System.currentTimeMilis()` erhält man die aktuelle Zeit als Differenz zwischen „jetzt“ und dem 1. Januar 1970, Mitternacht (UTC). Man beachte jedoch, dass diese Zeit nur so genau ist, wie die Uhr des darunterliegenden Systems.

5. Seit JAVA 6 wird auch eine „Console“ für elementare Ein- und Ausgabe bereit gestellt. Mehr dazu gleich in Abschnitt 4.3.6.

4.3.6 Die Klassen `Terminal` und `Console`: Einfache Ein-/Ausgabe

Fortschrittliche Softwaresysteme haben heute ausgefeilte grafische Benutzerschnittstellen, sog. GUIs. (Darauf gehen wir in späteren Kapiteln noch genauer ein.) Aber daneben braucht man auch ganz einfache Möglichkeiten zur Ein-/Ausgabe auf dem Terminal – und sei es nur während der Testphase der Programme.

Die Klasse `Terminal`.

In diesem Buch verwenden wir eine spezielle vordefinierte Klasse `Terminal` (s. Tabelle 4.3), die allerdings nicht mit JAVA zusammen geliefert wird, sondern von uns selbst programmiert wurde. Die Methoden dieser Klasse erlauben einfache Ein- und Ausgabe von Werten auf dem Terminal.[2]

1. Die Operation `print` gibt Zahlen oder Texte aus. (Wegen des automatischen Castings genügt es, `long` und `double` vorzusehen.)
2. Die Operation `println` macht *nach* der Ausgabe noch einen Zeilenwechsel. Es gilt also z. B., dass `println("hallo")` das Gleiche bewirkt wie `print("hallo\n")`.
3. Die Operation `printf` erlaubt „formatierte“ Ausgabe; sie ist also im Wesentlichen eine Abkürzung für `print(String.format(...))`. (Die Regeln für den Formatstring wurden bereits in Abschnitt 2.1.5 in Tabelle 2.7 skizziert.)
4. Die Operationen `readDouble`, `readFloat` etc. lesen Werte des jeweiligen Typs vom Terminal ein. Im Gegensatz zu `print` müssen hier die Methoden für jeden Typ anders heißen, weil JAVA überlagerte Methoden nur anhand der Parametertypen unterscheiden kann.
5. Die Operationen `askDouble` etc. sind Kombinationen von `print` und `read`.

Es gibt auch noch Methoden zum Lesen und Schreiben von Vektoren und Matrizen, auf die wir hier aber nicht näher eingehen. (Sie sind in der Online-Dokumentation zu finden; s. Abschnitte A.7 und A.9 im Anhang.)

Die Klasse `Console`.

Seit JAVA 6 gibt es die Klasse `Console`, deren (einziges) Instanzobjekt man durch den Aufruf

```
Console console = System.console();
```

erhält. Diese Klasse befindet sich im Package `java.io` (das importiert werden muss). Die wichtigsten Operationen von `Console` sind in Tabelle 4.4 angegeben.

---

[2] Diese Klasse wurde von uns eingeführt, weil diese elementaren Aktionen in den JAVA-Bibliotheken unzumutbar komplex sind (zumindest bei der Eingabe). Hinweise, wie man diese Klasse beschaffen kann, sind im Anhang enthalten.

class Terminal			
void	print	(double x)	*Ausgabe*
void	print	(long x)	
void	print	(boolean x)	
void	print	(char x)	
void	print	(String x)	
void	println	(double x)	*Ausgabe+Zeilenwechsel*
void	println	(long x)	
void	println	(boolean x)	
void	println	(char x)	
void	println	(String x)	
void	printf	(String x, Object... args)	*formatiert*
double	readDouble	()	*Einlesen*
float	readFloat	()	
long	readLong	()	
int	readInt	()	
short	readShort	()	
byte	readByte	()	
boolean	readBoolean	()	
char	readChar	()	
String	readString	()	
double	askDouble	(String message)	*Frage und Antwort*
...	...	...	
String	askString	(String message)	
String	ask	(String message)	
	...		*Vektoren und Matrizen*

Tabelle 4.3. Die Klasse `Terminal` (Auszug)

Console			
String	readLine(1)	()	*Lesen*
String	readLine(1)	(String fmt, Object... args)	*Lesen*
String	readPassword(1)	()	*Lesen*
String	readPasword(1)	(String fmt, Object... args)	*Lesen*
Console	format(2)	(String fmt, Object... args)	*Ausgabe*
Console	printf(2)	(String fmt, Object... args)	*Ausgabe*
void	flush(3)	()	*Ausgabe „leeren"*

Tabelle 4.4. Die Klasse `Console` (Auszug)

Anmerkung: Vorsicht! Der Aufruf `System.console()` *liefert nur dann tatsächlich ein* `Console`*-Objekt, wenn die Umgebung das zulässt. Zum Beispiel bei der Verwendung von* ECLIPSE *erhält man eine* `NullPointerException`.

1. Die Operation `readLine()` liest eine Zeile von der Konsole ein. Wenn man einen Formatstring und entsprechend viele Argumente mitgibt (analog zu der Operation `format` aus der Klasse `String`, s. Tabelle 2.7), wird der damit erzeugte String als Prompt ausgegeben und dann die vom Benutzer eingegebene Zeile eingelesen. (Dies entspricht also in etwa der Operation `ask` von `Terminal`.)
   Bei `readPasswort` wird das „Echo" der Eingabe auf dem Bildschirm unterdrückt.
2. Die Operationen `format` und `printf` sind identisch. Beide schreiben einen formatierten String auf die Konsole (analog zu der Operation `printf` aus der Klasse `Terminal` in Tabelle 4.3).
3. Die Operation `flush()` leert den Ausgabepuffer.

Leider ersetzt die Klasse `Console` nicht unsere Klasse `Terminal`. Die Ausgabe funktioniert zwar recht schön, aber das eigentliche Problem ist die Eingabe. Hier reichen die Möglichkeiten von `Console` nicht aus; man braucht auch noch die Klasse `Scanner` aus dem Package `java.util` um z. B. `int`- oder `float`-Zahlen einlesen zu können. (Die Methode `readline` liefert ja zunächst nur Strings.) Wenn der Benutzer sich vertippt und eine illegale Zahl eingibt (z. B. `1,34` anstelle von `1.34`), dann führt das bei `Console/Scanner` zu einem Programmabbruch, während bei `Terminal` eine korrigierte Eingabe angefordert wird.

4.3.7 Kleine Beispiele mit Grafik

Bei JAVA macht am meisten Spaß, dass die Möglichkeiten für grafische Benutzerschnittstellen (GUIs) relativ angenehm eingebaut sind. Wir wollen das mit einem kleinen Programm ausprobieren, das die olympischen Ringe in einem Fenster zeichnet (s. Abbildung 4.5; im Original natürlich farbig).

Abb. 4.5. Ausgabe des Programms `RingProgram` (im Original farbig)

Auch für diese Art von einfacher Grafik haben wir für das Buch – analog zu `Terminal` – eine spezielle Klasse vordefiniert, weil die GUI-Bibliotheken von JAVA ungeheuer groß und komplex sind.[3] (Wir werden in Kapitel 23–26 einen Ausschnitt dieser JAVA-Bibliotheken diskutieren.) Unsere vordefinierte Klasse heißt `Pad`; sie enthält Operationen wie `circle`, `rectangle` etc. In Abschnitt 4.3.8 diskutieren wir sie genauer. Zunächst wollen wir aber in Programm 4.2 ihre Verwendung anhand des Beispiels intuitiv motivieren.

Programm 4.2 Rahmen für die Ausgabe einer Zeichnung

```
import static pad.Pad;

public class RingProgram {
  public static void main (String[] args) {
    Rings rings = new Rings();
    rings.draw();
    rings.write("Olympic Rings");
  }
} // end of class RingProgram

class Rings {
  private double rad =  20;              // Radius
  private double mx  =  50;              // Mittelpunkt 1. Kreis (x)
  private double my  =  40;              // Mittelpunkt 1. Kreis (y)
  private double dx  =  2*rad + rad/2;   // hori. Abstand der Mittelpunkte
  private double dy  =  rad;             // vert. Abstand der Mittelpunkte

  Point[] center = {
   new Point(mx, my),                    // links oben
   new Point(mx+dx, my),                 // Mitte oben
   new Point(mx+2*dx,my),                // Mitte rechts
   new Point(mx+dx/2, my+dy),            // halblinks unten
   new Point(mx+dx/2+dx, my+dy)          // halbrechts unten
  };

  void draw () { ... }                   // Ringe zeichnen (s. Programm 4.3)

  void write ( String mssg ) { ...}      // (s. Programm 4.3)
}
```

Programm 4.2 zeigt die globale Struktur des Programms. Die Startmethode `main` kreiert nur das Objekt `rings` und führt anschließend dessen Methoden `draw` und `write` aus. (Die Anfangszeile `import static pad.Pad` dient nur dazu, etwas Schreibarbeit zu ersparen; ohne sie müssten wir im Programm sehr oft den Qualifier `Pad.«name»` schreiben, wo jetzt `«name»` genügt.)

Das Objekt `rings` enthält – wie in der Definition der zugehörigen Klasse `Rings` in Programm 4.2 zu sehen ist – zunächst eine Reihe von Werten, die wir zur Berechnung der passenden Ringpositionen und -größen benötigen. Auf diesen Werten aufbauend wird dann ein Array generiert, der die Mittelpunkte der fünf Kreise enthält.

[3] Im Anhang ist beschrieben, wie man diese Klasse erhalten kann.

Programm 4.3 Zeichnen der Ringe

```
void draw () {
    Pad.setHeight(125);
    Pad.setWidth(200);
    Pad.initialize("Rings");
    Pad.setVisible(true);
    Pad.circle(center[0],rad, red);                    // roter Ring
    Pad.circle(center[1],rad, blue);                   // blauer Ring
    Pad.circle(center[2],rad, green);                  // grüner Ring
    Pad.circle(center[3],rad, yellow);                 // gelber Ring
    Pad.circle(center[4],rad, black);                  // schwarzer Ring
}//draw

void write ( String mssg ) {
    Pad.write(mssg,60,20,SERIF,ITALIC,18,magenta);     // Text zeichnen
}//write
```

Im Programm 4.3 sind die Methoden `draw` und `write` definiert. Sie verwenden zahlreiche Operationen und Konstanten aus der Klasse `Pad`, die wir im nächsten Abschnitt genauer erklären. (Aufgrund des `static import pad.Pad` hätten wir den Vorspann `Pad.` auch überall weglassen können.) Aufgrund der Bezeichnungen dieser Operationen ist intuitiv klar, was `draw` tut:

- Das Fenster braucht einen Titel, eine Position auf dem Bildschirm und eine Größe. (Maßeinheit sind „Pixel".)
- Mit `setVisible(true)` wird das bisher nur intern konstruierte Fenster tatsächlich auf dem Bildschirm angezeigt.
- `circle(m,r,«Attribute»)` zeichnet einen Kreis mit Mittelpunkt m und Radius r, der die angegebenen Attribute besitzt (Farbe, Strichstärke etc.). Es können beliebig viele Attribute angegeben werden. (Welche Attribute es gibt, kann man aus der Online-Dokumentation von `Pad` entnehmen.)

Man kann in grafische Fenster auch *schreiben*. Das geschieht in der Methode `write`, die einen Text an eine bestimmte Stelle unseres Fensters schreibt. Auch hier ist intuitiv einsichtig, was die Methode bewirkt:

- Die Position des Textes wird so bestimmt, dass er richtig zu den Ringen steht.
- Außerdem wird der Zeichensatz für die Schrift bestimmt. In unserem Fall ist das eine kursive Serif-Schrift in 18 Punkt Größe; die Farbe ist Magenta.

4.3.8 Zeichnen in JAVA: Elementare Grundbegriffe

Wie schon erwähnt, ist das Arbeiten mit Grafik in JAVA zwar wesentlich leichter möglich als in anderen Programmiersprachen, aber es ist immer noch ein komplexes und diffiziles Unterfangen. Daher können wir erst in Kapitel 23–26 genauer auf diesen Bereich eingehen. Aber um wenigstens einfache grafische Ausgaben erzeugen zu können, haben wir – analog zu `Terminal` – für das Buch eine vordefinierte Klasse `Pad` bereitgestellt. In dieser Klasse sind einige Konstanten und Methoden zusammengefasst, die zur elementaren grafischen Programmierung gehören (vgl. Tabelle 4.5). Auch eine Reihe von Farbkonstanten und Zeichensätzen haben wir der Klasse `Pad` als Attribute mitgegeben.

`class Pad`

Operation		*Beschreibung*			
`line(p1,p2,...)`		Linie vom Punkt p1 zum Punkt p2			
`dot(p,...)`		Punkt an der Stelle p			
`circle(p,r,...)`		Kreis mit Mittelpunkt p und Radius r			
`oval(p,w,h,...)`		Oval; Referenzpunkt p; Breite w; Höhe h			
`rect(p,w,h,...)`		Rechteck; Ref.punkt p; Breite w; Höhe h			
`write(p, text,...)`		schreibe text an der Stelle p			
`stringWidth(s)`		Breite des Strings s			
`getHeight()`		gesamte Zeilenhöhe			
`getAscent()`		Höhe über der Grundlinie			
`getDescent()`		Tiefe unter der Grundlinie			
`getLeading()`		Abstand zwischen zwei Zeilen			
`initialize(t)`		Titel des Fensters			
`setLocation(x,y)`		Position auf Bildschirm (links oben)			
`setHeight(h)`		Höhe des Zeichenbereichs			
`setWidth(h)`		Breite des Zeichenbereichs			
`setVisible(b)`		b=true: zeige Fenster			
`clear()`		lösche Inhalt des Fensters			
`black`	`white`	`red`	`green`	`blue`	
`yellow`	`lightYellow`	`magenta`	`lightBlue`	`mediumBlue`	
`SERIF`	`SANSSERIF`	`FIXED`	`PLAIN`	`ITALIC`	`BOLD`
`FILLED`					

Tabelle 4.5. Die Klasse `Pad` (Ausschnitt)

- Es gibt Methoden zum Zeichnen von Linien, Punkten, Kreisen, Ovalen, Rechtecken etc. Dabei wird jeweils der sog. Referenzpunkt (s. unten) und die entsprechenden Ausdehnungen angegeben. Anstelle des Referenzpunkts kann man auch die x- und y-Koordinate angeben.

Mit drei Punkten wie z. B. `line(p1,p2,...)` deuten wir jeweilse an, dass in der entsprechenden Methode noch beliebig viele Attribute (s. unten) angegeben werden können.

- Mit `write` kann man einen Text an eine bestimmte Position auf dem Bildschirm schreiben.
- Wenn man z. B. um einen Text noch einen Kasten malen will, muss man seine Größe kennen. Dazu dienen die Methoden `stringWidth`, `getHeight` etc. Das Ergebnis von `getHeight()` ist gerade die Summe von Ascent (Höhe über der Grundlinie), Descent (Tiefe unter der Grundlinie) und Leading (Abstand zwischen zwei Zeilen).
- Zum Arbeiten mit Texten muss man die *Font*-Charakteristika festlegen. (In JAVA– wie in allen anderen Fenster- und Drucksystemen – gibt es Dutzende von Varianten solcher Schriftarten, -stile und -größen.) Das geschieht über entsprechende Attribute.
  Wir haben der Einfachheit halber in der Klasse `Pad` auch einige dieser Charakteristika als Attribute bereitgestellt: Die drei von uns bereitgestellten Namen `SERIF`, `SANSSERIF` und `FIXED` geben elementare Varianten von Schriftarten an. Auch beim Stil beschränken wir uns auf die drei Varianten `PLAIN`, `ITALIC` und `BOLD`. Die Größe von Schriften variiert in der Praxis zwischen 9 (sehr klein) und 36 (sehr groß), kann aber im Prinzip beliebige natürliche Zahlen annehmen. Üblicherweise verwendet man die Werte 10 oder 12. Zur Illustration der Begriffe geben wir einige Beispiele an:

Name	`SERIF`	z. B. Anna
	`SANSSERIF`	z. B. Anna
	`FIXED`	z. B. Anna
Stil	`PLAIN`	z. B. Anna
	`ITALIC`	z. B. *Anna*
	`BOLD`	z. B. **Anna**

- Auch eine Hilfsklasse `Point` ist in `Pad` mit enthalten. Sie sieht im Prinzip so aus wie in Abschnitt 1.3.3 definiert. (Details findet man in der Online-Dokumentation; s. Abschnitte A.7 und A.9 im Anhang.)

Grundlegende Prinzipien.

Zum Verständnis von grafischer Ausgabe muss man Folgendes beachten: Jedes System zum Zeichnen muss gewisse Festlegungen enthalten, die in Abbildung 4.6 illustriert sind. Jedes Gebilde braucht einen ***Referenzpunkt*** und eine horizontale und vertikale Ausdehnung. In JAVA hat man das folgendermaßen festgelegt (z. B. für das Oval): Der Referenzpunkt ist *links oben*. Von da aus wird die Größe *horizontal nach rechts* und *vertikal nach unten* angegeben. (Man sollte also besser *depth* statt *height* sagen.) Beim Oval werden die Dimensionen des umfassenden Rechtecks angegeben, also die beiden Durchmesser.

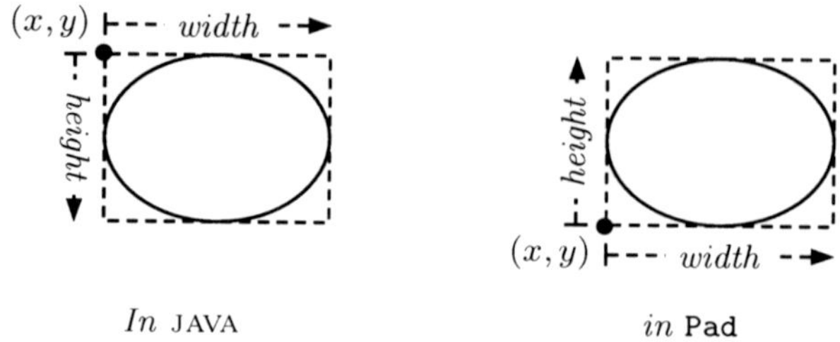

Abb. 4.6. Prinzipien des Zeichnens

Diese Festlegung von JAVA– die y-Achse „wächst" nach unten(!) – ist für technisch-grafische Anwendung so gegen jede Intuition, dass man als Programmierer Fehler ohne Ende macht. Deshalb haben wir in Pad die Welt wieder vom Kopf auf die Füße gestellt: Die y-Achse wächst nach oben! Damit sehen Zeichnungen wieder so aus, wie es in Ingenieurapplikationen üblich ist.

Übung 4.2. Man schreibe ein Programm, das die x- und y-Koordinate eines Punktes einliest (als ganzzahlige positive Werte) und dann (mit Hilfe eines Pad-Objekts) nebenstehendes Bild generiert. Dabei habe der Mittelpunkt die Koordinaten $(0, 0)$ *und an der Stelle von* x *und* y *sollen die eingegebenen Zahlenwerte stehen.*

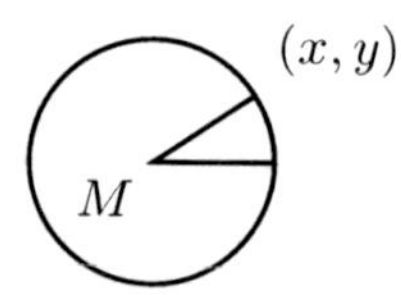

Wie unser einfaches Beispiel der Ringe schon andeutet, macht das Programmieren von grafischer Ausgabe relativ viel (Schreib-)Aufwand. Trotzdem müssen wir uns intensiver damit befassen, weil diese Form der Ein-/Ausgabe heute standardmäßig von Software erwartet wird. Deshalb greifen wir das Thema ab Kapitel 23 noch einmal intensiver auf.

Teil II

Ablaufkontrolle

Programme sind Anweisungen, die einem Computer vorschreiben, was er tun soll. Sie müssen also festlegen, was *zu tun ist, und auch,* wann *es zu tun ist. Mit anderen Worten, ein Programm steuert den* Ablauf *der Berechnungen im Computer.*

Deshalb enthält jede Programmiersprache eine Reihe von Konstrukten, mit denen der Programmablauf festgelegt werden kann. Diese Konstrukte waren so ziemlich das Erste, was man im Zusammenhang mit der Programmierung von Computern verstanden hat (zumindest nachdem die berühmt-berüchtigte „goto-Debatte" überstanden war). Deshalb ist der Kanon der notwendigen und wünschenswerten Kontrollkonstrukte in den meisten Programmiersprachen weitgehend gleich – und das seit den 60er-Jahren des vorigen Jahrhunderts.

5

Kontrollstrukturen

Die kürzesten Wörter, nämlich ja und nein, erfordern das meiste Nachdenken.
Pythagoras

In den vorausgegangenen Kapiteln haben wir uns einen ersten Einblick in den Rahmen verschafft, in dem alle JAVA-Programme formuliert werden:

- Ein Programm besteht aus einer Sammlung von Klassen.
- Die „Hauptklasse" besitzt eine Startmethode `main`.
- Klassen haben Attribute (Variablen, Konstanten) und Methoden (Funktionen, Prozeduren).

Jetzt wollen wir die Sprachelemente betrachten, mit denen wir die Rümpfe unserer Methoden formulieren können.

Dabei werden wir feststellen, dass die große Fülle von Möglichkeiten, die man im Entwurf und der Realisierung von Algorithmen hat, sich auf eine erstaunlich kleine Zahl von Konzepten stützt.

5.1 Ausdrücke

Es gibt eine Reihe von Stellen in Programmen, an denen ***Ausdrücke*** verwendet werden, und zwar

- auf der rechten Seite von Zuweisungen: `x = «Ausdruck»;`
- als Argumente von Methoden: `f(«Ausdruck», ..., «Ausdruck»);`
- als Rümpfe von Funktionen: `return «Ausdruck»;`

Ausdruck
`«Konstante oder Variable»`
`f(«Ausdruck`$_1$`», ..., «Ausdruck`$_n$`»)`
`«Ausdruck»` $\oplus$ `«Ausdruck»`
$\odot$ `«Ausdruck»`

Dabei steht `f` für einen beliebigen Funktionsnamen und $\oplus$ für ein beliebiges Infixsymbol wie `+, -, *, /` etc., sowie $\odot$ für ein beliebiges Präfixsymbol wie `+, -, ~` etc. In Tabelle 2.2 auf Seite 24 hatten wir bereits die wichtigsten Operatoren für die Basistypen von JAVA zusammengefasst.

Zu diesen „üblichen" Operatoren kommen in JAVA noch drei weitere, die in Tabelle 5.1 angegeben sind: Das Generieren von Objekten mit dem Operator `new` ist ein Ausdruck: `new Point(3,4)` hat als Ergebnis ein Objekt der Art `Point`. In Kapitel 10 werden wir noch den Operator `instanceof` kennen lernen, mit dem getestet wird, ob ein Objekt zu einer Klasse gehört. Zuletzt gibt es auch einen bedingten Ausdruck mit der merkwürdigen Notation `( _ ? _ : _ )`. So setzt z. B. `String s = (x >= 0 ? "positiv" : "negativ")` die Variable `s` auf `"positiv"`, falls `x>=0` gilt, und auf `"negativ"`, falls das nicht gilt.

Präz.	***Operator***	***Beschreibung***
	«siehe Tabelle 2.2»	
1	`new(...)`	neues Objekt
5	`_ instanceof _`	Klassen-Test
12	`_ ? _ : _`	bedingter Ausdruck

Tabelle 5.1. Weitere Operatoren von Java

Übung 5.1. [Windchill-Effekt] Kalte Temperaturen werden noch kälter empfunden, wenn Wind bläst. Für diesen Windchill-Effekt hat man empirisch die Formel

$$\mathit{wct} = 33 + (0.478 + 0.237 \cdot \sqrt{v} - 0.0124 \cdot v) \cdot (t - 33)$$

entwickelt, in der v die Windgeschwindigkeit in km/h, t die tatsächliche Temperatur und `wct` die subjektiv empfundene Windchill-Temperatur ist. Man schreibe ein Programm, das die Windchill-Temperatur berechnet.

5.2 Elementare Anweisungen und Blöcke

Der Rumpf jeder Methode ist eine ***Anweisung***. Die elementarsten dieser Anweisungen haben wir bereits kennen gelernt:

- Variablendeklarationen; z. B. `int i = 1; double s = Math.sin(x);`
- Zuweisungen; z. B. `x = y+1; s = Math.sin(phi);`
- Methodenaufrufe; z. B. `Terminal.print("Hallo"); p.rotate(45);`
- Funktionsergebnisse; z. B. `return celsius * 9/5 + 32;`

Als Einziges überrascht dabei etwas, dass Ergebnisse von Funktionen – also eigentlich Werte von Ausdrücken – dadurch geliefert werden, dass mittels `return` aus dem Ausdruck eine Anweisung gemacht wird.

Mehrere Anweisungen können hintereinander geschrieben werden. Solche Folgen werden durch die Klammern `{...}` zu einer einzigen Anweisung – genannt ***Block*** – zusammengefasst.

Block
`{ «Anweisung`$_1$`»; ...; «Anweisung`$_n$`»; }`

Als Eigenheit von JAVA (übernommen aus der Sprache C) gibt es *Abkürzungsnotationen für spezielle Zuweisungen.*[1] Wir fassen sie in Tabelle 5.2 zusammen. Dabei fällt auf, dass es für die besonders gerne benutzte Kurznotation `i++` neben dieser Postfixschreibweise auch die Präfixschreibweise `++i` gibt.

Kurzform	äquivalente Langform
`i++;` `(++i;)`	`i = i+1;`
`i--;` `(--i;)`	`i = i-1;`
`i += 5;`	`i = i+5;`
analog:	
`-=, *=, /=, %=`	
`<<=, >>=, >>>=`	
`&=, |=`	

Tabelle 5.2. Abkürzungen für spezielle Zuweisungen

Eine weitere Besonderheit von JAVA sollte auch nicht unerwähnt bleiben, obwohl sie einen Verstoß gegen guten Programmierstil darstellt: Man kann z. B. schreiben `i=(j=i+1);` oder noch schlimmer `i=j=i+1;`. Das ist dann gleichbedeutend mit den *zwei* Zuweisungen `j=i+1; i=j;`. Der gesparte Schreibaufwand wiegt i. Allg. nicht den Verlust an Lesbarkeit auf.

5.3 Man muss sich auch entscheiden können ...

In praktisch allen Algorithmen muss man regelmäßig Entscheidungen treffen, welche Anweisungen als Nächstes auszuführen sind. In Mathematikbüchern findet man dazu Schreibweisen wie z. B.

$$max(a,b) = \begin{cases} a & \text{falls } a > b \\ b & \text{sonst} \end{cases}$$

Leider hat JAVA – der schlechten Tradition der Sprache C folgend – hier eine wesentlich unleserlichere Notation gewählt als andere Programmiersprachen (wie z. B. Pascal):

[1] Gerade für Anfänger vergrößert das nur die Fülle der zu lernenden Symbole und ist deshalb eher kontraproduktiv. Aber in der Literatur werden diese Kurznotationen in einem so großen Umfang genutzt, dass man sie kennen muss.

```
if (a>b) {        //
   max = a;       // then-Zweig (Bedingung true)
} else {          //
   max = b;       // else-Zweig (Bedingung false)
}                 //
```

Das heißt, ein 'then' fehlt in JAVA, weshalb Klammern und Konventionen zur Einrückung die Lesbarkeit wenigstens notdürftig retten müssen.

5.3.1 Die `if`-Anweisung

Mit der `if`-Anweisung erhält man zwei Möglichkeiten, den Ablauf eines Programms dynamisch von Bedingungen abhängig zu machen:

- Man kann eine Anweisung nur bedingt ausführen (`if-then`-Anweisung).
- Man kann eine von zwei Anweisungen alternativ auswählen (`if-then-else`-Anweisung).

`if`-**Anweisung**
`if ( «Bedingung» ) { «Anweisungen» }`
`if ( «Bedingung» ) { «Anweisungen₁» } else { «Anweisungen₂» }`

Zwar erlaubt JAVA, die Klammern `{...}` wegzulassen, wenn der Block nur aus einer einzigen Anweisung (z. B. Zuweisung oder Methodenaufruf) besteht; aber aus methodischen Gründen sollte man die Klammern *immer* schreiben!

Bei der ersten der beiden Anweisungen spricht man auch vom *Then-Teil*, bei der zweiten vom *Else-Teil* der Fallunterscheidung. Selbstverständlich lassen sich mehrere Fallunterscheidungen auch *schachteln*.

Beispiele

(1) Das Maximum zweier Werte kann man durch folgende einfache Funktion bestimmen:

```
int max ( int a, int b ) {
    if ( a >= b ) { return a; }
    else          { return b; }
}
```

(2) Folgende geschachtelte Fallunterscheidung kann zur Bestimmung der Note in einer Klausur genommen werden.

```
void benotung ( int punkte ) {
   int note = 0;
   if      ( punkte >= 87 )  { note = 1; }
   else if ( punkte >= 75 )  { note = 2; }
   else if ( punkte >= 63 )  { note = 3; }
   else if ( punkte >= 51 )  { note = 4; }
   else                      { note = 5; }
   Terminal.println("Note: " + note);
}
```

(3) Das Vorzeichen einer Zahl wird durch folgende Funktion bestimmt:

```
int sign ( int a ) {
    if      ( a >  0 )  { return +1; }
    else if ( a == 0 )  { return  0; }
    else                { return -1; }
}
```

Die Fallunterscheidung ohne Else-Teil kommt seltener vor. Typische Applikationen sind z. B. Situationen, in denen unter bestimmten Umständen zwar eine Warnung ausgegeben werden soll, ansonsten aber die Berechnung weitergehen kann:

```
...
if ( «kritisch») { «melde Warnung»};
...
```

Übung 5.2. Man bestimme das Maximum dreier Zahlen `a`, `b`, `c`.

Übung 5.3. Sei eine Tierpopulation P gegeben, die sich jährlich um $p\%$ vermehrt. Gleichzeitig gibt es aber eine jährliche „Abschussquote" von k Exemplaren. Wie groß ist die Population P_n nach n Jahren?

Hinweis: Mit $q = 1 + \frac{p}{100}$ gilt die Gleichung $P_n = \begin{cases} P \cdot q^n - k \cdot \frac{q^n - 1}{q - 1}, & \text{falls } q \neq 1; \\ P - k^n, & \text{sonst.} \end{cases}$

5.3.2 Die `switch`-Anweisung

Es gibt einen Spezialfall der Fallunterscheidung, der mit geschachtelten `if`-Anweisungen etwas aufwendig zu schreiben ist. Deshalb hat JAVA – wie viele andere Sprachen auch – dafür eine Spezialkonstruktion vorgesehen: Wenn man die Auswahl abhängig von einfachen Werten treffen will, nimmt man die `switch`-Anweisung.

switch-Anweisung

```
switch ( «Ausdruck» ) {
        case «Wert₁» : «Anweisungen₁»; break;
        case «Wert₂» : «Anweisungen₂»; break;
        ...
        case «Wertₖ» : «Anweisungenₖ»; break;
        default      : «Anweisungenₖ₊₁»; break;
        }
```

Über die Nützlichkeit dieser Anweisung kann man geteilter Meinung sein. In JAVA ist sie zudem noch sehr eingeschränkt: Der Ausdruck und die Werte müssen von einem der „ganzzahligen“ Typen `byte`, `char`, `short`, `int` oder `long` sein. Der `default`-Teil darf auch fehlen. Aber selbst wenn hier etwas mehr Flexibilität gegeben wäre, blieben die Zweifel. Wenn man Softwareprodukte ansieht, findet sich eine `switch`-Anweisung höchstens in einem von hundert Programmen – und das aus gutem Grund: Die Lesbarkeit ist schlecht und die Gefahren sind groß:

Beispiel: Wir wollen zu jedem Monat die Zahl der Tage erhalten. Das kann mit Hilfe einer `switch`-Anweisung sehr übersichtlich geschrieben werden:

```
int tageImMonat (int monat) {
   int tage = 0;
   switch (monat) {
     case  1: tage = 31; break;
     case  2: tage = 28; break;
     case  3: tage = 31; break;
     case  4: tage = 30; break;
     case  5: tage = 31; break;
     case  6: tage = 30; break;
     case  7: tage = 31; break;
     case  8: tage = 31; break;
     case  9: tage = 30; break;
     case 10: tage = 31; break;
     case 11: tage = 30; break;
     case 12: tage = 31; break;
     }
   return tage;
}
```

Wenn die Funktion mit einer anderen Zahl als 1, ..., 12 aufgerufen wird, dann passiert in der `case`-Anweisung einfach nichts (weil kein Musterausdruck passt) und als Ergebnis wird der Initialwert ‘0’ abgeliefert.

Warnung! Die `switch`-Anweisung ist sehr gefährlich, da sie regelrecht zu Programmierfehlern herausfordert. Wenn man nämlich das `break` in einem Zweig vergisst, dann wird – sofern der Musterausdruck im `case` passt – nicht *nur dieser Zweig ausgeführt, sondern auch alles, was danach kommt und ebenfalls passt. Das schließt insbesondere die* **`default`**-*Anweisung ein! Und in längeren Programmen kann man das Fehlen eines Wörtchens wie* **`break`** *sehr leicht übersehen.*

Übung 5.4. Man stelle fest, was passiert, wenn die Variable `tage` *nicht initialisiert wird, also in der Form* `int tage;` *deklariert wird.*

Die `switch`-Anweisung ist als Abkürzungsnotation gedacht; deshalb erlaubt JAVA, Fälle mit gleichen Anweisungen zusammenzufassen.

```
int tageImMonat (int monat) {
   int tage = 0;
   switch (monat) {
     case  4:
     case  6:
     case  9:
     case 11: tage = 30; break;
     case  2: tage = 28; break;
     default: tage = 31; break;
     }
   return tage;
}
```

Allerdings zeigt dieses Beispiel auch die Gefahr solcher Kompaktheit: Jetzt werden nämlich auch Monate > 12 akzeptiert!

Übung 5.5. Man ersetze im obigen Beispiel `tageImMonat` *die* `switch`-*Anweisung durch* `if`-*Anweisungen.*

5.4 Immer und immer wieder: Iteration

Algorithmen werden erst dadurch mächtige Werkzeuge, dass man gewisse Anweisungen immer wieder ausführen lassen kann. Man spricht dann von ***Wiederholungen***, ***Schleifen*** oder ***Iterationen***. Dabei gibt es zwei wesentliche Varianten:

- ***Bedingte Schleife***: Die Anweisung wird wiederholt, solange eine bestimmte Bedingung erfüllt ist.
- ***Zählschleife***: Es wird eine bestimmte Anzahl von Wiederholungen ausgeführt.

5.4.1 Die `while`-Schleife

Die häufigste Form der Wiederholung sagt: „Solange die Bedingung ... erfüllt ist, wiederhole die Anweisung ...“. Davon gibt es in JAVA zwei Varianten:

`while`- und `do-while`-**Anweisung**
`while ( «Bedingung» ) { «Anweisungen» }`
`do { «Anweisungen» } while ( «Bedingung» );`

Der Unterschied zwischen beiden Formen besteht nur darin, dass im zweiten Fall die Anweisung auf jeden Fall *mindestens einmal* ausgeführt wird, selbst wenn die Bedingung von vornherein verletzt ist.

Programm 5.1 Summe von Zahlen (`while-do`)

Im folgenden Beispiel `sum1(a,b)` werden die Zahlen $a, a+1, \ldots, b$ aufsummiert.

```
int sum1 ( int a, int b ) {
   int i = a;              // Vorbereitung
   int s = 0;
   while (i<=b) {          // Schleife
      s = s + i;
      i = i + 1;
   }
   return s;               // Nachbereitung
}
```

Programm 5.2 Summe von Zahlen (`do-while`)

Die Variante mit der `do-while`-Form tut genau das Gleiche wie `sum1` – jedenfalls meistens.

```
int sum2 ( int a, int b ) {
   int i = a;              // Vorbereitung
   int s = 0;
   do {                    // Schleife
      s = s + i;
      i = i + 1;
   } while (i<=b);
   return s;               // Nachbereitung
}
```

Der Unterschied macht sich nur in Aufrufen bemerkbar, in denen die Bedingung von Anfang an verletzt ist. Bei `sum1(2,1)` wird daher '0' abgeliefert, während bei `sum2(2,1)` der Wert '2' entsteht – was offensichtlich nicht sein sollte.

Das Beispiel 5.2 belegt eindringlich, dass die `do-while`-Konstruktion sehr fehleranfällig ist. Man sollte sie daher weitgehend vermeiden.

In die obigen Beispiele sind Kommentare eingefügt, die zeigen, dass Schleifenprogramme grundsätzlich *drei Bestandteile* haben. In einem Vorbereitungsteil werden die relevanten Variablen geeignet vorbesetzt. Dann kommt die eigentliche Iteration. Und zum Schluss muss oft noch eine Nachbereitung erfolgen, in der aus den Variablenwerten am Ende der Iteration die gewünschten Resultate extrahiert werden.

Prinzip der Programmierung: *Schleifenmuster*

Die Programmierung von Schleifen folgt immer dem Muster

«`Vorbereitung`»

«`Schleife`»

«`Nachbereitung`»

Dabei können im Einzelfall die Vor- oder Nachbereitung auch trivial sein, aber im Grundsatz sollte man diesem Muster immer folgen.

Die obigen Beispiele 5.1 und 5.2 sind etwas simpel, da in der Schleife i einfach hochgezählt wird (weshalb die Anzahl der Schleifendurchläufe vorhersagbar ist). Typischer sind schon Anwendungen, bei denen die Anzahl der Durchläufe wirklich dynamisch während der Wiederholung selbst bestimmt wird.

Programm 5.3 Summe von eingelesenen Zahlen

Es sollen Zahlen vom Benutzer angefordert und aufsummiert werden. Der Prozess endet, wenn eine '0' eingegeben wird.

```
void sum3 () {
   int i;                                  // Vorbereitung
   int s = 0;
   do {                                    // Schleife
      i = Terminal.askInt("i = ");
      if (i!=0) { s = s + i; }
   } while (i!=0);
   Terminal.println("s = " + s);           // Nachbereitung
}
```

Man beachte, dass wir den Test `if (i!=0) ...` hätten weglassen können, weil die Addition von `0` harmlos gewesen wäre. In dieser korrekt abgesicherten Form ist die Konstruktion aber auch für andere „Ende"-Signale verwendbar.

Übung 5.6. Im Spiel 17+4 nimmt man üblicherweise so lange Karten, bis ein gewisses Limit überschritten ist. Das „Nehmen" von Karten kann man durch eine Funktion `int nimmKarte()` *simulieren, die mittels der Operationen aus* `Math` *– vor allem* `random` *– einen zufälligen Wert zwischen 2 und 11 liefert.*

Übung 5.7. Kann man die `do-while`*-Konstruktion grundsätzlich mit Hilfe der normalen* `while`*-Konstruktion und der* `if`*-Konstruktion ersetzen?*

5.4.2 Die `for`-Schleife

Die Beispiele `sum1` und `sum2` illustrieren den häufigen Spezialfall, dass in der Schleife eine Kontrollvariable hoch- oder heruntergezählt wird, die die Anzahl der Schleifendurchläufe bestimmt. Für diesen Spezialfall sieht JAVA– wie viele andere Programmiersprachen auch – eine spezielle Notation vor.

`for`-Anweisung („Zählschleife“)

```
for ( «Initialisierung»; «Abbruchtest»; «Schritt» ) {
    «Anweisungen»
}
```

Die Zählvariable wird im Initialisierungsteil vorbesetzt, die Abbruchbedingung wird in einem booleschen Ausdruck festgelegt und die Größe des Zählschrittes wird durch eine einfache Anweisung beschrieben. Seit JAVA 5 gibt es auch eine kompaktere Form der `for`-Schleife, die wir in Abschnitt 5.5 gleich noch genauer diskutieren werden.

Programm 5.4 Summe von Zahlen (`for`-Schleife)

Unser Summenbeispiel kann auch in folgender Form geschrieben werden:

```
int sum4 ( int a, int b ) {
      int s = 0;                      // Vorbereitung
      for (int i=a; i<=b; i++) {      // Schleife
         s = s + i;
      }
      return s;                       // Nachbereitung
   }
```

Man beachte, dass hier die Kurzform `i++` für die – ebenso mögliche – Langform `i=i+1` besonders beliebt ist. Man beachte außerdem, dass die Deklaration der Laufvariablen `i` innerhalb der `for`-Konstruktion selbst erfolgt.

Warnung:
Auch hier ist Vorsicht geboten. Im Gegensatz zu manchen anderen Sprachen schützt JAVA die Zählvariable *nicht* gegen Manipulationen im Schleifenrumpf! Dadurch kann das, was man beim Lesen der Kopfzeile über die Anzahl der Schleifendurchläufe vermutet, völlig von dem abweichen, was wirklich passiert. Aus *methodischer* Sicht müssen Schleifen, in deren Rumpf die Zählvariable oder der Grenzausdruck manipuliert werden, als *fehlerhafte Programme* gewertet werden – auch wenn der JAVA-Compiler den Fehler nicht anmahnt.

Es ist auch zulässig, die Zählvariable außerhalb der `for`-Schleife einzuführen. Da dann die Zählvariable aber die Schleife „überlebt“, stellt sich die Frage: *Welchen Wert hat die Zählvariable nach der Schleife?* Die Antwort ist einfach: Sie hat den Wert, der die Grenzüberschreitung bewirkt hat. Die folgenden Beispiele illustrieren das.

```
int i;
for (i=0; i<5; i=i+1) {
   ...
}
// jetzt gilt: i = 5
```

```
int i;
for (i=0; i<5; i=i+2)
   ...
}
// jetzt gilt: i = 6
```

Übung 5.8. *Man gebe mit* `Pad` *(bzw. auch nur mit* `Terminal`*) einen Kalender aus, nachdem der Benutzer Jahr und Monat eingegeben hat. Die Ausgabe soll dabei z. B. folgende Form haben (bei der Verwendung von* `Terminal` *natürlich ohne die Kästchen):*

Mo	*Di*	*Mi*	*Do*	*Fr*	*Sa*	*So*
		1	*2*	*3*	*4*	*5*
6	*7*	*8*	*9*	*10*	*11*	*12*
13	*14*	*15*	*16*	*17*	*18*	*19*
20	*21*	*22*	*23*	*24*	*25*	*26*
27	*28*	*29*	*30*	*31*		

Übung 5.9. *Man drucke einen „Weihnachtsbaum“:*

```
    *
   ***
  *****
 *******
*********
    *
    *
```

Übung 5.10. *In Aufgabe 5.1 wurde eine Formel für den Windchill-Effekt angegeben. Man gebe eine Liste der echten Temperaturen von $-20°$ bis $0°$ mit ihren zugehörigen subjektiven Temperaturen aus, und zwar für die Windstärken 2 (8.5 km/h), 3 (15.5), 4 (24.0), 5 (33.5), 6 (44.0), 7 (55.5), 8 (68.0) und 9 (81.5).*

Übung 5.11. *Kann man die Zählschleife grundsätzlich durch die While-Schleife ersetzen?*

5.4.3 Die `break`- und `continue`-Anweisung (und `return`)

Der Vollständigkeit halber wollen wir auch noch zwei Anweisungen ansprechen, die zu Schleifen und Fallunterscheidungen gehören – auch wenn man aus methodischen Überlegungen ihre Verwendung nicht empfehlen sollte.

Wir illustrieren die Verwendung an dem Standarbeispiel, das üblicherweise zu ihrer Motivation herangezogen wird. Nehmen wir an, wir wollen ein Programm schreiben, in dem der Benutzer sich Quadratwurzeln zeigen lassen kann. Das Programm läuft so lange, bis eine negative Zahl eingegeben wird.

```
do {
   a = Terminal.askDouble("a = ");
   if (a >= 0) {
     Terminal.println(">>> sqrt(a) = " + Math.sqrt(a));
   }
}
while (a>=0);
```

Man beachte: Ohne das `if` würde das Programm beim Ende-Signal noch versuchen, die Wurzel aus der negativen Zahl zu ziehen und dadurch einen Fehler generieren.

Viele Programmierer finden das zusätzliche `if` lästig und verwenden lieber eines der Sprachfeatures `break` oder `continue`:

```
do {
   a = Terminal.askDouble("a = ");
   if (a < 0) { break; }
   Terminal.println(">>> sqrt(a) = " + Math.sqrt(a));
}
while (a>=0);
```

Die Anweisung „`break`“ hat zur Folge, dass die Schleife abgebrochen wird. Hätte man stattdessen „`if (a < 0) { continue; }`“ geschrieben, so wäre nur der aktuelle Schleifendurchlauf abgebrochen und der nächste Durchlauf mit dem `while`-Test gestartet worden. Da in diesem Fall der erneute Test “`while (a>=0)`“ aber auch fehlschlägt, wäre (in diesem Beispiel) kein Unterschied zwischen `break` und `continue`.

Da mit `break` die Schleife abgebrochen wird, kann man auf einen echten `while`-Test sogar ganz verzichten:

```
while (true) {
   a = Terminal.askDouble("a = ");
   if (a < 0) { break; }
   Terminal.println(">>> sqrt(a) = " + Math.sqrt(a));
}
```

Das heißt, wir schreiben eine *unendliche Schleife* mit `break`-Anweisung.

Warnung! Das ist eine ziemlich gefährliche Konstruktion, die erfahrungsgemäß schon bei kleinsten Programmierungenauigkeiten wirklich zur Nichtterminierung führt. Die Gefährlichkeit sieht man schon daran, dass es jetzt fatal wäre, das `break` *durch ein* `continue` *zu ersetzen.*

Als Alternative zu all diesen gefährlichen Varianten kann man das erste Lesen aus der Schleife herausziehen und dann wieder eine saubere Wiederholung benutzen.

```
a = Terminal.askDouble("a = ");
while (a>=0) {
   Terminal.println("sqrt(a) = " + Math.sqrt(a));
   a = Terminal.askDouble("a = ");
}
```

Das ist die methodisch sauberste Lösung, auch wenn ein Lesebefehl dabei zweimal hingeschrieben werden muss.

Anmerkung: Man kann bei geschachtelten Schleifen mit Hilfe von „Marken“ die einzelnen Schleifenstufen verlassen. Das funktioniert nach dem Schema des folgenden Beispiels:

```
m1: while ( ...) {
   ...
   m2: while ( ...) {
      ...
      if ( ...) { continue m1; }
      ...
   } // while m2
   ...
} // while m1
```

Wenn die `continue`-Anweisung ausgeführt wird, wird die Bearbeitung unmittelbar mit einem neuen Durchlauf der äußeren Schleife fortgesetzt, genauer: mit dem `while`-Test dieser Schleife. Hätten wir stattdessen `continue m2;` geschrieben, würde sofort ein neuer Durchlauf der inneren Schleife starten (mit dem entsprechenden `while`-Test).

Die analogen Konstruktionen sind auch mit `break` möglich. Im obigen Programm würde z. B. ein `break m2;` anstelle des `continue m1;` bewirken, dass die innere Schleife abgebrochen und die Arbeit unmittelbar dahinter fortgesetzt wird.

Warnung! Auch diese Konstruktion kann leicht zu undurchschaubaren Programmen führen mit dem Potenzial zu subtilen Fehlern.

Der Vollständigkeit halber sei noch die `return`-Anweisung erwähnt. Mit ihr wird die Methode sofort beendet, wobei im Falle von Funktionen das Resultat mitgegeben werden muss. Das funktioniert auch, wenn `return` mitten in einer Schleife erfolgt (was man aber aus Gründen einer professionellen und sauber strukturierten Programmierung grundsätzlich nicht machen sollte).

5.5 Beispiele: Schleifen und Arrays

Die Beliebtheit der `for`-Schleife basiert vor allem auf ihrer engen Kopplung mit Arrays. Denn die häufigste Anwendung ist das Durchlaufen und Verarbeiten von Arrays. Dabei hat man im Wesentlichen drei Arten von Aufgaben: *kumulierender Durchlauf*, *modifizierender Durchlauf* und *generierender Durchlauf*. Bei der Programmierung tritt dabei immer das gleiche Muster auf:

Prinzip der Programmierung

Bei der Verarbeitung von Arrays hat man oft das Programmiermuster

```
for (i = 0; i < a.length; i++) { ... }
```

Die Verwendung des Symbols '<' spiegelt dabei gerade die Tatsache wider, dass der höchste Index um eins kleiner ist als die Länge.

Diese Notation kommt so häufig vor und ist gleichzeitig so überfrachtet mit unnützen technischen Details, dass man in JAVA 5 auch eine kompaktere Schreibweise bereit gestellt hat. Sei z. B. `a` ein Array von `double`-Werten, also `double[]a`, dann kann man ihn auch mit folgender Anweisung durchlaufen:

```
for ( double x : a ) { ... x ... }
```

Dabei durchläuft `x` der Reihe nach die Elemente von `a`. Man beachte jedoch, dass man bei dieser Form den Index nicht zur Verfügung hat und damit z. B. nicht auf die Nachbarlemente von `x` zugreifen kann.

1. Kumulierendes Durchlaufen.

In vielen Anwendungen wird ein Array durchlaufen, um aus ihm Informationen zu extrahieren.

Häufig muss man die Elemente eines Arrays aufsummieren. Programm 5.5 zeigt das typische Muster eines solchen Programms, wobei wir sowohl die traditionelle Schreibweise als auch die neue, kompakte Schreibweise von JAVA 5 demonstrieren.

Programm 5.5 Summe der Array-Elemente

```
double sum ( double[] a) {
   double s = 0;                                      // Vorbereitung
   for (int i = 0; i < a.length; i++) { s = s + a[i]; }  // Schleife
   return s;                                          // Nachbereitung
}
```

Alternativ in der kompakten Notation von JAVA 5:

```
double sum ( double[] a) {
   double s = 0;                       // Vorbereitung
   for (double x : a) { s = s + x; }   // Schleife
   return s;                           // Nachbereitung
}
```

Wenn wir wissen wollen, wie oft ein gegebenes Wort in einem Text (dargestellt als Array von Worten) vorkommt, dann schreiben wir das so wie in Programm 5.6 illustriert, wobei wir auch hier wieder die alte und die neue Notation vorführen.

Programm 5.6 Häufigkeit eines Wortes in einem Text

```
int occurrences ( String word, String[] text ) {
   int count = 0;                                   // Vorbereitung
   for (int i = 0; i < text.length; i++) {          // Schleife
      if ( text[i].equals(word) ) { count++; }
   }
   return count;                                    // Nachbereitung
}
```

Alternativ in der kompakten Notation von JAVA 5:

```
int occurrences ( String word, String[] text ) {
   int count = 0;                                   // Vorbereitung
   for (String elem : text) {                       // Schleife
      if ( elem.equals(word) ) { count++; }
   }
   return count;                                    // Nachbereitung
}
```

Hier brauchen wir den Gleichheitstest `equals` für Strings (vgl. Tabelle 2.7 auf Seite 32).

Der Nutzen – aber auch die Subtilität – der `break`-Anweisung wird an einer beliebten Anwendung deutlich, die im Programm 5.7 realisiert ist. Wir wollen wissen, ob ein bestimmtes Element in einem Array vorkommt.

Programm 5.7 Suche eines Elements in einem Array

```
boolean has ( long[] a, long x ) {
  int i;                                   // Vorbereitung
  for (i = 0; i < a.length; i++) {         // Schleife
    if (a[i] == x) { break; }
  }
  return i != a.length;                    // Nachbereitung
}
```

Bessere Variante mit einer booleschen Variablen:

```
boolean has ( long[] a, long x ) {
  boolean found = false;                   // Vorbesetzen der Resultatvariablen
  for (int i = 0; i < a.length; i++) {
    if (a[i] == x) { found = true; break; }
  }
  return found;
}
```

Wenn der Wert im Array vorkommt, bricht die Schleife mit einem Index kleiner als `a.length` ab. Wenn der Wert nicht vorkommt, dann ist die Abbruchbedingung erstmals bei `i=a.length` verletzt. Genau das wird in dem booleschen Ausdruck von `return` abgeliefert.

Dieser Umgang mit den Indizes ist etwas trickreich; das zeigt sich auch in der Notwendigkeit, die Laufvariable außerhalb der Schleife zu definieren. In der zweiten Variante wird das vermieden; stattdessen wird das gewünschte Resultat in einer Variablen `found` gesetzt. Diese Lösung ist klarer, weniger fehleranfällig und daher besser. Vor allem würde die zweite Variante die Verwendung der kompakten `for`-Schleife von JAVA 5 erlauben, was in der ersten nicht möglich ist, weil wir dort den Index `i` explizit brauchen.

2. Modifizierender Durchlauf.

Häufig wollen wir nicht etwas über den Array erfahren, sondern seine Elemente modifizieren.

Nehmen wir an, dass Messwerte in einem Array vorliegen. Jetzt sollen „Ausreißer" – also offensichtliche Messfehler – gekappt werden, um die Auswertung nicht zu verfälschen. Das wird in Programm 5.8 implementiert.

Programm 5.8 Kappen von „Ausreißern"

```
void smoothen ( double[] a, double limit ) {
  for (int i = 0; i < a.length; i++) {
    if ( a[i] > limit ) { a[i] = limit; }
  }
}
```

Hier werden die Elemente des Arrays selbst geändert.

Natürlich findet man auch Kombinationen von kumulierendem und modifizierendem Durchlauf. Das heißt, die Elemente des Arrays werden geändert und gleichzeitig werden Informationen über den Array aufgesammelt.

Offensichtlich ist bei dieser Art von Aufgabenstellung die kompakte `for`-Schleife nicht sinnvoll, weil man den Index `i` bei der Zuweisung `a[i] = ...` explizit braucht.

3. Generierender Durchlauf.

Wir hatten früher gesehen (vgl. Abschnitt 1.5), dass kleine Arrays bei der Deklaration sofort mit Werten initialisiert werden können. Bei großen Arrays oder bei Arrays, die mittels Eingabe zu füllen sind, braucht man aber Schleifen.

Wir wollen eine Sammlung von Messwerten vom Benutzer erfassen. Das geschieht in einer Methode, die einen entsprechenden Array kreiert, mit Werten besetzt und schließlich als Resultat zurückliefert. Wie man im Programm 5.9

Programm 5.9 Generieren eines Arrays durch Benutzerangabe

```
float[] initialize () {
  final int N = Terminal.askInt("Anzahl der Messungen: ");
  float[] a = new float[N];
  for (int i = 0; i < N; i++) {
    a[i] = Terminal.askFloat("Nächster Wert: ");
  }
  return a;
}
```

Eine Anwendung dieser Methode sieht dann z. B. so aus:

```
float[] messwerte = initialize();
```

Dabei werden durch die Methode **`initialize`** sowohl die Größe als auch der Inhalt des Arrays **`messwerte`** festgelegt.

sieht, kann eine Methode einen ganzen Array als Ergebnis haben. Man beachte auch, dass hier die Größe des Arrays dynamisch festgelegt wird mit Hilfe einer Anfrage beim Nutzer; da der Wert sich aber im weiteren Verlauf nicht mehr ändern darf, wird er als lokale Konstante deklariert.

Eine ganz häufige Form der Generierung besteht darin, dass wir einen neuen Array aus einem alten Array ableiten. Ein Beispiel wäre etwa eine Variante von Programm 5.8, bei dem die Ausreißer nicht durch einen bereinigten Wert ersetzt werden, sondern aus dem Array eliminiert werden. Das ist in Programm 5.10 gezeigt.

Programm 5.10 Eliminieren von „Ausreißern“

```
void cleanup ( double[] a, double limit ) {
  int j = 0;
  for (int i = 0; i < a.length; i++) {
    if ( a[i] <= limit ) { a[j] = a[i]; }
    j++;
  }
  for (int i = j; i < a.length; i++) { a[i] = 0; }
}
```

Man beachte, dass der eigentliche Array jetzt i. Allg. weniger Elemente enthält; deshalb wird er am Ende mit `0` aufgefüllt.

Eine klassische Aufgabe ist das schlichte Kopieren eines Arrays. In Programm 5.11 wird zunächst ein neuer Array `b` gleicher Länge erzeugt. Dann werden in der Schleife der Reihe nach die Elemente von `a` in das neue `b` übertragen. Zuletzt wird das so erzeugte `b` als Ergebnis abgeliefert.

Programm 5.11 Kopieren eines Arrays

```
float[] copy ( float[] a ) {
  float[] b = new float[a.length];
  for (int i = 0; i < a.length; i++) {
    b[i] = a[i];
  }
  return b;
}
```

Ein Aufruf dieser Funktion könnte dann z. B. – zusammen mit der Initialisierung aus Programm 5.9 – so aussehen:

```
float[] messwerte = initialize();
float[] backup = copy(messwerte);
```

Hier wird ein neuer Array `backup` als Kopie von `messwerte` angelegt.

Anmerkung: ***Effizientes Kopieren.*** *Diese Kopiermethode funktioniert zwar, aber die Lösung ist schreibaufwendig und ineffizient. Deshalb bietet* JAVA *in der vordefinierten Klasse* `System` *eine spezielle Methode an:*

```
System.arraycopy(«Quelle»,«Q-Index»,«Ziel»,«Z-Index»,«Länge»);
```

Ihre fünf Argumente sind der Quellarray, *der Index des ersten Elements im Quellarray, der* Zielarray, *der Index des ersten Elements im Zielarray und die Anzahl der zu kopierenden Elemente.*

Das folgende Beispiel zeigt, wie man mit Hilfe dieser Methode einen Array verlängern kann:

```
float[] b = new float[2 * a.length];
System.arraycopy(a, 0, b, 0, a.length);
```

Hier wird zunächst ein doppelt so langer Hilfsarray `b` *eingeführt, dann werden alle Elemente von* `a` *in die erste Hälfte von* `b` *hineinkopiert. (Die zweite Hälfte von* `b` *bleibt „leer".)*

Hinweis: In Kapitel 7 werden wir gleich noch weitere und etwas anspruchsvollere Beispiele für das Arbeiten mit Arrays kennen lernen.

5.6 Die assert-Anweisung

Seit JAVA 1.4 gibt es eine sog. `assert`-Anweisung.[2] Damit lassen sich sog. *Zusicherungen* (engl.: *Assertion*) formulieren. Das sind Eigenschaften, die an der betreffenden Programmstelle gelten müssen. Beispiel:

```
int factorial ( int n ) {
  assert n >= 0;
  ...
}
```

[2] Das führt zu einigen Kompatibilitätsproblemen mit älteren Programmen, wenn die Programmierer dort eine Variable namens `assert` eingeführt hatten.

Die Fakultätsfunktion ist nur für natürliche Zahlen definiert. Einen Typ `nat` besitzt JAVA aber nicht, sodass wir die Funktion `factorial` nur mit einem `int`-Parameter versehen können. Um zu verhindern, dass jemand die Funktion mit negativen Zahlen aufruft, geben wir deshalb eine entsprechende `assert`-Anweisung am Anfang der Funktion an. Wenn jetzt jemand z. B. `factorial(-2)` aufruft, löst JAVA einen `AssertionError` aus.

Die `assert`-Anweisung lässt sich an- und abschalten: `AssertionError` wird nur ausgelöst, wenn das Programm in einer speziellen Form gestartet wird:[3]

`java MyProgram`	ignoriere `assert`
`java -enableassertions MyProgram`	werte `assert` aus

Ohne das Attribut `enableassertions` werden alle `assert`-Anweisungen ignoriert. Damit erreicht man, dass in der Testphase viele `assert`-Anweisungen in das Programm eingestreut werden können, ohne dass sie im endgültigen Produkt eine Belastung für die Effizienz darstellen.

Es gibt allerdings eine wesentliche Einschränkung bei der `assert`-Anweisung: Sie kann nur in der Form `assert «Ausdruck»` geschrieben werden, wobei `«Ausdruck»` ein gültiger JAVA-Ausdruck sein muss. Wir werden in Abschnitt 7.2 sehen, dass die *Methodik* der Zusicherungen weit über die simple `assert`-Anweisung hinausgeht.

5.7 Zusammenfassung: Kontrollstrukturen

Die Rümpfe von Methoden sind Blöcke, die aus Folgen von Anweisungen (und Deklarationen) zusammengesetzt sind. Diese Anweisungen ergeben sich aus folgenden Sprachkonstrukten:

- Zuweisungen;
- Prozeduraufrufe;
- Fallunterscheidungen (`if` und `switch`);
- Schleifen (`while` und `for`);
- Spezielle Anweisungen (`return`, `break`, `continue`, `assert`).

[3] Wenn man die `assert`-Anweisung benutzen will, muss der Compiler mindestens in der Version JAVA 1.4 (oder neuer) aufgerufen werden. Das kann man mit einer entsprechenden Option erreichen: `javac -source 1.4 «Datei»`.

6

Rekursion

Ein Mops kam in die Küche und stahl dem Koch ein Ei. Da nahm der Koch das Messer und schlug den Mops entzwei. Da kamen viele Möpse und gruben ihm ein Grab. Drauf setzten sie 'nen Grabstein, auf dem geschrieben stand: Ein Mops kam in die Küche ...

(Deutsches Liedgut)

Das wohl wichtigste Prinzip bei der Formulierung von Algorithmen besteht darin, das gleiche Berechnungsmuster wieder und wieder anzuwenden – allerdings auf immer einfachere Daten. Dieses Prinzip ist in der Mathematik altbekannt, doch es wird ebenso im Bereich der Ingenieurwissenschaften angewandt, und es findet sich auch im Alltagsleben.

Mit den Schleifen haben wir ein erstes Programmiermittel kennen gelernt, mit dem sich solche Wiederholungen ausdrücken lassen. Aber dieses Mittel ist nicht allgemein genug: Es gibt Situationen, in denen die Wiederholungsmuster komplexer sind als das, was man mit Schleifen (verständlich oder überhaupt) ausdrücken kann. Glücklicherweise kann man aber mit Methoden – also Funktionen und Prozeduren – beliebig komplexe Situationen in den Griff bekommen.

Beispiel

In der Legende der „Türme von Hanoi“ muss ein Stapel von unterschiedlich großen Scheiben von einem Pfahl auf einen zweiten Pfahl übertragen werden unter Zuhilfenahme eines Hilfspfahls. Dabei darf jeweils nur eine Scheibe pro Zug bewegt werden und nie eine größere auf einer kleineren Scheibe liegen. Die in Abb. 6.1 skizzierte Lösungsidee kann – informell – folgendermaßen beschrieben werden:

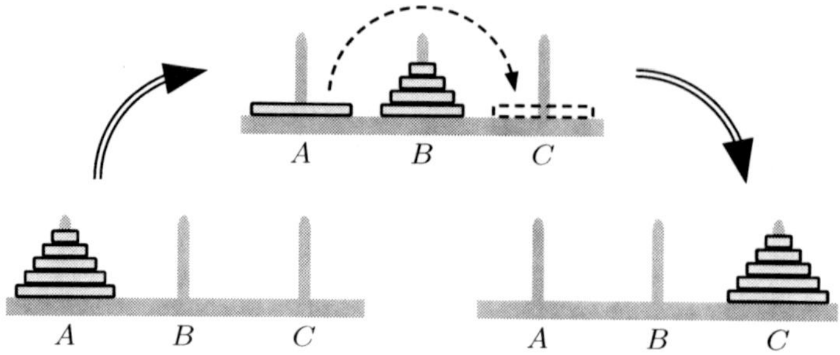

Abb. 6.1. Die Türme von Hanoi

```
Bewege N Steine von A nach C (über B):
  Falls N = 1: Transportiere den Stein von A nach C.
  Falls N > 1: Bewege N-1 Steine von A nach B (über C);
               Lege den verbleibenden Stein von A nach C;
               Bewege N-1 Steine von B nach C (über A)
```

Denksportaufgabe: Wie viele Transporte einzelner Steine werden ausgeführt?

6.1 Rekursive Methoden

Während bisher die Erweiterung unserer programmiersprachlichen Möglichkeiten immer mit der Einführung neuer syntaktischer Konstrukte verbunden war – Methoden, Fallunterscheidungen, Schleifen etc. –, reicht diesmal die Beobachtung, dass wir etwas nicht verboten haben. Denn die folgende Definition beschreibt nur eine Möglichkeit, über die wir bisher nicht geredet haben. Das heißt, wir haben sie weder verboten noch benutzt.

Definition (Rekursion)

Eine Methode `f` heißt (direkt) ***rekursiv***, wenn im Rumpf von `f` Aufrufe von `f` vorkommen.

Die Methode `f` heißt *indirekt rekursiv*, wenn im Rumpf von `f` eine Methode `g` aufgerufen wird, die ihrerseits direkt oder indirekt auf Aufrufe von `f` führt. ❑

Viele rekursive Methoden lassen sich sofort in Schleifen umprogrammieren. Aber bei einigen ist das nicht oder zumindest nicht ohne Weiteres möglich. Wir beginnen mit dieser spannenderen Gruppe. Programm 6.1 zeigt die Berechnung der sog. Binomialfunktion. Dabei werden einige einfache mathematische Gesetze unmittelbar in eine rekursive JAVA-Funktion umgesetzt. In dieser Funktion sind sogar *zwei* rekursive Aufrufe im Rumpf enthalten.

Nach dem gleichen Muster kann auch das Problem der Türme von Hanoi programmiert werden. Allerdings müssen wir dabei ein paar Annahmen

Programm 6.1 Binomialfunktion

Für Lottospieler ist die Frage interessant, wie viele Möglichkeiten es gibt, aus n gegebenen Elementen k Elemente auszuwählen. Diese Anzahl wird durch die sog. Binomialfunktion „n über k" ausgerechnet. Sie ist definiert als $\frac{n!}{(n-k)!\cdot k!}$, wobei mit $n!$ die sog. Fakultätsfunktion $1\cdot 2\cdot 3\cdot\cdots\cdot n$ bezeichnet wird. Für die Binomialfunktion gelten folgende Gesetze

$$\binom{n}{0} = 1, \quad \binom{n}{n} = 1, \quad \binom{n}{k} = \binom{n-1}{k-1} + \binom{n-1}{k} \quad \textit{für } n > k > 0$$

Das lässt sich unmittelbar in ein JAVA-Programm übertragen.

```
int binom ( int n, int k ) {
   assert n ≥ k;
   if ( k == 0 | k == n ) {
      return 1;
   } else {
      return binom(n-1, k-1) + binom(n-1, k);
   }//if
}//binom
```

In diesem Programm benutzen wir die in Abschnitt 5.6 eingeführte `assert`-Anweisung, um die Zulässigkeit der Argumente `n` und `k` sicherzustellen.

über die Verfügbarkeit von Klassen und Methoden machen, die wir mit unseren jetzigen Mitteln noch nicht beschreiben können. Aber intuitiv sollte das Programm 6.2 trotzdem verständlich sein.

Programm 6.2 Die Türme von Hanoi

Der Algorithmus, der in Abbildung 6.1 skizziert ist, lässt sich unmittelbar in eine rekursive JAVA-Methode umschreiben.

```
void hanoi ( int n, Peg a, Peg b, Peg c ) { // von a über b nach c
   assert n >= 1;
   if (n == 1) {
      move(a,c);                        // Stein von a nach c
   } else {
      hanoi(n-1, a, c, b );             // n−1 Steine von a über c nach b
      move(a,c);                        // Stein von a nach c
      hanoi(n-1, b, a, c );             // n−1 Steine von b über a nach c
   } //if
} //hanoi
```

Dabei lassen wir offen, wie die Klasse `Peg` und die Operation `move` implementiert sind.

Als letztes dieser einführenden Beispiele soll eine Frage dienen, die sich Leonardo von Pisa (genannt Fibonacci) gestellt hat: „Wie schnell vermehren sich Kaninchen?" Dabei sollen folgende Spielregeln gelten: (1) Zum Zeitpunkt i gibt es A_i alte und J_i junge Paare. (2) In einer Zeiteinheit erzeugt jedes alte Paar ein junges Paar, und jedes junge Kaninchen wird erwachsen. (3) Kaninchen sterben nicht. Wenn man mit einem jungen Paar beginnt, wie viele Kaninchen hat man nach n Zeiteinheiten? Die Antwort gibt das Programm 6.3.

Programm 6.3 Die Vermehrung von Kaninchen (nach Fibonacci)

Die Spielregeln des Leonardo von Pisa lassen sich sofort in folgende mathematische Gleichungen umschreiben:

$$A_0 = 0, \quad J_0 = 1, \quad A_{i+1} = A_i + J_i, \quad J_{i+1} = A_i, \quad K_i = A_i + J_i$$

Das kann man direkt in ein Paar rekursiver JAVA-Funktionen umschreiben.

```
int kaninchen ( int i ) {
   assert i >= 0;
   return alteKaninchen(i) + jungeKaninchen(i);
}// kaninchen
private int alteKaninchen ( int i ) {
   if (i == 0)  { return 0; }
      else      { return alteKaninchen(i-1) + jungeKaninchen(i-1); }
}// alteKaninchen
private int jungeKaninchen ( int i ) {
   if  (i == 0)  { return 1; }
       else      { return alteKaninchen(i-1); }
}// jungeKaninchen
```

Dieses Programm umfasst direkte und indirekte Rekursionen. Die Funktion `jungeKaninchen` ist indirekt rekursiv, die Funktion `alteKaninchen` ist sowohl direkt als auch indirekt rekursiv.

Übung 6.1. Für die Kaninchenvermehrung kann man zeigen, dass die Zahl K_i sich auch direkt berechnen lässt vermöge der Gleichungen

$$K_0 = 1, \quad K_1 = 1, \quad K_{i+2} = K_{i+1} + K_i$$

(1) Man zeige, dass diese Gleichungen in der Tat gelten. (2) Man programmiere die Gleichungen als direkt rekursive JAVA-Funktion. (Das ist die Form, in der die Funktion üblicherweise als „Fibonacci-Funktion" bekannt ist.)

6.2 Funktioniert das wirklich?

Ein bisschen sehen diese rekursiven Funktionen aus wie der Versuch des Barons von Münchhausen, sich am eigenen Schopf aus dem Sumpf zu ziehen. Dass es aber kein Taschenspielertrick ist, sondern seriöse Technologie, kann man sich schnell klarmachen. Allerdings sollten wir dazu ein kürzeres Beispiel verwenden als die bisher betrachteten. Programm 6.4 enthält die rekursive Funktion zur Berechnung der Fakultät $n! = 1 \cdot 1 \cdot 2 \cdot 3 \cdots n$.

Programm 6.4 Fakultät

Die „Fakultäts-Funktion" – in der Mathematik meist geschrieben als n! – berechnet das Produkt aller Zahlen 1, 2, ..., n. Das wird rekursiv folgendermaßen geschrieben:

$$\begin{aligned} 0! &= 1 \\ (n+1)! &= (n+1) * n! \end{aligned}$$

Offensichtlich lässt sich dieser Algorithmus ganz einfach als Funktion hinschreiben:

```
int fac ( int n ) {
  assert n >= 0;
  if (n > 0) {
    return n * fac(n-1);   // rekursiver Aufruf!
  } else {
    return 1;
  } // endif
} // fac
```

An diesem einfachen Beispiel können wir uns jetzt klarmachen, wie Rekursion funktioniert. Erinnern wir uns: Ein Funktionsaufruf (analog Prozeduraufruf) wird ausgewertet, indem die Argumente an Stelle der Parameter im Rumpf eingefügt werden und der so entstehende Ausdruck ausgewertet wird:

```
fac(4)
= {if 4>0 then 4*fac(4-1) else 1}               // Einsetzen
= 4*fac(3)                                      // Auswerten
= 4*{if 3>0 then 3*fac(3-1) else 1}             // Einsetzen
= 4*3*fac(2)                                    // Auswerten
= 4*3*{if 2>0 then 2*fac(2-1) else 1}           // Einsetzen
= 4*3*2*fac(1)                                  // Auswerten
= 4*3*2*{if 1>0 then 1*fac(1-1) else 1}         // Einsetzen
= 4*3*2*1*fac(0)                                // Auswerten
= 4*3*2*1*{if 0>0 then 0*fac(0-1) else 1}       // Einsetzen
= 4*3*2*1*1                                     // Auswerten
```

Zwei wichtige Dinge lassen sich hier deutlich erkennen:

- Rekursion führt dazu, dass der Zyklus „Einsetzen – Auswerten" iteriert wird. Die dabei immer wieder auftretenden neuen Aufrufe der Funktion/Prozedur nennt man ***Inkarnationen***.
  Offensichtlich kann es – bei schlechter Programmierung – passieren, dass dieser Prozess nie endet: Dann haben wir ein *nichtterminierendes Programm* geschrieben. Um das zu verhindern, müssen wir sicherstellen, dass die Argumente bei jeder Inkarnation „kleiner" werden und dass diese Verkleinerung nicht beliebig lange stattfinden kann.
- Wenn wir uns die vorletzte Zeile ansehen, dann kommt dort im `then`-Zweig der Ausdruck `0-1` vor. Wenn wir die Fakultät, wie in der Mathema-

tik üblich, über den natürlichen Zahlen berechnen wollen, dann ist diese Subtraktion *nicht definiert*!
Hier kommt eine wichtige Eigenschaft der Fallunterscheidung zum Tragen: *Der* **then**-*Zweig wird nur ausgewertet, wenn die Bedingung wahr ist*; ansonsten wird er *ignoriert*. (Analoges gilt natürlich für den **else**-Zweig.)

Man kann sich den Prozess bildlich auch so vorstellen wie in Abbildung 6.2 skizziert. Wir hatten in Abschnitt 3.2 gesehen, dass wir lokale Variablen und

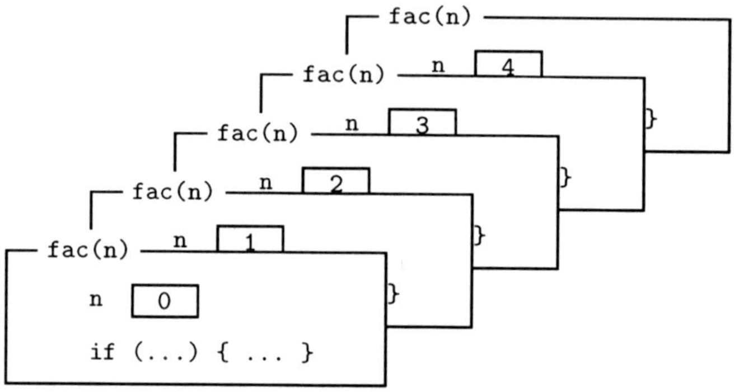

Abb. 6.2. Illustration des Rekursionsmechanismus

Parameter als „Slots" auffassen können, die zur jeweiligen Inkarnation der Methode gehören.

Bei rekursiven Methoden ist jeweils nur die „oberste" Inkarnation aktiv. Alle Berechnungen betreffen nur ihre Slots, die der anderen Inkarnationen bleiben davon unberührt. Wenn eine Inkarnation abgearbeitet ist, wird die darunterliegende aktiv. Deren Slots – Parameter und lokale Variablen – sind unverändert geblieben.

Damit sieht man den wesentlichen Unterschied zwischen den lokalen Variablen und den Attributvariablen der Klasse (bzw. des Objekts). Wenn eine Inkarnation solche Attributvariablen verändert, dann sind diese Änderungen über ihr Ende hinaus wirksam. Die darunterliegende Inkarnation arbeitet deshalb mit den modifizierten Werten weiter. Das kann, je nach Aufgabenstellung, erwünscht oder fatal sein.

Übung 6.2. Man programmiere die „Türme von Hanoi" in JAVA.

(a) Ausgabe ist die Folge der Züge.

(b) Ausgabe ist die Folge der Turm-Konfigurationen (in einer geeigneten grafischen Darstellung).

Teil III

Eine Sammlung von Algorithmen

Bisher haben wir vor allem Sprachkonzepte vorgestellt und sie mit winzigen Programmfragmenten illustriert. Jetzt ist es an der Zeit, etwas größere und vollständige Programme zu betrachten.

Wir beginnen zunächst mit kleineren Beispielalgorithmen. Anhand dieser Algorithmen führen wir auch methodische Konzepte ein, die zum Programmieren ebenso dazugehören wie der eigentliche Programmcode. (Wir würden gerne von Methoden des Software Engineering sprechen, aber dazu sind die Programme immer noch zu klein.)

Danach wenden wir uns zwei großen Komplexen der Programmierung zu. Der erste betrifft klassische Informatikprobleme, nämlich Suchen und Sortieren (in Arrays). Der zweite befasst sich mit eher ingenieurmäßigen Fragestellungen, nämlich der Implementierung numerischer Berechnungen.

7

Aspekte der Programmiermethodik

„If the code and the comments disagree, then both are probably wrong."
Norm Schryer, Bell Labs

Die meisten der bisherigen Programme waren winzig klein, weil sie nur den Zweck hatten, jeweils ein bestimmtes Sprachkonstrukt zu illustrieren. Jetzt betrachten wir erstmals Programme, bei denen es um die Lösung einer gegebenen Aufgabe geht. (So richtig groß sind die Programme allerdings noch immer nicht.)

Damit begeben wir uns in einen Bereich, in dem das Programmieren nicht mehr allein aus dem Schreiben von ein paar Codezeilen in JAVA besteht, sondern als ***ingenieurmäßige Entwicklungsaufgabe*** begriffen werden muss. Das heißt, neben die Frage „Wie formuliere ichs in JAVA?" treten jetzt noch Fragen wie „Mit welcher Methode löse ich die Aufgabe?" und „Wie mache ich meine Lösung für andere nachvollziehbar?" Gerade Letzteres ist in der Praxis essenziell. Denn man schätzt, dass weltweit über 80% der Programmierarbeit nicht in die Entwicklung neuer Software gehen, sondern in die Modifikation existierender Software.

7.1 Man muss sein Tun auch erläutern: Dokumentation

„The job's not over until the paperwork is done."

Als Erstes müssen wir ein ungeliebtes, aber wichtiges Thema ansprechen: ***Dokumentation***. Die Bedeutung dieser Aktivität kann gar nicht genügend betont werden.[1]

[1] Man erinnere sich nur an die Gebrauchsanleitung seines letzten Ikea-Schrankes oder Videorecorders und halte sich dann vor Augen, um wie viel komplexer Softwaresysteme sind!

Prinzip der Programmierung

Jedes Programm muss ***dokumentiert*** werden.
Ein nicht oder ungenügend kommentiertes Programm ist genauso schlimm wie ein ***falsches Programm***.

7.1.1 Kommentare im Programm

Die *Minimalanforderungen* an eine Dokumentation sind ***Kommentare***. Sie stellen den Teil der Dokumentation dar, der in den Programmtext selbst eingestreut ist. Die verschiedenen Programmiersprachen sehen dafür leicht unterschiedliche Notationen vor. In JAVA gilt:

- ***Zeilenkommentare*** werden mit dem Zeichen `//` eingeleitet, das den *Rest der Zeile* zum Kommentar macht.

  ```
  x = x+1;   // x um 1 erhöhen (ein ausgesprochen dummer Kommentar!)
  ```
- ***Blockkommentare*** werden zwischen die Zeichen `/*` und `*/` eingeschlossen und können sich über beliebig viele Zeilen erstrecken.

  ```
  /* Dieser Kommentar
       erstreckt sich
         über mehrere Zeilen (wenn auch grundlos) */
  ```
  Übrigens: Im Gegensatz zu vielen anderen Sprachen dürfen Blockkommentare in JAVA *nicht* geschachtelt werden.

Anmerkung: JAVA hat auch noch die *Konvention*, dass ein Blockkommentar, der mit `/**` beginnt, ein sog. „Dokumentationskommentar" ist. Das heißt, er wird von gewissen Dokumentationswerkzeugen wie `javadoc` speziell behandelt.

So viel zur äußeren Form, die JAVA für Kommentare vorschreibt. Viel wichtiger ist der Inhalt, d. h. das, was in die Kommentare hineingeschrieben wird. Auch wenn es dafür natürlich keine formalen Kriterien gibt, liefern die folgenden Faustregeln wenigstens einen guten Anhaltspunkt.

1. Für jedes Stück Software müssen Autor, Erstellungs- bzw. Änderungsdatum sowie ggf. die Version verzeichnet sein. (Auch auf jedem Plan eines Architekten oder Autoingenieurs sind diese Angaben zu finden.)
2. Bei größeren Softwareprodukten kommen noch die Angaben über das Projekt, Teilprojekt etc. hinzu.
3. Die Einbettung in den Kontext des Gesamtprojekts muss klar sein; das betrifft insbesondere die Schnittstelle.
   - Welche Rolle spielt die vorliegende Komponente im Gesamtkontext?
   - Welche Annahmen werden über den Kontext gemacht?
   - Wie kann die gegebene Komponente aus dem Kontext angesprochen werden?

4. Ein Kommentar muss primär den *Zweck* des jeweiligen Programmstücks beschreiben.
   - Bei einer Klasse muss z. B. allgemein beschrieben werden, welche Aufgabe sie im Rahmen des Projekts erfüllt. Das wird meistens eine sumarische, qualitative Skizze ihrer Methoden und Attribute einschließen (aber keine Einzelauflistung).
   - Bei einem Attribut wird zu sagen sein, welche Rolle sein Inhalt spielt, wozu er dient, ob und in welcher Form er änderbar ist etc.
   - Bei Methoden gilt das Gleiche: Wozu dienen sie und wie verhalten sie sich?
5. Neben dem Zweck müssen noch die *Annahmen* über den Kontext beschrieben werden, insbesondere die Art der Verwendung:
   - Bei Klassen ist wichtig, ob sie nur ein Objekt haben werden oder viele Objekte.
   - Bei Methoden müssen Angaben über Restriktionen enthalten sein (z. B. Argument darf nicht null sein, Zahlen dürfen nicht zu groß sein etc.)
   - Bei Attributen können ebenfalls Beschränkungen bzgl. Größe, Änderbarkeit etc. anzugeben sein.
6. Manchmal ist auch hilfreich, einen Überblick über die Struktur zu geben. Diese Art von Lesehilfe ist z. B. dann notwendig, wenn mehrere zusammengehörige Klassen sich über einige Seiten Programmtext erstrecken.

Es mag auch nützlich sein, sich einige typische *Fehler* beim Schreiben von Kommentaren vor Augen zu halten:

- Kommentare sollen knapp und präzise sein, nicht geschwätzig und nebulös.
- Kommentare sollen keine offensichtlichen Banalitäten enthalten, die im Programm direkt sichtbar sind (s. das obige Beispiel bei `x = x+1`).
- Das Layout der Kommentare darf nicht das eigentliche Programm „verdecken“ oder unlesbar machen.

7.1.2 Allgemeine Dokumentation

„If you can't write it down in English, you can't code it.“ (Peter Halpern)

Kommentare – informelle ebenso wie formale – können nur Dinge beschreiben, die sich unmittelbar auf eine oder höchstens einige wenige Codezeilen beziehen. Eine ordentliche Dokumentation verlangt aber auch, dass man globale Aussagen über die generelle Lösungsidee und ihre ingenieurtechnische Umsetzung macht. Im Rahmen dieses Buches beschränken wir das auf vier zentrale Aspekte:

- Wir geben jeweils eine ***Spezifikation*** der Aufgabe an, indem wir sagen, was gegeben und gesucht ist und welche Randbedingungen zu beachten sind.

- Danach beschreiben wir informell die ***Lösungsmethode***, die in dem Programm verwendet wird. Dazu gehören ggf. auch Angaben über Klassen und Methoden, die man von anderen Stellen „importiert".
- Zur Abrundung erfolgt dann die ***Evaluation*** der Lösung, das heißt:
  - eine ***Aufwandsabschätzung*** (s. unten, Abschnitt 7.3) und
  - eine Analyse der relevanten ***Testfälle***.
- Zuletzt diskutieren wir ggf. noch ***Variationen*** der Aufgabenstellung oder mögliche alternative Lösungsansätze.

Für diese Beschreibungen ist alles zulässig, was den Zweck erfüllt. Textuelle Erläuterungen in Deutsch (oder Englisch) sind ebenso möglich wie Diagramme und mathematische Formeln. Und manchmal wird auch sog. *Pseudocode* gute Dienste tun. Im Zusammenhang mit grafischen Benutzerschnittstellen werden in der Praxis gelegentlich sogar kleine (Flash-)Videos benutzt, um die intendierte Nutzung des Programms darzustellen. In den meisten Fällen wird man eine Mischung aus mehreren dieser Beschreibungsmittel verwenden.

*Anmerkung: Diese Art von Beschreibung entspricht in weiten Zügen dem, was in der Literatur in neuerer Zeit unter dem Schlagwort **Design Patterns** [24, 47] Furore macht. Der wesentliche Unterschied ist, dass bei Design Patterns die Einhaltung einer strengeren Form gefordert wird, als wir das hier tun.*

7.2 Zusicherungen (Assertions)

Ein wichtiges Hilfsmittel für die Entwicklung hochwertiger Software sind sog. ***Zusicherungen*** (engl.: ***assertion***). Mit ihrer Hilfe lässt sich sogar die Korrektheit von Programmen mathematisch beweisen.[2] Allerdings geht die Technik der formalen Korrektheitsbeweise weit über den Rahmen dieses Einführungsbuches hinaus. Aber auch wenn man keine mathematischen Korrektheitsbeweise plant, sind Assertions äußerst nützlich. Deshalb werden wir die zugehörigen Regeln hier wenigstens kurz skizzieren.

Assertions werden vor allem verwandt, um

- Restriktionen für die Parameter und globalen Variablen von Methoden anzugeben; man spricht dann von einer ***Precondition*** oder ***Vorbedingung*** der betreffenden Methode;
- an zentralen Programmpunkten wichtige Eigenschaften explizit festzuhalten, die für den Korrektheitsnachweis und das Verständnis essenziell sind.

Wir schreiben Assertions in zwei Formen:

[2] Die Methode geht ursprünglich auf Ideen von Floyd zurück. Darauf aufbauend hat Hoare einen formalen Kalkül entwickelt, der heute seinen Namen trägt. Von Dijkstra kamen einige wichtige Beiträge für die praktische Verwendung der Methode hinzu. Eine exzellente Beschreibung des Kalküls und der mit ihm verbundenen Programmiermethodik findet sich in dem Buch von David Gries [27].

- In den meisten Fällen geben wir die Zusicherungen als „formalisierte Kommentare" an, die wir durch das Wort ASSERT einleiten (vgl. Programm 7.1).
- Wenn die Zusicherung so einfach ist, dass sie als JAVA-Ausdruck formuliert werden kann, schreiben wir sie mit der `assert`-Anweisung von JAVA, die in Abschnitt 5.6 eingeführt wurde (vgl. Programm 7.1).

Prinzip der Programmierung: *Assertions*

Assertions sind ein zentrales Hilfsmittel für Korrektheitsanalysen und tragen wesentlich zum Verständnis eines Programms bei. Eine Zusicherung bedeutet, dass das Programm immer, wenn es bei der Ausführung an der betreffenden Stelle ist, die angegebene Eigenschaft erfüllt.
Bei *Methoden* liefern Assertions ein Hilfsmittel, mit dem Korrektheitsanalysen *modularisiert* werden können.

- Eine Zusicherung über die Parameter (und globalen Variablen) einer Methode erlaubt, *lokal* innerhalb der Methode eine Korrektheitsanalyse durchzuführen.
- An den Aufrufstellen der Methode braucht man nur noch zu prüfen, ob die Zusicherung eingehalten ist – ohne den Code selbst studieren zu müssen.

Anmerkung: Man spricht bei dieser modularisierten Korrektheitsanalyse auch von der Rely/Guarantee-Methode: Wenn in der Umgebung – also an den Aufrufstellen – die Anforderungen an die Parameter eingehalten werden, dann liefert die Methode garantiert ein korrektes Ergebnis.

Programm 7.1 illustriert anhand eines einfachen Beispiels beide Arten von Assertions. Die erste Zusicherung in Programm 7.1 ist eine Precondition der

Programm 7.1 Skalarprodukt zweier Vektoren $\mathbf{u} \cdot \mathbf{v} = \sum_{i=1}^{n} u_i \cdot v_i$

```
double skalProd ( double[] u, double[] v ) {
  assert u.length = v.length;
  double s = 0;
  for (int i = 0; i < u.length; i++) {
    // ASSERT s = Σ_{j=0}^{i-1} u_j · v_j
    s = s + u[i] * v[i];
  }//for
  return s;
}//skalProd
```

Methode `skalProd`; sie legt fest, dass die Methode nur mit gleich langen Arrays aufgerufen werden darf. Das lässt sich in einem JAVA-Ausdruck formulieren, weshalb wir hier die `assert`-Anweisung verwenden. Die zweite Zusicherung beschreibt eine sog. *Invariante* der Schleife: Am Beginn jedes Schleifendurchlaufs enthält die Variable `s` das Skalarprodukt der bisher verarbeiteten Teilvektoren. Das lässt sich nur durch eine mathematische Formel vernünftig ausdrücken und geht damit über die JAVA-Syntax hinaus; deshalb verwenden wir nur einen formalisierten Kommentar.

Es gibt noch eine weitere wichtige Anwendung für Assertions: Man möchte gerne *Invarianten* für Klassenattribute ausdrücken können. Programm 7.2 zeigt ein typisches Beispiel. Winkel bei geometrischen oder graphischen Anwendungen (wie z. B. der Funktion `rotate`) sollten immer in dem Intervall `[-360 .. +360]` liegen. JAVA erlaubt aber nur, den Typ als `float` oder `double` zu charakterisieren.[3] Einen möglichen Workaround erhält man durch die Einführung einer entsprechenden Klasse, bei der die gewünschte Invariante als Precondition beim Konstruktor eingebaut ist. Das kostet zwar ein bisschen Schreibaufwand – auch deshalb, weil Winkel jetzt überall als Objekte eingeführt werden müssen –, aber das ist systematischer und letztlich auch nicht länger, als wenn man die entsprechende Restriktion als Precondition bei allen Methoden (wie z. B. `rotate`) angeben würde, die Winkel benutzen.

Programm 7.2 Die Klasse `Angle` mit Attribut-Invarianten

```
class Angle {
  private float angle;              // sollte im Intervall [-360 .. +360] liegen
  Angle ( float angle ) {
    assert -360 <= angle & angle <= +360
    this.angle = angle;
  }
  ...
}//class Angle
```

Preconditions von Methoden sollten möglichst mit einer `assert`-Anweisung formulieren werden. Dann können wir nämlich – wie in Abschnitt 5.6 erläutert – das Programm mit der Option `java -enableassertions ...` ausführen, wodurch die Zulässigkeit der Argumente jedesmal explizit geprüft wird.

Damit kann man sehr gut gewisse Kontrollen in die Software einbauen und sie nach dem Ende der Testphase einfach abschalten. Aber das Verfahren hat auch gravierende Nachteile: Die Assertions werden zum reinen Testinstrument, während sie ursprünglich für formale Korrektheits*analysen* gedacht waren. Schlimmer wiegt aber, dass man nur Ausdrücke angeben kann,

[3] Es gibt auch Sprachen mit einem echten Subtyp-Konzept, in denen man so etwas wie `TYPE Angle` = (`float phi` | $-$ 360 $\leq$ `phi` $\leq$ +360) hinschreiben kann. Dann kann man Funktionen in der Form `void rotate(Angle alpha)`{...} definieren.

die selbst wieder ausführbares JAVA sind. Gerade bei Assertions ist aber wichtig, dass man die ganze Mächtigkeit der Mathematik (und der Fachsprache der jeweiligen Applikation, also Aerodynamik, Graphtheorie, Steuerrecht etc.) zur Verfügung hat. Und nicht zuletzt gibt es das subtile Problem, dass man in die Assertions selbst nicht neue Programmierfehler einbauen darf.

7.2.1 Die wichtigsten Regeln des Hoare-Kalküls

Wenn wir in unsere Programme an wichtigen Stellen Zusicherungen einstreuen wollen, dann müssen wir natürlich wissen, wie wir ihre jeweilge Gültigkeit garantieren können. Dazu gibt es einige elementare Regeln, die in dieser Form von C. A. R. Hoare eingeführt wurden, der seinerseits auf früheren Arbeiten von R. Floyd aufbaute.

Die Regeln basieren auf sog. *Hoare-Tripeln*[4] $\langle P \rangle$ S $\langle R \rangle$, die folgendermaßen zu lesen sind: Wenn sich das System zur Laufzeit in einem Zustand befindet, in dem die Eigenschaft P gilt, dann befindet es sich nach Ausführung der Anweisung `S` in einem Zustand, in dem die Eigenschaft R gilt. Man nennt $\langle P \rangle$ auch die *Vorbedingung* (oder *Precondition*) von `S` und $\langle R \rangle$ die *Nachbedingung* (oder *Postcondition*) von `S`.

- **Sequenz-Regel.** Diese Regel formalisiert einen ganz einfachen und offensichtlichen Sachverhalt.

$$\frac{\langle P \rangle\ \mathtt{S}_1\ \langle Q \rangle \qquad \langle Q \rangle\ \mathtt{S}_2\ \langle R \rangle}{\langle P \rangle\ \mathtt{S}_1;\ \mathtt{S}_2\ \langle R \rangle}$$

  Wenn man mit der Anweisung $\mathtt{S}_1$ von einem $\langle P \rangle$-Zustand in einen $\langle Q \rangle$-Zustand gelangt und wenn man mit der Anweisung $\mathtt{S}_2$ von einem $\langle Q \rangle$-Zustand in einen $\langle R \rangle$-Zustand gelangt, dann kommt man mit der Nacheinanderausführung von $\mathtt{S}_1;\ \mathtt{S}_2$ von $\langle P \rangle$ in $\langle R \rangle$.

- **Verzweigungs-Regel (`if`-Regel).** Diese Regel ist ähnlich klar und einfach wie die Sequenz-Regel.

$$\frac{\langle B \wedge P \rangle\ \mathtt{S}_1\ \langle R \rangle \qquad \langle \neg B \wedge P \rangle\ \mathtt{S}_2\ \langle R \rangle}{\langle P \rangle\ \mathtt{if\ (B)\ \{\ S_1\ \}\ else\ \{\ S_2\ \}}\ \langle R \rangle}$$

  Wenn man von einem $\langle B \wedge P \rangle$-Zustand durch die Ausführung der Anweisung $\mathtt{S}_1$ in einen $\langle R \rangle$-Zustand gelangt und wenn man von einem $\langle \neg B \wedge P \rangle$-Zustand durch die Ausführung der Anweisung $\mathtt{S}_2$ ebenfalls in einen $\langle R \rangle$-Zustand gelangt, dann gelangt man durch die bedingte Anweisung $\mathtt{if\ (B)\ \{\ S_1\}\ else\ \{\ S_2\ \}}$ von $\langle P \rangle$ in jedem Fall nach $\langle R \rangle$.

---

[4] Wir weichen hier von der üblichen Notation in der Literatur etwas ab. Üblicherweise verwendet man Notationen wie `{P} S {R}`, wobei `P` und `R` Assertions sind und `S` ein Programmstück. Aber in JAVA haben die Symboe {...} eine dominante syntaktische Rolle in `S`, weshalb wir sie nicht auch noch zur Abgrenzung von `P` und `R` verwenden können. Deshalb schreiben wir lieber ⟨P⟩ S ⟨R⟩.

- **Invarianz-Regel (Schleifen-Regel).** Diese Regel ist ebenfalls intuitiv klar, obwohl sie in der Praxis am schwierigsten umzusetzen ist, weil das Finden einer geeigneten ***Invarianten*** $\langle\, I \,\rangle$ oft eine nichttriviale intelektuelle Herausforderung ist.

$$\frac{\langle\, B \wedge I \,\rangle \ \texttt{S} \ \langle\, I \,\rangle}{\langle\, I \,\rangle \ \texttt{while (B) \{ S \}} \ \langle\, \neg B \wedge I \,\rangle}$$

Wenn man sich vor Beginn der Schleife in einem $\langle\, I \,\rangle$-Zustand befindet und wenn die Ausführung des Schleifenrumpfs `S` von einem $\langle\, B \wedge I \,\rangle$-Zustand in einen $\langle\, I \,\rangle$-Zustand führt – also die Invariante $\langle\, I \,\rangle$ erhält –, dann ist man nach Beendigung der Schleife in einem $\langle\, \neg B \wedge I \,\rangle$-Zustand.
Man beachte die Subtilität dieser Beschreibung: Wenn die Schleife nicht terminiert, gibt es keinen Nachfolgezustand. Und die leere Zustandsmenge erfüllt bekanntlich jedes beliebige Prädikat, also insbesondere auch $\langle\, \neg B \wedge I \,\rangle$. Die Invarianzregel ist deshalb eine Regel für *partielle Korrektheit*: Wenn das Programm terminiert, ist es korrekt; aber über Terminierung wird nichts gesagt. (Wir behandeln Terminierung gleich in Abschnitt 7.2.2.)
Übrigens: Man weiß noch mehr, als in der Regel explizit aufgeschrieben ist. Denn auch innerhalb des Rumpfes gelten gewisse Zusicherungen:
$\langle\, I \,\rangle$ `while ( B ) {` $\langle\, B \wedge I \,\rangle$ `S` $\langle\, I \,\rangle$ `}` $\langle\, \neg B \wedge I \,\rangle$

- **Zuweisungs-Axiom.** Die Regel für die Zuweisung hat keine Voraussetzung; sie gilt immer. Deshalb spricht man hier von einem *Axiom.*

$$\frac{}{\langle\, R_x^E \,\rangle \ \texttt{x = E} \ \langle\, R_x \,\rangle}$$

Interessanterweise wird dieses Axiom in „Rückwärtsrichtung“ formuliert (was gut zu der Tatsache passt, dass man in der Programmentwicklung von dem Ziel, das man erreichen muss, ausgeht und daraus die notwendigen Voraussetzungen ermittelt). Wenn man in einen Zustand gelangen will, in dem die Eigenschaft[5] R_x gilt, dann können wir dies mit der Zuweisung `x = E` erreichen, vorausgesetzt, dass vor dieser Zuweisung R_x^E gilt. Man macht sich das schnell an einem Beispiel klar:
$\langle\, b > 1 \,\rangle$ a = 2*b; $\langle\, a > 2 \,\rangle$
Die Vorbedingung ist gleichwertig zu $\langle\, 2 * b > 2 \,\rangle$ und das ist genau die Vorbedingung, die sich formal aus dem Zuweisungsaxiom ergibt.

- **Verstärkungs-/Abschwächungs-Regel.** Die Zusicherungen sind generelle Prädikate und lassen sich somit nach den Gesetzen der Mathematik jeweils in die am besten geeignete Form umrechnen (wie wir gerade bei dem obigen Beispiel gesehen haben). Dabei ist man aber nicht nur auch äquivalente Umformulierungen beschränkt.

[5] Mit R_x bezeichnen wir ein Prädikat, in dem die Variable x frei auftritt. R_x^E bezeichnet dann das Prädikat, in dem jedes Vorkommnis von x textuell durch den Ausdruck E ersetzt wurde.

$$\frac{P \Rightarrow P' \qquad \langle\, P' \,\rangle \; \mathtt{S} \; \langle\, R' \,\rangle \qquad R' \Rightarrow R}{\langle\, P \,\rangle \; \mathtt{S} \; \langle\, R \,\rangle}$$

Wenn wir in einem Programm einen Übergang $\langle\, P \,\rangle$ S $\langle\, R \,\rangle$ benötigen, braucht $\langle\, P \,\rangle$ nicht die schwächste Vorbedingung für S zu sein; wir können uns auch in einem Zustand befinden, in dem mehr Eigenschaften gelten, als S braucht. Ein typisches Beispiel wäre etwa, dass wir für eine Division die Eigenschaft $\langle\, y \neq 0 \,\rangle$ brauchen, aber sogar wissen, dass $\langle\, y > 0 \,\rangle$ gilt. Analog kann unsere tatsächlich im Programm benötigte Nachbedingung $\langle\, R \,\rangle$ auch schwächer sein als das, was durch S garantiert ist.

Wir wollen diese Regeln an einem kleinen Minibeispiel illustrieren. Wir betrachten eine kleine Folge von Zuweisungen, die den XOR-Operator benutzt (vgl. Tabelle 2.2 auf Seite 24):

```
x = x ^ y;
y = x ^ y;
x = x ^ y;
```

Auf den ersten Blick ist nicht klar, was dieses Programm tut. Wenn wir aber geeignete Assrtions einbauen (mittels des Zuweisungsaxioms und der Sequenzregel), dann lässt sich der Effekt dieses Programms ausrechnen. Man braucht dazu allerdings noch ein mathematisches Gesetz für den XOR-Operator: $((A \not\equiv B) \not\equiv B) = A$.

```
    // (x = A) ∧ (y = B)
x = x ^ y;
    // (x = A ≢ B) ∧ (y = B)
y = x ^ y;
    // (x = A ≢ B) ∧ (y = ((A ≢ B) ≢ B) = A)
x = x ^ y;
    // (x = ((A ≢ B) ≢ A) = B) ∧ (y = A)
    // (x = B) ∧ (y = A)
```

Diese kleine Rechnung mit Assertions zeigt, dass unser Programm die beiden Variablen x und y vertauscht – und das *ohne* Verwendung einer Hilfsvariablen.[6]

Übung 7.1. Man löse das Problem der Vertauschung zweier Integer-Variablen ohne Verwendung einer Hilfsvariablen mit den Operationen „+“ und „-“. Dabei darf man das Problem potenzieller Über- oder Unterläufe ignorieren.

7.2.2 Terminierung

Wir haben bei der Schleifenregel gesehen, dass wir nur *partielle Korrektheit* erhalten; das heißt, im Falle der Terminierung „stimmt“ das Programm, aber

[6] Das ist besonders auf der Ebene der Maschinenprogrammierung interessant, weil man auf diese Weise zwei Register vertauschen kann, ohne ein weiteres Register oder gar Hilfsspeicher in Anspruch zu nehmen.

über die Terminierung selbst wird nichts gesagt. Deshalb brauchen wir noch Regeln, mit denen wir die Terminierung von Programmen sicherstellen können. Zusammengenommen erhalten wir dann ***totale Korrektheit***.

Das Prinzip von Terminierungsbeweisen ist immer das gleiche, egal ob wir die Terminierung von Schleifen oder die Terminierung von rekursiven Methoden zeigen wollen.

Prinzip der Programmierung: *Terminierung*

Um die Terminierung von `while (B) { S}` zu zeigen, definiert man eine geeignete Funktion $\tau : \mathbb{D} \to \mathbb{N}$, wobei man den Definitionsbereich $\mathbb{D}$ aus einigen der Variablen konstruieren muss, die im Schleifenrumpf eine Rolle spielen. (Die Funktion muss auf $\mathbb{D}$ total sein.) Diese Funktion muss zwei Eigenschaften haben:

- Der Wert von $\tau(x_1, \ldots, x_n)$ muss von einem Durchlauf zum nächsten streng monoton fallen.
- Es muss gelten $\tau(x_1, \ldots, x_n) = 0 \Rightarrow \neg B$, d. h., spätestens bei Erreichen der Null muss die Schleife beendet werden. (Sonst wäre τ nicht total.)

Für rekursive Funktionen gilt eine analoge Festlegung.

Geeignete Funktionen τ ergeben sich meistens ganz natürlich aus der jeweiligen Anwendung. Meistens handelt es sich um elementare Dinge wie „Länge des verbleibenden Teilarrays“, „Höhe des verbleibenden Unterbaums“, „Anzahl der Knoten im Restgraphen“ usw.

- **Terminierungs-Regel**. Wir formulieren die Regel nur halbformal unter Verwendung des eher umgangssprachlichen Wortes «terminiert».

$$\frac{\langle\, \tau(\ldots) = K \,\rangle\ \mathrm{S}\ \langle\, \tau(\ldots) < K \,\rangle \qquad \langle\, \tau(\ldots) = 0 \Rightarrow \neg B \,\rangle \qquad \texttt{S}\ \text{«terminiert»}}{\texttt{while (B) \{ S \}}\ \text{«terminiert»}}$$

Die erste Voraussetzung ist das streng monotone Fallen der Funktion τ durch die Ausführung des Rumpfes `S`. Die zweite Bedingung stellt sicher, dass spätestens bei $\tau(\ldots) = 0$ die Schleife beendet wird. Und als dritte Bedingung muss man natürlich fordern, dass der Schleifenrumpf `S` selbst auch terminiert.

Zur Illustration betrachten wir nur ein triviales Minibeispiel, weil in den folgenden Abschnitten und Kapiteln noch eine ganze Reihe von realistischen Applikationen zu finden sind. Wir greifen noch einmal das Skalarprodukt aus Programm 7.1 auf und schreiben es jetzt in der Form einer `while`-Schleife. Programm 7.3 enthält den ausgiebig mit Zusicherungen annotierten Code.

Als Terminierungsfunktion τ wählen wir $\tau(i, u) \stackrel{def}{=} u.length - i$. Wegen der Invarianten $0 \leq i \leq u.length$ ist diese Funktion immer wohldefiniert. Bei

Programm 7.3 Skalarprodukt zweier Vektoren $\mathbf{u} \cdot \mathbf{v} = \sum_{i=1}^{n} u_i \cdot v_i$

```
double skalProd ( double[] u, double[] v ) {
  assert u.length = v.length;
  double s = 0;
  int i = 0;
  // ASSERT 0 ≤ i ≤ u.length ∧ s = Σ_{j=0}^{i-1} u_j · v_j
  while (i < u.length) {
    // ASSERT 0 ≤ i ≤ u.length ∧ s = Σ_{j=0}^{i-1} u_j · v_j
    s = s + u[i] * v[i];
    i++;
    // ASSERT 0 ≤ i ≤ u.length ∧ s = Σ_{j=0}^{i-1} u_j · v_j
  }//while
  // ASSERT i = u.length ∧ s = Σ_{j=0}^{i-1} u_j · v_j
  return s;
}//skalProd
```

$\tau(i, u) = 0$ ist die Bedingung der `while`-Schleife nicht erfüllt. Und im Rumpf nimmt der Wert von $\tau(i, u)$ genau um 1 ab, weil `u` sich nicht ändert und `i` durch `i++` um 1 wächst. Hinter der Scheife gilt $I \wedge \neg B$, was zusammengenommen die genaue Zusicherung $i = u.length$ ergibt.

Durch diese Umschreibung in eine `while`-Schleife erkennt man, dass bei der Verifikation von `for`-Schleifen das Weiterschalten des Zählers (bei uns `i++`) ganz am Ende der Schleife erfolgt. Das monotone Fallen von τ bei der Ausführung des Rumpfes muss diese verdeckte Anweisung berücksichtigen.

Zum Schluss noch eine Warnung: *Terminierung ist nicht immer beweisbar!* Dazu betrachte man folgendes artifizielle Beispiel:

```
x = 4;
// even(x)
while ( «x ist Summe zweier Primzahlen» ) {
  // even(x)
  x += 2;
  // even(x)
}
// even(x) ∧ x ist nicht Summe zweier Primzahlen
```

Wenn die sog. Goldbachsche Vermutung („Alle geraden Zahlen sind als Summe zweier Primzahlen darstellber.“) stimmt, terminiert diese Schleife nicht. Aber kein Mathematiker hat bisher einen Beweis für diese Vermutung gefunden – aber auch niemand ein Gegenbeispiel. Generell weiß man jedoch aus der Theoretischen Informatik, dass Terminierung in Allgemeinheit unentscheidbar ist. Das heißt, es gibt kein generelles und automatisches Verfahren, um für eine beliebig gegebene Schleife ein τ zu finden bzw. die Nichtexistenz eines solchen τ zu zeigen. (Das folgt aus dem sog. „Halteproblem von Turingmaschinen".)

In der Praxis ist diese theoretische Beobachtung allerdings ohne Bedeutung, weil man – zumindest bei ordentlicher Programmierung – aus dem Anwendungswissen heraus i. Allg. schnell eine konkrete Terminierungsfunktion τ angeben kann.

7.3 Aufwand

Bei jedem Ingenieurprodukt stellt sich die Frage der Kosten. Was nützt das eleganteste Programm, wenn es seine Ergebnisse erst nach einigen Tausend oder gar Millionen Jahren liefert? (Vor allem, wenn dann nur die Zahl 42 herauskommt [1].)

Eine Aufwandsbestimmung bis auf die einzelne Mikrosekunde ist in der Praxis weder möglich noch notwendig.[7] Die Frage, ob ein bestimmter Rechenschritt fünf oder fünfzig Maschineninstruktionen braucht ist bei der Geschwindigkeit heutiger Rechner nicht mehr besonders relevant.[8] Im Allgemeinen braucht man eigentlich nur zu wissen, wie das Programm auf doppelt, dreimal, zehnmal, tausendmal so große Eingabe reagiert. Das heißt, man stellt sich Fragen wie: „Wenn ich zehnmal so viel Eingabe habe, werde ich dann zehnmal so lange warten müssen?"

Diese Art von Feststellungen wird in der sog. ***„Big-Oh-Notation"*** formuliert. Dabei ist z. B. $\mathcal{O}(n^2)$ zu lesen als: „Wenn die Eingabe die Größe n hat, dann liegt der Arbeitsaufwand in der *Größenordnung* n^2." Und es spielt keine Rolle, ob der Aufwand tatsächlich $5n^2$ oder $50n^2$ beträgt. Das heißt, konstante Faktoren werden einfach ignoriert.

Definition (Aufwand)

Der ***Aufwand*** eines Programms (auch ***Kosten*** genannt) ist der Bedarf an Ressourcen, den seine Abläufe verursachen. Dabei kann man

- den maximalen Aufwand oder
- den durchschnittlichen Aufwand

betrachten. Außerdem wird unterschieden in

[7] Die Ausnahme sind gewisse, sehr spezielle Steuersysteme bei extrem zeitkritischen technischen Anwendungen wie z. B. die Auslösung eines Airbags oder eine elektronische Benzineinspritzung. Bei solchen Aufgaben muss man u. U. tatsächlich jede einzelne Maschineninstruktion akribisch zählen, um sicherzustellen, dass man im Zeitraster bleibt. (Aber auch hier wird das Problem mit zunehmender Geschwindigkeit der verfügbaren Hardware immer weniger kritisch.)

[8] Der Weltrekord im Maschineschreiben liegt in der Gegend von 12 - 16 Anschlägen pro Sekunde. Das bedeutet, dass selbst beim Tipp-Weltmeister ein moderner Prozessor zwischen je zwei Tastaturanschlägen einige Milliarden Instruktionen ausführen kann.

- ***Zeitaufwand***, also Anzahl der ausgeführten Einzelschritte, und
- ***Platzaufwand***, also Bedarf an Speicherplatz.

Der Aufwand wird in Abhängigkeit von der Größe N der Eingabedaten gemessen. Er wird allerdings nur als *Größenordnung* angegeben in der Notation $\mathcal{O}(\dots)$. ❑

Für gewisse standardmäßige Kostenfunktionen hat man eine gute intuitive Vorstellung von ihrer Bedeutung. In Tabelle 7.1 sind die wichtigsten dieser Standardfunktionen aufgelistet.

Name	Kürzel	Intuition: *Tausendfache Eingabe heißt ...*
konstant	$\mathcal{O}(c)$	... gleicher Aufwand
logarithmisch	$\mathcal{O}(\log n)$	... um zehn erhöhter Aufwand
linear	$\mathcal{O}(n)$	... tausendfacher Aufwand
„n log n“	$\mathcal{O}(n \ \log n)$	... zehntausendfacher Aufwand
quadratisch	$\mathcal{O}(n^2)$	... millionenfacher Aufwand
kubisch	$\mathcal{O}(n^3)$	... milliardenfacher Aufwand
polynomial	$\mathcal{O}(n^c)$	... gigantisch viel Aufwand (für großes c)
exponentiell	$\mathcal{O}(2^n)$	... hoffnungslos

Tabelle 7.1. Standardmäßige Kostenfunktionen

Dabei ergibt sich z. B. die Abschätzung für $\mathcal{O}(n \cdot \log n)$ einfach durch die Rechnung $\mathcal{O}(1000\,n \cdot \log 1000\,n) = \mathcal{O}(1000\,n \cdot (10 + \log n)) = \mathcal{O}(10\,000\,n + 1000\,n \cdot \log n)$. Für $n = 1\,Mio$ ist der ursprüngliche Aufwand $20\,Mio$ und der neue Aufwand $10\,000\,Mio + 1\,000\,Mio \cdot 20 \simeq 30\,000\,Mio$.

Tabelle 7.2 illustriert, weshalb Algorithmen mit exponentiellem Aufwand a priori unbrauchbar sind: Wenn wir – um des Beispiels willen – von Ein-

n	linear	quadratisch	kubisch	exponentiell
1	1 μs	1 μs	1 μs	2 μs
10	10 μs	100 μs	1 ms	1 ms
20	20 μs	400 μs	8 ms	1 sec
30	30 μs	900 μs	27 ms	18 min
40	40 μs	2 ms	64 ms	13 Tage
50	50 μs	3 ms	125 ms	36 Jahre
60	60 μs	4 ms	216 ms	36 560 Jahre
100	100 μs	10 ms	1 sec	$4 \cdot 10^{16}$ Jahre
1000	1 ms	1 sec	17 min	...

Tabelle 7.2. Wachstum von exponentiellen Algorithmen

zelschritten ausgehen, bei denen die Ausführung eine Mikrosekunde dauert, dann ist zum Beispiel bei einer winzigen Eingabegröße $n = 40$ selbst bei kubischem Wachstum der Aufwand noch unter einer Zehntelsekunde, während im exponentiellen Fall der Rechner bereits zwei Wochen lang arbeiten muss. Und schon bei etwas über 50 Eingabedaten reicht die Lebenserwartung eines Menschen nicht mehr aus, um das Resultat noch zu erleben. Bei Werten jenseits der 50 gehen die Rechenzeiten ins Skurrile.[9]

Das folgende kleine Beispiel zeigt, wie leicht man exponentielle Programme schreiben kann. Die Kaninchenvermehrung nach Fibonacci (vgl. Programm 6.3) kann auch wie in Programm 7.4 geschrieben werden.

Programm 7.4 Die Fibonacci-Funktion (exponentiell)

```
int fib ( int n ) {
  if (n == 0 | n == 1) {
    return 1;
  } else {
    return fib(n-1) + fib(n-2);
  }//if
}//fib
```

Um eine Vorstellung vom Aufwand dieser Methode zu bekommen, illustrieren wir die Aufrufe grafisch:

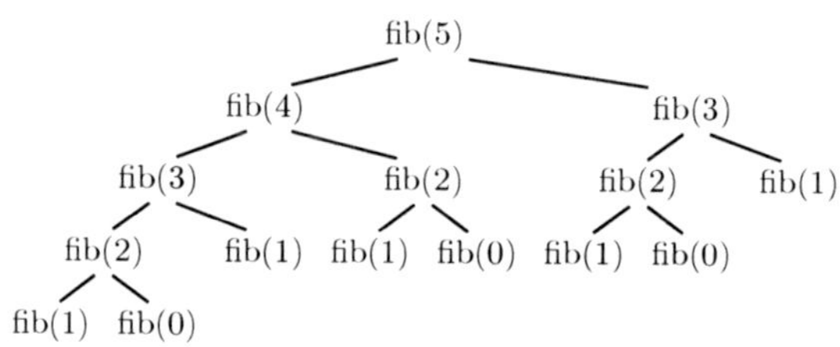

Man sieht, dass man einen sog. *Baum* von Aufrufen erhält. Solche baumartigen Aufrufsituationen bedeuten (zwar nicht immer, aber) häufig, dass man es mit einem exponentiellen Programmaufwand zu tun hat. Folgende *Back-of-the-envelope*-Rechnung bestätigt diesen Verdacht: Sei $\mathcal{A}(n)$ der Aufwand, den `fib(n)` verursacht. Dann können wir aufgrund der Rekursionsstruktur von Programm 7.4 folgende ganz grobe Abschätzung machen:

$$\begin{aligned}\mathcal{A}(n) &\approx \mathcal{A}(n-1) + \mathcal{A}(n-2) \geq \mathcal{A}(n-2) + \mathcal{A}(n-2) = 2 \cdot \mathcal{A}(n-2)\\ &= 2 \cdot 2 \cdots 2 = 2^{\frac{n}{2}}\\ &\approx \mathcal{O}(2^n)\end{aligned}$$

Obwohl wir bei der Ersetzung von $\mathcal{A}(n-1)$ durch $\mathcal{A}(n-2)$ sehr viel Berechnungsaufwand ignoriert haben, hat der Rest immer noch exponentiellen Aufwand. Und das gilt dann erst recht für das vollständige Programm.

[9] Zum Vergleich: Das Alter des Universums wird auf ca. 10^{10} Jahre geschätzt.

Es gibt auch eine Variante des Fibonacci-Programms, das mit linearem Aufwand $\mathcal{O}(n)$ arbeitet. Wie man in dem obigen Baum sieht, entsteht das exponentielle Vrhalten dadurch, dass die gleichen Aufrufe immer und immer wieder vorkommen. Das kann man verhindern, indem man diese Zwischenergebnisse in Hilfsvariablen speichert und wiederverwendet.[10] Im Falle der Fibonacci-Funktion genügen zwei Hilfsvariablen für diesen Zweck, was letztlich auf den Code in Programm 7.5 führt. (Der Einfachheit halber nehmen wir uns die Freiheit, für die erste Assertion $fib(-1) = 0$ zu setzen.)

Programm 7.5 Die Fibonacci-Funktion (linear)

```
int fib2 ( int n ) {
   int a = 1;
   int b = 0;
   int i = 0;
   // ASSERT a = fib(i) ∧ b = fib(i − 1)
   while ( i < n ) {
     // ASSERT a = fib(i) ∧ b = fib(i − 1)
     (a,b) = (a+b, b);                        // NICHT JAVA! (Pseudocode)
     // ASSERT a = fib(i + 1) ∧ b = fib(i)
     i++;
     // ASSERT a = fib(i) ∧ b = fib(i − 1)
   }//for
   // ASSERT i = n ∧ a = fib(n) ∧ b = fib(n − 1)
   return a;
}//fib2
```

Die simultane Zuweisung `(a,b) = (a+b,a)` ist zwar schön lesbar und hat einen hohen Dokumentationswert, aber sie ist in JAVA nicht erlaubt. Es ist aber trivial, das unter Verwendung einer Hilfsvariablen `aux` in legales JAVA umzuformen.

Übung 7.2. Man schreibe ein Programm, das in einer Schleife für die Werte $n = 1, 2, 3, \ldots$ *die Funktionen* `fib` *und* `fib2` *jeweils beide aufruft. Ab wann wird das exponentielle Verhalten „fühlbar"?*

Unglücklicherweise sind zahlreiche wichtige Aufgaben in der Informatik vom Prinzip her exponentiell, sodass man sich mit heuristischen Näherungslösungen begnügen muss. Dazu gehören nicht nur Klassiker wie das Schachspiel, sondern auch alle möglichen Arten von Optimierungsaufgaben in Wirtschaft und Technik.

[10] Dahinter steht eine allgemeine Programmiertechnik, die unter dem Namen *Memoization* bekannt ist. Beim Fibonacci-Beispiel können wir das neue Programm formal ableiten, indem wir $f(n, a, b) = a \cdot fib(n) + b \cdot fib(n-1)$ setzen und dann ein bisschen Mathematik treiben.

Anmerkung: Die Aufwands- oder Kostenanalyse, wie wir sie hier betrachten, ist zu unterscheiden von einem verwandten Gebiet der Theoretischen Informatik, der sog. ***Komplexitätstheorie****. Während wir die Frage analysieren, welchen Aufwand ein konkret gegebenes Programm macht, wird in der Komplexitätstheorie untersucht, mit welchem Aufwand ein bestimmtes Problem gelöst werden kann. Das heißt, man argumentiert über alle denkbaren Programme, die geschriebenen ebenso wie die noch ungeschriebenen. (Das klingt ein bisschen nach Zauberei, hat aber eine wohlfundierte mathematische Basis [31, 56].)*

Damit können wir einen wichtigen Maßstab für die Qualität von Algorithmen formulieren.

Definition:

Ein Algorithmus ist ***effizienter*** als ein anderer Algorithmus, wenn er dieselbe Aufgabe mit weniger Aufwand löst.

Ein Algorithmus heißt ***effizient***, wenn er weniger Aufwand braucht als alle anderen bekannten Lösungen für dasselbe Problem, oder wenn er dem (aus der Komplexitätstheorie bekannten) theoretisch möglichen Minimalaufwand nahe kommt. ❑

Dieser Begriff der Effizienz ist zu unterscheiden von einem anderen Begriff:

Definition:

Ein Algorithmus ist ***effektiv***, wenn die zur Verfügung stehenden Ressourcen an Zeit und Platz zu seiner Ausführung ausreichen. ❑

Beispiel. Die Zerlegung einer Zahl in ihre Primfaktoren hat eine einfache mathematische Lösung. Aber alle zurzeit bekannten Verfahren sind exponentiell. Deshalb sind z. B. Zahlen mit 200 Dezimalstellen nicht *effektiv faktorisierbar. (Davon leben alle gängigen Verschlüsselungsverfahren.)*

7.4 Testen

Selbst wenn man sein Programm sehr sorgfältig mit Assertions abgesichert hat, bleiben immer noch Risiken für die Korrektheit:

- Man kann schlicht Tippfehler gemacht haben, sodass die mathematischen Überlegungen in den Assertions obsolet sind, weil z. B. im Programm statt der Variablen `x1` die Variable `x2` steht.
- Man kann sich bei der Überprüfung der Assertions verrechnet haben.
- Das größte Problem ist aber, dass bereits die Spezifikation der Aufgabenstellung durch den Auftraggeber Fehler enthalten kann. (Sie ist zwar selten inkonsistent, aber oft unvollständig.) Dann bedeutet die Gültigkeit der Assertions nur, dass das Programm die (falsche) Spezifikation erfüllt.

Aus diesen Gründen ist es unerlässlich, dass alle Programme *getestet* werden. Diese Tätigkeit ist zwar bei Informatikern – ganz besonders bei denen in der akademischen Welt – nicht sonderlich beliebt, hat aber in der industriellen Praxis einen sehr hohen Stellenwert.[11]

Es gibt eine ausufernde Literatur zum systematischen Testen. Im Rahmen dieses Buches müssen wir uns auf eine sehr fragmentarische Behandlung dieses Themas beschränken. In den Beispielen der folgenden Abschnitte und Kapitel werden wir jeweils exemplarisch folgende Testaspekte skizzieren:

- Auswahl der *Testfälle*. Zunächst muss man eine geeignete Klassifizierung der möglichen Eingabedaten vornehmen. Dabei muss man sowohl Standardsituationen erfassen als auch (oder sogar ganz besonders) pathologische Randfälle.
- Auswahl der *Testdaten*. Zu jedem Testfall – also zu jeder Klasse von Eingabedaten – muss man dann einige repräsentative Exemplare auswählen, mit denen der eigentliche Testlauf durchgeführt wird.

Die eigentliche intellektuelle Leistung besteht dabei in der Identifizierung der relvanten Testfälle: Man muss alle Situationen abdecken, in denen das Programm potenziell schiefgehen kann. (Das ist durchaus vergleichbar mit der intellektuellen Herausforderung, für die Verifikation die richtigen Invarianten zu finden.)

Neben den klassischen Testtechniken werden wir hier gelegentlich auch noch auf einen anderen Ansatz eingehen: Aus der Schule kennt man die Methode, z. B. nach dem Dividieren das Ergebnis wieder zu multiplizieren, um zu sehen, ob man den Originalwert zurückbekommt. Diese Technik lässt sich auch in die Programmierung übertragen.

- Testen durch *„Probe"*. Wenn man eine Funktion $y = f(x)$ programmiert hat und für f eine Umkehrfunktion f^{-1} existiert, dann führe man den Test $x == f^{-1}(y)$ aus.
  Allgemeiner gibt es manchmal ein Prädikat $p(x, y)$, das für $p(x, f(x))$ den Wert `true` liefern muss.

In der Praxis bewirkt diese Technik aber noch ein unangenehmes Problem. Die Programmstücke zur Berechnung der Probe möchte man am Ende der Testphase – also vor der Auslieferung an den Kunden – gerne aus dem Produkt löschen (vor allem aus Effizienzgründen). Das wird von den gängigen Sprachen und Entwicklungsumgebungen gar nicht oder zumindest nur schlecht unterstützt.

Ein zumindest partieller Workaround für dieses Problem ist in JAVA möglich, indem man die Probe jeweils in eine `assert`-Anweisung einbaut.

[11] Während bei sog. Off-the-shelf-Software wie Texteditoren, Videoprogrammen, Spielen etc. der endgültige Test gerne den Käufern überlassen wird, ist die Situation z. B. bei Steuersoftware grundlegend anders: Bei Autos, Flugzeugen oder Raumschiffen wird die Steuersoftware extensiv getestet – so wie auch der Rest des Produkts.

7.5 Beispiel: Mittelwert und Standardabweichung

Ein klassischer Problemkreis, bei dem Arrays benutzt werden, ist die Analyse von Messwerten. Das folgende Programmfragment liefert Methoden zur Ermittlung des *Mittelwerts* M und der *Streuung* S (auch *Standardabweichung* genannt) einer Folge von Messwerten.

Aufgabe: *Mittelwert, Streuung*

Gegeben: Eine Folge von Messwerten $x_1, \ldots, x_n$.

Gesucht: Der Mittelwert M und die Streuung S:

$$M = \frac{1}{n}\sum_{i=1}^{n} x_i \qquad\qquad S = \sqrt{\frac{1}{n}\sum_{i=1}^{n}(M - x_i)^2}$$

Voraussetzung: Die Liste der Messwerte darf nicht leer sein.

Methode:

Das Programm lässt sich durch einfache Schleifen realisieren.

Die entsprechenden Methoden sind in Programm 7.6 angegeben.

Programm 7.6 Mittelwert und Streuung

```
class Statistik {
  double mittelwert (double [] a ) {
    assert a.length > 0 // a nicht leer
    double s = 0;                                  // Vorbereitung
    for (int j=0; j<a.length; j++) {               // Schleife
      s = s + a[j];
    }//for
    return s / a.length;                           // Nachbereitung
  }//mittelwert
  double streuung ( double [] a ) {
    assert a.length > 0 // a nicht leer
    double s = 0;                                  // Vorbereitung
    double mw = mittelwert(a);
    for (int j=0; j<a.length; j++) {               // Schleife
      s = s + square(mw - a[j]);
    }//for
    return Math.sqrt(s / a.length);                // Nachbereitung
  }//streuung
  private double square ( double x ) { return x * x; }
}//end of class Statistik
```

Man beachte, dass die Hilfsfunktion `square` wieder als `private` gekennzeichnet ist. Die Zusicherungen drücken jeweils zwingend notwendige Eigenschaften der Parameter aus; denn für leere Arrays wäre die Division `(s / a.length)` undefiniert.

Evaluation:

Aufwand: Beide Funktionen sind als Schleifen realisiert, die über die Messwerte laufen. Sie haben also linearen Aufwand $\mathcal{O}(n)$. Der Aufwand der Methode `streuung` ist dabei doppelt so groß, weil zunächst der Mittelwert berechnet werden muss. (Aber in der $\mathcal{O}$-Notation wird dieser Unterschied ignoriert.)

Standardtests: Einelementiger Array; positive und negative Werte; alle Werte gleich; in der Größe stark schwankende Werte; (nur) Nullen im Array.

7.6 Beispiel: Fläche eines Polygons

In Abschnitt 1.5 hatten wir Polygone als Arrays von Punkten eingeführt. Auf diesen Polygonen wollen wir die gleichen Operationen haben, die wir auch für Punkte und Linien eingeführt haben, also `shift`, `rotate` etc. Wie wir in Programm 3.2 in Abschnitt 3.3 gesehen haben, lassen sich diese Operationen direkt von Punkten auf Linien übertragen. Und bei Polygonen ist es nicht anders. Das heißt, die Operationen `shift` und `rotate` auf Polygonen werden realisiert, indem man die entsprechenden Operationen auf alle Eckpunkte anwendet. Das ist in Programm 7.7 realisiert.

Neben der Übertragung dieser Operationen gibt es aber bei Polygonen noch weitere interessante Funktionen, z. B. die Berechnung der Fläche. (Bei Punkten und Linien ist diese Funktion sinnlos.)

Aufgabe:

Gegeben: Ein Polygon als Array von n Punkten $p_1, \ldots, p_n$ (im Uhrzeigersinn).

Gesucht: Die Fläche des Polygons.

Voraussetzung: Keine.

Für diese Aufgabe gibt es unterschiedliche Lösungsansätze. Den elegantesten haben wir in Abbildung 7.1 skizziert.

Methode:

Wir durchlaufen der Reihe nach die Kanten des Polygons und summieren dabei die jeweiligen Trapezflächen auf, die diese Kanten mit der x-Achse bilden. Wie man sehr schön am dritten, fünften und sechsten Bild der Abbildung 7.1 sieht, führen „rückwärts gerichtete“ Kanten zu negativen Flächen, wodurch die überschüssigen Flächenanteile der anderen Kanten-Trapeze kompensiert werden. Dieses Prinzip funktioniert auch dann, wenn

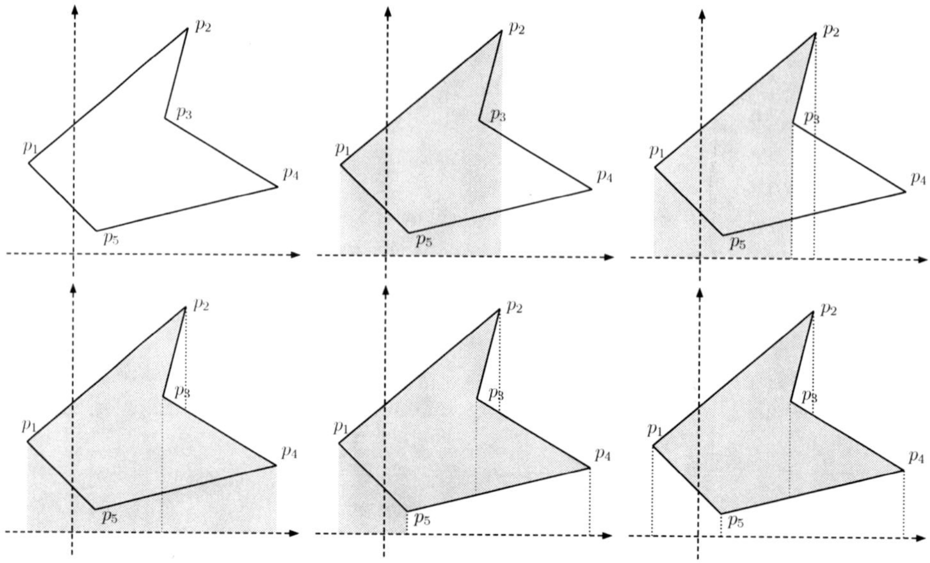

Abb. 7.1. Berechnung der Fläche eines Polygons

das Polygon teilweise oder ganz unterhalb der x-Achse liegt. Es funktioniert sogar bei entarteten Polygonen, deren Kanten sich überkreuzen. All das braucht natürlich einen mathematischen Beweis, der aber – obwohl er nicht schwer ist – nicht Gegenstand eines Programmierbuches sein kann; wir begnügen uns deshalb mit der Intuition, die in Abbildung 7.1 vermittelt wird.

Diese Überlegungen sind in der Methode `area` im Programm 7.7 umgesetzt. Man beachte, dass die `for`-Schleife nur bis zum vorletzten Punkt laufen darf, weil wir im Schleifenrumpf auf die Punkte `nodes[i]` und `nodes[i+1]` zugreifen. Das letzte Trapez wird deshalb außerhalb der Schleife berechnet.

Evaluation:

Aufwand: Alle Methoden sind als Schleifen realisiert, die über die Punkte des Polygons (also alle Elemente des Arrays) laufen. Daher ist der Aufwand jeweils linear, d. h. $\mathcal{O}(n)$.

Standardtests: Die verschiedenen Funktionen brauchen jeweils spezifische Tests. Zum Beispiel wird man bei `rotate` spezielle Winkel wie 0°, 90° und 360° prüfen, aber auch negative Winkel und Winkel größer als 360°. (Letztere sollten eigentlich durch geeignete `assert`-Anweisungen ausgeschlossen werden.) Die zweite Form von `rotate` muss man auf jeden Fall mit dem Ursprung als Drehpunkt testen und das Ergebnis mit der ersten Variante vergleichen.

Hilfreich ist auch die Probe. Man dreht um einen Winkel und danach um den gleich großen negativen Winkel. Das Ergebnis muss bis auf Run-

Programm 7.7 Die Klasse `Polygon`

```
class Polygon {
  private Point[] nodes;                        // Attribut: Eckpunkte
  Polygon ( Point[] nodes ) {                   // Kontruktor-Methode
    this.nodes = nodes;
  } // Polygon
  // andere Methoden
  void shift ( double dx, double dy ) {         // verschieben
    for (int i = 0; i < this.nodes.length; i++) {
      this.nodes[i].shift(dx,dy);
    }//for
  } // shift
  void rotate ( double angle ) {                // rotieren (0° ... 360°)
    for (int i = 0; i < this.nodes.length; i++) {
      this.nodes[i].rotate(angle);
    }//for
  } // rotate
  void rotate ( Point center, double angle ) {  // rotieren (0° ... 360°)
    for (int i = 0; i < this.nodes.length; i++) {
      this.nodes[i].rotate(center,angle);
    }//for
  } // rotate
  double area () {                              // Fläche
    double a = 0;
    final int N = this.nodes.length;
    for (int i = 0; i < N-1; i++) {
      a = a + trapez(this.nodes[i], this.nodes[i+1]); // Trapeze summieren
    }
    a = a + trapez(this.nodes[N-1], this.nodes[0]);   // letztes Trapez
    return a;
  } // area
  private double trapez ( Point p, Point q) {   // Hilfsfunktion
    return (q.x - p.x) * (q.y + p.y) /2;
  } // trapez
}// end of class Polygon
```

Die Berechnung der Trapezfläche wird mit `private` als Hilfsfunktion gekennzeichnet. Auch das Polygon selbst (dass Attribut `nodes`) wird als `private` gegen Zugriffe von außen abgeschirmt.

dungsfehler das Originalpolygon ergeben. Analog kann man die zweite Form von `rotate` mit der entsprechenden Kombination von `shift` und `rotate` vergleichen.
Bei `area` muss man verschiedene Situationen prüfen: ganzes Polygon im rechten oberen Quadranten; Polygon oberhalb und unterhalb der x-Achse;

spezielle Polygone wie Dreiecke, Rechtecke, Quadrate; entartete Polygone, bei denen alle Punkte auf einer Linie liegen, sowie Polygone mit zwei, einem oder null Punkten.

Übung 7.3. Hätte man auch das letzte Trapez in der Schleife mit berechnen können? Wie müsste sich dann der Code ändern?

Übung 7.4. Ein alternativer Lösungsansatz besteht darin, von einem Punkt aus Linien zu allen anderen Punkten zu ziehen und dann die Flächen der so gebildeten Dreiecke aufzusummieren. Man programmiere diese Variante. Funktioniert sie immer?

7.7 Beispiel: Sieb des Eratosthenes

Primzahlen sind ein kniffliges Problem. Denn es gibt bis heute keine Formel, mit der man sie der Reihe nach aufzählen könnte. Daher muss man ein Verfahren anwenden, das auf Eratosthenes von Kyrene (276–194 v.Chr.) zurückgeht.

Aufgabe:

Gegeben: Eine natürliche Zahl $n \in \mathbb{N}$.
Gesucht: Die Liste der ersten n Primzahlen (als Array).
Voraussetzung: Die Zahl sollte nicht zu groß sein (Effizienz).

Methode:

Die Idee beim „Sieb des Eratosthenes“ ist es, jede neue Zahl durch den Filter der schon gefundenen Primzahlen laufen zu lassen. Erweist sie sich dabei als teilbar, „fällt sie durch das Sieb“, ansonsten wird sie als nächste Primzahl an die Liste angehängt.

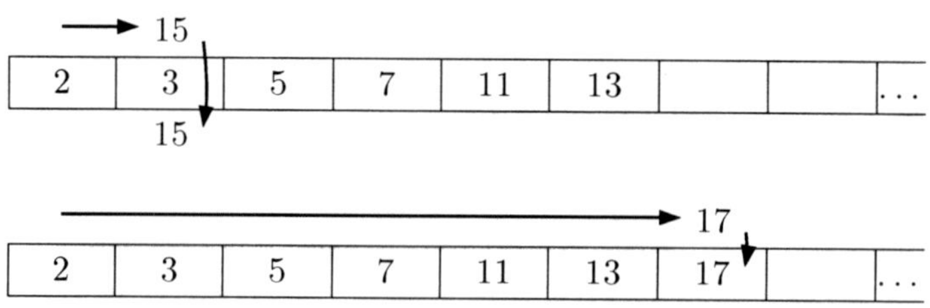

Das Programm 7.8 enthält das entsprechende Programm. Das Hauptproblem bei der Benutzung der Methode `primes` ist, dass man a priori nicht immer sagen kann, wie groß der Array `P` sein muss. Wenn man z. B. die ersten n Primzahlen sucht (wie wir das tun), ist das einfach. Aber wenn man z. B. „eine Primzahl mit mindestens 10 Dezimalstellen“ sucht, ist das ein sehr komplexes Problem. Außerdem ist der Algorithmus für große Zahlen ohnehin viel zu ineffizient.

Programm 7.8 Das Sieb des Eratosthenes

```
class Primzahlen {
  int[] primes (int n) { // berechne die ersten n Primzahlen
    int[] p = new int[n];                    // Array für das Ergebnis
    boolean isPrime;
    int last = 0;                            // Index letzte akt. Primzahl
    int cand = 2;                            // Kandidat
    p[0] = 2;                                // erste Primzahl
    while (last < p.length-1) {              // noch Platz frei
      cand = cand+1;                         // nächster Kandidat
      isPrime = filter(cand, p, last);       // ist cand prim?
      if (isPrime) {                         // cand ist prim!
        last += 1;                           //
        p[last] = cand;                      // neue Primzahl
      } // if
    }// while
    return p;                                // Array ist Ergebnis
  } // end of primes
  private boolean filter (int cand, int[] p, int last) {
    int j;
    for (j=0; j<=last; j++) {                // prüfe alle
      if (teilt(p[j], cand)) { break; }      // teilbar?
    }//for
    if (j>last) {return true;}               // alle überstanden
    else        {return false;}              // war teilbar
  }// end of filter
  private boolean teilt (int x, int y) {
    return (y % x == 0);                     // Rest bei Division
  } // end of teilt
} // end of class Primzahlen
```

Hinweis: Die `if`-Anweisung in der Methode `filter` könnte auch eleganter als `return (j>last)` geschrieben werden. Aber aus Dokumentationsgründen haben wir die umständliche Form gewählt (die der Compiler ohnehin generieren würde).

Auch hier sind die beiden Hilfsfunktionen wieder als `private` gekennzeichnet. Interessant an diesem Beispiel ist aber vor allem, dass eine Funktion einen ganzen, neu kreierten Array als Ergebnis liefert. Ein Aufruf der Funktion `primes` kann also folgendermaßen aussehen:

```
Primzahlen p = new Primzahlen();           // Objekt kreieren
int[] hundredPrimes = p.primes(100);       // Methode ausführen
```

Weil in JAVA nichts geschehen kann ohne ein Objekt, das es tut, müssen wir zunächst ein Objekt `p` kreieren, von dem wir dann die Methode `primes` ausführen lassen, um den Array mit dem schönen Namen `firstHundredPrimes` zu generieren. Weil das Objekt aber unwichtig ist, können wir es auch anonym lassen. Das sieht dann so aus:

```
int[] hundredPrimes = (new Primzahlen()).primes(100);
```

Der Aufwand dieser Funktion kann nicht angegeben werden, weil wir keine mathematischen Aussagen darüber besitzen, wie viele Zahlen durch den Filter fallen.

Anmerkung: Viele Verschlüsselungsverfahren basieren auf großen Primzahlen (100–200 Dezimalstellen). Für diese Verfahren ist es essenziell, dass bis heute noch niemand eine Methode gefunden hat, um eine Zahl effizient in ihre Primfaktoren zu zerlegen. Das ist ein Beispiel dafür, dass es manchmal auch nützlich sein kann, ***keine*** *effiziente Lösung für ein Problem zu haben.*

7.8 Beispiel Primzahltest: Zeuge der Verteidigung

Neben der *Generierung* von Primzahlen – was das „Sieb des Eratosthenes" aus dem vorigen Abschnitt leistet – ist es manchmal auch nur wichtig, für eine gegebene Zahl zu prüfen, *ob* sie eine Primzahl ist. (Die Konzepte, die wir im Folgenden kurz skizzieren, lassen sich detaillierter in [12] nachlesen; [40] präsentiert eine Implementierung in JAVA.)

7.8.1 Zur Motivation: Kryptographie mittels Primzahlen

Im Internet werden häufig Verschlüsselungsverfahren eingesetzt, die auf dem sog. ***RSA-Verfahren*** basieren. Dieses Verfahren wurde nach seinen Erfindern Rivest, Shamir und Adleman benannt. Dabei spielen zwei Schlüssel eine zentrale Rolle, von denen einer *öffentlich* bekannt gegeben wird und der andere vom Besitzer *geheim* gehalten wird. Diese Schlüssel erzeugt man folgendermaßen: Ausgehend von zwei beliebigen (aber großen[12]) Primzahlen p und q definieren wir folgende Zahlen:[13]

$$\begin{array}{ll} (s,n) \in \mathbb{N} \times \mathbb{N} & \text{sichtbarer (öffentlicher) Schlüssel} \\ (g,n) \in \mathbb{N} & \text{geheimer (privater) Schlüssel} \end{array} \tag{7.1}$$

mit folgenden Definitionen:

$$\begin{array}{ll} s \text{ erfüllt} & 1 < s < (p-1)(q-1), \ s \text{ teilerfremd zu } (p-1)(q-1) \\ g \text{ erfüllt} & \big((s \cdot g) \mod (p-1)(q-1)\big) = 1 \\ n = (p \cdot q) & \end{array} \tag{7.2}$$

[12] „groß" heißt hier 100-200 Dezimalstellen!

[13] Den folgenden Konzepten liegen Theoreme aus dem Bereich der sog. Primzahlkörper zugrunde, die man in entsprechenden Algebrabüchern detailliert nachlesen kann. Das Informatik-Buch [12] enthält eine hinreichend genaue Skizze der mathematischen Grundlagen. Wir müssen uns hier darauf beschränken, die einschlägigen Fakten nur zu zitieren.

Die letzte Gleichung ist gleichwertig zu

$$s \cdot g = k \cdot (p-1) \cdot (q-1) + 1 \quad (k \text{ beliebig}) \tag{7.3}$$

Anmerkung: In diesen Formeln taucht immer wieder der Wert der sog. Eulerschen Phi-Funktion $\phi(n)$ auf, die im Falle $n = p \cdot q$ mit Primzahlen p und q gerade den Wert $\phi(n) = (p-1) \cdot (q-1)$ hat. Allgemein liefert sie die Zahl der Elemente im Primzahlköper $\mathbb{Z}_n^*$.

Dass sich mit diesen Zahlen in der Tat ein Verschlüsselungsverfahren konstruieren lässt, basiert auf einem Satz von Euler, nach dem für zwei *Primzahlen* p und q gilt:

$$\forall\, M < p \cdot q,\ k \in \mathbb{N}:\ M^{k \cdot (p-1) \cdot (q-1)+1} \mod (p \cdot q) = M \tag{7.4}$$

Damit können wir folgende Verschlüsselungsmethode anwenden: Sei eine Nachricht (*message*) M gegeben. Da sie letztlich als Bitfolge dargestellt ist, können wir sie als Zahl interpretieren: $M \in \mathbb{N}$. (Wenn die Nachricht M zu lang ist, teilen wir sie in Stücke passender Länge auf und verschlüsseln jedes Stück einzeln.) Wir definieren den Chiffriertext C durch folgende Formel, die nur den öffentlichen Schlüssel (s, n) benutzt:

$$C \stackrel{def}{=} M^s \mod n \qquad \text{Chiffrierte Nachricht} \tag{7.5}$$

Daraus lässt sich mit Kenntnis des geheimen Schlüssels (g, n) die Originalnachricht rekonstruieren, indem man die Definition von g, die Gleichung (7.3) und den Satz von Euler (7.4) benutzt.

$$\begin{aligned} &C^g \mod n \\ &= M^{s \cdot g} \mod (p \cdot q) \\ &= M^{k \cdot (p-1) \cdot (q-1)+1} \mod (p \cdot q) \\ &= M \qquad \text{Originalnachricht} \end{aligned} \tag{7.6}$$

Warum liefert das ein sicheres Verschlüsselungsverfahren? Der Grund ist, dass die Kenntnis von n mit $n = p \cdot q$ nicht erlaubt, p und q zu rekonstruieren. Denn die Mathematik kennt bis heute keine effektiven Verfahren, um große Zahlen in ihre Primfaktoren zu zerlegen – und vielleicht wird es so etwas auch nie geben.[14]

Voraussetzung für die praktische Unlösbarkeit des Faktorisierungsproblems ist allerdings, dass die Primzahlen p und q sehr groß sind – und „groß" heißt in der Kryptologie mindestens 50 bis 100 Dezimalstellen! Für die Suche nach solchen Primzahlen scheidet das Sieb des Eratosthenes offensichtlich aus. Stattdessen brauchen wir einen echten Primzahl*test*.

Soviel zur Motivation.

---

[14] Die sog. Quantencomputer würden dies leisten, aber ob sie jemals den Schritt vom kleinen Experiment im Physiklabor zur praktikablen Technologie schaffen werden, ist zur Zeit noch völlig ungewiss. Jedenfalls wäre ihr Auftauchen ein echtes Problem für die gesamte Sicherheitstechnolgie im Internet.

7.8.2 Ein probabilistischer Primzahltest

Erfreulicherweise gibt es sehr nützliche Methoden, um mit einer gewissen *Wahrscheinlichkeit* die Primzahl-Eigenschaft zu testen. (Wir folgen in diesem Abschnitt der Darstellung aus [12, 40].)

Definition (Probabilistischer Algorithmus)

Unter einem ***probalistischen Algorithmus*** verstehen wir einen Algorithmus, dessen Resultat das gewünschte Ergebnis nur mit einer gewissen Wahrscheinlichkeit liefert. ❑

Was bedeutet das? Es gibt einen Satz von Fermat, der eine wichtige Eigenschaft von Primzahlen p beschreibt: *Wenn eine Zahl* $a \in \mathbb{N}$ *nicht durch* p *teilbar ist, geschrieben als* $p \nmid a$, *dann gilt* $(a^{p-1} \mod p = 1)$. In Zeichen:

$$p\ prim \wedge p \nmid a \quad \vdash \quad a^{p-1} \mod p = 1 \tag{7.7}$$

Was haben wir davon? Sei r eine gegebene Zahl, von der wir wissen wollen, ob sie prim ist oder nicht. Wir wählen eine beliebige Zahl $a \in \mathbb{N}$, die nicht durch r teilbar ist, z. B. $a = 2$. Wir berechnen $a^{r-1} \mod r$. Dann gibt es zwei Möglichkeiten:

<u>Fermat-Test</u>:

$$(a^{r-1} \mod r) \quad \begin{cases} = 1 & \Rightarrow \quad r \text{ ist } \textit{vielleicht} \text{ prim} \\ \neq 1 & \Rightarrow \quad r \text{ ist } \textit{garantiert nicht} \text{ prim} \end{cases} \tag{7.8}$$

Im zweiten Fall ist die Zahl $a = 2$ ein „Entlastungszeuge“, der beweist, dass die betrachtete Zahl r nicht prim ist. Mit diesem Zeugen ist der Prozess beendet.

Im ersten Fall kann der Zeuge $a = 2$ den Angeklagten r nicht entlasten, weshalb dieser noch immer unter Verdacht steht, schuldig (also prim) zu sein; sicher ist es aber nicht. Also müssen wir weitere Zeugen suchen, z. B. $a = 3$. Und so weiter. Das führt auf den sog. ***Miller-Rabin-Test***, dessen Rahmen wir in Programm 7.9 zeigen.

In diesem Programm wird für eine gewisse Anzahl (bei uns $k = 10$) von zufällig gewählten Primzahlen aus dem Intervall $[2, r-1]$ jeweils der eigentliche Fermat-Test durchgeführt. Dies geschieht im Programm `isComposite`, das wir im Programm 7.10 gleich genauer studieren werden. Die Zufallszahlen werden mithilfe der vordefinierten Klasse `Random` aus dem Package `java.util` berechnet; dabei müssen sie allerdings noch auf das Intervall `[2..r-1]` eingeschränkt werden.

Wenn der Test die Zahl r als zusammengesetzt entlarvt, dann ist das eine garantierte Aussage und wir sind fertig. Andernfalls könnte r immer noch prim sein und wir suchen den nächsten Zeugen. Wenn wir k Zeugen befragt haben und die Zahl r noch immer nicht als zusammengesetzt überführt ist, dann glauben wir, dass sie eine Primzahl ist. Genauer gilt (ohne Beweis; s. [12]):

Programm 7.9 Miller-Rabin-Test für Primzahlen (Version 1)

```
import java.util.Random;
class Miller-Rabin-Test {
  private Random rand;                          // Zufallsgenerator
  private int k = 10;                           // Anzahl der Tests
   boolean isPrime ( long r ) {
    boolean prim = true;                        // noch kein Entlastungszeuge gefunden
    for (int i=1; i<=k; i++) {
      long a = random(2,r-1);
      if (isComposite(a,r)) {                   // Fermat-Test
        prim = false;                           // Entlastungszeuge ist gefunden
        break;
      }//if
    }//for
    return prim;
   }//
   private boolean isComposite ( long a, long r ) {    // Fermat-Test
    «Siehe Programm 7.10»
   }//isComposite
   private long random( long a, long b ) {      // Zahl ∈ [a..b]
     if (this.rand == null) this.rand = new Random();
     long r = Math.abs(rand.nextLong()) % (b-a+1);     // r in [0 .. b-a]
     return r + a;                              //   in [a .. b]
   }
}//Miller-Rabin-Test
```

Miller-Rabin-Test:

$$isPrime(r) = \begin{cases} true & \Rightarrow \quad x \text{ ist prim mit Wahrscheinlichkeit } 1 - \frac{1}{2^k} \\ false & \Rightarrow \quad x \text{ ist } \textit{garantiert nicht} \text{ prim} \end{cases}$$

Mit anderen Worten: Wenn der Test `true` ergibt, dann ist das nur mit einer gewissen Wahrscheinlichkeit richtig. Diese Wahrscheinlichkeit können wir allerdings beliebig erhöhen: Wenn wir den Test nur einmal durchführen (also $k = 1$ setzen), dann ist die Wahrscheinlichkeit 50%, bei zwei Tests sind es bereits 75%, bei drei Tests 87.5% und bei zehn Tests schon 99.9%. Das heißt, die Wahrscheinlichkeit, dass eine „vermutete" Primzahl auch wirklich eine Primzahl ist, wächst exponentiell mit der Anzahl k der Versuche. Deshalb lässt sie sich beliebig nahe an 1 – also an Gewissheit – heranbringen.[15]

[15] Man kann die Wahrscheinlichkeit problemlos größer machen als die – unvermeidbare – Wahrscheinlichkeit, dass der Computer während der Programmausführung einen hardwarebedingten Rechenfehler gemacht hat.

Damit bleibt noch die Funktion `isComposite()` – also der eigentliche Fermat-Test – zu betrachten. Wie man in (7.8) sieht, ist das Kernstück die Berechnung der Formel ($a^{r-1} \mod r$). Da die beteiligten Zahlen groß sind, können wir nicht naiv zuerst die Potenz $b = a^{r-1}$ und danach die Modulofunktion $b \mod r$ berechnen, sondern müssen die Moduloberechnung kontinuierlich mitführen. Die Grundidee basiert auf folgenden Gesetzen:

$$\begin{aligned} a^{2q} &= (a \cdot a)^q \\ a^{2q+1} &= (a \cdot a)^q \cdot a \end{aligned} \tag{7.9}$$

Da dies auch bei Modulo-Arithmetik gilt, lässt sich der Exponent q bitweise von links nach rechts abarbeiten, und wir erhalten eine Implementierung der Methode `isComposite`, die in Programm 7.10 gezeigt wird.

Programm 7.10 Der erweiterte Fermat-Test für Primzahlen

```
private boolean isComposite ( long a, long r ) {
  // tests, whether a^(r-1) != 1 (mod r)
  // or whether there is a nontrivial square root of 1
  long q = r-1;
  long d = 1;
  // int c = 0   (nur für die Assertions)
  // ASSERT d = a^c  mod r
  int lz = Long.numberOfLeadingZeros(q);
  for (int i = 63-lz; i >= 0; i--) {
    long x = d;    // prepare root test
    d = (d*d) % r;
    // c = 2 · c    (nur für die Assertions)
    //ASSERT d = a^c  mod r
    if (d==1 && x!=1 && x!=r-1) {  // root test
      return true;
    }
    if (bit(q, i) == 1) {
      d = (d*a) % r;
      // c = c + 1   (nur für die Assertions)
      // ASSERT d = a^c  mod r
    }//if
  }//for
  //ASSERT c = q = r − 1 ∧ d = a^c  mod r
  if (d != 1) return true; else return false;
}//isComposite

private long bit ( long q, int i ) {
  return (q << (63-i)) >>> 63;
}//bit
```

Zum Verständnis dieses Programms sind allerdings noch einige Erklärungen notwendig:

- Zunächst ignorieren wir die grau unterlegten Teile, weil sie eine zusätzliche algorithmische Idee repräsentieren (siehe unten).
- Wir haben in den Kommentaren eine „Schattenvariable" `c` eingeführt, die wir nur wegen der Assertions mitführen, also zur Erklärung des Programms und zum Korrektheitsnachweis.
- Mithilfe dieser Schattenvariablen können wir die entscheidende **Invariante** formulieren:
  $d = a^c \mod r$
  Diese Invariante wird bei allen Operationen erhalten und erlaubt am Schluss die Konklusion $d = a^{r-1} \mod r$.
- Dass wir mit der Iteration bei `lz = Long.numberOfLeadingZeros(q)` anfangen, ist nur eine Optimierung. Wir hätten auch bei `lz=63` anfangen können; dann hätten die führenden Nullen nur die harmlosen Operationen `d=(1*1)%r` verursacht, weil am Anfang ja `d=1` gilt.
- Um das i-te Bit von `q` zu finden, schieben wir es zuerst mittels `q << (63-i)` ganz nach links und danach mittels `_ >>> 63` ganz nach rechts. (Die Operation `>>>` zieht von links Nullen nach.)

Eine Programmoptimierung.

Die Methode `isComposite` lässt sich noch weiter verbessern, indem auch noch folgendes Gesetz ausgenutzt wird:[16]

$$d^2 \mod r = 1 \wedge d \neq 1 \wedge d \neq (r-1) \quad \vdash \quad r \textit{ nicht prim} \tag{7.10}$$

Dieses Gesetz ist im Programm 7.10 an den grau unterlegten Stellen als weiterer Test dem eigentlichen Fermat-Test hinzugefügt worden (weil wir durch `d*d` einen entsprechenden Testwert ohnehin schon haben). Wie in [12] ausgeführt wird, werden damit auch die sog. Carmichael-Zahlen – z. B. 561, 1105 oder 1729 – erfasst, bei denen der Fermat-Test immer versagt.

Anmerkungen.

1. Wie in den Gleichungen (7.5) und (7.6) von Abschnitt 7.8.1 zu sehen ist, werden auch bei der Verschlüsselung und Entschlüsselung von Nachrichten Exponentiationen der Form ($M^s \mod n$) bzw. ($C^g \mod n$) gebraucht. Dies lässt sich analog zur Funktion `isComposite()` programmieren.
2. Unsere Funktion `isPrime(r)` liefert einen *Test*, ob `r` (mit hinreichend großer Wahrscheinlichkeit) eine Primzahl ist. Aber um eine Zahl zu testen, müssen wir sie erst einmal haben. Die einfachste Methode dazu ist, Zahlen

[16] Dahinter steht das algebraische Prinzip, dass es in einem Primzahlkörper $\mathbb{Z}_p^*$ keine nichttrivialen Wurzeln von 1 geben kann; d. h., die Gleichung $x \cdot x \mod p = 1$ hat (wenn p prim ist) nur die beiden Lösungen $x_1 = 1$ und $x_2 = -1 = p - 1$.

zufällig zu raten. Es gibt ein Theorem über die Verteilung von Primzahlen, nach dem die Wahrscheinlichkeit, dass eine zufällig gewählte Zahl n prim ist, $\frac{1}{\ln n}$ beträgt. Wir müssen also im Schnitt etwa $230 \approx \ln 10^{100}$ 100-stellige Zahlen prüfen, um eine Primzahl dieser Größenordnung zu finden.

3. Bei unserem Programm dürfen wir eigentlich nicht auf Elementen des Typs `long` arbeiten, weil diese nicht in den interessanten Bereich von 100 Dezimalstellen und mehr reichen. Stattdessen müssten wir Objekte der Klasse `BigInteger` verwenden, die von JAVA im Package `java.math` bereitgestellt wird. Diese Klasse enthält erfreulicherweise bereits Methoden wie `bitLength()` oder `testBit(i)`.
4. In der Klasse `BigInteger` gibt es bereits eine vordefinierte Operation `probablePrime()`, die eine Zahl liefert, die mit Wahrscheinlichkeit $1 - \frac{1}{2^{100}}$ eine Primzahl ist.

7.9 Beispiel: Zinsrechnung

Als letztes dieser Beispiele wollen wir ein vollständiges Programm betrachten, also die eigentliche Rechnung inklusive der notwendigen Ein-/Ausgabe.

Jemand habe ein Darlehen D genommen und einen festen jährlichen Zins von $p\%$ vereinbart. Außerdem wird am Ende jedes Jahres (nach der Berechnung des Zinses) ein fester Betrag R zurückbezahlt. Wir wollen den Rückzahlungsverlauf darstellen.

Aufgabe:

Gegeben: Darlehen D; Zinssatz $p\%$; Rate R.
Gesucht: Verlauf der Rückzahlung.
Voraussetzung: „Plausible Werte“ (Zinssatz zwischen 0% und 10%; Darlehen und Rate > 0; Rate größer als Zins). Diese Plausibilitätskontrollen sollen explizit durchgeführt werden.

Methode:

Wir trennen die Methoden zur Datenerfassung von den eigentlichen Berechnungen. Die Berechnungen erfolgen in einer einfachen Schleife, in der wir den Ablauf in der realen Welt jahresweise simulieren.

Als Rahmen für unser Programm haben wir im Prinzip wieder zwei Objekte, nämlich das eigentliche Programm und das Terminal. Das führt zu der Architektur von Abbildung 7.2

Diese Architektur führt zu dem Programmrahmen 7.11. Wie üblich wird im Hauptprogramm `main` nur ein Hilfsobjekt `z` kreiert, dessen Methode `zins()` die eigentliche Arbeit übernimmt.

Um eine klare Struktur zu erhalten, fassen wir die logischen Teilaufgaben der Methode `zins()` jeweils in entsprechende Hilfsmethoden `einlesen()` und

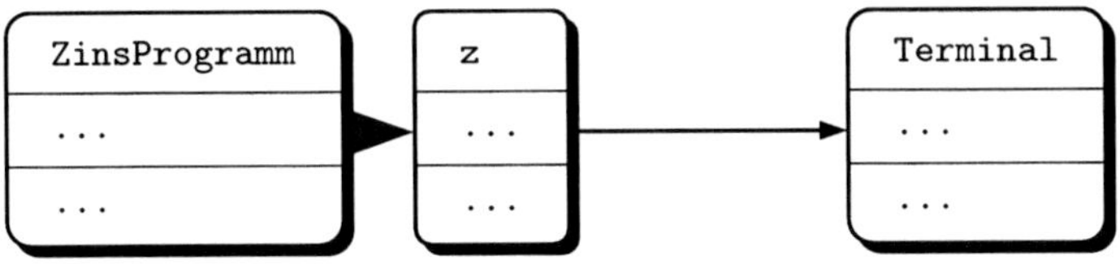

Abb. 7.2. Architektur des Zinsprogramms

Programm 7.11 Das Programm `ZinsProgramm`

```
public class ZinsProgramm {
   public static void main (String[] args) {
      Zins z = new Zins();
      z.zins();
   }//main
} // end of class ZinsProgramm
class Zins {                                  // Hilfsklasse
   private int darlehen;                      // anfängliches Darlehen
   private int schuld;                        // aktuelle Schuld
   private int rate;                          // vereinbarte Rückzahlungsrate
   private int zahlung = 0;                   // aufgelaufene Gesamtzahlung
   private double q;                          // Zinssatz (z.B. 5.75% als 1.0575)
   private int jahr = 0;                      // Zähler für die Jahre
   void zins () {
      Terminal.println("\nDarlehensverlauf\n");
      einlesen();                             // (plausible) Werte beschaffen
      darlehensverlauf();                     // die eigentliche Berechnung
      } // zins
   private void einlesen () {                 // s. Programm 7.12
      ...
   } // einlesen
   private void darlehensverlauf () {         // s. Programm 7.13
      ...
   } // darlehensverlauf
   ...
} // end of class Zins
```

`darlehensverlauf()` zusammen. Da es sich dabei um zwei Hilfsmethoden handelt, werden sie als `private` gekennzeichnet.

Die Klasse `Zins` sieht alle relevanten Daten als (private) Attribute vor. Diese werden uninitialisiert definiert, weil sie bei der Programmausführung jeweils aktuell vom Benutzer erfragt werden müssen.

Beim *Einlesen* der Daten wollen wir – im Gegensatz zu unseren bisherigen Einführungsbeispielen – auch ***Plausibilitätskontrollen*** mit einbauen. Denn die Berechnung ist nur sinnvoll, wenn ein echtes Darlehen und echte Rückzahlungsraten angenommen werden. Und der Zinssatz muss natürlich zwischen 0% und 100% liegen (anständigerweise sogar zwischen 0% und 10%.)

> **Prinzip der Programmierung:** *Plausibilitätskontrollen*
>
> Bei jeder Benutzereingabe ist so genau wie möglich zu überprüfen, ob die Werte für die gegebene Aufgabe ***plausibel*** sind.

Wie man in Programm 7.12 sieht, erfordern solche Plausibilitätskontrollen einen ganz erheblichen Programmieraufwand (im Allgemeinen zwar nicht intellektuell herausfordernd, aber fast immer länglich).

Programm 7.12 Das Programm `ZinsProgramm`: Die Eingaberoutine

```
private void einlesen () {
   while (true) {
      this.darlehen = Terminal.askInt("\nDarlehen  = ");
      if (this.darlehen > 0) { break; }
      Terminal.print("\007Nur echte Darlehen!");
   }// while
   double p = -1;                                  // Zinssatz in Prozent
   while (true) {
      p = Terminal.askDouble("\nZinssatz  = ");
      if (p >= 0 & p < 10) { this.q = 1 + (p/100);    // Zinssatz z.B. 1.0575
                             break; }
      Terminal.print("\007Muss im Bereich 0 .. 10 liegen!");
   }// while
   while (true) {
      this.rate = Terminal.askInt("\nRückzahlungsrate  = ");
      if (this.rate > 0) { break; }
      Terminal.print("\007Nur echte Raten!");
   }// while
}// einlesen
```

Wir müssen um jede Eingabeaufforderung eine Schleife herumbauen, in der wir so lange verweilen, bis die Eingabe den Plausibilitätstest besteht. Bei fehlerhafter Eingabe muss natürlich ein Hinweis an den Benutzer erfolgen, wo das Problem steckt. Das ist einer der wenigen Fälle, in denen eine „unendliche“ Schleife mit `while (true)` und `break` akzeptabel ist.

Jetzt wenden wir uns der Methode `darlehensverlauf()` in Programm 7.13 zu. Zunächst müssen wir uns die Lösungs**idee** klarmachen: Wir bezeichnen mit S_i den Schuldenstand am Ende des Jahres i. Damit gilt dann:

$$S_0 = D$$
$$S_{i+1} = q \cdot S_i - R \qquad \text{mit } q = 1 + \tfrac{p}{100}$$

Damit ist die Struktur der eigentlichen Schleife evident. Es gibt allerdings noch eine Reihe von Randbedingungen zu beachten:

- Wir müssen verhindern, dass das Programm unendlich lange Ausgaben produziert, wenn der Zins die Rückzahlung übersteigt. In diesem Fall wollen wir nur den Stand nach dem ersten Jahr und eine entsprechende Warnung ausgeben.
- Wir müssen beachten, dass die letzte Rückzahlung i. Allg. nicht genau R sein wird.

Programm 7.13 Das Programm `ZinsProgramm`: Die Hauptroutine

```
private void darlehensverlauf () {
   this.schuld = this.darlehen;
   zeigen();                                    // Anfangsstand ausgeben
   int alteSchuld = this.schuld;                // für Wachstumsvergleich
   jahresSchritt();                             // erstes Jahr berechnen
   if (this.schuld > alteSchuld) {
      Terminal.println("\007Zins ist höher als die Raten!");
   } else {
      while (this.schuld > 0) {
         jahresSchritt();
      }
      Terminal.println("\nLaufzeit:      " + this.jahr + " Jahre");
      Terminal.println("\nGesamtzahlung: " + this.zahlung +"\n");
   }
}// darlehensverlauf

private void jahresSchritt () {
   this.schuld = (int) (this.schuld * this.q);  // Cent kappen (Cast)
   if (this.schuld < this.rate) {
      this.zahlung = this.zahlung + this.schuld;
      this.schuld = 0;
   } else {
      this.zahlung = this.zahlung + this.rate;
      this.schuld = this.schuld - this.rate;
   }
   this.jahr = this.jahr + 1;
   zeigen();
}// jahresschritt

private void zeigen () {
   Terminal.println(
      "Schuld am Ende von Jahr " + this.jahr + ": " + this.schuld);
}//zeigen
```

Man sieht in Programm 7.13, dass auch hier die Verwendung weiterer Hilfsmethoden wesentlich für die Lesbarkeit ist. In `darlehensverlauf()` wird die Hauptschleife zur Berechnung des gesamten Schuldenverlaufs realisiert. Dabei muss das erste Jahr gesondert behandelt werden, um ggf. den Fehler unendlich wachsender Schulden zu vermeiden.

Die Methode `jahresSchritt()` führt die Berechnung am Jahresende – also Zinsberechnung und Ratenzahlung – aus. Dabei muss das letzte Jahr gesondert behandelt werden. Hier benötigen wir zum ersten Mal wirklich *Casting*, weil wir die Gleitpunktzahl, die bei der Multiplikation mit dem Zinssatz entsteht, wieder in eine ganze Zahl verwandeln müssen.

Weil die Ausgabe des aktuellen Standes an mehr als einer Stelle im Programm vorkommt, wird sie in eine Methode `zeigen()` eingepackt.

In diesem Programm wird grundsätzlich das Schlüsselwort `this` verwendet, wenn auf Klassenattribute zugegriffen wird. Das ist zwar vom Compiler nicht gefordert, aber es erhöht den Dokumentationswert.

Übung 7.5. Es gibt die These, dass die Schulden am Ende von Jahr i ($i \geq 1$) sich auch mit einer geschlossenen Formel direkt berechnen lassen. Für diese Formel liegen drei Vermutungen vor (mit $q = 1 + \frac{p}{100}$):

- $S_i = D \cdot q^i - R \cdot \frac{q^i - 1}{q - 1}$
- $S_i = D \cdot q^{i+1} - R \cdot \frac{q^i - 1}{q - 1}$
- $S_i = D \cdot q^i - R \cdot \frac{q^i}{q - 1}$

Man überprüfe „experimentell“ (also durch Simulation am Computer), welche der drei Hypothesen infrage kommt. (Für diese müsste dann noch ein Induktionsbeweis erbracht werden, um Gewissheit zu haben).

Übung 7.6. Statt den Darlehensverlauf als lange Zahlenkolonne auszugeben, kann man ihn auch grafisch anzeigen. Das könnte etwa folgendermaßen aussehen:

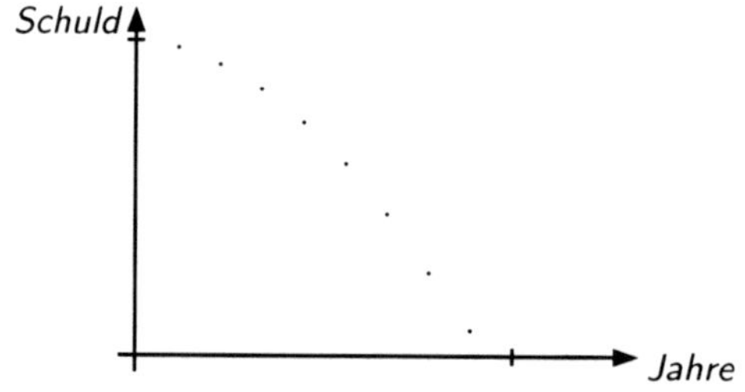

Die Punkte muss man mit `drawDot(x,y)` *zeichnen (s. das Objekt* `Pad` *in Abbildung 4.5 von Abschnitt 4.3.8). Das Hauptproblem ist dabei sicher, die Größe des Fensters (dargestellt durch ein* `Pad`*-Objekt) und die Achsen abhängig von den Eingabewerten richtig zu skalieren. (Hinweis: Bei der x-Achse – also den Jahren – könnte man eine konstante Skalierung vornehmen, die spätestens bei 100 Jahren aufhört.)*

Übung 7.7. Man verwende die Illustrationstechnik aus der vorigen Aufgabe, um die obigen Tests der Hypothesen grafisch darzustellen.

Übung 7.8. Man gebe tabellarisch die Zuordnung der Temperaturen $-20°$ ... $-1°$ zu den entsprechenden Windchill-Temperaturen aus (vgl. Aufg. 5.1).

Variation: *Man gebe die Temperaturen jeweils auch in Fahrenheit an.*

8

Suchen und Sortieren

Wer die Ordnung liebt,
ist nur zu faul zum Suchen.
(Sprichwort)

Zu den Standardaufgaben in der Informatik gehören das Suchen von Elementen in Datenstrukturen und – als Vorbereitung dazu – das Sortieren von Datenstrukturen. Die Bedeutung des Sortierens als Voraussetzung für das Suchen kann man sich an ganz einfachen Beispielen vor Augen führen:

- Man versuche im Berliner Telefonbuch einen Teilnehmer zu finden, von dem man nicht den Namen, sondern nur die Telefonnummer hat!
- Die Rechtschreibung eines Wortes klärt man besser mithilfe eines Dudens als durch Suche in diversen Tageszeitungen.

Es ist verblüffend, wie oft Suchen und Sortieren als Bestandteile zur Lösung umfassenderer Probleme gebraucht werden. Das Thema stellt sich dabei meist in leicht unterschiedlichen Varianten, je nachdem, was für Datenstrukturen vorliegen. Wir betrachten hier Prototypen dieser Programme für unsere bisher einzige Datenstruktur: Arrays.

8.1 Ordnung ist die halbe Suche

Wenn die Gegenstände keine Ordnung besitzen, dann hilft beim Suchen nur noch die *British-Museum Method*: Man schaut sich alle Elemente der Reihe nach an, bis man das gewünschte entdeckt hat (sofern es überhaupt vorhanden ist).

Effizientes Suchen hängt davon ab, ob die Elemente „sortiert“ sind – und zum Begriff der Sortiertheit gehört zwingend, dass auf den Elementen eine ***Ordnung*** existiert. Diese Ordnung wird in der Mathematik üblicherweise als „$\leq$“ geschrieben und muss folgende Eigenschaften haben:

- **reflexiv**: $a \leq a$;

- **transitiv**: $a \leq b$ und $b \leq c$ impliziert $a \leq c$;
- **linear** (*konnex*): alle Elemente sind vergleichbar, d. h., für beliebige Elemente a und b gilt $a \leq b$ oder $b \leq a$.

Die zugehörige ***strenge Ordnung*** wird als „$<$“ geschrieben und ist definiert als: $a < b$ genau dann, wenn $a \leq b$ und $a \neq b$. Diese Ordnung ist

- **asymmetrisch**: $a < b$ impliziert $\neg(b < a)$.

In der Mathematik hat man oft noch eine weitere Eigenschaft, die aber für unsere Anwendungen meistens nicht erforderlich ist:

- **antisymmetrisch** (*identitiv*): $a \leq b$ und $b \leq a$ impliziert $a = b$.

In der Informatik gibt es unzählige Beispiele solcher Ordnungen: So können z. B. Waren nach ihrem Namen, ihrem Preis, ihrem Herstellungs- oder Verfallsdatum, ihrer Artikelnummer, ihrer Größe, ihrem Gewicht etc. angeordnet werden.

In den folgenden Diskussionen geht es uns um die *algorithmische Essenz* des Suchens und Sortierens und nicht um spezifische Datendarstellungen. Deshalb beschränken wir uns auf die einfachsten Arten von geordneten Werten: *Zahlen.* Das heißt:

Wir behandeln den Problemkreis „Suchen und Sortieren“ genotypisch anhand von Arrays von (ganzen oder reellen) Zahlen.

8.2 Wer sucht, der findet (oder auch nicht)

Wie schon erwähnt, hat man beim Suchen zwei Möglichkeiten, je nachdem, ob die Elemente sortiert vorliegen oder nicht. Wir wollen für beide Fälle phänotypische Algorithmen betrachten.

8.2.1 Lineares Suchen: Die *British-Museum Method*

Von den vielen Varianten dieser Aufgabe behandeln wir exemplarisch die zwei häufigsten. Bei der ersten erhält man eine simple Ja/Nein-Auskunft, bei der zweiten das Element selbst.

Aufgabe: *Lineares Suchen*

Gegeben: Ein Array a mit beliebigen Elementen (Zahlen) sowie ein Element (eine Zahl) x.

Gesucht: Variante 1: „Kommt x in a vor?“ (als boolesches Ergebnis).
Variante 2: „Wo steht x in a?“ (als Index).

Voraussetzung: Keine

In der zweiten Variante muss man einen „unmöglichen" Index liefern, wenn x gar nicht in A vorkommt. Typischerweise nimmt man dafür `-1` oder `a.length`; wir benutzen hier `-1`.

Methode: *„British-Museum Method"*

Bei der unerfreulichsten Lösung für das Suchproblem sind wir gezwungen, den Array Element für Element zu durchforsten, bis wir einen Treffer gelandet haben.

Das Programm für diese Aufgabe ist trivial. Es nützt aus, dass bei `for`-Schleifen die Zählvariable `i` am Ende genau einmal über die Abbruchbedingung hinaus erhöht wird, während bei `break` der aktuelle Stand erhalten bleibt. Der Code steht in Programm 8.1. Zur Illustration verwenden wir einen Array von `long`-Zahlen.

Programm 8.1 Lineare Suche

```
public class LinearSearch {
  public boolean has ( long [] a, long x ) {            // reiner Test
    int i;
    for (i=0; i<a.length; i++) {
      if ( a[i] == x ) { break; }
    }//for
    return (i < a.length);
  }// has
  public int find ( long [] a, long x ) {               // suche Index
    int i;
    for (i=0; i<a.length; i++) {
      if ( a[i] == x ) { break; }
    }//for
    if (i < a.length) { return i; } else { return -1; }
  }// find
}//end of class LinearSearch
```

Evaluation:

Aufwand: Diese Funktion hat linearen Aufwand, im *worst case* gerade n Schritte, im Durchschnitt $\frac{n}{2}$ Schritte.

Standardtests: Leerer Array; gesuchtes Element am Anfang bzw. am Ende; Element ist nicht vorhanden.

Diese prinzipielle Aufgabe trifft man in zahlreichen Variationen an. Beispiele:

- Oft hat man nicht das Element `x` selbst zur Verfügung, sondern nur ein Kriterium `p`, mit dem man nach einem „Treffer" `x` suchen soll (z. B. nach

einem Telefonteilnehmer mit einer bestimmten Nummer oder nach einer Email-Adresse mit einer bestimmten Kennung etc.).
Dazu bräuchte man eigentlich *Funktionen höherer Ordnung*, weil man der Methode `has` oder `find` jetzt anstelle des Parameters `x` die Testfunktion `p` als Argument mitgeben müsste. Leider gibt es das in JAVA nicht (jedenfalls nicht so einfach); deshalb muss man für jedes solche Prädikat eine entsprechende Kopie der Methode `has` schreiben. (Auf bessere Lösungen können wir erst später eingehen, wenn wir weitere JAVA-Features kennen; s. auch Kapitel 11 und 13.)

- Manchmal wird gewünscht, bei der Methode `find` nicht den Index `i` des Treffers zu liefern, sondern das Element `a[i]` selbst. Das sieht auf den ersten Blick banal aus, zieht aber u. U. gewaltige Probleme nach sich. *Was macht man, wenn das Element* `x` *nicht im Array* `a` *vorkommt?*
  Jetzt müssen wir uns mit der Fehlersituation herumschlagen, dass es (in unserem Beispiel der `long`-Arrays) kein Element des Typs `long` gibt, das bei `return` abgeliefert werden könnte. Dafür gibt es eine Reihe von Abhilfemöglichkeiten:
  – Man bettet den Typ `long` in einen sog. „Supertyp“ „`Maybe long`“ ein, der neben den echten `long`-Werten noch einen Pseudowert „`NotaLong`“ bereitstellt. (Das ist die sauberste Lösung, die allerdings in JAVA relativ viel Aufwand macht; entsprechende Sprachmittel werden wir später noch kennen lernen.)
    Interessanterweise ist im IEEE-Standard für Gleitpunktzahlen – der ja in den JAVA-Typen `float` und `double` umgesetzt ist – mit dem Pseudowert `NaN` („not a number“) genau das realisiert worden; leider wurde versäumt, diese Idee auch auf andere Datentypen zu übertragen.
  – Man gibt einem legalen Wert von `long`, der allerdings in der gegebenen Applikation unmöglich auftreten kann, die Rolle des Pseudowertes. (Typischerweise etwa -1, wenn die Applikation nur positive Zahlen zulässt.)
    Nachteil: Viele Anwendungen haben keine solchen unmöglichen Werte. Vor allem aber: Allzu häufig täuscht man sich bei der Vorhersage, was unmöglich ist.
  – Man kann auch mit dem Programmiermittel der sog. „Exceptions“ arbeiten (die wir ebenfalls später noch kennen lernen werden). Aber das ist erfahrungsgemäß die schlechteste Lösung, weil auch im umgebenden Programm der gesamte Code belastet wird.

8.2.2 Suchen mit Bisektion

Wenn die Elemente in dem Array sortiert sind, dann können wir erheblich schneller suchen (wie jeder weiß, der irgendwann einmal mit einem Telefonbuch oder einem Lexikon gearbeitet hat). Das entsprechende Verfahren ist unter den Begriffen *Binärsuche* oder *Bisektionssuche* bekannt.

Aufgabe: *Suchen mit Bisektion*

Gegeben: Ein Array A, dessen Elemente sortiert sind, sowie ein Element x. Wir nehmen an, dass der Array *aufsteigend* sortiert ist.

Gesucht: Variante 1: „Kommt x in a vor?“ (als boolesches Ergebnis).
Variante 2: „Wo steht x in a?“ (als Index).

Voraussetzung: Auf den Array-Elementen muss eine Ordnung existieren.

Methode: *Bisektionsverfahren*

Der Algorithmus arbeitet nach dem sog. ***Bisektionsverfahren***: Wir prüfen das *mittlere* Element des Arrays und suchen dann – abhängig von seiner Größe – entweder links oder rechts weiter. Bei gerader Elementzahl nehmen wir als das „mittlere“ jeweils das linke der beiden infrage kommenden. In der nebenstehenden Illustration haben wir den *worst case* angenommen, bei dem das Element nicht in dem Array vorkommt. Deshalb wird das Suchintervall schließlich ganz leer.

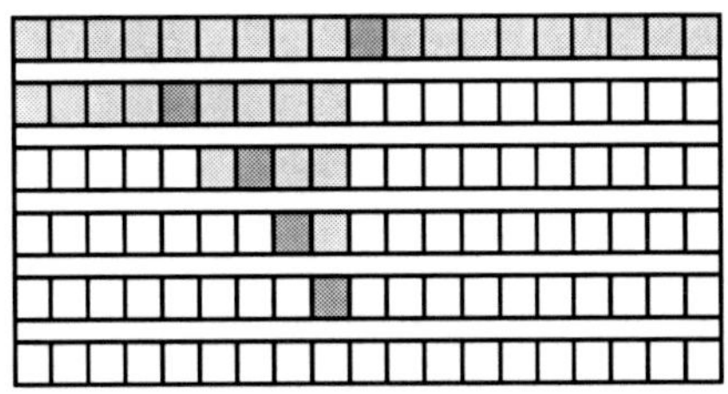

Für das exemplarische JAVA-Programm 8.2 wählen wir die gleichen Varianten wie im vorigen Abschnitt. Diesmal sind wir allerdings faul: Wir pro-

Programm 8.2 Bisektionssuche

```
public class BinarySearch {
  public boolean has ( long[] a, long x ) {
    return (find(a,x) >= 0);
  }//has
  public int find ( long[] a, long x ) {          // mit Bisektion
    int low = 0;                                  // Suchraum initialisieren
    int high = a.length-1;
    int med;
    int index = -1;                               // für das Resultat
    while (low <= high) {                         // Suchraum noch nicht leer
      // ASSERT x ∈ a ⇔ x ∈ a[low .. high]
      med = (low+high) / 2;
      if ( a[med] == x ) { index = med; break; }
      if ( a[med] <  x ) { low  = med + 1; }      // Suchraum rechts
      else               { high = med - 1; }      // Suchraum links
    }//while
    return index;
  }//find
}//end of class BinarySearch
```

grammieren den Algorithmus nicht zweimal nahezu gleich, sondern stützen die Methode `has` auf die Methode `find` ab. In der Methode `find` ist das zentrale Korrektheitsargument in Form einer *Zusicherung* angegeben: Es gilt die invariante Eigenschaft, dass `x` genau dann im ganzen Array vorkommt, wenn es im verbliebenen Suchraum vorkommt. Die Terminierungsfunktion τ ist die Länge des verbliebenen Suchraums, also im Wesentlichen `high - low`.

Auch für dieses Programm kann man natürlich wieder alle im vorigen Abschnitt angesprochenen Variationen programmieren.

Evaluation:

Aufwand: Offensichtlich hat dieses Verfahren ***logarithmischen Aufwand*** $\mathcal{O}(\log N)$. Denn das Intervall wird in jedem Schritt halbiert. Das zeigt, dass Bisektion in der Tat ein extrem schnelles Suchverfahren liefert.

Standardtests: Leerer Array; ein-, zweielementiger Array; gesuchtes Element am Anfang, am Ende; Element nicht vorhanden.

Dieses Programm ist ein Beispiel für ein wichtiges Verfahren der Informatik, das in vielen Anwendungen zum Tragen kommt:

Prinzip der Programmierung: *„Schrumpfender Suchraum"*

Wir haben einen ***Suchraum*** – in unserem Fall ein Intervall in einem Array –, den wir folgendermaßen verarbeiten:

- In jedem Schritt wird der Suchraum *möglichst stark* verkleinert.
- Dabei wird als ***invariante*** Eigenschaft sichergestellt, dass die gesuchte Lösung (sofern überhaupt vorhanden) immer im Suchraum bleibt.

8.3 Wer sortiert, findet schneller

Die obige Beschreibung der Bisektionssuche hat gezeigt, wie wichtig es sein kann, dass die Elemente eines Arrays sortiert sind. Deshalb verbringen die Computer in der Welt viel Rechenzeit damit, Listen von irgendwelchen Werten in eine brauchbare Reihenfolge zu bringen. Zum Beispiel will man anordnen:

- Teilnehmer an einem Skirennen nach ihrer Schnelligkeit;
- Kunden nach ihrer Umsatzhöhe;
- Telefonteilnehmer nach dem Alphabet;
- Dateien nach ihrem Erstellungsdatum.

Man beachte, dass in den meisten Fällen das Sortierkriterium nur einen kleinen Teil des jeweiligen Datensatzes betrifft, also z. B. unter allen Informationen über den Rennläufer nur die Zeit oder unter allen Informationen über den Kunden nur den Umsatz. Um die Programme einfach und lesbar zu halten, benutzen wir zur Illustration nur Arrays mit Werten der Art `long`. Für alle anderen Arten von Array-Elementen sind die Programme analog.

Aufgabe: *Sortieren*

Gegeben: Eine Liste von Daten (als Array).

Gesucht: Eine Liste, die dieselben Daten enthält, aber jetzt in (aufsteigend) geordneter Reihenfolge. (Die absteigende Reihenfolge ist dual.)

Voraussetzung: Auf den Daten muss eine Ordnungsrelation $\leq$ existieren.

Naive Lösungsidee: Das Grundprinzip der meisten Sortieralgorithmen (mit Ausnahme von *Merge sort* und *Bucket sort*) lässt sich informell ganz einfach beschreiben:

> *Solange es Fehlstellungen gibt, also Arrayelemente* `a[i]` *und* `a[j]` *mit* `i<j` *und* `a[i]>a[j]`, *vertausche sie.*

Dieses Verfahren terminiert offensichtlich, weil die Zahl der Fehlstellungen in jedem Schritt abnimmt, und am Ende ist der Array sortiert. Aber das Verfahren ist noch kein echter Algorithmus, weil offen bleibt, wie die zu vertauschenden Paare `a[i]` und `a[j]` zu bestimmen sind. Die bekannten Sortieralgorithmen unterscheiden sich in der Strategie, nach der sie diese Elemente festlegen.

Das Vertauschen wird mit einer einfachen Operation realisiert:

```
void swap ( long[] a, int i, int j ) {
  long aux = a[i];
  a[i] = a[j];
  a[j] = aux;
}
```

Die echte Lösungsidee: Nahezu alle Sortieralgorithmen gehen nach dem gleichen Prinzip vor: Sie zerlegen zunächst den Array `A` in Teile, sortieren diese Teile dann (rekursiv) und bauen schließlich aus den Resultaten das Ergebnis `B` auf. Dieses Prinzip ist unter dem Namen ***Divide and Conquer*** (auch *divide et impera*) bekannt. Die verschiedenen Algorithmen unterscheiden sich dadurch, wie sie den Aufwand verteilen, wobei es drei Möglichkeiten gibt:

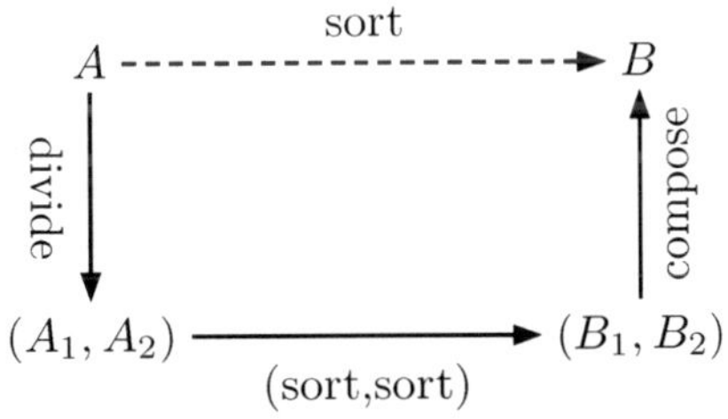

- Der ganze Aufwand steckt in der *Zerlegung* von `A`.
- Der ganze Aufwand steckt im *Aufbau* von `B`.
- Der Aufwand verteilt sich *zu gleichen Teilen* auf die Zerlegung von `A` und den Aufbau von `B`.

Eine weitere Klassifizierung erfolgt danach, wie die Zerlegung erfolgt:

- „Ein Element und der Rest."
- „Zwei ungefähr gleich große Teile."

Die diversen Kombinationsmöglichkeiten liefern uns die bekanntesten Sortieralgorithmen, die in Abbildung 8.1 gezeigt werden.[1] Neben dieser Klassifikation nach Designmethoden gibt es noch weitere Kriterien, nach denen Sortierverfahren zu beurteilen sind. Dazu gehören vor allem zwei Aspekte:

Art der Zerlegung	Aufwand steckt in: Zerlegung	Aufbau	beiden
„1 + *Rest*"	*Selectionsort*	*Insertionsort*	*Heapsort*
„$\frac{n}{2} + \frac{n}{2}$"	*Quicksort*	*Mergesort*	

Abb. 8.1. Klassifiktion der wichtigsten Sortieralgorithmen

- **Stabile** Verfahren erhalten die relative Anordnung „gleicher" Elemente. Das bedeutet z. B. Folgendes: Nehmen wir an, wir hätten eine nach Datum geordnete Liste aller Verkäufe, die wir jetzt nach Kundennummern sortieren wollen, um Sammelrechnungen auszustellen. „Gleiche" Elemente im Sinne der Sortierung sind also Verkäufe mit gleicher Kundennummer. Innerhalb einer Kundennummer sollten am Ende alle Verkäufe nach wie vor nach Datum sortiert sein.
  Bei den meisten der betrachteten Verfahren gibt es eine stabile Variante, auch wenn diese manchmal etwas mehr Programmieraufwand erfordert. Allerdings kann man das Problem elegant umgehen: Man erweitert das Sortierkriterium. Im obigen Beispiel sortiert man einfach nach Kundennummer *und* Datum. Dann ist das Problem der (In)Stabilität kein Thema mehr.
- **In-situ**-Verfahren benötigen keinen Hilfsspeicher (bis auf ein paar elementare Variablen). Das heißt, die Umordnung der Elemente erfolgt im Array a selbst, ohne dass man sie in einen Hilfsarray b auslagern muss.
  Es gibt eine ganz einfache Möglichkeit, das In-situ-Verhalten zu garantieren: *Wir erlauben als einzige Manipulation des Arrays die Operation* `swap`, *mit der zwei Komponenten vertauscht werden.*
  Alle von uns betrachteten Verfahren – mit Ausnahme von *Merge sort* – arbeiten in situ.

[1] Ein weiterer oft beschriebener Sortieralgorithmus, *Bubble sort*, hat eigentlich nichts, was ihn interessant machen würde – außer seinem schönen Namen.

8.3.1 *Selectionsort*

Die Idee beim Selectionsort ist ganz einfach: Man sucht der Reihe nach unter den jeweils verbliebenen Elementen das kleinste aus und fügt es an die bereits sortierten Elemente an (s. Abbildung 8.2).

Methode: *Lineares Divide-&-Conquer*

- Der Array besteht immer aus zwei Teilen: Links sind die bereits richtig sortierten Elemente, rechts die noch unsortierten (s. Abbildung 8.2).
- In jedem Schritt wird aus den unsortierten Elementen das kleinste ausgesucht und nach links „geswapt".

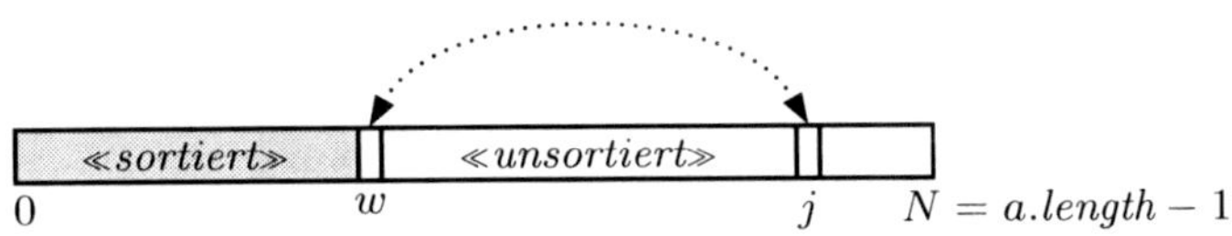

Abb. 8.2. Arbeitsweise des Selectionsort

Das Programm 8.3 basiert auf einer Hilfsfunktion `minIndex`, die das Minimum des weißen Bereichs sucht, genauer: den Index des Minimums.

Programm 8.3 Selectionsort

```
public class SelectionSort {
  public void sort ( long[] a ) {          // Selectionsort
    int w = 0;                             // weißes Gebiet ist a[w .. N]
    int j;                                 // Hilfsgröße
    while ( w < a.length ) {
      j = minIndex(a, w);                  // Minimum im weißen Gebiet
      swap(a,w,j);
      w++;                                 // schwarzes Gebiet wächst
    }//while
  }//sort
  private int minIndex ( long[] a, int w ) {
    // ASSERT 0 ≤ w < a.length-1
    int min = w;                           // laufendes Minimum vorbesetzen
    for (int i = w+1; i < a.length; i++) {
      if ( a[i] < a[min] ) {
        min = i;                           // neues laufendes Minimum
      }
    }//for
    return min;
  }//minIndex
}// end of class SelectionSort
```

Evaluation:

Aufwand: Das Verfahren hat *quadratischen Aufwand* $\mathcal{O}(N^2)$. Genauer: Es werden $\mathcal{O}(N^2)$ Vergleiche und $\mathcal{O}(N)$ Swaps ausgeführt. Bei der stabilen Variante (s. unten) sind es sogar $\mathcal{O}(N^2)$ Swaps.

Eigenschaften:

- Das Verfahren arbeitet *in situ.*
- Das Verfahren ist (in dieser Form) *nicht stabil.* Denn das linke Element $a[w]$ wird beim Swappen an die „zufällige" Stelle j katapultiert. Das lässt sich nur beheben, indem man das rechte Element $a[j]$ nicht direkt mit dem linken $a[w]$ vertauscht, sondern es durch den Array elementweise nach links wandern lässt. (Durch Verwendung der kompakten JAVA-Operation `arraycopy` wird das zwar etwas effizienter realisiert, aber es ändert nichts an dem pinzipiell linearen Aufwand.)

Standardtests: Leerer und einelementiger Array; alle Elemente gleich; Array schon sortiert (aufsteigend bzw. absteigend).

Anmerkung: Auch hier zeigt sich wieder ein ganz typisches ***Programmierprinzip***, das sich am besten über die Metapher der „Färbung" erklären lässt.

Prinzip der Programmierung: *Färbungs-Metapher*

Der Datenraum (hier der Array) wird in Bereiche eingeteilt:

- Der *schwarze* Bereich enthält die bereits verarbeiteten Elemente.
- Der *weiße* Bereich – die „Terra incognita" – enthält die noch nicht betrachteten Elemente.

Und in jedem Schritt wächst das schwarze und schrumpft das weiße Gebiet.

8.3.2 *Insertionsort*

Der ***Insertionsort*** ist das duale Gegenstück zum *Selection sort.* Der Array wird zwar auch in „ein Element und den Rest" zerlegt, aber jetzt wird die ganze Arbeit nicht in die Zerlegung, sondern in die Komposition gesteckt.

Methode: *Lineares Divide-&-Conquer*

Man arbeitet den Array von links nach rechts elementweise ab. Dabei gilt:

- Links ist der bereits sortierte Teil, also der bereits verarbeitete „schwarze" Bereich (s. Abbildung 8.3).
- In jedem Schritt fügt man das erste Element des unbearbeiteten „weißen" Bereichs an der passenden Stelle ein.

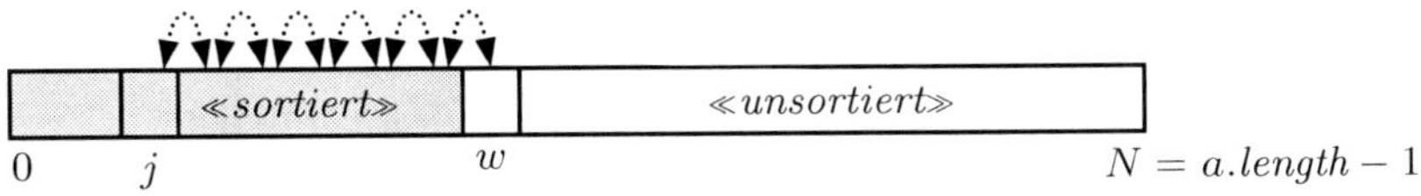

Abb. 8.3. Arbeitsweise des Insertionsort

Der Algorithmus ist in Programm 8.4 beschrieben. Die ganze Arbeit lastet hier auf der Hilfsfunktion `insert`, die das neue Element an der entsprechenden Stelle im bereits sortierten Teil einsortieren soll.

Programm 8.4 Insertionsort

```
public class InsertionSort {
  public void sort ( long[] a ) {                    // Insertionsort
    int w = 1;                                       // weißes Gebiet ist
    while ( w < a.length ) {
      // ASSERT a[0 .. w-1] ist sortiert
      insert(a, w);                                  // passend einsortieren
      w++;                                           // weißes Gebiet verkleinern
    }//while
  }//sort
  private void insert ( long[] a, int w ) {
    // ASSERT 1 ≤ w < a.length,  a[0 .. w-1] ist sortiert
    for (int i = w; i >= 1; i--) {
      if ( a[i-1] <= a[i] ) { break; }               // Ziel erreicht
      swap(a, i-1, i);                               // a[w] jetzt an der Stelle i−1
    }//for
  }//insert
}// end of class InsertionSort
```

Evaluation:

Aufwand: Das Verfahren hat *quadratischen Aufwand* $\mathcal{O}(N^2)$. Denn die durchschnittliche Zahl der Vergleiche und der Swaps ist – da der schwarze Bereich immer länger wird – etwa $\mathcal{O}(\frac{1}{2}+\frac{2}{2}+\frac{3}{2}+\frac{4}{2}+\cdots+\frac{N}{2}) = \mathcal{O}(\frac{N\cdot(N+1)}{4})$. (Auch die Verwendung von `arraycopy` – s. unten – ändert die Situation nicht prinzipiell; die Methode ist zwar schneller als elementweises Swappen, aber ihre Dauer ist immer noch proportional zur Länge des zu kopierenden Intervalls. Allerdings kann man dann mit logarithmischem Aufwand die passende Stelle suchen.)

Eigenschaften:

- Das Verfahren arbeitet *in situ.*
- Das Verfahren ist *stabil,* weil wir zum Einsortieren das Element $A[w]$ ohnehin elementweise nach links wandern lassen, bis es an der Stelle j

steht. Die Positionen der anderen Elemente relativ zueinander bleiben dabei erhalten.
Anmerkung: Eigentlich ist die Idee, den ganzen Teilarray $A[j \mathinner{..} w-1]$ um eins nach rechts zu shiften und dann das Element $A[w]$ in die freie Lücke zu setzen. Das ist selbstverständlich effizienter, als den gleichen Effekt mit vielen Swaps zu erzielen. JAVA stellt hier die spezielle Operation `arraycopy` zur Verfügung (s. Abschnitt 5.5). In dieser Variante sollte man die Suche nach dem minimalen Element j mittels Bisektion durchführen, um die Effizienz zu erhöhen.

Standardtests: Leerer und einelementiger Array; alle Elemente gleich; Array bereits sortiert (aufsteigend bzw. absteigend).

Übung 8.1. Man programmiere Insertionsort *mithilfe der Operation* `arraycopy`.

Übung 8.2. Man füge in die Programme `SelectionSort` *und* `InsertionSort` *jeweils Zähler ein, die die Anzahl der* `swap`*-Operationen festhalten. Was fällt bei entsprechenden Testläufen auf?*

8.3.3 *Quicksort*

Beim ***Quicksort*** legt man die ganze Arbeit in die *Zerlegung*. Dabei versucht man, möglichst gleich große Teile zu erzielen.

Methode: *Divide-&-Conquer*

Man wählt ein beliebiges Element – z. B. das erste – und teilt den Array in drei Teile (s. Abbildung 8.4): links die kleineren Elemente, in der Mitte die gleichen Elemente, rechts die größeren Elemente. Sobald der kleine und der große Teil sortiert worden sind, ist auch schon der ganze Array sortiert. Das ausgewählte Element p nennt man auch das ***Pivot-Element***.

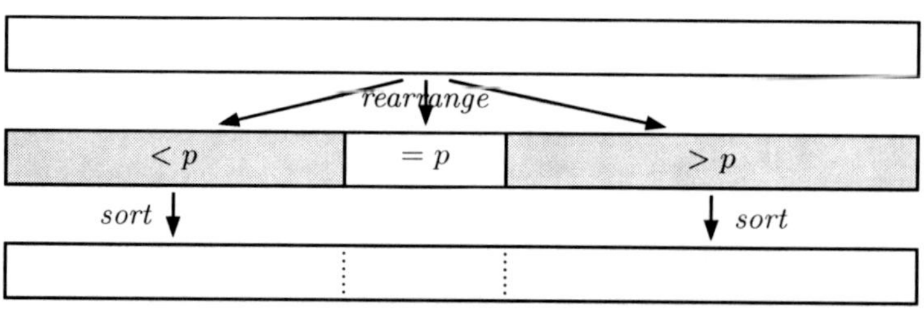

Abb. 8.4. Arbeitsweise von Quicksort

Wenn die Zerlegung jedes Mal so klappt, dass die Teilarrays der kleinen und der großen Elemente ungefähr gleich lang sind, hat dieser Algorithmus einen Aufwand in der Größenordnung $\mathcal{O}(N \cdot \log N)$. Das sieht man sofort ein:

Die erste Zerlegung braucht $\mathcal{O}(N)$ Swaps. Die beiden Teilarrays im nächsten Schritt brauchen je $\mathcal{O}(\frac{N}{2})$ Swaps, die vier Teilfelder im dritten Schritt je $\mathcal{O}(\frac{N}{4})$ usw. Insgesamt ergibt sich damit der Aufwand $\mathcal{O}(N + 2 \cdot \frac{N}{2} + 4 \cdot \frac{N}{4} + \cdots) = \mathcal{O}(N \cdot \log N)$. Allerdings ist diese Abschätzung problematisch:

- Das ist nur der *durchschnittliche* Aufwand! Im *worst case*, also wenn die Zerlegung jedesmal sehr unausgewogen erfolgt, ist der Aufwand quadratisch, also $\mathcal{O}(N^2)$.
- Der *worst case* tritt bei unserem Algorithmus übrigens dann auf, wenn die Liste schon sortiert ist. (Warum?)
  Man kann hier oft Abhilfe schaffen, indem man z. B. während der Zerlegung für jede der beiden Teillisten den Mittelwert mitrechnet und ihn bei der folgenden Zerlegung anstelle des ersten Elements `a` als Trenner heranzieht. Dann ist die Wahrscheinlichkeit hoch, dass die Teillisten gleich groß werden. Allerdings ist dieser Wert dann nicht mehr selbst im Array vorhanden, was zu einem leicht modifizierten Algorithmus führt. Außerdem klappt so eine Mittelwertberechnung nur bei numerischen Elementen.
  Das gleiche Prinzip lässt sich aber auch folgendermaßen umsetzen: Man wählt in jedem Schritt drei beliebige Elemente des (Teil-)Arrays aus – z. B. das erste, das in der Mitte und das letzte – und nimmt das größenmäßig mittlere der drei als Pivotelement (*Median-of-three-Verfahren*).

In der Praxis ist *Quicksort* der effizienteste aller bekannten Sortieralgorithmen.

Der vollständige Code ist in Programm 8.5 angegeben. Das Sortierprogramm selbst wird am besten mittels rekursiver Aufrufe formuliert. Dabei verwenden wir eine private Hilfsmethode `qsort`, die jeweils einen Teilarray sortiert. Wenn der Teilarray nur noch ein oder zwei Elemente enthält, ist die Sortierung trivial. Andernfalls ordnen wir die Elemente um, wie im obigen Bild skizziert, und sortieren die beiden Teilarrays mit den kleinen bzw. den großen Elementen.

Der spannendste Teil ist natürlich das Umordnen des (Teil-)Arrays, sodass die kleinen Elemente links und die großen Elemente rechts liegen. Der entsprechende Algorithmus ist in der Hilfsmethode `rearrange` codiert. Seine Wirkungsweise lässt sich am besten wieder mit einer Farbmetapher illustrieren. (In dieser Variante wurde der Algorithmus von E.W.Dijkstra unter dem Namen *Dutch National Flag* eingeführt.)

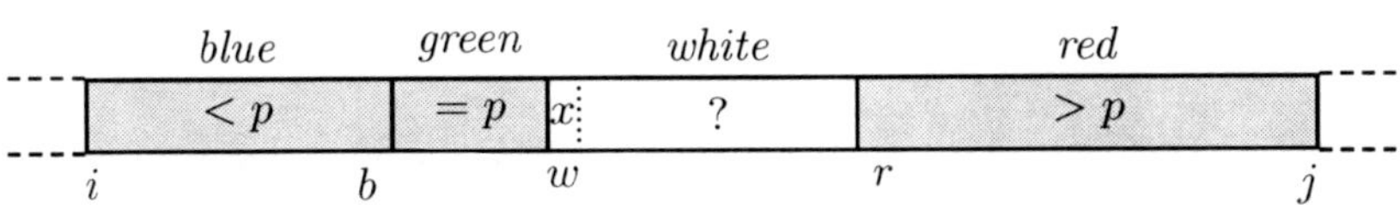

Zu Beginn des Verfahrens sind die drei Bereiche *blue*, *green* und *red* leer; d. h., der Bereich *white* umfasst den ganzen Teilarray `a[i..j]`.

Programm 8.5 Quicksort

```
public class Quicksort {
  public void sort ( long[] a ) {
    qsort(a, 0, a.length-1);                  // Einbettung
  }//sort
  private void qsort ( long[] a, int i, int j ) {
    // ASSERT 0 ≤ i,j < a.length
    if (i<j) {                                // a[i..j] hat mindestens zwei Elemente
      long p = pivot(a,i,j);                  // Pivotelement
      Pair pair = rearrange(a,i,j,p);         // liefert Paar (b,r) – siehe Text
      int b = pair.b;                         // Ergebnis 1 extrahieren
      int r = pair.r;                         // Ergebnis 2 extrahieren
      qsort(a, i, b);                         // sortiere die kleinen Elemente
      qsort(a, r, j);                         // sortiere die großen Elemente
    }//if
  }//qsort
  private Pair rearrange ( long[] a, int i, int j, long p ) {
    // ASSERT 0 ≤ i < j − 1 ∧ j < a.length
    int b = i-1;                              // blue leer
    int w = i;                                // white ist ganz a[i..j]
    int r = j+1;                              // red leer
    while (w < r) {                           // solange weiß nicht leer
      long x = a[w];
      if (x < p) {                            // x ist blue
        swap(a,w,b+1);
        b++;
        w++;
      } else if (x > p) {                     // x ist red
        swap(a, w, r-1);
        r--;
      } else {                                // x ist green
        w++;
      }//if
    }//while
    return new Pair(b,r);                     // Partitionsstellen
  }//rearrange
  private long pivot ( long[] a, int i, int j ) { ... }
}//end of class Quicksort
```

In jedem Schritt betrachtet man das linke Element $x = a[w]$ des weißen („unbekannten") Bereiches und vergleicht es mit dem Pivotelement p. Es gibt drei Möglichkeiten:

- $x < p$: Durch `swap(w,b+1)` kommt das Element x an die richtige Stelle. Und das Element, das vorher dort stand, wechselt nur vom linken zum rechten Rand des grünen Bereichs. (Beachte: Das Verfahren ist so nicht stabil! Um es stabil zu machen, müsste der Bereich *green* – z. B. mittels `arraycopy` – geshiftet werden.)

- $x = p$: Es ist nichts zu tun; nur der Index `w` wandert weiter.
- $x > p$: Durch `swap(w,r-1)` kommt das Element x an die richtige Stelle. (Beachte: Das Verfahren ist so nicht stabil! Für Stabilität müssten die Bereiche *white* und *red* geshiftet werden, sodass `x` ganz rechts steht.)

Dabei sind jeweils die Indizes entsprechend anzupassen, damit die vier Bereiche immer korrekt sind.

In jedem Schritt schrumpft der „unbekannte" weiße Bereich um ein Element. Das Verfahren endet, wenn der weiße Bereich leer ist.

Es gibt aber ein technisches Problem, das einer Erklärung bedarf. *Welche Rolle spielt die Klasse* ***Pair****?* Die Antwort ist – wieder einmal – eine Design-Schwäche von JAVA. Allerdings hat JAVA diese Schwäche mit nahezu allen Programmiersprachen gemeinsam: *Methoden können nicht mehr als ein Ergebnis haben.*[2]

Aber die Hilfsmethode `rearrange` muss die beiden Werte `b` und `r`, also die Grenzen der Bereiche *blue* und *red*, mitliefern. Aus diesem Dilemma gibt es drei Auswege:

- Man führt eine Klasse `Pair` ein, mit deren Hilfe man aus dem Tupel von Ergebnissen ein einziges Objekt machen kann. Diese Lösung haben wir hier gewählt:

  ```
  class Pair {
    int b,r;
    Pair(int b, int r) { this.b = b; this.r = r; }
  }//end of class Pair
  ```

  Diese Lösung ist die eleganteste. Der minimale Effizienzverlust durch das Erzeugen der Resultatobjekte ist verschmerzbar.
- Man führt Klassen-globale Variablen `b` und `r` ein und speichert am Ende von `rearrange` die Werte der lokalen Variablen `b` und `r` in diese Klassen-globalen Variablen. Diese müssen dann in `qsort` sofort wieder in die dortigen lokalen Variablen geschrieben werden, weil im nächsten rekursiven Aufruf die Klassen-globalen Variablen wieder überschrieben werden.
  Im Endeffekt würde dadurch anstelle der Anweisung `int b = pair.b;` die Anweisung `int b = this.b;` stehen; analog für `r`. Diese Technik ist aber ausgesprochen fehleranfällig und sollte daher vermieden werden.
- Da `rearrange` nicht rekursiv ist, könnte man den Rumpf auch direkt anstelle des Aufrufs in der Methode `qsort` einbauen. (Dabei muss man natürlich die Variablen entsprechend anpassen.) Das ist die effizienteste Version, aber sie ist wenig modularisiert und daher ziemlich unleserlich.

---

[2] Eine der wenigen Ausnahmen ist z. B. die Sprache OPAL [52]. Es ist eigentlich unverständlich, weshalb so viele Sprachen den Programmierern dieses Ausdrucksmittel verbauen; denn es macht compilertechnisch keinerlei Probleme.

Evaluation:

Aufwand: Das Verfahren hat im Mittel den Aufwand $\mathcal{O}(N \log N)$, im *worst case* den Aufwand $\mathcal{O}(N^2)$ (s. oben).

Eigenschaften:

- Das Verfahren ist (in dieser Implementierung) *nicht stabil.*
- Das Verfahren arbeitet *in situ.*

Standardtests: Leerer, ein-, zweielementiger Array; sortierter Array; alle Elemente gleich.

Für den Umordnungsteil: Pivotelement p ist das kleinste bzw. größte Element. Alle Elemente von `a[i..j]` sind gleich.

8.3.4 *Mergesort*

Der ***Mergesort*** ist das Gegenstück zum Quicksort. Auch hier wird in gleich große Teile zerlegt, die Hauptarbeit aber erst bei der *Komposition* geleistet.

Methode: *Divide-&-Conquer*

Der Array wird in der Mitte geteilt, beide Hälften werden rekursiv sortiert und die Ergebnisarrays geordnet „zusammengemischt".
Das Verfahren benötigt einen Hilfsarray gleicher Größe.

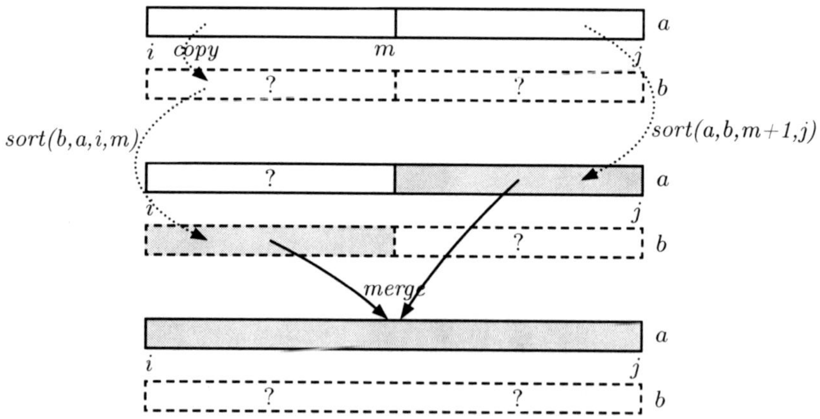

Abb. 8.5. Die Arbeitsweise von Mergesort

Im Detail (s. Abbildung 8.5): Zunächst wird die vordere Hälfte des Arrays a in den Hilfsarray b kopiert. Dann werden beide Halbarrays sortiert, wobei die Rollen vertauscht sind:

- Beim Sortieren der vorderen Hälfte ist b der „Hauptarray" und a fungiert als „Hilfsspeicher".
- Beim Sortieren der hinteren Hälfte ist a der Haupt- und b der Hilfsarray.

Dieses Verfahren setzt sich rekursiv auf die Teilarrays fort, bis schließlich atomare Arrays erreicht sind.

Nach dem Sortieren der beiden Hälften müssen diese „geordnet zusammengemischt" werden. Dabei ist es wichtig, dass der Zielarray a die hintere Hälfte

Programm 8.6 Mergesort

```
class Mergesort {
  void sort ( long[] a ) {
    long[] b = new long[a.length];
    msort(a, b, 0, a.length-1);
  }//sort
  private void msort ( long[] a, long[] b, int i, int j ) {
    // ASSERT 0 ≤ i ≤ j < a.length = b.length
    if      (i==j)  { }
    else if (i+1==j) { if (a[i] > a[j]) { swap(a,i,j); } }
    else { // ASSERT a[i..j] hat mindestens drei Elemente
          int m = (i+j)/2;
          System.arraycopy(a,i,b,i,m-i+1);     // a[i..m] → b[i..m]
          msort(b, a, i, m);                   // sortiere linke Hälfte von b
          msort(a, b, m+1, j);                 // sortiere rechte Hälfte von a
          merge(a, b, i, m, j);                // zusammenmischen
    }//if
  }//msort
  private void merge ( long[] a, long[] b, int i, int m, int j ) {
    // ASSERT 0 ≤ i < m < j < a.length = b.length
    // ASSERT b[i..m] und a[m+1..j] enthalten die zu mischenden Elemente
    int aFrom = m+1;                           // lfd. Index in a
    int bFrom = i;                             // lfd. Index in b
    int to;
    for (to = i; to <= j; to++) {              // ganzen Teilarray füllen
      if (a[aFrom] < b[bFrom]) {
        a[to] = a[aFrom];
        aFrom++;
        if (aFrom > j) { break; }              // a[m+1..j] komplett übertragen
      } else {
        a[to] = b[bFrom];
        bFrom++;
        if (bFrom > m) { break; }              // b[i..m] komplett übertragen
      }//if
    }//for
    if (aFrom > j) {
      System.arraycopy(b, bFrom, a, to, m-bFrom+1);   // Rest von b → a
    }//if
  }//merge
}//end of class Mergesort
```

der Daten enthält. (Andernfalls würden i. Allg. seine Elemente von denen in b überschrieben werden.)

Programm 8.6 enthält den vollständigen Code. Die Methode `sort` generiert zunächst einen Hilfsarray `b` gleicher Länge und ruft dann die zentrale Hilfsmethode `msort` auf.

Die Methode `msort` sortiert einen Teilarray `a[i..j]` unter Verwendung eines Hilfsarrays `b`, genauer des Teilarrays `b[i..j]`. Das Ergebnis wird im Teilarray `a[i..j]` abgelegt. Der Teilarray `b[i..j]` hat am Ende der Methode einen nicht bestimmbaren Inhalt. Für einelementige Arrays ist nichts zu tun, bei zweielementigen Arrays ist höchstens ein `swap` nötig. Zum Kopieren der vorderen Hälfte von `a` nach `b` verwenden wir die in JAVA vordefinierte Methode `arraycopy` (s. Abschnitt 5.5).

Beim Zusammenmischen in der Methode `merge` ist wichtig, dass die untere Hälfte des Zielarrays `a` nicht besetzt ist. Denn sonst würden i. Allg. einige Elemente von `a` durch Elemente von `b` überschrieben. Außerdem muss man bei gleichen Elementen jeweils zuerst die aus `b` nehmen, um Stabilität zu garantieren. Wenn der Teilarray als Erster vollständig übertragen ist, muss der Rest von `b` noch nach `a` kopiert werden (sortiert ist er ja schon). Falls `b` zuerst fertig ist, kann man aufhören, weil dann die restlichen Elemente von `a` schon korrekt positioniert sind.

Evaluation:

Aufwand: Das Verfahren hat den Aufwand $\mathcal{O}(N \log N)$ Dieser Aufwand wird jetzt sogar immer garantiert, da bei der Zerlegung grundsätzlich die Längen der Arrays halbiert werden. (Der Rumpf der Methode enthält aber mehr Operationen als der von Quicksort, weshalb Quicksort – im Durchschnitt – etwas schneller ist.)

Eigenschaften:

- Das Verfahren ist *stabil.*
- Das Verfahren arbeitet *nicht in situ.*

Standardtests: Leerer, ein-, zweielementiger (Teil-)Array. Alle Elemente links sind kleiner/größer als alle Elemente rechts.

Hinweis: Die Idee des *Mergesorts* kann auch benutzt werden, um große Plattendateien zu sortieren, die nicht in den Hauptspeicher passen. Dann zerlegt man die Datei in Fragmente passender Größe, sortiert diese jeweils im Hauptspeicher (geht viel schneller!) und mischt dann die Fragmente zusammen.

8.3.5 *Heapsort*

Beim ***Heapsort*** wird der Aufwand zwischen der Zerlegung und dem Zusammenbauen gleichmäßig aufgeteilt. Zwar findet hier wie beim Quicksort in der Zerlegungsphase eine teilweise Vorsortierung statt. Im Gegensatz zum Quicksort trennt die Vorsortierung die Elemente aber nicht so schön in „links die kleinen“ und „rechts die großen“, sondern nimmt eine schwächere Anordnung vor, sodass beim Zusammenfügen immer noch etwas Arbeit bleibt.

Die *Motivation* für die Vorsortierung des Heapsorts kommt aus dem Selection sort (s. Abschnitt 8.3.1): Dort ist der zeitaufwendige Teilprozess die Suche nach dem Minimum/Maximum des weißen Bereiches. Wenn es gelingt, diese Suche schnell zu machen, dann ist der ganze Sortierprozess wesentlich beschleunigt. Und genau das macht Heapsort.

Das Verfahren ist konzeptuell ein bisschen schwieriger zu verstehen, hat aber gegenüber Quicksort und Mergesort gewisse Vorteile: Statistische Messungen zeigen, dass das Verfahren im Mittel etwas langsamer ist als Quicksort (allerdings nur um einen konstanten Faktor). Dafür ist es aber – wie auch Mergesort – im *worst case* immer noch gleich schnell, nämlich $\mathcal{O}(N \log N)$. Im Gegensatz zum Mergesort arbeitet das Verfahren aber *in situ*.

Methode: *2-Phasen-Prozess*

Das Verfahren arbeitet in 2 Phasen:

- In Phase 1 wird aus dem ungeordneten Array ein teilweise vorgeordneter ***Heap***.
- In Phase 2 wird aus dem Heap dann ein vollständig sortierter Array.

Wenn wir den Heapsort von vornherein auf Arrays beschreiben wollten, dann müssten wir Bilder der folgenden Bauart malen:

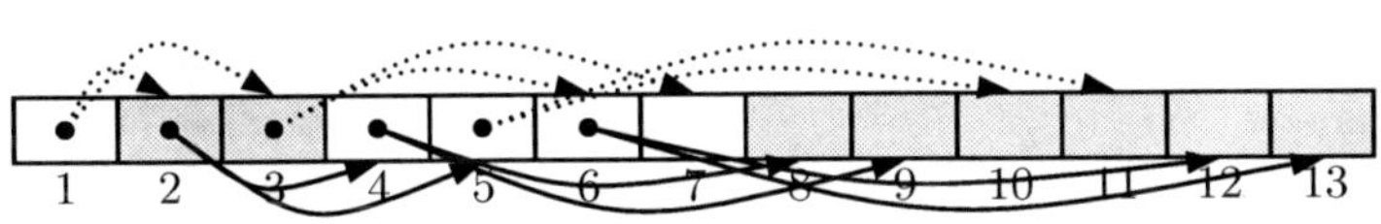

Das ist offensichtlich nicht besonders hilfreich. Der Trick bei der Sache ist ganz einfach, dass in den Array eine andere Datenstruktur hineincodiert wurde – nämlich ein spezieller ***Baum*** (s. Kapitel 18).[3]

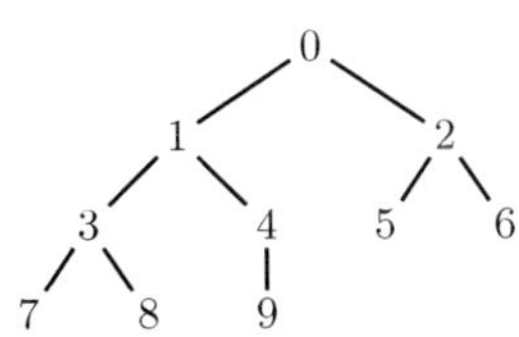

Bäume dieser Art haben zwei wichtige Eigenschaften (s. Kapitel 18): Sie sind ***binär***; d. h., jeder Knoten hat höchstens zwei Kindknoten. Und sie sind ***balanciert***; d. h., alle Wege durch den Baum sind (nahezu) gleich lang, wobei die längeren sich „links“ befinden. Wenn wir die Knoten eines solchen Baums

[3] Üblicherweise lässt man die Nummerierung bei 1 beginnen. Aber weil JAVA-Arrays ab 0 indiziert werden, müssen wir auch bei den Bäumen die Indizierung bei 0 beginnen lassen. Dadurch werden zwar die Formeln ein bisschen hässlicher, aber insgesamt ist die Modellierung homogener.

durchnummerieren, erhalten wir folgende Eigenschaft: Am Knoten mit der Nummer i gilt: Der linke Kindknoten hat die Nummer $2i + 1$, der rechte hat die Nummer $2i + 2$. Umgekehrt hat der Elternknoten eines Knotens j immer die Nummer $(j - 1) \div 2$. Und insgesamt ist die Nummerierung „dicht" von 0 bis $N - 1$.

Mit anderen Worten: Die Knoten eines solchen Baumes lassen sich als Array `a[0..N-1]` abspeichern, wobei die Indizes der Eltern- und Kindknoten sich jeweils ganz leicht ausrechnen lassen. Wir benutzen dazu ein paar Hilfsfunktionen, um z. B. Dinge zu schreiben wie `a[left(i)]` oder `a[parent(i)]`:

```
int left   (int i) { return 2*i+1; }         //
int right  (int i) { return 2*(i+1); }       //
int parent (int i) { return (i-1)/2; }       //
```

Aufgrund dieser bijektiven Abbildung zwischen Arrayelementen und Baumknoten können wir unseren Algorithmus also auf der Basis solcher balancierter Bäume *beschreiben*. Das Programm *läuft* aber letztlich auf Arrays.

Phase 1.

Wir haben einen völlig ungeordneten Array, den wir allerdings als balancierten Baum betrachten. Unser erstes Ziel ist es, in diesen Baum eine teilweise Ordnung hineinzubringen: Der Wert an jedem Knoten (natürlich mit Ausnahme der Wurzel) soll *nicht größer* sein als der Wert des Elternknotens; zwischen Geschwisterknoten gibt es dagegen keine Restriktionen. Wir sprechen dann von einem ***geordneten Baum***. Insbesondere gilt dann, dass das maximale Element an der Wurzel steht – also genau die Eigenschaft, nach der wir suchen. Wenn ein Baum sowohl balanciert als auch geordnet ist, und darüber hinaus die Indizierung „dicht" ist, nennen wir ihn ***Heap***.

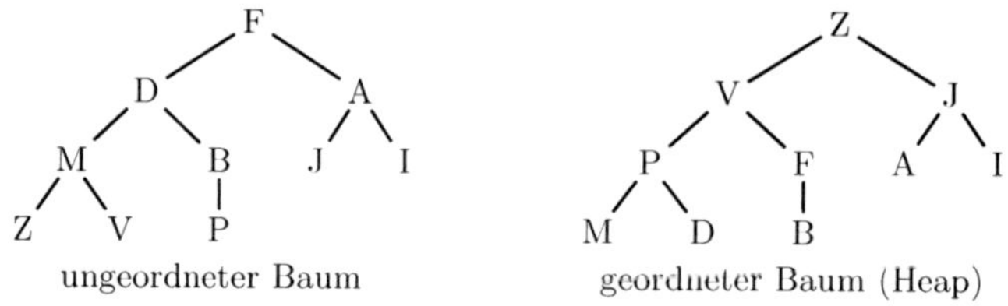

Der wesentliche Aspekt des Algorithmus besteht darin, dass wir immer „Beinahe-Heaps" betrachten, deren Ordnung höchstens an einer Stelle gestört ist. Diese Störung wird dann repariert, indem der falsche Wert „absinkt", bis er seine richtige Position erreicht. Betrachten wir ein Beispiel:

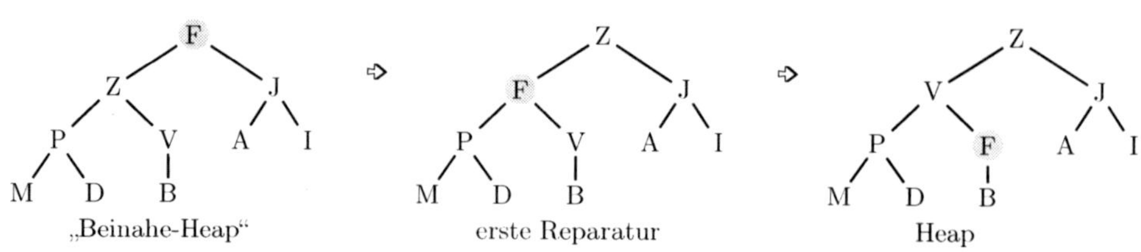

Hier verletzt (nur) das F die Ordnung. Also müssen wir es mit dem größeren der beiden Kindknoten, nämlich Z, vertauschen. An der neuen Position ist es aber wieder falsch, also muss es noch weiter hinabrutschen. Nach der Vertauschung mit dem größeren der beiden Kindknoten, also V, hat das F schließlich seine richtige Position gefunden.

Damit können wir jetzt die *Phase 1* vollständig beschreiben: Wir machen *von unten her* alle Teilbäume zu Heaps. Das heißt in unserem Beispiel: Die Blätter 5, ..., 9 brauchen keine Bearbeitung; sie sind schon (einelementige) Heaps. Für die Knoten 4, 3, 2, 1, 0 führen wir nacheinander die Operation `sink` aus. Das ist im Programm 8.7 beschrieben.

Evaluation: *(Phase 1)*

Aufwand: Überraschenderweise ist der Aufwand der Phase 1 *linear*, also $\mathcal{O}(N)$ (obwohl man intuitiv mit $\mathcal{O}(N \log N)$ rechnen würde). Die bessere Abschätzung sieht man ganz leicht ein: Die *Höhe h* eines Knotens ist seine maximale Entfernung von einem Blatt. (Blätter selbst haben also die Höhe 0, die Wurzel hat die Höhe $h_r = \log N$.) Für einen Knoten der Höhe h bewirkt die Operation `sink` maximal h Swaps. Und es gibt höchstens $2^{h_r - h}$ Knoten der Höhe h. Damit ergibt sich folgende Aufwandsberechnung:[4]

$$\mathcal{O}(\sum_{h=1}^{h_r} h \cdot 2^{h_r - h}) = \mathcal{O}(2^{h_r} \cdot \sum_{h=1}^{h_r} \frac{h}{2^h}) \leq \mathcal{O}(N \cdot \sum_{h=1}^{\infty} \frac{h}{2^h}) = \mathcal{O}(N \cdot 2)$$

Phase 2.

Wenn wir den Heap als Array betrachten, dann steht das maximale Element ganz links (nämlich an der Wurzel des Baumes). Es sollte aber ganz rechts stehen. Also führen wir einen Swap aus. Das Ergebnis sieht so aus wie im mittleren der folgenden Bäume: B steht an der Wurzel, Z gehört nicht mehr zum Baum. Der verbleibende Restbaum ist jetzt wieder ein „Beinahe-Heap", den wir mit `sink` reparieren müssen. Das Ergebnis ist im rechten Baum illustriert.

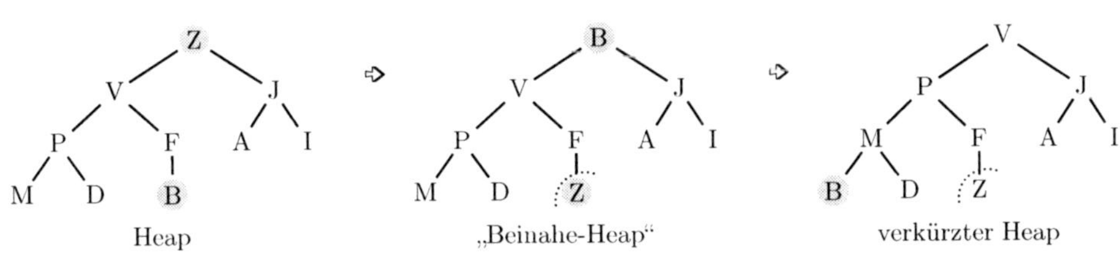

Im nächsten Schritt wird jetzt D mit V vertauscht und der Heap entsprechend verkürzt. Danach muss D an die passende Stelle sinken:

---

[4] Für Interessierte: In jeder Formelsammlung findet man für $|x| < 1$ die Gleichung $\sum_{i=0}^{\infty} x^i = \frac{1}{1-x}$. Indem man beide Seiten differenziert, ergibt sich daraus $\sum_{i=0}^{\infty} i \cdot x^{i-1} = \sum_{i=0}^{\infty} (i+1) \cdot x^i = \frac{x}{(1-x)^2}$. Für $x = \frac{1}{2}$ ergibt sich die Summenformel, die wir in unserer Aufwandsberechnung benutzen.

Programm 8.7 Heapsort

```
public class Heapsort {
  public void sort ( long[] a ) {
    arrayToHeap(a);                          // Phase 1
    heapToArray(a);                          // Phase 2
  }//sort
  private void arrayToHeap ( long[] a ) { // Phase 1
    final int N = a.length-1;
    for (int i=a.length/2-1; i>=0; i--) { // erstes Nicht-Blatt
      // ASSERT beide Unterbäume von i sind Heaps
      sink(a, i, N);
    }// for
  }// arrayToHeap
  private void heapToArray ( long[] a ) { // Phase 2
    final int N = a.length-1;
    for (int j=N; j>=1; j--) {
      // ASSERT a[0..j] ist ein Heap
      swap(a, 0, j);                         // tausche Wurzel ↔ letztes Element
      sink(a, 0, j-1);                       // Beinahe-Heap reparieren
    }// for
  }// heapToArray
  private void sink ( long[] a, int k, int n ) {
    // Sinken im Teilarray a[k..n]
    int i = k;
    while (i < (n+1)/2 ) {                   // solange kein Blatt
      int j;
      //set j to maximal child
      if ( right(i) > n ) { j = left(i); }  // right(i) gibts nicht
      else if (a[left(i)] >= a[right(i)]) { j = left(i); }
      else { j = right(i); }//if
      if ( a[j] < a[i] ) { break; } // Ziel erreicht
      swap(a, i, j);
      i = j;
    }//while
  }//sink
  private int left  (int i) { return 2*i+1; }
  private int right  (int i) { return 2*(i+1); }
  private int firstLeaf (long[]a) { return a.length/2; }
}//end of class Heapsort
```

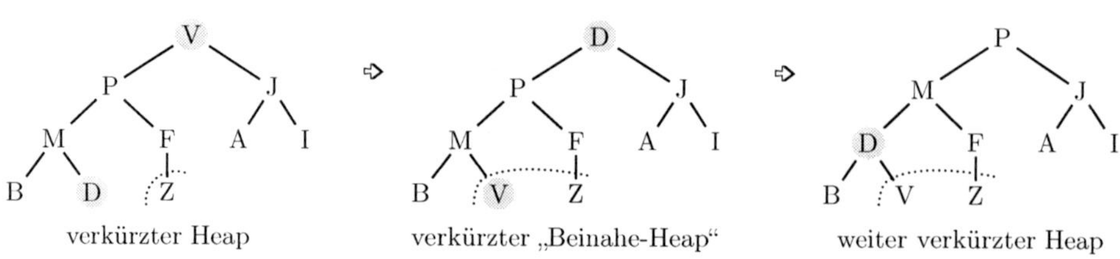

Als Nächstes wird P mit B vertauscht. Und so weiter.

Man beachte, dass wir es jetzt mit verkürzten Heaps zu tun haben, sodass die Operation `sink` mit dem jeweils aktuellen Ende `j` aufgerufen werden muss.

Evaluation: *(Phase 2)*

Aufwand: Diese zweite Phase behandelt alle Knoten, wobei jeder Knoten von der Wurzel aus bis zu $\log N$ Stufen absinken muss. Insgesamt erhalten wir damit $\mathcal{O}(N \log N)$ Schritte.

Verbesserungen.

Der Heapsort arbeitet in situ; das macht ihn dem Mergesort überlegen. Und er garantiert immer $\mathcal{O}(N \log N)$ Schritte; das macht ihn dem Quicksort überlegen, weil der im *worst case* auf $\mathcal{O}(N^2)$ Schritte ansteigt. Wenn der Quicksort jedoch seinen Normalfall mit $\mathcal{O}(N \log N)$ Schritten erreicht, dann ist er schneller als Heapsort, weil er weniger Operationen pro Schritt braucht.

Aber diese Konstante lässt sich im Heapsort noch verbessern. Wir betrachten nur Phase 2, weil sie die teure ist. Die Operation `sink` braucht fünf elementare Operationen: zwei Vergleiche (weil man ja den größeren der beiden Kindknoten bestimmen muss) und die drei Operationen von `swap`. Wir können aber folgende Variation programmieren (illustriert anhand der zweiten der beiden obigen Bilderserien): Das Wurzelelement V wird nicht mit dem letzten Element D vertauscht, sondern nur an die letzte Stelle geschrieben; D wird in einer Hilfsvariablen aufbewahrt. Dann schieben wir der Reihe nach den jeweils größeren der beiden Kindknoten nach oben. Unten angekommen, wird D aus der Hilfsvariablen in die Lücke geschrieben.

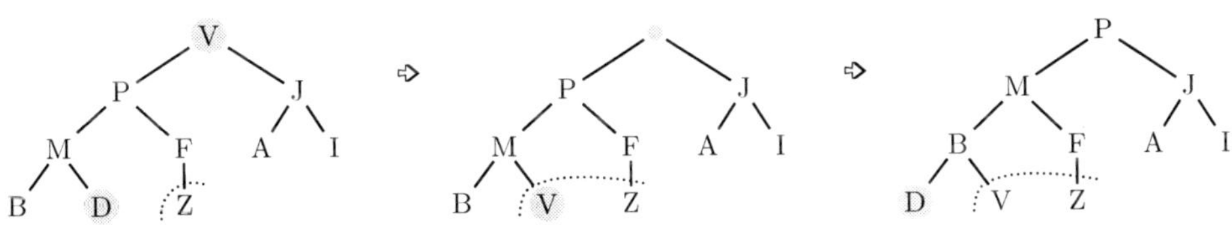

verkürzter Heap ⇨ „Beinahe-Heap" mit Lücke ⇨ „Beinahe-Heap"

Dieses Verfahren ist rund 60% schneller, weil es pro Schritt nur noch zwei Operationen braucht: einen für die Bestimmung des größeren Kindknotens und eine Zuweisung dieses Kindelements an das Elternelement.

Aber das ist so noch falsch! Wie man an dem Bild sieht, kann die Lücke „überschießen": Das Element D ist jetzt zu weit unten. Also brauchen wir eine Operation `ascend` – das duale Gegenstück zu `sink` –, mit dem das Element wieder an die korrekte Position hochsteigen kann. Diese Operation braucht pro Schritt einen Vergleich mit dem Elternknoten und die Zuweisung dieses Elternelements an den Kindknoten. Wenn die richtige Stelle erreicht ist, wird der zwischengespeicherte Wert – in unserem Beispiel D – eingetragen.

Im statistischen Mittel ist dieses Überschießen mit anschließendem Wiederaufstieg billiger, als während des Abstiegs immer einen zweiten Vergleich zu machen, weil das Element – in unserem Beispiel D – i. Allg. sehr klein ist (es kommt ja von einem Blatt) und deshalb gar nicht oder höchstens ein bis zwei Stufen hochsteigen wird.

Übung 8.3. Man programmiere den modifizierten Heapsort.

8.3.6 Mit Mogeln gehts schneller: *Bucketsort*

Wir haben gesehen, dass die besten Verfahren – nämlich Quicksort, Mergesort und Heapsort – jeweils $\mathcal{O}(N \log N)$ Aufwand machen. Diese Abschätzungen sind auch optimal: In der Theoretischen Informatik wird bewiesen, dass Sortieren generell nicht schneller gehen *kann* als mit $\mathcal{O}(N \log N)$ Aufwand.

Für den Laien ist es angesichts dieses Resultats verblüffend, wenn er auf einen Algorithmus stößt, der *linear* arbeitet, also mit $\mathcal{O}(N)$ Aufwand. Ein solcher Algorithmus ist ***Bucketsort***.

Dieses Verfahren funktioniert nach folgendem Prinzip: Wir haben einen Array A von Elementen eines Typs α. Jedes Element besitzt einen Schlüssel (z. B. Postleitzahl, Datum etc.), nach dem die Sortierung erfolgen soll. Jetzt führen wir eine Tabelle B ein, die jedem Schlüsselwert eine Liste von α-Elementen zuordnet (die „Buckets"). Das Sortieren geschieht dann einfach so, dass wir der Reihe nach die Elemente aus dem Array A holen und sie in ihre jeweilige Liste eintragen – offensichtlich ein linearer Prozess.

Aber das ist natürlich gemogelt: Denn die theoretische Abschätzung, dass $\mathcal{O}(N \log N)$ unschlagbar ist, gilt für beliebige Elementtypen α. Der *Bucketsort* funktioniert aber nur für spezielle Typen, nämlich solche, die eine kleine Schlüsselmenge als Sortiergrundlage verwenden. (Andernfalls macht die Verwendung einer Tabelle keinen Sinn.)

8.3.7 *Verwandte Probleme*

Zum Abschluss sei noch kurz erwähnt, dass es zahlreiche andere Fragestellungen gibt, die mit den gleichen Programmiertechniken funktionieren wie das Sortieren. Zwei Beispiele:

- ***Median***: Gesucht ist das „mittlere" Element eines Arrays, d. h. dasjenige Element $x = A[i]$ mit der Eigenschaft, dass $\frac{N}{2}$ Elemente von A größer und $\frac{N}{2}$ Elemente kleiner sind. Allgemeiner kann man nach dem k-ten Element (der Größe nach) fragen.
  Offensichtlich gibt es eine $\mathcal{O}(N \log N)$-Lösung: Man sortiere den Array und greife direkt auf das gewünschte Element zu. Aber es geht auch *linear*! Man muss nur die Idee des Quicksort verwenden, aber ohne gleich den ganzen Array zu sortieren.

- ***k-Quantilen***: Diejenigen Werte, die die sortierten Arrayelemente in k gleich große Gruppen einteilen würden.

Übung 8.4. Man adaptiere die Quicksort-Idee so, dass ein Programm zur Bestimmung des Medians entsteht.

9

Numerische Algorithmen

Dieses Buch soll Grundlagen der Informatik für Informatiker und Ingenieure vermitteln. Deshalb müssen wir bei den behandelten Themen eine gewisse Bandbreite sicherstellen. Zu einer solchen Bandbreite gehören mit Sicherheit auch *numerische Probleme*, also die zahlenmäßige Lösung mathematischer Aufgabenstellungen.

Der begrenzte Platz erlaubt nur eine exemplarische Behandlung einiger weniger phänotypischer Algorithmen. Dabei müssen wir uns auch auf die Fragen der programmiertechnischen Implementierung konzentrieren. Die – weitaus komplexeren – Aspekte der numerischen Korrektheit, also Wohldefiniertheit, Konvergenzgeschwindigkeit, Rundungsfehler etc., überlassen wir den Kollegen aus der Mathematik.[1] Wer es genauer wissen möchte, der sei auf entsprechende Lehrbücher der Numerischen Mathematik verwiesen, z. B. [66, 55, 29, 33, 39].

9.1 Vektoren und Matrizen

Numerische Algorithmen basieren häufig auf ***Vektoren*** und ***Matrizen***. Beide werden programmiertechnisch als ein-, zwei- oder mehrdimensionale Arrays dargestellt. Eindimensionale Arrays haben wir in den vorausgegangenen Kapiteln schon benutzt. Jetzt wollen wir ***zweidimensionale Arrays*** betrachten. Die Verallgemeinerung auf drei und mehr Dimensionen funktioniert nach dem gleichen Schema.

Zweidimensionale Arrays werden in JAVA einfach als Arrays von Arrays dargestellt. Damit sieht z. B. eine (10×20)-Matrix folgendermaßen aus:

```
double[][] m = new double[10][20];    // (10 × 20)-Matrix
```

Der Zugriff auf die Elemente erfolgt in einer Form, wie in der folgenden Zuweisung illustriert:

[1] Das ist eine typische Situation für Informatiker: Sie müssen sich darauf verlassen, dass das, was ihnen die Experten des jeweiligen Anwendungsgebiets sagen, auch stimmt. Sie schreiben dann „nur" die Programme dazu.

```
m[i][j] = m[i][j-1] + 2*m[i][j] + m[i][j+1];
```

In JAVA gibt es keine vorgegebene Zuordnung, was Zeilen und was Spalten sind. Das kann der Programmierer in jeder Applikation selbst entscheiden. Wir verwenden hier folgende *Konvention*:

- die erste Dimension steht für die Zeilen;
- die zweite Dimension steht für die Spalten.

Die *Initialisierung* mehrdimensionaler Arrays erfolgt meistens in geschachtelten `for`-Schleifen. Aber man kann auch eine kompakte Initialisierung der einzelnen Zeilen vornehmen.

Beispiel 1. Die Initialisierung einer dreidimensionalen Matrix mit Zufallszahlen kann folgendermaßen geschrieben werden.

```
double[][][] r = new double[10][5][20];
for (int i = 0; i < r.length; i++) {                    // 0 .. 9
  for (int j = 0; j < r[0].length; j++) {               // 0 .. 4
    for (int k = 0; k < r[0][0].length; k++) {          // 0 .. 19
      r[i][j][k] = Math.random();
    }//for k
  }//for j
}//for i
```

Beispiel 2. Es sei eine Klasse `Figur` für die üblichen Schachfiguren gegeben. Dann kann die Anfangskonfiguration eines Schachspiels folgendermaßen definiert werden.

```
class Schachbrett {
  Figur[][] brett = new Figur[8][8];
  Figur[] weißeOffiziere = { turm, springer, ..., turm };
  Figur[] schwarzeOffiziere = { turm, springer, ..., turm };
  Figur[] bauern = { bauer, ..., bauer };

  void initialize () {
    brett[0] = weißeOffiziere;
    brett[1] = bauern;
    brett[6] = bauern;
    brett[7] = schwarzeOffiziere;
    ⋮
  }
  ⋮
}//end of class Schachbrett
```

Beispiel 3. Das Kopieren einer Matrix kann mithilfe der Operation `arraycopy` folgendermaßen programmiert werden.

```
double[][] copy ( double[][] a ) {
  int M = a.length;                              // Zeilenzahl festlegen
  double[][] b = new double[M][];                // 1. Dimension kreieren
  for (int i = 0; i < a.length; i++) {           // alle Zeilen kopieren
    int N = a[i].length;                         // Länge der i-ten Zeile
    b[i] = new double[N];                        // i-te Zeile kreieren
    System.arraycopy(a[i], 0, b[i], 0, N); // i-te Zeile kopieren
  }// for i
  return b;
}//copy
```

Beispiel 4. JAVA kennt auch das Konzept ***unregelmäßiger Arrays***. Das bedeutet, dass z. B. Matrizen mit Zeilen unterschiedlicher Länge möglich sind. Eine untere Dreiecksmatrix der Größe N mit Diagonale 1 und sonst 0 wird folgendermaßen definiert.

```
double[][] lowerTriangularMatrix ( int N ) {
  double[][] a = new double[N][];              // zweidimensionaler Array
  for (int i = 0; i < N; i++) {
    a[i] = new double[i+1];                    // Zeile der Länge i
    for (int j = 0; j < i; j++) {
      a[i][j] = 0;                             // Elemente sind 0
    }//for j
    a[i][i] = 1;                               // Diagonale 1
  }//for i
return a;
}//lowerTriangularMatrix
```

An diesen Beispielen kann man folgende Aspekte von mehrdimensionalen Arrays sehen:

- Der Ausdruck `a.length` gibt die Größe der ersten Dimension (Zeilenzahl) an. Der Ausdruck `a[i].length` gibt die Größe der zweiten Dimension an (Spaltenzahl der i-ten Zeile).
- Bei der Deklaration mit `new` muss nicht für alle Dimensionen die Größe angegeben werden; einige der „hinteren" Dimensionen dürfen offen bleiben. (Verboten ist allerdings so etwas wie `new double[10][][15]`.)
- Die einzelnen Zeilen können Arrays unterschiedlicher Länge sein.
- Die Initialisierung und die Zuweisung können entweder elementweise oder für ganze Zeilen kompakt erfolgen (Letzteres allerdings nur für die letzte Dimension).

Das Arbeiten mit Matrizen ist häufig mit der Verwendung geschachtelter Schleifen verbunden. Zur Illustration betrachten wir eine klassische Aufgabe aus der Linearen Algebra. Programm 9.1 zeigt die Multiplikation einer (M, K)-Matrix mit einer (K, N)-Matrix. Dabei verwenden wir eine Hilfsfunktion `skalProd`, die das Skalarprodukt der i-ten Zeile und der j-ten Spalte berechnet.

Programm 9.1 Matrixmultiplikation

```
public class MatMult {
  public double[][] mult ( double[][] a, double[][] b ) {
    // ASSERT a ist eine (M,K)-Matrix und b eine (K,N)-Matrix
    final int M = a.length;
    final int N = b[0].length;
    double c[][] = new double[M][N];                // Ergebnismatrix
    for (int i = 0; i < M; i++) {                   // alle Elemente von c
      for (int j = 0; j < N; j++) {
        c[i][j] = skalProd(a,i,b,j);                // Element setzen
      }//for j
    }//for i
    return c;
  }//mult

  private double skalProd ( double[][] a, int i, double[][] b, int j ) {
    // Skalarprodukt der Zeile a[i][.] und der Spalte b[.][j]
    final int K = b.length;                         // Zeilenzahl von b
    double s = 0;                                   // Hilfsvariable
    for (int k = 0; k < K; k++) {
      s = s + a[i][k]*b[k][j];                      // aufsummieren
    }//for k
    return s;
  }//skalProd
}//end of class MatMult
```

Der *Aufwand* der Matrixmultiplikation hat die Größenordnung $\mathcal{O}(N^3)$ – genauer: $\mathcal{O}(N \cdot K \cdot M)$.

9.2 Gleichungssysteme: Gauß-Elimination

Gleichungssysteme lösen, lernt man in der Schule – je nach Schule auf unterschiedlichem Niveau. Spätestens auf der Universität wird diese Aufgabe dann in die Matrix-basierte Form $A \cdot \mathbf{x} = \mathbf{b}$ gebracht. Aber in welcher Form das Problem auch immer gestellt wird, letztlich ist es nur eine Menge stupider Rechnerei – also eine Aufgabe für Computer.

Die Methode, nach der diese Berechnung erfolgt, geht auf Gauß zurück und wird deshalb auch als ***Gauß-Elimination*** bezeichnet. Wir wollen die Aufgabe gleich in einer leicht verallgemeinerten Form besprechen. Es kommt nämlich relativ häufig vor, dass man das gegebene System für unterschiedliche rechte Seiten lösen soll, also der Reihe nach $A \cdot \mathbf{x}_1 = \mathbf{b}_1, \ldots, A \cdot \mathbf{x}_n = \mathbf{b}_n$. Deshalb ist es günstig, den Großteil der Arbeit nur einmal zu investieren. Das geht am besten, indem man die Matrix A in das Produkt zweier Dreiecksmatrizen zerlegt (s. Abbildung 9.1):

$$A = L \cdot U$$

mit einer unteren Dreiecksmatrix L (*lower*) und einer oberen Dreiecksmatrix U (*upper*). Damit gilt

$$A \cdot x = (L \cdot U) \cdot x = L \cdot (U \cdot x) = b$$

und man kann jedes der Gleichungssysteme in zwei Schritten lösen, nämlich

$$L \cdot \mathbf{y}_i = \mathbf{b}_i \qquad \text{und dann} \qquad U \cdot \mathbf{x}_i = \mathbf{y}_i$$

Diese Zerlegung ist in Abbildung 9.1 grafisch illustriert. Bei dieser Zerlegung gibt es noch Freiheitsgrade, die wir nutzen, um die Diagonale von L auf 1 zu setzen.

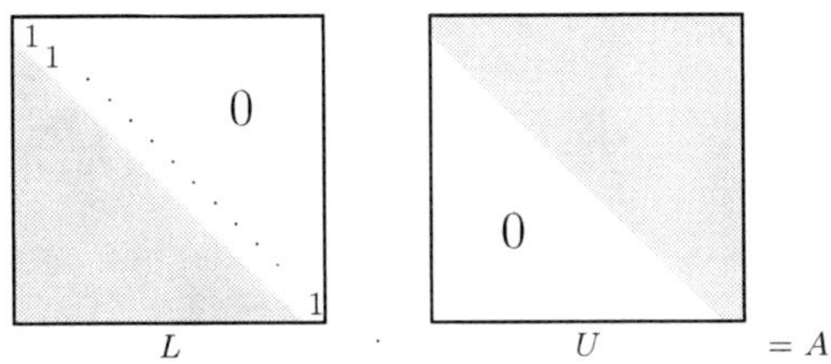

Abb. 9.1. LU-Zerlegung

Im Folgenden diskutieren wir zuerst ganz kurz, weshalb Dreiecksmatrizen so schön sind. Danach wenden wir uns dem eigentlichen Problem zu, nämlich der Programmierung der *LU-Zerlegung.*

Alle Teilalgorithmen werden am besten als Teile einer umfassenden Klasse konzipiert, die wir in Programm 9.2 skizzieren. Als Attribute der Klasse brauchen wir die beiden Dreiecksmatrizen `L` und `U` sowie eine Kopie der Matrix `A` (weil sonst die Originalmatrix zerstört würde). Wir verbergen `L` und `U` als `private`. Denn `L` und `U` dürfen nur von der Methode `factor` gesetzt werden. Jede direkte Änderung von außen hat i. Allg. desaströse Effekte. Also sichert man die Matrizen gegen Direktzugriffe ab.

Man beachte, dass wir hier die Konventionen von JAVA verletzen. Eigentlich müssten wir die Matrizennamen `A`, `L` und `U` kleinschreiben, weil es sich um Variablen handelt. Aber hier ist für uns die Kompatibilität mit den mathematischen Formeln (und deren Konventionen) wichtiger.

Die Prinzipien der objektorientierten Programmierung legen es nahe, für jedes Gleichungssystem ein eigenes Objekt zu erzeugen. Wir entwerfen deshalb eine Konstruktormethode, die die Matrix A sofort in die Matrizen L und U zerlegt. Danach kann man mit `solve(b`$_1$`)`, `solve(b`$_2$`)`, ... beliebig viele Gleichungen lösen.

Die Anwendung der Gauß-Elimination erfolgt i. Allg. in folgender Form (für eine gegebene Matrix A und Vektoren $b_1, \ldots, b_n$):

Programm 9.2 Gleichungslösung nach dem Gauß-Verfahren: Klassenrahmen

```
public class GaussElimination {
  private double[][] A;                       // Hilfsmatrix
  private double[][] L;                       // erste Resultatmatrix
  private double[][] U;                       // zweite Resultatmatrix
  private int N;                              // Größe der Matrix
  public GaussElimination ( double[][] A ) {
    // ASSERT A ist (N × N)-Matrix
    this.N = A.length;                        // Anzahl der Zeilen (und Spalten)
    this.A = new double[N][N];                // Hilfsmatrix kreieren
    this.L = new double[N][N];                // erste Resultatmatrix kreieren
    this.U = new double[N][N];                // zweite Resultatmatrix kreieren
    for (int i = 0; i < N; i++) {             // kopieren A ↦ this.A
      System.arraycopy(A[i],0,this.A[i],0,A[i].length); // zeilenweise
    }//for
    factor(0);                                // LU-Zerlegung starten
  }//Konstruktor
  public double[] solve ( double[] b ) {
    //ASSERT Faktorisierung hat schon stattgefunden
    //Lösung der Dreieckssysteme Ly = b und Ux = y
    double[] y = solveLower(this.L, b);       // unteres Dreieckssystem
    double[] x = solveUpper(this.U, y);       // oberes Dreieckssystem
    return x;
  }//solve
  private double[] solveLower ( double[][] L, double[] b ) {
    ... «siehe Programm 9.3» ...
  }//solveLower
  private double[] solveUpper ( double[][] U, double[] b ) {
    ... «analog zu Programm 9.3» ...
  }//solveUpper
  private void factor ( int k ) {
    ... «siehe Programm 9.4» ...
  }//factor
}//end of class GaussElimination
```

```
GaussElimination gauss = new GaussElimination(A);
double[] x1 = gauss.solve(b1);
   ⋮
double[] xn = gauss.solve(bn);
```

Das heißt, wir erzeugen ein Objekt `gauss` der Klasse `GaussElimination`, von dem wir sofort die Operation `factor` ausführen lassen. Danach besitzt dieses Objekt die beiden Matrizen `L` und `U` als Attribute. Deshalb können anschließend für mehrere Vektoren $\mathbf{b}_1, \ldots, \mathbf{b}_n$ die Gleichungen gelöst werden.

Wenn man mehrere Matrizen $A_1, \ldots, A_n$ hat, für die man jeweils ein oder mehrere Gleichungssysteme lösen muss, dann generiert man entsprechend n `Gauss`-Objekte.

```
GaussElimination gauss_i = new GaussElimination(A_i);
```

9.2.1 Lösung von Dreieckssystemen

Weshalb sind Dreiecksmatrizen so günstig? Das macht man sich ganz schnell an einem Beispiel klar. Man betrachte das System

$$\begin{pmatrix} 1 & 0 & 0 \\ 3 & 1 & 0 \\ -2 & 2 & 1 \end{pmatrix} \cdot \begin{pmatrix} y_1 \\ y_2 \\ y_3 \end{pmatrix} = \begin{pmatrix} 2 \\ 6 \\ 5 \end{pmatrix}$$

Hier beginnt man in der ersten Zeile und erhält der Reihe nach die Rechnungen

$$\begin{array}{llll} 1 \cdot y_1 & = 2 & \rightsquigarrow & y_1 & = 2 \\ 3 \cdot y_1 + 1 \cdot y_2 & = 6 & \rightsquigarrow & y_2 = 6 - 3 \cdot 2 & = 0 \\ -2 \cdot y_1 + 2 \cdot y_2 + 1 \cdot y_3 & = 5 & \rightsquigarrow & y_3 = 5 - (-2) \cdot 2 - 2 \cdot 0 & = 9 \end{array}$$

Das lässt sich ganz leicht in das iterative Programm 9.3 umsetzen.

Programm 9.3 Lösen eines (unteren) Dreieckssystems $L \cdot \mathbf{y} = \mathbf{b}$

```
public class GaussElimination {
    ⋮
  public double[] solveLower ( double[][] L, double[] b ) {
    // ASSERT L ist untere (N × N)-Dreiecksmatrix mit Diagonale 1
    // ASSERT b ist Vektor der Länge N
    final int N = L.length;
    double[] y = new double[N];                 // Resultatvektor
    for (int i = 0; i < N; i++) {               // für jedes y_i (jede Zeile L[i][.])
      double s = 0;                             // für Zwischenergebnisse
      for (int j = 0; j < i; j++) {             // Zeile L[i] × Spalte y
        s = s + L[i][j]*y[j];
      }//for j
      y[i] = b[i] - s;                          // y_i = b_i − L[i] × y
    }//for i
    return y;
  }//solveLower
    ⋮
}//end of class GaussElimination
```

Übung 9.1. Man programmiere die Lösung eines oberen Dreieckssystems $U\mathbf{x} = \mathbf{y}$. Dabei beachte man, dass die Diagonale jetzt nicht *mit* 1 *besetzt ist.*

Übung 9.2. Man kann die obere und untere Dreiecksmatrix als zwei Hälften einer gemeinsamen Matrix abspeichern (s. Abschnitt 9.2.2). Ändert sich dadurch etwas an den Programmen?

9.2.2 *LU*-Zerlegung

Bleibt also „nur" noch das Problem, die Matrizen L und U zu finden. Die Berechnung dieser Matrizen ist in Abbildung 9.2 illustriert. Aus dieser Abbil-

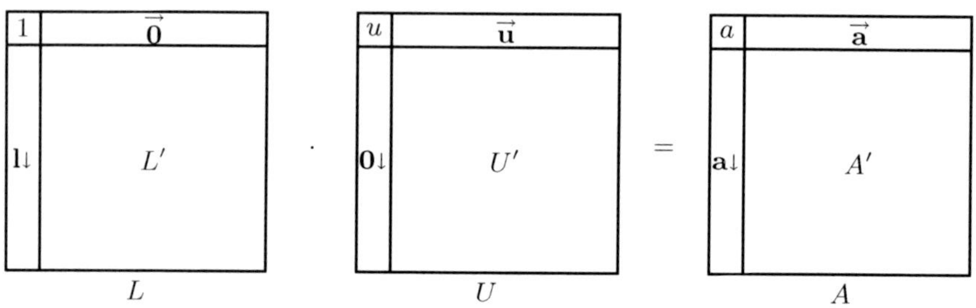

Abb. 9.2. LU-Zerlegung

dung können wir die folgenden Gleichungen ablesen (wobei wir die Elemente 1, u und a als einelementige Matrizen lesen müssen):

$$\begin{array}{llll}
1 \cdot u + \vec{\mathbf{0}} \cdot \mathbf{0}{\downarrow} = a & \Rightarrow & u & = a \\
1 \cdot \vec{\mathbf{u}} + \vec{\mathbf{0}} \cdot U' = \vec{\mathbf{a}} & \Rightarrow & \vec{\mathbf{u}} & = \vec{\mathbf{a}} \\
\mathbf{l}{\downarrow} \cdot u + L' \cdot \mathbf{0}{\downarrow} = \mathbf{a}{\downarrow} & \Rightarrow & \mathbf{l}{\downarrow} & = \mathbf{a}{\downarrow} \cdot \frac{1}{u} \\
\mathbf{l}{\downarrow} \cdot \vec{\mathbf{u}} + L' \cdot U' = A' & \Rightarrow & L' \cdot U' = A' - \mathbf{l}{\downarrow} \cdot \vec{\mathbf{u}} & \stackrel{def}{=} A''
\end{array}$$

Wie man sieht, ist die erste Zeile von U identisch mit der ersten Zeile von A. Die erste Spalte von L ergibt sich, indem man jedes Element der ersten Spalte von A mit dem Wert $\frac{1}{u}$ multipliziert. Die Werte der Matrix A'' ergeben sich als $A''_{(i,j)} = A'_{(i,j)} - \mathbf{l}{\downarrow}_i \cdot \vec{\mathbf{u}}_j$.

Diese Berechnungen lassen sich ziemlich direkt in das Programm 9.4 umsetzen. Dabei arbeiten wir auf einer privaten Kopie A der Eingabematrix, weil sie sich während der Berechnung ändert. Die Methode `factor` hat eigentlich zwei Ergebnisse, nämlich die beiden Matrizen L und U. Wir speichern diese als Attribute der Klasse. (Aus Gründen der Lesbarkeit lassen wir hier bei Zugriffen auf die Attribute das „`this.`" weg, obwohl wir es sonst wegen der besseren Dokumentation immer schreiben.)

Anmerkung: In den Frühzeiten der Informatik, als Speicher knapp, teuer und langsam war, musste man mit ausgefeilten Tricks arbeiten, um die Programme effizienter zu machen, ohne Rücksicht auf Verständlichkeit. Diese Tricks findet man heute noch in vielen Mathematikbüchern:

Programm 9.4 Die LU-Zerlegung nach Gauß

```
public class GaussElimination {
  private double[][] A;                        // Hilfsmatrix
  private double[][] L;                        // erste Resultatmatrix
  private double[][] U;                        // zweite Resultatmatrix
  private int N;                               // Größe der Matrix
    ⋮
  private void factor ( int k ) {
    // ASSERT 0 ≤ k < N
    L[k][k] = 1;                               // Diagonalelement setzen
    U[k][k] = A[k][k];                         // Element u setzen
    System.arraycopy(A[k],k+1,U[k],k+1,N-k-1); // Zeile u kopieren
    double v = 1/U[k][k];                      // Hilfsgröße: Faktor 1/u
    for (int i = k+1; i < N; i++) {            // Spalte l↓ berechnen
      L[i][k] = A[i][k]*v;
    }//for
    for (int i = k+1; i < N; i++) {            // A'' berechnen
      for (int j = k+1; j < N; j++) {
        A[i][j] = A[i][j] - L[i][k]*U[k][j];
      }//for i
    }//for j
    if (k < N-1) { factor(k+1); }              // rekursiver Aufruf für A''
  }//factor
}//end of class GaussElimination
```

- *Die beiden Dreiecksmatrizen L und U kann man in einer gemeinsamen Matrix speichern; da die Diagonalelemente von L immer 1 sind, steht die Diagonale für die Elemente von U zur Verfügung.*
- *Da immer nur der Rest von A gebraucht wird, kann man sogar die Matrix A sukzessive mit den Elementen von L und U überschreiben.*

Heute ist das Kriterium Speicherbedarf nachrangig geworden. Wichtiger ist die Verständlichkeit und Fehlerresistenz der Programmierung. Auch die Robustheit des Codes gegen irrtümlich falsche Verwendung ist wichtig. Deshalb haben wir eine aufwendigere, aber sichere Variante programmiert.

Übung 9.3. Um den rekursiven Aufruf für $L' \cdot U' = A''$ zu realisieren, haben wir die private Hilfsmethode `factor` rekursiv mit einem zusätzlichen Index k programmiert. Man kann diesen rekursiven Aufruf auch ersetzen, indem man eine zusätzliche Schleife verwendet. Man programmiere diese Variante. (In der rekursiven Version ist das Programm lesbarer.)

Übung 9.4. Das Kopieren der Originalmatrix in die Hilfsmatrix ist zeitaufwendig. Man kann es umgehen, indem man nicht die Matrix A'' berechnet, sondern A' unverändert lässt. Bei der Berechnung von u, $\mathbf{l}\downarrow$ und $\vec{\mathbf{u}}$ in der Methode `factor` müssen die fehlenden Operationen dann jeweils nachgeholt werden. Man vergewissert sich schnell, dass diese Werte nach folgenden Formeln bestimmt werden:

$U_{kj} = A_{kj} - \sum_{r=0}^{k-1} L_{kr} U_{rj} \qquad L_{ik} = \frac{1}{U_{kk}} \left(A_{ik} - \sum_{r=0}^{k-1} L_{ir} U_{rk} \right)$

Man programmiere diese Variante.

9.2.3 Pivot-Elemente

Der Algorithmus in Programm 9.4 hat noch einen gravierenden Nachteil. Wir brauchen zur Berechnung von **l**↓ den Wert $\frac{1}{a}$. *Was ist, wenn der Wert a Null ist?*

Die Lösung dieses Problems ergibt sich erfreulicherweise als Nebeneffekt der Lösung eines anderen Problems. Denn die Division ist auch kritisch, wenn der Wert a sehr klein ist, weil sich dann die Rundungsfehler verstärken. Also sollte a möglichst große Werte haben.

Die Lösung von Gleichungssystemen ist invariant gegenüber der Vertauschung von Zeilen, sofern man die Vertauschung sowohl in A als auch in **b** vornimmt. Deshalb sollte man in der Abbildung 9.2 zunächst das größte Element des Spaltenvektors **a**↓ bestimmen – man nennt es das ***Pivot-Element*** – und dann die entsprechende Zeile mit der ersten Zeile vertauschen. (In der Methode `factor` muss natürlich eine Vertauschung mit der k-ten Zeile erfolgen.)

Mathematisch gesehen laufen diese Vertauschungen auf die Multiplikation mit *Permutationsmatrizen* P_k hinaus. Diese Matrizen sind in Abbildung 9.3 skizziert; dabei steht j für den Index der Zeile, die in Schritt k – also in der Methode `factor(k)` – das größte Element der Spalte enthält. Wenn wir mit

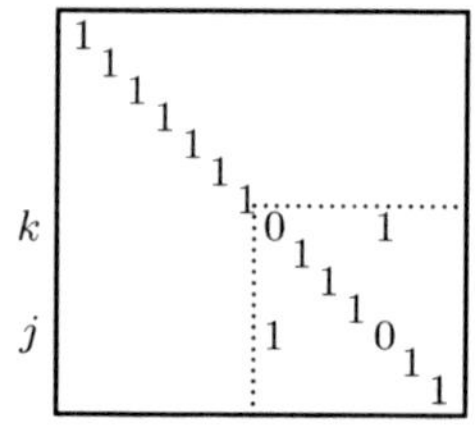

Abb. 9.3. Permutationsmatrix P_k

$P = P_{n-1} \cdots P_1$ das Produkt dieser Matrizen bezeichnen, dann kann man zeigen, dass insgesamt gilt:

$$P \cdot L \cdot U \cdot \mathbf{x} = P \cdot A \cdot \mathbf{x} = P \cdot \mathbf{b}$$

Als Ergebnis der Methode `factor` entstehen jetzt zwei modifizierte Matrizen L' und U', für die gilt: $L' \cdot U' = P \cdot L \cdot U$. Also muss auch die Permutationsmatrix P gespeichert werden, damit man sie auf **b** anwenden kann.

Programmiertechnisch wird die Matrix P am besten als Folge (Array) der jeweiligen Pivot-Indizes j repräsentiert.

Übung 9.5. Man modifiziere Programm 9.4 so, dass es mit Pivotsuche erfolgt.

Übung 9.6. Mit Hilfe der Matrizen L und U kann man auch die Inverse A^{-1} einer Matrix A leicht berechnen. Man braucht dazu nur die Gleichungssysteme $L \cdot U \cdot \bar{\mathbf{a}}_i = P \cdot \mathbf{e}_i$ zu lösen, wobei $\bar{\mathbf{a}}_i$ die i-te Spalte von A^{-1} ist und $\mathbf{e}_i$ der i-te Achsenvektor.

9.2.4 Nachiteration

Bei der LU-Faktorisierung können sich die Rundungsfehler akkumulieren. Das lässt sich reparieren, indem eine ***Nachiteration*** angewandt wird. Ausgangspunkt ist die Beobachtung, dass am Ende der Methode `factor` nicht die mathematisch exakten Matrizen L und U mit $L \cdot U = A$ entstehen, sondern nur Näherungen $\tilde{L}$ und $\tilde{U}$ mit $\tilde{L} \cdot \tilde{U} \approx A$. Das Gleiche gilt für den Ergebnisvektor $\tilde{\mathbf{x}}$, der auch nur eine Näherung an das echte Ergebnis $\mathbf{x}$ ist.

Sei B eine beliebige (nichtsinguläre) Matrix; dann gilt wegen $A\mathbf{x} = \mathbf{b}$ trivialerweise $B\mathbf{x} + (A - B)\mathbf{x} = b$. Wenn wir dagegen die Näherung $\tilde{\mathbf{x}}$ betrachten, dann erhalten wir nur noch

$$B\tilde{\mathbf{x}} + (A - B)\tilde{\mathbf{x}} \approx b$$

Man kann jetzt – ausgehend von $\mathbf{x}^{(0)} = \tilde{\mathbf{x}}$ – eine Folge von $\mathbf{x}^{(i)}$ berechnen mittels der Iterationsvorschrift

$$B\mathbf{x}^{(i+1)} + (A - B)\mathbf{x}^{(i)} = b$$

In jedem Schritt muss dabei das entsprechende Gleichungssystem für $\mathbf{x}^{(i+1)}$ gelöst werden. Man hört auf, wenn die Werte $\mathbf{x}^{(i+1)}$ und $\mathbf{x}^{(i)}$ bis auf die gewünschte Genauigkeit ε übereinstimmen. (Das heißt bei Vektoren, dass alle Komponenten bis auf ε übereinstimmen.)

Aus der Numerischen Mathematik ist bekannt, dass dieses Verfahren konvergiert, und zwar umso schneller, je näher B an A liegt. Das ist sicher der Fall, wenn wir B folgendermaßen wählen:

$$B \stackrel{\text{def}}{=} \tilde{L} \cdot \tilde{U} \approx A$$

Wenn wir die obige Gleichung nach $\mathbf{x}^{(i+1)}$ auflösen und dieses B einsetzen, ergibt sich

$$\begin{aligned}
\mathbf{x}^{(i+1)} &= B^{-1}(b - (A - B)\mathbf{x}^{(i)}) \\
&= \mathbf{x}^{(i)} + B^{-1}(b - A\mathbf{x}^{(i)}) \\
&= \mathbf{x}^{(i)} + \tilde{U}^{-1}\tilde{L}^{-1}(b - A\mathbf{x}^{(i)}) \\
&= \mathbf{x}^{(i)} + \mathbf{r}^{(i)}
\end{aligned}$$

Dabei ergibt sich $\mathbf{r}^{(i)}$ als Lösung der Dreiecksgleichungen

$$\tilde{L}\mathbf{y} = (b - A\mathbf{x}^{(i)}) \qquad \text{und} \qquad \tilde{U}\mathbf{r}^{(i)} = \mathbf{y}$$

Mit dieser Nachiteration wird i. Allg. schon nach ein bis zwei Schritten das Ergebnis auf Maschinengenauigkeit korrekt sein.

Übung 9.7. Man programmiere das Verfahren der Nachiteration.

9.2.5 Testen mit Probe

Bei der Gauß-Elimination bietet sich natürlich das Testen mittels Probe an. Man multipliziert die Matrix `A` mit dem gefundenen Lösungsvektor `x` und prüft, ob dabei `b` entsteht (bis auf Rundung). Das lässt sich problemlos in die Klasse mit einbauen.

```
public class GaussElimination {
    ⋮
  boolean check ( double[][] A, double[] x, double[] b ) {
    ...
  }//check
```

Am Ende der Methode `solve` kann man dann die entsprechende Assertion einfügen:

```
public double[] solve ( double[] b ) {
  ...
  assert check(this.A, x, b);
  return x;
}//solve
```

9.3 Wurzelberechnung und Nullstellen von Funktionen

In dem Standardobjekt `Math` der Sprache JAVA ist unter anderem die Methode `sqrt` zur Wurzelberechnung vordefiniert. Wir wollen uns jetzt ansehen, wie man solche Verfahren bei Bedarf (man hat nicht immer eine Sprache wie JAVA zur Verfügung) selbst programmieren kann. Außerdem werden wir dabei auch sehen, wie man kubische und andere Wurzeln berechnen kann, also $\sqrt[n]{x}$.

Üblicherweise nimmt man ein Verfahren, das auf Newton zurückgeht und das sehr schnell konvergiert. Dieses Verfahren liefert eine generelle Möglichkeit, die *Nullstelle einer Funktion* zu berechnen. Also müssen wir unsere Aufgabe zuerst in ein solches Nullstellenproblem umwandeln. Das geht ganz einfach mit elementarer Schulmathematik. Und weil `Math.sqrt` praktisch in allen Sprachen vordefiniert existiert, illustrieren wir das Problem anhand der *kubischen Wurzel* (die es allerdings im neuen JAVA 5 in der Klasse `Math` auch schon gibt – vgl. Tabelle 4.1 auf Seite 69.)

$$x = \sqrt[3]{a}$$
$$x^3 = a$$
$$x^3 - a = 0$$

Um unsere gesuchte Quadratwurzel zu finden, müssen wir also eine ***Nullstelle*** der folgenden Funktion berechnen:

$$f(x) \stackrel{\text{def}}{=} x^3 - a$$

Damit haben wir das spezielle Problem der Wurzelberechnung auf das allgemeinere Problem der Nullstellenbestimmung zurückgeführt.

Aufgabe: *Nullstellenbestimmung*
Gegeben: Eine relle Funktion $f : \mathbb{R} \to \mathbb{R}$.
Gesucht: Ein Wert $\bar{x}$, für den f Null ist, also $f(\bar{x}) = 0$.
Voraussetzung: Die Funktion f muss differenzierbar sein.

Die Lösungsidee für diese Art von Problemen geht auf Newton zurück: Abbildung 9.4 illustriert, dass für differenzierbare Funktionen die Gleichung

$$(*) \qquad x' = x - \frac{f(x)}{f'(x)}$$

einen Punkt x' liefert, der näher am Nullpunkt liegt als x. Daraus erhält man

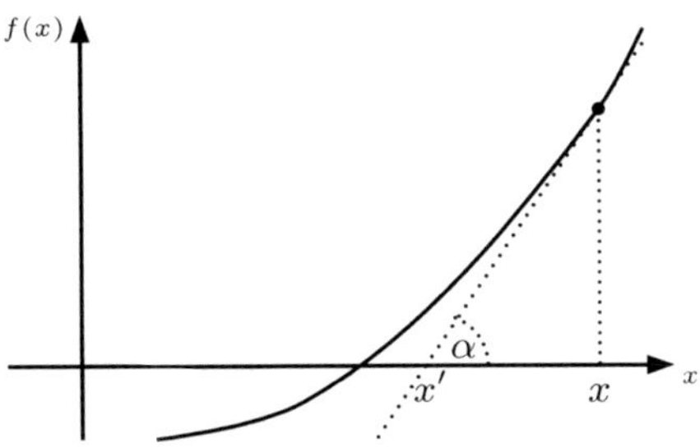

$$f'(x) = \tan\alpha = \frac{f(x)}{x-x'}$$

$$f'(x) \cdot (x - x') = f(x)$$

$$(x - x') = \frac{f(x)}{f'(x)}$$

$$x' = x - \frac{f(x)}{f'(x)}$$

Abb. 9.4. Illustration des Newton-Verfahrens

die wesentliche Idee für das Lösungsverfahren.

Anmerkung: Das Verfahren ist bei kleinen Werten von $f'(x) \approx 0$ nicht besonders gut und für $f'(x) = 0$ sogar undefiniert. Dann muss man zu anderen Verfahren greifen, z. B. das Sekantenverfahren oder das Bisektionsverfahren (für Details s. [33]).

Methode: *Approximation*

Viele Aufgaben – nicht nur in der Numerik – lassen sich durch eine *schrittweise Approximation* lösen: Ausgehend von einer groben Näherung an die Lösung werden nacheinander immer bessere Approximationen bestimmt, bis die Lösung erreicht oder wenigstens hinreichend gut angenähert ist.

Der zentrale Aspekt bei dieser Methode ist die Frage, was jeweils der *Schritt* von einer Näherungslösung zur nächstbesseren ist. In unserem Beispiel lässt sich – ausgehend von einem geeigneten Startwert x_0 – mithilfe der Gleichung $(*)$ eine Folge von Werten

$$x_0,\ x_1,\ x_2,\ x_3,\ x_4,\ \ldots$$

berechnen, die zur gewünschten Nullstelle konvergieren. (Die genaueren Details – Rundungsfehleranalyse, Konvergenzgrad etc. – überlassen wir den Kollegen aus der Mathematik.)

Bezogen auf unsere spezielle Anwendung der Wurzelberechnung heißt das, dass wir zunächst die Ableitung der Funktion $f(x) \stackrel{\text{def}}{=} x^3 - a$ brauchen, also $f'(x) = 3x^2$. Damit ergibt sich als Schritt $x_i \mapsto x_{i+1}$ für die Berechnung der Folge:

$$x_{i+1} = x_i - \frac{x_i^3 - a}{3x_i^2} = x_i - \frac{1}{3}(x_i - \frac{a}{x_i^2}) \stackrel{\text{def}}{=} h(x_i)$$

Aus diesen Überlegungen erhalten wir unmittelbar das Programm 9.5, in dem wir – wie üblich – die eigentlich interessierende Methode `cubicRoot` in eine Klasse einpacken. Das gibt uns auch die Chance, eine Reihe von Hilfsmethoden

Programm 9.5 Die Berechnung der kubischen Wurzel

```
public class CubicRoot {
   public double cubicRoot (double a) {
      double xOld = a;                          // Vorbereitung
      double xNew = startWert(a);
      while ( notClose(xNew, xOld) ) {
         xOld = xNew;                           // aktuellen Wert merken
         xNew = step(xOld,a);                   // Newton-Formel für x_i ↦ x_{i+1}
      }
      return xNew;
   }//cubicRoot
   private double startWert (double a) {
     int n = Math.getExponent(a) / 3;
     return Math.pow(10,n);                     // Startwert (s. Text)
   } // startwert
   private double step (double x, double a) {
      return x - (x - a/(x*x)) / 3;             // Newton-Formel
   }// step
   private boolean notClose (double x, double y) {
      return Math.abs(x - y) > 1E-10;           // nahe genug?
   }// close
} // end of class CubicRoot
```

zu verwenden, die mittels `private` vor dem Zugriff von außen geschützt sind. Durch diese Hilfsmethoden wird die Beschreibung und damit die Lesbarkeit des Programms wesentlich übersichtlicher und ggf. änderungsfreundlicher.

Für die Berechnung des *Startwerts* gilt: Je näher der Startwert am späteren Resultat liegt, umso schneller konvergiert der Algorithmus. Idealerweise können wir den Startwert folgendermaßen bestimmen: Wenn $a = 0.\ll mantisse\gg \cdot 10^{exp}$ gilt, dann liefert die Setzung $x_0 = 1 \cdot 10^{exp/3}$ einen guten Startwert. Leider gibt es aber in den gängigen Programmiersprachen keine einfache Methode, auf den Exponenten einer Gleitpunktzahl zuzugreifen. Und auch in JAVA wurde dieser Mangel erst in der Version JAVA 6 behoben. Seither gibt es in der Klasse `Math` die Methode `getExponent`.

Rundungsfehler.

Bei numerischen Algorithmen gibt es immer ein ganz großes Problem: Es betrifft ein grundsätzliches *Defizit der Gleitpunktzahlen*: Die Mathematik arbeitet mit reellen Zahlen, Computer besitzen nur grobe Approximationen in Form von Gleitpunktzahlen. Deshalb ist man immer mit dem Phänomen der *Rundungsfehler* konfrontiert.

Das hat insbesondere zur Folge, dass ein *Gleichheitstest* der Art `(x==y)` für Gleitpunktzahlen *a priori sinnlos* ist! Aus diesem Grund müssen wir Funktionen wie `close` oder `notClose` benutzen, in denen geprüft wird, ob die Differenz kleiner als eine kleine Schranke ε ist. Auf wie viele Stellen Genauigkeit dieses ε festgesetzt wird, hängt von der Applikation ab.

Man sollte auf jeden Fall eine solche Funktion im Programm verwenden und nicht einen Test wie `(...<1E-10)` selbst z. B. in die `while`-Bedingung schreiben. Denn die Verwendung der Funktion `close` erhöht die Modularisierung, die Lesbarkeit und vor allem die Korrektheit: In den meisten Fällen hat man nämlich in einem Programm mehrere derartige Tests. Und dann garantiert die Benutzung einer Funktion wie `close`, dass an allen Stellen mit der gleichen Genauigkeit gearbeitet wird.

Testen mit Probe.

Zum Testen verwendet man eine Selektion von positiven und negativen Zahlen, die Null, sehr große und sehr kleine Zahlen. Das Einbauen einer Probe ist hier sehr einfach: Man braucht ja nur für das das Ergebnis $r = \mathit{cubicRoot}(a)$ den Vergleich $a \approx r^3$ als Assertion einzubauen.

Übung 9.8. Man schreibe Methoden zur Berechnung der vierten, fünften ... Wurzel.

Übung 9.9. Man teste die Methode, indem man ein komplettes Programm schreibt, in dem Testwerte `a` *eingelesen werden und für das Ergebnis* `z=cubicRoot(a)` *die „Probe" gemacht wird, d. h.,* z^3 *mit* `a` *verglichen wird.*

Übung 9.10. Man verwende verschiedene Ausdrücke, um den Startwert zu wählen. Wie wirken sie sich auf die Konvergenzgeschwindigkeit aus?

9.4 Differenzieren

Wir betrachten das Problem, die ***Ableitung*** $f'(x) = \frac{df(x)}{dx}$ einer Funktion f an der Stelle $\bar{x}$ zu bestimmen, also den Wert $f'(\bar{x})$. Oft kann man diese Aufgabe analytisch lösen, also durch Ableitung der entsprechenden Formel für f'. Aber in vielen Fällen ist das nicht möglich, z. B. dann, wenn die Funktion

f nicht direkt gegeben ist, sondern aus einer Reihe von Messwerten durch sog. Interpolation (s. Abschnitt 9.6) abgeleitet wird. Dann müssen wir den konkreten Wert $f'(\bar{x})$ numerisch bestimmen.

Aufgabe: *Numerisches Differenzieren*

Gegeben: Eine Funktion f und ein Wert $\bar{x}$.
Gesucht: Der Wert $f'(\bar{x})$ der Ableitung von f an der Stelle $\bar{x}$.
Voraussetzung: Die Funktion f muss an der Stelle $\bar{x}$ differenzierbar sein.

Bevor wir mit der Programmierung einer Lösung beginnen, brauchen wir die minimalen mathematischen Voraussetzungen. Eine *Näherung* an den Wert $f'(\bar{x})$ liefert der *zentrale* ***Differenzenquotient***, das heißt

$$f'(\bar{x}) \approx \frac{f(\bar{x}+h) - f(\bar{x}-h)}{2h}$$

sofern der Wert h klein genug ist.[2] Das wird durch folgende Skizze illustriert:

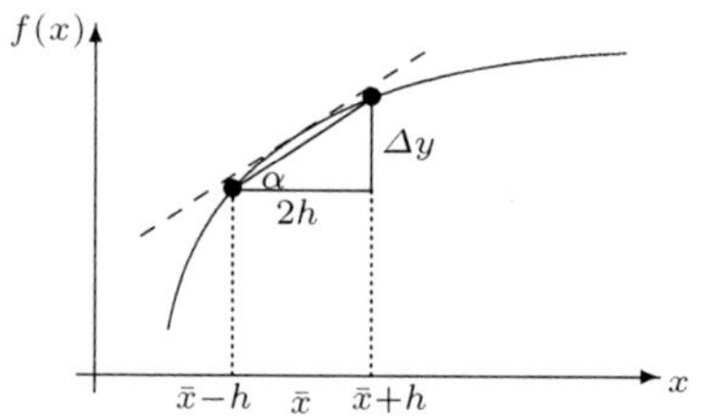

$$\Delta y = f(\bar{x}+h) - f(\bar{x}-h)$$

$$f'(\bar{x}) \approx tan\ \alpha = \frac{\Delta y}{2h}$$

Das Problem ist nur, das richtige h zu finden. Das lösen wir ganz einfach durch einen schrittweisen Approximationsprozess.

Methode: *Approximation*

Das Grundprinzip der Approximation wurde schon in Abschnitt 9.3 eingeführt. In unserem Beispiel betrachten wir die Folge der Werte

$$h,\ \frac{h}{2},\ \frac{h}{4},\ \frac{h}{8},\ \frac{h}{16},\ \ldots$$

und hören auf, wenn die zugehörigen Differenzenquotienten sich nicht mehr wesentlich ändern.

Damit ist die Lösungsidee skizziert, und wir könnten eigentlich mit dem Programmieren beginnen.

Aber da gibt es ein Problem.

Wenn wir für eine gegebene Funktion f den Wert $f'(x)$ der Ableitung an der Stelle x berechnen wollen, dann müssten wir die Methode `diff(f,x)` aufrufen.

---

[2] Man könnte auch den vorwärtsgenommenen Differenzenquotienten $\frac{f(\bar{x}+h)-f(\bar{x})}{h}$ nehmen. Aber das würde nur auf ein Verfahren der Ordnung $O(h)$ führen. Der zentrale Differenzenquotient liefert ein Verfahren der Ordnung $O(h^2)$, das wesentlich schneller konvergiert [29].

Aber JAVA *erlaubt keine Funktionen (Methoden) als Argumente von Funktionen!* Wir werden dieses Problem in voller Allgemeinheit erst in Kapitel 13 behandeln können. Im Augenblick begnügen wir uns mit einem Notbehelf – der allerdings bereits die endgültige Lösung in Kapitel 13 vorbereitet.

JAVA erlaubt auf Parameterposition nur Werte und Objekte. Also müssen wir unsere Funktion in ein geeignetes Objekt einpacken. Nehmen wir an, wir wollen die Ableitung für die Funktion $f(x) = \frac{1}{x+1} \cdot e^{2x^2}$ berechnen. Dann definieren wir folgende Klasse

```
class Fun {
  double apply ( double x ) { return Math.exp(2*x*x) / (x+1); }
}//end of class Fun
```

Dann definieren wir die gewünschte Funktion f als ein Objekt dieser Klasse:

```
Fun f = new Fun();
```

Jetzt können wir aufrufen: `diff(f,x)`. Allerdings müssen wir an allen Stellen, an denen in der Mathematik $f(\dots)$ geschrieben wird, stattdessen `f.apply(...)` schreiben. Aber mit dieser kleinen Merkwürdigkeit können wir leben.

Damit haben wir die Voraussetzung geschaffen, um das Programm 9.6 für numerisches Differenzieren zu schreiben.

Programm 9.6 Numerisches Differenzieren

```
public class Differenzieren {
  public double diff ( Fun f, double x ) {        // Differenzial f'(x)
    double h = 0.01;                              // Startwert
    double d = diffquot(f,x,h);                   // Startwert
    double dOld;                                  // Hilfsvariable
    do {                                          // mindestens einmal
      dOld = d;
      h = h / 2;                                  // kleinere Schrittweite
      d = diffquot(f,x,h);                        // neuer Differenzenquotient
    } while ( notClose(d, dOld) );                // Approx. gut genug?
    return d;
  }//diff
  private double diffquot ( Fun f, double x, double h ) { // Diff.quotient
    return ( f.apply(x+h) - f.apply(x-h) ) / (2*h);
  }//diffquot
  private boolean notClose ( double x, double y ) {
    return Math.abs(x-y) > 1E-10;                 // gewünschte Genauigkeit
  }
}// end of class Differenzieren
```

Evaluation:

Aufwand: Die Zahl der Schleifendurchläufe hängt von der Konvergenzgeschwindigkeit ab. Derartige Analysen sind Gegenstand der Numerischen Mathematik und gehen damit über den Rahmen dieses Buches hinaus.

Standardtests: Unterschiedliche Arten von Funktionen f, insbesondere konstante Funktionen; Verhalten an extrem „steilen" Stellen (z. B. Tangens, Kotangens).

Übung 9.11. Betrachten Sie das obige Beispiel zur Berechnung der Ableitung einer Funktion:

- *Modifizieren Sie das Beispiel so, dass die Folge der Schrittweiten* $h, \frac{h}{3}, \frac{h}{9}, \frac{h}{27}, \ldots$ *ist.*
- *Modifizieren Sie das Beispiel so, dass der einseitige Differenzenquotient* $\frac{f(x+h)-f(x)}{h}$ *genommen wird.*

Testen Sie, inwieweit sich diese Änderungen auf die Konvergenzgeschwindigkeit auswirken.

9.5 Integrieren

Das Gegenstück zum Differenzieren ist das ***Integrieren***. Die Lösung des Integrationsproblems

$$\int_a^b f(x)dx$$

verlangt noch etwas mathematische Vorarbeit. Dabei können wir uns die Grundidee mit ein bisschen Schulmathematik schnell klarmachen. Die Überlegungen, unter welchen Umständen diese Lösung funktioniert und warum, müssen wir allerdings wieder einmal den Mathematikern – genauer: den Numerikern – überlassen. Zur Illustration betrachten wir Abb. 9.5.

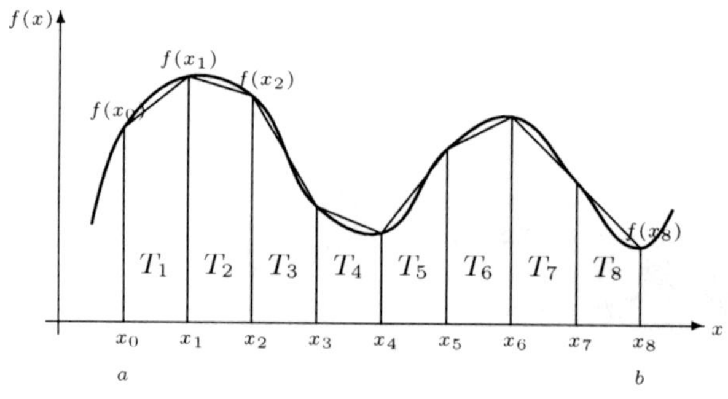

Abb. 9.5. Approximation eines Integrals durch Trapezsummen

Idee 1: Wir teilen das Intervall $[a, b]$ in n Teilintervalle ein, berechnen die jeweiligen Trapezflächen $T_1, \ldots, T_n$ und summieren sie auf. Seien also $h = \frac{b-a}{n}$ und $y_i = f(x_i) = f(a + i \cdot h)$. Dann gilt:

$$\begin{aligned}
\int_a^b f(x)dx &\approx \sum_{i=1}^{n} T_i \\
&= \sum_{i=1}^{n} \tfrac{y_{i-1}+y_i}{2} \cdot h \\
&= h \cdot (\tfrac{y_0}{2} + y_1 + y_2 + \cdots + y_{n-1} + \tfrac{y_n}{2}) \\
&= h \cdot \tfrac{f(a)+f(b)}{2} + h \cdot \sum_{i=1}^{n-1} f(a + i \cdot h) \\
&\stackrel{def}{=} TSum_f(a, b)(n)
\end{aligned}$$

Die Trapezsumme $TSum_f(a, b)(n)$ liefert offensichtlich eine Approximation an den gesuchten Wert des Integrals. Die Güte dieser Approximation wird durch die Anzahl n (und damit die Breite h) der Intervalle bestimmt – in Abhängigkeit von der jeweiligen Funktion f.

Damit haben wir ein *Dilemma*: Ein zu grobes h wird i. Allg. zu schlechten Approximationen führen. Andererseits bedeutet ein zu feines h sehr viel Rechenaufwand (und birgt außerdem noch die Gefahr von akkumulierten Rundungsfehlern). Und das Ganze wird noch dadurch verschlimmert, dass die Wahl des „richtigen" h von den Eigenschaften der jeweiligen Funktion f abhängt. Also müssen wir uns noch ein bisschen mehr überlegen.

Idee 2: Wir beginnen mit einem groben h und verfeinern die Intervalle schrittweise immer weiter, bis die jeweiligen Approximationswerte genau genug sind. Das heißt, wir betrachten z. B. die Folge

$$h, \ \frac{h}{2}, \ \frac{h}{4}, \ \frac{h}{8}, \ \frac{h}{16}, \ \cdots$$

und die zugehörigen Approximationen

$$TSum_f(a, b)(1), \ TSum_f(a, b)(2), \ TSum_f(a, b)(4), \ \cdots$$

Das Programm dafür wäre sehr schnell zu schreiben – es ist eine weitere Anwendung des Konvergenzprinzips, das wir schon früher bei der Nullstellenbestimmung und der Differenziation angewandt haben. Aber diese naive Programmierung würde sehr viele Doppelberechnungen bewirken. Um das erkennen zu können, müssen wir uns noch etwas weiter in die Mathematik vertiefen.

Idee 3: Wir wollen bereits berechnete Teilergebnisse über Iterationen hinweg „retten". Man betrachte zwei aufeinander folgende Verfeinerungsschritte (wobei wir mit der Notation $y_{i+\frac{1}{2}}$ andeuten, dass der entsprechende Wert $f(x_i + \frac{h}{2})$ ist): Bei n Intervallen haben wir den Wert

$$TSum_f(a, b)(n) = h \cdot (\tfrac{y_0}{2} + y_1 + y_2 + \cdots + y_{n-1} + \tfrac{y_n}{2})$$

Bei $2n$ Intervallen ergibt sich

$$
\begin{aligned}
&TSum_f(a,b)(2\cdot n)\\
&= \tfrac{h}{2}\cdot(\tfrac{y_0}{2} + y_{0+\frac{1}{2}} + y_1 + y_{1+\frac{1}{2}} + y_2 + \cdots + y_{n-1} + y_{(n-1)+\frac{1}{2}} + \tfrac{y_n}{2})\\
&= \tfrac{h}{2}\cdot(\tfrac{y_0}{2} + y_1 + \cdots + y_{n-1} + \tfrac{y_n}{2}) + \tfrac{h}{2}\cdot(y_{0+\frac{1}{2}} + \cdots + y_{(n-1)+\frac{1}{2}})\\
&= \tfrac{1}{2}\cdot TSum_f(a,b)(n) + \tfrac{h}{2}\cdot(y_{0+\frac{1}{2}} + y_{1+\frac{1}{2}} + \cdots + y_{(n-1)+\frac{1}{2}})\\
&= \tfrac{1}{2}\cdot TSum_f(a,b)(n) + \tfrac{h}{2}\cdot\sum_{j=0}^{n-1} f(a+\tfrac{h}{2}+j\cdot h)
\end{aligned}
$$

Diese Version nützt die zuvor berechneten Teilergebnisse jeweils maximal aus und reduziert den Rechenaufwand damit beträchtlich. Deshalb wollen wir diese Version jetzt in ein Programm umsetzen (s. Programm 9.7). In diesem

Programm 9.7 Berechnung des Integrals $\int_a^b f(x)dx$

```
public class Integrieren {
  public double integral ( Fun f, double a, double b ) {
    int n = 1;
    double h = b - a;
    double s = h * ( f.apply(a) + f.apply(b) ) / 2;
    double sOld;
    do {
      sOld = s;
      s = (s + h * sum (n, f, a+(h/2), h)) /2;
      n = 2 * n;
      h = h / 2;
    } while ( notClose(s, sOld ) );//do
    return s;
  }// integral
  private double sum (int n, Fun f, double initial, double h) {
    double r = 0;
    for (int j = 0; j < n; j++) {
      r = r + f.apply(initial + j*h);
    }//for
    return r;
  }//sum
  private boolean notClose ( double x, double y ) {
    return Math.abs(x-y) > 1E-10;                  // gewünschte Genauigkeit
  }//notClose
}// end of class Integrieren
```

Programm berechnen wir folgende Folge von Werten:

$$S_0,\ S_1,\ S_2,\ S_3,\ S_4,\ S_5,\ \ldots$$

wobei jeweils $S_i = TSum_f(a,b)(2^i)$ gilt. Damit folgt insbesondere der Zusammenhang

$$h_{i+1} = \frac{h_i}{2}$$
$$S_{i+1} = \frac{1}{2} \cdot \left(S_i + h_i \cdot \sum_{j=0}^{n_i-1} f(a + \frac{h_i}{2} + j \cdot h_i)\right)$$
$$n_{i+1} = 2 \cdot n_i$$

mit den Startwerten

$$h_0 = b - a$$
$$S_0 = TSum_f(a,b)(1) = h_0 \cdot \frac{f(a)+f(b)}{2}$$
$$n_0 = 1;$$

Auch hier haben wir wieder eine Variante unseres Konvergenzschemas, jetzt allerdings mit zwei statt nur einem Parameter. Dieses Schema lässt sich auch wieder ganz einfach in das Programm 9.7 umsetzen. Bezüglich der Funktion f müssen wir – wie schon bei der Differenziation – wieder die Einbettung in eine Klasse `Fun` vornehmen. Man beachte, dass die Setzungen `n = 2*n` und `h = h/2` erst *nach* der Neuberechnung von `s` erfolgen dürfen, weil bei dieser noch die alten Werte von `n` und `h` benötigt werden.

Hinweis: Man sollte – anders als wir es im obigen Programm gemacht haben – eine gewisse Minimalzahl von Schritten vorsehen, bevor man einen Abbruch zulässt. Denn in pathologischen Fällen kann es ein „Pseudoende" geben. Solche kritischen Situationen können z. B. bei periodischen Funktionen wie Sinus oder Kosinus auftreten, wo die ersten Intervallteilungen auf lauter identische Werte stoßen können.

9.6 Polynom-Interpolation

Naturwissenschaftler und Ingenieure sind häufig mit einem unangenehmen Problem konfrontiert: Man weiß qualitativ, dass zwischen gewissen Größen eine funktionale Abhängigkeit f besteht, aber man kennt diese Abhängigkeit nicht quantitativ, das heißt, man hat keine geschlossene Formel für die Funktion f. Alles, was man hat, sind ein paar Stichproben, also Messwerte $(x_0, y_0), \ldots (x_n, y_n)$. Trotzdem muss man den Funktionswert $\bar{y} = f(\bar{x})$ an einer gegebenen Stelle $\bar{x}$ ermitteln – d. h. möglichst gut abschätzen. Und diese Stelle $\bar{x}$ ist i. Allg. nicht unter den Stichproben enthalten.

Diese Aufgabe der sog. ***Interpolation*** ist in Abbildung 9.6 veranschaulicht: Die Messwerte $(x_0, y_0), \ldots, (x_n, y_n)$ werden als Stützstellen bezeichnet. Was wir brauchen, ist ein „dazu passender" Wert $\bar{y}$ an einer Stelle $\bar{x}$, die selbst kein Messpunkt ist. Um das „passend" festzulegen, gehen wir davon aus, dass der funktionale Zusammenhang „gutartig" ist, d. h., durch eine möglichst „glatte" Funktionskurve adäquat wiedergegeben wird. Und für diese unbekannte Funktion f wollen wir dann den Wert $f(\bar{x})$ berechnen.

Da wir die Funktion f selbst nicht kennen, ersetzen wir sie durch eine andere Funktion p, die wir tatsächlich konstruieren können. Unter der Hypothese, dass f hinreichend „glatt" ist, können wir p so gestalten, dass es sehr nahe an f liegt. Und dann berechnen wir $\bar{y} = p(\bar{x}) \approx f(\bar{x})$.

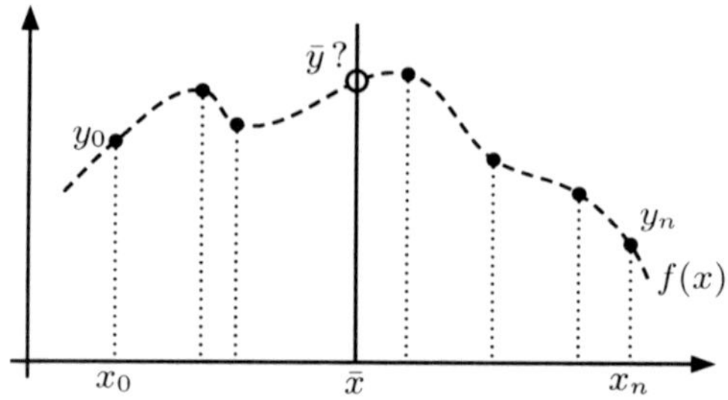

Abb. 9.6. Das Interpolationsproblem

Häufig nimmt man als Näherung p an die gesuchte Funktion f ein geeignetes Polynom. Zur Erinnerung: Ein ***Polynom*** vom Grad n ist ein Ausdruck der Form

$$p(x) = a_n \cdot x^n + \ldots + a_2 \cdot x^2 + a_1 \cdot x + a_0 \tag{9.1}$$

mit gewissen Koeffizienten a_i. Das für unsere Zwecke grundlegende Theorem besagt dabei, dass ein Polynom n-ten Grades durch $(n+1)$ Stützstellen eindeutig bestimmt ist. Bleibt also „nur" das Problem, das Polynom p zu berechnen. In anderen Worten: Wir müssen die Koeffizienten a_i bestimmen.

Aufgabe: *Numerische Interpolation*

Gegeben: Eine Liste von Stützstellen $(x_i, y_i), i = 0, \ldots, n$, dargestellt durch einen Array *points*; außerdem ein Wert $\bar{x}$.

Gesucht: Ein Polynom p n-ten Grades, das die Stützstellen *interpoliert*, d. h. $p(x_i) = y_i$ für $i = 0, \ldots, n$.

Voraussetzung: Einige numerische Forderungen bzgl. der „Gutartigkeit" der Daten (worauf wir hier nicht näher eingehen können).

Die Lösungsidee.

In den computerlosen Jahrhunderten war es zum Glück viel wichtiger als heute, dass Berechnungen so ökonomisch wie möglich erfolgen konnten. Das hat brilliante Mathematiker wie Newton beflügelt, sich clevere Rechenverfahren auszudenken. Für das Problem der Interpolation hat er einen Lösungsweg gefunden, der unter dem Namen *dividierte Differenzen* in die Literatur eingegangen ist.

Wir verwenden folgende Notation: $p_j^i(x)$ ist dasjenige Polynom vom Grad $j - i$, das die Stützstellen $i, \ldots, j$ erfasst, also $p_j^i(x_i) = y_i, \ldots, p_j^i(x_j) = y_j$. In dieser Notation ist unser gesuchtes Polynom also $p(x) = p_n^0(x)$.

Wie so oft hilft ein rekursiver Ansatz, d. h. die Zurückführung des gegebenen Problems auf ein kleineres Problem. Wir stellen unser gesuchtes Polynom $p_n^0(x)$ als Summe zweier Polynome dar:

$$p_n^0(x) = p_{n-1}^0(x) + q_n(x), \quad q_n \text{ geeignetes Polynom vom Grad } n \tag{9.2}$$

Das ist in Abbildung 9.7 illustriert, wobei wir als Beispieldaten die Stützpunkte $(0,1),(1,5),(3,1)$ und $(4,2)$ benützen. Weil $q_n(x) = p_n^0(x) - p_{n-1}^0(x)$ und

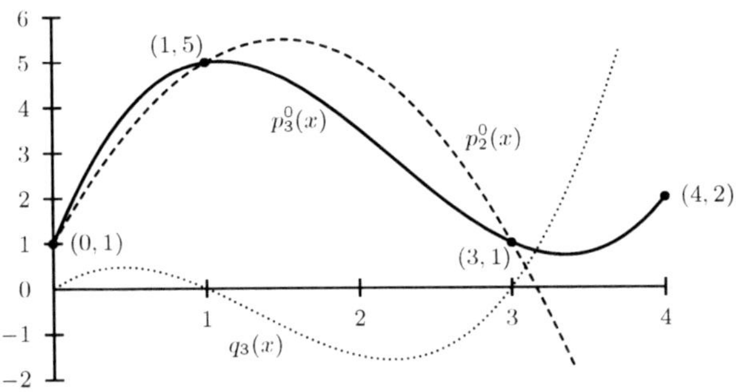

Abb. 9.7. Beziehung der Polynome p_3^0, p_2^0 und q_3

$p_n^0(x_i) = y_i = p_{n-1}^0(x_i)$ für $i = 0, \ldots, n-1$, sind $x_0, \ldots, x_{n-1}$ Nullstellen von $q_n(x)$. Damit kann $q_n(x)$ in folgender Form dargestellt werden:

$$q_n(x) = a_n'(x - x_0)(x - x_1) \cdots (x - x_{n-1}) \tag{9.3}$$

mit einem unbekannten Koeffizienten a_n'. Diese Rechnung kann rekursiv auf p_{n-1}^0 und alle weiteren Polynome fortgesetzt werden, sodass sich letztlich ergibt:

$$\begin{aligned}
p_0^0(x) &= a_0' \\
p_1^0(x) &= a_1'(x - x_0) + p_0^0(x) \\
p_2^0(x) &= a_2'(x - x_0)(x - x_1) + p_1^0(x) \\
&\vdots \\
p_n^0(x) &= a_n'(x - x_0) \cdots (x - x_{n-1}) + p_{n-1}^0(x)
\end{aligned} \tag{9.4}$$

Das liefert folgende Gleichung für das Polynom $p(x) = p_n^0(x)$:

$$\begin{aligned}
p(x) = \; & a_n'(x - x_0)(x - x_1) \cdots (x - x_{n-1}) + \\
& \ldots + \\
& a_2'(x - x_0)(x - x_1) + \\
& a_1'(x - x_0) + \\
& a_0'
\end{aligned} \tag{9.5}$$

Die Strategie von Newton.

Bleibt das Problem, die Koeffizienten a_i' auszurechnen. Das könnte man im Prinzip mit den Gleichungen (9.4) tun. Denn wegen $p_0^0(x_0) = y_0$ gilt $a_0' = y_0$. Entsprechend folgt aus $p_1^0(x_1) = y_1$ sofort $a_1' = \frac{y_1 - y_0}{x_1 - x_0}$. Und so weiter. Aber das ist eine rechenintensive und umständliche Strategie. Die Idee von Newton organisiert diese Berechnung wesentlich geschickter und schneller.

Wir verallgemeinern die Rekursionsbeziehung (9.2) von p_n^0 auf p_j^i. Das ergibt ganz analog die Gleichung

$$p_j^i(x) = p_{j-1}^i(x) + a_{i,j}(x - x_i) \cdots (x - x_{j-1}), \tag{9.6}$$

mit einem unbekannten Koeffizienten $a_{i,j}$. Offensichtlich gilt $a_{0,j} = a'_j$, sodass wir unsere gesuchten Koeffizienten erhalten.

Durch Induktion[3] kann man zeigen, dass folgende Rekurrenzbeziehung für diese $a_{i,j}$ besteht:

$$\begin{aligned} a_{i,i} &= y_i \\ a_{i,j} &= \frac{a_{i+1,j} - a_{i,j-1}}{x_j - x_i} \end{aligned} \tag{9.7}$$

Die Koeffizienten $a_{i,j}$ werden traditionell in der Form $f[x_i, \ldots, x_j]$ geschrieben und als Newtonsche *dividierte Differenzen* bezeichnet. Die Rekurrenzbeziehungen (9.7) führen zu den Abhängigkeiten, die in Abbildung 9.8 gezeigt sind. Man erkennt, dass die Koeffizienten $a_{i,j}$ als Elemente einer oberen Dreiecksmatrix gespeichert werden können. Die Diagonalelemente sind die Werte y_i und die erste Zeile enthält die gesuchten Koeffizienten des Polynoms (9.5).

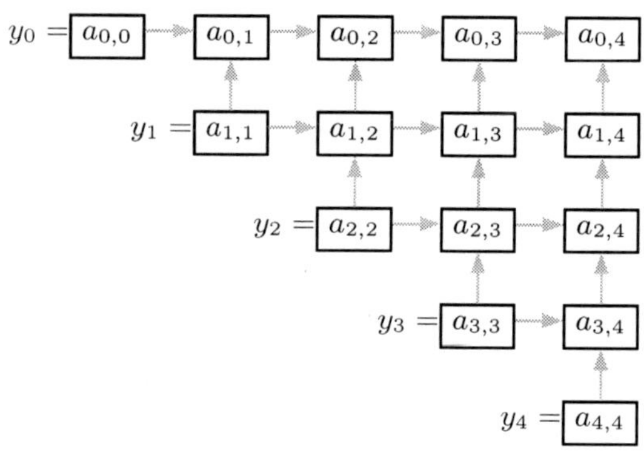

Abb. 9.8. Berechnungsschema der dividierten Differenzen

Das Programm.

Das Programm 9.8 ist eine nahezu triviale Umsetzung der Strategie aus Abbildung 9.8 mit den Gleichungen (9.7). Das Design folgt wieder den Grundprinzipien der objektorientierten Programmierung, indem zu jeder Menge von Stützstellen ein Objekt erzeugt wird. Der Konstruktor berechnet sofort die entsprechenden Koeffizienten der Koeffizientenmatrix `a`. Für die Berechnung dieser Matrix gibt es aufgrund der Abhängigkeiten aus Abbildung 9.8 drei Möglichkeiten:

[3] Wir rechnen den Beweis hier nicht explizit vor, sondern verweisen auf die Literatur, z. B. [66]

Programm 9.8 Interpolation mit dividierten Differenzen von Newton

```
public class Interpolation {
  private double[] x;                          // Stützstellen (x-Komponente)
  private double[][] a;                        // Matrix der dividierten Differenzen
  private int n;                               // Grad des Polynoms
  public Interpolation ( Point[] points ) {
    n = points.length - 1;                     // Grad des Polynoms
    x = new double[n+1];                       // Stützstellen generieren
    a = new double[n+1][n+1];                  // (leere) Matrix generieren
    for (int i = 0; i <= n; i++) {
      x[i] = points[i].x;                      // Stützstellen (x-Komponenten)
      a[i][i] = points[i].y;                   // Diagonale = Stützpunkte
    }// for i
    newton();                                  // Matrix a berechnen
  }//Konstruktor

  private void newton() {                      // siehe Abbildung 9.8
    for (int j = 1; j <= n; j++) {             // Spalten links → rechts
      for (int i = j-1; i >= 0; i--) {         // Zeilen unten → oben
        a[i][j] = (a[i+1][j] - a[i][j-1]) / (x[j] - x[i]); // siehe (9.7)
      }//for i
    }//for j
  }//newton

  public double apply ( double x ) {           // Auswertung; siehe (9.5)
    double sum = a[0][0];                      // sum = a'_0
    double factor = 1;                         // neutral initialisiert
    for (int j = 1; j <= n; j++) {
      factor = factor * (x - this.x[j-1]);     // (x - x_0)···(x - x_{j-1})
      sum = sum + a[0][j]*factor;              // s + a'_j(x - x_0)···(x - x_{j-1})
    }//for j
    return sum;
  }//apply
}//end of class Interpolation
```

- Man kann Diagonale für Diagonale berechnen.
- Man kann zeilenweise von unten nach oben und innerhalb jeder Zeile von links nach rechts arbeiten.
- Man kann spaltenweise von links nach rechts und innerhalb jeder Spalte von unten nach oben arbeiten.

Wir wählen unter diesen – ansonsten gleichwertigen – Varianten die letzte, weil sie besser zur späteren Extrapolation passt.

Die Auswertung der Gleichung 9.5 in der Methode `apply` erfolgt meistens nach dem sog. Horner-Schema, weil man damit ein paar Additionen sparen kann. Ebenfalls orientiert an der späteren Extrapolation wählen wir hier eine leicht andere Form, bei der in einer Variablen `factor` jeweils das Teilprodukt $(x - x_0) \cdots (x - x_i)$ mitgerechnet wird.

Diese Klasse wird üblicherweise so verwendet, dass man zu jeder Menge *points* von Stützstellen ein entsprechendes Objekt kreiert.

```
Interpolation p = new Interpolation(points);
double yq1 = p.apply(xq1);
...
double yqn = p.apply(xqn);
```

Das heißt, nachdem das interpolierende Polynom – genauer: die Koeffizienten $a_{0,i}$ – berechnet sind, kann man beliebig viele interpolierte Punkte ausrechnen.

Vorsicht! Die Werte $\bar{x}$, an denen man interpoliert, müssen *innerhalb* der Stützstellen $x_0, \ldots, x_n$ liegen. An den Rändern und vor allem außerhalb beginnt das Polynom i. Allg. stark zu oszillieren, sodass erratische Werte entstehen. (In Abbildung 9.7 deutet sich das beim Polynom $p_2^0(x)$ schon an: Rechts von seiner letzten Stützstelle $(3, 1)$ stürzt die Kurve steil ab.)

9.6.1 Für Geizhälse: Speicherplatz sparen

Im Programm 9.8 haben wir eine Matrix `a` benutzt. In Büchern zur numerischen Mathematik findet man die Programme aber i. Allg. in einer Form, die mit einem eindimensionalen Array auskommt. Denn die Abhängigkeiten der Matrixfelder sind so, dass man immer alle tatsächlich noch benötigten Werte in einem Array halten kann.

Betrachten wir nochmals Abbildung 9.8. An Stelle der Matrix a können wir mit einem Array a arbeiten, in dem wir zuerst die Diagonalelemente speichern. Dann beginnen wir von unten her die Elemente zu überschreiben. Zuerst wird $a_{4,4}$ durch $a_{3,4}$ ersetzt. Dann $a_{3,3}$ durch $a_{2,3}$ und anschließend $a_{3,4}$ durch $a_{2,4}$. Und so weiter. Am Ende enthält der Array die erste Zeile der Matrix, also die gesuchten Koeffizienten.

An Stelle der zweidimensionalen Matrix mit n^2 Elementen braucht man jetzt also nur noch einen Array mit n Elementen. Dafür wird die Programmierung wesentlich fehleranfälliger. Und der Spareffekt sind nur ein paar Dutzend, allenfalls ein paar Hundert Speicherzellen – heute ein vernachlässigbarer Umfang.

Prinzip der Programmierung

Wenn man Platz sparen will, indem man z. B. eine (konzeptuelle) Matrix auf eine Spalte bzw. Zeile reduziert, dann muss man durch genaue Analysen sicherstellen, dass man keine Werte überschreibt, die später noch gebraucht werden.

Übung 9.12. Man programmiere die Variante, die anstelle der zweidimensionalen Matrix nur einen eindimensionalen Array braucht.

9.6.2 Extrapolation

Grundsätzlich gilt zwar, dass Interpolation *nicht* funktioniert, wenn man die Technik für einen Wert $\bar{x}$ anwendet, der *außerhalb* der Stützpunkte $x_0, \ldots x_n$ liegt, weil das Polynom dort sofort zu oszillieren beginnt. Für den speziellen Fall von schnell konvergierenden Nullfolgen wie $x_0 = h$, $x_1 = \frac{h}{2}$, $x_2 = \frac{h}{4}$, ... kann man das Verfahren aber benutzen, um den Wert an der Stelle $x = 0$ zu „extrapolieren“. Damit ist die Interpolationstechnik zur Beschleunigung unserer Integrations- und Differenziationsprogramme einsetzbar.

Das nebenstehende Bild illustriert die Idee, wobei die Kurve sich von rechts nach links entwickelt. Offensichtlich gibt es an der Stelle 0 einen Grenzwert, aber man braucht i. Allg. sehr viele Schritte, bis die Approximation gut genug ist. Dazu kommt noch, dass oft viel Rechenaufwand nötig ist, um die jeweiligen Werte an den Stellen $\frac{h}{2^i}$ zu bestimmen.

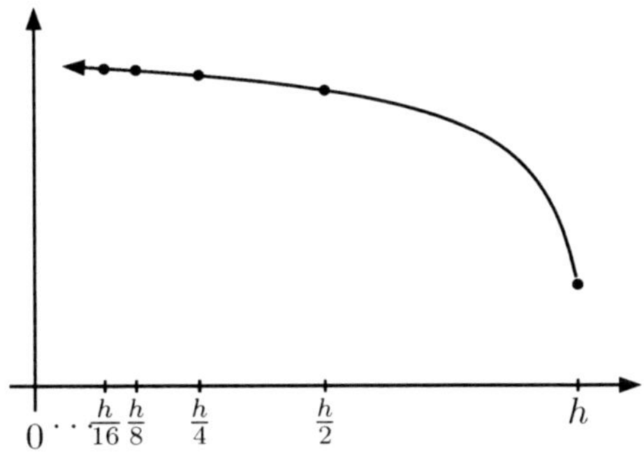

Deshalb benutzt man einen Trick, um das Verfahren zu *beschleunigen*: Wenn man sich die ersten Punkte der Kurve ansieht, kann man vorhersagen, wo die nächsten liegen werden, ohne dass man die Werte tatsächlich ausrechnet. Das heißt, aus der Gesetzmäßigkeit der ersten paar Punkte *extrapoliert* man die Lage des Punktes an der Stelle 0.

Es gibt aber ein Problem: Wir wissen nicht, wie viele Schritte wir brauchen, bis die Approximation gut genug ist. Das heißt, die Anzahl der benötigten Stützstellen ist nicht a priori bekannt, weil man – je nach Schnelligkeit der Konvergenz – immer wieder neue $\frac{h}{2^i}$ hinzunehmen muss. Das ist programmiertechnisch unangenehm, weil man nicht a priori festlegen kann, wie groß die Matrix der dividierten Differenzen sein muss. Die Lösung ist aber einfach: Wir fangen mit einer erfahrungsgemäß hinreichend großen Matrix an. Wenn sie nicht ausreicht, kreieren wir eine größere, in die wir die kleine mittels `arraycopy` übertragen. Für die Initialgröße kann man ruhig die „Ingenieurabschätzung“ verwenden: Den vermuteten Bedarf schätzen und dann vorsichtshalber mit 3 multiplizieren. Denn man bedenke: Wir reden hier von Arraygrößen in der Ordnung 100–200 Elemente, Computerspeicher wird aber in Megabyte gemessen!

Programm 9.9 modifiziert das Programm 9.8, sodass es zur Extrapolation geeignet ist. Bei der Erzeugung des Objekts wird nur der erste Stützpunkt angegeben. Weitere Stützpunkte werden sukzessive durch die Methode `next` hinzugefügt, die auch gleich den aktuellen Wert der Approximation zurückliefert.

Programm 9.9 Extrapolation mit dividierten Differenzen von Newton

```
public class Extrapolation {
  private double[] x;                    // Stützstellen (x-Komponente)
  private double[] a;                    // Spaltenvektor
  private double sum = 0;                // Partialsumme
  private double factor = 1;             // Faktor (0 − x_0)···(0 − x_{j−1})
  private int j = 0;                     // aktuelle Spalte
  private final int N = 10;              // Initialgröße und Inkrement
  public Extrapolation ( double x, double y ) {
    this.x = new double[N];              // (leerer) Array
    this.x[0] = x;                       // erste Stützstelle (x-Komponente)
    this.a = new double[N];              // (leere) Spalte
    this.a[0] = y;                       // erster Stützpunkt (y-Komponente)
    sum = y;                             // sum = a'_0
  }//Konstruktor
  public double next ( double x, double y ) {    // nächste Stützstelle
    j = j+1;                             // aktuelle Spalte
    if (j >= a.length) { adjust(); }     // ggf. Arrays vergrößern
    this.x[j] = x;                       // nächste Stützstelle
    factor = factor*(-this.x[j-1]);      // factor · (0 − x_{j−1})
    a[j] = y;                            // neue Stützstelle
    newton();                            // neue Spalte berechnen
    sum = sum + a[0]*factor;             //  s + a'_j(x − x_0)···(x − x_{j−1})
    return sum;                          // neue Approximation
  }//next
  private void newton() {                // siehe Abbildung 9.8
   for (int i = j-1; i >= 0; i--) {      // Spalte unten → oben
    a[i] = (a[i+1] - a[i]) / (x[j] - x[i]); // siehe Gleichung (9.7)
   }//for i
  }//newton
  private void adjust () {               // Arrays anpassen
   «Arrays x und a vergrößern»
  }//adjust
}//end of Extrapolation
```

Die Variable `factor` für die Partialprodukte $(x - x_0) \cdots (x - x_{j-1})$ wird jetzt zum Objektattribut, weil sie in mehreren Methoden gebraucht wird. Da wir nur Extrapolation für Nullfolgen betrachten, wird aus $(x - x_0) \cdots (x - x_i)$ jetzt nur noch $(-x_0) \cdots (-x_i)$.

Zu Illustrationszwecken nehmen wir noch eine weitere Änderung vor: An Stelle der Matrix `a` verwenden wir jetzt nur einen Array für die letzte Spalte. Beachte, dass in der Methode `newton` der Wert `a[i+1]` schon der neue Wert der Spalte j ist, während der Wert `a[i]` noch zur alten Spalte $j - 1$ gehört.

Die Methode `adjust` lassen wir hier weg; sie vergrößert die beiden Arrays wie in Abschnitt 5.5 auf Seite 93 schon vorgeführt.

Anwendung der Extrapolation.

Wie wird die so programmierte Extrapolation in Algorithmen wie Differenzieren, Integrieren etc. eingebaut? Betrachten wir das Differenzieren in Programm 9.6 in Abschnitt 9.4. Zur Erinnerung: Der wesentliche Kern des Programms ist eine Schleife, in der jeweils die neue Approximation `d` berechnet wird. Diese neue Approximation wird jetzt dem Extrapolierer übergeben, der daraus eine weiter verbesserte Schätzung macht. Die entsprechenden Änderungen sind im folgenden Programm grau unterlegt.

```
public double diff ( Fun f, double x ) {// Differenzial f'(x)
   double h = 0.01;                     // Startwert
   double d = diffquot(f, x,h);         // Startwert
   double dNew = d;                     // Hilfsvariable
   double dOld;                         // Hilfsvariable
   Extrapolation extrapol = new Extrapolation(h,d);
   do {                                 // mindestens einmal
      dOld = dNew;
      h = h / 2;                        // kleinere Schrittweite
      d = diffquot(f,x,h);              // neuer Differenzenquotient
      dNew = extrapol.next(h,d);        // nächste Extrapolation
   } while ( notClose(dNew, dOld) );    // Approx. gut genug?
   return d;
}//diff
```

Die Methode zum Differenzieren bleibt also nahezu unverändert – was ein wichtiges Kennzeichen guten Software-Engineerings ist. Wir generieren nur ein Objekt, das die Extrapolation ermöglicht. Dieses Objekt wird mit der ersten Stützstelle (h, d) initialisiert. In jedem Schleifendurchlauf wird der nächste Differenzenquotient d bestimmt, der aber nicht direkt verwendet wird, sondern nur die neue Stützstelle (h, d) liefert. Mittels Extrapolation wird daraus dann die verbesserte Approximation *dNew* bestimmt.

Als zweites Beispiel betrachten wir die Anwendung auf die Integration. Der Kern des Programms 9.7 aus Abschnitt 9.5 ist wieder eine Schleife, in der nacheinander immer genauere Trapezsummen berechnet werden. In diese Schleife fügen wir jetzt wieder die Extrapolation ein.

```
public double integral ( Fun f, double a, double b ) {
  int n = 1;
  double h = b - a;                                    // erstes Intervall
  double s = h * ( f.apply(a) + f.apply(b) ) / 2; // erstes Trapez
  double sNew = s;                                     // Hilfsvariable
  double sOld;                                         // Hilfsvariable
  Extrapolation extrapol = new Extrapolation(h,s);
  do {
    sOld = sNew;
    s = (s + h * sum (n, f, a+(h/2), h)) /2; // neue Trapezsumme
    sNew = extrapol.next(h,s);                         // nächste Extrapolation
    n = 2 * n;
    h = h / 2;
  } while ( notClose(sNew, sOld ) );//do
  return s;
}// integral
```

Weitere Applikationen der Extrapolation werden wir in den nächsten Abschnitten noch kennen lernen.

9.7 Spline-Interpolation

Wie schon erwähnt, hat die Newton-Interpolation den gravierenden Nachteil, dass sie an den Rändern u. U. stark zu oszillieren beginnt. Und dieses Verhalten wird paradoxerweise umso schlimmer, je mehr Stützstellen wir zur Verfügung haben. Denn mit einer steigenden Zahl von Stützstellen wächst auch der Grad des interpolierenden Polynoms – und Polynome vom Grad 20, 30 und mehr sind nur noch bedingt brauchbar.

Damit liegt die Idee nahe, den Grad der Polynome möglichst klein zu halten. Aber das klappt höchstens dann, wenn ein solches Polynom nur für ein kleines Stück der Funktion $f(x)$ verantwortlich ist. Die Situation ist in Abbildung 9.9 skizziert. Dabei greifen wir nochmals die Beispielkurve aus Abbildung 9.6 auf. Aber jetzt wird die (unbekannte) Originalfunktion $f(x)$ nicht mehr durch ein einziges Polynom $p(x)$ über den gesamten Definitionsbereich approximiert, sondern stückweise durch eine Folge von n „kleinen" Polynomen $s_0(x), \ldots, s_{n-1}(x)$. Genauer: Jedes $s_i(x)$ ist ein Polynom dritten Grades auf dem Intervall $[x_i..x_{i+1}]$.

Die kleinsten Polynome, mit denen man hier sinnvollerweise arbeiten kann, haben den Grad 3, weil das ausreicht, um auch Wendepunkte zu erfassen. (Eine präzisere Motivation wird gleich noch gegeben werden.) Dabei spricht man dann von (kubischen) ***Spline-Funktionen***.[4]

[4] Der Name Spline kommt aus dem Englischen und bezieht sich auf die Technik, optimale Spanten für den Schiffbau herzustellen.

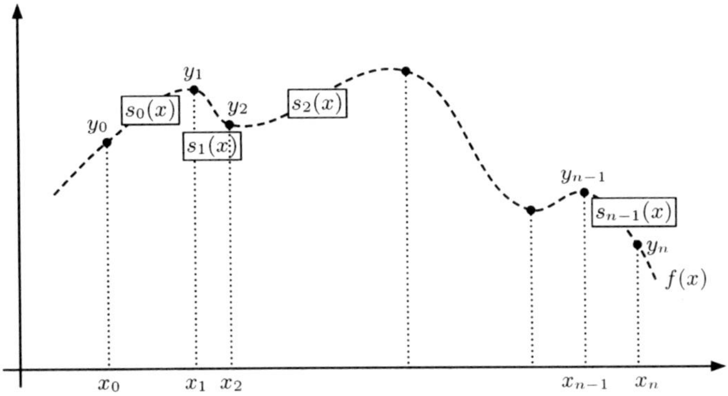

Abb. 9.9. Die Spline-Interpolation

Aufgabe: *Spline-Interpolation*

Gegeben: Eine Liste von $n+1$ Stützstellen $(x_i, y_i), i = 0, \ldots, n$, dargestellt durch einen Array *points*; außerdem ein Wert $\bar{x}$.

Gesucht: Eine Folge von Polynomen $s_0, \ldots, s_{n-1}$ dritten Grades, die die Stützstellen möglichst „glatt" *interpolieren*; der Begriff „glatt" wird durch die Gleichungen (9.9) präzisiert (s. unten).

Voraussetzung: Einige numerische Forderungen bzgl. der „Gutartigkeit" der Daten (worauf wir hier nicht näher eingehen können).

Die Lösungsidee.

Wir suchen n kubische Polynome $s_0(x), \ldots, s_{n-1}(x)$ der Art

$$s_i(x) = a_i + b_i \cdot (x - x_i) + c_i \cdot (x - x_i)^2 + d_i \cdot (x - x_i)^3 \tag{9.8}$$

Somit müssen wir insgesamt $4n$ unbekannte Koeffizienten (a_i, b_i, c_i, d_i) bestimmen. Und das wiederum bedeutet, dass wir $4n$ Gleichungen brauchen. Diese Gleichungen ergeben sich aus den folgenden Bedingungen, die wir an die $s_i(x)$ stellen: *Damit die Interpolation hinreichend „glatt" ist, müssen benachbarte Polynome an ihrem Berührungspunkt sowohl im Wert als auch in der ersten und zweiten Ableitung übereinstimmen.* Das ist in den Eigenschaften ①, ..., ⑥ von (9.9) festgelegt.

$$\begin{array}{llll} ① & s_i(x_i) = y_i & (i = 0, \ldots n-1) & \\ ② & s_i(x_{i+1}) = y_{i+1} & (i = 0, \ldots n-1) & \\ & s_i(x_{i+1}) = s_{i+1}(x_{i+1}) & (i = 0, \ldots, n-2) & [wg.\ ①, ②] \\ ③ & s_i'(x_{i+1}) = s_{i+1}'(x_{i+1}) & (i = 0, \ldots, n-2) & \\ ④ & s_i''(x_{i+1}) = s_{i+1}''(x_{i+1}) & (i = 0, \ldots, n-2) & \\ ⑤ & s_0''(x_0) = 0 & \text{(oder eine ähnliche Bedingung)} & \\ ⑥ & s_{n-1}''(x_n) = 0 & \text{(oder eine ähnliche Bedingung)} & \end{array} \tag{9.9}$$

Die dritte Gleichung haben wir nur zur Dokumentation hinzugefügt; sie ist eine unmittelbare Konsequenz aus ① und ② und trägt selbst keine neue Information bei.

Aus ① – ④ erhalten wir insgesamt $4n - 2$ Gleichungen. Da wir aber $4n$ unbekannte Koeffizienten bestimmen müssen, fehlen uns noch zwei Gleichungen. Die daraus resultierenden Freiheitsgrade lassen sich auf verschiedenste Weise fixieren; wir haben hier mit ⑤ und ⑥ die Variante der sog. *natürlichen Splines* gewählt, bei der die *zweite* Ableitung an den Rändern verschwindet. Man könnte aber stattdessen auch feste Werte für die *ersten* Ableitungen an den Rändern vorgeben, was bei periodischen Funktionen $f(x)$ oft günstiger ist. Und so weiter.

Weil die Eigenschaften ③ und ④ nur bis $i = n-2$ gelten, müssten wir in den folgenden Rechnungen unangenehme Fallunterscheidungen machen. Das lässt sich durch einen Trick vermeiden: Wir führen eine artifizielle Funktion $s_n(x)$ „jenseits des rechten Randes“ ein. Da wir diese Funktion in der Interpolation selbst nicht brauchen, können wir ihre Koeffizienten beliebig festsetzen. Wir wählen sie passend zu (9.9). (Es wird sich zeigen, dass damit a_n, b_n und c_n eindeutig festgelegt sind; d_n wird nirgends benutzt und kann daher offen bleiben.)

Zur besseren Lesbarkeit schreiben wir unser Gleichungssystem ab jetzt in Form von Vektoren und Matrizen. Damit haben die Funktion $s_i(x)$ aus (9.8) und ihre beiden Ableitungen folgende Darstellung:

Für $i = 0, \ldots, n$:

$$\begin{bmatrix} s_i(x) \\ s_i'(x) \\ s_i''(x) \end{bmatrix} = \begin{bmatrix} 1 & (x-x_i) & (x-x_i)^2 & (x-x_i)^3 \\ 0 & 1 & 2(x-x_i) & 3(x-x_i)^2 \\ 0 & 0 & 2 & 6(x-x_i) \end{bmatrix} \cdot \begin{bmatrix} a_i \\ b_i \\ c_i \\ d_i \end{bmatrix} \tag{9.10}$$

Die Auswertung von (9.10) am *linken* Rand x_i liefert wegen $(x_i - x_i) = 0$ folgende Gleichungen.

Für $i = 0, \ldots, n$:

$$\begin{bmatrix} s_i(x_i) \\ s_i'(x_i) \\ s_i''(x_i) \end{bmatrix} = \begin{bmatrix} 1 & 0 & 0 & 0 \\ 0 & 1 & 0 & 0 \\ 0 & 0 & 2 & 0 \end{bmatrix} \cdot \begin{bmatrix} a_i \\ b_i \\ c_i \\ d_i \end{bmatrix} = \begin{bmatrix} a_i \\ b_i \\ 2c_i \end{bmatrix} \overset{①}{=} \begin{bmatrix} y_i \\ b_i \\ 2c_i \end{bmatrix} \tag{9.11}$$

Wegen ④, ⑤ und ⑥ folgt daraus: $c_0 = 0, c_n = 0$.

Die Auswertung von (9.10) am *rechten* Rand x_{i+1} liefert wegen ① – ④ und unter Einbeziehung der Ergebnisse aus (9.11) folgende Gleichungen:

Für $i = 0, \ldots, n-1$ *und mit der Abkürzung* $h_i \overset{def}{=} (x_{i+1} - x_i)$:

$$\begin{bmatrix} s_i(x_{i+1}) \\ s_i'(x_{i+1}) \\ s_i''(x_{i+1}) \end{bmatrix} = \begin{bmatrix} 1 & h_i & h_i^2 & h_i^3 \\ 0 & 1 & 2h_i & 3h_i^2 \\ 0 & 0 & 2 & 6h_i \end{bmatrix} \cdot \begin{bmatrix} a_i \\ b_i \\ c_i \\ d_i \end{bmatrix} = \begin{bmatrix} y_{i+1} \\ b_{i+1} \\ 2c_{i+1} \end{bmatrix} \tag{9.12}$$

Im Prinzip haben wir jetzt ein Gleichungssystem mit einer $(4n \times 4n)$-Matrix, das wir mit Hilfe der Gauß-Elimination lösen könnten. Aber die sehr spezielle Gestalt der Matrix erlaubt uns wesentliche Vereinfachungen und damit eine deutliche Effizienzsteigerung des Programms. Deshalb rechnen wir mit (9.12) noch etwas weiter (wobei wir gleich $a_i = y_i$ einsetzen).

$$\begin{aligned}
&\textit{Für } i = 0, \ldots, n-1: \\
&\begin{bmatrix} 1 & h_i & h_i^2 & h_i^3 \\ 0 & 1 & 2h_i & 3h_i^2 \\ 0 & 0 & 2 & 6h_i \end{bmatrix} \cdot \begin{bmatrix} y_i \\ b_i \\ c_i \\ d_i \end{bmatrix} \\
&= \left(\begin{bmatrix} 1 & 0 & 0 & 0 \\ 0 & 1 & 0 & 0 \\ 0 & 0 & 2 & 0 \end{bmatrix} + \begin{bmatrix} 0 & h_i & h_i^2 & h_i^3 \\ 0 & 0 & 2h_i & 3h_i^2 \\ 0 & 0 & 0 & 6h_i \end{bmatrix} \right) \cdot \begin{bmatrix} y_i \\ b_i \\ c_i \\ d_i \end{bmatrix} \\
&= \begin{bmatrix} y_i \\ b_i \\ 2c_i \end{bmatrix} + \begin{bmatrix} 0 & h_i & h_i^2 & h_i^3 \\ 0 & 0 & 2h_i & 3h_i^2 \\ 0 & 0 & 0 & 6h_i \end{bmatrix} \cdot \begin{bmatrix} y_i \\ b_i \\ c_i \\ d_i \end{bmatrix} \\
&= \begin{bmatrix} y_i \\ b_i \\ 2c_i \end{bmatrix} + h_i \cdot \begin{bmatrix} 1 & h_i & h_i^2 \\ 0 & 2 & 3h_i \\ 0 & 0 & 6 \end{bmatrix} \cdot \begin{bmatrix} b_i \\ c_i \\ d_i \end{bmatrix}
\end{aligned} \tag{9.13}$$

Zusammen mit der Gleichung (9.12) liefert (9.13) das vereinfachte System

$$\begin{aligned}
&\textit{Für } i = 0, \ldots, n-1: \\
&\begin{bmatrix} 1 & h_i & h_i^2 \\ 0 & 2 & 3h_i \\ 0 & 0 & 6 \end{bmatrix} \cdot \begin{bmatrix} b_i \\ c_i \\ d_i \end{bmatrix} = \frac{1}{h_i} \cdot \begin{bmatrix} y_{i+1} - y_i \\ b_{i+1} - b_i \\ 2c_{i+1} - 2c_i \end{bmatrix}
\end{aligned} \tag{9.14}$$

Hier können wir zunächst die letzte Zeile durch 2 kürzen. Danach ziehen wir – wie schon in der Rechnung in (9.13) – die Diagonale heraus:

$$\begin{aligned}
&\textit{Für } i = 0, \ldots, n-1: \\
&\begin{bmatrix} b_i \\ 2c_i \\ 3d_i \end{bmatrix} + \begin{bmatrix} 0 & h_i & h_i^2 \\ 0 & 0 & 3h_i \\ 0 & 0 & 0 \end{bmatrix} \cdot \begin{bmatrix} b_i \\ c_i \\ d_i \end{bmatrix} = \frac{1}{h_i} \cdot \begin{bmatrix} y_{i+1} - y_i \\ b_{i+1} - b_i \\ c_{i+1} - c_i \end{bmatrix}
\end{aligned} \tag{9.15}$$

Weil die erste Spalte der Matrix 0 ist, vereinfacht sich das zu

$$\begin{aligned}
&\textit{Für } i = 0, \ldots, n-1: \\
&\begin{bmatrix} b_i \\ 2c_i \\ 3d_i \end{bmatrix} + \begin{bmatrix} h_i & h_i^2 \\ 0 & 3h_i \\ 0 & 0 \end{bmatrix} \cdot \begin{bmatrix} c_i \\ d_i \end{bmatrix} = \frac{1}{h_i} \cdot \begin{bmatrix} y_{i+1} - y_i \\ b_{i+1} - b_i \\ c_{i+1} - c_i \end{bmatrix}
\end{aligned} \tag{9.16}$$

Aus der letzten Zeile lässt sich sofort d_i ausrechnen. Und wenn man das einsetzt, erhält man aus der ersten Zeile sofort b_i.

$$\text{Für } i = 0, \ldots, n-1 :$$
$$\begin{bmatrix} b_i \\ d_i \end{bmatrix} = \begin{bmatrix} \frac{1}{h_i}(y_{i+1} - y_i) - \frac{h_i}{3}(c_{i+1} + 2c_i) \\ \frac{1}{3h_i}(c_{i+1} - c_i) \end{bmatrix} \tag{9.17}$$

Damit bleibt nur noch die Berechnung der c_i aus der zweiten Zeile. Dazu setzen wir die gerade berechneten Ausdrücke für b_i und d_i ein und ordnen alles so um, dass die c-Koeffizienten auf der linken Seite stehen. (Man beachte, dass hier die Indizes nur bis $n-2$ laufen.)

$$\begin{aligned} &\text{Für } i = 0, \ldots, n-2 : \\ &h_i c_i + 2(h_i + h_{i+1})c_{i+1} + h_{i+1}c_{i+2} \\ &\quad = \tfrac{3}{h_{i+1}}(y_{i+2} - y_{i+1}) - \tfrac{3}{h_i}(y_{i+1} - y_i) \end{aligned} \tag{9.18}$$

Zusammen mit den Bedingungen $c_0 = 0$ und $c_n = 0$ aus (9.11) haben wir somit $n+1$ Gleichungen für die $n+1$ Unbekannten $c_0, \ldots, c_n$.

$$\begin{bmatrix} 1 & 0 & & & \\ h_0 & 2(h_0 + h_1) & h_1 & & \\ & \ddots & \ddots & \ddots & \\ & & h_{n-2} & 2(h_{n-2} + h_{n-1}) & h_{n-1} \\ & & & 0 & 1 \end{bmatrix} \cdot \begin{bmatrix} c_0 \\ c_1 \\ \vdots \\ c_{n-1} \\ c_n \end{bmatrix}$$
$$= \begin{bmatrix} 0 \\ \frac{3}{h_2}(y_3 - y_2) - \frac{3}{h_1}(y_2 - y_1) \\ \vdots \\ \frac{3}{h_n}(y_{n+1} - y_n) - \frac{3}{h_{n-1}}(y_n - y_{n-1}) \\ 0 \end{bmatrix} \tag{9.19}$$

Dies ist ein Gleichungssystem für eine *Tridiagonalmatrix*, für das die Gauß-Elimination besonders einfach ist.

Das Programm.

Das Programm 9.10 ist eine nahezu triviale Umsetzung der Gleichungen (9.17) und (9.19). Das Design folgt wieder den Grundprinzipien der objektorientierten Programmierung, indem zu jeder Menge von Stützstellen ein Objekt erzeugt wird. Der Konstruktor berechnet sofort die Koeffizienten a_i, b_i, c_i und d_i der Spline-Polynome. Sie ergeben sich aus der Lösung des Tridiagonalsystems, das zur Gleichung (9.19) gehört. (Aus Platzgründen haben wir diese Methode in das Programm 9.11 ausgelagert.)

Die Applikation des Splinesystems auf ein gegebenes Argument `arg` wird wie üblich durch die Methode `apply` erledigt. Dabei muss zuerst das Intervall `[x_i..x_i+1)` bestimmt werden, in dem `arg` liegt. Dann wird das zugehörige Splinepolynom `s_i(arg)` ausgewertet. (Man beachte: Falls `arg` außerhalb des

Programm 9.10 Kubische Spline-Interpolation

```
public class SplineInterpolation {
  private double[] x;                        // Stützstellen (x-Komponente)
  private double[] y;                        // Stützstellen (y-Komponente)
  private double[] a;                        // Koeffizienten a_i
  private double[] b;                        // Koeffizienten b_i
  private double[] c;                        // Koeffizienten c_i
  private double[] d;                        // Koeffizienten d_i
  private int n;                             // Zahl der Spline-Polynome
  public SplineInterpolation ( Point[] knots ) {
   n = knots.length-1;                       // Zahl der Polynome
   this.x = new double[n+1];                 // Stützstellen (x-Koordinate)
   this.y = new double[n+1];                 // Stützstellen (y-Koordinate)
   this.a = new double[n+1];                 // Koeffizienten a[0..n]
   this.b = new double[n+1];                 // Koeffizienten b[0..n]
   this.c = new double[n+1];                 // Koeffizienten c[0..n]
   this.d = new double[n+1];                 // Koeffizienten d[0..n]
    for (int i = 0; i <= n; i++) {
      x[i] = knots[i].x;                     // Stützstellen (x-Komponenten)
      y[i] = knots[i].y;                     // Stützstellen (y-Komponenten)
    }// for i
    triDiag();                               // (siehe Programm 9.11)
  }//Konstruktor
  private void triDiag() {
    «siehe Programm 9.11»
  }//triDiag
  public double apply ( double arg ) {       // Auswertung
   // Index der passenden Splinefunktion s_i(x) finden
   int i = 0;
   for (i = 0; i < this.x.length-1; i++) {
     if (arg < this.x[i+1]) break;
   }//for
   // s_i(arg) auswerten (Hornerschema)
   double h = (arg - x[i]);
   return ((d[i]*h + c[i])*h + b[i])*h + a[i];
  }//apply
}//end of class Interpolation
```

gültigen Bereichs `[x0..xn]` liegt, wird die Berechnung mit `s0` bzw. `sn-1` durchgeführt – was zu erratischem Verhalten führen kann.)

Die Applikation der Spline-Interpolation sieht i. Allg. also folgendermaßen aus: Zu den gegebenen Stützstellen `Point[] knots` generieren wird ein zugehöriges Objekt, dessen `apply`-Methode wir dann auf beliebig viele Argumente anwenden können:

Programm 9.11 Kubische Spline-Interpolation (Fortsetzung)

```
...
private void triDiag () {
  // Hilfsarray h[0..n-1]
  double[] h = new double[n];                    // Hilfsarray für die h[i]
  for (int i = 0; i <= n-1; i++) {
    h[i] = this.x[i+1] - this.x[i];
  }// for i
  // Tridiagonal-System A · c = r vorbereiten
  // die drei Arrays der Matrix A:
  double[] u = new double[n];                    // obere Nebendiagonale
  double[] m = new double[n+1];                  // Diagonale
  double[] l = new double[n];                    // untere Nebendiagonale
  m[0] = 1; m[n] = 1;
  u[0] = 0; l[n-1] = 0;
  for (int i = 1; i <= n-1; i++) {
    u[i] = h[i];
    m[i] = 2*(h[i-1]+h[i]);
    l[i-1] = h[i-1];
  }//for
  // den Vektor r für die rechte Seite
  double[] r = new double [n+1];
  r[0] = 0;
  r[n] = 0;
  for (int i = 1; i<= n-1; i++) {
    r[i] = (3/h[i])*(this.y[i+1]-this.y[i])
           - (3/h[i-1])*(this.y[i]-this.y[i-1]);
  }//for
  // die LU-Zerlegung
  for (int i = 1; i<= n; i++) {
    l[i-1] = l[i-1] / d[i-1];
    m[i] = m[i] - l[i-1]*u[i-1];
  }//for
  // Lösung e[0..n] des Dreiecksystems Le = r
  e[0] = r[0];
  for (int i = 1; i <= n; i++) {
    e[i] = r[i] - l[i-1] * e[i-1];
  //for
}//triDiag
...
```

```
SplineInterpolation spline = new SplineInterpolation(knots);
double res_1 = spline.apply(arg_1);
...
double res_m = spline.apply(arg_m);
```

Damit bleibt als letzter Bestandteil des Programms die Lösung des Tridiagonalsystems von Gleichung (9.19) nachzutragen. Dazu könnten wir im Prinzip das Programm 9.2 aus Abschnitt 9.2 nehmen, aber die spezielle Tridiagonalform empfiehlt aus Effizienzgründen eine spezielle Implementierung. Diese ist in Programm 9.11 angegeben.

Wir führen einen Hilfsarray für die $h_i = (x_{i+1} - x_i)$ ein, sowie drei Arrays `m[0..n]`, `u[0..n-1]` und `l[0..n-1]` für die Diagonale und die obere und untere Nebendiagonale der Matrix. Die Werte sind dabei aus Gleichung (9.19) vorgegeben. Das Gleiche gilt für den Vektor r der rechten Seite des Gleichungssystems.

9.8 Interpolation für Grafik (Spline, B-Spline, Bezier)

Moderne Graphik-Systeme verwenden zum Zeichnen von Kurven oft *parametrische Splines* oder noch häufiger sog. *(parametrische) B-Splines.* Das sind spezielle Polynome, die eine Menge gegebener Stützstellen besonders „glatt" interpolieren. Wir beschränken uns im Folgenden auf das Grundproblem der normalen Spline-Interpolation, und zwar für den praktisch wichtigsten Fall der *kubischen Splines.* Wie üblich konzentrieren wir uns hier auf die Programmieraspekte; für die mathematischen Details verweisen wir auf Spezialliteratur der Numerik, z. B. [55, 29].

Abhängig von der Problemstellung verwendet man unterschiedliche Techniken:

- Wenn man Kurven wie im obigen Beispiel zeichnen möchte, bei denen die Kurve *durch* die gegebenen Punkte läuft, dann nimmt man *parametrische Splines.* Das liefert zwar eine exakte Interpolation, aber nicht immer besonders glatte Kurvenverläufe.
- Wenn man sehr glatte Kurven haben möchte, die nicht unbedingt durch die Punkte verlaufen müssen, dann kann man *Bezier-Kurven* nehmen. Diese können allerdings sehr weit von den Punkten entfernt sein.
- Wenn man glatte Kurven haben will, die aber nicht allzu weit von den Punkten entfernt liegen, dannnimmt man *parametrische B-Splines.*

Bei grafischen Zeichenprogrammen werden vor allem die parametrischen B-Splines eingesetzt, auf die wir uns im Folgenden besonders konzentrieren.

9.8.1 Parametrische Splines

Als erste und (nach unseren Vorarbeiten) einfachste Variante für Interpolationstechniken, die zum Zeichnen geeignet sind, betrachten wir kurz die parametrischen Splines.

Normale Splines haben wir weiter oben schon intensiv studiert. Die Grundform dieser Spline-Interpolation kann auch verwendet werden, um allgemeine zweidimensionale Kurven zu zeichnen, die durch eine gegebene Menge von Punkten laufen. Das Problem ist hier, dass man für solche beliebigen Kurven die einfache (x,y)-Funktionsdarstellung nicht mehr verwenden kann, weil bei dieser Darstellung ein x-Wert jeweils höchstens einen zugehörigen y-Wert haben darf. Dies gilt be allgemeinen zweidimensionalen Kurven nicht mehr.

Deshalb geht man zu ***parametrischen Splines*** über. Man konstruiert aus der Punktemenge (x_1, y_1), ..., (x_n, y_n) einen parametrischen Spline, indem man die Koordinaten als Funktionen einer Variablen t ansieht, also $x(t)$ und $y(t)$. Damit hat man die Stützstellen $x(t_1)$, ..., $x(t_n)$ und $y(t_1)$, ..., $y(t_n)$, für die man die Spline-Interpolation vornehmen kann. Für die Wahl geeigneter Werte t_i bieten sich an $t_0 = 0$ und $t_{i+1} = t_i + \delta_i$ mit $\delta_i =$ «Abstand von (x_i, y_i) zu (x_{i+1}, y_{i+1})».

Diese Skizze des Prinzips soll hier genügen; denn die techischen Detaisl sehen jetzt genauso aus wie bei den normalen Splines, die wir schon eingehend beschrieben haben.

9.8.2 Bezier-Splines

Für das Zeichnen, insbesondere für das interaktive Gestalten am Bildschirm, kommt es nicht darauf an, dass die Kurven genau durch die Stützstellen laufen. Man ist vielmehr an einem glatten und „eleganten" Kurvenverlauf interessiert. Deshalb dienen die Stützstellen nur noch als *Kontrollpunkte*, durch die sich der Kurvenverlauf regeln lässt.

Eine bekannte Realisierung dieser Idee liefern die sog. ***Bezier-Splines***. Abbildung 9.10 illustriert die Grundidee auf geometrische Weise. Wir be-

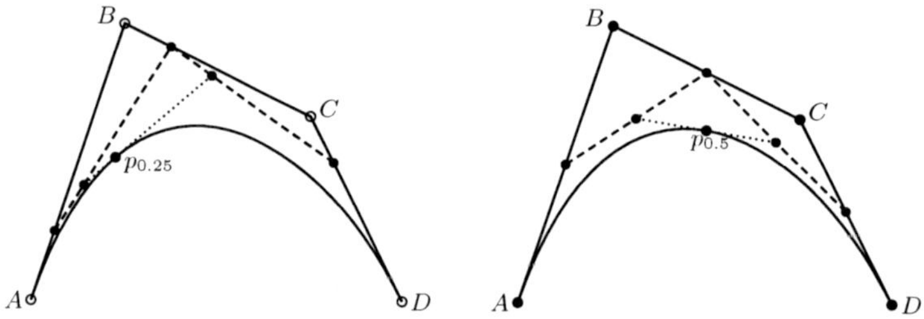

(a) $t = 0.25$ (b) $t = 0.5$

Abb. 9.10. Das Bezier-Prinzip

trachten hier *kubische* Bezier-Splines. Diese werden durch *vier* Kontrollpunkte A, B, C, D bestimmt. Wie man sieht, bilden A und B die Endpunkte der Kurve, während B und C nur den Verlauf der Kurve regeln.

Eine wichtige Eigenschaft von Bezier-Kurven ist, dass die Tangente an den Endpunkten gerade den Kontrolllinien AB bzw. CD entspricht.

Die Kurve selbst lässt sich geometrisch folgendermaßen definieren: Jeder einzelne Punkt auf der Bezier-Kurve wird durch einen Parameterwert $t \in [0..1]$

bestimmt. Im linken Bild (a) von Abbildung 9.10 ist dieser Wert $t = 0.25$. Dies ergibt den Punkt $p_{0.25}$ der Bezierkurve nach folgendem Verfahren:

- Zuerst bestimmt man auf jeder der Kontrolllinien AB, BC und CD den Punkt, der die Linie im Verhältnis $t : (1 - t)$ teilt, in unserem Beispiel also im Verhältnis $1 : 3$. Dadurch entstehen zwei neue Linien (im Bild gestrichelt dargestellt).
- Diese beiden neuen Linien teilt man wieder in diesem Verhältnis. Dadurch entsteht eine weitere Linie (im Bild gepunktet dargestellt)
- Diese letzte Linie teilt man wieder in dem angegebenen Verhältnis. Dies liefert den Punkt $p_{0.25}$ auf der Bezier-Kurve, der zu dem Wert $t = 0.25$ gehört.

Das rechte Bild (b) von Abbildung 9.10 zeigt den Punkt $p_{0.5}$, der zum Wert $t = 0.5$ gehört.

Diese geometrische Anschauung kann in ein numerisches Rechenverfahren umgesetzt werden, das auf sog. Bernstein-Polynomen basiert. (Für Details verweisen wir auf die Literatur.)[5]

9.8.3 B-Splines

In grafischen Anwendungen benutzt man gerne sog. ***B-Splines***, um zweidimensionale Kurven zu zeichnen. Dabei werden die Kurven – wie auch bei natürlichen Splines – stückweise aus Polynomen zusammengesetzt. Und man kann auch hier den Grad r der Teilpolynome frei wählen. Der Verlauf der B-Spline-Kurve wird durch sog. ***Kontrollpunkte*** $P_0, \ldots, P_n$ bestimmt (vgl. Abbildung 9.11).

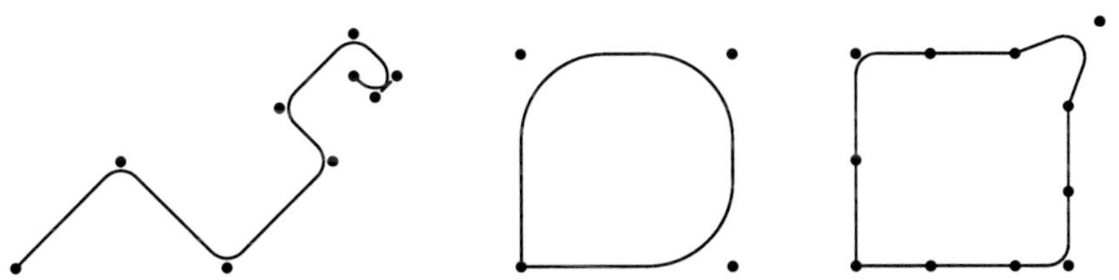

(a) (b) (c)

Abb. 9.11. Einfluss der Stützstellen auf den interpolierten Punkt

B-Splines haben folgende angenehme Eigenschaften (insbesondere im Vergleich zu den Bezier-Kurven):

- Die B-Spline-Kurve ist $r - 1$ Mal stetig differenzierbar (also „glatt“).

[5] Wer ein bisschen mit Google oder in Wikipedia sucht, der findet schnell Seiten mit illustrativen Animationen, z. B. (Juni 2007) auf der Seite `de.wikipedia.org/wiki/Bézierkurve`.

- Die Kurve ist invariant gegenüber affinen Transformationen der Stützstellen.
- Die B-Spline-Kurve bleibt innerhalb des Polygons der Kontrollpunkte.
- Die B-Spline-Kurve approximiert das Kontrollpunkt-Polygon besser als die Bezier-Kurve.
- Der Rechenaufwand ist niedriger als bei den Bezier-Kurven.
- Lokale Änderungen an einzelnen Kontrollpunkten wirken sich auch nur lokal auf den Kurvenverlauf aus.

Vor allem die letzte Eigenschaft macht die B-Splines zu einem sehr praktikablen Werkzeug in grafischen Anwendungen. Man beachte allerdings, ...

- ... dass B-Splines i. Allg. *nicht* mehr durch die Kontrollpunkte P_i verlaufen, sondern diese nur annähern!
- ... dass man erzwingen kann, dass die Kurve durch einen bestimmten Punkt verläuft, indem man den Punkt dreimal hintereinander in die Stützstellen aufnimmt (vgl. Abbildung 9.11 (b)).
- ... dass man eine Gerade erreichen kann, indem vier aufeinanderfolgende Punkte auf einer Linie liegen.

Weil die Kurve i. Allg. nicht mehr durch die Stützstellen läuft, können B-Splines *nicht* verwendet werden, um interpolierende Werte von Funktionen zu bestimmen.

Wir beschränken uns im Folgenden ausschließlich auf den Fall der *kubischen* B-Splines. (In der Literatur spricht man von B-Splines der Ordnung 4.)

Aufgabe: *B-Spline-Interpolation*

Gegeben: Eine Liste von Kontrollpunkten $P_0 = (x_0, y_0), \ldots, P_n = (x_n, y_n)$, dargestellt durch einen Array *points*.

Gesucht: Eine Kurve $Q(t) = (x(t), y(t))$, die die Kontrollpunkte $P_0, \ldots, P_n$ möglichst gut und glatt approximiert. Dabei soll $Q(t)$ stückweise aus kubischen Polynomen (Grad $r = 3$) zusammengesetzt sein.

Voraussetzung: Einige numerische Forderungen bzgl. der „Gutartigkeit“ der Daten (worauf wir hier nicht näher eingehen können).

Die Lösungsidee.

Die Grundidee des Verfahrens besteht darin, dass zur Berechnung eines interpolierten Punktes $Q(t)$ die einzelnene Kontrollpunkte mit unterschiedlichen *Gewichten* beitragen, und zwar umso schwächer, je weiter sie von dem Punkt entfernt sind.[6] Dies wird durch *Gewichtsfunktionen* `gi(t)` erreicht (engl.: *blending functions*). Damit ergibt sich für einen interpolierten Punkt $Q(t)$ folgende generelle Form:

[6] Man kann sich das gut über die Metapher vorstellen, dass der Punkt $Q(t)$ über die Zeit t hinweg seine Bahn zieht und dabei von den Kontrollpunkten P_i in variierender Stärke angezogen wird.

$$Q(t) = g_0(t) \cdot P_0 + g_1(t) \cdot P_1 + \ldots g_n(t) \cdot P_n \tag{9.20}$$

Der Kern des Verfahrens besteht somit offensichtlich in der Bestimmung geeigneter Gewichtsfunktionen $g_i(t)$. Dazu gibt es in der Literatur eine ganze Reihe von Varianten, z. B. „uniforme", „offene" oder „rationale" B-Splines. Außerdem kann man den Grad r der Polynome frei wählen, die man als $g_i(t)$ verwendet. Im Folgenden beschränken wir uns auf eine dieser Varianten, die besonders häufig benutzt wird.

Die Stützstellen. Wir führen einen Hilfsvektor $[t_0, t_1, \ldots, t_m]$ von Stützstellen ein (engl.: *knot vector*) mit $t_i \leq t_{i+1}$ und

$$m = n + r + 1 \qquad \text{(also } m = n + 4 \text{ bei kubischen Splines)}$$

Im weiteren Verlauf arbeiten wir mit der speziellen Variante, bei der die Stützstellen die folgende Form haben:

$$\begin{array}{cccccccccccccc} [& 0 & 0 & 0 & 0 & 1 & 2 & 3 & \ldots & (n-4) & (n-3) & (n-2) & (n-2) & (n-2) & (n-2) &] \\ & t_0 & t_1 & t_2 & t_3 & t_4 & t_5 & t_6 & \ldots & t_{n-1} & t_n & t_{n+1} & t_{n+2} & t_{n+3} & t_{n+4} & \end{array}$$

Die Gleichheit der ersten bzw. letzten $r + 1$ Stützstellen führt dazu, dass die Kurve $Q(t)$ im ersten Kontrollpunkt P_0 anfängt und im letzten Kontrollpunkt P_n endet. (Ansonsten würden Anfang und Ende „irgendwo im Raum" liegen.) Würde man die Äquidistanz der anderen Punkte aufgeben, also z. B. den Wert 2 durch 2.85 ersetzen, dann würde die Kurve $Q(t)$ sich stärker an den entsprechenden Kontrollpunkt anschmiegen. (Das ist aber in der Praxis nicht sinnvoll.)

Die Gewichtsfunktionen $\mathtt{g_i(t)}$ lassen sich nach der Rekurrenzbeziehung 9.21 berechnen, die ganz ähnlich aufgebaut ist, wie die dividierten Differenzen der Newton-Interpolation:

$$\begin{aligned} g_i^0(t) &= \begin{cases} 1 & \text{falls } t \in [t_i \ldots t_{i+1}]; \\ 0 & \text{sonst.} \end{cases} \\ g_i^{(k)}(t) &= \tfrac{t-t_i}{t_{i+k}-t_i} \cdot g_i^{(k-1)}(t) + \tfrac{t_{i+k+1}-t}{t_{i+k+1}-t_{i+1}} \cdot g_{i+1}^{(k-1)}(t) \end{aligned} \tag{9.21}$$

Wenn t im Intervall $[t_i \ldots t_{i+1}]$ liegt, dann ist das Basisgewicht $g_i^{(0)}(t) = 1$, ansonsten ist es 0; damit wird letztlich erreicht, dass die Stützstelle P_i zur Berechnung von $P(t)$ beiträgt.

Man beachte, dass in der Rekurrenz (9.21) Brüche der Form $\frac{0}{0}$ vorkommen können. Diese werden durch 0 ersetzt.

In der Berechnung von $Q(t)$ mittels (9.20) müssen wir die Gewichtsfunktionen als $g_i(t) := g_i^{(r)}(t)$ setzen, in unserem Beispiel der kubischen B-Splines also $g_i(t) := g_i^{(3)}(t)$ Dies führt auf ein Berechnungsschema, das in Abbildung 9.12 skizziert ist.

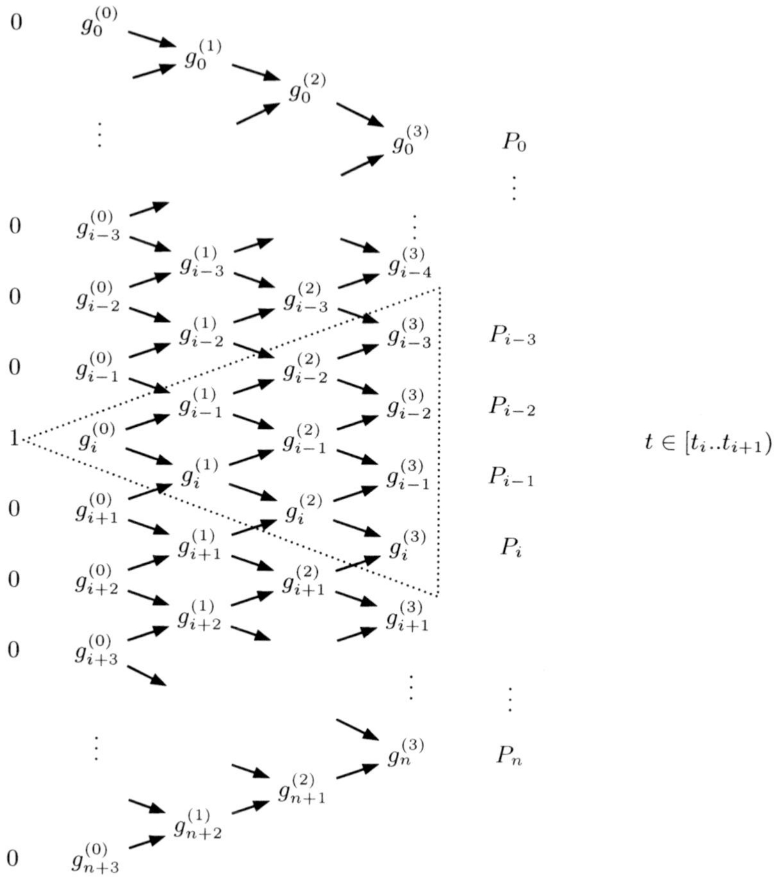

Abb. 9.12. Illustration der Rekurrenzbeziehung

Wie man sieht, sind für $t \in [t_i \ldots t_{i+1}]$ aufgrund der Rekurrenzbeziehung (9.21) meistens nur die Werte innerhalb des gepunkteten Dreiecks von 0 verschieden. Deshalb brauchen auch nur diese Werte berechnet zu werden. Eine Ausnahme ergibt sich, wenn Stützstellen mehrfach auftreten (bei uns also am Anfang und am Ende); dann sind mehrere der $g_i^{(0)} = 1$.

Da es uns hier um die prinzipiellen Konzepte geht, verzichten wir darauf, das Programm zu „mystifizieren", indem wir das letzte Quäntchen an Optimierung hineinzwingen.[7] Dies gilt umso mehr, als die Größenordnung n (also die Zahl der Kontrollpunkte) selten mehr als 20 – 30 sein wird. Und bei der heutigen Maschinengeschwindigkeit macht es keinen so großen Unterschied, ob man zehn Werte berechnet oder hundert.

[7] In Grafikbibliotheken,die auf unterster Ebene das Zeichnen mit Hilfe von B-Splines realisieren, sieht das anders aus: Dort muss man agressiv optimieren.

Das Programm.

Um für einen gegebenen Wert t den zugehörigen Punkt $Q(t)$ zu bestimmen, berechnen wir zunächst die Gewichte $g_i^{(k)}(t)$. Diese repräsentieren wir wie üblich in einer $(n+4) \times 4$-Matrix (für den kubischen Fall $r = 3$).

Programm 9.12 Die Berechnung der B-Splines

```
public class BSpline {
  private int n;                              // (n+1) Kontrollpunkte
  private Point[] points;                     // Kontrollpunkte P[0..n]
  private int m;                              // m = n+4 Stützstellen
  private double[] t;                         // Stützstellen (knot vector) t[0..m]
  private double[][] g;                       // Matrix der Gewichte g[0..n+3][0..3]
  public BSpline ( Point[] points ) {         // Die Kontrollpunkte P[0..n]
    this.n = points.length - 1;
    this.points = points;
    this.m = n + 4;
    this.t = new double[m+1];                 // t[0..m]
    for (int i = 0; i <= 3; i++) {            // t[0] = t[1] = t[2] = t[3] = 0
      this.t[i] = 0;
    }//for i
    for (int i = 4; i <= m-4; i++) {          // t[4]=1, t[5]=2, ..., t[n]=n-3
      this.t[i] = i-3;
    }// for i
    for (int i = m-3; i <= m; i++) {          // t[n+1] = ... t[m] = n-2
      this.t[i] = n-2;
    }//for i
    this.g = new double[n+4][4];              // Gewichts-Matrix
  }//Konstruktor
  public Point apply ( double t ) {           // Auswertung
    «siehe Programm 9.13»
  }
}//end of class BSpline
```

Diese Matrix wird nach der Formel (9.21) entweder zeilenweise von oben nach unten und innerhalb jeder Zeile von links nach rechts berechnet oder spaltenweise von links nach rechts und innerhalb jeder Spalte von oben nach unten. Wir wählen die letztere Variante, weil es hier leichter ist, die undefinierten Elemente „rechts unten" gesondert zu behandeln.

Zur Vereinfachung der Darstellung führen wir für die beiden Summanden von (9.21) entsprechende Hilfsfunktionen ein. (Man beachte, dass man dabei noch die potenziellen Divisionen $\frac{0}{0} = 0$ setzen muss!)

Programm 9.13 Die Berechnung der B-Splines (Fortsetzung)

```
...
public Point apply ( double t ) {                              // Auswertung
  // Berechnung der Spalten von links nach rechts
  // Spalte 0
  for (int i = 0; i <= n+3; i++) {
    if (this.t[i] <= t && t <= this.t[i+1]) {
      this.g[i][0] = 1;
    } else {
      this.g[i][0] = 0;
  }//for i
 // Spalte 1, 2, 3
  for (int k = 1; k <= 3; k++) {
    for (int i = 0; i <= n+3-k; i++) {
      this.g[i][k] = e1(i,k,this.g[i][k-1],t) + e2(i,k,this.g[i+1][k-1],t);
    }//for i
  }//for k
  // Berechnung des Punktes Q(t)
  double x = 0;
  double y = 0;
  for (int i = 0; i <= n; i++) {
    x += this.g[i][3] * this.points[i].getX();
    y += this.g[i][3] * this.points[i].getY();
  }//for i
  return new Point(x,y);
}//apply
private double e1 ( int i, int k, double y, double t ) {
  double a = t - this.t[i];                                    // Zähler
  double b = this.t[i+k] - this.t[i];                          // Nenner
  double frac;
  if (a == 0 || b == 0) { frac = 0; } else { frac = a/b; }
  return frac * y;
}//e1
private double e2 ( int i, int k, double y, double t ) {
  double a = this.t[i+k+1] - t;              /- Zähler
  double b = this.t[i+k+1] - this.t[i+1];    /- Nenner
  double frac;
  if (a == 0 || b == 0) { frac = 0; } else { frac = a/b; }
  return frac * y;
}//e2
}//end of class BSpline
```

$$
\begin{aligned}
e_1(i,k,y,t) &\overset{def}{=} \tfrac{(t-t_i)}{t_{i+k}-t_i} \cdot y \\
e_2(i,k,y,t) &\overset{def}{=} \tfrac{(t_{i+k+1}-t)}{t_{i+k+1}-t_{i+1}} \cdot y
\end{aligned}
\tag{9.22}
$$

Damit lässt sich die Rekurrenz (9.21) folgendermaßen auf die Besetzung der Matrixelemente übertragen:

$$g[i,k] = e_1(i,k,g[i][k-1],t) + e_2(i,k,g[i+1][k-1],t) \tag{9.23}$$

Dieses Design ist in Programm 9.12 in den Formalismus von JAVA umgesetzt.

9.9 Lösung einfacher Differenzialgleichungen

Bei vielen technisch-wissenschaftlichen Anwendungen spielt die *Modellierung* von Systemen eine große Rolle. Die Bandbreite reicht dabei von Smogsimulationen in Großstädten bis hin zu Fahrwerksimulationen von Fahrzeugen oder der Energiebilanz von Gebäuden. Für diese Zwecke gibt es heute eine Reihe von Werkzeugen, deren bekanntestes wohl das kommerzielle MATLAB/SIMULINK ist [4]. Aber es gibt auch frei verfügbare Systeme wie SCILAB [10] oder MODELICA [23]. Letzteres ist aus Informatik-Sicht besonders interessant, weil es sich auch bei der Simulation die Konzepte einer objektorientierten Systemsicht zunutze macht. Im Folgenden wollen wir zumindest die elementarsten Grundlagen studieren, auf denen solche Simulationswerkzeuge basieren. Für eine detailliertere Betrachtung müssen wir auch hier wieder auf entsprechende Speziälliteratur über Numerik verweisen (insbesondere auf [39]).

Beispiel 1: ***Ebenes Pendel.*** Zur Illustration der generellen Problemstellung betrachten wir ein einfaches physikalisches System: Am Ende eines Seiles der Länge L sei ein Gewicht (eine Punktmasse) m angehängt. Die Positionen (x, y) und die zugehörigen Geschwindigkeitsanteile (v_x, v_y) – jeweils in Abhängigkeit von der Zeit t – werden durch Newtons Bewegungsgleichungen bestimmt:

$$\begin{aligned} x'(t) &= v_x(t) \\ y'(t) &= v_y(t) \\ v_x'(t) &= -\tfrac{x(t)}{m \cdot L} \cdot F \\ v_y'(t) &= -\tfrac{y(t)}{m \cdot L} \cdot F - g \\ L^2 &= x(t)^2 + y(t)^2 \quad \longleftarrow \text{Algebraische Gleichung!} \end{aligned} \tag{9.24}$$

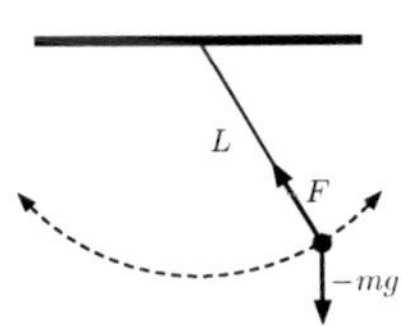

Beispiel 2: ***Elektrischer Kondensator.*** Wenn wir mit einer Quelle der Spannung U einen Kondensator mit Kapazität C über einen Widerstand R laden, dann erhalten wir folgende Gleichungen:

$$U = u_1(t) + u_2(t)$$
$$u_1(t) = R \cdot i(t)$$
$$u_2'(t) = \frac{i(t)}{C}$$

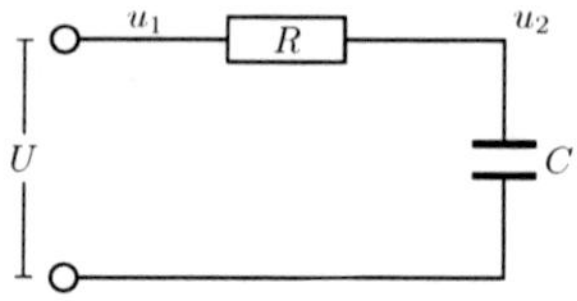

(9.25)

daraus ergibt sich die Gleichung:

$$u_2'(t) = \frac{U - u_2(t)}{R \cdot C}$$

Diese Beispiele illustrieren die Struktur der Art von Problemstellungen, mit denen wir es im Folgenden zu tun haben.

Definition (Differenzialgleichung; Anfangswertproblem)

Wir betrachten *gewöhnliche Differenzialgleichungen* der folgenden Bauart:

$$f'(x) = \psi(x, f(x)) \tag{9.26}$$

wobei ψ ein Ausdruck ist, der von x und $f(x)$ abhängt. Im Allgemeinen gibt es unendlich viele Funktionen f, die diese Gleichung lösen. Wir suchen hier jeweils nach einer Lösung, die zusätzlich eine *Anfangsbedingung* der folgenden Art erfüllt:

$$f(x_0) = y_0 \tag{9.27}$$

❑

Bevor wir diese Programmieraufgabe im Detail bearbeiten, wollen wir noch auf zwei Aspekte hinweisen. Der Lösungsansatz funktioniert auch für *Systeme von Differenzialgleichungen*:

$$\begin{aligned} f_1'(x) &= \psi_1(x, f_1(x), \ldots, f_n(x)) \\ &\vdots \\ f_n'(x) &= \psi_n(x, f_1(x), \ldots, f_n(x)) \end{aligned}$$

Man kann auch Differenzialgleichungen m-ten Grades behandeln:

$$f^{(m)}(x) = \psi(x, f(x), f'(x), \ldots, f^{(m-1)}(x))$$

Denn diese Gleichung lässt sich durch Einführung der Hilfsfunktionen

$$g_1(x) = f(x), \quad g_2(x) = f'(x), \quad \ldots, \quad g_m(x) = f^{(m-1)}(x)$$

auf ein System gewöhnlicher Differenzialgleichungen zurückführen.

Anmerkung: Die Pendelgleichung (9.24) enthält noch eine Besonderheit: Die fünfte der Gleichungen – also $L^2 = x(t)^2 + y(t)^2$ – ist keine *Differenzialgleichung, denn sie enthält keine Ableitung. Damit ist (9.24) eine Hybridform, die man als* Algebraische Differenzialgleichung *bezeichnet. Bei solchen Gleichungen kommen zu den eigentlichen Differenzialgleichungen für die Systemdynamik noch weitere Gleichungen für gewisse Constraints hinzu. (In unserem Beispiel besagt das Constraint, dass der Massenpunkt m sich auf einer Kreisbahn mit der Seillänge L bewegen muss.)*

Im Folgenden beschränken wir uns auf die gewöhnliche Differenzialgleichung (9.26) mit der Anfangsbedingung (9.27).

Aufgabe: *Gewöhnliche Differenzialgleichung*
Gegeben: Eine Differenzialgleichung $f'(x) = \psi(x, f(x))$ mit Anfangsbedingung $f(x_0) = y_0$, sowie ein Wert $\bar{x}$.
Gesucht: Der Wert $f(\bar{x})$ der Funktion f an der Stelle $\bar{x}$.
Voraussetzung: Die Funktion f muss im gegebenen Bereich stetig differenzierbar sein.

Bei dieser Aufgabenstellung stoßen wir wieder auf ein altbekanntes Problem: *Wie repräsentiert man die Gleichung $f'(x) = \psi(x, f(x))$ in* JAVA*?* Das Problem ist das gleiche wie beim Differenzieren und Integrieren. Der einzige Unterschied ist, dass die gegebene Funktion $\psi(x, y)$ nicht ein, sondern zwei Argumente hat. Also packen wir sie in eine entsprechende Klasse.

Betrachten wir z. B. die konkrete Differenzialgleichung $f'(x) = x - 10 \cdot f(x)$. Sie führt auf folgende Klassendefinition:

```
class Fun2 {
  double apply ( double x, double y ) { return x - 10*y; }
}//end of class Fun2
```

9.9.1 Einfache Einschrittverfahren

Einen ersten Lösungsansatz findet man schnell. Da die Ableitung $f'(x)$ gerade der Steigung der gesuchten Lösung f entspricht, wird sie durch den Differenzenquotienten approximiert.

$$\frac{f(x+h) - f(x)}{h} \approx f'(x) = \psi(x, f(x))$$

Daraus leitet man sofort ab

$$f(x+h) \approx f(x) + h \cdot \psi(x, f(x))$$

Indem wir eine geeignete Schrittweite h wählen, können wir – wie in Abbildung 9.13 skizziert – vom gegebenen Anfangswert $y_0 = f(x_0)$ aus eine Folge von Punkten u_i berechnen, die als Approximationen für die Werte $y_i = f(x_i)$ der Lösungsfunktion an den Stellen x_i genommen werden können:

$$\begin{aligned}
y_0 &= f(x_0) && = u_0 \\
y_1 &= f(x_0 + h) && \approx u_1 = u_0 + h \cdot \psi(x_0, u_0) \\
&\vdots && \vdots \\
y_n &= f(x_{n-1} + h) && \approx u_n = u_{n-1} + h \cdot \psi(x_{n-1}, u_{n-1})
\end{aligned}$$

Damit entsteht das sog. *Polygonzug-Verfahren* von Euler. Wie gut diese Approximationen sind, hängt vor allem von der Schrittweite h ab. Dabei gilt wie immer: *Ein großes h liefert nur grobe Näherungen, ein kleines h kostet viel Rechenaufwand.* Abbildung 9.13 zeigt deutlich, wie stark eine zu grobe Schrittweite das Resultat verfälschen kann.

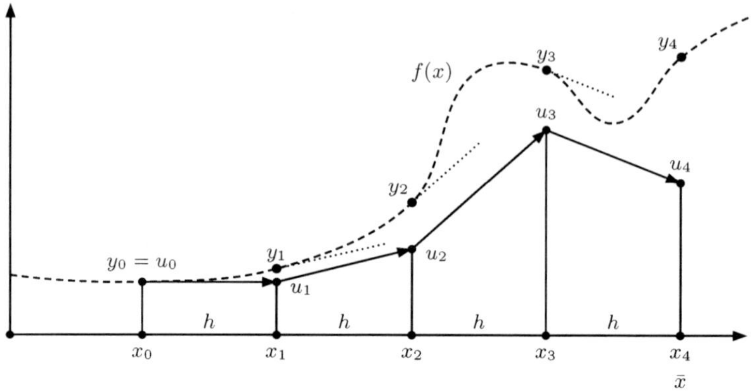

Abb. 9.13. Polygonzug-Verfahren

9.9.2 Runge-Kutta-Verfahren

Es gibt etwas bessere Formeln als das schlichte Euler-Verfahren. Dabei geht man am Punkt (x_i, u_i) nicht stur in Richtung der Steigung an der Stelle x_i, sondern bildet ein geeignet gewichtetes Mittel aus den Steigungen an mehreren Stellen, z. B. x_i, $x_i + \frac{h}{2}$ und x_{i+1}. Das lässt sich folgendermaßen motivieren (s. [29, 55]).

Die Lösung der Differenzialgleichung (9.26) mit der Anfangsbedingung (9.27) genügt der folgenden Beziehung:

$$f(x) = f(x_0) + \int_0^x \psi(t, f(t))dt \tag{9.28}$$

Den Integranden ersetzt man durch ein einfaches Polynom und somit den Wert des Integrals durch die entsprechende Fläche.

Wir betrachten dazu Diskretisierungen mit Schrittweite h im Stil von Abbildung 9.13 und bezeichnen mit u_i die Näherungslösungen für die tatsächlichen Werte $y_i = f(x_i)$. Die *Einschrittverfahren* sind dadurch charakterisiert, dass u_{i+1} jeweils nur von u_i abhängt. Andernfalls sprechen wir von *Mehrschrittverfahren.* Ein Verfahren heißt *implizit,* wenn u_{i+1} selbst auch in ψ vorkommt; ansonsten heißt es explizit. Implizite Verfahren erfordern in jedem Schritt die Lösung eines Gleichungssystems, während explizite Verfahren nur die Auswertung eines Ausdrucks bedeuten.

Das einfachste Einschrittverfahren – nämlich das Eulersche Polygonzugverfahren – haben wir bereits kennen gelernt. Es gibt aber noch weitere Ansätze, von denen wir die bekanntesten hier erwähnen:

- **Euler-Vorwärtsverfahren.** (Euler 1768) Hier wird das Integral aus (9.28) durch das Rechteck mit dem Eckpunkt (x_i, u_i) approximiert.

$$u_{i+1} = u_i + h \cdot \psi(x_i, u_i) \tag{9.29}$$

- **Euler-Rüchwärtsverfahren.** Hier wird das Integral aus (9.28) durch das Rechteck mit dem Eckpunkt (x_{i+1}, u_{i+1}) approximiert.

$$u_{i+1} = u_i + h \cdot \psi(x_{i+1}, u_{i+1}) \tag{9.30}$$

- **Trapez-Verfahren.** Hier wird das Integral aus (9.28) durch das Trapez mit den Eckpunkten (x_i, u_i) und (x_{i+1}, u_{i+1}) approximiert.

$$u_{i+1} = u_i + \frac{h}{2} \cdot \left(\psi(x_i, u_i) + \psi(x_{i+1}, u_{i+1})\right) \tag{9.31}$$

- **Heun-Verfahren.** Dieses Verfahren entsteht, wenn man im Trapezverfahren (9.31) für u_{i+1} den Wert des Euler-Vorwärtsverfahrens (9.29) einsetzt. Dadurch wird aus dem impliziten Verfahren (9.31) das explizite Verfahren (9.32)

$$u_{i+1} = u_i + \frac{h}{2} \cdot \Big(\psi(x_i, u_i) + \psi\big(x_{i+1}, u_i + h \cdot \psi(x_i, u_i)\big)\Big) \tag{9.32}$$

Es gibt noch weitere Variationen solcher Formeln, die weitere Runge-Kutta-Verfahren liefern, die sich jeweils in Charakteristika wie der numerischen Stabilität und der Konvergenzordnung unterscheiden. So hat z. B. das Eulersche Vorwärtsverfahren die Ordnung $\mathcal{O}(h)$, während das Heun-Verfahren die Ordnun g $\mathcal{O}(h^2)$ hat. Für Details verweisen wir auf die literatur, z. B. [29, 55]

Das zentrale Problem bleibt das Finden der geeigneten Schrittweite h. Man könnte wieder den üblichen Trick wählen: Man beginnt mit einer groben Schrittweite, die man sukzessive verfeinert, bis der Fehler unterhalb der geforderten Genauigkeit ε liegt. Formeln, nach denen sich dieser Fehler jeweils abschätzen lässt, findet man in Numerik-Büchern, z. B. in [66].

Wir illustrieren im nächsten Abschnitt aber einen anderen Weg, nämlich Mehrschrittverfahren mit Extrapolation.

9.9.3 Mehrschrittverfahren

Neben den Einschrittverfahren gibt es auch ***Mehrschrittverfahren***. Dabei hängt der neue Wert y_{i+1} nicht nur vom direkt vorhergehenden Wert y_i ab, sondern von mehreren Vorgängern $y_i, y_{i-1}, \ldots, y_{i-k}$. Eine der einfachsten Formeln dieser Art ist die sog. ***Midpoint rule***:

$$y_{i+1} = y_{i-1} + 2 \cdot h \cdot \psi(x_i, y_i) \tag{9.33}$$

Dabei muss man natürlich den ersten Punkt y_1 nach einer Einschritt-Formel bestimmen, z. B. mit der Euler-Regel

$$y_1 = y_0 + h \cdot \psi(x_0, y_0) \tag{9.34}$$

Der mathematische Hintergrund für diese Regel ist an sich ganz einfach. Es gilt

$$\begin{aligned} f(\bar{x}) &= \int_{x_0}^{\bar{x}} f'(t)dt \\ &= \int_{x_0}^{\bar{x}} \psi(t, f(t))dt \\ &= \int_{x_0}^{x_1} \psi(t, f(t))dt + \cdots + \int_{x_{n-1}}^{\bar{x}} \psi(t, f(t))dt \end{aligned} \tag{9.35}$$

Die *Midpoint rule* entspricht der Idee, die Integrale $\int_{x_{i-1}}^{x_{i+1}} \psi(t, f(t))dt$ durch das Rechteck mit Breite $2h$ und Höhe y_i zu ersetzen.

Die Kollegen aus der Numerischen Mathematik haben gezeigt, dass dieses Verfahren für $h \to 0$ asymptotisch gegen die gesuchte Funktion f konvergiert, und zwar in zweiter Ordnung, also mit h^2. Für solche Fälle haben wir aber ein Patentverfahren: *Extrapolation*!

9.9.4 Extrapolation

Wie in Abschnitt 9.6.2 gezeigt, benutzt man, ausgehend von $h = (\bar{x} - x_0)$, eine Nullfolge von Schrittweiten, z. B.

$$\frac{h}{2}, \frac{h}{4}, \frac{h}{6}, \frac{h}{8}, \frac{h}{12}, \frac{h}{16}, \ldots$$

Zu jedem dieser h_i berechnet man dann – z. B. mithilfe der *Midpoint rule* – den Wert $y_n^{(h_i)} \approx f(\bar{x})$. Aus Gründen der numerischen Stabilität nimmt man aber nicht diese Werte $y_n^{(h_i)}$ direkt als Startwerte für die Extrapolation, sondern die geglätteten Werte

$$s = \frac{1}{2}\big(y_n + y_{n-1} + h \cdot \psi(x_n, y_n)\big) \tag{9.36}$$

Diese Überlegungen führen dann schnell zum Programm 9.14. Dabei wählen wir ein Design, bei dem für jede Differenzialgleichung $f'(x) = \psi(x, f(x))$ ein Objekt kreiert wird. Der Konstruktor hat also die Funktion $\psi(x, y)$ – genauer: ein Objekt der Klasse `Fun2` – als Argument. Dieses Objekt kann mittels der Methode `solve` für beliebige Anfangswerte (x_0, y_0) und Zielwerte $\bar{x}$ den Wert $f(\bar{x})$ berechnen. Da die Zahl k der Schritte exponentiell wächst, sollte man die maximale Zahl der Schleifendurchläufe in `solve()` auf 20–25 beschränken.

9.9.5 Schrittweitensteuerung

Wenn die „Entfernung“ $(\bar{x} - x_0)$ zu groß ist, dann wird der Extrapolationsaufwand beträchtlich, weil bei hinreichend kleinem h sehr viele Schritte nötig werden. Dann ist folgende Idee hilfreich:

- Man wählt eine Grundschrittweite H.
- Dann löst man das Anfangswertproblem (x_0, y_0, x_1) mit $x_1 = x_0 + H$. Das Ergebnis y_1 akzeptiert man als Näherung für $f(x_1)$.
- Dann löst man das neue Anfangswertproblem (x_1, y_1, x_2) mit $x_2 = x_1 + H$.
- Und so weiter, bis man bei $\bar{x}$ angekommen ist.

Dabei kann man auch in jedem Schritt ein anderes H wählen. Wie diese Wahl am besten geschieht, geht über den Rahmen dieses Buches hinaus, weshalb wir auf die Literatur verweisen (z. B. [66, 55]).

Programm 9.14 Lösung einer Differenzialgleichung (Anfangswertproblem)

```
public class Dgl {
  private Fun2 psi;                                   // die Differenzialgleichung
  public Dgl ( Fun2 psi ) {                           // Konstruktor
    this.psi = psi;
  }//Konstruktor
  public double solve ( double x0, double y0, double x ) {
    double h = x - x0;                                // h_0
    int k = 1;                                        // h_0 = h/k
    double yOld, y, yNew;
    yNew = euler(x0, y0, h);                          // y_1
    Extrapolation extrapol = new Extrapolation(h,yNew);
    for (int i = 1; i <= 20; i++) {                   // Durchläufe limitieren
      yOld = yNew;                                    // Wert merken
      k = 2 * k;                                      // nächste Verfeinerung
      h = h / 2;                                      // h_i = h/2^i
      y = multistep( x0, y0, h, k );                  // Mehrschrittverf.
      yNew = extrapol.next(h,y);                      // Extrapolation
      if (close(yNew, yOld)) { break; }               // Genauigkeit erreicht
    }//for
    return yNew;
  }//solve
  private double euler ( double x0, double y0, double h ) {
    return y0 + h * psi.apply(x0, y0);                // siehe (9.34)
  }//euler
  private double multistep ( double x0, double y0, double h, int k) {
    double yiMinus = y0;                              // für y_{i-1}
    double yi = euler(x0, y0, h);                     // für y_i
    double yiPlus;                                    // für y_{i+1}
    double xi = x0 + h;
    for (int j = 1; j <= k; j++) {                    // Polygonzug x → x̄
      yiPlus = yiMinus + 2*h*psi.apply(xi,yi);        // siehe (9.33)
      yiMinus = yi;
      yi = yiPlus;
      xi = xi + h;
    }//for j
    return 0.5*(yi + yiMinus + h*psi.apply(xi,yi)); // siehe (9.36)
  }//multistep
  private boolean close ( double x, double y ) {
    return Math.abs(x-y) < 1E-6;                      // gewünschte Genauigkeit
  }//notClose
}//end of class Dgl
```

Teil IV

Weitere Konzepte objektorientierter Programmierung

Mit dem Schlagwort „objektorientierte Programmierung“ werden in der Informatik meistens zwei *Konzepte verbunden. Das erste haben wir schon ausführlich kennen gelernt: Objekte und Klassen. Das zweite haben wir bisher höchstens dadurch berührt, dass wir an Grenzen unserer Programmiermöglichkeiten stießen. Sowohl beim Sortieren als auch bei numerischen Aufgaben mussten wir manchmal unbefriedigende Ad-hoc-Lösungen basteln, weil uns für die guten Lösungen die Ausdrucksmittel fehlten. Die Defizite lagen aber nicht in den algorithmischen Konzepten – die wurden adäquat gelöst –, sondern ausschließlich in einem Mangel an softwaretechnischer Allgemeinheit.*

Was wir in den bisherigen Kapiteln getan haben, entspricht der Programmiertradition der ersten Informatik-Jahrzehnte: Man hat eine algorithmische Idee und präsentiert sie an Hand eines speziellen Beispiels. Die Programmierer sind dann gefordert, diese Idee bei Bedarf auf ihre jeweilige Applikation per Analogie zu übertragen. Ab Mitte der 80er-Jahre drangen aber Erkenntnisse aus der Sprach- und Softwareforschung allmählich auch in die Praxis vor. Es ist heute problemlos möglich, Lösungen so allgemein zu programmieren, dass sie unmittelbar für spezielle Probleme eingesetzt werden können und nicht mehr per Analogie nachprogrammiert werden müssen. Die einschlägigen Begriffe sind Vererbung, Generizität (auch Polymorphie genannt) und Abstrakte Datentypen.

10

Vererbung

Es ist leichter zu erben, als selbst zu erarbeiten.
Rätoromanisches Sprichwort

Wie so vieles in der objektorientierten Programmierung ist auch der Begriff „Vererbung" alter Wein in neuen Schläuchen. In der Theoretischen Informatik, insbesondere in der Theorie der Programmiersprachen, gibt es schon seit Jahrzehnten intensive und fundierte Untersuchungen zum Thema *Subtypen*. Diese Ideen wurden unter dem neuen Namen *Vererbung* aufgegriffen und in objektorientierte Sprachen eingebaut. Allerdings ist dabei eine subtile, aber entscheidende Änderung passiert – und es ist nicht ganz klar, ob das ein bewusstes Design oder ein Versehen war. Jedenfalls beginnen wir die Diskussion vorsichtshalber mit einem kurzen Abriss des wohl fundierten mathematischen Konzepts.

10.1 Vererbung = Subtyp?

Es erben sich Gesetz' und Rechte wie eine ewge Krankheit fort.
Goethe, Faust 1

Betrachten wir zunächst das generelle Konzept der *Subtypen*. Diesem Konzept liegt die elementare Idee zugrunde, dass ein Typ eine *Spezialisierung* eines anderen Typs darstellt. Das heißt, seine Elemente haben mehr Eigenschaften, und somit ist der Subtyp (im mathematischen Sinn) eine Teilmenge des *Supertyps*.

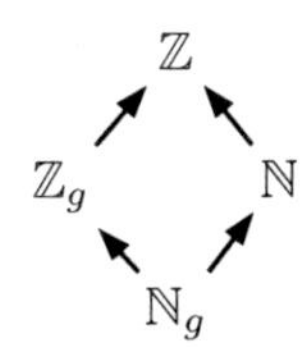

Wie so oft erhält man die klarste Sicht auf das Problem im Rahmen der Mathematik. Betrachten wir den Typ $\mathbb{Z}$ der ganzen Zahlen. Wir können den Subtyp $\mathbb{Z}_g$ der geraden ganzen Zahlen auszeichnen. Er ist spezieller in dem Sinn, dass seine Werte die zusätzliche Eigenschaft „gerade" besitzen; ansonsten sind sie aber auch ganze Zahlen. Ebenso können wir den Subtyp $\mathbb{N}$ der nichtnegativen ganzen Zahlen, also die natürlichen Zahlen, auszeichnen. Wenn wir beide Spezialisierungen zusammenfügen, erhalten wir den Subtyp $\mathbb{N}_g$ der geraden natürlichen Zahlen. Dieses Beispiel illustriert, dass die Subtyp-Relation transitiv ist.

Aber das Konzept hat seine Tücken! Betrachten wir z. B. die Operation *succ*, die den Nachfolger einer Zahl liefert. Diese Operation können wir nicht einfach für $\mathbb{Z}_g$ „erben". Denn $succ(4) = 5$ führt aus $\mathbb{Z}_g$ heraus. Wir könnten die Definition so abändern, dass in $\mathbb{Z}_g$ gilt $succ(4) = 6$. Aber das würde heißen, dass die Operation auf dem Subtyp anders arbeitet als auf dem Supertyp. Ähnlich verhält es sich z. B. mit der Subtraktion auf $\mathbb{N}$. Sie führt entweder von $\mathbb{N}$ auf $\mathbb{Z}$ zurück, oder man definiert sie so um, dass z. B. $4 - 7 = 0$ gilt.

Diese kurze Diskussion deutet einen zentralen Konflikt an, der sich bei objektorientierten Methoden als unauflösbar herauskristallisiert hat:

- Man kann „Vererbung" im Sinne von *Spezialisierung* auffassen. Dann behalten die Subtyp-Elemente alle Eigenschaften des Supertyps – und weisen i. Allg. zusätzlich noch ein paar mehr auf. Auch alle Operationen bleiben unverändert erhalten, führen allerdings u. U. aus dem Subtyp heraus.
- Man kann „Vererbung" zum Zweck der *Arbeitsökonomie* einsetzen. Das heißt, man will sich vor allem das wiederholte Programmieren der gleichen Methoden ersparen und „erbt" sie deshalb nach Möglichkeit vom Supertyp. Allerdings ist man aus pragmatischen Gründen oft gezwungen, einige der ererbten Methoden zu modifizieren. Damit liegt aber im strengen Sinn keine Spezialisierung mehr vor, denn im Subtyp können jetzt gewisse Eigenschaften verletzt sein.

In JAVA hat man sich zur zweiten Sichtweise entschlossen. Das heißt, „Vererbung" dient primär der Ökonomie, sodass von Fall zu Fall eine echte Spezialisierung nicht mehr gegeben ist.[1] Diese Entscheidung erscheint auch vernünftig. Denn es gibt klassische Beispiele dafür, dass ein puristisches Vererbungskonzept mit einem strengen Spezialisierungsbegriff pragmatisch nicht durchzuhalten ist:

- Vögel haben als primäre Methode zur Fortbewegung „Fliegen". Aber Pinguine sind ebenso Vögel wie Emus, Nandus und Strauße. Folglich muss bei ihnen die Fortbewegungsmethode entsprechend modifiziert werden.
- Alle Elemente einer grafischen Benutzeroberfläche (*GUI*) brauchen eine Methode `paint`, mit der sie sich selbst auf dem Bildschirm zeichnen. Aber obwohl z. B. `Circle` eine Spezialisierung von `Oval` ist, sollte die `paint`-Methode aus Effizienzgründen reimplementiert werden.

[1] Das ist eine generelle Beobachtung: In *objektorientierten Programmiersprachen* wird grundsätzlich die Ökonomie-Variante gewählt. Dagegen wird in der sog. *objektorientierten Analyse* meistens die Spezialisierungsvariante benutzt. Das führt immer wieder zu methodischen Brüchen im Entwicklungsprozess und damit zu Fehleranfälligkeit und Zusatzkosten.

Obwohl die Verletzung des puristischen Spezialisierungsanspruchs hingenommen werden muss, sollte man sich aus methodischer Sicht trotzdem an dem Spezialisierungsprinzip orientieren. Das heißt, man hat begriffliche Ketten folgender Bauart:

$$\text{Katze} \xrightarrow{is\text{-}a} \text{Säugetier} \xrightarrow{is\text{-}a} \text{Tier} \xrightarrow{is\text{-}a} \text{Lebewesen}$$

$$\text{Autobus} \xrightarrow{is\text{-}a} \text{Kraftfahrzeug} \xrightarrow{is\text{-}a} \text{Fahrzeug} \xrightarrow{is\text{-}a} \text{Fortbewegungsmittel}$$

Jeder Begriff weiter links in der Kette ist jeweils ein Subtyp aller weiter rechts stehenden Supertypen. Das heißt z. B., dass *Säugetier* ein Subtyp sowohl von *Tier* als auch von *Lebewesen* ist.

Wie schon in Kapitel 2 diskutiert, übernehmen in objektorientierten Ansätzen die Klassen die Rolle von Typen und Objekte die Rolle von Werten. Deshalb spricht man dann von ***Sub-*** und ***Superklassen*** anstelle von Sub- und Supertypen. Die Vererbungshierarchie der Lebewesen lässt sich damit in einem Klassendiagramm darstellen, wie es (auszugsweise) in Abbildung 10.1 gezeigt ist. Die beiden konkreten Objekte `fiffi` und `rex` sind Objekte der Klasse `Hund`, aber auch Objekte der Klasse `Säugetier`, der Klasse `Tier` und der Klasse `Lebewesen`.

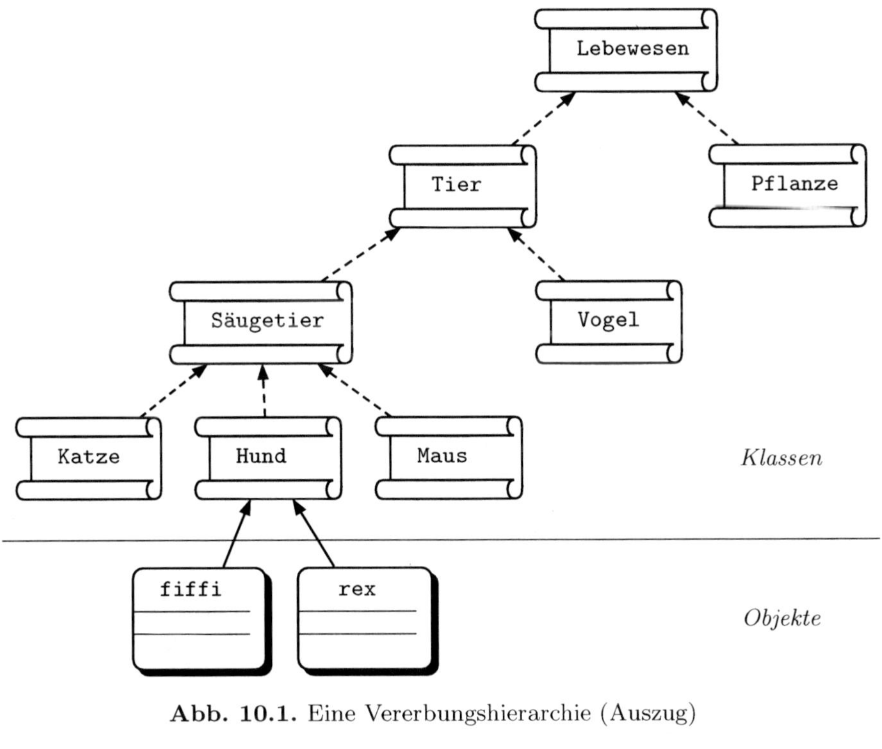

Abb. 10.1. Eine Vererbungshierarchie (Auszug)

10.2 Sub- und Superklassen in JAVA

Die Vererbungshierarchie bezieht sich in JAVA auf Klassen. Sie wird bei der Klassendefinition durch das Schlüsselwort `extends` ausgedrückt.

Vererbung
`class «Name`$_{\texttt{sub}}$`» extends «Name`$_{\texttt{super}}$`» { ... }`

Das heißt, die ***Subklasse*** „erweitert" (engl.: *extends*) die ***Superklasse***. Die Hierarchie aus Abbildung 10.1 wird also in JAVA durch folgende Klassendefinitionen erreicht:

```
class Lebewesen { ...}
class Tier extends Lebewesen { ...}
class Pflanze extends Lebewesen { ...}
class Säugetier extends Tier { ...}
class Vogel extends Tier { ...}
class Katze extends Säugetier { ...}
class Hund extends Säugetier { ...}
class Maus extends Säugetier { ...}
```

Unsere beiden Objekte `fiffi` und `rex` werden mittels `new` als Hund-Objekte definiert:

```
Hund fiffi = new Hund();
Hund rex = new Hund();
```

In unserem Beispiel ist die Klasse `Hund` eine Subklasse von `Tier`. Nehmen wir an, dass eine Variable für Objekte der Klasse Tier deklariert ist:

```
Tier tier;
```

Jetzt können wir an diese Variable auch die Objekte `fiffi` oder `rex` zuweisen. Denn als Hunde sind sie insbesondere auch Tiere:

```
tier = fiffi;
```

Umgekehrt geht das aber nicht! Betrachten wir z. B. folgende Situation:

```
Tier irgendeinTier = new Tier();
Hund meinHund = irgendeinTier;            // FEHLER !!!
```

Das Problem ist offensichtlich: Das Objekt `irgendeinTier` kann – aufgrund seiner Erzeugung – nur das, was Tiere generell können. Aber ihm fehlt alles, was Hunde zusätzlich können. (Denn das wurde ihm „bei der Geburt" nicht mitgegeben.) Von dem Objekt in der Variablen `meinHund` erwartet man aber, dass es sich wie ein Hund verhält; schließlich ist die Variable ja so deklariert worden. (In Abschnitt 10.2.5 werden wir – unter dem Stichwort *Casting* – sehen, dass solche Zuweisungen in gewissen Fällen doch möglich sind.)

10.2.1 „Mutierte“ Vererbung und dynamische Bindung

Wie bereits erwähnt, hat man sich in JAVA (wie in anderen objektorientierten Sprachen) aus pragmatischen Gründen entschlossen, kein strenges Spezialisierungsprinzip zu fordern, sondern *Vererbung mit Modifikationen* zuzulassen.[2]

Wir betrachten eine Klasse und eine Subklasse, wobei Letztere eine der ererbten Methoden redefiniert:

```
class Vogel {
  void fliehen () { ...wegfliegen(); ...}
  ...
}
class Pinguin extends Vogel {
  void fliehen () { ...wegtauchen(); ...}
  ...
}
```

Hier wird die Methode `fliehen()` der Superklasse `Vogel` in der Subklasse `Pinguin` redefiniert.

```
Pinguin jonathan = new Pinguin();
...
jonathan.fliehen();          // spezielles Verfahren: wegtauchen
```

Das Objekt `jonathan` verfügt über das spezielle Fluchtverfahren, so wie es in `Pinguin` definiert ist. Was passiert aber in folgender Situation?

```
Vogel vogel;
vogel = jonathan;
...
vogel.fliehen();          // welche Methode ist das???
```

Hier muss man die Situation genau analysieren. JAVA geht (sinnvollerweise) davon aus, dass ein Objekt mit `new` kreiert wird und dabei seine Attribute und Methoden erhält. Diese behält das Objekt für immer, egal in welche Variable es gerade gesteckt wird. Im Beispiel heißt das, dass mit `new Pinguin()` ein Objekt kreiert wurde, das insbesondere das spezielle Fluchtverfahren mittels Tauchen beherrscht. Und das bleibt so, unabhängig davon, ob dieses Objekt gerade in der Variablen `jonathan` oder in der Variablen `vogel` steckt. Dieses Konzept ist unter dem Namen *dynamische Bindung* bekannt, weil der tatsächliche Programmcode, der zu einem Methodenaufruf gehört, nicht statisch vom Compiler, sondern erst dynamisch zur Laufzeit festgelegt wird.

---

[2] Die Metapher ist zwar etwas gewagt, aber man kann durchaus das Bild einer Vererbung mit „Mutationen“ heranziehen. Es handelt sich allerdings nicht um erratische Mutationen, sondern um vom Programmierer gezielt eingesetzte „Genmanipulationen“.

Definition (dynamische Bindung)

Die Sprache JAVA hat für Methoden eine ***dynamische Bindung***: Methoden hängen nicht von der Klasse der Variablen ab, sondern von der Klasse des Objekts, das die Variable im Augenblick gerade enthält.[3] ❑

Der Begriff *dynamisch* drückt aus, dass z. B. bei `vogel.fliehen()` die tatsächlich ausgeführte Methode nicht statisch festliegt und somit vom Compiler auch nicht ein für alle Mal zugeordnet werden kann, sondern sich zur Laufzeit immer wieder ändern kann, je nachdem, welches Objekt gerade in der Variablen `vogel` steckt.

Man beachte, dass ***Attribute nicht dynamisch*** sind. Wenn z. B. in der Klasse `Vogel` ein Attribut `farbe` vorgesehen ist und in der Subklasse `Pinguin` ebenfalls ein Attribut `farbe` deklariert ist, dann haben alle Objekte der Klasse `Pinguin` *zwei* Attribute namens `farbe`. (Wie man auf beide zugreifen kann, werden wir gleich sehen.)

Beispiel: Geometrie

Ein typisches Beispiel für die Nützlichkeit von modifizierender Vererbung findet sich im Bereich der Geometrie. In Abschnitt 7.6 hatten wir die Klasse `Polygon` eingeführt, die Methoden wie `shift`, `rotate` und `area` definiert. Die Geometrie kennt viele spezielle Arten von Polygonen, von denen einige in der Hierarchie von Abbildung 10.2 illustriert sind.

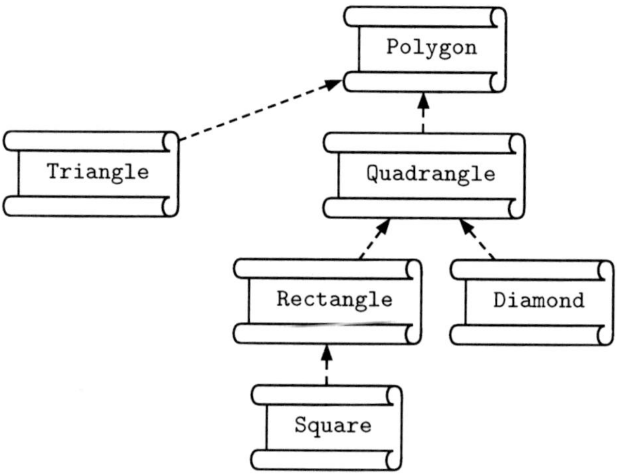

Abb. 10.2. Eine Vererbungshierarchie (Auszug)

Die Operationen `shift` und `rotate` können alle Klassen von `Polygon` erben. Aber für `area` empfiehlt sich das nicht (auch wenn es korrekt ist). Denn

[3] Das können bestenfalls Objekte von Subklassen sein.

für die Flächenberechnung von Dreiecken, Rechtecken, Quadraten etc. gibt es viel effizientere Formeln als die Anwendung der generellen Methode von Polygon.

Anmerkung: Die modifizierende Vererbung und die dynamische Bindung unterscheiden objektorientierte Sprachen wie JAVA *von vielen klassischen Sprachen wie z. B.* PASCAL. *Sie sind wesentliche Voraussetzung für das Funktionieren der grafischen Benutzerschnittstellen (GUIs), wie sie heute üblicherweise konzipiert werden. Man muss sich aber darüber im Klaren sein, dass dieses Feature sehr diszipliniert gebraucht werden muss, weil es sonst zu mystischen Programmen führt. (Es gibt bereits Hinweise aus dem Software-Engineering, dass die intensive Nutzung von Vererbungsmechanismen große Programmsysteme schwer wartbar macht. In vielen Programmpaketen wird Vererbung – abgesehen von den GUI-Teilen – auch nur sehr spärlich eingesetzt.)*

10.2.2 Was bist du?

Jetzt haben wir gleich mehrere Formen von Unsicherheit geschaffen. Ein Objekt kann gleichzeitig zu mehreren Klassen gehören. Das ist allerdings ziemlich harmlos, weil es sich nur um Superklassen handeln kann. Problematischer ist die andere Art von Unsicherheit: Eine Variable kann zu verschiedenen Zeitpunkten Objekte verschiedener Arten enthalten. Um das Problem zu sehen, schauen wir noch einmal ins Tierreich. Wir haben folgende Klassen:

```
class Tier {
  ...
}//end of class Tier
class Hund extends Tier {
  void bellen () { ... }
  ...
}//end of class Hund
class Katze extends Tier {
  void schnurren () { ... }
  ...
}//end of class Katze
```

Wenn wir jetzt Objekte und Variablen folgender Art haben

```
Tier tier;
Hund odie = new Hund();
Katze garfield = new Katze();
```

dann ist es erlaubt, sowohl odie als auch garfield an die Variable tier zuzuweisen, also tier = odie bzw. tier = garfield. Wenn das Tier Laute von sich geben soll, dann heißt das in einem Fall, dass es bellen soll, im anderen Fall, dass es schnurren soll. Also müssen wir irgendwie in Erfahrung bringen, wer von beiden sich gerade in der Variablen tier befindet. In JAVA geht das mit dem Schlüsselwort instanceof. (Damit die speziellen Operationen anwendbar sind, muss natürlich noch das entsprechende Casting erfolgen.)

```
...
if (tier instanceof Hund) {
  ((Hund)tier).bellen();
} else if (tier instanceof Katze) {
  ((Katze)tier).schnurren();
}
...
```

Die Liste der Operatoren von JAVA, die in Abschnitt 5.1 angegeben wurde, muss um einen weiteren Operator `instanceof` ergänzt werden, der ein Ergebnis der Art `boolean` hat:

Typtest mit `instanceof`
`«Objekt-Variable» instanceof «Klasse»`

10.2.3 Ende der Vererbung: `Object` und `final`

Bei jeder Hierarchie stellen sich zwei Fragen: Was ist ganz „oben" und was ist ganz „unten"?

Die ultimative Superklasse: `Object`

Die gesamte Vererbungshierarchie in JAVA hängt letztendlich unter einer einzigen Superklasse: `Object`. Mit anderen Worten, jede Klasse ist letztlich Subklasse von `Object` und jedes Objekt ist insbesondere vom Typ `Object` (s. Abbildung 10.3). Besonders Letzteres ist sehr praktisch, wenn man allgemeine

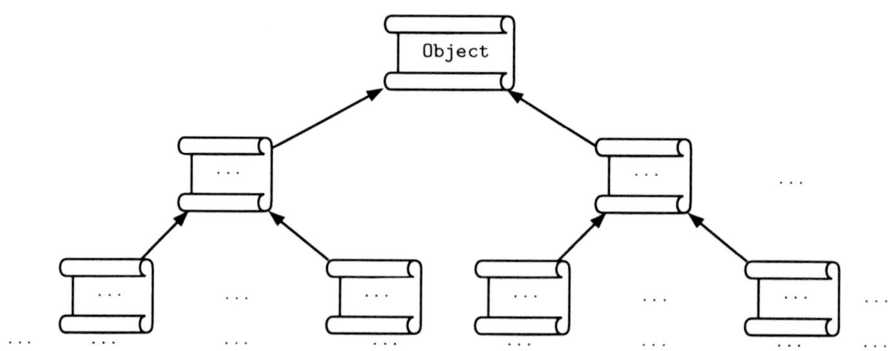

Abb. 10.3. Die ultimative Superklasse `Object`

Methoden programmieren will, die für (nahezu) beliebige Objekte funktionieren sollen. Wir werden in den nächsten Kapiteln viele solcher Methoden kennen lernen.

Die Klasse `Object` ist in JAVA vordefiniert und entält eine Reihe von Methoden, die allgemein hilfreich sein können (u. a. zum Testen von Programmen). Wir erwähnen hier nur zwei dieser Operationen:

```
public class Object {                          // In JAVA vordefiniert
  public boolean equals (Object other) { ...}
  public String toString () { ...}
     ...
}//end of Object
```

Der Aufruf `a.equals(b)` liefert `true`, wenn die Objekte `a` und `b` „identisch" sind. (Was das genau heißt, wird in Kapitel 16 erläutert.) Der Aufruf `a.toString()` liefert eine String-Darstellung des Objekts `a`.

Beide Methoden sind zwar defaultmäßig in `Object` vordefiniert und werden somit von allen anderen Klassen geerbt, aber in der Praxis gilt folgende Regel: *Die Methoden* ***equals*** *und* ***toString*** *sollten vom Programmierer in jeder Klasse redefiniert werden, sodass sie funktionell auf die Bedeutung der Klasse abgestellt sind.*

Die untersten Klassen: `final`

Die Subklassenbildung kann nicht unendlich weitergehen. Deshalb gibt es in dem Vererbungsbaum jedes Programms (vgl. Abbildung 10.3) am unteren Ende als Blätter Klassen, zu denen keine weiteren Subklassen mehr definiert wurden.

Unter bestimmten Umständen möchte man als Programmierer einer Klasse sogar *erzwingen*, dass es keine weiteren Subklassen mehr geben *kann.* Dazu stellt JAVA das Schlüsselwort `final` zur Verfügung. Wir können z. B. schreiben

```
final class SecurityMonitor {
   ...
}
```

Damit ist garantiert, dass niemand eine weitere Subklasse dieser Klasse bilden kann. Und das bedeutet insbesondere, dass unser – hochkritischer – Sicherheitsmonitor nicht (auf dem Weg einer mutierenden Vererbung) durch böse Viren umformuliert werden kann.

Wenn man nicht die ganze Klasse endgültig machen will, kann man auch einzelne Methoden schützen:

```
class SecurityMonitor {
   ...
   final boolean checkIdentity (UserId uid, Password pwd) { ...}
   ...
}
```

Wann sollte man Klassen oder Methoden gegen Modifikationen abschirmen? Üblicherweise sind es zwei Gründe, die das nahe legen können:

- **Sicherheit**: Da JAVA-Programme oft über das Internet geladen werden, bietet es sich als eine Angriffsmöglichkeit an, einzelne Methoden gezielt über Subklassenbildung so zu modifizieren, dass Sicherheitsmechanismen durchbrochen werden.

- **Design**: In vielen Softwaresystemen ist es wichtig zu wissen, dass gewisse Teile „endgültig“ sind, sodass man sich auf ihr Verhalten verlassen kann.

Konstanten: `final`

Es ist zwar konsequent, aber auch überraschend, dass die Definition von Konstanten in JAVA ebenfalls über den `final`-Mechanismus realisiert wird (vgl. Abschnitt 2.4). Wir können also schreiben

```
class Physics {
  final float GRAVITY = 9.81F;
  ...
}
```

Außerdem wird – wie schon in Abschnitt 3.2.3 diskutiert – das Schlüsselwort `final` verwendet, um den Missbrauch von Parametern als lokale Variablen zu verhindern.

Damit hat JAVA vier ähnliche, aber leicht variierende Verwendungen des Schlüsselwortes `final`.

final (Klassen, Methoden, Parameter, Konstanten)

```
final class «Klasse» { ... }
final «Typ» «Methode» ( «Parameterliste» ) { ... }
«Typ» «Methode» (..., final «Parameter», ...) { ... }
final «Typ» «Konstante» = «Ausdruck»;
```

10.2.4 Mit super zur Superklasse

Im Zusammenhang mit der Vererbung entsteht manchmal das Bedürfnis, sich *explizit* auf die Superklasse zu beziehen. Am häufigsten tritt dieses Bedürfnis bei Konstruktormethoden auf.

Als – zugegebenermaßen sehr einfaches – Beispiel betrachten wir Quadrate als Subklassen von Rechtecken.

```
class Rectangle {
  private double width;
  private double height;
  Rectangle ( double wd, double ht ) {
    this.width = wd;
    this.height = ht;
  }//Konstruktor
  ...
}// end of class Rectangle
```

```
class Square extends Rectangle {
  Square ( double leng ) {
    super( leng, leng );          // Konstruktor von Rectangle
  }//Konstruktor
  ...
}// end of class Square
```

Das Spezielle an Quadraten ist, dass Breite und Höhe gleich sind; ansonsten sind es ganz normale Rechtecke, sodass wir alle Methoden erben können. Aber der Konstruktor sollte nur einen Parameter vorsehen, der dann sowohl die Breite als auch die Höhe festlegt. Das Schlüsselwort `super` stellt den Bezug zur Superklasse her. Wenn wir in `Square` also schreiben `super(leng,leng)`, dann entspricht das dem Konstruktor `Rectangle(leng, leng)`. Letztere Notation wäre aber illegal. Denn für die Verwendung des Schlüsselwortes `super` *als Konstruktor* gelten folgende Restriktionen:

- In einer Subklasse darf der Konstruktor der Superklasse selbst *nicht* verwendet werden; er kann nur über das Schlüsselwort `super` angesprochen werden.
- Der Konstruktor `super(...)` kann nur als *erste Anweisung* im Konstruktor der Subklasse verwendet werden.

Wenn `super` nicht als Konstruktor, sondern nur allgemein als Bezug auf die Superklasse verwendet wird, gibt es keine zusätzlichen Restriktionen. Das wird aber so selten gebraucht, dass es kaum sinnvolle Beispiele gibt. Also müssen wir zur Illustration ein artifizielles Beispiel basteln. In der folgenden Subklasse `Child` existieren *zwei* Attribute namens `x`, eines vom Typ `int`, das andere vom Typ `float`. Dabei wird das Attribut der Superklasse `Parent` durch das namensgleiche Attribut in `Child` „verschattet". Wenn man es trotzdem braucht, muss man es mittels `super.x` zugänglich machen.

```
class Parent {
  int x = 3;
  ...
}
class Child extends Parent {
  float x = 1.2F;
  ...
  float foo () { return this.x + super.x; }  // liefert 4.2
  ...
}
```

10.2.5 Casting: Zurück zur Sub- oder Superklasse

Wir hatten schon früher bei den elementaren Typen gesehen (vgl. Abschnitt 2.5.1), dass es manchmal notwendig ist, zwischen Typen hin- und herzupendeln. Dabei geht die eine Richtung immer, die andere nur auf explizite Forderung des Programmieres:

```
int small;
long large;
...
large = small;            // implizites Casting
small = (int) large;      // explizites Casting
```

Diesen *Casting*-Mechanismus brauchen wir auch für Sub- und Superklassen. Wir wenden uns wieder der Tierwelt zu:

```
class Tier { ...}
class Hund extends Tier { ...}
class Katze extends Tier { ...}
```

Außerdem seien in einem Programm entsprechende Variablen eingeführt:

```
Tier tier;
Hund odie = new Hund();
Katze garfield = new Katze();
```

Wenn wir jetzt die Objekte in diesen Variablen hin- und herkopieren wollen, dann geht das problemlos zwischen Sub- und Superklasse, weshalb auch keine besonderen Schreibweisen notwendig sind. In der anderen Richtung ist die Anpassung aber kritisch, weshalb sie vom Programmierer explizit gefordert werden muss. Die Notation ist dabei die gleiche wie bei Typen: Die gewünschte Klasse wird in Klammern vor den Ausdruck gesetzt:

```
tier  = odie;               // implizit (problemlos)
odie = (Hund) tier;         // explizit (potenziell fehlerhaft; hier ok)
garfield = (Katze) tier;    // explizit (hier fehlerhaft!)
```

Der Compiler akzeptiert alle diese Anweisungen. Aber zur Laufzeit gehen nur die Zuweisungen an `tier` und an `odie` gut, weil auf der rechten Seite jeweils ein passendes Objekt steht. Die letzte Anweisung führt dagegen auf einen Laufzeitfehler, weil das Casting `(Katze)tier` entdeckt, dass in `tier` zurzeit kein Objekt steht, das zur Klasse `Katze` passt.

Wegen dieser Probleme sollte man vor dem Abwärtscasting grundsätzlich einen Typtest einbauen, also

```
... if (tier instanceof Katze) { ... (Katze)tier ... }
```

10.3 Abstrakte Klassen

Manchmal kann und will man ein allgemeines Konzept formulieren, ohne dass es sinnvoll wäre, davon konkrete Instanzen zu bilden. So ist z. B. das Konzept „Nahrung“ durchaus sinnvoll, und man kann dafür Attribute wie Kalorien, essbar etc. und Methoden wie Zubereitung, Verzehr usw. festlegen. Aber Instanzen von „Nahrung“ gibt es nicht. Es gibt nur Instanzen von Kartoffeln,

Milch, Äpfeln usw. Mit anderen Worten: Die Klasse *Nahrung* dient nur dazu, Subklassen daraus abzuleiten, aber man kann nicht direkt Objekte dafür kreieren.

Programmiertechnisch sind *abstrakte Klassen* dadurch gekennzeichnet, dass sie einige Methoden vorsehen, die nicht ausprogrammiert sind, also keinen Rumpf haben. Der Grund ist i. Allg., dass auf der entsprechenden Abstraktionsebene noch keine konkrete Implementierung angegeben werden kann.

Definition (abstrakte Klasse)

Eine ***abstrakte Methode*** ist eine Methode ohne Implementierung; d. h., sie hat keinen Rumpf.

Abstrakte Methode
`abstract «Typ» «Name» ( «Parameter» );`

Eine ***abstrakte Klasse*** ist eine Klasse, die mindestens eine abstrakte Methode enthält.

Abstrakte Klasse
`abstract class «Name» { «Rumpf» }`

Sowohl abstrakte Methoden als auch abstrakte Klassen werden durch das Schlüsselwort `abstract` gekennzeichnet. ❑

Man beachte, dass bei abstrakten Methoden auch die Klammern `{}` für den Rumpf fehlen. Das heißt, sie haben gar keinen Rumpf, nicht nur einen leeren Rumpf. (Ein leerer Rumpf ist in JAVA eine normale Methode, die beim Aufruf nichts tut – und das ist etwas anderes als eine abstrakte Methode.)

Eine typische Anwendung für abstrakte Klassen sind „geometrische Objekte“ (s. Abbildung 10.4 und Programm 10.1).

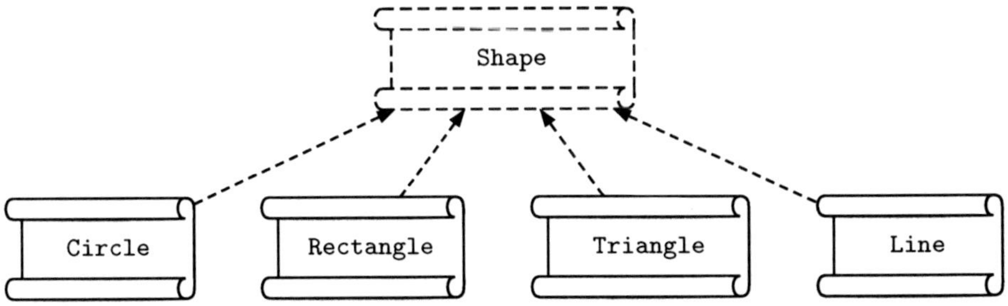

Abb. 10.4. Vererbung einer abstrakten Klasse

Es gibt ein allgemeines Konzept für „geometrisches Objekt“ (*Shape*) mit Attributen wie *Referenzpunkt* und *umschließendes Rechteck*, sowie Methoden wie *Verschieben* etc., die sich allgemein programmieren lassen. Aber andere Methoden wie z. B. *Fläche* oder *Zeichnen* müssen auf dieser Abstraktionsebene offen gelassen werden. Sie können erst bei konkreten geometrischen Objekten wie Rechtecken, Kreisen, Linien etc. programmiert werden.

Programm 10.1 Eine abstrakte Klasse und konkrete Subklassen

```
abstract class Shape {
  double x, y;                                    // Referenzpunkt
  void moveTo (double newX, double newY) {        // Verschieben
    x = newX;
    y = newY;
    draw();
  }//moveTo
  abstract double area();                         // abstrakte Methode
  abstract void draw ();                          // abstrakte Methode
}//end of class Shape
class Circle extends Shape {
  ...
  double area () { ... }                          // Implementierung
  void draw () { ... }                            // Implementierung
}//end of class Circle
class Rectangle extends Shape {
  ...
  double area () { ... }                          // Implementierung
  void draw () { ... }                            // Implementierung
}//end of class Rectangle
```

Programm 10.1 zeigt, dass abstrakte Klassen sich in der Tat nur wenig von normalen Klassen unterscheiden. Sie können in fast allen Situationen auch wie ganz normale Klassen benutzt werden: Man kann sie vererben, man kann Variablen für sie definieren, man kann sie in Arrays und in Zuweisungen verwenden und man kann Resultate und Parameter von Methoden mit ihnen typisieren. Das zeigen folgende Anwendungen:

```
Shape shape;
Circle circle = new Circle();
...
circle.draw();
shape = circle;
shape.draw();
```

Nur eines kann man nicht mit abstrakten Klassen tun: Man kann sie nicht mit `new` zur Objekterzeugung verwenden.

Shape shape = ~~new Shape()~~; // *FEHLER!!!*

11

Interfaces

Noch wichtiger als die abstrakten Klassen sind die sog. *Interfaces*. Auf den ersten Blick sehen sie eigentlich aus wie abstrakte Klassen, bei denen *alle* Methoden abstrakt sind. Aber bei genauerem Hinsehen liefern sie Konzepte, die weit allgemeiner sind. Vor allem werden mit ihrer Hilfe endlich die programmiertechnischen Fragen lösbar, die bei den Programmen aus der Numerischen Mathematik (z. B. beim Differenzieren und Integrieren) und auch beim Suchen und Sortieren noch offen geblieben waren. Der größte Anwendungsbereich für Interfaces liegt allerdings bei den grafischen Benutzerschnittstellen, auf die wir später noch eingehen werden.

11.1 Mehrfachvererbung und Interfaces

Ein kniffliges Problem in der objektorientierten Programmierung ist die „Mehrfachvererbung" (engl.: *multiple inheritance*). Wir haben eine entsprechende Situation am Anfang von Abschnitt 10.1 gesehen, wo der Typ $\mathbb{N}_g$ der geraden natürlichen Zahlen aus der Überlappung von $\mathbb{N}$ und $\mathbb{Z}_g$ hervorgegangen ist. Ähnliche Situationen entstehen, wenn man z. B. *Amphibienfahrzeuge* als Überlappung der beiden Superklassen *Auto* und *Boot* charakterisiert oder *Quadrate* als Überlappung von *rechteckigen* und *gleichseitigen* Figuren.

Im Allgemeinen machen solche Überlappungen keine Probleme. Schwierig wird es nur, wenn in zwei solchen Superklassen die gleiche Methode deklariert wird (genauer: zwei verschiedene Methoden mit dem gleichen Namen). Folgendes Programmfragment illustriert diese Situation:

```
class Auto {
  void fahren () { ... }
}
class Boot {
  void fahren () { ... }
}
class Amphibienfahrzeug extends Auto,Boot { // nicht JAVA!!
  ...
  ...fahren(); ...
  ...
}
```

Hier ist völlig unklar, welche der beiden Definitionen von `fahren()` gemeint ist. Und auch Hilfsmittel wie `super` helfen nicht mehr weiter.

Für dieses grundlegende Problem gibt es in der Literatur die unterschiedlichsten Lösungsansätze. JAVA wählt einen ziemlich rigorosen Ausweg: Es *verbietet* die Situation schlichtweg.

Da das grundlegende Prinzip aber sinnvoll ist und in der Praxis auch häufig auftaucht, muss JAVA eine Ersatzlösung anbieten. Deshalb gibt es die Idee der *Interfaces*.

Definition (Interface)

Ein ***Interface*** ist eine Sammlung von Methodenköpfen ohne Rümpfe. Zusätzlich können noch einige Konstanten enthalten sein.

Interface
`interface «Name» { «Methodenköpfe» «Konstanten» }`

Interfaces werden durch Klassen ***implementiert***. Dazu muss die Klasse jeweils alle im Interface geforderten Methoden realisieren.

Implementierung
`class «Name_Klasse» implements «Name_Interface» { ... }`

Für diejenigen Methoden der Klasse, die die Interface-Methoden realisieren, gilt noch eine Zusatzbedingung: Sie müssen als `public` gekennzeichnet sein. (Näheres dazu in Kapitel 14.) ❑

Interfaces dienen als reine *Schnittstellenbeschreibungen* und sagen nichts über die zugehörigen Implementierungen aus.[1] Im Gegensatz zu abstrakten Klassen, die i. Allg. zumindest einen Teil ihrer Methoden selbst realisieren, stellen Interfaces nur *Aufforderungen* (an ihre Implementierungen) dar, gewisse Methoden verfügbar zu machen.

---

[1] Man kann Interfaces als so etwas wie „Typen von Klassen“ auffassen, also als ein Typisierungskonzept auf der nächsthöheren Ebene.

Ebenso wie bei abstrakten Klassen ist es *unmöglich*, aus Interfaces mithilfe von `new` Objekte zu kreieren. Darüber hinaus ist es aber auch *unmöglich*, aus Interfaces mittels Vererbung Subklassen zu bilden.[2] Allerdings können *Subinterfaces* gebildet werden (s. unten).

Ansonsten können Interfaces aber genauso wie Klassen benutzt werden: Man kann mit ihnen Variablen ebenso wie Resultate und Parameter von Methoden typisieren, man kann sie in Arrays verwenden usw.

Interfaces sind in verschiedenen Situationen nützlich, wie wir weiter unten anhand typischer Beispiele skizzieren werden:

- Man kann Klassen zusammenfassen, die zwar sehr unterschiedliche Implementierungstechniken realisieren, aber letztlich dem gleichen Zweck dienen (was sich in der gemeinsamen Schnittstelle widerspiegelt).
- Man kann von einer Klasse die Schnittstelle bekannt geben, ohne auch ihre Implementierung offen legen zu müssen.
- Man kann Anforderungen, die Algorithmen an ihre Parameter stellen, präziser charakterisieren.

In Abbildung 11.1 sieht man eine typische Situation, in der mehrere Klassen die gleiche Schnittstelle realisieren. Dinge, die sich fahren lassen, brauchen Methoden wie `start`, `stop`, `accelerate`, `turn`. Aber die konkreten Realisierungen dieser Methoden sehen bei Autos anders aus als bei Flugzeugen oder Schiffen.

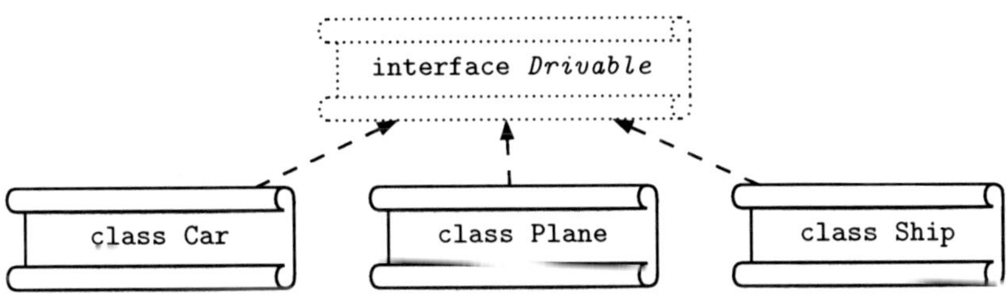

Abb. 11.1. Ein Interface mit mehreren Implementierungen

Programmiertechnisch führt das auf Beschreibungen folgender Bauart:

```
interface Drivable {
  boolean start ();               // Starte Motor (erfolgreich?)
  void stop();                    // Stoppe Motor
  void accelerate (float acc);    // Beschleunigen
  void turn (int degree);         // Drehen
}
```

[2] Das zeigt, dass Interfaces *nicht* das Problem der Mehrfachvererbung lösen. Sie schaffen aber bei einigen praktisch relevanten Anwendungssituationen einen Ersatz dafür.

Diese Schnittstelle kann auf folgende Weise implementiert werden:

```
class Car implements Drivable {
  float CurrentSpeed = 0;
  ...
  public boolean start () {
    ... «Implementierung der Start-Methode» ...
  }
  public void stop () {
    ... «Implementierung der Stopp-Methode» ...
  }
  public void accelerate (float a) {
    ... «Implementierung der Beschleunigungs-Methode» ...
  }
  public void turn (int d) {
    ... «Implementierung der Dreh-Methode» ...
  }
}//end of class Car
```

Der Modifikator `public` wird erst in Kapitel 14 genauer beschrieben. Aber wir merken hier schon an, dass alle Methoden von Interfaces grundsätzlich `public` sind. Allerdings muss man das nur in den implementierenden Klassen explizit hinschreiben. Im Interface selbst darf man das `public` weglassen; es wird vom Compiler automatisch ergänzt.

Verwenden kann man die so definierten Klassen, Interfaces und Methoden in Anweisungen wie

```
Drivable d;
Car c = new Car();
d = c;
boolean success = c.start();
if (success) {
  d.turn(10);
  c.stop();
  ...
}//if
```

Nach der Zuweisung `d=c` ist es in den darauf folgenden Anweisungen egal, ob wir jeweils `c` oder `d` verwenden. Ohne diese Zuweisung wäre dagegen `d.turn(10)` eine illegale Anweisung.

Interfaces mit Vererbung.

Man kann aus Interfaces zwar keine Subklassen ableiten, aber innerhalb von Interfaces selbst kann man Vererbungshierarchien aufbauen. Dabei ist es – im Gegensatz zu Klassen – sogar möglich, Mehrfachvererbung zu verwenden:

```
interface I extends I1, I2, I3 {
  ...
}
```

Allerdings darf es dabei *nicht* vorkommen, dass z. B. in `I1` und `I3` die gleiche Methode vorgesehen wird. Denn damit wäre ihr Ursprung mehrdeutig. Allerdings darf in `I` jede Methode aus `I1`, `I2` oder `I3` wieder aufgeführt werden.

Zusammenfassung

Die folgende Tabelle zeigt im Überblick den Vergleich von Klassen, abstrakten Klassen und Interfaces.

	verwendbar zur Typisierung	*erlaubt Vererbung*	*erlaubt Mehrfach-vererbung*	*verwendbar in* `new`
Klassen	✓	✓		✓
abstakte Klassen	✓	✓		
Interfaces	✓	✓	✓	

11.2 Anwendung: Suchen und Sortieren richtig gelöst

Bei der Behandlung von Such- und Sortieralgorithmen in Kapitel 8 haben wir uns mit einem Trick aus der Affäre gezogen. Unsere Programme hatten eine Form wie (vgl. Programm 8.4)

```
private void insert ( long[] a, int w ) {
  int i;                                   // Hilfsgröße
  for (i = w; i >= 1; i--) {
    if ( a[i-1] <= a[i] ) { break; }       // Ziel erreicht
    swap(a, i-1, i);                       // a[w] jetzt an der Stelle i–1
  }//for
}//insert
```

Das heißt, wir haben das Suchen und Sortieren nur anhand von `long`-Arrays vorgeführt. Aber die algorithmischen Ideen beim *Suchen und Sortieren* funktionieren auf Arrays beliebiger Daten. Egal ob ich einen Array von `long`-Zahlen oder einen Array von Kunden sortiere, die Idee *Insertion sort* oder *Quicksort* bleibt immer die gleiche.

In den Urzeiten der Informatik hat man das nur dadurch lösen können, dass man die eine Methode wie `insert` für jede Art von Array neu programmiert – genauer: abgeschrieben und leicht adaptiert – hat. Das würde in JAVA dann z. B. auf folgende Methode führen:

```
private void insert ( Kunde[] a, int w ) {
  int i;                                  // Hilfsgröße
  for (i = w; i >= 1; i--) {
    if ( a[i-1].le(a[i]) ) { break; }     // Ziel erreicht
    swap(a, i-1, i);                      // a[w] jetzt an der Stelle i–1
  }//for
}//insert
```

Man sieht, dass sich hier nur zwei Dinge ändern: Der Parameter ist jetzt ein Kundenarray `Kunde[] a`. Und der Vergleich ist jetzt nicht mehr der Operator '<', sondern ein Funktionsaufruf der Art `k1.le(k2)` mit Objekten `k1` und `k2` der Art `Kunde`. Diese Funktion muss natürlich in der Klasse Kunde programmiert sein.

In der modernen Informatik kann man dieses permanente Programmieren von immer wieder gleichen Situationen vermeiden, indem man z. B. den JAVA-Mechanismus der Interfaces benutzt.

11.2.1 Das Interface `Sortable`

In Programm 11.1 ist ein Interface `Sortable` definiert, das alle Anforderungen von Such- und Sortieralgorithmen erfüllt.

Programm 11.1 Das Interface `Sortable`

```
interface Sortable {
  boolean le ( Sortable other );     // kleiner-gleich
  boolean lt ( Sortable other );     // kleiner
  boolean eq ( Sortable other );     // gleich
}//end of Sortable
```

Auf der Basis des Interfaces `Sortable` kann jetzt ein allgemeiner Sortieralgorithmus programmiert werden. Die Methode `insert` aus der Klasse `InsertionSort` sieht dann z. B. folgendermaßen aus.

```
private void insert ( Sortable[] a, int w ) {
  int i;                                  // Hilfsgröße
  for (i = w; i >= 1; i--) {
    if ( a[i-1].le(a[i]) ) { break; }     // Ziel erreicht
    swap(a, i-1, i);                      // a[w] jetzt an der Stelle i–1
  }//for
}//insert
```

Man beachte, dass sowohl `a[i-1]` als auch `a[i]` jeweils `Sortable`-Objekte sind, wobei das erste dieser Objekte die Methode bereitstellt, und das zweite als Argument dient.

Klassen, deren Objekte wir sortieren wollen, müssen natürlich als Implementierungen von `Sortable` charakterisiert werden. Ein Beispiel ist in Programm 11.2 gezeigt. Dieses Beispiel zeigt übrigens, wie subtil einige der

Programm 11.2 Die Klasse `Kunde` als Implementierung von `Sortable`

```
public class Kunde implements Sortable {
  private int kdnr;
  ...
  public boolean le ( Sortable other ) {         // wie im Interface
    return this.kdnr <= ((Kunde)other).kdnr;     // Casting notwendig
  }
  public boolean lt ( Sortable other ) {         // wie im Interface
    return this.kdnr < ((Kunde)other).kdnr;      // Casting notwendig
  }
  public boolean eq ( Sortable other ) {         // wie im Interface
    return this.kdnr == ((Kunde)other).kdnr;     // Casting notwendig
  }
  ...
}//end of class Kunde
```

Probleme hier werden. Damit `Kunde` in der Tat eine Implementierung von `Sortable` ist, müssen die Methoden `le`, `lt` und `eq` exakt so definiert werden, wie im Interface gefordert. Und das heißt insbesondere, dass der Parameter den Typ `Sortable` haben muss.

Unglücklicherweise ist das Attribut `kdnr` aber nur für Objekte der Art `Kunde` definiert. Also muss der Parameter `other` in die Klasse `Kunde` gecasted werden, bevor man auf `kdnr` zugreifen kann. Das macht die Programme letztlich doch sehr unleserlich.[3]

Man beachte übrigens wieder, dass diejenigen Methoden, die das Interface implementieren, als `public` gekennzeichnet werden müssen.

Die Interfaces haben uns ein gutes Stück in Richtung Allgemeinheit weitergebracht. Wir brauchen jetzt jeden Such- und Sortieralgorithmus nur noch einmal zu schreiben, und zwar für `Sortable`-Arrays. Dann können wir sie auf jede Art von Objekten anwenden, die als Implementierungen von `Sortable` gekennzeichnet sind.

Aber da ist noch ein Problem. Was ist, wenn man in einem Programm die Kunden nach verschiedenen Kriterien sortieren muss, einmal nach Kundennummer, ein andermal alphabetisch nach Namen, und zuletzt auch noch

[3] Man spricht bei dieser Art von Programmtext, der keine essenzielle Information trägt, sondern nur compilertechnische Rahmenbedingungen erfüllt, auch von *formal noise*.

nach Umsatz? Jetzt bräuchten wir jeweils drei verschiedene Varianten der Methoden `le`, `lt` und `eq`. Das geht aber nicht.

Der einzige Ausweg wäre, die `sort`-Methode mit der Vergleichsoperation als weiterem Parameter zu schreiben. Funktionen als Parameter machen in JAVA aber gewaltige Probleme, wie wir schon bei den numerischen Algorithmen in Kapitel 9 gesehen haben und in Abschnitt 11.3 gleich genauer diskutieren werden.

11.2.2 Die JAVA-Interfaces `Comparable` und `Comparator`

In den JAVA-Bibliotheken sind die Bedürfnisse, die wir mit `Sortable` gelöst haben, auch berücksichtigt worden. Im Package `java.lang` gibt es ein Interface `Comparable`, das im Wesentlichen die Idee unseres Interfaces `Sortable` realisiert. Allerdings wird anstelle unserer drei Operationen `le`, `lt` und `eq` nur eine Operation `compareTo` bereitgestellt, die – je nach Größe der beiden Objekte – die Werte -1, 0 oder $+1$ liefert. Viele der in JAVA standardmäßig bereitgestellten Klassen sind als Implementierungen von `Comparable` charakterisiert.

Auch die Idee, bei unterschiedlichen Sortierkriterien die Vergleichsoperation als zusätzliches Argument mitzugeben, wird in JAVA realisiert. Im Package `java.util` gibt es das Interface `Comparator`, das die Methode `compare` vorsieht, die ähnlich wie `compareTo` arbeitet. Das entspricht einem allgemeinen Konzept, das wir gleich in Abschnitt 11.3 behandeln werden.

Anmerkung: In Abschnitt 2.5.2 haben wir gesehen, dass JAVA *zu jedem der Basistypen* `char`, `int`, `float` *etc. eine entsprechende Klasse* `Character`, `Integer`, `Float` *etc. bereitstellt. Diese Klassen implementieren das Interface* `Comparable` *und stellen deshalb die Operation* `compareTo` *bereit.*

11.3 Anwendung: Methoden höherer Ordnung

Ein schwerwiegender Mangel von JAVA ist, dass Funktionen nicht als Parameter an andere Funktionen übergeben werden können.[4] Wir sind zum ersten Mal auf dieses Defizit gestoßen, als wir in Kapitel 9 Programme für das Differenzieren und Integrieren entworfen haben. Aber auch in den vorangegengenen Abschnitten dieses Kapitels hatte sich gezeigt, dass man beim Sortieren manchmal die Vergleichsoperation als Argument mitgeben müsste. Als besonders lästig wird sich das Fehlen dieses Konzepts später noch erweisen, wenn wir grafische Benutzerschnittstellen (GUIs) behandeln.

Zum Glück lässt sich das Defizit mit dem Mittel der Interfaces wenigstens teilweise beheben, wenn auch sehr umständlich und „geschwätzig“.

[4] Es ist unverständlich, warum dieses Feature beim Design der Sprache weggelassen wurde, obwohl es seit Jahrzehnten zum Standardrepertoire von Programmiersprachen gehört.

Wir erinnern an die Programme zum Differenzieren (Programm 9.6 in Abschnitt 9.4) und Integrieren (Programm 9.7 in Abschnitt 9.5). Diese Programme definieren die beiden zentralen Funktionen

```
double diff ( Fun f, double x ) { ... }
double integral ( Fun f, double a, double b ) { ... }
```

Dabei hatten wir die konkrete Funktion `f`, die differenziert oder integriert werden sollte, mithilfe einer Klasse der Art

```
class Fun {
  double apply ( double x ) { return Math.exp(2*x*x) / (x+1); }
}//end of class Fun
```

in ein Objekt eingebettet. Mit dieser Klasse liefert dann z. B.

```
Fun f = new Fun();
double y = integral(f, 0, 1);
```

den Wert des Integrals $\int_0^1 \frac{1}{x+1} e^{2x^2} dx$. Was aber, wenn wir auch noch das Integral $\int_{-\pi}^{+\pi} \sin \frac{x}{3} dx$ brauchen? Die Klasse `Fun` ist ja schon für den ersten Ausdruck verbraucht.

11.3.1 Fun als Interface

Die Lösung liegt offensichtlich im Konzept der Interfaces. Wir führen `Fun` nicht als Klasse, sondern als Interface ein.

```
interface Fun {
  double apply ( double x );
}
```

Die Methoden `diff` und `integral` bleiben unverändert, aber der Parametertyp `Fun` bezieht sich jetzt auf dieses Interface.

Auf dieser Basis können wir verschiedene Funktionen in jeweils eigene Klassen packen, die als Implementierungen des Interfaces `Fun` gekennzeichnet werden. Beispiele sind etwa

```
class ExpFun1 implements Fun {
  public double apply ( double x ) {
    return Math.exp(2*x*x) / (x+1);
  }
}
class Sin3 implements Fun {
  public double apply ( double x ) {
    return Math.sin(x/3);
  }
}
```

Die beiden obigen Integrale werden dann durch folgende Aufrufe berechnet:

```
double y1 = integral( new ExpFun1(), 0, 1 );
double y2 = integral( new Sin3(), -Math.PI, Math.PI );
```

Dabei haben wir den beiden Funktionen – genauer: Funktionsobjekten – keine eigenen Namen gegeben, sondern den new-Operator direkt als Argumentausdruck verwendet.

Das ist zwar alles ziemlich unelegant und länglich (engl. „*clumsy*"), aber es ist wenigstens machbar.

Verwendung anonymer Klassen.

Manche Leute empfinden es als lästig, für jede Funktion einen neuen Klassennamen erfinden zu müssen, obwohl man die Funktion doch nur einmal als Parameter z. B. von `integral` benötigt. Um diese Faulheit zu unterstützen sieht JAVA das Mittel der *anonymen Klassen* vor (das wir in Abschnitt 13.3 behandeln werden). An Stelle unseres Beispiels `integral(new ExpFun1(), 0, 1 )` könnte man auch schreiben

```
double y1 = integral( new Fun() {
                          public double apply ( double x ) {
                              return Math.exp(2*x*x) / (x+1);
                          } //apply
                      },//Fun
                      0, 1);
```

Was passiert hier? Hinter dem new-Operator geben wir das Interface `Fun` an – was eigentlich bei Interfaces gar nicht erlaubt ist. Es ist aber in diesem speziellen Fall zulässig, weil sofort anschließend die Definition der implementierenden Klasse folgt, allerdings nur der Rumpf; Namen bekommt diese Klasse keinen.

Anmerkung: Ob sich – angesichts der horriblen (Un-)Lesbarkeit – die Aufnahme dieses Features in die Sprache lohnt, bleibt zweifelhaft. Und das umso mehr, weil das Ganze nur ein Ersatz für Funktionen als Parameter ist, was in fast allen anderen Sprachen ganz natürlich und unspektakulär gelöst ist.

11.3.2 Interpolation als Implementierung von Fun

In Abschnitt 9.6 haben wir in Programm 9.8 ein Verfahren gezeigt, mit dem zu einer gegebenen Menge von Stützstellen (Messwerten) ein interpolierendes Polynom bestimmt werden kann. Die wesentliche Funktion zur Berechnung des interpolierenden Wertes haben wir dort mit `apply` bezeichnet. Wenn wir das Programm jetzt noch technisch so adaptieren, dass es die Form hat

```
class Interpolation implements Fun {
  ...
  public double apply ( double x ) { ... }
  ...
}//end of class Interpolation
```

dann können wir die interpolierte Funktion sogar differenzieren und integrieren (obwohl wir sie gar nicht selbst kennen).

Bei dieser Anwendung erscheint der Trick mit dem Interface `Fun` überhaupt nicht mehr als „Overkill".

11.3.3 Ein bisschen Eleganz: Methoden als Resultate

In vielen Sprachen kann man sogar Funktionen schreiben, die als Resultat neue Funktionen oder Prozeduren erzeugen. Man spricht dann von ***Funktionen höherer Ordnung***.[5] Gebraucht werden solche Funktionen höherer Ordnung in mathematischen Anwendungen ebenso wie z. B. zur Programmierung von allgemeinen „Pretty-printing"-Verfahren zur externen Darstellung von internen Daten. Besonders nützlich sind sie auch zur Implementierung von generellen Programmen für Standardalgorithmen wie „*Auflistung aller* ...", „*Summe über alle* ...", „*Teilmenge aller* ..." usw.

Wenn in JAVA schon Methoden als Parameter fehlen, ist es nicht überraschend, dass auch Methoden als Resultate *nicht* eingebaut wurden. Aber die Interfaces bieten auch hier einen „Workaround". Auf Grund der Bedeutung für viele Anwendungen wollen wir diesen Workaround hier wenigstens skizzieren, auch wenn die Eleganz zu wünschen übrig lässt.

Beispiel: Wir illustrieren das Konzept anhand mathematischer Beispiele. Wenn eine reelle Funktion `f(x)` gegeben ist, können wir sie z. B. verschieben, spiegeln oder strecken (siehe Abb. 11.2). In der Schreibweise der Mathematik

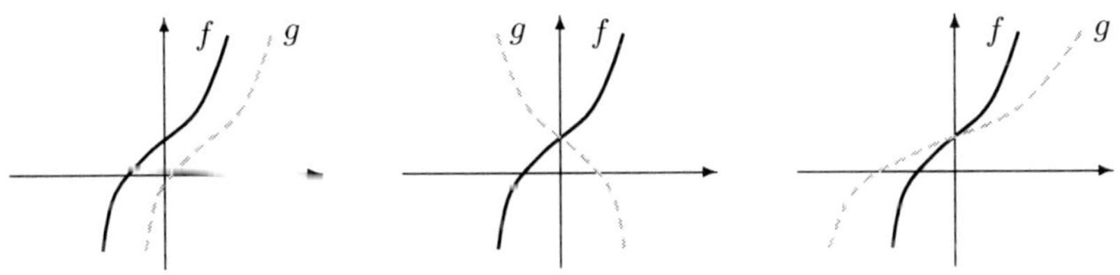

(a) *shift* (b) *mirror* (c) *stretch*

Abb. 11.2. Einige Manipulationen reeller Funktionen

– die auch die Schreibweise funktionaler Programmiersprachen ist – können wir die abgeleitete Funktion `g` jeweils folgendermaßen definieren:

[5] In einigen klassischen Sprachen wie PASCAL oder C sind diese Möglichkeiten zwar eingebaut, aber nicht besonders gut unterstützt. In den neuen *funktionalen Programmiersprachen* wie ML [48], HASKELL [64] oder OPAL [52] sind sie dagegen ein zentrales Konzept, das entscheidend zur Eleganz und Kompaktheit der Programme beiträgt.

$$g = shift(f, \Delta) \quad d.\,h. \quad g(x) = f(x - \Delta)$$
$$g = mirror(f) \quad d.\,h. \quad g(x) = f(-x)$$
$$g = stretch(f, r) \quad d.\,h. \quad g(x) = f(x/r)$$

Dabei sind *shift*, *mirror* und *stretch* Funktionen höherer Ordnung, die jeweils einer gegebenen Funktion f eine entsprechende Funktion g zuordnen.

Wie können wir das in JAVA simulieren? Wir wählen zur Illustration die Funktion *shift*. Diese Funktion braucht zwei Parameter: eine reelle Funktion $f : \mathbb{R} \to \mathbb{R}$ und einen reellen Wert $\Delta \in \mathbb{R}$. Letzteres gibt es in JAVA, Ersteres müssen wir über Objekte simulieren. Das heißt, wir brauchen ein Objekt, in das die Funktion „eingebettet" ist. Damit kommt wieder unser Interface `Fun` zum Einsatz. Mit seiner Hilfe können wir die Funktion *shift* adäquat typisieren und programmieren. (Der Modifier `final` wird aus technischen Gründen vom Compiler gefordert.)

```
Fun shift (final Fun f, final double delta) {
   return new Fun() {
      public double apply (double x) {
         return f.apply(x - delta);
      }//apply
   };//Fun
}//shift
```

Hier wird – lokal innerhalb der Methode `shift` – eine anonyme Klasse als Implementierung des Interfaces `Fun` deklariert. Innerhalb dieser Klasse wird die – vom Interface geforderte – Funktion `apply` so definiert, wie es die Idee von *shift* verlangt, nämlich als $f(x - \Delta)$. Weil die Argumentfunktion f in ein `Fun`-Objekt eingebettet ist, müssen wir ihre Applikation mittels `f.apply(...)` realisieren.

Wie sehen jetzt mögliche Applikationen aus? Nehmen wir als Beispiel die Definition $\cos = shift(\sin, -\frac{\pi}{2})$ (auch wenn es aus Gründen der numerischen Exaktheit keine gute Definition ist). Zunächst müssen wir die Funktion `sin` in ein `Fun`-Objekt einbetten. Das kann mithilfe einer anonymen Klasse geschehen:

```
Fun sin = new Fun() {
              public double apply (double x) { return Math.sin(x); }
            };
```

Dann können wir die Funktion `cos` mittels `shift` generieren, allerdings wieder eingebettet in ein `Fun`-Objekt:

```
Fun cos = shift(sin, -Math.PI/2);
```

Wenn wir diese generierte Funktion anwenden wollen, müssen wir das natürlich mittels der `apply`-Methode des Objekts `cos` tun.

```
double z = cos.apply(...);
```

Wie man an diesem Beispiel sieht, braucht das Prinzip der Funktionen höherer Ordnung in JAVA einigen notationellen Aufwand. Auch wenn man das unschön oder gar abschreckend finden mag, entscheidend ist, dass es überhaupt geht und somit diese wichtige Programmiertechnik dem JAVA-Programmierer nicht gänzlich verwehrt bleibt.

Anmerkung: Aus Sicht eines Compilerbauers entbehrt diese Situation nicht einer gewissen Komik. Jeder Student lernt in den Grundlagen des Compilerbaus, wie man Methoden höherer Ordnung mit einer einfachen Technik, nämlich der sog. Closure-Bildung, automatisch und effizient implementieren kann. Diese Closures sind letztlich genau die Technik, die wir oben skizziert haben. Der arme JAVA*-Programmierer muss also höchst aufwendig von Hand machen, was ihm in anderen Sprachen die Compiler als Komfort bieten.*

Und um die Skurrilität noch zu steigern, hat man in JAVA *das gesamte GUI-Konzept um diese Krücke herum gebastelt. Verkauft werden die daraus resultierenden* Listener *und ähnliche Gebilde aber nicht als unbeholfener Workaround, sondern als bedeutendes „Feature". Gute PR ist eben alles …*

12

Generizität (Polymorphie)

Die Vererbungshierarchie mit der Klasse `Object` als ultimativer Superklasse für alle Klassen muss in JAVA immer dann herhalten, wenn ein Algorithmus oder eine Datenstruktur in allgemeiner Form beschrieben werden soll. Das ist aber ein schwacher Ersatz für ein Konzept, das in der Informatik eigentlich für diesen Zweck entwickelt wurde, aber in JAVA lange fehlte: *Polymorphie*. Das hat sich seit JAVA 5 zu gebessernt.

12.1 Des einen Vergangenheit ist des anderen Zukunft

Unter dem Begriff ***Polymorphie*** wird seit Jahrzehnten die Idee verstanden, Funktionen und Datenstrukturen „generisch", das heißt, gleichartig für viele Arten von Werten, zu programmieren. Spätestens mit der Programmiersprache ML hat das Konzept auch den Weg von der reinen Typtheorie in die praktische Programmierung gefunden. Seither ist es in vielen Sprachen verfügbar, wenn auch unter verschiedenen Namen, z. B. *Generizität*, *Polymorphie* oder *Templates* (Letzteres in C^{++}).

In JAVA gab es ein vergleichbares Konzept in den Sprachversionen bis einschließlich JAVA 1.4 nicht. Deshalb musste man sich mit dem Trick behelfen, Superklassen wie `Object` oder Interfaces wie `Sortable` zu verwenden und dann fröhlich hin- und herzucasten. Das hat mindestens zwei Nachteile: Erstens ist es schreibaufwendig und damit unleserlich. Und zweitens werden Typfehler nicht vom Compiler erkannt, sondern allenfalls zur Laufzeit entdeckt. Das alles hat sich mit JAVA 5 geändert. Jetzt ist Generizität verfügbar.

Ein Problem ist aber nicht zu übersehen: Weil das Konzept nachträglich einer Sprache übergestülpt wurde, in der ursprünglich andere Lösungen vorgesehen waren, gibt es jede Menge Kompatibilitätsprobleme. Das Verhältnis zwischen Generizität auf der einen und Dingen wie Vererbung, Interfaces, anonyme Klassen, innere Klassen etc. auf der anderen Seite ist alles andere als trivial.

12.2 Die Idee der Polymorphie (Generizität)

In nahezu jeder Sprache – auch schon in den früheren JAVA-Versionen – ist ein Spezialfall von Polymorphie implementiert: *Arrays*. Die Idee des Arrays als einer Sammlung von Komponenten, die über Indizes $0, \ldots, n$ selektiert werden, funktioniert bei Zahlen genauso wie bei Wörtern, Punkten, Kunden oder sonstigen Werten und Objekten. Das spiegelt sich in Notationen wider wie `double[] a` oder `Kunde[] b`. Und die Selektion `a[i]` liefert typkorrekt ein Element der Art `double`, während bei `b[i]` ein Objekt der Art `Kunde` entsteht. Auch `a.length` und `b.length` funktionieren gleich, unabhängig von der Art der Elemente in `a` und `b`.

Genau das ist das Prinzip der ***Polymorphie***: Ein Programmierkonzept wird immer gleich realisiert, unabhängig vom Typ der zugrunde liegenden Basisdaten.

In der Mathematik und den mit ihr sehr verwandten funktionalen Programmiersprachen würde man polymorphe Funktionen etwa so schreiben:

$id\colon \alpha \to \alpha$ -- *Identitätsfunktion (polymorph)*
$length\colon list(\alpha) \to nat$ -- *Länge einer Liste (polymorph)*
$first\colon list(\alpha) \to \alpha$ -- *erstes Element der Liste (polymorph)*

Die Identitätsfunktion kann dann auf beliebige Arten von Werten angewandt werden und liefert entsprechend typisierte Resultate: $id(5)$ hat den Typ *int* und $id(`c`)$ hat den Typ *char*. Entsprechendes gilt für *length* und *first*.

Wenn man dieses Konzept – was in den Versionen vor JAVA 5 noch der Fall war – mithilfe der ultimativen Superklasse `Object` simulieren muss, dann hat man zwei Defizite:

- Man muss sehr viele Castings in den Programmcode einbauen.
- Der Compiler kann keine Typprüfung durchführen. Fehler werden erst zur Laufzeit entdeckt.

Zum Vergleich: Die Funktion `id` sieht im alten JAVA folgendermaßen aus.

```
Object id ( Object x ) { return x; }
```

Wenn wir diese Methode z. B. auf ein Element `p` der Klasse `Point` anwenden, müssen wir so etwas schreiben wie

```
Point q = (Point)(id(p));
```

Denn `p` wird implizit nach `Object` gecastet, während das Resultat, das auch vom Typ `Object` ist, nach `Point` zurückgecastet werden muss. Wenn man das Ganze fälschlicherweise auf ein Objekt `c` der Art `Circle` anwendet, also schreibt `(Point)(id(c))`, dann wird der Fehler erst zur Laufzeit entdeckt.

12.3 Generische Klassen und Interfaces in JAVA

Seit dem Release JAVA 5 ist Generizität verfügbar. Getreu der Philosophie, alle Notationen möglichst nahe an die bekannten und weit verbreiteten Sprachen C und C^{++} anzupassen, sieht Generizität in JAVA den Templates von C^{++}

täuschend ähnlich. Allerdings betonen die Designer von JAVA, dass konzeptuell etwas ganz anderes dahinter steckt.

Objekt- Listen (im alten JAVA).

Wir illustrieren die Idee anhand der Klasse der Listen (auf die wir erst in Kapitel 17 genauer eingehen werden). Im traditionellen JAVA sieht die Klasse folgendermaßen aus:

```
class List {                              // klassisches JAVA
  ...
  List () { ... }                         // Konstruktor
  void addFirst ( Object x ) { ... }
  Object getFirst () { ... }
  ...
}//end of List
```

Eine solche Liste ist eine Folge von Elementen. Die Operation `addFirst` fügt vorne ein Element an und die Operation `getFirst` liefert das erste Element. Wenn wir jetzt z. B. eine Liste `List points` von Punkten haben, dann können wir einen weiteren Punkt `Point p` mit der Anweisung `points.addFirst(p)` hinzufügen. Wenn wir den ersten Punkt aus der Liste holen wollen, dann müssen wir aber ein explizites Casting einbauen: `Point q =(Point)(points.getFirst())`. Das ist notationell etwas sperrig, nicht nur beim Schreiben, sondern auch beim Lesen.

Noch schlimmer ist es aber, dass der Compiler nicht entdeckt, wenn wir in die Liste `points` plötzlich einen Kreis `c` einfügen: `points.addFirst(c)`. Erst beim Versuch, das Ergebnis von `getFirst()` nach `Point` zu casten, wird der Fehler entdeckt – und zwar zur Laufzeit.

Generische Listen (im neuen JAVA).

Seit JAVA 5 können wir die Listenklasse als ***generische Klasse*** schreiben:

```
class List<Data> {                        // neues JAVA 5
  ...
  List () { ... }                         // Konstruktor
  void addFirst ( Data x ) { ... }
  Data getFirst () { ... }
  ...
}//end of List
```

Das heißt, der generische Basistyp – in unserem Beispiel `Data` genannt – wird in spitzen Klammern `<...>` hinter den Klassennamen geschrieben. (Das entspricht der Tradition der Templates von C^{++}.) Im Rumpf der Klasse kann `Data` dann (fast) wie ein normaler Klassenname benutzt werden. Wir nennen diese generischen Basistypen ***Typparameter***.

Anwendungen dieser generischen Klassen sind viel angenehmer und sicherer als die alte Variante mit `Object`. So können wir z. B. – ohne Casting – schreiben:

```
List<String> text = new List<String>();
text.addFirst("Blabla");
String s = text.getFirst();
```

Auch das Risiko, vom Compiler unentdeckt falsche Arten von Objekten in Listen einzubauen, ist verschwunden. Folgender Versuch führt auf einen Fehler:

```
List<Point> polygon = new List<Point>();
Circle c = new Circle(m,r);
polygon.addFirst(c);                         // FEHLER!
```

Anmerkung: Man darf die Instanzen der Typparameter im Konstruktor auch weglassen; d. h., die obige Deklaration könnte auch folgendermaßen aussehen:

```
List<Point> polygon = new List();
```

Der Compiler warnt *hier vor einem potenziellen Fehler. Der Konstruktor darf übrigens* nicht *in der Form* `List`~~`<Data>`~~`(...){...}` *definiert werden.*

Definition (Generische Klassen und Interfaces)

Eine ***generische Klasse*** wird definiert, indem die *Typparameter* in spitzen Klammern hinter den Klassennamen geschrieben werden. Analog werden ***generische Interfaces*** notiert.

generische Klasse (analog: generisches Interface)
`class «Name» <«Parameternamen»> { «Rumpf» }`

Bei der Objektkreierung werden die Typparameter durch konkrete Klassen oder Interfaces ***instanziiert***.

Instanziierung
`«Name» <«Namen»> = new «Name»<«Namen»>(...);`

Bei der Instanziierung können sowohl Klassen als auch Interfaces angegeben werden (aber *keine* elementaren Typen wie `int` oder `double`).

Parameter und Instanzen können auch Tupel sein. ❑

Ein einfaches Beispiel für eine generische Klasse mit mehreren Typparametern sind Paare mit beliebigen Komponententypen:

```
class Pair<Alpha,Beta> {
   private Alpha first;
   private Beta second;
   Pair( Alpha a, Beta b) {
     this.first = a;
     this.second = b;
   }//Konstruktor
   Alpha getFirst () { return this.first; }
   Beta getSecond () { return this.second; }
}//class Pair
```

Dann kann man z. B. folgendes Paar `p` einführen, das ein `Double`- und ein `String`-Objekt enthält (wobei der `double`-Wert `2.6` automatisch in ein `Double`-Objekt gecastet wird):

```
Pair<Double,String> p = new Pair<Double,String>(2.6, "Meter");
```

Diese einfachen Beispiele sehen sehr verlockend und praktisch aus. Aber sobald man dieses Konzept mit Sub- und Supertypen, mit Interfaces, mit inneren und anonymen Klassen etc. verbindet, dann zeigen sich Komplikationen. So ist es z. B. nicht möglich, Arrays über generischen Elementtypen aufzubauen. Wenigstens einige dieser Fragen werden im Rest dieses Kapitels noch kurz ansprechen.

Anmerkung: (1) So ganz hat der Mut der JAVA-Designer dann doch wieder nicht gereicht. Denn die Idee Generizität endet beim Compiler; den Weg ins Laufzeitsystem (also in die sog. Java Virtual Machine JVM) hat das Konzept nicht geschafft. Stattdessen wandelt der Compiler, nachdem er alles auf Korrektheit überprüft hat, die generischen Typvariablen einfach in `Object` *um – „unter der Motorhaube" bleibt alles beim Alten. (Diese Technik wird in JAVA als Type erasure bezeichnet.)*

Anmerkung: (2) Es gibt ein unangenehmes praktisches Problem bei der Verwendung von JAVA 5. Viele der vordefinierten Klasen (wie z. B. `List`*) sind jetzt generisch, was zu Konflikten führt, wenn man auch noch alte Programme hat, die diese Klassen in der nicht-generischen Form verwenden. Der Umgang mit diesem Problem wird im Anhang im Abschnitt A.3.3 beschrieben.*

12.3.1 Beschränkte Typparameter

In vielen Situationen ist es nicht sinnvoll, einen Typparameter durch beliebige Klassen oder Interfaces zu instanziieren. Nehmen wir an, wir wollen Paare von (nahezu) beliebigen Elementen definieren, die wir aber sortieren können; d. h., es soll `Pair<...> implements Comparable` gelten. Das kann nur realisiert werden, wenn auch die beiden Typparameter über Vergleichsoperationen verfügen. Damit kommen wir zu folgender generischer Klasse:

```
class Pair < Alpha extends Comparable,
             Beta  extends Comparable >
        implements Comparable<Pair<Alpha,Beta>> {
  private Alpha a;
  private Beta b;
  public int compareTo ( Pair<Alpha,Beta> other ) {
    ...
  }//compareTo
}//class Pair
```

Man beachte: Die Klasse `Comparable` aus dem Package `java.lang` ist ebenfalls generisch, sodass wir bei `implements` die entsprechende Instanziierung mit `Pair<Alpha,Beta>` angeben müssen.

Das ist zwar alles relativ schreibaufwendig, ermöglicht aber sehr akkurate Typprüfungen durch den Compiler – und das amortisiert den Schreibaufwand allemal.

Man kann übrigens nicht nur Interfaces zur Beschränkung von Typparametern benutzen, sondern auch Klassen. Wenn wir z. B. Paare von Zahlen brauchen, wobei wir alle Zahltypen von `Short` bis `Double` zulassen wollen, dann können wir dazu die JAVA-Klasse `Number` aus dem Package `java.lang` benutzen, die eine Superklasse aller zahlartigen Klassen von JAVA ist:

```
class NumberPair < Alpha extends Number, Beta extends Number> {
    ...
}//class NumberPair
```

Man kann sogar noch einen Schritt weiter gehen und mehrfache Beschränkungen angeben, wobei die betreffenden Klassen und/oder Interfaces mit dem Symbol „&" verknüpft werden. Dabei ist zu beachten, dass (falls vorhanden) die Klasse vor den Interfaces kommt.

```
class NumberPair < Alpha extends Number & Comparable,
                   Beta  extends Number & Comparable >
        implements Comparable<NumberPair<Alpha,Beta>> {
  private Alpha a;
  private Beta b;
  public int compareTo ( NumberPair<Alpha,Beta> other ) {
    ...
  }//compareTo
}//class NumberPair
```

12.3.2 Vererbung und Generizität

Besonders subtil ist die Frage, wie sich Generizität mit dem Prinzip der Vererbung verträgt. Die Situation ist noch hinreichend einfach, wenn Sub- und Superklasse den gleichen Typparameter haben:

```
class OrderedList<Data> extends List<Data> {
   ...
 }
```

Wenn allerdings im Supertyp beschränkte Typparameter benutzt wurden, muss der Subtyp die gleichen Beschränkungen vorsehen:

```
class OrderedPair < Alpha extends Comparable,
                    Beta  extends Comparable >
         extends Pair<Alpha,Beta> {
   ...
}//class OrderedPair
```

Subtile Probleme.

Die obigen Situationen sind intuitiv klar – und sie decken auch die berühmten „99%" aller praktischen Fälle ab. Aber man kann auch diffizilere Fragen stellen. Nehmen wir an, wir haben eine Klasse für Vogelkäfige definiert:[1]

```
class Käfig<Art extends Vogel> {
  Art insasse;
   ...
}
```

Außerdem haben wir zwei Subklassen von `Vogel`:

```
class Amsel extends Vogel { ... }
class Nandu extends Vogel { ... }
```

Betrachten wir jetzt eine Operation `foo`, die auf Vogelkäfigen definiert ist:

```
void foo ( Käfig<Vogel> käfig ) { ... }
```

Wenn wir jetzt versuchen, die Operation auf einen Amsel- oder Nandu-Käfig anzuwenden, erhalten wir einen Fehler!

```
...
Käfig<Vogel> kv = new Käfig<Vogel>();
Käfig<Amsel> ka = new Käfig<Amsel>();
Käfig<Nandu> kn = new Käfig<Nandu>();
...
foo(kv);                                  // okay
foo(ka);                                  // FEHLER!
foo(kn);                                  // FEHLER!
...
```

Was bedeutet das? Ganz einfach: `Käfig<Amsel>` und `Käfig<Nandu>` sind *nicht* Subklassen von `Käfig<Vogel>` (obwohl `Amsel` und `Nandu` Subklassen von `Vogel` sind).

[1] Vgl. `http://java.sun.com/docs/books/tutorial/java/generics/subtyping.html`.

Das lässt sich auch (metaphorisch) plausibel machen: Das Objekt `kn` der Art `Käfig<Nandu>` ist ein Käfig, der für Nandus gebaut ist, also mit festen, aber möglicherweise weit auseinanderliegenden Stangen und vermutlich ohne Deckel. Aus diesem Käfig können Amseln ganz einfach herausfliegen. Umgekehrt wird ein Amselkäfig eher filigran gebaut sein und deshalb nicht der Kraft eines Nandus standhalten. Die Operation `foo` erwartet jedoch einen Käfig, der für beliebige Vogelarten geeignet ist – und diese Forderung erfüllen weder spezielle Nandu- noch spezielle Amselkäfige.

Anmerkung: In der Typtheorie werden generische Typen manchmal als „kontravariant“ definiert (was konzeptuell sinnvoll ist). Das würde in unserem Beispiel heißen: Wenn `foo` *als Parameter* `Käfig<Amsel>` *hätte, dürfte man* `foo` *mit einem Argument der Art* `Käfig<Vogel>` *aufrufen.* JAVA *verbietet aber auch diese Variante.*

Noch mehr Subtilitäten

Wir haben gesagt, dass `foo` für Vogelkäfige definiert sein soll. Wir haben das so interpretiert, dass es Käfige sein müssen, die für beliebige Vogelarten geeignet sind.

Was ist aber, wenn wir sagen wollen, dass `foo` auf jeder Art von Vogelkäfig funktionieren soll, seien es Amselkäfige oder Nandukäfige oder ganz andere? Auch das lässt sich in JAVA ausdrücken, aber die Notationen werden immer mystischer:

```
void bar ( Käfig<? extends Vogel> käfig ) { ... }
```

Jetzt können wir `bar` auf alle drei Käfigarten anwenden:

```
...
Käfig<Vogel> kv = new Käfig<Vogel>();
Käfig<Amsel> ka = new Käfig<Amsel>();
Käfig<Nandu> kn = new Käfig<Nandu>();
...
bar(kv);                                   // okay
bar(ka);                                   // okay
bar(kn);                                   // okay
...
```

Mit anderen Worten: Sowohl `Käfig{Vogel}` als auch `Käfig<Amsel>` und `Käfig<Nandu>` sind Subklassen von `Käfig<? extends Vogel>`.

Interessant ist es jetzt, die Käfig-Insassen zu betrachten. Hier arbeitet der Vererbungsmechanismus ganz erwartungsgemäß:

```
...
Vogel vogel1 = kv.insasse;          // okay
Vogel vogel2 = ka.insasse;          // okay
Amsel amsel = kn.insasse;           // FEHLER!
...
```

Weil `kv` von der Art `Käfig<Vogel>` ist, hat sein Insasse den Typ `Vogel` und kann daher problemlos in die Variablen $\texttt{vogel}_1$ geschrieben werden. Der Insasse von `ka` ist vom Typ `Amsel`; da dies eine Subklasse von `Vogel` ist, kann er ebenfalls problemlos an $\texttt{vogel}_2$ zugewiesen werden. Aber weil `Nandu` *keine* Subklasse von `Amsel` ist, kann der Insasse von `kn` *nicht* an die Variable `amsel` zugewiesen werden.

Anmerkung: Mit der `?`*-Notation können wir die Subklassen-Relation auf generische Klassen übertragen.* `Vogel` *ist die obere Schranke für alle Klassen, die für Käfigarten zugelassen sind. Mit anderen Worten: nur Subklasen von* `Vogel` *sind erlaubt.* JAVA *erlaubt aber auch die Umkehrung: Mit der Notation*

```
Käfig<? super Vogel>
```

werden Käfige nur über Arten zugelassen, die Superklassen von `Vogel` *sind. Hier ist* `Vogel` *also die untere Schranke.*

12.4 Generische Methoden in JAVA

Bisher haben wir generische Klassen und Interfaces betrachtet. In der Welt der Programmiersprachen trifft man aber auch das Bedürfnis nach *polymorphen Funktionen* an. Auch hierfür hat JAVA 5 ein Angebot bereit. So lässt sich z. B. die am Anfang des Kapitels erwähnte Identitätsfunktion folgendermaßen schreiben:

```
<Data> Data id( Data x ) { return x; }
```

Hier muss man vor dem Methodenkopf noch den generischen Typ angeben, wieder eingeschlossen in spitze Klammern. Bei den Anwendungen kann `Data` dann beliebig instanziiert sein:

```
...
Integer i = id(new Integer(1));
Double x = id(new Double(2.2));
int j = id(1);
double y  = id(2.2);
...
```

Die ersten beiden Applikationen von `id` zeigen die übliche Instanziierung von generischen Funktionen: Der Typparameter `Data` ist einmal als `Integer` und einmal als `Double` instanziiert worden.

Die beiden letzten Applikationen zeigen, wie angenehm das automatische Boxing/Unboxing von JAVA ist. Bei `id(1)` wird vom Compiler um den `int`-Wert `1` automatisch der Wrapper `new Integer(1)` herumgebaut (weil `id` ein Objekt erwartet und keinen elementaren Typ). Entsprechend wird aus dem Ergebnis, das den Typ `Integer` hat, sofort der Wert extrahiert, damit er zu der `int`-Variablen `j` passt.

Definition (Generische Methoden)

Eine ***generische Methode*** wird definiert, indem die *Typparameter* in spitzen Klammern vor die Methode geschrieben werden.

Generische Methoden

< «Param$_1$», ..., «Param$_n$» > «Typ» «Name» («Args») {
  «Rumpf»
}

Der Ergebnistyp der Methode kann ebenso wie die Parametertypen aus der Liste der generischen Typparameter kommen. ❑

Als ein letztes Beispiel illustrieren wir, wie polymorphe Methoden benutzt werden können, um Objekte generischer Klassen zu konstruieren.

```
<Data1, Data2> Pair<Data1,Data2> pair ( Data1 x, Data2 y ) {
  return new Pair(x,y);
}//pair
```

Die Methode `pair(x,y)` ist polymorph in den beiden Typparametern `Data1` und `Data2`. Sie liefert ein Ergebnis vom Typ `Pair<Data1,Data2>`.

13

Und dann war da noch ...

Im Zusammenhang mit Klassen und Interfaces gibt es noch einige weitere Features in JAVA, die zwar für das Arbeiten mit der Sprache nicht unbedingt erforderlich sind, aber doch aus pragmatischen Gründen in manchen Situationen ganz nützlich sein können. Wir geben diese Features hier der Vollständigkeit halber an (vor allem, weil sie in der Literatur und in Form von Fehlermeldungen auch dann auftauchen können, wenn man sie eigentlich gar nicht benutzen will).

13.1 Einer für alle: `static`

Wir hatten schon mehrfach diskutiert, dass eine Klasse eine Art „Blaupause“ ist, nach deren Entwurf konkrete Objekte erzeugt werden (mittels **`new`**). Dabei gilt insbesondere, dass die Attribute in der Klassendefinition „Slots“ beschreiben, in denen bei den konkreten Objekten jeweils spezifische Werte stehen.

Manchmal möchte man aber, dass ein bestimmter Slot bei allen Objekten gleich belegt ist. Dieser Wert kann sich zwar zur Laufzeit immer wieder ändern (er ist also keine Konstante wie die Kreiszahl π, die Gravitation g oder die Mehrwertsteuer), aber er soll sich immer für alle Objekte auf gleiche Weise ändern.

Beispiel. Ein typisches Beispiel für so eine Situation findet sich in grafischen Darstellungen. Betrachten wir z. B. – unter rein grafischen Aspekten – das Bild in Abbildung 10.1 auf Seite 225. Dort haben wir viele Bilder von Klassen, deren grafische Symbole die Idee der „Blaupausen“ reflektieren sollen. Diese Symbole sind – im Zeichenprogramm – Objekte einer Klasse `Blueprint`. Die Größe dieser Symbole variiert i. Allg. aufgrund der unterschiedlich langen Klassennamen. Aber innerhalb einer Grafik sollten sie aus ästhetischen Gründen gleich groß sein (bestimmt durch die Länge des längsten vorkommenden Namens). Das heißt, die Attribute `width` und `height` aller Objekte der Klasse `Blueprint` innerhalb einer Grafik sollen gleich sein – wenn auch ggf. von Grafik zu Grafik anders.

Damit solche Probleme leicht zu lösen sind, stellt JAVA ein spezielles *Feature* bereit: *Statische Attribute*. Die Situation des obigen Beispiels lässt sich durch eine Klassendefinition folgender Bauart behandeln:

```
class Blueprint {
  static int width;      // gemeinsame Breite aller Objekte
  static int height;     // gemeinsame Höhe aller Objekte
  String name;           // Name (verschieden für jedes Objekt)
  ...
}//end of class Blueprint
```

Nehmen wir an, wir haben zwei Objekte dieser Klasse eingeführt:

```
Blueprint one = new Blueprint();
Blueprint two = new Blueprint();
```

Dann können wir folgende Zuweisungen vornehmen (unter der Annahme, dass die Funktion `wd` die Breite eines Strings liefert):

```
one.name = "IrgendeinName";
two.name = "EinAndererName";
one.width = max( wd(one.name), wd(two.name) );
```

Nach dieser Zuweisung erhält man auch beim Zugriff `two.width` den gleichen Wert wie bei `one.width`.

JAVA geht sogar noch einen Schritt weiter: Da die statischen Attribute direkt zur Klasse selbst assoziiert sind, kann man auch direkt über den Klassennamen auf sie zugreifen (was bei Attributen, die sich von Objekt zu Objekt unterscheiden können, nicht sinnvoll ist). Folgende Zugriffe sind also gleichwertig:

```
...one.width ...          //
...two.width ...          // gleichwertig
...Blueprint.width ...    //
```

Definition:

Ein ***statisches Attribut*** (auch *statische Variable* oder *Klassenvariable* genannt) „lebt“ in der Klasse selbst und wird von allen Objekten der Klasse gemeinsam benutzt. Statische Attribute werden durch das Schlüsselwort `static` ausgezeichnet. Sie können sowohl über die Objekte der Klasse als auch über die Klasse selbst angesprochen werden. ❑

Statische Attribute haben einige typische Anwendungsbereiche:

- Eine Klasse kann über alle für sie kreierten Objekte Buch führen.
- Eine Klasse kann objektübergreifende Informationen halten. Beispiel:

```
class Bird {
  static String[] BirdTypes;
  ...
}
```

Damit stellt die Klasse eine Liste aller bekannten Vogelnamen bereit, auf die die einzelnen Bird-Objekte – insbesondere bei ihrer Erzeugung – zugreifen können.

- Man kann „klassenweite" *Konstanten* definieren.

```
static final float EARTH_GRAVITY = 9.81F;
```

Nicht nur Attribute, auch Methoden können statisch sein:

Definition:

Eine ***statische Methode*** gehört zur Klasse und nicht zu den einzelnen Objekten. Statische Methoden werden ebenfalls durch das Schlüsselwort `static` ausgezeichnet.

Statische Methoden können nur statische Attribute benutzen und andere statische Methoden aufrufen (denn es wäre nicht klar, von welchem Objekt die objektspezifischen Attribute und Methoden genommen werden sollten). ❑

Anmerkung: Jetzt wird die Konvention klar, dass man die Startklasse eines Programms nur verwendet, um ein Objekt einer zweiten Klasse zu erzeugen, das dann die eigentliche Arbeit übernimmt. Denn die Startmethode `main` *hat die Form*

```
public static void main (...) { ...}
```

Das bedeutet, dass aus `main` *heraus wieder nur statische Methoden aufgerufen werden können. Deshalb muss man in* `main` *schnell ein „Programmobjekt" generieren, mit dem man flexibel arbeiten kann.*

Während die Nützlichkeit der statischen Attribute unmittelbar einsichtig ist (über sie stehen allen Objekten gemeinsame Informationen zur Verfügung), ist das bei Methoden nicht so klar. Schließlich sind Methoden ohnehin für alle Objekte gleich. Der wesentliche Vorteil liegt darin, dass statische Methoden – analog zu statischen Attributen – direkt über die Klasse angesprochen werden können und nicht notwendigerweise Objekte benötigen:

```
class C {
  static void foo () { ...}
  ...
}//end of class C
```

Jetzt können wir die Methode direkt mit `C.foo()` aufrufen. Das heißt, es ist nicht zwingend notwendig (aber natürlich möglich) zuerst ein Objekt `C c = new C()` zu kreieren, um dann aufzurufen `c.foo()`. Das wird vor allem in sog. *Utility*-Klassen gerne benutzt. Beispiele sind JAVA-Standardklassen wie

```
Math,     // mathematische Funktionen
System,   // Systeminformationen (Namen von E/A-Kanälen etc.)
```

oder die Spezialklassen für dieses Buch

```
Terminal   // simple Ein-/Ausgabe
Pad        // simple Grafik
```

13.1.1 Statischer Import

JAVA stellt eine besondere Annehmlichkeit bereit, die Schreibarbeit spart und – wichtiger noch – die Programme lesbarer macht. Betrachten wir unsere häufig benutzte Klasse `Math`. Mit ihrer Hilfe können wir Programme folgender Art formulieren:

```
...
Math.sqrt(Math.sin(Math.PI/n) + Math.cos(Math.PI/(K-n)))
...
```

Weil alle diese Konstanten und Methoden `static` sind, brauchen wir kein Objekt der Art `Math` zu kreieren, sondern können direkt mit der Klasse selbst arbeiten. Aber das wiederholte Hinschreiben von `Math` macht das Programm unnötig aufgebläht und schwer lesbar.

Deshalb erlaubt JAVA jetzt, am Anfang der Datei einen sog. ***statischen Import*** anzugeben:

```
import static java.lang.Math.*;
```

Damit sind alle statischen Namen von `Math` direkt verfügbar. (Vorsicht: Es könnte zu Namenskonflikten mit selbst definierten Konstanten und Methoden kommen.) Jetzt lässt sich das obige Programmfragment wesentlich lesbarer schreiben:

```
... sqrt(sin(PI / n) + cos(PI / (K-n))) ...
```

13.1.2 Initialisierung

Durch die Unterscheidung in statische und normale Klassenattribute wird die Frage der Initialisierung relevant. Betrachten wir ein schematisches Beispiel:

```
class C {
  static int x = 1;
  int y = 2;
  C () { ... }          // Konstruktor
  ...
}//end of class C
```

Die statische Variable `x` wird auf `1` gesetzt, sobald die Klasse geladen wird. Die Objektvariable `y` wird dagegen erst auf `2` gesetzt, wenn der Konstruktor ausgeführt wird, also bei `C c = new C()`.

Übrigens: Im Gegensatz zu lokalen Variablen von Methoden werden Klassenattribute (egal ob statisch oder nicht) auch dann initialisiert, wenn der Programmierer keine Initialisierung angibt. Abhängig vom Typ wird vom

Compiler ein Defaultwert genommen: bei Referenztypen der Wert `null`, bei zahlartigen Typen der Wert `0`.

Anmerkung: Es gibt in JAVA *auch noch die Möglichkeit, ganze Initialisierungsblöcke anzugeben, in denen mehrere Attribute gemeinsam mit komplexeren Berechnungen initialisiert werden können. Das ist aber ein so fehleranfälliges Feature, dass es praktisch nie benutzt wird.*

13.2 Innere und lokale Klassen

Es gibt Anwendungen, in denen man Klassen ausschließlich als Hilfsklassen für andere Klassen braucht. (Eine solche Situation werden wir in Abschnitt 17.2 vorfinden.) Daraus hat man in JAVA die Konsequenzen gezogen und Klassen genauso flexibel gemacht wie Methoden und Variablen.

Definition (innere und lokale Klassen)

Eine ***innere Klasse*** wird *innerhalb* einer anderen Klasse deklariert. Sie kann auch als `static` gekennzeichnet sein.

Eine ***lokale Klasse*** wird innerhalb einer Methode oder eines Blocks deklariert. (`static` macht hier keinen Sinn.)

Ein ***inneres Interface*** ist automatisch `static`. ❑

In inneren Klassen sind alle Attribute und Methoden der umfassenden Klasse sichtbar und somit direkt verwendbar. Beispiel:

```
class Outer {
  int a = «...»;
  int foo(int x) { ... }
  class Inner {              // innere Klasse
    int i = foo(a);
    ...
  }//end of class Inner
  ...
}//end of class Outer
```

Für `this`, `new` und `super` (s. Abschnitt 10.2.4) gibt es eine erweiterte Syntax. So kann man im obigen Beispiel z. B. innerhalb von `Inner` schreiben `this.i = Outer.this.a`. Denn `this.a` alleine geht nicht, weil `Inner` kein Feld namens `a` hat. Also wird `this` erweitert zu *`classname`*`.this`, wobei *`classname`* eine umfassende Klasse ist. (Für weitere Details und Zusätze verweisen wir auf die JAVA-Dokumentation in der Literatur.)

Für innere Klassen gelten eine Reihe von Eigenschaften:

- Innere Klassen kennen die Attribute und Methoden der äußeren – auch die privaten.
- Innere Klassen können auch als `private` oder `public` gekennzeichnet werden.

- Innere Klassen dürfen *keine* statischen Attribute oder Methoden haben.
- Aber innere Klassen können selbst insgesamt `static` sein.
- Innere Klassen können auch geschachtelt werden, also innere Klasse in innerer Klasse in innerer Klasse ...
- Der Compiler erzeugt getrennte `.class`-Dateien; in unserem Beispiel heißen sie `Outer.class` und `Outer$Inner.class`.

Innere Klassen und Polymorphie.

Auch innere Klassen können generisch sein. Wir diskutieren die Beziehungen nicht im Detail, sondern illustrieren die Situation nur anhand eines artifiziellen Beispiels.

```
class Outer<Alpha> {
  int a = «...»;
  int foo(int x) { ... }
  class Inner<Beta> {              // innere Klasse
    Alpha a = ...;
    Beta b = ...;
    ...
  }//end of class Inner
  ...
}//end of class Outer
```

Wie man sieht, sind in der inneren Klasse sowohl die Typparameter der äußeren als auch die der inneren Klasse sichtbar.

Lokale Klassen.

Lokale Klassen werden innerhalb von Methoden/Blöcken definiert. Sie sind daher – in völliger Analogie zu lokalen Variablen – auch nur in diesen Methoden/Blöcken sichtbar.

Solche lokalen Klassen können in ihrer Deklaration auf alle Elemente zugreifen, die an dieser Stelle bekannt sind, sogar auf die (mit `final` gekennzeichneten) lokalen Konstanten und Parameter der Methode, aber *nicht* auf ihre Variablen. Beispiel:

```
void foo (int a, final int b) {
  int x = «...»;
  final int y = «...»;
  class Inner {                   // lokale Klasse
    int g = b + y;
    int h = a + x;                // FEHLER!!!
  }//end of class Inner
  ...
}//foo
```

Es gelten die gleichen Restriktionen wie für innere Klassen. Modifikatoren wie `private` sind *verboten* (wie auch bei lokalen Variablen).

13.3 Anonyme Klassen

Anonyme Klassen sind wie lokale Klassen, aber ohne die Notwendigkeit, sich für sie einen Namen ausdenken zu müssen. Dazu muss natürlich die Syntax für den `new`-Operator erweitert werden.

Anonyme Klasse

```
new «Name_Klasse»( «Argumente») { «Klassenrumpf» }
new «Name_Interface» ( «Argumente» ) { «Klassenrumpf» }
```

Es gelten die gleichen Restriktionen wie für lokale Klassen. Außerdem gibt es (offensichtlich) *keinen Konstruktor*.

Damit diese Konstruktion leserlich bleibt, sollte man sie nur bei ganz kurzen Klassenrümpfen (ein paar Zeilen) verwenden. Typischerweise wird dieses Feature im Zusammenhang mit grafischen Benutzerschnittstellen eingesetzt. So hat man z. B. zum „Horchen“ auf Maus-Aktionen oft folgende Situation, in der eine lokale Klasse nur kreiert wird, um sie sofort anschließend mit genau einem Objekt zu instanziieren. Normalerweise müsste man dazu eine neue Klasse mit einem geeigneten Namen – hier `MyListener` – einführen. Beispiel:

```
void foo (...) {
  ...
  class MyListener extends MouseAdapter {           // lokale Klasse
    public void mouseClicked(...) { dosomething(); }
  }//end of class MyListener
  window.addMouseListener( new MyListener() );  // Objekt-Instanz
  ...
}//foo
```

Unter Verwendung einer anonymen Klasse kann die Klassendeklaration in die Objektgenerierung mit `new` hineingezogen werden, sodass man sich keine neuen Namen ausenken muss. Unser Beispiel sieht dann folgendermaßen aus:

```
void foo (...) {
  ...
  window.addMouseListener(
    new MouseAdapter() {                           // anonyme Klasse
      public void mouseClicked(...) { dosomething(); }
    }//end of anonymous class
  );//end of function addMouseListener
  ...
}//foo
```

Man beachte die Folge „`});`“, die mit „`}`“ zunächst den Rumpf der anonymen Klasse abschließt, dann mit „`)`“ die Argumentliste von `addMouseListener` zumacht und schließlich mit dem Semikolon die Anweisung beendet.

Ein anderes Beispiel hatten wir schon in Abschnitt 11.3.1 gesehen, wo wir Funktionen höherer Ordnung mit Hilfe des Interfaces `Fun` kreiert hatten.

Man beachte, dass bei diesenn Konstruktionen immer eine Superklasse oder ein Interface angegeben sein muss, weil sonst die Typisierung völlig unklar bliebe.

Ob diese relativ mystische Notation wirklich den Aufwand wert ist, lassen wir einmal dahingestelt ....

13.4 Enumerationstypen in JAVA 5

JAVA 5 sieht ein weiteres nützliches Konstrukt vor, nämlich sog. ***Enumerationstypen***. (Genau genommen ist dieser Name irreführend, weil es sich in Wirklichkeit um eine Abkürzungsnotation für bestimmte Arten von Klassen handelt.) Ein typisches Beispiel ist der Typ `AmpelFarbe`:

```
enum AmpelFarbe { rot, gelb, grün };
```

Hier wird eine Klasse `AmpelFarbe` eingeführt, die die Mitglieder `rot`, `gelb` und `grün` besitzt. Diese Mitglieder können dann in `switch`-Anweisungen, in `for`-Schleifen (vor allem in den neuen Varianten von JAVA 5), in generischen Typen usw. sehr gut verwendet werden. Ein typisches Beispiel sieht folgendermaßen aus (wobei wir die neue `for`-Schleife von JAVA 5 benutzen – s. Abschnitt 17.4.2):

```
for ( AmpelFarbe farbe : AmpelFarbe.values() ) {
   Terminal.println(farbe);
}//for
```

Als Ergebnis werden nacheinander die drei Namen `rot`, `gelb` und `grün` auf dem Terminal ausgegeben. Wie man hier sieht, gehört zu jedem Enumerationstyp die Methode `values()`, die einen Array liefert, in dem alle Mitglieder in der Reihenfolge ihrer Deklaration enthalten sind.

Das obige Beispiel zeigt nur die elementarste Form eines Enumerationstyps. Das Konzept erlaubt noch viele trickreiche Variationen wie z. B. die Assoziation bestimmter Werte mit den Mitgliedern.

```
enum Coin {
  penny(1), nickel(5), dime(10), quarter(25); // die Mitglieder
  Coin ( int value ) {this.val = value; }      // Konstruktor
  private final int val;                       // interner Wert
  public int value() { return this.val; }      // Wert liefern
};//end of enum Coin
```

Damit kann man z. B. schreiben

```
Coin c = nickel;
int v = c.value();
```

Eine detaillierte Diskussion aller Features der `enum`-Konstruktion geht über ein Einführungsbuch hinaus. Deshalb verweisen wir auf die entsprechende Dokumentation zu JAVA 5.

14

Namen, Scopes und Packages

Wer darf das Kind beim rechten Namen nennen?
Goethe, Faust 1

Gute Namen sind eine sehr knappe Ressource. Leider braucht man davon aber sehr viele: Namen für Klassen, für Interfaces, für Objekte, für Methoden, für Konstanten, für Variablen, für Parameter usw. In großen Softwaresystemen mit Hunderten oder gar Tausenden von Klassen gibt es daher Zehntausende von Namen.

JAVA ist nicht als Lernsprache für Anfänger und Laienprogrammierer konzipiert worden, sondern als Arbeitsmittel für professionelle Software-Entwickler. Das spiegelt sich nicht nur (negativ) in einigen unnötig sperrigen Schreibweisen wider, sondern auch (positiv) in der sprachlichen Unterstützung einiger wichtiger Konzepte des Software-Engineerings.

Eines der wichtigsten dieser Konzepte betrifft die Sichtbarkeit bzw. Unsichtbarkeit der Internas von Modulen, Prozeduren etc. Die Grundprinzipien dieser Konzepte sind schon seit den frühesten Programmiersprachen (z. B. ALGOL oder LISP in den frühen 60er-Jahren) bekannt, aber JAVA hat sie etwas weiter ausgebaut und in die Sprache integriert, als das bisher in Sprachen getan wurde.

14.1 Das Prinzip der (Un-)Sichtbarkeit

Es ist a priori hoffnungslos, ein Softwareprojekt so zu organisieren, dass alle Programmierer garantiert mit verschiedenen Namen arbeiten.[1] Aus diesem Grund tauchen in großen Softwaresystemen (auch schon in kleinen) dieselben

[1] JAVA wird auch zur Programmierung von „Applets" benutzt, die aus dem Internet geladen werden können. Damit sind weltweit alle Programmierer potenzielle Projektpartner.

Namen immer wieder auf. Also ist es Aufgabe des Sprachdesigns, mit den Namenskollisionen (engl.: *name clashes*) umzugehen.

Das führt zu einem Satz von Regeln, nach denen Namen sichtbar oder unsichtbar gemacht werden. Im Software-Engineering spricht man von ***Hiding***. Genauer gesagt, haben wir es mit dem fundamentalen Prinzip der *sichtbaren Schnittstellen* und *verborgenen Implementierungen* zu tun (vgl. Abbildung 14.1).

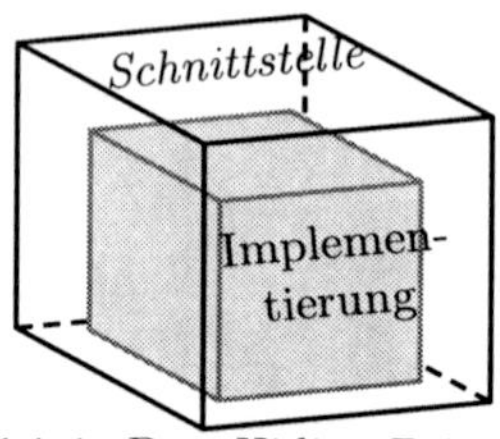

Abb. 14.1. Das *Hiding*-Prinzip

Die grundlegende Idee dabei ist, dass in der Schnittstelle diejenigen Teile stehen, die nach außen verfügbar gemacht werden, während die Implementierung verborgen bleibt, wodurch dort intern benötigte Hilfsklassen, -methoden und -variablen problemlos definiert werden können – ohne dass man Angst vor Namenskonflikten haben muss.[2]

14.2 Gültigkeitsbereich (*Scope*)

Jeder Name in einem Programm darf normalerweise nur in einem begrenzten Teil des Programmtexts benutzt werden.

Definition (Gültigkeitsbereich, Scope)

Der ***Gültigkeitsbereich*** (***Scope***) eines Namens ist derjenige Bereich des Programmtexts, in dem der Name „bekannt“ ist, d. h. benutzt werden kann. ❑

Anmerkung: Der Begriff des Gültigkeitsbereichs ist genau von dem der Lebensdauer (vgl. Kap. 16) zu unterscheiden, auch wenn natürlich gewisse Zusammenhänge bestehen. Die Lebensdauer einer Variablen, einer Methode oder eines Objekts bezeichnet den Zeitraum, den sie während der Ausführung des Programms existiert; sie ist also ein dynamisches Konzept. Der Gültigkeitsbereich bezeichnet ein Textfragment, ist also ein statisches Konzept.

[2] Die Vermeidung von Namenskonflikten ist nicht der einzige Grund für das *Hiding*-Prinzip. Ebenso wichtig ist, dass man in der internen Implementierung jederzeit Änderungen vornehmen darf. Solange diese Änderungen die Schnittstelle intakt lassen, sind sie kein Problem für die anderen Projektmitarbeiter.

Was genau dieser Gültigkeitsbereich ist, hängt von der Art des Namens (und natürlich von der Programmiersprache) ab. Abb. 14.2 illustriert die Arten von Gültigkeitsbereichen in JAVA. Die Bereiche sind dabei ineinander ge-

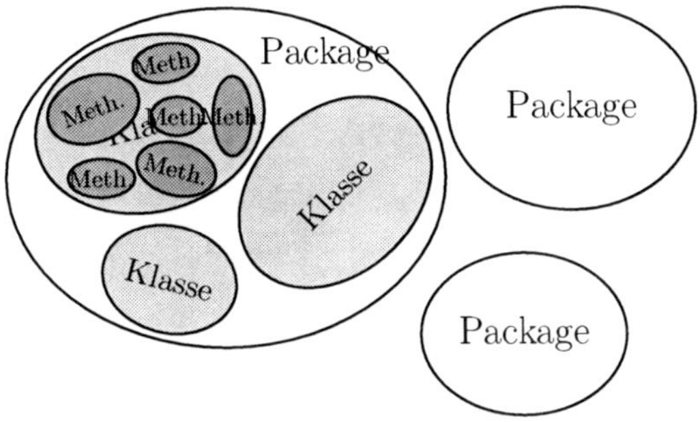

Abb. 14.2. Arten von Gültigkeitsbereichen (in Java)

schachtelt, d. h., Packages (s. unten) bilden einen Scope, innerhalb von Packages bildet jede Klasse einen Scope, innerhalb einer Klasse bildet wiederum jede Methode einen Scope und innerhalb einer Methode können noch Blöcke als lokale Scopes eingeführt werden. Welche Regeln dabei für die gegenseitigen Sichtbarkeiten gelten, soll im Folgenden diskutiert werden. Wir beginnen mit den Dingen, die wir schon kennen: Klassen und Methoden.

14.2.1 Klassen als Gültigkeitsbereich

Alle in einer ***Klasse*** definierten Attribute (also Variablen und Konstanten) und Methoden haben als Gültigkeitsbereich die ganze Klasse. Die Reihenfolge der Aufschreibung spielt dabei keine Rolle. Beispiel:

```
class Foo {
  int a;
  boolean b;
  List l;
  void f (...) { ... a, b, l, f, g ... }
  int g (...) { ... a, b, l, f, g ... }
}
```

Hier sind `a`, `b`, `l`, `f` und `g` überall bekannt, dürfen also auch überall benutzt werden.

Gewisse Einschränkungen entstehen nur durch lokale „Verschattungen“, auf die wir weiter unten eingehen werden (Abschnitt 14.2.4).

Für die Attribute von Klassen gilt übrigens eine ***Initialisierungsregel***: Bei der Objekterzeugung werden die Attribute mit Standardwerten vorbesetzt, und zwar boolesche Attribute mit `false`, Zahlattribute mit 0 und Referenzattribute (also alle anderen) mit `null`. (Auf Referenzen und `null` gehen wir in Kapitel 16 ein.) Im obigen Beispiel gilt also nach der Initialisierung `b == false`, `a == 0` und `l == null`.

Wenn die Variablen initialisiert definiert werden, also in einer Form wie

```
int a = 1;
```

haben sie natürlich die dabei angegebenen Werte.

14.2.2 Methoden als Gültigkeitsbereich

Auch ***Methoden*** induzieren Gültigkeitsbereiche, und zwar sowohl für ihre Parameter als auch für ihre lokalen Variablen und Konstanten. Beispiel:

```
void foo ( int a, float b ) {
  int x;
  ... a, b, x ...
}
```

Hier sind `a`, `b` und `x` im ganzen Rumpf benutzbar. (Natürlich ist auch `foo` benutzbar, denn es ist ja in der ganzen umfassenden Klasse bekannt, und das schließt den Rumpf von `foo` selbst mit ein.)

Es gibt hier aber – im Gegensatz zu den Klassenattributen – ***keine Initialisierung***. Das heißt, `x` ist hier *nicht* mit 0 vorbesetzt; stattdessen mahnt der Compiler es als Fehler an, wenn der Programmierer nicht selbst eine entsprechende Initialisierung vornimmt, sei es gleich bei der Deklaration oder später in entsprechenden Zuweisungen.

14.2.3 Blöcke als Gültigkeitsbereich

Die Gültigkeitsbereiche von lokalen Variablen und Konstanten können noch weiter eingeengt werden. Denn genau genommen ist der Gültigkeitsbereich einer deklarierten Variablen oder Konstanten der ***kleinste umfassende Block***. Dabei ist ein ***Block*** ein Programmfragment, das in Klammern `{...}` eingeschlossen ist. (Insbesondere ist also der Rumpf einer Methode auch ein Block.)

Solche Blöcke treten insbesondere bei `while`-, `if`- und ähnlichen Anweisungen auf. Beispiel:

```
int foo ( int a ) {
  int x = 2;
  if (...) {
    int y = 0;
    int z = 2;
    return a * x + a * z + y;
  } else {
    int y = 1;
    return a * x + y - z;          // FEHLER! (z unbekannt)
  }
}
```

Diese Methode hat drei Blöcke, die jeweils die Gültigkeitsbereiche für die in ihnen deklarierten Variablen darstellen.

Block	Scope für
Rumpf	`a, x`
`then`-Zweig	`y, z`
`else`-Zweig	`y`

Man beachte, dass die beiden `y` *verschiedene* Variablen sind. (Die eine könnte also den Typ `int` und die andere den Typ `String` haben.)

Man beachte ebenso, dass der `else`-Zweig *nicht* zum Gültigkeitsbereich von `z` gehört; die Verwendung von `z` in der letzten Zeile ist also ein Fehler.

14.2.4 Verschattung (*holes in the scope*)

Lokale Variablen, Konstanten und Parameter einer Methode können Klassenattribute ***verschatten***. Beispiel:

```
class Foo {
  int a = 100;
  int b = 200;
  int f ( int a ) {
    int b = 1;
    return a + b;
  }
}
```

Dieses Programm ist korrekt und der Aufruf `f(2)` liefert den Wert `3`; denn in `return a+b` bezieht sich das `a` auf den Parameter und das `b` auf die lokale Variable. Man sagt, durch die gleich benannten lokalen Namen *ensteht eine* ***Lücke im Gültigkeitsbereich*** *der Klassen-globalen Namen* (engl.: *hole in the scope*).

Eine solche Verschattung funktioniert allerdings *nicht* für die Blöcke innerhalb einer Methode. Beispiel:

```
int foo ( int a ) {
  int b = 0;
  if (...) {
    int a = 1;        // FEHLER!
    int b = 2;        // FEHLER!
    ...
  }
}
```

Hier beschwert sich der Compiler, dass die Namen `a` und `b` schon deklariert wurden.

Anmerkung: JAVA *weicht hier von den Gepflogenheiten der meisten Programmiersprachen ab, indem es eine Mischstrategie aus Erlaubnis und Verbot der Verschattung wählt. Üblicherweise ist Verschattung entweder für alle Scopes erlaubt oder gar nicht.*

14.2.5 Überlagerung

Nur der Vollständigkeit halber sei hier noch einmal an ein weiteres Feature der Namensgebung in JAVA erinnert: *Überlagerung* (engl.: *overloading*). Methoden mit gleichen Namen dürfen im selben Scope koexistieren, wenn sie sich in der Anzahl und/oder den Typen ihrer Parameter unterscheiden (s. Abschnitt 3.1.4). Beispiel:

```
class Foo {
  int foo () { ... }
  int foo (int a) { ... }
  float foo (int a) { ... }          // FEHLER!!!
  int foo (float a) { ... }
  int foo (float x, float y) { ... }
}
```

Beim zweiten und dritten `foo` liegt ein Fehler vor, weil sie sich nicht im Parameter, sondern nur im Ergebnis unterscheiden.

14.3 Packages: Scopes „im Großen"

Die Gültigkeitsregeln der vorigen Abschnitte entsprechen im Wesentlichen den Konzepten, die seit langem in Programmiersprachen üblich sind (wenn auch mit kleinen Variationen). Aber im modernen Software-Engineering hat man erkannt, dass das nicht ausreicht, um die Anforderungen großer Softwareprojekte zu meistern. Dem hat man in JAVA *– zumindest partiell – Rechnung getragen und weitere Konzepte zum Namensmanagement hinzugefügt.*

Wirklich große Softwareprojekte umfassen Hunderte oder gar Tausende von Klassen, was zusätzliche Strukturierungsmittel erfordert. Denn eine solche Fülle von Klassen muss organisiert werden, Namenskonflikte müssen vermieden werden und selektive Nutzung muss ermöglicht werden. Dazu dienen in JAVA die *Packages* (die wir in Kapitel 4 schon kurz angesprochen haben).

Definition (Package)

Ein ***Package*** ist eine Sammlung von Klassen und Interfaces. ❑

Dem JAVA-Compiler wird immer eine Datei übergeben. (Nach Konvention muss diese Datei in dem Suffix `.java` enden.) Wenn man Packages schaffen will, dann muss als erste Anweisung in der Datei eine `package`-Anweisung stehen.

```
package mytools;
class Tool1 { ...}
class Tool2 { ...}
interface If1 { ...}
```

Das hat zur Folge, dass die Klassen `Tool1` und `Tool2` sowie das Interface `IF1` zu dem Package `mytools` *hinzugefügt* werden. Auf diese Weise können

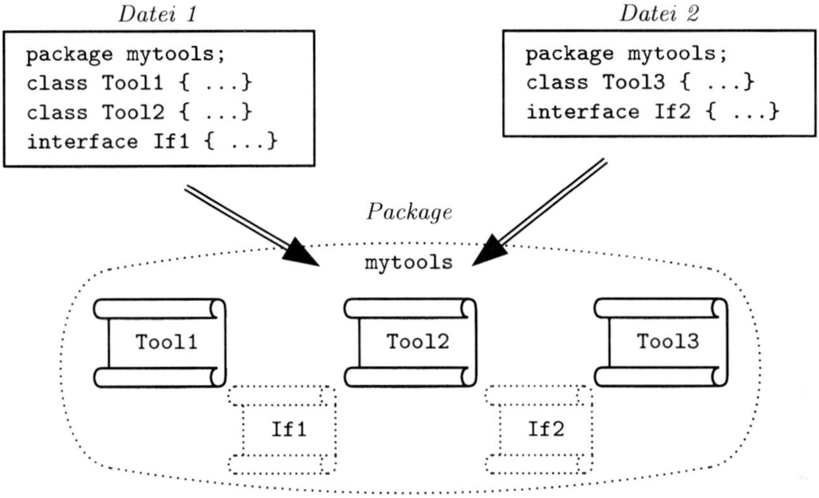

Abb. 14.3. Dateien und Packages

im Rahmen von mehreren Textdateien Packages Stück für Stück ausgebaut werden (vgl. Abbildung 14.3).

Diejenigen Dateien, die die Klassen eines Packages enthalten, müssen in einem Subdirectory mit dem entsprechenden Namen liegen. In unserem Beispiel ist das ein Directory namens `mytools` (vgl. Abbildung 14.3).

Das anonyme Standardpackage.

JAVA generiert automatisch ein (namenloses) Standardpackage, in das alle Klassen kommen, für die kein explizites Package angegeben wurde (d. h. alle Dateien, in denen keine Anweisung `package` «...» am Anfang steht).

Package-Namen

Package-Namen sind i. Allg. ganz normale Identifier wie z. B. `mytools` im obigen Beispiel. Aber die Designer von JAVA haben sich noch ein besonderes Feature ausgedacht. Da die Packages etwas mit den Directory-Systemen in modernen Dateisystemen zu tun haben, lassen sich die dortigen Strukturen in den Package-Namen nachvollziehen: *Ein Package-Name besteht aus einem oder mehreren Identifiern, die durch Punkte verbunden sind.* Beispiele:

```
mytools.texttools
java.awt.event
```

Hier ist der Package-Name zwei- bzw. dreiteilig. Man beachte jedoch: Das ist nur eine Benennungskonvention, es bedeutet *nicht* eine Schachtelung von Packages. Die Packages in JAVA sind „flach“, d. h., sie enthalten nur Klassen und Interfaces; so etwas wie Subpackages gibt es nicht.

Allerdings führen solche Namensketten auf der Dateiebene doch zu Schachtelung. Im obigen Beispiel müssen die Dateien mit den Klassen des Packages `mytools.texttools` in einem Subdirectory `texttools` des Directorys `mytools` liegen.

Anmerkung: Da Klassen auch im Internet benutzt werden können, muss man ggf. für weltweit einzigartige Benennungen sorgen. Nach dem Vorschlag von SUN *sollte man daher den Domain-Namen der jeweiligen Institution an den Anfang der Package-Namen stellen (und zwar invertiert). Das würde für mich bedeuten, dass meine Package-Namen – zumindest bei den Packages, die ich im Internet verfügbar machen will – so aussehen sollten:* `de.tuberlin.cs.pepper.java.etechnik.`«`usw`»*.* *Viele Firmen lassen allerdings inzwischen das* `de`*,* `com` *etc. am Anfang weg und beginnen einfach mit dem Firmennamen, also z. B.* `netscape.javascript.`«`usw`»*.*

14.3.1 Volle Klassennamen

Die Packages können immer den Klassennamen vorangestellt werden. Damit können sie auch benutzt werden, um *Namenskollisionen aufzulösen.* Nehmen wir einmal an, wir hätten noch ein weiteres Package `othertools`, in dem ebenfalls eine Klasse `Tool1` definiert ist. Dann können wir in einem Programm schreiben

```
mytools.Tool1 mt     = new mytools.Tool1();
othertools.Tool1 ot  = new othertools.Tool1();
```

Durch die Qualifikation mit dem jeweilgen Package-Namen lässt sich in so einem Fall der Namenskonflikt auflösen.

Genau genommen gilt sogar: Die Klassennamen in JAVA sind immer die „vollen“ Namen, also einschließlich der Annotation mit dem Package-Namen. Aber im Interesse der leichteren Schreib- und vor allem Lesbarkeit ergänzt der Compiler die Annotationen, wo immer das möglich ist. Dazu dient das Konzept der „Importe“.

14.3.2 Import

Da die vollständig annotierten Namen i. Allg. viel zu lang und unlesbar sind, gibt es natürlich eine Abkürzungsmöglichkeit. Allerdings muss der Compiler dazu wissen, in welchen Packages er nach der entsprechenden Klasse suchen soll. Wenn man also die Klassen aus einem Package in einem Programm oder einem anderen Package verwenden will, dann muss man diese Klassen ***importieren***. Das geschieht in einer Form wie

```
import mytools.texttools.TextTool1;
import mytools.texttools.TextTool2;
```

Mit diesen Import-Anweisungen werden die beiden Klassen `TextTool1` und `TextTool2` aus dem Package `mytools.texttools` verfügbar gemacht. Damit kann ich dann z. B. schreiben

```
TextTool1 tt = new TextTool1();
```

Das ist offensichtlich besser als das lange und unleserliche

```
mytools.texttools.TextTool1 tt = new mytools.texttools.TextTool1();
```

das ohne den Import nötig wäre.

Will man *alle* Klassen eines Packages haben, dann kann man die „Wildcard"-Notation benutzen:

```
import mytools.texttools.*;
```

Wie schon in Abschnitt 13.1.1 erwähnt, ist im neuen JAVA 5 auch der ***statische Import*** erlaubt. Wirklich nützlich ist dieses Feature vor allem im Zusammenhang mit den grafischen Benutzerschnittstellen (s. Kapitel 24).

14.4 Geheimniskrämerei

Mit den Packages haben wir eine weitere Dimension des Namensmanagements erhalten. Aber JAVA begnügt sich nicht damit, eine weitere Hierarchieebene für das Scoping einzuführen, sondern stellt zusätzliche Sprachmittel bereit, die eine wesentlich filigranere Kontrolle über die Namensräume gestatten.

14.4.1 Geschlossene Gesellschaft: Package

Ein Package bildet im Prinzip einen geschlossenen Namensraum. Das heißt, alle im Package enthaltenen Klassen (und Interfaces) kennen sich gegenseitig und können somit ihre Methoden und Attribute uneingeschränkt wechselseitig benutzen. Aber gegen die Außenwelt – also andere Packages – sind sie abgeschirmt (vgl. Abb. 14.2).

Damit haben Packages im Normalfall also den gleichen Effekt wie Klassen, Methoden und Blöcke: Sie konstituieren einen lokalen Gültigkeitsbereich für ihre Elemente. Aber JAVA erlaubt den Programmierern bei den Packages eine wesentlich filigranere Kontrolle über die Sichtbarkeiten. Dies geschieht mithilfe von drei Schlüsselwörtern: `public`, `protected` und `private`.

14.4.2 Herstellen von Öffentlichkeit: `public`

Wir haben gesehen, dass – ohne weitere Zusätze – Packages jeweils als geschlossene „schwarze Kästen" fungieren, die ihren Inhalt völlig verbergen. Damit brauchbare Schnittstellen entstehen, muss man den Modifikator `public` verwenden.

- *Klassen und Interfaces, die mit `public` gekennzeichnet sind, sind auch außerhalb des Packages sichtbar.*
  Restriktion: Innerhalb einer Datei kann höchstens eine Klasse oder ein Interface als `public` gekennzeichnet werden. Deshalb ist es notwendig, dass Packages über mehrere Dateien verteilt definiert werden können.

- *Attribute und Methoden, die als* `public` *gekennzeichnet sind, sind überall sichtbar, also in allen Klassen aller Packages.* Natürlich macht das nur Sinn, wenn die Klasse, in der sie definiert sind, auch `public` ist. Typischerweise sieht das dann so aus:

  ```
  package mytools;
  public class Tool1 {
    public int Max;
    public void foo () { ...}
    void bar () { ...}
  }
  class AuxTool { ...}
  ```

  Die Klasse `Tool1` ist überall verfügbar (wo sie importiert wird). Und dann sind auch das Attribut `Max` und die Methode `foo` bekannt. Aber `bar` bleibt ebenso verborgen wie die Klasse `AuxTool`.
- *Die Attribute und Methoden eines Interfaces gelten grundsätzlich als* `public`*, auch wenn der entsprechende Modifikator nicht explizit angegeben ist.*

14.4.3 Maximale Verschlossenheit: `private`

Während `public` maximale Offenheit herstellt, kann man mit `private` maximale Geheimniskrämerei betreiben: Nicht einmal die Klassen im eigenen Package können dann noch zugreifen.

- *Wenn Attribute und Methoden als* `private` *gekennzeichnet sind, dann sind sie nur in der eigenen Klasse bekannt.* Wenn wir also zwei Klassen der Bauart

  ```
  class A {
    private void foo () { ...}
    ...
  }
  class B {
    ...
    ...A a = new A(); ...
    ...a.foo() ...// FEHLER! (foo unbekannt)
    ...
  }
  ```

  haben, dann ist es in `B` nicht möglich, `a.foo()` aufzurufen. Denn die Methode `foo` ist außerhalb von `A` nicht bekannt.

Offensichtlich ist es nicht sinnvoll, den Modifikator `private` für Klassen oder Interfaces vorzusehen. Deshalb verbietet JAVA ihn auch.

14.4.4 Vertrauen zu Subklassen: `protected`

Neben den Extremen `public` und `private` sieht JAVA noch eine weitere Variante vor: Eine Klasse vertraut den eigenen Subklassen (s. Kap. 10) und gewährt ihnen Zugriff auf Attribute und Methoden.

- *Methoden und Attribute, die mit* `protected` *gekennzeichnet sind, sind in allen Klassen desselben Packages bekannt und zusätzlich noch in allen Subklassen* (auch wenn diese außerhalb des eigenen Packages definiert sind). Diese Variante ist also liberaler als die Default-Regel (ohne jeden Modifikator) – was das Schlüsselwort `protected` etwas verwirrend macht.

14.4.5 Zusammenfassung

Aufgrund der Fülle dieser Modifikatoren und Regeln fassen wir sie noch einmal in einem tabellarischen Überblick zusammen, wo die Elemente (Attribute und Methoden) einer Klasse jeweils sichtbar sind:

	Element-Modifikator			
Element ist sichtbar in ...	`public`	`protected`	—	`private`
... der Klasse selbst	✓	✓	✓	✓
... Klassen im gleichen Package	✓	✓	✓	
... Subklassen anderer Packages	✓	✓		
... allen Klassen aller Packages	✓			

Der Modifikator `public` kann auch bei Klassen angegeben werden. Dann ist die Klasse in allen anderen Packages sichtbar. (Die beiden anderen Modifikatoren machen für Klassen keinen Sinn.)

	Klassen-Modifikator	
Klasse ist sichtbar	`public`	—
... überall im gleichen Package	✓	✓
... in anderen Packages	✓	

Teil V

Datenstrukturen

Es genügt nicht zu sagen, was *zu tun ist, man muss auch wissen,* womit *es getan werden soll. Operationen und Daten sind zwei Seiten der gleichen Medaille.*

Neben den Algorithmen gibt es deshalb beim Programmieren einen zweiten großen Komplex: die Datenstrukturen. Bisher haben wir im Wesentlichen nur zwei Arten von Datenstrukturen kennen gelernt, nämlich elementare Datentypen wie `int`, `float`, `double` *etc., sowie Arrays. Aber die Informatik verdankt ihren großen Facettenreichtum mindestens in gleichem Maße der Fülle von Datenstrukturen wie der Fülle von Algorithmen.*

Bei diesen Datenstrukturen müssen wir zwischen zwei grundverschiedenen Sichtweisen unterscheiden:

- ***Abstrakte Datentypen*** *sind* konzeptuelle *Sichten auf Datenstrukturen. Das heißt, die Daten sind über die Möglichkeiten ihrer* Benutzung *(Kreierung, Änderung, Zugriffe) charakterisiert und nicht über ihre interne Darstellung im Rechner.*
  In JAVA *bietet das Konzept der Klassen und Interfaces für diese Sichtweise eine ideale Voraussetzung. (Historisch war das Prinzip der abstrakten Datentypen sogar eines der Motive für die objektorientierten Sprachen.)*
- **Konkrete Datenstrukturen** *sind* implemetierungstechnische *Sichten, bei denen die tatsächliche Darstellung der Daten im Rechner betrachtet wird.*

Wir werden uns von der zweiten – der konkreten – zur ersten – der abstrakten – Sichtweise vorarbeiten in der Hoffnung, dass der historische Lernprozess in diesem Fall auch didaktisch hilft.

Außerdem ist zu berücksichtigen, dass die Standardbibliotheken von JAVA *eine Fülle von vordefinierten Datenstrukturen bereitstellen, an denen wir uns in unserer Diskussion orientieren wollen.*

15

Hashtabellen

Wie Spreu, die der Wind verstreut.
Bibel, Psalm 1,4

Eine der fundamentalen Aufgaben der Informatik ist es, Informationen aufzubewahren und bei Bedarf wiederzufinden. Mit Abstand am schnellsten geht das, wenn die Information einen Schlüssel enthält, der direkt als Index eines zugehörigen Arrays dienen kann. Dann ist der Zugriff in der Zeit $\mathcal{O}(1)$ möglich. Aber in vielen Anwendungen gibt es einen solchen Schlüssel nicht. Trotzdem ist es oft möglich, einen Kompromiss zu finden, bei dem man zumindest näherungsweise an die Ordnung $\mathcal{O}(1)$ herankommt. Die Technik, mit der dies geht, wird unter dem Begriff *Hashing* subsumiert.

In der Sprache JAVA und vor allem in der zugehörigen Laufzeitumgebung, der JAVA Virtual Machine (JVM), spielen Hashtechniken eine zentrale Rolle. Deshalb gibt es auch viele vordefinierte Klassen und Methoden, die Hashing unterstützen.

15.1 Von Arrays zu Hashtabellen

Zur Motivation betrachten wir zwei Beispiele, die das grundlegende Problem illustrieren, das mit Hashtabellen gelöst werden kann:

1. Nehmen wir an, eine Versicherung benutzt 12-stellige Versicherungsnummern, um ihre Kundenverträge eindeutig zu identifizieren. Aus organisatorischen Gründen gehen in diese Schlüssel diverse Aspekte ein, z. B. die Versicherungsart, der Bezirk, in dem der Kunde wohnt, das Datum des Vertragsabschlusses etc. Solche Informationen stellen zusammen mit einer fortlaufenden Endnummer sicher, dass nicht aus Versehen von zwei Mitarbeitern die gleiche Versicherungsnummer vergeben wird.
   Mit 12 Stellen, die teilweise nicht nur Ziffern sondern auch Buchstaben enthalten, lassen sich mehrere Billionen Schlüssel bilden. Die Versicherung

hat i. Allg. aber nur einige Hundertausend oder Millionen Kunden. Das bedeutet, dass nur ein winziger Bruchteil der möglichen Schlüssel tatsächlich vorkommt.

2. In Programmiersprachen dürfen die Programmierer Identifier bilden, die üblicherweise Folgen aus Buchstaben und Ziffern sind. Wenn dabei das UNICODE-Alphabet zugrunde gelegt wird, dann gibt es viele Dutzend Zeichen, die in solchen Identifiern vorkommen dürfen.[1] Und die Länge von Identifiern darf in modernen Compilern mindestens 256 Zeichen, oft sogar 1024 Zeichen oder noch mehr umfassen. Die Zahl der theoretisch möglichen Identifier übersteigt damit alles, wofür wir in der Mathematik noch Namen haben.[2]
   Ein Compiler muss aber diejenigen Identifier, die im Programm tatsächlich vorkommen, geeignet speichern und effizient auffindbar machen.

In beiden Situationen ist es offensichtlich sinnlos, die Informationen in einem Array zu speichern, der durch die Schlüssel selbst indiziert wird. Ein solcher Array würde die Grenzen selbst der größten Rechner sprengen.

Generell können wir die Situation damit so wie in Abbildung 15.1 skizzieren. Es gibt eine riesige Menge möglicher Schlüssel. Aber nur einige wenige

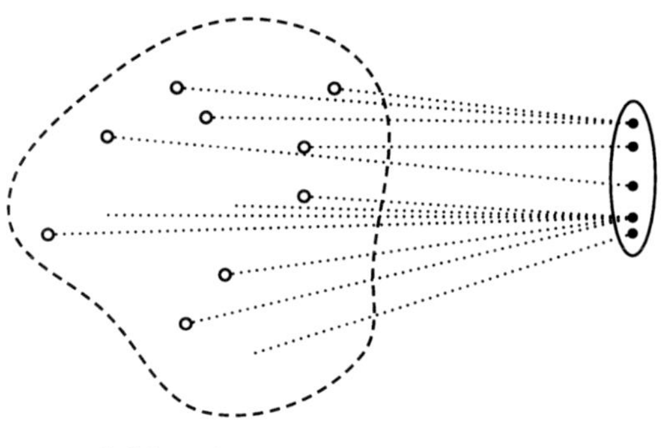

Abb. 15.1. Hashing: Schlüsselmenge und Indexmenge

von ihnen werden tatsächlich benutzt; wir nennen diese ***aktive Schlüssel*** (hier durch kleine Kreise symbolisiert). Und es gibt eine kleine Menge von Indizes (die – wie wir gleich sehen werden – zu einem entsprechenden Array gehören). Das Bild illustriert alle relevanten Situationen:

---

[1] In JAVA sind es sogar 46 908 UNICODE-Zeichen, die im Inneren von Identifiern zugelassen sind! (Das ergibt eine einfache Zählung mit Hilfe der Methode `Character.isJavaIdentifierPart()` – jedenfalls in JAVA 6.)

[2] Manche Leute nennen eine 1 mit Hundert Nullen ein „Gogol". Aber auch diese Zahl kommt nicht einmal in die Nähe der Anzahl möglicher Identifier. Denn die hat bei JAVA über 3 000 Nullen.

- Wegen der (extrem) unterschiedlichen Größe der beiden Mengen werden zwangsläufig sehr viele Schlüssel jeweils auf den gleichen Index abgebildet. Das stört aber nicht, solange die Schlüssel passiv sind, also in der Applikation nicht verwendet werden.
- Idealerweise sollte von den aktiven Schlüsseln jeweils höchstens einer auf einen bestimmten Index abgebildet werden.
- Aber aufgrund der unterschiedlichen Größenverhältnisse der beiden Mengen wird es sich nicht vermeiden lassen, dass gelegentlich auch mehrere aktive Schlüssel auf den gleichen Index abgebildet werden. Man spricht dann von einer ***Kollision***.
- Es gibt i. Allg. auch Indizes, zu denen gar kein (aktiver) Schlüssel gehört.

Damit lässt sich die programmiertechnische Aufgabe folgendermaßen beschreiben:

1. Gegeben ist eine Klasse von Objekten (in der realen Welt). Die Menge der möglichen Objekte dieser Klasse ist i. Allg. riesig, aber die Anzahl A der tatsächlich benutzten „aktiven“ Objekte ist hinreichend klein.
2. Zu jedem Objekt – unabhängig ob passiv oder aktiv – gehört ein eindeutiger *Schlüssel*; die Menge der Schlüssel bezeichnen wir als *Key*.
3. Im Rechner verwenden wir einen Array, um die aktiven Objekte zu speichern (s. Abbildung 15.2 in Abschnitt 15.2.2). Dieser Array induziert die *Indexmenge* $Index = \{0, \ldots, N-1\}$. Für die Größe N dieses Arrays muss offensichtlich gelten $N \geq A$; aber aus Gründen der Effizienz sollte auch gelten $N \approx A$; d. h., der Array sollte nicht unnötig groß sein. Das Verhältnis $\alpha = \frac{A}{N}$ wird auch als ***Füllfaktor*** der Hashtabelle bezeichnet. (Mehr zu α in Abschnitt 15.2.3).
4. Wir benötigen eine Funktion $h : Key \to Index$, die die Schlüsselmenge in die Indexmenge das Arrays abbildet. Diese Funktion h heißt ***Hashfunktion***.
5. Wenn zwei aktive Objekte mit den Schlüsseln k_1 und k_2 auf den gleichen Index i abgebildet werden, also $h(k_1) = i = h(k_2)$, dann liegt eine Kollision vor und wir müssen eine Methode zur *Kollisionsauflösung* bereitstellen (s. Abschnitt 15.2.2).

15.2 Zum Design von Hashfunktionen

Das Prinzip des Hashings ist in JAVA ganz tief verwurzelt, sodass entsprechende Klassen und Methoden vordefiniert bereitgestellt werden (s. Abschnitt 15.3). Aber in diesem Buch befassen wir uns mit grundlegenden Programmierkonzepten; deshalb müssen wir auch die Frage ansprechen, wie man Hashtabellen in Sprachen benutzt, in denen Hashing nicht im Compiler und im Laufzeitsystem vordefiniert sind. Dazu müssen wir zwei Fragen untersuchen:

- Wie kommt man zu Hashfunktionen $h : Key \to Index$?
- Wie löst man Kollisionen auf?

15.2.1 Hashfunktionen

Eine Hashfunktion $h : Key \to Index$ muss folgenden Randbedingungen genügen:

1. Die Funktion h schöpft die ganze Indexmenge *Index*= `{0, 1, ..., N-1}` aus; d. h., es bleiben nicht einige Arrayfelder grundsätzlich ungenutzt.
2. Die Funktion h sollte die Schlüssel möglichst gleichmäßig über die ganze Menge *Index* streuen; dadurch wird die Kollisionswahrscheinlichkeit verringert.
3. Die Funktion h sollte möglichst unempfindlich gegen „Clustering" der Schlüssel sein.
4. Nicht zuletzt sollte die Funktion h schnell berechenbar sein.

Die ersten beiden Bedingungen sind aus Effiziensgründen unmittelbar einsichtig; die dritte braucht dagegen eine Erläuterung. Erfahrungsgemäß treten in der Schlüsselmenge gewisse Cluster auf. So enthalten Programme oft Identifier wie `x1`, `x2`, `xi`, `xj`, `xOld`, `xNew` etc. Wenn h z. B. stark vom ersten Buchstaben abhängt, würden alle diese Identifier auf den gleichen Arraybereich konzentriert werden. Ähnlich ist es mit unserem Beispiel der Versicherungsnummern; hier kann es z. B. Ballungen durch die Bezirks- oder Vertreternummer geben.

In der Literatur gibt es einige Standardvorschläge für die Implementierung geeigneter Hashfunktionen $h : Key \to Index$, die diesen Randbedingungen genügen. Dabei wird grundsätzlich von einer fundamentalen Tatsache Gebrauch gemacht: *Jedes Datum – egal ob* `int` *oder* `float`*, ob* `String` *oder Array – wird im Maschinenspeicher letztlich als Bitfolge* `01101000110...` *dargestellt. Und eine solche Bitfolge kann immer auch als natürliche Zahl gelesen werden. Also können wir bei der Beschreibung von Hashfunktionen immer davon ausgehen, dass die Schlüssel letztlich Zahlen sind.*

Aufgrund dieser Beobachtung nehmen wir ab jetzt an, dass für die Schlüsselmenge gilt: $Key \subseteq \mathbb{N}$.

Modulare Hashfunktion.

Die einfachste Form, um zu garantieren, dass $h : Key \to Index$ genau die Indexmenge $Index = \{0, \ldots, N-1\}$ ausschöpft, ist die Verwendung der Modulo-Funktion:

$$h(k) \overset{def}{=} k \mod N.$$

Diese Operation ist schnell, sie garantiert aber nicht immer eine hinreichend gleichmäßige Streuung der Indizes. Damit das erreicht wird, sollte man für die Arraygröße N *Primzahlen* nehmen, die nicht allzu nahe an Zweierpotenzen liegen (vgl. [12]).

Multiplikative Hashfunktionen.

Bei der Multiplikationsmethode geht man in zwei Schritten vor. Zuerst multipliziert man den Schlüssel k mit einer Konstanten $C, 0 < C < 1$. Dann streicht man den ganzzahligen Anteil weg, d. h., man behält nur den Bruchanteil. Wenn man diesen mit der Arraylänge N multipliziert, liefert der ganzzahlige Anteil eine Zahl aus dem Bereich $Index = \{0, \ldots, N-1\}$ (vgl. [12]).

$$h(k) \stackrel{def}{=} \lfloor N \cdot ((C \cdot k) \mod 1) \rfloor.$$

Dabei steht die Notation $x \mod 1$ für den Bruchanteil von x, also $x \mod 1 = x - \lfloor x \rfloor$.

Die Arraygröße N ist bei diesem Verfahren erfreulicherweise unkritisch. Aus Gründen der effizienteren Implementierbarkeit nimmt man aber gerne Zweierpotenzen.

Die Methode funktioniert auch mit beliebigen Konstanten C, aber nicht immer gleich gut. Don Knuth argumentiert in [36], dass der goldene Schnitt i. Allg. relativ gut funktionieren sollte:

$$C \approx \frac{\sqrt{5}-1}{2} = 0.6180339887\ldots$$

Hashing von Strings.

Strings können sehr lange werden. Damit liefern auch die Bitmuster, durch die sie dargestellt werden, sehr lange Zahlen – zu lange, als dass eine schlichte Modulo-Berechnung oder Multiplikation gut funktionieren würde. Deshalb schaltet man i. Allg. eine *Faltung* vor: Man teilt den String in Substrings geeigneter Länge auf (z. B. 32 oder 64 Bit) und addiert diese Substrings. Auf das Ergebnis wendet man dann eine der beiden obigen Methoden an. Um gewisse Dominanzen z. B. in den ersten Buchstaben zu verwischen, kann man auch einen Teil der Substrings revertieren, bevor man sie aufaddiert.

15.2.2 Kollisionsauflösung

Bevor wir uns dem Design von geeigneten Hashfunktionen zuwenden, wollen wir erst die Rahmenbedingungen ihrer Verwendung ansehen. Hier ist das schwierigste Problem der Umgang mit Kollisionen.

Egal wie gut die Hashfunktion $h : Key \rightarrow Index$ gewählt wird, es wird trotzdem immer wieder zu Kollisionen kommen. Das heißt, wir wollen ein Element `d₂` mit Hashwert `h(d₂)=i` hinzufügen, aber an der Stelle `table[i]` steht bereits ein anderes Element `d₁`. Für die Auflösung solcher Kollisionen gibt es im Wesentlichen zwei Techniken (vgl. Abbildung 15.2):

1. *Offenes Hashing.* Hier werden die kollidierenden Elemente an geeigneten freien Plätzen im Array untergebracht, die mittels einer weiteren Funktion g gesucht werden. Dies ist in Abbildung 15.2 (a) skizziert.
   Der Vorteil dieser Methode ist, dass man außer dem Array keinen weiteren Speicherplatz benötigt. Der Nachteil ist eine komplexere Implementierung – insbesondere wenn auch das Löschen von Elementen möglich ist – sowie ein größerer Array bzw. ein größerer Füllgrad. Kritisch ist vor allem die Situation, dass die Arraygröße N zu klein gewählt wurde. Dann müssen alle Elemente des alten Arrays in einen neuen, größeren Array kopiert werden.
2. *Verkettung durch Überlauflisten.* Hier werden die kollidierenden Elemente in Überlauflisten (vgl. Kapitel 17) untergebracht. Dies ist in Abbildung 15.2 (b) skizziert.
   Der Vorteil hier ist, dass der Array kleiner sein kann bzw. einen günstigeren Füllgrad hat. Vor allem ist es kein Problem, wenn der Array kleiner gewählt wurde als die Zahl der aktiven Elemente (nur die Effizient leidet stark). Der Nachteil ist der zusätzliche Speicherplatz für die Listen.

Im Folgenden werden wir beide Varianten noch etwas genauer diskutieren.

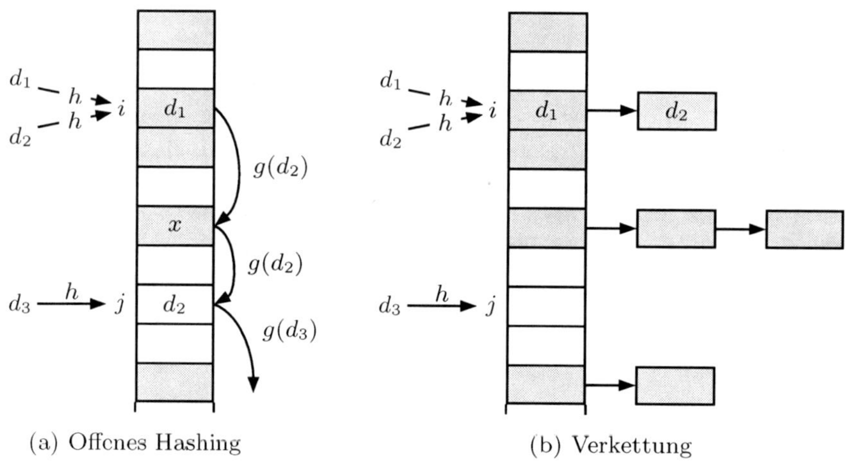

Abb. 15.2. Kollisionsauflösung in Hashtabellen

(1) Offenes Hashing (Open addressing).

Um kollidierende Elemente im Array speichern zu können, müssen wir nach einem freien Platz suchen. Zu diesem Zweck berechnen wir mittels einer geeigneten Funktion $g(\dots)$ einen neuen Index j. Falls `table[j]` frei ist, legen wir dort das Element $\mathtt{d}_2$ ab, ansonsten suchen wir einen weiteren Index j' und versuchen es an der Stelle `table[j']`. Und so weiter.

Man beachte, dass es jetzt *zwei* Arten von Kollisionen gibt (vgl. linkes Bild von Abbildung 15.2): Bei der *primären* Art haben zwei Elemente d_1 und d_2 den gleichen Hashwert i. Bei der *sekundären* Art trifft ein Element d_3 an „seiner“ Arrayposition $j = h(d_3)$ auf ein Element d_2 mit $h(d_2) = i \neq j$, das wegen einer Kollision an die Stelle j gewandert ist.

Problematisch ist hier das Löschen von Elementen. Nehmen wir an, in der Situation von Abbildung 15.2 wird das Element x gelöscht. Wenn wir jetzt d_2 suchen, müssen wir erkennen, dass die freie Stelle *nicht* das Ende der Suche bedeutet; das heißt, die freien Stellen müssen unterschieden werden in „wirklich frei“ und „gelöscht“. Im ersten Fall darf man mit der Suche aufhören, im letzten muss man weiter suchen.

Das Entscheidende ist bei dieser imliziten Kollisionsauflösung die Funktion $g(\dots)$. Sie muss einfach zu berechnen sein und nach Möglichkeit Häufungen vermeiden. Deshalb sind die einfachen Techniken des *linearen Sondierens* und des *quadratischen Sondierens*, bei denen in konstanten bzw. quadratisch wachsenden Schritten weitergeschaltet wird, weniger gut geeignet. Besser sind Funktionen, die abhängig vom jeweiligen Schlüssel sind, sodass die Schrittweiten jeweils anders sind. Man spricht dann von *double hashing*. Ein typisches Beispiel für eine solche Funktion ist

$$g(k) = 1 + (k \mod (N-1))$$

Mit einem solchen g wird dann – ausgehend vom initialen Hashindex $h(k)$ – folgende Sequenz von Arraypositionen durchlaufen:

$$(h(k) + j \cdot g(k)) \mod N \qquad j = 0, 1, 2, 3, \dots$$

Wie man in Abbildung 15.2 sehen kann, wird so z. B. erreicht, dass das Element d_2, wenn es auf das Element x trifft, beim Weiterschalten nicht der Kette der schon früher mit x kollidierten Elemente folgt.

(2) Verkettung durch Überlauflisten.

Eine programmiertechnisch einfachere Lösung für das Kollisionsproblem ist im rechten Bild (b) von Abbildung 15.2 illustriert. Hier werden die kollidierenden Elemente einfach in einer Liste an die entsprechende Arraystelle angehängt. Wie man am Beispiel des Elements d_3 sieht, treten jetzt keine Kollisionen der sekundären Art mehr auf. Damit ist auch das Löschen von Elementen kein Problem mehr.

In diesem Fall kann übrigens die Länge des Arrays kleiner sein, als die Zahl der aktiven Objekte; d. h., für den Füllgrad kann gelten $\alpha > 1$.

15.2.3 Aufwand.

Von besonderm Interesse ist natürlich die Frage, mit welchem Aufwand man hier suchen kann. Eine detaillierte Analyse geht über den Rahmen dieses Buches hinaus, aber wir wollen wenigstens einige Ergebnisse aus der Literatur erwähnen (vgl. z. B. [12, 32, 59]).

Offensichtlich ist der *Worst case* in der Ordnung $\mathcal{O}(m)$, wobei m die Anzahl der tatsächlich benutzten „aktiven" Elemente ist. Dieser Fall tritt ein, wenn alle Elemente beim Hashing auf den gleichen Index abgebildet werden. Das ist allerdings so extrem unwahrscheinlich, dass wir diese Situation für die Praxis nicht befürchten müssen. Trotzdem zeigt diese kleine Überlegung, dass der Aufwand von der statistischen Verteilung der Schlüssel abhängt (die wir i. Allg. nicht kennen).

Wir betrachten die Variante des offenen Hashings und gehen davon aus, dass die beiden Funktionen h und g so definiert sind, dass alle Arrayplätze mit gleicher Wahrscheinlichkeit angesteuert werden. Dann kann man folgende Abschätzungen machen (s. [12]), wobei $\alpha < 1$ der Füllgrad der Tabelle ist:

- *Erfolglose Suche* bei offenem Hashing, d. h., das Element ist *nicht* in der Tabelle enthalten:

  $$\mathcal{O}(\frac{1}{1-\alpha})$$

- *Erfolgreiche Suche* bei offenem Hashing, d. h., das Element ist in der Tabelle vorhanden:

  $$\mathcal{O}(\frac{1}{\alpha} \cdot (1 + \ln \frac{1}{1-\alpha}))$$

Bei der Variante des Hashings mit Überlauflisten erhält man analoge Ergebnisse:

- *Erfolgreiche bzw. erfolglose Suche* bei Hashing mit Überlauflisten:

  $$\mathcal{O}(1 + \alpha)$$

Das zeigt, dass der Aufwand der Suche (und damit auch des Hinzufügens und Löschens) nur vom Füllgrad abhängt und nicht von der Größe der Tabelle oder der Anzahl der aktiven Elemente in der Tabelle. Diese beiden Zahlen sind nur insoweit relevant, als sie den Füllgrad bestimmen.

Um ein Gefühl dafür zu geben, was diese obigen Abschätzungen konkret bedeuten, betrachten wir noch einige konkrete Werte:[3]

Füllgrad	offenes Hashing erfolglose Suche	offenes Hashing erfolgreiche Suche	Hashing mit Verkettung
95%	20.0	3.1	1.95
90%	10.0	2.5	1.90
75%	4.0	1.8	1.75
70%	3.3	1.7	1.70
50%	2.0	1.3	1.50

Diese Tabelle zeigt, dass man die Tabellengröße so wählen sollte, dass der Füllgrad nicht wesentlich über 70% steigt. Dann hat man fast so gutes Zugriffsverhalten wie bei Arrays, wenn man die Indizes kennt!

[3] Dies sind theoretische Werte; Messungen in [32] zeigen, dass die praktischen Werte etwas schlechter sind. Aber die prinzipielle Aussage ist die Gleiche.

15.3 Hashing in JAVA

Das Hash-Prinzip ist ganz tief in den JAVA-Compiler und das JAVA-Laufzeitsystem eingebaut. Außerdem stellt JAVA in seinen vordefinierten Packages (genauer: in `java.util`) auch einige Klassen bereit, die dem Programmierer das Arbeiten mit Hashtabellen ermöglichen.

15.3.1 Die Klassen `Hashtable`, `HashMap` und `HashSet`

Abbildung 15.3 zeigt die wichtigsten Operationen der Klasse `HashSet` aus dem JAVA-Package `java.util` . Das sind im Wesentlichen die klassischen Mengenoperationen *Hinzufügen, Entfernen* und *Elementtest.* Außerdem wird noch ein Iterator bereitgestellt, um das „Apply-to-all"-Paradigma zu unterstützen.

```
class HashSet<Data>
  HashSet()                       Konstruktor
  HashSet(int c)                  Konstruktor
  boolean add(Data d)             Element hinzufügen
  boolean remove(Object o)        Element entfernen
  boolean contains(Object o)      Existenz testen
  boolean isEmpty()               leer?
  void clear()                    alle Elemente löschen
  Iterator<Data> iterator()       liefert Iterator über die Menge
```

Abb. 15.3. Die Klasse `HashSet` (Auszug)

Beim Konstruktor gibt es auch eine Variante, bei der man die initiale Kapazität des Arrays vorgeben kann. Das ist aus Effizienzgründen nützlich, wenn der Programmierer einen Schätzwert für die Anzahl der zu erwartenden aktiven Objekte kennt (vgl. Abschnitt 15.2.3). Die Klasse `HashSet` in `java.util` stellt noch einige weitere Methoden bereit, die sie von Superklassen wie `AbstractSet` erbt; diese sind aber für unsere konzeptuelle Betrachtung nicht relevant.

Daneben gibt es noch die Klassen `Hashtable<K,V>` (seit JAVA 1.0) und `HashMap<K,V>` (seit JAVA 1.2). Beide sind fast identisch; der primäre Unterschied ist, dass `Hashtable` synchronisiert ist und `HashMap` nicht. (Außerdem erlaubt `HashMap` den Wert `null` sowohl als Schlüssel als auch als Wert.)

Beide Klassen implementieren das Interface `Map<K,V>`, das im Wesentlichen Tabellen beschreibt, die Schlüsselwerten vom Typ `K` Datenwerte vom Typ `V` zuordnet.

Abbildung 15.4 zeigt, dass in `Map` und den zugehörigen Klassen einige sehr komfortable Methoden bereitgestellt werden. Man hat nicht nur individuellen

interface Map<K,V>	
V put(K key, V val)	key mit value assoziieren
V get(Object key)	zugehörigen Wert liefern
void clear()	alle Elemente löschen
boolean containsKey(Object key)	Existenz testen
boolean containsValue(Object val)	Existenz testen
boolean isEmpty()	leer?
Set<K> keySet()	Menge aller Schlüssel
Collection<V> values()	Menge aller Werte
Set<Map.Entry<K,V> > entrySet()	Menge aller Paare

Abb. 15.4. Das Interface `Map` (Auszug)

Zugriff auf einzelne Schlüssel bzw. Werte, sondern kann auch die Mengen aller Schlüssel und aller Werte erhalten. Sogar die Sicht einer Map als Menge von Paaren wird bereitgestellt. Auf dem Umweg über diese Mengen lassen sich dann auch entsprechende Iteratoren definieren.

15.3.2 Die Methode `hashCode` der Klasse `Object`

Man beachte: Eigentlich hätten wir die Klasse `HashSet` in Abbildung 15.3 folgendermaßen schreiben müssen:

```
class HashSet<Data extends Hashable> {
   ...
}
```

Hier wird ausgedrückt, dass Hashsets nur über Elementobjekten gebildet werden können, die das Interface `Hashable` erfüllen. Dieses Interface stellt nur fest, dass es für die Elementobjekte eine Hashfunktion geben muss:

```
interface Hashable {
   int hashCode();
}
```

In JAVA wird das jedoch nicht gebraucht, und zwar aus einem ganz einfachen Grund: Das Prinzip des Hashings ist seit jeher ganz tief im JAVA-System verwurzelt; die gesamte Organisation der JVM (Java Virtual Machine) ist am Hashing orientiert. Deshalb enthält auch die fundamentale JAVA-Klasse `Object` eine Methode `hashCode()` – s. Abbildung 15.5. Und weil in JAVA die Klasse `Object` automatisch eine Superklasse von allen Klassen ist, verfügt jedes Objekt in JAVA über die Methode `hashCode()`.

Dabei garantiert JAVA für die Funktion `hashCode` folgende Eigenschaft: Wenn zwei Objekte o_1 und o_2 gleich sind, also o_1`.equals(`o_2`)`, dann haben sie auch den gleichen Hashwert: o_1`.hashCode() ==` o_2`.haschCode()`. Dieser

```
class Object
  Object()                        Konstruktor
  ...                             ...
  boolean equals(Object other)    Gleichheitstest
  int hashCode()                  Hashwert des Objekts
  ...                             ...
```

Abb. 15.5. Hashing in der JAVA-Klasse `Object`

Hashwert bleibt während einer Programmausführung unverändert, wird aber i. Allg. in jedem Programmlauf ein anderer sein.

15.4 Weitere Anwendungen von Hashverfahren

Hashing wird nicht nur zur effizienten Speicherung benötigt, sondern spielt auch in vielen anderen Applikationen eine zentrale Rolle. Exemplarisch seien hier nur zwei Beispiele erwähnt.

- Bei der elektronischen Signatur von Dokumenten wird mit einem Hash-artigen Verfahren aus dem Text des Dokuments (dem „Schlüssel") ein Hashindex abgeleitet. Dieser Hashindex wird an das Dokument angehängt. Die Berechnungsfunktion $h_k(text)$ ist dabei allerdings von einem geheimen und individuellen kryptographischen Schlüssel k abhängig, der den Verfasser der Nachricht (praktisch) eindeutig nachweist.
- Bei der effizienten Speicherung von Backup-Kopien von Dateien über ein Netzwerk können Hashfunktionen benutzt werden, um bei unveränderten Dateien die langwierige Übertragung über das Netzwerk zu vermeiden. Das Problem ist offensichtlich, wie man die Gleichheit von zwei Dateien bzw. Dateifragmenten feststellen kann, ohne ihren Inhalt übertragen zu müssen.
  Der Trick liegt darin, die Datei in Blöcke aufzuteilen und für jeden Block mit einer Hash-artigen Technik zwei Prüfsummen zu berechnen. Bei geschickter Wahl des Hashings bedeutet die Gleichheit dieser Prüfsummen zusammen mit der Gleichheit des Namens und des Datums der Datei „mit an Sicherheit grenzender Wahrscheinlichkeit" auch die tatsächliche Gleichheit der Dateiinhalte. (Das Risiko, bei der Datenübertragung einen Sendefehler zu bekommen, ist höher.) Dieser Ansatz wurde ursprünglich in der UNIX-Welt für das `rsync`-Verfahren entwickelt, wird heute aber auch in CVS und ähnlichen Programmen benutzt.

16 Referenzen

> *„Ihre persönliche Stellvertreterin". Darüber kann man ganze Abende nachdenken.*
>
> *Kurt Tucholsky*

Eigentlich haben wir am Anfang des Buches – vor allem in Kapitel 1 und 2 – gelogen. Dort haben wir so getan, als ob z. B. mit einer Anweisung wie `new Line(new Point(1,1), newPoint(2,2))` wirklich ein Objekt der Art `Line` entsteht, das als Attribute tatsächlich zwei Objekte der Art `Point` enthält (so wie in Abbildung 1.4 auf Seite 15 dargestellt). In Wirklichkeit arbeitet der Compiler intern aber mit etwas komplexeren und maschinennäheren Konzepten, die allgemein als Referenzen oder Pointer bezeichnet werden. Leider lässt sich diese Tatsache auch nicht ganz ignorieren – obwohl das aus softwaretechnischer Sicht zu wünschen wäre –, weil es einige Effekte gibt, die dem Programmierer nicht verborgen bleiben.

16.1 Nichts währt ewig: Lebensdauern

Bevor wir uns mit dem eigentlichen Thema dieses Kapitels – den Referenzen – befassen, müssen wir noch einen Begriff ansprechen, der zum besseren Verständnis einiger Aspekte notwendig ist.

Ein ganz zentrales Konzept bei der Ausführung von Programmen ist das Phänomen der *„Lebensdauer"*. Dabei versteht man unter ***Lebensdauer*** – wie auch überall sonst – die Zeitspanne, während der ein Ding existiert. Im Zusammenhang mit Programmen können diese „Dinge" alles Mögliche sein, z. B.

- Das *Programm* selbst; seine Lebensdauer ist jeweils die Zeitspanne vom Start bis zum Ende.

Man sieht hier schon das wesentliche Grundmuster: Lebensdauern betreffen immer „Inkarnationen": Jedes Mal, wenn ich ein Programm starte, erhalte ich eine neue Inkarnation des Programms; und die Lebensdauer ist dann die Laufzeit dieser Inkarnation. Das gilt auch für die weiteren Dinge wie z. B.

- *Objekte*; ihre Lebensdauer beginnt mit ihrer Erzeugung (mittels des Operators `new`) und endet, wenn sie „nicht mehr gebraucht" und deshalb gelöscht werden, also spätestens mit Ende des Programms. (In JAVA übernimmt netterweise das System die Entscheidung, wann die Zeit zum Löschen gekommen ist.)
- *Methoden*; die Lebenszeit einer Methode beginnt mit ihrem Aufruf und endet, wenn sie ihre Aktivitäten beendet hat (z. B. mit `return` bei Funktionen).
  Hier sieht man deutlich, dass Lebensdauern sich auf Inkarnationen beziehen. Man betrachte eine *rekursive Funktion* wie z. B. die Fakultätsfunktion:

```
int fac ( int n ) {
   if (n == 0) { return 1; } else { return n * fac(n-1); }
}
```

  Hier sind die Lebensdauern der einzelnen Inkarnationen ineinander enthalten (s. Abbildung 16.1).

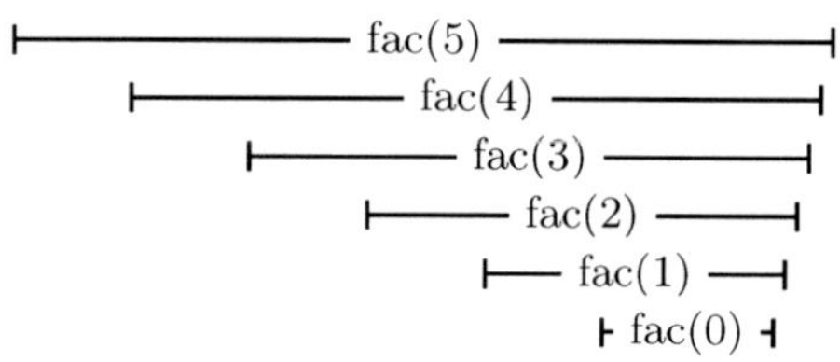

Abb. 16.1. Lebensdauern von Funktionsinkarnationen

Die Lebensdauer von lokalen Variablen und Konstanten ist die jeweilige Inkarnation. *Beispiel*:

```
Point foo () {
  Point p = new Point(1,1);
  Point q = new Point(2,2);
  return q;
}//foo
```

Die Lebensdauer des Punktes `(1,1)` endet mit `foo`, weil die Lebensdauer der lokalen Variablen `p` endet (und der Punkt sonst nirgends gespeichert wurde). Der Punkt `(2,2)` dagegen überlebt `foo`: Zwar endet die Lebensdauer der lokalen Variablen `q` auch mit `foo`, aber der in `q` enthaltene Punkt wird als Resultat nach außen weitergereicht.

Dieser fundamentale Begriff der Lebensdauern spielt eine zentrale Rolle zum Verständnis der folgenden Konzepte.

16.2 Referenzen: „Ich weiß, wo mans findet“

Wir haben in unseren bisherigen Programmbeispielen schon oft Objekte kreiert, was dann i. Allg. so aussah wie

```
Point p = new Point(...);
```

Dabei ist `p` eine Variable (entweder ein Attribut eines anderen Objekts oder eine Methoden-lokale Variable). Mit dieser Schreibweise haben wir die Vorstellung verbunden, dass das neu erzeugte Punktobjekt in die Variable – also den „Slot“ – `p` eingetragen wird.

Das stimmt aber nicht.

Objekte sind meistens sehr groß. Dann ist es aufwendig, sie immer selbst in die Variablen (Slots) hineinzulegen. Stattdessen hantiert man lieber mit „Stellvertretern“. Das wollen wir uns im Folgenden genauer ansehen.

Die *interne Realisierung* von komplexeren Objekten und Datenstrukturen basiert auf einem zentralen Konzept, das es schon seit den Tagen der ersten Computer gibt: *Referenzen* (auch *Zeiger* oder *Pointer* genannt). Letztendlich steht dahinter nichts anderes als die Beobachtung, die für Computer grundsätzlich gilt: Alle Daten stehen im Speicher in Zellen, die über ihre *Adressen* angesprochen werden. Wenn man von diesem Adressbegriff abstrahiert, landet man bei der Idee der Referenzen.

Allerdings ist ein solcher Abstraktionsschritt oft essenziell für die Benutzbarkeit eines Konzepts. Im Falle der Referenzen (insbesondere im Stile von JAVA) betrifft dies die Aspekte *Typisierung* und *Sicherheit*, d. h. die Vermeidung „gefährlicher“ Adressmanipulationen (die z. B. in der Sprache C bzw. C^{++} noch möglich sind).

Definition (Referenz)

Eine ***Referenz*** ist ein *Verweis* auf ein Objekt. (In [49]: *A reference is a strongly typed handle for an object.*) ❑

Über eine Referenz haben wir also jederzeit Zugriff auf ein Objekt, ohne immer gezwungen zu sein, das (möglicherweise sehr große) Objekt selbst mit uns „herumzutragen“. Das legt eine Analogie nahe: Eine Referenz erfüllt den gleichen Zweck wie eine Codekarte für ein Schließfach.

Vorteile: (1) Die Codekarte (= Referenz) kann leichter transportiert werden als das Objekt im Schließfach selbst. (2) Man kann mehrere Codekarten für das gleiche Schließfach ausstellen und somit mehreren Leuten Zugang gewähren.

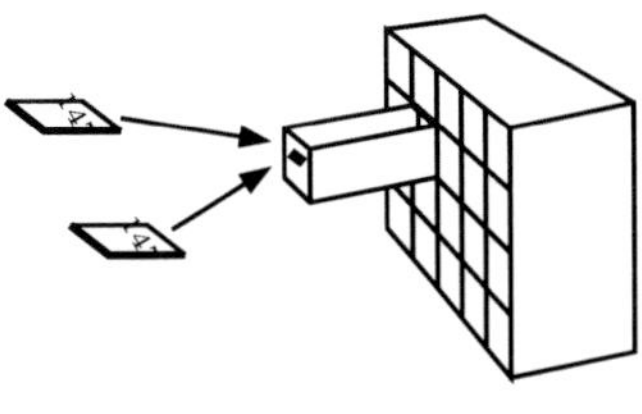

Nachteile: (1) Der Zugriff auf das Objekt erfordert zusätzlichen Aufwand, da man erst an das Schließfach herankommen muss. (2) Es haben mehrere Leute auf das Objekt im Schließfach Zugriff.

Punkt (2) braucht wohl eine Erläuterung, da die Eigenschaft sowohl als Vor- als auch als Nachteil gewertet wird. Die Erklärung ist einfach: Manche

Applikationen verlangen danach, dass mehrere Leute (= Prozesse, Methoden) auf ein Objekt zugreifen können. Aber in diesem Mehrfachzugriff steckt auch eine *Gefahr*: Denn der eine kann das Objekt verändern, es herausnehmen oder sogar durch ein anderes ersetzen, ohne dass der andere das erfährt. Wenn der Zweite dann auf das „falsche" Objekt zugreift, kann das zu sehr subtilen Programmfehlern führen.

Übrigens: Die Metapher mit der Codekarte beschreibt auch gut das (oben erwähnte) Sicherheitskonzept von JAVA. Ich kann Codekarten duplizieren und weitergeben, aber ich kann *nicht* die Codenummer ändern. Das heißt, ich komme mit meiner Karte nie an ein anderes Schließfach heran. (In Sprachen wie C bzw. C^{++} ist das beliebige Manipulieren der Codekarten – und damit der Zugriff auf fremde Schließfächer – fast uneingeschränkt möglich.)

16.3 Referenzen in JAVA

In JAVA gilt folgende Regel: Mit Ausnahme der elementaren Werte wie Zahlen, Characters etc. werden alle Objekte nur über Referenzen angesprochen und verwaltet. Diese Unterscheidung ist in Tab. 16.1 zusammengefasst.

primitive Typen	Referenz-Typen
`boolean, char, byte, short, int, long, float, double`	alle Klassen, insbes. auch `String` und Arrays

Tabelle 16.1. Typen in JAVA

16.3.1 Zur Funktionsweise von Referenzen

Wir können uns die Verwendung von Referenzen und die damit zusammenhängenden Phänomene an einem schematischen Beispiel verdeutlichen. Dazu betrachten wir wieder die Definition der Klasse `Point` zur Beschreibung von Punkten im zweidimensionalen Raum. Diese Klasse hat u. a. zwei Attribute („Slots") `x` und `y`, in die die x- und y-Koordinate des jeweiligen Punktes eingetragen werden. (Die weiteren Attribute und die Methoden – z. B. `dist()` für die Entfernung vom Nullpunkt – sind für unsere folgende Diskussion nicht von Belang.)

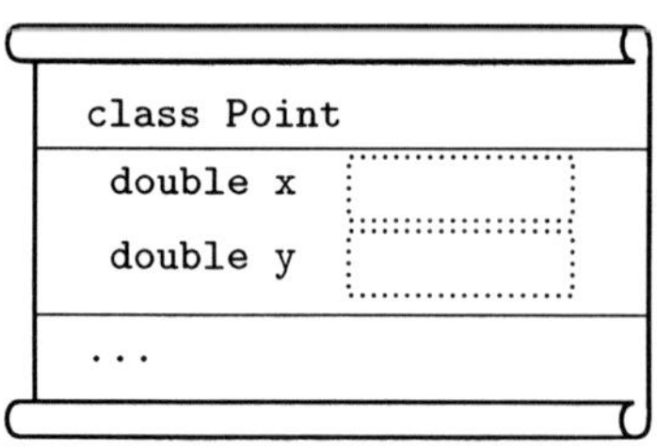

Diese Klasse können wir verwenden, um Variablen des entsprechenden Typs zu deklarieren. (Um die Analogie zu verdeutlichen, betrachten wir zum Vergleich die Deklaration einer Integer-Variablen.)

```
Point p;        |   int n;
```

Hier wird jeweils eine Variable des entsprechenden Typs deklariert. Aber diese Variablen haben (noch) keinen wohl definierten Wert! Im Falle von Referenzvariablen wie `p` wird das in JAVA durch den „***Nicht-Pointer***“ `null` ausgedrückt. (Deshalb heißt die Fehlermeldung bei einem Zugriffsversuch über eine solche Nicht-Referenz auch `NullPointerException`.) Wir illustrieren nicht-initialisierte Variablen auf folgende Art:

Also müssen den beiden Variablen durch entsprechende Zuweisungen Werte gegeben werden. (Diese Zuweisungen können im Anschluss an die Deklaration erfolgen oder auch als initialisierende Zuweisungen zusammen mit der Deklaration.)

```
Point p;               |   int n;
p = new Point();       |   n = 5;
```

Durch den Ausdruck `new Point()` wird ein Objekt des Typs `Point` kreiert; das Ergebnis des Ausdrucks ist aber nicht dieses neue Objekt selbst, sondern die *Referenz* auf das Objekt – und diese ist es, die der Variablen `p` zugewiesen wird. (Man beachte, dass die Attribute `x` und `y` des neuen Objekts noch keine definierten Werte haben!)

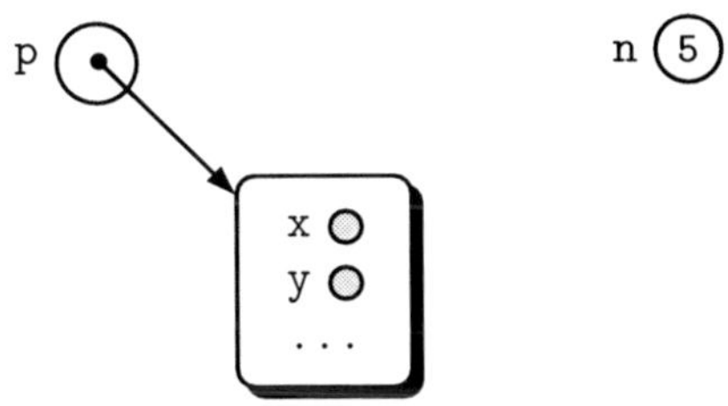

Jetzt kreieren wir jeweils eine zweite Variable und weisen ihr den Wert der ersten zu:

```
Point p;               |   int n;
p = new Point();       |   n = 5;
Point q;               |   int k;
q = p;                 |   k = n;
```

Als Ergebnis enthält die neue Variable jeweils den gleichen Wert wie die alte. Aber im Falle der `Point`-Variablen `q` ist das die *gleiche Referenz*; d. h., nur die Referenz ist zweimal da, das Objekt selbst wird nicht dupliziert (auch der primitive Wert `5` ist zweimal da).

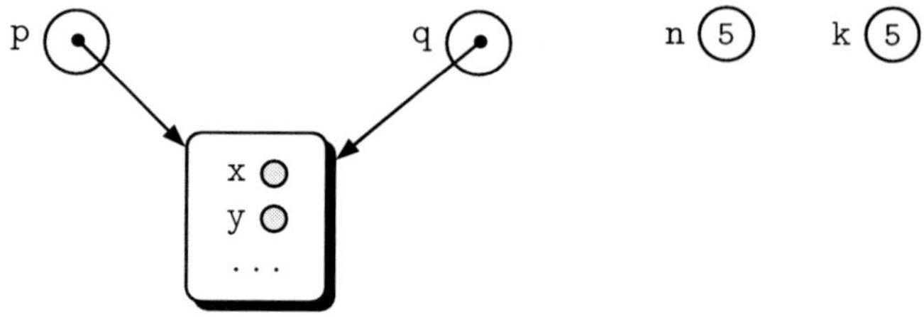

Das hat natürlich tief greifende Auswirkungen auf das Arbeiten mit diesen Variablen. Nehmen wir an, wir führen gleich noch neue Zuweisungen mittels q bzw. k aus:

```
Point p;                int n;
p = new Point();        n = 5;
Point q;                int k;
q = p;                  k = n;
q.x = 3.2;              k = 4;
```

Die Änderung in der Variablen k hat keinerlei Auswirkungen auf den Wert von n, denn die beiden 5en haben nichts miteinander zu tun. Wenn wir aber über die Variable q ein Attribut des Objekts ändern, dann geschieht dieselbe Änderung implizit auch für die Variable p.

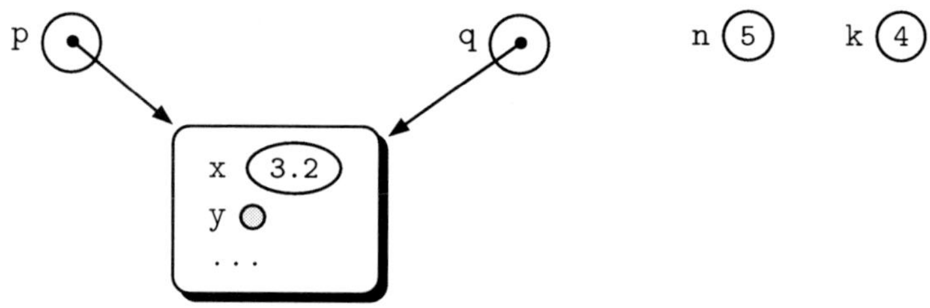

Diese Situation ist auch völlig in Ordnung. Denn p und q haben die gleiche *Referenz* (in unserer obigen Analogie: den Zugangscode zum gleichen Schließfach). Und die Manipulationen betreffen das referenzierte Objekt, nicht die Referenzen selbst. Die obige Zuweisung `q.x = 3.2` ist eben *nicht* das Gegenstück zu `k = 4`, denn es wird ja nicht der Wert von q geändert, sondern das Objekt, auf das q unverändert zeigt. Ein tatsächliches Gegenstück zu `k = 4` wäre eine Zuweisung wie `q = r` (mit einer geeigneten Point-Variablen r) oder `q = new Point()`.

```
Point p;                int n;
p = new Point();        n = 5;
Point q;                int k;
q = p;                  k = n;
q.x = 3.2;              k = 4;
q = new Point();
```

Das würde dann zu folgender Situation führen:

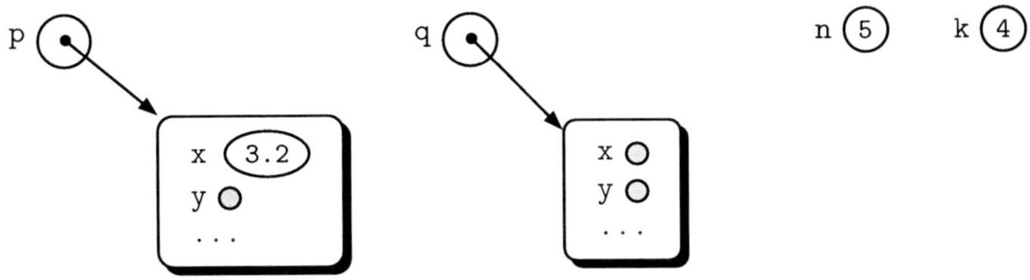

Übung 16.1. Man betrachte eine Deklaration der Bauart `Point[] p = new Point[5]`. *Welche Situation ist danach entstanden? Welche Fehler können jetzt noch passieren? Was muss man tun, um diesen Fehlern vorzubeugen?*

16.3.2 Referenzen und Methodenaufrufe

Ganz entsprechend verhält es sich mit Methoden. Auch hier muss man zwei Arten von Parametern unterscheiden: primitive Werte und Referenzen. Dafür haben sich in der Literatur spezielle Begriffe gebildet.[1]

Definition (Call-by-value, Call-by-reference)

Wenn beim Aufruf einer Methode ein Argument direkt als Wert übergeben wird, sprechen wir von ***Call-by-value***. Wird dagegen nur eine Referenz auf ein Objekt übergeben, dann sprechen wir von ***Call-by-reference***. ❑

Betrachten wir als Beispiel eine Methode

```
void foo ( Point s, int i ) { ... }
```

Wenn wir jetzt einen Aufruf `...foo(p, k);...` mit den Variablen `p` und `k` vom Ende des vorigen Abschnitts betrachten, dann erhalten wir folgende Situation:

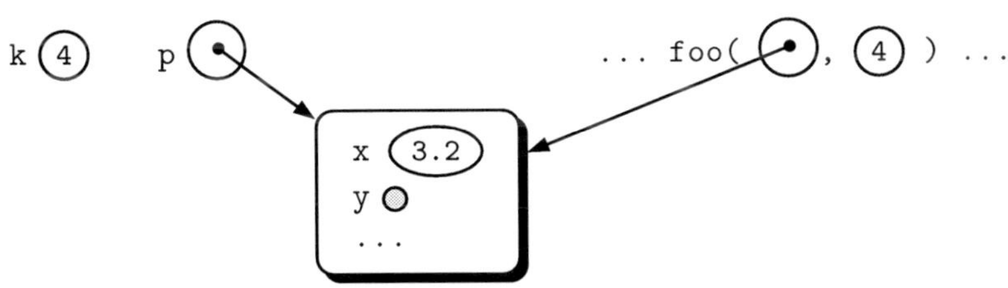

Während also für den Parameter `i` tatsächlich der Wert 4 selbst übergeben wird, haben wir beim Parameter `s` wieder nur die Referenz auf das Objekt. Das hat massive Auswirkungen auf die möglichen Effekte in der Methode `foo`. Betrachten wir zwei Anweisungen im Rumpf von `foo`:

[1] Es gibt noch weitere, teils recht subtile Begriffsvarianten, die uns aber im Zusammenhang mit JAVA nicht zu kümmern brauchen.

```
void foo ( Point s, int i ) {
    ...
    s.x = 4.1;
    i = 3;
    ...
}
```

Was bedeutet das für den Aufruf `...foo(p, k)...`? Da der Parameter `s` die *Referenz* aus der Variablen `p` erhält, zeigt er auf das gleiche Objekt. Die Zuweisung `s.x = 4.1` ändert also in der Tat die `x`-Komponente des Objekts ab, sodass wir nach Ausführung der Methode unter der Variablen `p` ein geändertes Objekt vorfinden.

Anders verhält es sich dagegen mit dem Parameter `i`. Er bekommt den *Wert* der Variablen `k`, also die `4`. Durch die Zuweisung `i = 3` wird zwar *lokal* innerhalb der Methode `foo` der Wert des Parameters `i` geändert[2] – d. h., nach der Zuweisung liefert eine Verwendung von `i` den Wert `3` –, aber der Wert der Variablen `k` bleibt unverändert `4`, auch nach dem Aufruf von `foo`, sodass wir nach diesem Aufruf folgende Situation haben:

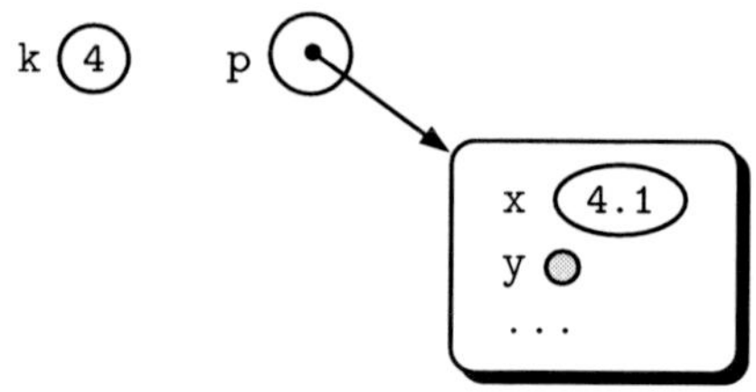

Anmerkung: Auch wenn wir den Parameter `s` *von* `foo` *mit dem Schlüsselwort* `final` *unveränderbar machen, dann hat das letztlich keinen Einfluss:*

```
void foo ( final Point s, int i ) {
    ...
    s.x = 4.1;
    i = 3;
    ...
}
```

Das Schlüsselwort `final` *schützt nur den Parameter* `s` *vor einer Zuweisung der Bauart* `s = ...`*, hat aber keine Auswirkungen auf die Änderung von Attributen des Objekts, also Dinge der Bauart* `s.x = ...`*.*

Übung 16.2. Wenn wir in der obigen Prozedur `foo` *eine Zuweisung der Art* `s = new Point()` *schreiben würden, welche Effekte hätte das?*

[2] Andere Programmiersprachen vermeiden das, indem sie Zuweisungen an „by-value"-Parameter grundsätzlich verbieten. Aber JAVA behandelt Parameter innerhalb der Methode so, also ob sie lokale Variablen wären.

16.3.3 Wer bin ich?: `this`

Manchmal gibt es Situationen, in denen ein Objekt seine eigene Referenz kennen muss. (In unserer Metapher heißt das: Das Schließfach muss seine eigene Codenummer kennen.) Das wird in JAVA durch ein spezielles Schlüsselwort realisiert, das wir früher schon intuitiv verwendet haben: `this`.

Die folgenden beiden Beispiele illustrieren typische Anwendungen für diese Referenz auf sich selbst:

1. Sei `C` eine Klasse und `foo` eine Methode von `C`, die als Parameter ein (anderes) `C`-Objekt erwartet. Um sicherzustellen, dass der Parameter nicht gerade das Objekt selbst ist, schreibt man
   ```
   void foo ( C x ) {
     if (x == this) { ... } else { ... }
   }
   ```
   Der Test vergleicht, ob der Parameter – der ja eine Referenz auf ein `C`-Objekt ist – auf das Objekt selbst zeigt.
2. Sei `D` eine Klasse und `bar` eine Funktion, die ein `D`-Objekt zurückliefert (genauer: eine Referenz auf ein `D`-Objekt). Unter gewissen Bedingungen soll es (eine Referenz auf) sich selbst liefern. Das kann so geschehen:
   ```
   D bar (...) {
     if (...) { return this; } else { ... }
   }
   ```
   Die Anweisung `return this` liefert gerade die Referenz auf das Objekt selbst.

16.4 Gleichheit und Kopien

Die spezifischen Eigenheiten von Referenzen haben auch Auswirkungen auf die Frage nach der „Gleichheit" von Werten/Objekten sowie auf das Problem des Kopierens. Denn während bei zwei Anweisungen der Art `n=5; k=n;` der primitive Wert `5` problemlos in die Variable `k` kopiert wird, ist das, wie wir gesehen haben, bei Objekten nicht so: Hier werden nur die Referenzen kopiert.

Hinweis: Wir erwähnen die entsprechenden Konzepte hier der Vollständigkeit halber. Für den „Normalgebrauch" sind sie i. Allg. nicht wichtig.

Gleichheit

Für den Gleichheitstest hat das wichtige Auswirkungen. Betrachten wir folgenden Programmcode.

```
Point p = new Point(3.2, 7.1);
Point q = p;
Point r = new Point(3.2, 7.1);
```

Diese Folge von Anweisungen führt auf folgende Situation:

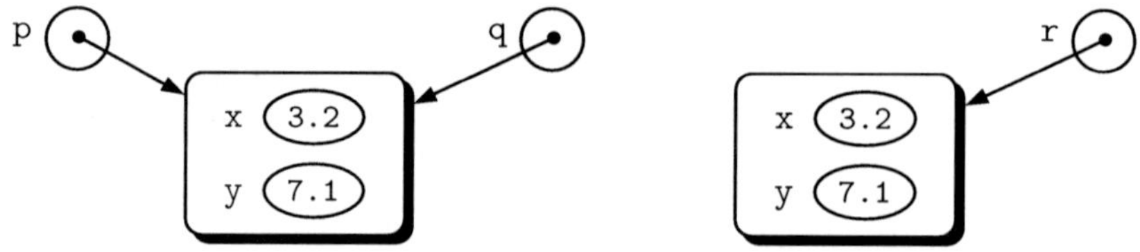

Wenn wir den Gleichheitstest `(p==q)` ausführen, erhalten wir `true`, während `(p==r)` den Wert `false` liefert. Denn `p` und `r` enthalten Referenzen auf verschiedene Objekte, und da spielt es keine Rolle, dass diese Objekte zufällig die gleichen Attributwerte haben.

Um diesem Problem zu begegnen, stellt JAVA (in der Klasse `Object`) eine Methode `equals` bereit, mit der Objekte auf *inhaltliche* Gleichheit getestet werden. (Man sollte besser von *Äquivalenz* statt von Gleichheit sprechen.) In unserem obigen Beispiel sollte – wenn es richtig programmiert wurde – gelten:

	==	equals
p,q	true	true
p,r	false	true

Damit das so ist, muss in `Point` die ererbte Methode von `Object` entsprechend redefiniert werden. Aber Vorsicht! Die Methode `equals` ist in `Object` definiert als

```
public boolean equals ( Object o )
```

Wenn wir diese Methode für `Point` überschreiben wollen, dann müssen wir sie genau mit diesem Parametertyp definieren. Eine Definition der Art `public boolean equals(Point p)` würde einen zweiten, überlagerten Test einführen.

Kopieren

Wenn wir ein Objekt kopieren (also ein Duplikat erzeugen) wollen, dann kann das – wie wir gesehen haben – nicht einfach durch eine Zuweisung der Art `r = p` erfolgen. Stattdessen müssen wir ein neues Objekt kreieren und dann alle Attribute kopieren.

Die Sprache JAVA unterstützt das durch die Methode `clone()` aus der Klasse `Object`. Allerdings muss dazu die Klasse, deren Objekte wir klonen wollen, als Implementierung des Interfaces `Cloneable` gekennzeichnet werden. (Das hat technische Gründe; wenn man es vergisst, erhält man den Fehler `CloneNotSupportedException`.) In unserem Beispiel müssten wir also schreiben

```
class Point implements Cloneable {
   ...
}
```

Dann könnten wir z. B. schreiben

```
Point r = (Point)(p.clone());
```

(Die Methode `clone` liefert ein Objekt des Typs `Object`. Deshalb müssen wir – wie üblich in JAVA – mittels Casting wieder den Typ `Point` herstellen.)

Man beachte: Die Methode `clone` produziert eine bitweise Kopie des Objekts. Das ist sehr effizient und es genügt auch in vielen Fällen (wie z. B. für unser Beispiel `Point`). Wenn aber das zu kopierende Objekt Attribute hat, die keine primitiven Werte sind, sondern (Referenzen auf) weitere Objekte, dann werden durch `clone` nur deren Referenzen kopiert. Wenn man diese „inneren" Objekte auch kopieren will, muss man selbst eine entsprechende Kopieroperation schreiben. Wie wichtig das ist, werden wir in den nächsten Kapiteln im Zusammenhang mit komplexeren Datenstrukturen sehen.

16.5 Die Wahrheit über Arrays

Wir hatten schon ganz am Anfang die Idee der Arrays eingeführt (vgl. Kapitel 1.5). Sie stellen die einfachste Art dar, um mehrere Werte oder Objekte zu einem neuen Objekt zusammenzufassen.

Um zu sehen, was bei der Deklaration von Arrays genau geschieht, betrachten wir das folgende kleine Programmfragment.

```
String[] A = { "a0", "a1", "a2", "a3", "a4" };
String[] B;
B = A;
B[1] = "b1";
Terminal.print(A[1]);
```

Als Ergebnis dieses Programmfragments wird ‘`b1`’ ausgegeben! Denn eine Arraydeklaration generiert ein Arrayobjekt und liefert folglich die Referenz auf dieses Objekt zurück. Durch die Zuweisung `B = A` zeigen beide Variablen auf denselben Array:

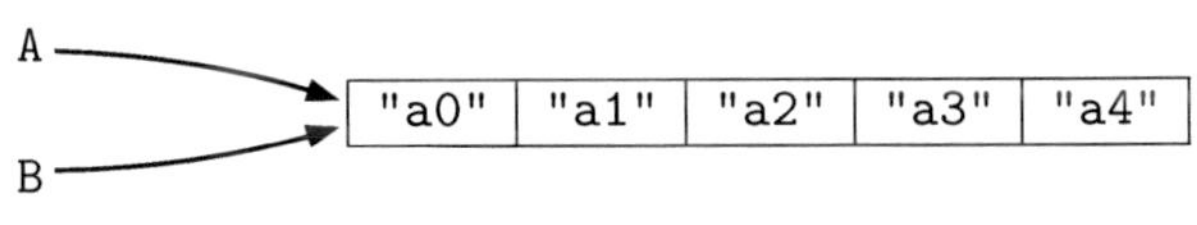

Ganz analog ist es bei mehrdimensionalen Arrays. Hier erhält man einen Array von Referenzen auf Arrays. Das wird durch folgendes kleine Beispiel illustriert.

```
int[][] A = new int[3][];
int[] A0 = { 10, 11, 12, 13};
int[] A1 = { 20, 21, 22 };
int[] A2 = { 30, 31, 32, 33, 34, 35 };
A[0] = A0;
A[1] = A1;
A[2] = A2;
```

Hier werden folgende vier Arrays generiert:

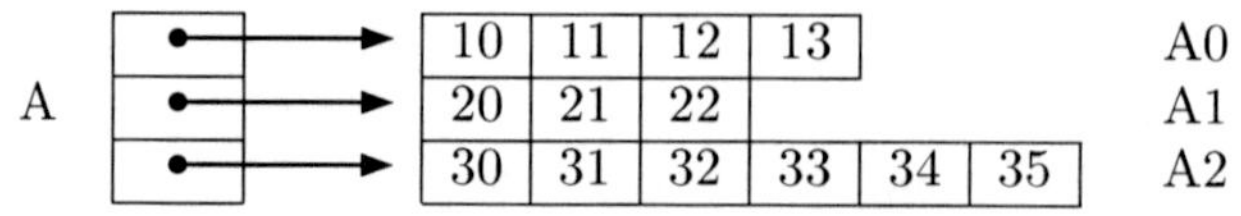

Damit ist auch klar, weshalb JAVA so problemlos mehrdimensionale Arrays verkraften kann, deren Komponentenarrays unterschiedliche Längen haben: Es sind alles eigenständige Objekte!

Diese Technik ist etwas langsamer als die in anderen Sprachen wie PASCAL und (vor allem) FORTRAN übliche, bei der auch in mehrdimensionalen Arrays alle Zugriffe direkt sind. Aber sie ist dafür flexibler.

16.6 Abfallbeseitigung (*Garbage collection*)

Die Diskussion von Referenzen ist eine gute Gelegenheit, um ein spezielles Problem anzusprechen: die Behandlung von obsolet gewordenen Objekten.

Definition (Garbage collection)

Unter ***Garbage collection*** versteht man die Beseitigung von nicht mehr benötigten Objekten aus dem Speicher eines Programms. ❑

Durch den `new`-Operator wird ein neues Objekt des entsprechenden Typs kreiert, also z. B. durch `Point p = new Point()` ein Objekt des Typs (= der Klasse) `Point`. Die Variable `p` enthält dann die Referenz auf das neue Objekt.

Was heißt in diesem Zusammenhang „kreiert"? Technisch gesehen – also intern in der Maschine – wird genügend Hauptspeicher reserviert, um das Objekt aufzunehmen. (Wie viel gebraucht wird, kann der Compiler aus dem Typ, d. h. der Klasse, ausrechnen.) Und die Adresse dieses reservierten Hauptspeicherbereichs wird in Form einer Referenz in der Variablen `p` vermerkt.

Während der weiteren Laufzeit des Programms erfolgen alle Zugriffe auf das Objekt über die Referenz in der Variablen `p`. Wenn wir jetzt die Referenz aus der Variablen `p` „löschen" (z. B. durch eine neue Zuweisung an `p`), dann ist das Objekt nicht mehr erreichbar. Und das heißt, der Speicherplatz wird unnötig blockiert.

Aus Gründen der Ökonomie möchte man eine solche Verschwendung von blockiertem Speicher unterbinden. (In praktischen Anwendungen können da schon einige Megabytes zusammenkommen.) Ältere Sprachen wie C, C^{++} oder auch PASCAL haben die Verantwortung dafür dem Programmierer auferlegt, der Anweisungen schreiben muss, mit denen der belegte Speicher „zurückgegeben" wird. Beim Auftreten neuer `new`-Operatoren wird dieser Speicher dann wieder verwendet.

Diese benutzergesteuerte Wiederverwendung von Speicher ist aber ungemein *fehleranfällig*. Denn es kann ja sein, dass das Objekt auch von anderen Variablen aus noch erreichbar ist. Erinnern wir uns: Mit Anweisungen wie `q=p` oder `a[i]=p` werden Kopien der Referenz in andere Variablen übertragen. Selbst wenn `p` dann gelöscht wird, ist das Objekt immer noch erreichbar.

Also muss der Programmierer genau wissen, ob noch irgendwo Referenzen auf das Objekt existieren, wenn er es zur Wiederverwendung zurückgeben möchte.

Um in unserer früheren Metapher zu bleiben: Bevor man das Schließfach aufgibt (also den Inhalt wegwirft und es ggf. jemand anderem zur Verfügung stellt), muss man ganz sicher sein, dass es niemanden mehr mit einer Codekarte gibt.

Die Sprache JAVA hat daraus die Konsequenzen gezogen.[3] Der Programmierer hat *keine Möglichkeit* mehr, Speicher zur Wiederverwendung freizugeben. Das Fehlerrisiko ist viel zu groß. Stattdessen führt der Compiler selbst die notwendigen Analysen durch, anhand derer die Freigabe von Speicher erfolgt. Das kostet zwar ein bisschen Zeit während der Programmausführung, aber das ist der Gewinn an Programmsicherheit allemal wert.

Die genauen Techniken, mit denen diese Speicherfreigabe erfolgt, werden unter dem Namen *Garbage collection* subsumiert. Die Details brauchen uns hier nicht zu kümmern.

[3] Die sog. funktionalen Programmiersprachen haben das schon vor Jahrzehnten realisiert.

17

Listen

Es gibt ein sehr allgemeines intuitives Konzept, das mit Begriffen wie „Folgen", „Sequenzen" oder „Listen" assoziiert wird. Man stellt sich darunter Aneinanderreihungen von Werten vor, die meistens in einer der folgenden Arten dargestellt werden:

17	-3	1	0	0	-23	12	17	-5	12

$$\langle\ 17\ ,\ -3\ ,\ 1\ ,\ 0\ ,\ 0\ ,\ -23\ ,\ 12\ ,\ 17\ ,\ -5\ ,\ 12\ \rangle$$

Eine solche Struktur scheint auf den ersten Blick durch einen Array repräsentierbar zu sein. Aber es gibt zwei Bedingungen, unter denen ein Array *keine* geeignete Darstellung liefert:

1. Die Länge der Folge ist nicht vorhersagbar und *wächst oder schrumpft dynamisch* zur Laufzeit des Programms.
2. Ein direkter Zugriff auf die Elemente im Inneren ist *nicht* nötig (oder braucht zumindest nicht effizient zu sein); nur die Elemente an den Enden werden unmittelbar angesprochen.

Im Folgenden betrachten wir alternative Lösungsmöglichkeiten für diese Arten von Listen.

17.1 Listen als verkettete Objekte

Betrachten wir die obige Beispielliste. Eine weitere grafische Darstellung sieht so aus:

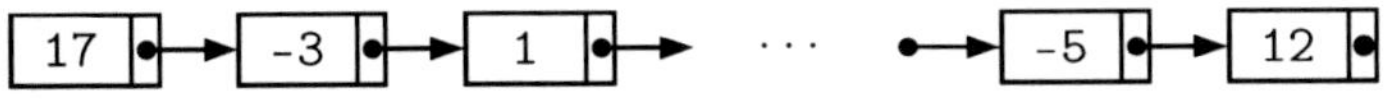

Diese Darstellung passt zu folgender Sichtweise von Listen:

Definition (Liste, Listenzelle)

Eine Liste besteht aus „Zellen", wobei jede ***Zelle*** aus zwei Teilen besteht:

- Der erste Teil ist das eigentliche Listenelement, also der ***Inhalt*** der Zelle.
- Der zweite Teil dient der ***Verkettung*** der Liste; er ist eine Referenz auf das nächste Listenelement (genauer: auf die Zelle für das nächste Listenelement).

  Da die letzte Zelle definitionsgemäß keine „nächste" Zelle mehr hat, muss dort die Nicht-Referenz `null` stehen.

Eine ***Liste*** besteht aus einer linearen Folge von derart verketteten Zellen.
❑

17.1.1 Listenzellen

Wir arbeiten zunächst mit der klassischen Variante, bei der Listen und Listenzellen allgemein über Elementen der Universalklasse `Object` definiert werden. Auf die (bessere) generische Variante von JAVA 5 gehen wir im Anschluss ein.

class Cell	
`Object content`	`// Inhalt`
`Cell next`	`// nächste Zelle`
`Cell( Object x, Cell n)`	`// Konstruktor`

Diese Klasse ist im Programm 17.1 definiert. Man beachte, dass die Klasse `Cell` ein Attribut besitzt, das selbst vom Typ `Cell` ist. Das ist aber kein

Programm 17.1 Die Klasse `Cell` für Listenzellen

```
class Cell {
  Object content;                 // der eigentliche Inhalt
  Cell next;                      // die nächste Zelle
  Cell ( Object x, Cell n ) {     // Konstruktor
    this.content = x;
    this.next = n;
  }//Cell
}//end of class Cell
```

Circulus vitiosus, weil de facto ja nur eine Referenz auf eine Zelle eingetragen wird.

Mit dieser Klasse können wir z. B. die folgende kleine Liste aufbauen:

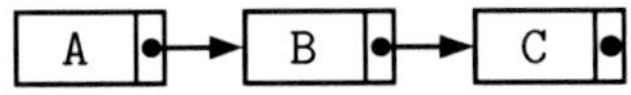

Der Code dazu könnte etwa so aussehen (wobei wir davon ausgehen, dass `A`, `B` und `C` gegebene Objekte sind):

```
Cell c3 = new Cell(C, null); // ——————————————
Cell c2 = new Cell(B, c3);   //     vernünftige Variante
Cell c1 = new Cell(A, c2);   // ——————————————
```

Man beachte, dass man die Zellen der Liste *von hinten her* einführen muss, weil man bei der Deklaration jeder Zelle den Nachfolger braucht.

Eine ebenso zulässige – aber etwas fehleranfällige – Variante kommt mit einer Variablen aus:

```
Cell c = new Cell(C, null); // ——————————————
c = new Cell(B, c);         //     fehleranfällige Variante
c = new Cell(A, c);         // ——————————————
```

Das ist ein bisschen trickreich und funktioniert nur deshalb, weil in einer Zuweisung zuerst die rechte Seite ausgewertet und dann erst die eigentliche Zuweisung vorgenommen wird. Dadurch wird jeweils die (alte) Referenz aus der Variablen `c` in das neu kreierte Objekt übernommen, *bevor* die Variable mit der neuen Referenz überschrieben wird.

Lästig ist in beiden Fällen, dass man die Liste von hinten her aufbauen muss. Das kann man durch folgenden Code vermeiden;

```
Cell c = new Cell( A,           // ——————————————
           new Cell( B,         //   eleganteste Variante
           new Cell( C, null))); // ——————————————
```

Man beachte, dass hier die Zellenobjekte in einem geschachtelten Ausdruck eingeführt werden.

Anmerkung: Man sollte Listenzellen grundsätzlich als Paare bestehend aus einem Inhalt und einer Verkettung beschreiben. Manche Programmierer machen den Fehler, z. B. bei einer Liste von Punkten folgende Konstruktion zu wählen:

```
class PointCell {           //**********************
  float     x;              // Vorsicht:
  float     y;              //   miserabler
  PointCell next;           //   Programmierstil!
  ...                       //**********************
}//end of PointCell
```

Warum ist das falsch? (Der Compiler würde es schließlich problemlos akzeptieren.) Der Grund ist, dass es methodisch mangelhaft ist. Man sollte grundsätzlich eine saubere Trennung der unterschiedlichen Aspekte vollziehen: Die eigentlichen Inhalte müssen als in sich abgeschlossene Objekte erkennbar und verarbeitbar sein, die nichts mit der Listenorganisation zu tun haben. Und die Zellen werden allein zur Listenorganisation herangezogen, ohne mit Aspekten der Inhalte belastet zu werden.

Prinzip der Programmierung: *Zellen sind eigenständige Typen*

Wenn man Datenstrukturen aus Zellen aufbaut, dann müssen diese Zellen eigenständige Klassen sein, in denen der eigentliche Inhalt *genau ein Attribut* ist. Alle anderen Attribute (und alle Methoden) sind ausschließlich auf den Aufbau der Struktur bezogen.

17.1.2 Elementares Arbeiten mit Listen

Die obigen Minibeispiele zeigen bereits, dass man Listen flexibel auf- und abbauen können muss. Dazu gibt es ganz einfache Standardverfahren.

Vorne anfügen

Sehr oft möchte man am Anfang einer Liste ein neues Element anfügen. Beispiel:

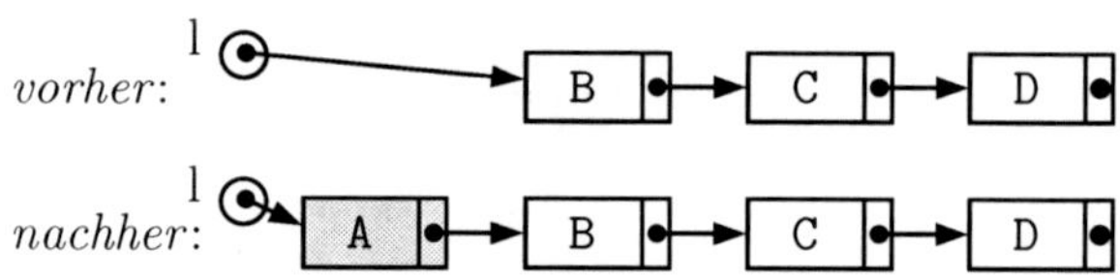

Dieser Effekt wird durch folgende Anweisung erreicht:

```
l = new Cell( A, l );
```

Einfügen

Wenn wir irgendwo innerhalb der Liste ein Element einfügen wollen, müssen wir einen Zugriff auf das *Vorgänger*element haben.

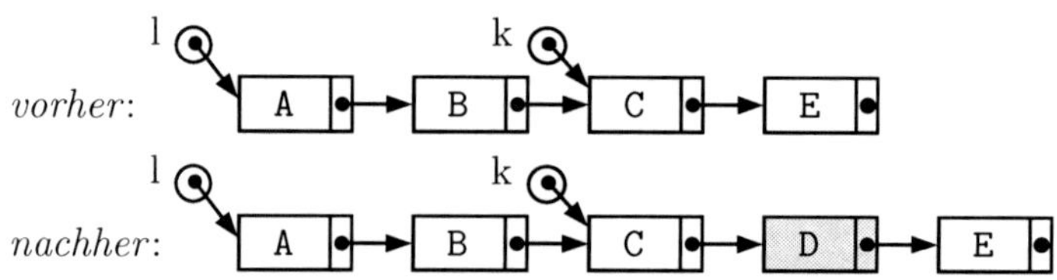

Der Code ist auch hier denkbar einfach: Im Attribut `k.next` steht die Referenz auf die Zelle mit `E`. Diese Referenz muss in das neue Objekt als „nächste Zelle" eingetragen werden. Und das so kreierte Objekt muss dann als neues „nächstes" in das Attribut `k.next` eingetragen werden.

```
k.next = new Cell( D, k.next);
```

Hinten anfügen

Wenn wir am Ende der Liste ein Element anfügen wollen, dann müssen wir Zugriff auf die letzte Zelle haben.

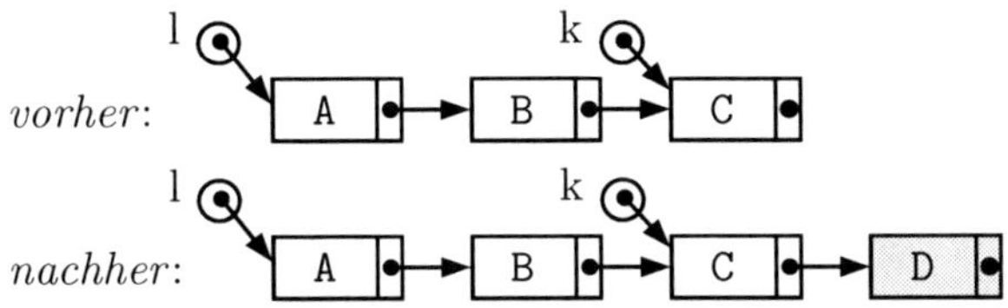

Der Code ist denkbar einfach. Man muss nur beachten, dass die neue letzte Zelle eine Nicht-Referenz `null` als „nächste" haben muss.

```
k.next = new Cell( D, null);
```

Interessanterweise hätten wir diesen Spezialfall gar nicht zu unterscheiden brauchen, denn weil hier `k.next` ohnehin `null` ist, hätte der Code zum Einfügen genau den gleichen Effekt gehabt.

Löschen

Das Löschen eines Elements geht ganz ähnlich. Wir betrachten das Eliminieren eines Elements aus dem Inneren einer Liste. Man beachte, dass man dazu den Zugriff auf das *Vorgänger*element braucht!

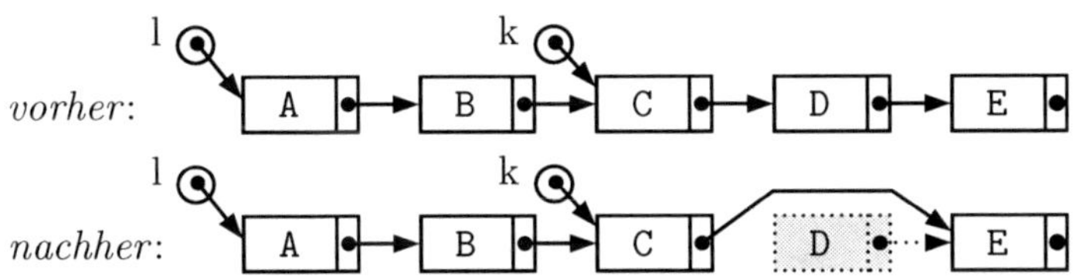

Der Code funktioniert ebenfalls als Einzeiler:

```
k.next = k.next.next;
```

Man beachte, dass die Zelle mit `D` jetzt zu Garbage geworden ist (sofern die Referenz nicht noch über einen anderen Weg, z. B. eine andere Variable, erreichbar ist). Als Garbage wird das JAVA-System sie über kurz oder lang aus dem Speicher entfernen.

Übung 17.1. Man überlege sich, wie das Löschen des ersten bzw. letzten Elements einer Liste aussehen muss.

17.1.3 Traversieren von Listen

Charakteristisch für Listen ist, dass sie „traversiert" werden, d. h. Element für Element abgearbeitet werden. Typische Beispiele für solche Traversierungsaufgaben sind (ähnlich wie bei Arrays):

- Suche in der Liste, ob ein bestimmtes Element bzw. ein Element mit einer bestimmten Eigenschaft vorhanden ist.
- Filtere alle Elemente mit einer bestimmten Eigenschaft aus der Liste.
- Bilde die Summe, den Durchschnitt etc. aller Werte in der Liste.
- Modifiziere alle Elemente der Liste nach bestimmten Regeln (mathematisch formuliert: Wende eine Funktion f auf jedes Element an).
- Kopiere die Liste bzw. eine Teilliste.
- Hole das letzte Element der Liste bzw. bestimme die Länge der Liste. Und so weiter.

Wir betrachten stellvertretend zwei dieser Beispiele.

(1) Das ***Suchen*** nach einem bestimmten Objekt kann implementiert werden wie in Programm 17.2 beschrieben. Dabei verwenden wir die Operation `equals` aus der Klasse `Object` zum Vergleich von Objekten (s. Abschnitt 10.2.3).

Programm 17.2 Suchen in einer Liste

```
Cell search ( Cell start, Object x ) {
  Cell  actual = start;                       // könnte null sein!
  while ( actual != null ) {
    if (actual.content.equals( x ) ) { break; }
    actual = actual.next;
  }//while
  return actual;                              // gesuchte Zelle oder null
}//search
```

Diese Methode liefert entweder die erste Zelle, die das gesuchte Objekt enthält (genauer: die Referenz auf diese Zelle), oder sie liefert die Nicht-Referenz `null` als Zeichen dafür, dass das Objekt nicht gefunden wurde.

(2) Gegeben sei eine Liste von Messungen. Dabei umfasse eine „Messung“ eine ganze Reihe von Informationen wie z. B. Datum, Uhrzeit, Raumtemperatur etc., die in einer Klasse `Measurement` beschrieben sind. Von allen diesen Informationen interessiert hier nur der eigentliche Messwert, der im Attribut `value` steckt.

Der ***Mittelwert*** der Messreihe lässt sich mit der Methode aus Programm 17.3 bestimmen. Man beachte, dass beim Zugriff auf den Zelleninhalt ein explizites Casting vom Typ `Object` zum tatsächlichen Typ `Measurement` nötig ist. Bei der leeren Liste wird die Division durch Null vermieden, indem nur eine `return`-Anweisung ausgeführt wird.

Übung 17.2. Gegeben sei eine Liste von Messwerten. Man berechne die Standardabweichung, d. h. den Wert $s = \frac{1}{n} \cdot \sqrt{\sum_{i=1}^{n} (m - v_i)^2}$*, wobei* $v_1, \ldots, v_n$ *die Messwerte sind und* $m = \frac{1}{n} \cdot \sum_{i=1}^{n} v_i$ *der Mittelwert.*

Programm 17.3 Mittelwert einer Liste von Messwerten

```
double mittelwert ( Cell start ) {
  double sum = 0.0;
  int length = 0;
  Cell actual = start;
  while ( actual != null ) {
    Measurement m = (Measurement)(actual.content); // Casting notwendig!
    sum += m.value;
    length++ ;
    actual = actual.next;
  }//while
  if ( length == 0 ) {
    return 0.0;
  } else {
   return (sum / length);
  }//if
}//mittelwert
```

Übung 17.3. Gegeben sei eine Klasse `Auftrag`*, die Attribute enthält wie* Kundennummer, Kaufdatum, Artikelnummer, Anzahl *und* Stückpreis. *Es liege eine Liste solcher Aufträge vor, die nach Kundennummern sortiert ist. Aus dieser Liste soll eine neue Liste erstellt werden, die pro Kunde eine „Rechnung" enthält. Dabei sei* `Rechnung` *einfach eine Klasse, die die Attribute* Kundennummer *und* Rechnungsbetrag *enthält.*

Übung 17.4. Bei einem Skirennen sollen die aktuellen Zwischenstände immer am Bildschirm verfügbar sein. Deshalb soll eine Liste mitgeführt werden, in denen die Ergebnisse der Teilnehmer stehen. Dabei sei ein Teilnehmer einfach durch eine Klasse beschrieben, die als Attribute seine Startnummer und seine gefahrene Zeit umfasst.

Man überlege sich eine gute Organisation für diese Liste. Welche Methoden braucht man? Wie geht man mit ausgeschiedenen Teilnehmern um? Welche Implementierung sollte man wählen, um zusätzlich für jeden Läufer noch Informationen wie Name, Nationalität, Platz in der Weltrangliste etc. zur Verfügung zu haben.

17.1.4 Generische Listen

Wie schon mehrfach festgestellt, ist die Zellendefinition basierend auf `Object` als Typ für die Elemente sowohl unhandlich (wegen der notwendigen Castings) als auch fehleranfällig (weil verschiedenartige Objekte in eine Liste gepackt werden können, was zu hässlichen Laufzeitfehlern führt).

Deshalb werden solche Strukturen seit JAVA 5 konsequent in der Form ***generischer Klassen*** bereitgestellt (s. Kapitel 12). Das führt zu einer Variante von Programm 17.1, in der die Art der Elemente über einen Parameter `Data` dargestellt wird. Programm 17.4 enthält den modifizierten Code.

Programm 17.4 Die generische Klasse `Cell` für Listenzellen

```
class Cell<Data> {
  Data content;                        // der eigentliche Inhalt
  Cell<Data> next;                     // die nächste Zelle
  Cell ( Data x, Cell<Data> n ) {      // Konstruktor
    this.content = x;
    this.next = n;
  }//Cell
}//end of class Cell
```

Unser obiges Beispiel des Mittelwerts einer Liste von Messungen vereinfacht sich dann zu folgender Form (wobei wir nur die geänderten Zeilen zeigen).

```
double mittelwert ( Cell<Measurement> start ) {
  ...
  Cell<Measurement> actual = start;
  while ( actual != null ) {
    Measurement m = actual.content;          // kein Casting mehr
    ...
  }//while
  ...
}//mittelwert
```

Im Folgenden werden wir nur noch mit dieser generischen Variante arbeiten.

17.1.5 Zirkuläre Listen

In manchen Anwendungen braucht man Listen, die nicht einen Anfang und ein Ende haben, sondern bei denen es nach dem Ende gleich wieder mit dem Anfang losgehen soll. Dann setzt man den Schlusszeiger nicht `null`, sondern lässt ihn auf das erste Element verweisen.

Als Beispiel können wir ein Viereck als ein geschlossenes Polygon betrachten, das aus den vier Punkten `A`, `B`, `C`, `D` besteht.

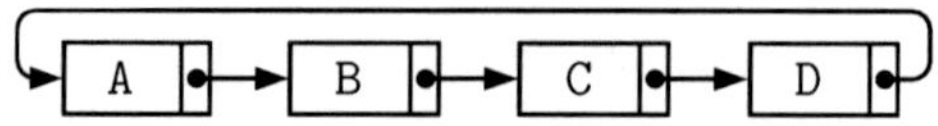

Dieses Viereck lässt sich mit folgendem Programmfragment aufbauen.

```
Cell<Point> last = new Cell<Point>(D, null); // letzte Zelle
Cell<Point> poly = new Cell<Point>( A,
                     new Cell<Point>( B,
                       new Cell<Point>( C, last )))
last.next = poly;                              // Zyklus schließen
```

Dieses Vorgehen ist typisch für das Aufbauen zyklischer Strukturen. Man baut zunächst eine nichtzyklische Struktur auf, in der die letzte Zelle (noch) den `null`-Zeiger enthält. Dazu braucht man eine Hilfsvariable (hier `last` genannt). Am Ende schließt man den Zyklus, indem man in der letzten Zelle den `null`-Zeiger durch eine Referenz auf die erste Zelle ersetzt.

Beim ***Traversieren*** einer zirkulären Liste muss man aufpassen, dass man nicht ewig kreist! Das wird in Programm 17.5 illustriert, das prüft, ob ein Punkt in einem Polygon vorkommt. Der wesentliche Aspekt in diesem Programm ist das Kriterium zum Aufhören. Die Variable `actual` wandert von Zelle zu Zelle, beginnend mit der Zelle `start`. Wenn der gesuchte Punkt vorhanden ist, erfolgt ein Abbruch der Suche mit `break`. Ansonsten stoppt der Prozess, wenn die Anfangszelle `start` wieder erreicht ist. Die Variable `result` enthält dann immer noch `null` als Zeichen für „nicht gefunden".

Programm 17.5 Suchen in einer zyklischen Liste

```
Cell<Point> search ( Cell<Point> start, Point p ) {
  //ASSERT start zeigt in eine zyklische Liste
  Cell<Point> result = null;
  Cell<Point> actual = start;
  do {
    if (actual.content.equals(p)) {
      result = actual;
      break;
    }//if
    actual = actual.next;
  } while (actual != start);
  return result;
}//search
```

17.1.6 Doppelt verkettete Listen

Die Listen aus dem vorigen Abschnitt haben einen gravierenden Nachteil: Man kann zwar von vorne nach hinten laufen, aber man kann nicht rückwärts gehen. Die einzige Möglichkeit zum Zurücksetzen wäre, ganz an den Anfang zu springen und dann erneut durchzulaufen.

Dieser Nachteil lässt sich beheben, indem man ***doppelt verkettete Listen*** nimmt (engl.: *doubly linked list*). Bei diesen Listen hat jede Zelle zwei Zeiger, einen zur nächsten und einen zur vorausgehenden Zelle.

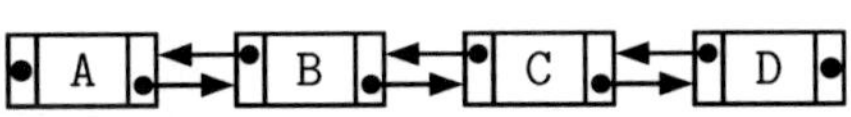

Diese Art von Listen basieren auf einem Zellentyp, der in der Klasse `DCell` im Programm 17.6 beschrieben ist. Dabei zeigen wir die generische Variante.

Programm 17.6 Zellen für doppelt verkettete Listen (generische Variante)

```
class DCell<Data> {
  Data content;                                      // der eigentliche Inhalt
  DCell<Data> prev;                                  // die vorige Zelle
  DCell<Data> next;                                  // die nächste Zelle
  DCell (Data x, DCell<Data> p, DCell<Data> n ) {
    this.content  = x;
    this.prev     = p;
    this.next     = n;
  }//DCell
}//end of class DCell
```

Der Nachteil von doppelt verketteten Listen ist ein gewisser Overhead an Speicherplatz, den die zusätzliche Referenz benötigt. Aber das ist i. Allg. vernachlässigbar.

Übung 17.5. Man adaptiere die Operationen zum Einfügen, Löschen und Traversieren auf doppelt verkettete Listen. Welche zusätzlichen Methoden wird man dann sinnvollerweise einführen?

Übung 17.6. Man führe das Polygon-Beispiel aus dem vorigen Abschnitt als zirkuläre doppelt verkettete Liste ein.

17.1.7 Eine methodische Schwäche und ihre Gefahren

Der Umgang mit Listen, wie wir ihn gezeigt haben, hat *fundamentale Probleme*! Diese Probleme sind allerdings kein Spezifikum von JAVA, sondern gelten für praktisch alle imperativen Sprachen (zu denen die objektorientierten Sprachen auch gehören).[1]

Eigentlich ist eine Liste *eine Einheit*, d. h. ein einziges Datum oder Objekt. Man kann in ihr hin und her wandern, man kann die Elemente ansehen oder auch ändern, man kann Elemente hinzufügen usw.

In der Implementierung mittels Zellen ist das aber ganz anders: Eine Liste ist dort nur als ein *Konglomerat von einzelnen Listenzellen* realisiert. Die Tatsache, dass diese Zellen zusammen die Idee einer „Liste" realisieren, liegt nur an unserem disziplinierten Umgang mit den Listenzellen.

Um das Problem zu sehen, betrachte man nur einmal folgende *Fehlermöglichkeit*. Seien zwei Listen gegeben:

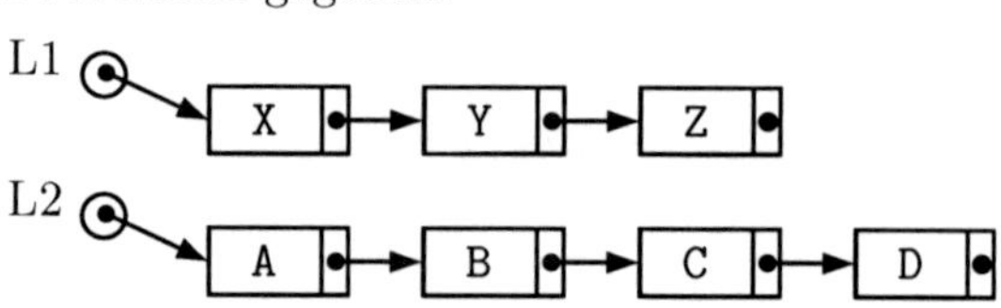

[1] In den sog. *funktionalen Programmiersprachen* ist dieses Problem dagegen korrekt gelöst.

Wenn wir jetzt die Referenzen undiszipliniert umsetzen, können wir daraus eine Situation wie die folgende herstellen:

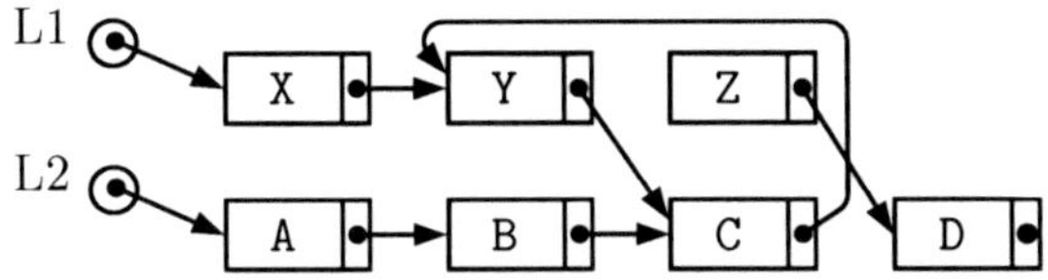

Offensichtlich kann man jetzt bei `L1` und `L2` beim besten Willen nicht mehr von Listen sprechen.

Das ist ein grundsätzliches Problem aller Sprachen, bei denen komplexe, konzeptuell als Einheit gedachte Datenstrukturen auf dem Umweg über ein Konglomerat einzelner Zellen realisiert werden müssen.

Aber zum Glück bietet das Mittel der Klassen hier einen Ausweg. Denn indem wir z. B. eine Klasse `LinkedList` schreiben, erlauben wir auf die entsprechenden Objekte nur noch Zugriffe über geeignet eingeschränkte Methoden. Das heißt, wenn wir bei der Programmierung dieser Methoden die nötige Disziplin walten lassen, dann kann nichts mehr schief gehen: Alle mit diesen Methoden erzeugbaren Strukturen sind in der Tat Listen. Entscheidend dafür ist, dass wir von außen her keine Manipulationsmöglichkeit der `next`-Zeiger mehr haben.

Prinzip der Programmierung

Wenn man komplexe Datenstrukturen mittels Referenzen aufbauen will, dann muss man sie in entsprechende Klassen einkapseln. Dabei ist sicherzustellen, dass keine Referenzen von außen direkt manipulierbar sind; alle Änderungen an der Struktur dürfen nur über „sichere“ Methoden erfolgen.

Dieses Konzept soll im Folgenden ausgearbeitet werden.

17.2 Listen als Abstrakter Datentyp (`LinkedList`)

Wenn man eine Datenstruktur hat, für die es eine Reihe von Standardoperationen gibt, die in vielen Anwendungen immer wieder gebraucht werden, dann sollte man diese in einer Klasse zusammenfassen. Und wenn die Klasse ganz besonders wichtig ist, kann man sie sogar in eine Bibliothek einbinden und so allgemein verfügbar machen.

Für ***Listen*** gilt das ganz offensichtlich, weshalb eine Klasse `LinkedList` in JAVA vordefiniert ist (im Package `java.util`). Allerdings haben wir dabei schon wieder das Problem, ob wir die alte Version von JAVA 1.4, die noch auf Elementen der Art `Object` basiert, präsentieren sollen, oder schon die neue von JAVA 5, in der `LinkedList` generisch ist. Wir entscheiden uns für die modernere Variante, deren wichtigste Methoden in Abbildung 17.1 aufgelistet sind. (Man erhält die alte Form, indem man `<Data>` weglässt und ansonsten überall `Data` durch `Object` ersetzt.) Die einzige etwas merkwürdige Methode

`class LinkedList<Data>`	
`LinkedList()`	*Konstruktor*
`void addFirst(Data x)`	*vorne anhängen*
`void addLast(Data x)`	*hinten anhängen*
`Data getFirst()`	*erstes Element*
`Data getLast()`	*letztes Element*
`Data removeFirst()`	*erstes Element entfernen*
`Data removeLast()`	*letztes Element entfernen*
`void add(int i, Data x)`	*an der Stelle i einfügen*
`Data get(int i)`	*Element an der Stelle i*
`void remove(int i)`	*Element an der Stelle entfernen*
`void set(int i, Data x)`	*Element an der Stelle i ersetzen*
`int size()`	*Anzahl der Elemente*
`Object[] toArray()`	*Liste in Object-Array verwandeln*
`<Data> Data[] toArray(Data[])`	*Liste in Data-Array verwandeln*
...	

Abb. 17.1. Eine generische Klasse für Listen

ist `toArray`. Sie gibt es jetzt in zwei Versionen. Die erste liefert (wie im alten JAVA) einen `Object`-Array, in dem die Listenelemente in ihrer Reihenfolge abgelegt sind. Die zweite ist in der modernen generischen Form; aber bei ihr muss man bereits einen Array (der passenden Art) bereitstellen, in den die Listenelemente dann eingetragen werden. Ist der Array zu lang, wird er mit `null`-Elementen aufgefüllt. Ist er zu kurz, wird ein neuer Array der passenden Länge generiert.[2] Man beachte auch die aufwendige Schreibweise, in der ein generischer Ergebnisarray angegeben werden muss.

Die *Implementierung* erfolgt sinnvollerweise mithilfe von *doppelt verketteten Listen* und je einem Zeiger auf den Anfang und das Ende der Liste.

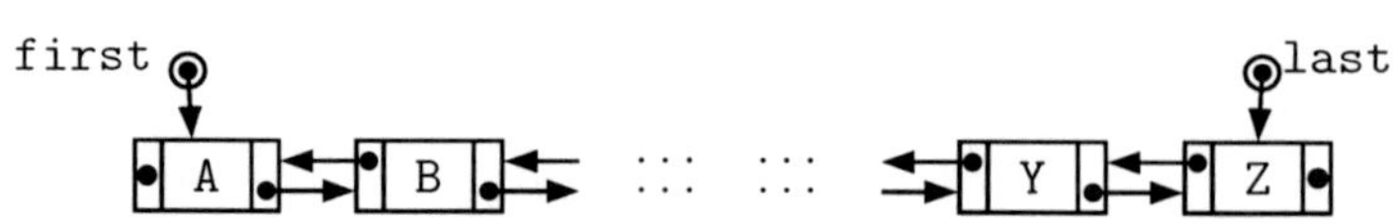

[2] Diese komplexe Konstruktion hat mit technischen Schwierigkeiten des JAVA-Laufzeitsystems zu tun, die uns hier nicht zu interesieren brauchen.

Programm 17.7 enthält eine Skizze der Implementierung dieser Klasse. Dabei beschränken wir uns allerdings auf einige exemplarische Methoden,

Programm 17.7 Implementierung der (generischen) Klasse `LinkedList`

```
public class LinkedList<Data> {
  private DCell<Data> first;
  private DCell<Data> last;
  private int length;
  LinkedList() {                                  // Konstruktor
    first = null;
    last = null;
    length = 0;
  };
  public void addFirst( Data x ) {                // vorne anfügen
    DCell<Data> aux = new DCell<Data>(x, null, first);
    if (first == null) {
     first = last = aux;
    } else {
     first.prev = aux;
     first = aux;
    }//if
    length++;
  }//addFirst
  ...
  public Data removeLast () {                     // letztes Element entfernen
    Data result = null;
    if (last != null) {
     result = last.content;
     last = last.prev;
     if (last != null) {
       last.next = null;
     } else {                                     // bei einelementiger Liste
       first = null;
     }//if
     length--;
    }//if
    return result;
  }//removeLast
  ...
  public int size () { return length; }
  ...
  private class DCell {                           // innere Klasse!
    ... (siehe Programm 17.6) ...
  }//end of inner class DCell
}//end of class LinkedList
```

weil die meisten Methoden schon in den vorausgegangenen Abschnitten 17.1.2 bis 17.1.6 gezeigt oder als Übungsaufgabe gestellt wurden.

Die erste Gruppe von Operationen ist sehr effizient, weil man auf den Zellen arbeitet, die durch die Zeiger `first` und `last` direkt angesprochen werden. Man muss nur den Sonderfall der leeren Liste abfangen. Die Operationen der zweiten Gruppe, die mit Indizes arbeiten, sind dagegen ineffizient, weil man erst in einer Schleife i Zellen weit wandern muss, bevor man die eigentliche Operation ausführen kann. Um die Operation `size()` effizient zu machen, wurde ein zusätzliches Attribut `length` eingeführt. Sehr bequem ist auch die Operation `toArray()`, mit der man bei Bedarf von Listen zu Arrays wechseln kann.

Das Interessanteste an dieser Implementierung ist aber etwas anderes: Sie zeigt zum ersten Mal die Nützlichkeit von ***inneren Klassen***. Wir hatten in Abschnitt 17.1.7 festgestellt, wie gefährlich das unkontrollierbare Manipulieren der Referenzen sein kann. Indem wir `DCell` zu einer privaten inneren Klasse machen, verhindern wir, dass irgendjemand von außen die Listenzeiger manipulieren kann. Alle Operationen auf der Liste erfolgen ausschließlich durch die von uns freigegebenen Operationen. Damit ist garantiert, dass wir es immer mit korrekten doppelt verketteten Listen zu tun haben.

> **Prinzip der Programmierung**: *Abstrakte Datentypen*
>
> Wenn man Datenstrukturen (wie z. B. Listen) nur noch über ausgewählte Methoden verarbeiten kann, dann erhält man eine **abstrakte Sicht** der Strukturen, bei der die interne Realisierung völlig verschattet ist. Solche abstrakten Sichten von Strukturen nennt man ***abstrakte Datentypen***.

Übung 17.7. Man ergänze die fehlenden Methoden der obigen Klasse `LinkedList`.

17.3 Listenartige Strukturen in JAVA

Die Klasse `LinkedList` zeigt *eine* mögliche Sichtweise für die generelle Idee „Liste“. Daneben gibt es zahlreiche weitere, damit eng verwandte Sichten. Die Sprache JAVA bietet deshalb (im Packet `java.util`) eine ganze Familie von listenartigen Klassen und Interfaces, die zueinander in diversen Vererbungsrelationen stehen. Einen Auszug aus diesem Familienbaum zeigt Abbildung 17.2.

Es ist eine beliebte Technik in JAVA, jedem Interface eine abstrakte Klasse zuzuordnen, in der einige der Methoden defaultmäßig vordefiniert sind. Das macht es manchmal bequemer, eigene Implementierungen der Interfaces zu schreiben: Man weist sie als Subklassen dieser abstrakten Defaultklassen aus, sodass man einige der Methoden erben kann. Allerdings muss man oft

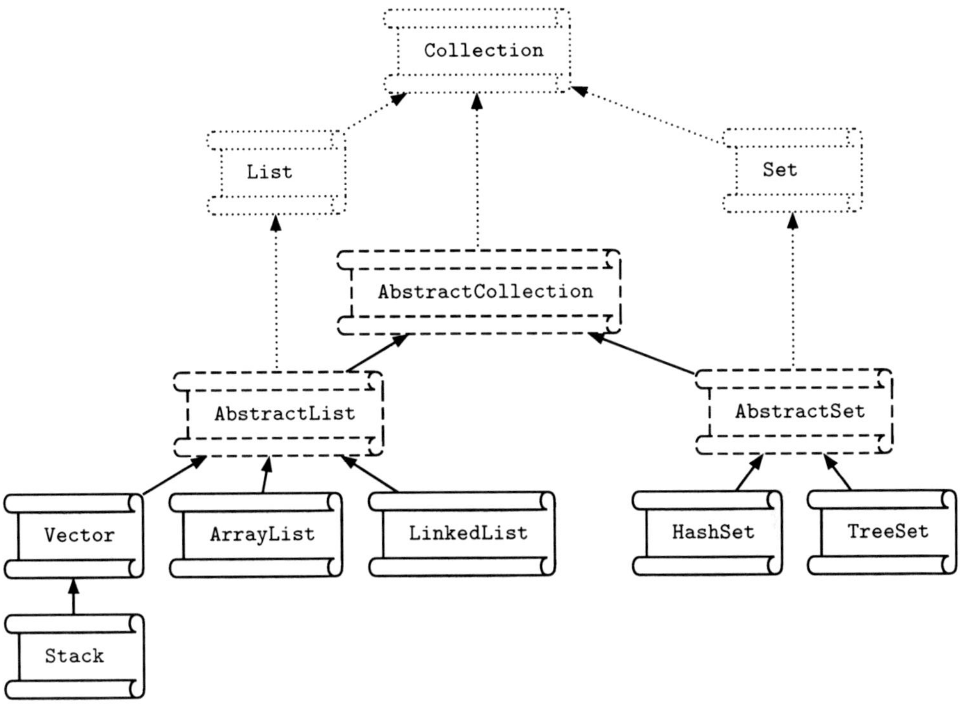

Abb. 17.2. Listenartige Klassen in `java.util` (Auszug)

auch einige der Methoden überschreiben, was i. Allg. die Verständlichkeit des Programms erschwert und die Fehleranfälligkeit erhöht. Außerdem wird man manchmal auch durch das Verbot der Mehrfachvererbung an einem Rückgriff auf die Defaultklassen gehindert, weil man eine andere Klasse dringender erben muss.

Wie man in Abbildung 17.2 sieht, ist dort jedem Interface eine entsprechende abstrakte Klasse zugeordnet. Wir gehen hier nicht näher auf sie ein. (Details kann man in jeder JAVA-Dokumentation nachlesen.)

Dieser Familienbaum von JAVA (der in JAVA 5 noch erweitert wurde) liegt etwas windschief zu den listenartigen Strukturen, die man in der Informatik standardmäßig verwendet, insbesondere:

- *Stack* („*last-in first-out*“, *LIFO*): Hinzufügen und Wegnehmen findet am gleichen Ende statt.
- *Queue* („*first-in first-out*“, *FIFO*): Hinzufügen und Wegnehmen findet an den entgegengesetzten Enden statt.
- *Deque* („*double-ended queue*“): Kombination von Stack und Queue.
- *Sequence*: Zusätzlich zu den *Deque*-Operationen ist auch noch die *Konkatenation* ganzer Listen möglich.

Im Folgenden skizzieren wir – allerdings nur kursorisch – die listenartigen Strukturen. (Die Klassen `HashSet` und `TreeSet` können wir erst später erläutern.)

17.3.1 `Collection`

Das Interface `Collection` umfasst diejenigen Methoden, die in allen Klassen verfügbar sind, die irgendwie die Idee einer „Ansammlung“ oder „Kollektion“ von Objekten realisieren. Abbildung 17.3 listet die wichtigsten dieser Methoden auf.

interface Collection<Data> extends Iterable<Data>	
boolean add(Data d)	Element hinzufügen
boolean addAll(Collection$^{(*)}$ c)	alle Elemente hinzufügen
void clear()	alles löschen
boolean contains(Object o)	ist Objekt vorhanden?
boolean containsAll(Collection<?> c)	sind Objekte vorhanden?
boolean isEmpty()	leer?
boolean remove(Object o)	Objekt entfernen
boolean removeAll(Collection<?> c)	alle Objekte entfernen
boolean retainAll(Collection<?> c)	andere Objekte entfernen
int size()	Anzahl der Elemente
Object[] toArray()	in Array umwandeln
<T> T[] toArray(T[] a)	in Array umwandeln
Iterator<Data> iterator()	assoziierter „Iterator“
...	...

Abb. 17.3. Das Interface `Collection` (Auszug)

Die Elemente in diesen Kollektionen können geordnet sein oder nicht, es können Elemente mehrfach vorhanden sein oder nicht; das ist in diesem Interface alles offen gelassen. Einige dieser Methoden brauchen eine nähere Erläuterung:

- Die Operation `addAll` hat eine etwas präzisere Typisierung als in der Tabelle (aus Platzgründen) angegeben:
  ```
  boolean addAll ( Collection<? extends Data> c )
  ```
  Dabei müssen wir einen beschränkten Typparameter benutzen, um möglichst allgemein zu bleiben (vgl. Abschnitt 12.3.2).
- Einige dieser Methoden, z. B. `add` oder `remove`, haben überraschenderweise den Ergebnistyp `boolean` anstatt wie zu erwarten `void`. In diesen Fällen zeigt das Ergbnis `true` an, dass sich die Kollektion durch die Operation geändert hat. Zum Beispiel bei Mengen heißt das im Falle `add(x)`, dass das Element `x` noch nicht in der Menge enthalten war.

- Die Methode toArray kommt in zwei Varianten: Entweder wird ein Array aller Elemente zurückgegeben, der dann allerdings nur den Typ Object[] hat und nicht den genaueren Typ Data[]. Oder man erhält den genaueren Typ Data[]; dazu muss man aber einen Array des passenden Typs als Argument mitgeben (sonst scheitert die Typanalyse von JAVA). Ist dieser Array zu kurz, dann wird ein neuer Array passender Länge generiert und zurückgegeben. Damit bietet sich folgende generelle Technik an: Sei z. B. eine Kollektion Collection<String> coll gegeben. Dann schreiben wir

  ```
  String[] a = coll.toArray(new String[0]);
  ```

  Auf diese Weise wird ein neuer String-Array der passenden Länge für das Ergebnis generiert.

Im Spezialfall der Mengen entsprechen die Methoden **addAll**, **removeAll** und **retainAll** gerade den klassischen Operationen *Vereinigung*, *Differenz* und *Durchschnitt*. Die Methode **contains** entspricht bei Mengen dem *Elementtest* und **containsAll** dem *Teilmengentest*. Bei nicht-mengenartigen Kollektionen (wie z. B. Listen und Arrays) sind diese Operationen entsprechend zu übertragen. „Iteratoren" und das zugehörige Interface **Iterabel** werden wir in Abschnitt 17.4 diskutieren.

17.3.2 List

Das Interface List repräsentiert eine geordnete Kollektion. Abbildung 17.4 listet die wichtigsten Methoden auf, die zu denen von Collection noch hinzukommen.

```
interface List<Data> extends Collection<Data>
--------------------------------------------------------------
  ...                             ...
  boolean add(int i, Data d)      an Stelle i hinzufügen
  boolean addAll(int i, Collection(*) c)   an Stelle i hinzufügen
  Data get(int i)                 Element an Stelle i
  int indexOf(Object o)           Position des Objekts (oder -1)
  int lastIndexOf(Object o)       Position des Objekts (oder -1)
  Data remove(int i)              Objekt an Stelle i entfernen
  boolean remove(Object o)        Objekt entfernen
  Data set(int i, Data d)         Element an Stelle i neu setzen
  List<Data> subList(int from, int to)   Teilliste
```

Abb. 17.4. Das Interface List (alte Form)

Dabei handelt es sich im Wesentlichen um Methoden, die sich auf die Position i von Elementen beziehen. Daran erkennt man, dass List diejenige

Spezialisierung von `Collection` ist, in der die Elemente angeordnet sind. Die Operationen haben einige Besonderheiten:

- Der genaue Typ von `addAll` ist analog zum Interface `Collection` in Abbildung 17.3.
- Die Operation `indexOf(o)` liefert den Index des *ersten* Auftretens des Objekts `o` in der Liste oder -1, falls `o` nicht vorkommt. (Analog bei `lastIndexOf`.)
- Die Operation `remove(o)` entfernt das erste Auftreten des Objekts `o` in der Liste.
- Die Operation `sublist(i,j)` liefert alle Elemente von i bis $j-1$!

17.3.3 Set

Das Interface `Set` repräsentiert die klassische Struktur der *Mengen*. Es enthält die gleichen Methoden wie `Collection`, verlangt aber eine andere Semantik. Bei `add` und `addAll` dürfen keine zwei Objekte x_1 und x_2 aufgenommen werden, für die x_1`.equals(`x_2`)` gilt. Weil `Set` genauso aussieht wie `Collection`, brauchen wir es hier nicht anzugeben.

17.3.4 LinkedList, ArrayList und Vector

Listenimplementierungen sind in JAVA in drei Varianten verfügbar. `LinkedList` haben wir schon in Abschnitt 17.2 intensiv diskutiert.

`ArrayList` stellt eine Variation dieser Implementierung dar. Der Hauptunterschied ist, dass der Zugriff mit `get(i)` und `set(i,x)` sehr effizient ist, weil die interne Darstellung nicht auf verketteten Zellen basiert, sondern auf Arrays. Dafür werden natürlich Operationen wie `add(i,x)` und `remove(i,x)` teurer, weil jetzt ganze Teilarrays verschoben werden müssen, um Platz zu machen oder um Lücken zu schließen.

Aus den Zeigern `first` und `last` der Implementierung in `LinkedList` werden jetzt Indizes. Dabei kann es passieren, dass z. B. der `last`-Index einen *Wrap-around* macht, wenn er am Ende des Arrays ankommt und vorne noch Platz ist. Man muss also bei allen Operationen unterscheiden, in welcher der beiden oben skizzierten Situationen man ist.

Der Array ist „voll“, wenn nur noch ein Element frei ist. (Warum?) Dann muss man einen größeren Array kreieren und den alten mittels `arraycopy` übertragen (s. Abschnitt 5.5). Auch das kann zu massiven Effizienzverlusten führen.

Man wird also `ArrayList` vor allem in den Situationen verwenden, in denen man sehr oft auf die Elemente mit `get(i)` oder `set(i,x)` zugreift, aber relativ selten neue Elemente hinzufügt oder bestehende Elemente löscht. Mit anderen Worten: Wenn die Liste relativ statisch ist. Bei sehr dynamisch veränderlichen Listen ist `LinkedList` besser.

Die Klasse `Vector` ist schon lange in JAVA verfügbar (seit der Originalversion JAVA 1.0). Und eigentlich wäre man sie gerne los. Aber wie das so ist mit Systemen, die schon lange draußen beim Kunden sind: Die alten Sachen müssen weiter mitgeschleppt werden, weil sie in alten Applikationen noch vorkommen. (Man spricht hier von *Legacy-Software.*) Besonders ärgerlich ist, dass mit dieser Klasse ein Name verschwendet wird, der in mathematischen Anwendungen mit Vektoren und Matrizen dringend gebraucht würde.

Im Wesentlichen verhält sich `Vector` genauso wie `ArrayList`, nämlich als Array, der wachsen und schrumpfen kann. Aber einige Methoden existieren doppelt, einmal unter dem alten Namen aus der Version 1.0 und ein zweites Mal unter dem Namen, der zu `Collection` passt.

Anmerkung: Es gibt einen wichtigen Unterschied zwischen `ArrayList` *und* `Vector`*, der aber erst im Zusammenhang mit parallelen Threads (vgl. Kapitel 22) relevant wird. Die Methoden in* `Vector` *sind* synchronisiert *(was sie allerdings auch langsamer macht).*

17.3.5 Stack

Der ***Stack*** (oft auch *Stapel* oder *Keller* genannt) ist eine der ältesten und häufigsten Strukturen der Informatik.[3] Die Grundidee ist, dass man die Daten, die zuletzt hineingesteckt wurden, als Erstes wieder zurückbekommt. Damit sind die charakteristischen Operationen gerade die Zugriffe „am einen Ende“. Im Wesentlichen werden dabei einige der Methoden von `LinkedList` unter anderen (nämlich den traditionellen) Namen noch einmal bereitgestellt.

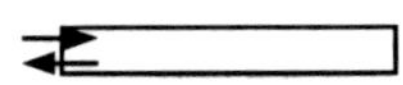

class Stack<Data> extends Vector<Data>	
`Stack()`	Konstruktor
`Data push(Data d)`	Element hinzufügen (oben)
`Data pop()`	oberstes Element wegnehmen
`Data peek()`	oberstes Element ansehen
`boolean empty()`	leer?
`int search(Object o)`	Distanz zum „Top“

Abb. 17.5. Die Methoden der Klasse `Stack`

[3] Die Übersetzung von (rekursiven) Funktionen und Prozeduren in Maschinencode basiert auf dem Kellerprinzip.

Die Operation push liefert erstaunlicherweise das Argument auch noch als Ergebnis zurück.

Bei der Operation search wird die Distanz zum „Top" des Stacks geliefert, wobei das Topelement selbst die Distanz 1 hat. Falls das Element nicht vorhanden ist, wird -1 geliefert.

Stacks spielen eine große Rolle in vielen Bereichen der Informatik, vor allem im Compilerbau. Denn mit ihrer Hilfe lassen sich alle rekursiven Methoden auf elementarere Kontrollmechanismen zurückführen. (Wir werden eine Anwendung dieser Technik in Abschnitt 18.3 im Zusammenhang mit Bäumen sehen.)

17.3.6 Queue („Warteschlange")

Die ***Queue*** (oft auch *Warteschlange* oder *FIFO-Liste* genannt) ist ebenfalls eine häufig vorkommende und lange bekannte Struktur der Informatik. Die Grundidee ist, dass die Daten in der Reihenfolge, in der sie in die Queue hineingesteckt wurden, auch wieder herauskommen (im Gegensatz zum Stack, bei dem die Reihenfolge gerade invertiert wird).

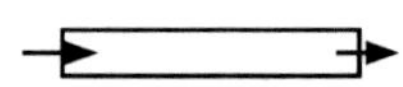

Die Operationen sind fast identisch zu denen von Stack. Der zentrale Unterschied liegt auch nicht in ihrer Anzahl oder in ihren Namen, sondern in ihrem Verhalten. Während bei Stack die Folge `S.push(x); y=S.pop()` dazu führt, dass x und y gleich sind, ist das bei Queue gerade *nicht* der Fall (außer bei der einelementigen Queue).

In JAVA 5 ist man allerdings einen ganz eigenwilligen Weg gegangen. Hier ist Queue ein Interface (s. Abbildung 17.6) mit einer Fülle von implemen-

interface Queue<Data> extends Collection<Data>	
Queue()	Konstruktor
void add(Data d)	Element hinzufügen (hinten)
Data poll()	vorderstes Element wegnehmen
Data peek()	vorderstes Element ansehen
boolean empty()	leer?
int search(Data d)	Position suchen

Abb. 17.6. Das Interface Queue (Auszug)

tierenden Klassen, die neben den üblichen Queues auch noch sog. Priority Queues umfassen, sowie Queuevarianten, die besonders bei der Steuerung von konkurrierenden Prozessen eine Rolle spielen (s. Abschnitt 17.3.7).

Die Implementierung mittels LinkedList ist trivial. Die Methoden push, peek, poll etc. sind nur Umbenennungen der Methoden addLast, getFirst, removeFirst etc.

In der Informatik finden sich noch weitere listenartige Strukturen wie z. B. `Deque` (*double-ended queue*), die die Kombination von `Stack` und `Queue` ist, oder `Sequence`, die zusätzlich Konkatenation erlaubt. Aber diese Strukturen sind Spezialfälle von `LinkedList` und brauchen deshalb nicht extra eingeführt zu werden.

17.3.7 Priority Queues: Vordrängeln ist erlaubt

Wir wollen noch eine Datenstruktur wenigstens erwähnen, die auch das Wort „*Queue*“ im Namen trägt, aber eigentlich etwas anders implementiert wird als die obigen Strukturen: ***Priority-Queues***. (Außerdem hätte man sie genauso gut *Priority Stack* nennen können, aber der Name Queue hat sich in der Literatur eingebürgert.)

Die Idee ist einfach, dass man Elemente hat, die eine „Priorität“ besitzen (z. B. einzelne Prozesse in einer Produktionssteuerung oder Ereignisse in einer Kontrollsteuerung für Autos, Flugzeuge etc.). Wenn man hier nach dem „ersten“ Element verlangt, will man nicht das zeitlich erste (wie bei der üblichen Queue) oder das zeitlich letzte (wie beim Stack), sondern das am höchsten priorisierte.

Als effiziente Implementierung wählt man hier aber keine verkettete Liste, sondern eine baumartige Struktur. Diese Art von Struktur haben wir schon beim Sortieren kennen gelernt. Der ***Heap***, der beim Heapsort konzeptuell verwendet wird, liefert genau das, was wir für Priority Queues brauchen. Man sollte sie allerdings anstelle von Arrays jetzt besser mithilfe von echten „Bäumen“ realisieren. (Bäume sind das Thema des nächsten Kapitels.)

In JAVA 5 wurde die Klasse `PriorityQueue` eingeführt.

17.4 Einer nach dem andern: Iteratoren

Schon bei den Arrays war eine der Hauptaktivitäten das Durchlaufen aller Elemente, sei es um zu suchen, um zu akkumulieren oder um sie sonstwie zu verarbeiten. Dafür gibt es sogar ein Standardmuster:

```
for (int i = 0; i < a.length; i++) {
  x = a[i];                          // Element selektieren
  ...                                // Verarbeiten der Arrayelemente
}//for
```

Auch bei den listenartigen Strukturen dürfte das Durchlaufen aller Elemente zu den häufigsten Aktivitäten gehören. Also hätte man gerne eine vergleichbare Notation. Diesen Wunsch haben die Designer von JAVA erhört und Entsprechendes geschaffen, nämlich die ***Iteratoren***.

Sei z. B. eine Liste der Art `LinkedList myList` gegeben. Dann kann man alle Elemente dieser Liste mit folgender Konstruktion durchlaufen. (Auf das

Durchlaufen mit der neuen `for`-Schleife von JAVA 5 gehen wir gleich in Abschnitt 17.4.2 ein.)

```
for (Iterator i = myList.iterator(); i.hasNext(); ) {
  x = i.next();                        // nächstes Element selektieren
  ...                                  // Element verarbeiten
}//for
```

Man beachte, dass das Gegenstück zur Anweisung `i++` fehlt. Der Grund ist, dass im Rumpf bei der Anweisung `x = i.next()` automatisch weitergeschaltet wird.

Damit das funktioniert, werden zwei Dinge benötigt:

- zum Ersten eine Klasse `Iterator`. Das Interface dieser Klasse ist in Abbildung 17.7 angegeben;
- zum Zweiten eine Operation `iterator()` in `LinkedList`, die uns ein passendes Objekt der Art `Iterator` beschafft. Wie man am Interface `Collection` in Abbildung 17.3 sieht, existiert diese Operation sogar in allen Klassen, die wir in diesem Kapitel betrachtet haben.

interface Iterator<Data>	
boolean hasNext()	noch Elemente vorhanden?
Data next()	aktuelles Element
void remove()	aktuelles Element entfernen

Abb. 17.7. Das Interface `Iterator`

Die Operation `hasNext` ist einfach. Die Methode `next` beschafft das nächste Element (und schaltet intern zum Folgeelement weiter).

Die einzige kritische Operation ist `remove`. Sie entfernt das gerade mit `next` beschaffte Objekt. Das ist die einzige sichere Methode, mit der während der Iteration Elemente aus der Kollektion entfernt werden dürfen.

ListIterator

Es gibt eine Subklasse `ListIterator` von `Iterator`, die zusätzlich die analogen Operationen `hasPrevious` und `previous` besitzt, sodass man durch die Liste sowohl vorwärts als auch rückwärts laufen kann. Außerdem gibt es Methoden `add`, `remove` und `set`. Alle drei Methoden sind aber mit Vorsicht zu genießen, weil sie merkwürdige Restriktionen haben. (Näheres kann man in JAVA-Dokumentationen finden.)

17.4.1 Implementierung

Wir wollen uns zumindest eine grobe Vorstellung verschaffen, was so ein Iterator ist. Deshalb skizzieren wir kurz seine Implementierung z. B. im Fall der Klasse `LinkedList`. (Aus Gründen der Vereinfachung lassen wir aber die Operation `remove` weg.)

Wir beziehen uns auf das Programm 17.7 in Abschnitt 17.2 (Seite 321). In dieses Programm müssen wir eine weitere innere Klasse `LinkedListIterator` einfügen. Das ist in Programm 17.8 gezeigt. Die Implementierung ist hier so,

Programm 17.8 Ein Iterator für die Klasse `LinkedList`

```
public class LinkedList<Data> implements Collection<Data> {
  private DCell<Data> first;
  private DCell<Data> last;
  private int length;
  ...
  public Iterator<Data> iterator () {                   // Iterator erzeugen
    return new LinkedListIterator();
  }
  ...
  private class LinkedListIterator implements Iterator<Data> { // innere Kl.
    private DCell<Data> current;
    LinkedListIterator () { current = null; }            // Konstruktor
    public boolean hasNext () { return current != last; }
    public Data next () {
      if (current == null) {
        current = first;
      } else {
        current = current.next;
      }//if
      return current.content;
    }//next
  }//end of inner class LinkedListIterator
}//end of class LinkedList
```

dass `next` immer eine Zelle weitergeht und deren Inhalt dann als aktuelles Element abliefert. Ganz am Anfang muss die aktuelle Zelle das erste Element sein. Man beachte, dass die innere Klasse Zugriff auf die Attribute der umfassenden Klasse hat.

Dieses Programm zeigt aber auch, wie subtil die Zusammenhänge zwischen Generizität und anderen Konzepten wie z. B. inneren Klassen sein können. Man würde erwarten, dass man auch die innere Klasse generisch definieren muss, also in der Form `LinkedListIterator<Data>`. Darauf reagiert der

Compiler aber mit einer Fehlermeldung! Denn die innere Klasse ist – wie alles in `LinkedList<Data>` – bereits mit `<Data>` parametrisiert. Also darf man den Parameter nicht ein zweites Mal hinschreiben.

17.4.2 Neue `for`-Schleife in JAVA 5 und das Interface `Iterable`

Mithilfe von Iteratoren kann man relativ bequem alle Arten von Kollektionen durchlaufen. Aber ein Muster wie

```
LinkedList polygon;
...
for (Iterator i = polygon.iterator(); i.hasNext(); ) {
  Point p = (Point)(i.next());          // nächste Ecke des Polygons
  ... p ...                             // Punkt p verarbeiten
}//for
```

ist immer noch mit beachtlichem „*formal noise*" belastet, vor allem (in den früheren nicht-generischen JAVA-Versionen) wegen der notwendigen Castings.

Deshalb führt JAVA 5 eine spezielle Kurznotation ein, mit der solche Standardsituationen besonders knapp gefasst werden können.

```
LinkedList<Point> polygon;
...
for (Point p : polygon) {
  ... p ...                  // Punkt p verarbeiten
}//for
```

Das ist zu lesen als „*für alle Punkte* `p` *in* `polygon`". Bei genauerem Hinsehen erkennt man, dass diese Schreibweise in der Tat alle notwendigen Informationen enthält, die der Compiler braucht, um daraus die ursprüngliche geschwätzige Version zu rekonstruieren.

Diese Konstruktion hatten wir bereits bei den Arrays kennen gelernt. Sie ist aber auch verfügbar für alle Klassen, die das Interface `Iterable` implementieren. (Dieses Interface definiert genau eine Methode, nämlich `iterator()`.) Und weil `Collection` ein Subinterface von `Iterable` ist, kann man die neue `for`-Schleife für alle Klassen dieses Kapitels verwenden.

Wenn man diese `for`-Schleife auch für selbstdefinierte Klassen benutzen will, dann muss man entsprechend definieren

```
class MyClass<Data> implements Iterable<Data> { ... }
```

18

Bäume

In der Informatik wachsen die
Bäume nicht in den Himmel.
K. Samelson

Mit den Listen haben wir die einfachste aller Datenstrukturen betrachtet, die man mit Verkettung aufbauen kann. Die nächste bedeutende Struktur in der Informatik sind die sog. *Bäume.* Auch diese Struktur findet man in vielfältigen Anwendungen.

18.1 Bäume: Grundbegriffe

Bäume werden üblicherweise grafisch dargestellt, indem ausgehend von der sog. *Wurzel* die weiteren *Knoten* unten angefügt werden:

(a) Ein allgemeiner Baum (b) Ein Binärbaum

Definition (Baum)

Ein ***Baum*** besteht aus einer Menge von ***Knoten*** und ***Kanten***, für die gilt: Der oberste Knoten ist die ***Wurzel*** des Baumes. Die untersten Knoten heißen ***Blätter*** und die übrigen werden als ***innere Knoten*** bezeichnet. Alle Knoten außer der Wurzel haben genau einen ***Elternknoten***, mit dem sie durch eine Kante verbunden sind. Die Blätter sind dadurch charakterisiert, dass sie keine Kindknoten besitzen.

Man verwendet manchmal auch den ***leeren Baum***, der durch eine „Kante ohne Blatt“ dargestellt wird. ❑

Hinweis: Was wir schon in Abschnitt 17.1.7 für die Listen festgestellt haben, gilt leider auch hier. Aus *methodischer Sicht* sollte man nicht von einzelnen Knoten sprechen, sondern von ganzen ***(Unter-)Bäumen***. Das heißt, anstelle der Sichtweise „der Knoten hat Kindknoten" sollte eigentlich das Prinzip „der Baum hat Unterbäume" stehen.

Auch hier wird – wie bei den Listen – die Lösung des Dilemmas wieder darin bestehen, *Abstrakte Datentypen* für Bäume einzuführen. Das heißt, wir definieren eine geeignete Klasse für Bäume, mit der wir den methodisch korrekten Umgang sicherstellen, während die interne Repräsentation mittels Referenzen in einer inneren Klasse verborgen wird.

Bäume kommen in unterschiedlichen Varianten vor. Besonders wichtig ist der Spezialfall der ***Binärbäume***. Hier hat jeder Knoten (außer den Blättern) genau zwei Kindknoten; dabei sind manchmal auch leere Bäume als Kindknoten zugelassen. Eine weitere Variante betrifft die Frage, ob die ***Werte*** an den inneren Knoten und an den Blättern den gleichen Typ haben oder verschiedene Typen. Manchmal tragen die inneren Knoten gar keine Werte, sodass alle relevante Information an den Blättern zu finden ist. Und so weiter.

Bäume haben in der Programmierung im Wesentlichen zwei Arten von *Anwendungen*:

- Es gibt Applikationen, bei denen man auf *natürliche Weise* auf baumartige Strukturen stößt. Die bekanntesten Beispiele dafür sind:
  - *Sprachverarbeitung.* Sowohl bei künstlichen Sprachen (wie Programmiersprachen) als auch bei natürlichen Sprachen (wie Deutsch, Englisch etc.) führen die grammatikalischen Strukturen unmittelbar auf Bäume.
  - *HTML, XML.* Diese Internet-Sprachen sind nichts anderes als – geradezu frappierend hässliche und unleserliche – Formen der Baumbeschreibung.
  - *Dateisysteme.* Die Folder- und Dateihierarchien in Betriebssystemen wie UNIX oder WINDOWS sind ebenfalls baumartig organisiert.
  - *Spielbäume.* Bei Programmen für Spiele wie Schach, Mühle, Dame etc. führt die Struktur Zug - alle möglichen Gegenzüge unmittelbar auf Baumstrukturen, sog. *Game trees.*
- In vielen Applikationen lassen sich Bäume zur *Beschleunigung* von Algorithmen einsetzen. Das Standardbeispiel hier sind diverse Arten von *Suchbäumen.* Der Grund ist auch ganz einsichtig: Wir wissen von unseren Suchalgorithmen auf Arrays, dass die Bisektionssuche nur logarithmischen Aufwand hat. Und die Struktur dieser Suchmethode ist gerade baumartig. Also ist es eine vielversprechende Idee, auch baumartige Datenstrukturen einzusetzen, um logarithmisches Verhalten zu erreichen. (Mehr dazu in Abschnitt 18.5.)

18.2 Implementierung durch Verkettung

In Analogie zu den Listen arbeiten wir auch hier mit ***Baumzellen***.

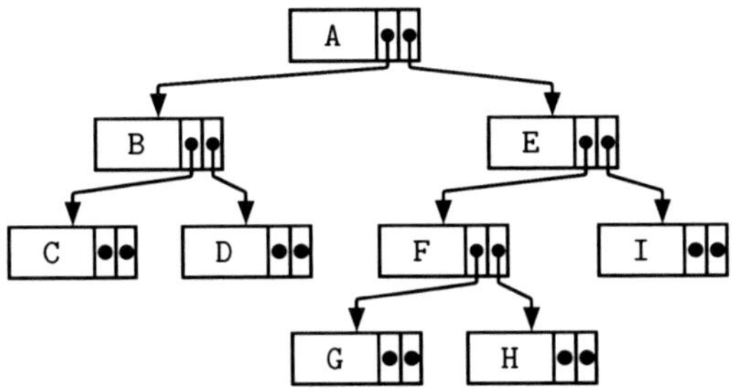

Ein Binärbaum

Anmerkung: Wir können bei den Blättern auf die Felder für die beiden Zeiger verzichten. Aber es ist manchmal einfacher, nur mit einem Zellentyp zu arbeiten und die Zeigerfelder mit `null` zu besetzen.

Für die Bäume gilt das Gleiche wie für die Listen: Die Struktur ihres Aufbaus ist völlig unabhängig davon, ob wir an den Knoten Zahlen ablegen oder Kundendaten oder Dateinamen. Deshalb definieren wir die folgenden Klassen über generischen Knoteninhalten.

18.2.1 Binärbäume

Die elementarste Form von Bäumen sind die ***Binärbäume***, bei denen jeder Knoten (außer den Blättern) genau zwei Kinder hat. Die Klasse für die Zellen solcher Bäume ist in Abb. 18.1 angegeben. Wir können den gleichen Klas-

```
class Cell<Data>
-------------------------------------------------------------
Data content                  // Attribut: Inhalt
Cell left                     // Attribut: linkes Kind
Cell right                    // Attribut: rechtes Kind
-------------------------------------------------------------
Cell(Data d, Cell l, Cell r)  // Konstruktor (Knoten)
Cell(Data d)                  // Konstruktor (Blatt)
```

Abb. 18.1. Zellen für Binärbäume

sennamen wie bei den Listen verwenden, ohne dass Konflikte zu befürchten sind; denn die Klasse wird als innere Klasse in einer umfassenden Klasse `Tree` verschwinden. (Interessanterweise sind die Zellen – bis auf Umbenennung – nicht von denen für doppelt verkettete Listen unterscheidbar.)

Für die Blätter führen wir mittels Overloading einen zweiten Konstruktor ein, sodass wir `new Cell(x)` anstelle von `new Cell(x,null,null)` schreiben können.

Die Definition dieser Klasse ist in Programm 18.1 angegeben. Auch hier enthält die Klasse wieder Attribute, die selbst vom Typ `Cell` sind.

Programm 18.1 Die Klasse `Cell` für Binärbaum-Zellen

```
class Cell<Data> {
  Data content;                                    // der eigentliche Inhalt
  Cell<Data> left;                                 // linker Kindknoten
  Cell<Data> right;                                // rechter Kindknoten
  Cell(Data c, Cell<Data> l, Cell<Data> r) {       // innerer Knoten
    this.content = c;
    this.left    = l;
    this.right   = r;
  }//Konstruktor
  Cell(Data c) {                                   // Blatt
    this.content = c;
    this.left    = null;
    this.right   = null;
  }//Konstruktor
}//end of class Cell
```

Mit dieser Klasse können wir z. B. den Binärbaum vom Anfang dieses Abschnitts (s. die Abbildung links) aufbauen, indem wir von den Blättern ausgehen und ihn Stück für Stück von unten nach oben zusammensetzen. Dies ist in Abbildung 18.2 dargestellt. (Dabei gehen wir davon aus, dass die entsprechenden Inhalt-Objekte `A`, `B`, ..., `H` gegeben sind.)

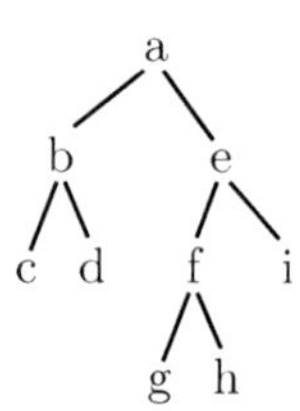

Wir zeigen zwei programmiertechnische Varianten für einen solchen Baumaufbau. In der Variante (a) wird für jeden Unterbaum eine eigene Variable eingeführt. Damit passt der Code exakt zum illustrierenden Bild, wodurch er gut nachvollziehbar wird.

Lästig ist bei dieser Variante (a) allerdings, dass man den Baum von unten her aufbauen muss. Das wird in der Variante (b) vermieden. Hier werden die Zellenobjekte in einem geschachtelten Ausdruck eingeführt. Dabei nutzen wir das Layout aus, um wenigstens notdürftig den Überblick über die korrekte Zusammensetzung zu behalten. (Das Layout sieht nicht von ungefähr so aus, wie man es von den Dateihierarchien in WINDOWS und UNIX kennt.) Aber das Beispiel macht bereits deutlich, dass man Bäume i. Allg. nicht als Konstanten notiert, sondern systematisch über geeignete Algorithmen aufbaut (s. später).

```
Cell c = new Cell(C);
Cell d = new Cell(D);
Cell g = new Cell(G);
Cell h = new Cell(H);
Cell i = new Cell(I);
Cell b = new Cell(B, c, d);
Cell f = new Cell(F, g, h);
Cell e = new Cell(E, f, i);
Cell a = new Cell(A, b, e);
```

(a)

```
Cell a =
  new Cell( A,
     new Cell( B,
        new Cell( C ),
        new Cell( D ) ),
     new Cell( E,
        new Cell( F,
           new Cell( G ),
           new Cell( H ) ),
        new Cell( I ) ) );
```

(b)

Abb. 18.2. Generierung von Bäumen

Anmerkung: Da `Cell` *generisch ist, müssten wir eigentlich alle Anwendungen instanziiert schreiben, also z. B.* `Cell<Float> = new Cell<Float>(C)` *etc. Aber aus Gründen der Lesbarkeit verzichten wir im Folgenden auf diese Präzision. (Der Compiler beschwert sich hier in Form von entsprechenden* Warnungen.*)*

18.2.2 Allgemeine Bäume

Wie stellt man ***allgemeine Bäume*** dar, also Bäume, deren Knoten auch mehr als zwei Kindknoten haben können? (Diese werden in manchen Büchern auch als *p-adische Bäume* bezeichnet.) Eine Möglichkeit ist, ein Attribut „Liste der Kindknoten" vorzusehen. Das bedeutet, dass wir einfach die Klasse `LinkedList` wieder verwenden. Allerdings hat diese Version einen Nachteil: Jetzt treten als Elemente der Listen Objekte der Art `Cell` auf, für die wir dann immer wieder geeignete „Castings" (s. Kap. 10) vornehmen müssten. Um das zu vermeiden, codieren wir lieber die Listenstruktur in unsere Baumzellen hinein. Der allgemeine Baum vom Anfang dieses Kapitels kann dann dargestellt werden, wie in Abbildung 18.3 gezeigt (wobei allerdings leere Bäume keinen Sinn machen).

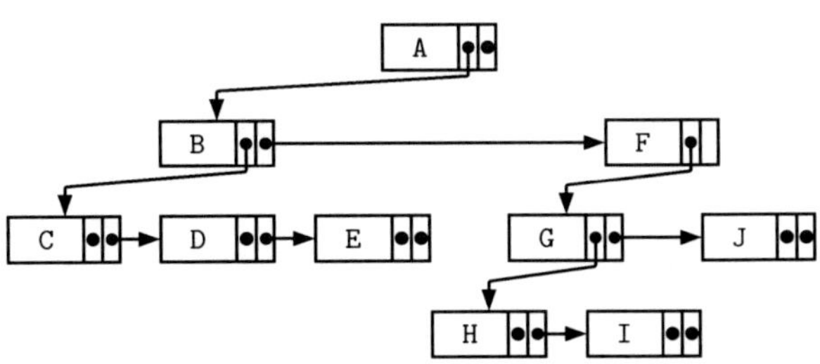

Abb. 18.3. Ein allgemeiner Baum

Interessanterweise können wir hier exakt dieselben Arten von Zellen benutzen wie für die Binärbäume. Allerdings ist die *Bedeutung* der Zeigerattribute jetzt eine *ganz andere*! Der „rechte“ Zeiger meint jetzt nicht mehr den zweiten Kindknoten, sondern den rechten Geschwisterknoten.

18.2.3 Binärbäume als Abstrakter Datentyp

Was für Listen gilt, trifft auch auf Bäume zu. Eine Ansammlung von verzeigerten Zellen stellt nur „zufällig“ einen Baum dar. Das wird alleine schon dadurch deutlich, dass unsere Zellen sowohl für Binärbäume als auch für p-adische Bäume geeignet sind, und sich außerdem nicht von denen bei doppelt verketteten Listen unterscheiden. Die Lösung ist auch die gleiche wie bei Listen: *Abstrakte*

```
                     class BinTree<Data>
BinTree()                                     // Konstruktor (leer)
BinTree( Data x )                             // Konstruktor (Blatt)
BinTree( Data x, BinTree<Data> l, BinTree<Data> r )
Data getValue()                               // Wert am Knoten
BinTree<Data> getLeft()                       // linker Unterbaum
BinTree<Data> getRight()                      // rechter Unterbaum
boolean isEmpty()                             // Test, ob leer
boolean isLeaf()                              // Test, ob Blatt
boolean isInner()                             // Test, ob innerer K.
void setValue (Data x)                        // Knotenwert setzen
```

Abb. 18.4. Generische Binärbäume

Datentypen. Wir definieren zwei Klassen, eine für Binärbäume und eine für allgemeine Bäume. Beide setzen auf der gleichen Art von Baumzellen auf, interpretieren und verarbeiten diese aber unterschiedlich. Für die *Binärbäume* ist die entsprechende Klasse in Abb. 18.4 angegeben.

Ein repräsentativer Ausschnitt aus der Implementierung dieser Klasse ist in Programm 18.2 angegeben. Diese Implementierung sieht etwas komisch aus, weil letztlich die Klasse `BinTree` nur ein Rahmen um eine Zelle `root` ist, die ihrerseits als „Anker“ für die gesamte weitere Verzeigerung dient. Beim Zugriff z. B. auf den linken Unterbaum erhält man aus der Zelle `root` zunächst nur eine weitere Zelle; diese muss dann zu einem `BinTree` verpackt werden, bevor sie als Ergebnis von `getLeft` abgeliefert werden kann.

Anmerkung: Man beachte, dass die innere Klasse `Cell` *jetzt nicht noch einmal generisch definiert werden sollte, denn sie übernimmt ja bereits die Generizität der äußeren Klasse* BinTree<Data>. *(Würde man hier* Cell<Data> *einführen, würde dieser lokale Typparameter wegen der Namensgleichheit sogar den äußeren Typparameter von* BinTree<Data> *verschatten.)*

Programm 18.2 Die Klasse `BinTree` der Binärbäume

```
public class BinTree<Data> {
  private Cell<Data> root;
  public BinTree () {                          // leerer Baum
    this.root = null;
  }
  public BinTree ( Data x ) {                  // einelementiger Baum (Blatt)
    this.root = new Cell<Data>(x, null, null);
  }
  public BinTree ( Data x, BinTree<Data> l, BinTree<Data> r ) {
    this.root = new Cell<Data>(x, l.root, r.root);
  }
  public Data getValue () {
    return this.root.content;
  }//getValue
  public BinTree<Data> getLeft () {
    BinTree<Data> b = new BinTree<Data>();
    b.root = this.root.left;
    return b;
  }//getLeft
  public BinTree<Data> getRight () {
    BinTree<Data> b = new BinTree<Data>();
    b.root = this.root.right;
    return b;
  }//getRight
  ⋮
  private class Cell {                         // innere Klasse!
    ... (analog zu Programm 18.1) ...
  }//end of inner class Cell
}//end of class BinTree
```

Wenn man diese Struktur mit `LinkedList` vergleicht (s. Abschnitt 17.2), dann fehlen vor allem auch Operationen zum Hinzufügen und Wegnehmen von Elementen. Der Grund dafür ist, dass wir für diese Operationen in verschiedenen Szenarien unterschiedliche Techniken verwenden. Darauf gehen wir in den nächsten Abschnitten genauer ein.

Übung 18.1. Man implementiere den Rest der Klasse `BinTree`.

Übung 18.2. Man entwerfe und implementiere die Klasse `Tree` *für allgemeine Bäume. Dabei sehe man insbesondere auch eine Operation* `subtrees` *vor, die die Liste aller Unterbäume eines Knotens liefert.*

Wie sieht das Programm aus, wenn man dazu eine Klasse `Forest` *einführt, die solche Listen von Bäumen enthält?*

18.3 Traversieren von Bäumen: Baum-Iteratoren

Alle wesentlichen Baumalgorithmen laufen letztlich auf das ***Traversieren*** des Baumes hinaus: Egal ob wir z. B. ein Element suchen, alle Elemente aufaddieren oder alle Knoten abändern wollen, immer müssen wir die Knoten des Baumes irgendwie nacheinander abarbeiten. Während es für dieses Durchlaufen bei Listen nur eine sinnvolle Möglichkeit gibt – nämlich von vorne nach hinten –, haben wir bei Bäumen mehrere Möglichkeiten.

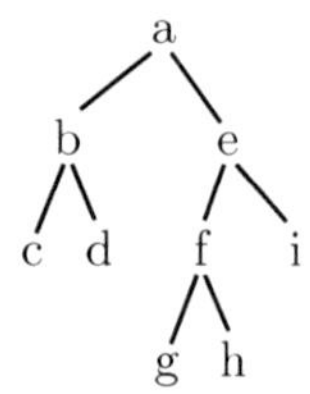

Im Folgenden zeigen wir die wesentlichen Varianten der Traversierung am Beispiel der *Binärbäume*. Als Beispiel benutzen wir den nebenstehenden Baum. Es gibt vier Möglichkeiten zur Traversierung von Binärbäumen:

1. ***Preorder***: Der Baum wird in der Reihenfolge *Knoten – linker Unterbaum – rechter Unterbaum* durchlaufen.
   In unserem Beispielbaum liefert das die Reihenfolge *a-b-c-d-e-f-g-h-i*.
2. ***Postorder***: Der Baum wird in der Reihenfolge *linker Unterbaum – rechter Unterbaum – Knoten* durchlaufen.
   In unserem Beispielbaum liefert das die Reihenfolge *c-d-b-g-h-f-i-e-a*.
3. ***Inorder***: Der Baum wird in der Reihenfolge *linker Unterbaum – Knoten – rechter Unterbaum* durchlaufen.
   In unserem Beispielbaum liefert das die Reihenfolge *c-b-d-a-g-f-h-e-i*. (Man kann sich das bildlich so vorstellen, dass alle Knoten „senkrecht nach unten fallen".)
4. ***Levelorder***: Der Baum wird „schichtenweise" jeweils von links nach rechts durchlaufen.
   In Unserem Beispiel liefert das die Reihenfolge *a-b-e-c-d-f-i-g-h*.

Die ersten drei Varianten folgen dem Paradigma der sog. ***Tiefensuche*** (engl.: *depth-first search*), während die vierte Variante das Prinzip der ***Breitensuche*** (engl.: *breadth-first search*) realisiert.

Die ersten drei Möglichkeiten sind sehr leicht über rekursive Methoden zu programmieren (s. Programm 18.3). Dabei bezeichnen wir mit «`action(...)`» diejenigen Tätigkeiten, die beim Durchlauf mit den Knoteninhalten geschehen sollen. Dieses «`action`» ist allerdings der große Schwachpunkt in den Mustern von Programm 18.3. Denn wir müssen für jede konkrete Applikation eines solchen Durchlaufs eine eigene Traversierungsmethode schreiben, in der anstelle des obigen «`action`» der entsprechende konkrete Programmcode steht. Hier hätte man natürlich lieber eine Möglichkeit, die Traversierungsmethoden ein für allemal zu programmieren und sie dann bei den konkreten Applikationen nur noch zu instanziieren.[1]

---

[1] Eine Möglichkeit dazu wäre, die `action` als Parameter in die Traversierungsmethoden aufzunehmen. Aber das scheitert in JAVA wieder an dem Fehlen von Methoden als Parameter von anderen Methoden (die wir schon in den Numerikbeispielen schmerzlich vermisst haben). Der Ausweg über ein Interface `Action` ist

Programm 18.3 Baumtraversierung

```
void preorder (BinTree<Data> tree) {
  if (!tree.isEmpty()) {
    «action(...);»
    preorder(tree.getLeft());
    preorder(tree.getRight());
  }//if
}//preorder

void postorder (BinTree<Data> tree) {
  if (!tree.isEmpty()) {
    postorder(tree.getLeft());
    postorder(tree.getRight());
    «action(...);»
  }//if
}//postorder

void inorder (BinTree<Data> tree) {
  if (!tree.isEmpty()) {
    inorder(tree.getLeft());
    «action(...);»
    inorder(tree.getRight());
  }//if
}//inorder
```

Bei den Listenstrukturen hatten wir zu diesem Zweck die sog. *Iteratoren* benutzt. Solche Iteratoren werden der Liste zugeordnet und erlauben dann, folgendes Muster zu realisieren:

```
for (Iterator it = mylist.iterator(); it.hasNext; ) {
    x = it.next();
    «action»
}//for
```

Weil von der Listenklasse das Interface `Iterable` implementiert wird, kann man sogar die noch kürzere neue `for`-Schleife benutzen.

Mit anderen Worten: Man muss nicht die Traversierungsmethode neu schreiben, sondern nur den Rahmen der `for`-Schleife um die konkrete Aktion herumschreiben.

Leider ist es nicht trivial, die Traversierungsmethoden aus Programm 18.3 in entsprechende Iteratoren umzuwandeln. Denn dazu muss die schöne Rekursion der obigen Methoden in einzelne, nacheinander auszuführende `next`-Operationen aufgelöst werden. Dazu gibt es – programmiertechnisch betrachtet – zwei einfache und eine komplizierte Methode.

---

aber auch mit horriblem notationellem Aufwand verbunden und deshalb letztlich auch keine Lösung.

- Man kann die drei Methoden in einen parallel ablaufenden „Thread“ (s. Kapitel 22) einpacken, der an jedem Knoten unterbrochen wird, um den Inhalt abzuliefern.
- Man kann aus dem Baum tatsächlich eine Liste extrahieren und dann diese Liste mit ihrem Iterator verarbeiten.
- Man simuliert das, was Compiler intern immer tun, wenn sie rekursive Methoden realisieren. Man hält die partiell abgearbeiteten Knoten in einem Stack (bei Pre-, In- und Postorder) bzw. in einer Queue (bei Levelorder).

Wir skizzieren hier kurz die dritte dieser Lösungen. Programm 18.4 definiert einen Iterator für die Preorder-Traversierung.

Programm 18.4 Preorder-Traversierung als generischer Iterator

```
class PreorderIterator<Data> implements Iterator<Data> {
  private Stack<Cell<Data>> stack;
  public PreorderIterator ( Cell<Data> root ) {
    stack = new Stack<Cell<Data>>();
    if (root != null) { stack.push(root); }
  }
  public boolean hasNext () { return !(stack.empty()); }
  public Data next () {
    Cell<Data> actual = stack.pop();
    if (actual.right != null) { stack.push(actual.right); }
    if (actual.left != null)  { stack.push(actual.left); }
    return actual.content;
  }//next
  public void remove () {}                          // nötig wegen Iterator
}// end of class PreorderIterator
```

Um dieses Programm besser zu verstehen, sehen wir uns sein Verhalten während der Traversierung des Baums vom Anfang dieses Abschnitts an.

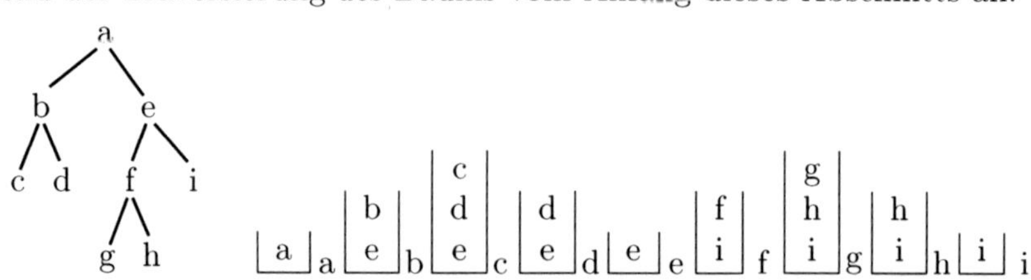

Am Anfang ist die Wurzel `a` im Stack. Beim ersten Aufruf von `next` wird `a` entfernt und dafür der rechte und linke Kindknoten (in dieser Reihenfolge) eingetragen. Beim zweiten `next` wird der oberste Knoten `b` aus dem Stack entfernt und sein rechter und linker Kindknoten eingetragen. Und so weiter.

Die Implementierung der anderen Traversierungsmethoden ist analog. Allerdings muss bei *Levelorder* anstelle des Stacks eine *Queue* genommen werden. Die Operation `next()` holt das *vordere* Element der Queue heraus und fügt die beiden Kindknoten *hinten* an.

Um mit solchen Iteratoren in der üblichen Art und Weise arbeiten zu können, muss die Klasse `BinTree` aus Programm 18.2 um eine Operation `iterator` zur Generierung des Iterators erweitert werden: Das ist in Programm 18.5 für die Preorder skizziert.

Programm 18.5 Binärbäume mit Iteratoren

```
public class BinTree<Data> implements Iterable<Data> {
    ⋮
  public Iterator<Data> iterator () {                    // Default
    return preorder();
  }//iterator
  public Iterator<Data> preorder () {                    // Preorder
    return new PreorderIterator<Data>(this.root);
  }//iterator
  public Iterator<Data> postorder () {                   //Postorder
    return new PostorderIterator<Data>(this.root);
  }//iterator
  ⋮                                                      // ...
  private class Cell {
    ...
  }//end of inner class Cell
  private class PreorderIterator implements Iterator<Data> {
    ...
  }//end of inner class PreorderIterator
  private class PostorderIterator implements Iterator<Data> {
    ...
  }//end of inner class PostorderIterator
  ⋮
}//end of class BinTree
```

Sowohl `PreorderIterator`, `PostorderIterator` etc. als auch `Cell` müssen dabei innere Klassen von `BinTree` sein; denn `Cell` muss auch in den Klassen `PreorderTraversal` etc. benutzbar ist.

Da die Klasse `BinTree` das Interface `Iterable` implementiert, kann jetzt für Binärbäume auch die neue `for`-Schleife benutzt werden.

Generell sollte man vier Funktionen `preorder()`, `inorder()`, `postorder()` und `levelorder()` definieren, von denen eine als Default durch `iterator()`

bereitgestellt wird. Auf diese Weise kann der Nutzer alle Varianten verwenden (auch wenn für die neue `for`-Schleife nur die Defaultvariante benutzt wird).

Übung 18.3. Man programmiere die Iteratoren für die Postorder-, die Inorder- und die Levelorder-Traversierung.

Übung 18.4. Man programmiere die Preorder-, die Postorder- und die Levelorder-Traversierung auch für allgemeine p-adische Bäume. (Eine Inorder-Traversierung ist hier nicht sinnvoll.)

Anmerkung: Es gibt in der älteren Literatur noch ein weiteres Verfahren zur Baumtraversierung, die sog. Wirbeltraversierung. Sie erlaubt es, ohne zusätzlichen Speicherplatz auszukommen. Aber dazu muss man temporär die Baumstruktur zerstören. Das gilt heute als ein viel zu hoher Preis für ein bisschen Speicherersparnis.

18.4 Suchbäume (geordnete Bäume)

Jetzt wenden wir uns einer der wichtigsten Applikationen von Bäumen zu: den ***Suchbäumen***.

Wir haben schon früher gesehen, dass man mit Bisektionsverfahren oft besonders schnelle Algorithmen erhält. Daher ist die Idee nahe liegend, das Prinzip der Bisektion auch in Datenstrukturen einzubauen.

In der Praxis trifft man auf diese Art von Problemen meistens in der Form, dass eine bestimmte Art von Daten vorliegt, auf denen eine Ordnung definiert ist. Ein typisches Beispiel sind „Kunden". Sie enthalten eine Fülle von Daten, z. B. Name, Adresse, Bankverbindung, Bonität usw. Aber geordnet werden sie nach der Kundennummer; diese fungiert bei der Suche als Schlüssel.

Diese Situation fassen wir in Abbildung 18.5 etwas allgemeiner in einer Klasse für *Suchbäume* zusammen. Unser Ansatz ist minimalistisch; wir se-

```
class SearchTree<Data>
-----------------------------------------
SearchTree ()
Data find ( int key )
void add ( int key, Data element )
void del ( int key )
```

Abb. 18.5. Die Klasse für Suchbäume (minimalistisch vereinfacht)

hen nur die Methoden `add`, `del` und `find` vor. Außerdem halten wir diese Operationen besonders einfach.

- Aus softwaretechnischer Sicht müsste man bei `add` prüfen, ob ein Element mit diesem Schlüssel schon vorliegt und entsprechende Fehlermeldungen generieren. Wir machen es uns hier – der Kürze halber – einfach und ersetzen das alte Element durch das neue.

- Analog müsste bei `del` eine Meldung erfolgen, ob das zu löschende Element überhaupt existiert. Wir tun hier beim Fehlen des Elements einfach nichts.
- Zuletzt könnte man als Schlüssel eine allgemeine (generische) Klasse `Key` vorsehen. (Diese müsste natürlich ein beschränkter Typparameter sein, der das Interface `Comparable` erfüllt; s. Abschnitt 12.3.1.)

Bei der *Implementierung* können wir die Cleverness graduell steigern. Das heißt, wir beginnen mit einer einfachen und leicht verständlichen Lösung, die aber bzgl. der Effizienz Schwächen hat. In der zweiten Ausbaustufe fügen wir dann Effizienz hinzu – um den Preis höherer Programmkomplexität.

Geordnete Bäume

Um ein Objekt mit einem bestimmten Schlüssel jeweils sehr schnell finden zu können, speichern wir alle Elemente in einem Baum, der „nach Schlüsseln sortiert" ist. Dazu verwenden wir eine Baumvariante, bei der die eigentlichen Elemente nur an den Blättern abgespeichert sind. An den inneren Knoten vermerken wir lediglich Schlüsselwerte als Suchhilfe. Als Beispiel ist in Abbildung 18.6 ein Baum für Kundendaten angegeben.

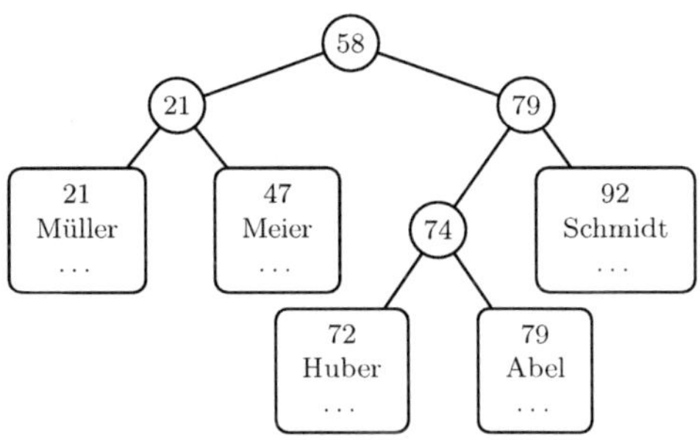

Abb. 18.6. Ein Suchbaum für Kundendaten

Definition (Geordneter Baum)

Wir nennen einen Binärbaum ***geordnet***, wenn gilt: Alle Knoten im linken Unterbaum sind kleiner oder gleich der Wurzel, und alle Knoten im rechten Unterbaum sind größer als die Wurzel. Diese Bedingung muss auch in allen Unterbäumen gelten. ❑

Der Baum in Abbildung 18.6 ist ein Beispiel für einen geordneten Baum. Man beachte, dass die obige Bedingung *nicht* verlangt, dass die inneren Knoten genau den größten Schlüssel des linken Unterbaumes widerspiegeln.

Zur Programmierung der zentralen Aufgaben *Hinzufügen*, *Löschen* und *Suchen* haben wir zwei grundlegende Möglichkeiten:

1. Entweder wir gehen im Stil traditioneller imperativer Programmierung vor und schreiben drei große (rekursive) Operationen `add`, `del` und `find`, die jeweils die einzelnen Knotenarten unterscheiden und dann die entsprechenden Aktionen ausführen.
2. Oder wir benutzen die moderneren objektorientierten Prinzipien und versehen jede Knotenart mit der lokalen Fähigkeit, hinzuzufügen, zu löschen und zu suchen. Dazu muss jeder Knoten mit seinen Unterknoten interagieren.

Da die zweite Möglichkeit wesentlich besser dem objektorientierten Paradigma entspricht, wählen wir diese Variante. Allerdings machen wir bei der Präsentation einen Kompromiss: Wir behandeln die Operationen der Reihe nach und zeigen, wie sie in den verschiedenen Knotenklassen jeweils aussehen.[2]

Prinzip der Programmierung: *Programmierstile*

Eine gegebene Programmieraufgabe kann i. Allg. auf verschiedene Arten gelöst werden. Im Laufe der Jahre haben sich dabei in der Informatik ganz unterschiedliche „Paradigmen" der Programmierung herausgebildet. Unter *Paradigma* versteht man dabei jeweils eine ganz bestimmte Art, an Probleme programmiertechnisch heranzugehen. Zwei solche Paradigmen lassen sich sehr gut am Beispiel der Methoden `add`, `del` und `find` erläutern:

1. Die obige Variante (1) entspricht dem klassischen Programmierstil (wie er etwa in Sprachen wie PASCAL oder C umgesetzt wird). Dieser Stil lässt sich natürlich auch in JAVA realisieren.
2. Die Variante (2) entspricht dem objektorientierten Stil, bei dem v jedes Objekt alle relevanten Operationen für sich lokal realisiert.

18.4.1 Suchbäume als Abstrakter Datentyp: `SearchTree`.

Die Klasse `SearchTree` ist trivial. Sie dient letztlich nur dazu, eine Hülle um die Knoten zu legen. Denn wir müssen – wie schon im vorigen Kapitel beim Thema „Listen als Abstrakte Datentypen" diskutiert – die Knotenzellen vor einer direkten Manipulation schützen, indem wir sie in einer umfassenden Klasse verbergen. Wenn nur noch die Methoden `add`, `del` und `find` verfügbar sind, kann der Baum nicht zerstört werden.

[2] Im Software-Engineering ist dieses Phänomen der unterschiedlichen Sichten auf ein und dasselbe Artefakt seit einiger Zeit erkannt worden und hat zu neuen – aber zurzeit noch ziemlich unausgereiften – Ideen geführt, die unter dem Schlagwort *Aspect-oriented programming* diskutiert werden.

Programm 18.6 zeigt, dass ein Suchbaum letztlich nur eine Referenz auf einen Wurzelknoten besitzt und alle Aufträge an diesen Knoten weiterreicht. Eine kleine Komplikation entsteht dadurch, dass wir jeweils den Randfall des leeren Baums abfangen müssen.

Programm 18.6 Die sichtbare Klasse für Suchbäume

```
public class SearchTree <Data> {
  private Node<Data> root;
  public SearchTree () { root = null; }
  public Data find ( int key ) {
    if ( root != null ) {
      return root.find(key);                 // Auftrag an root leiten
    } else {                                 // leerer Baum
      return null;
    }//if
  }//find
  public void add ( int key, Data element ) {
    if ( root != null ) {
      root = root.add(key, element);         // Auftrag an root leiten
    } else {                                 // leerer Baum
      root = new Leaf<Data>(key, element);   // wird zum Blatt
    }//if
  }//add
  public void del ( int key ) {
    if ( root != null ) {
      root = root.del(key);                  // Auftrag an root leiten
    }//if
  }//del
  private abstract class Node {              // innere Klasse
    ... ((s. Programm 18.7)
  }// end of inner class Node
  private class Fork extends Node {          // innere Klasse
    ... (s. Programm 18.7)
  }// end of inner class Fork
  private class Leaf extends Node {          // innere Klasse
    ... ((s. Programm 18.7)
  }// end of inner class Leaf
}//end of class SearchTree
```

Auf den ersten Blick sehen die Zuweisungen `root = root.add(...)` und `root = root.del(...)` etwas überraschend aus. Aber wir werden gleich bei der Implementierung sehen, dass u. U. tatsächlich der Baum so geändert wird, dass eine andere Wurzel entsteht – und die wird von den Operationen **add** und `del` jeweils zurückgeliefert. In den meisten Fällen wird allerdings nur die ursprüngliche Wurzel selbst zurückgeliefert; dann entsprechen die Zuweisungen letztlich nichts anderem als `root = root`, was harmlos ist.

18.4.2 Implementierung von Suchbäumen

Weil unsere Suchbäume auf einen abgeschirmten abstrakten Datentyp führen, ist es durchaus vernünftig und auch softwaretechnisch zulässig, hier direkt auf die Zellen zuzugreifen, was uns auch erlaubt, spezielle Zellenklassen zu verwenden. Insgesamt erhöht das die Effizienz. Deshalb benutzen wir zur Implementierung der Suchbäume zwei Arten von Knoten (vgl. Abbildung 18.7 und Programm 18.7): *Blätter* (`Leaf`) und *innere Knoten* (`Fork`).

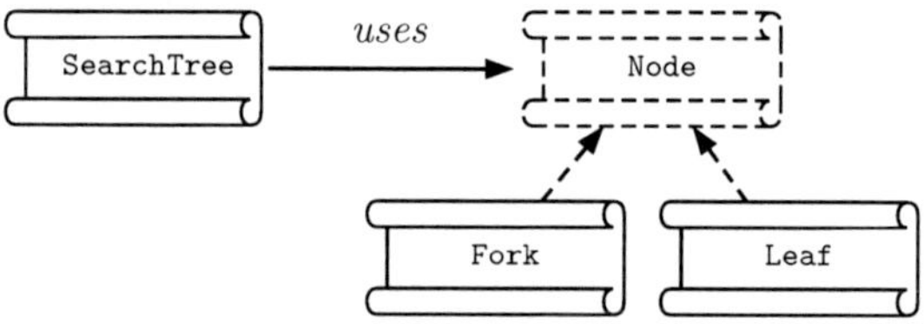

Abb. 18.7. Die Klassen für Suchbäume

Die Blätter enthalten sowohl einen Schlüssel als auch das zugehörige Element, die inneren Knoten brauchen nur einen Schlüssel (wie im Beispielbaum in Abbildung 18.6 zu sehen ist). Beides sind Unterklassen der abstrakten Klasse `Node`. Die eigentlich interessierende Klasse `SearchTree` benutzt diese Knotenklassen als innere Hilfsklassen. Da Suchbäume spezifische Anforderungen stellen, variieren wir die Knoten etwas gegenüber den allgemeinen Baumzellen, die wir am Anfang des Kapitels diskutiert haben.

Sowohl `Leaf` als auch `Fork` besitzen einen Schlüssel; deshalb ist dieser in der (abstrakten) Superklasse `Node` angegeben. Aber in den übrigen Attributen unterscheiden sich die beiden Subklassen. `Fork` enthält Referenzen auf den linken und rechten Unterbaum, `Leaf` enthält die eigentlichen Datenelemente.

Programm 18.7 enthält den Rahmen für die Definition der entsprechenden Klassen. Dabei sieht man insbesondere, dass alle drei Klassen als innere Klassen in `SearchTree` verborgen sind. Ein Benutzer von `SearchTree` hat damit keinerlei Möglichkeiten, auf die interne Zeigerstruktur der Bäume zuzugreifen und diese im schlimmsten Fall zu (zer)stören.

Die Programmierung der eigentlich interessanten Methoden `find`, `add` und `del` ist in die Programme 18.8 – 18.10 verlagert.

Suchen (`find`)

Programm 18.8 enthält die Suchmethode `find` in den beiden Subklassen `Fork` und `Leaf`. Bei einem inneren Knoten erfolgt die Weitersuche abhängig vom

Programm 18.7 Die Knotentypen für Suchbäume

```
public class SearchTree <Data> {
  ⋮
  private abstract class Node {          // innere Klasse von SearchTree<Data>
    int key;                             // Schlüssel (für Fork und Leaf)
    abstract Data find ( int key );
    abstract Node add ( int key, Data element );
    abstract Node del ( int key );
  }//end of inner class Node

  private class Fork extends Node {      // innere Klasse von SearchTree<Data>
    Node left;                           // linker Unterbaum  (nur Fork)
    Node right;                          // rechter Unterbaum  (nur Fork)
    Fork ( Node left, int key, Node right ) {
      this.key = key;
      this.left = left;
      this.right = right;
    }
    Data find ( int key )                {  «siehe Programm 18.8»   }
    Node add ( int key, Data element ) {  «siehe Programm 18.9»   }
    Node del ( int key )                 {  «siehe Programm 18.10»  }
  }//end of inner class Fork

  private class Leaf extends Node {      // innere Klasse von SearchTree<Data>
    Data content;                        // Inhalt  (nur Leaf)
    Leaf ( int key, Data content ) {
      this.key = key;
      this.content = content;
    }
    Data find ( int key )                {  «siehe Programm 18.8»   }
    Node add ( int key, Data element ) {  «siehe Programm 18.9»   }
    Node del ( int key )                 {  «siehe Programm 18.10»  }
  }//end of inner class Leaf
}//end of class SearchTree
```

Schlüssel im linken oder im rechten Unterbaum. Deshalb müssen die Bäume geordnet sein. Das Suchergebnis wird als Resultat „nach oben" durchgereicht. Bei einem Blatt wird der Suchschlüssel mit dem gespeicherten Schlüssel verglichen. Abhängig vom Ergebnis wird das Objekt oder `null` geliefert.

Hinzufügen (add)

Programm 18.9 enthält die Methode `add` für die beiden Knotentypen. Beim Hinzufügen eines Objekts unter einem gegebenen Schlüssel müssen wir zuerst in dem – geordneten – Baum nach unten zum entsprechenden Blatt laufen.

Programm 18.8 Suchen in geordneten Bäumen (find)

```
class Fork extends Node {          // innere Klasse von SearchTree<Data>
  ...
  Data find ( int key ) {          // find bei Fork
    if (key <= this.key) {
      return this.left.find(key);
    } else {
      return this.right.find(key);
    }//if
  }//find
  ...
}//end of inner class Fork
class Leaf extends Node {          // innere Klasse von SearchTree<Data>
  ...
  Data find ( int key ) {          // find bei Leaf
    if (key == this.key) {
      return this.content;
    } else {
      return null;
    }
  }//find
  ...
}//end of inner class Leaf
```

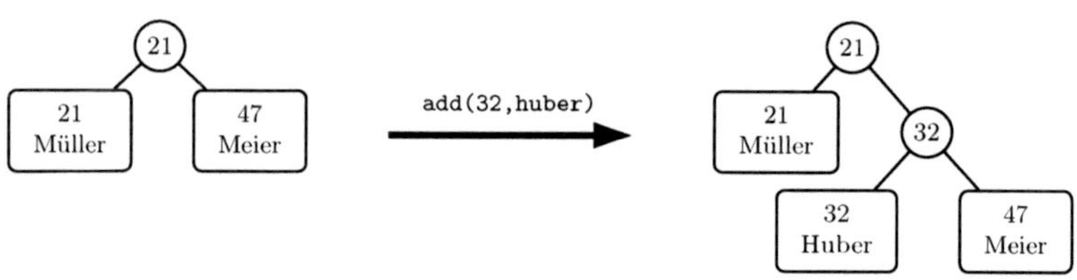

Abb. 18.8. Hinzufügen zu einem Suchbaum (add)

Beim Blatt gibt es zwei Möglichkeiten: Wenn der Schlüssel gleich ist, wird der alte Inhalt durch den neuen ersetzt (genauer: ein neues Blatt mit dem neuen Inhalt kreiert). Ansonsten wird das neue Blatt mit dem alten zu einem Binärbaum zusammengesetzt, wobei die Reihenfolge von den Schlüsseln abhängt. Der neu erzeugte Binärbaum muss im Elternknoten (im Beispiel ist das der Knoten 21) anstelle des alten Blattes eingesetzt werden (vgl. Abbildung 18.8).

Das kann man am einfachsten dadurch bewerkstelligen, dass die Operation add den jeweiligen Knoten als Ergebnis abliefert – meistens ist das der alte Knoten selbst (this), manchmal aber auch der neu generierte. Und dieser

Programm 18.9 Hinzufügen in geordnete Bäume (add)

```
class Fork extends Node {                  // innere Klasse von SearchTree<Data>
  ...
  Node<Data> add ( int key, Data element ) {      // add bei Fork
    if (key <= this.key) {
      this.left = this.left.add(key,element);
    } else {
      this.right = this.right.add(key,element);
    }//if
    return this;
  }//add
  ...
}//end of inner class Fork
class Leaf extends Node {                  // innere Klasse von SearchTree<Data>
  ...
  Node<Data> add ( int key, Data element ) {      // add bei Leaf
    Leaf<Data> newLeaf = new Leaf<Data>(key,element);
    if (key < this.key) {
      return new Fork<Data>(newLeaf, key, this);
    } else if (key == this.key) {
      return newLeaf;
    } else { // key > this.key
      return new Fork<Data>(this, this.key, newLeaf);
    }//if
  }//add
  ...
}//end of inner class Leaf
```

Knoten wird dann im Elternknoten als `this.left` bzw. `this.right` gespeichert.

Um das noch einmal deutlich zu sagen. In den allermeisten Fällen wird im Endeffekt nur `this.left = this.left` bzw. `this.right = this.right` ausgeführt; das heißt, es ändert sich nichts. Aber manchmal wird eben der neue Knoten eingetragen. Der Reiz dieses Tricks ist, dass man sich aufwendige Fallunterscheidungen spart.

Löschen (`del`)

Programm 18.10 enthält die beiden Instanzen der Methode `del`. Auch beim Löschen müssen wir uns in bewährter Manier durch den Baum nach unten zu den Blättern arbeiten.

Beim Blatt gibt es zwei Möglichkeiten: Entweder die Schlüssel stimmen überein; dann wird das Blatt tatsächlich gelöscht, d. h., es wird `null` zurück-

Programm 18.10 Löschen aus geordneten Bäumen (`del`)

```
class Fork extends Node {                // innere Klasse von SearchTree<Data>
  ...
  Node<Data> del ( int key ) {           // del bei Fork
    if (key <= this.key) {
      this.left = this.left.del(key);
      if (this.left == null) {           // war Leaf; wurde gelöscht
        return this.right;
      } else {
        return this;
      }//if null
    } else {
      this.right = this.right.del(key);
      if (this.right == null) {          // war Leaf; wurde gelöscht
        return this.left;
      } else {
        return this;
      }//if null
    }//if
  }//del
  ...
}//end of inner class Fork
class Leaf extends Node {                // innere Klasse von SearchTree<Data>
  ...
  Node<Data> del ( int key ) {           // del bei Leaf
    if (key == this.key) {
      return null;
    } else {
      return this;
    }//if
  }//del
  ...
}//end of inner class Leaf
```

geliefert. Oder die Schlüssel sind verschieden; dann bleibt das Blatt erhalten (denn es war ja nicht gemeint) und folglich wird es selbst zurückgeliefert.

Der Elternknoten (in Abbildung 18.9 der Knoten mit dem Schlüssel `26`) erkennt am Rückgabewert, was geschehen ist.

Wenn `null` zurückkommt, ist das entsprechende Blatt verschwunden. Damit hätte der `Fork`-Knoten nur noch ein Kind, was nicht zulässig ist. Folglich ist der Knoten jetzt überflüssig und muss durch sein verbliebenes Kind (im Beispiel der Knoten `32`) ersetzt werden. Deshalb gibt er nicht sich selbst als Resultat zurück, sondern dieses verbliebene Kind. Der übergeordnete Knoten (im Beispiel `58`) trägt diesen Rückgabewert grundsätzlich als linken bzw.

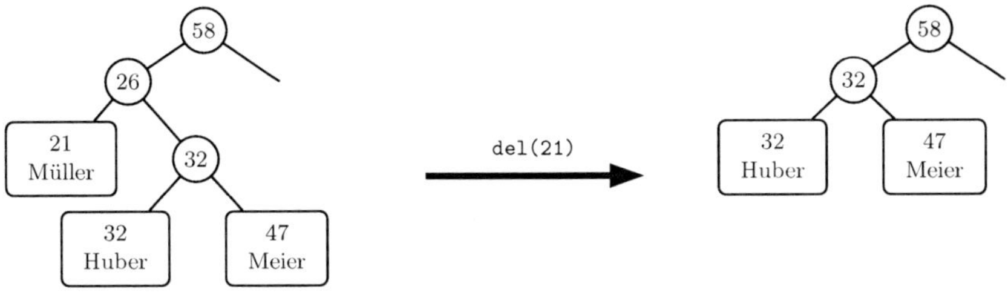

Abb. 18.9. Löschen aus einem Suchbaum (`del`)

rechten Unterbaum ein. Damit ist das gelöschte Blatt (im Beispiel `21`) samt Elternknoten (im Beispiel `26`) verschwunden.

18.5 Balancierte Suchbäume

Aus Effizienzgründen ist es für die Suche in geordneten Bäumen offensichtlich wünschenswert, dass die Pfade durch den Baum möglichst gleich lang sind.

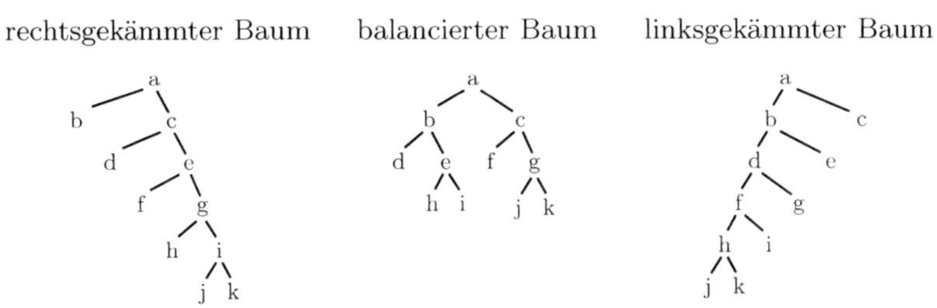

Abb. 18.10. Extreme Beispiele für Bäume

Definition:

Ein Baum heißt ***balanciert*** (oder *ausgewogen*), wenn die Längen der einzelnen Pfade von der Wurzel bis zu den Blättern etwa gleich lang sind (d. h. sich höchstens um 1 unterscheiden). ❑

Unglücklicherweise wird durch das Hinzufügen und Löschen i. Allg. kein balancierter Baum entstehen. Im schlimmsten Fall könnte sogar ein sog. links- oder rechtsgekämmter Baum entstehen (s. Abbildung 18.10)

Offensichtlich gilt für das Suchen (und die anderen Baumoperationen) bei einem Baum mit n Knoten:

- In einem rechts- oder linksgekämmten Baum ist der Suchaufwand ***linear***, also $\mathcal{O}(n)$.

- In einem balancierten Baum ist der Suchaufwand ***logarithmisch***, also $\mathcal{O}(\log n)$.

Da keiner dieser beiden Extremfälle sehr wahrscheinlich ist, stellt sich die Frage, was wir im Schnitt erwarten können. Aho und Ullman ([2], S. 258) argumentieren, dass man mit ***logarithmischem Aufwand*** rechnen darf. Ihre Begründung ist: Im Allgemeinen wird für jeden (Unter-)Baum die Aufteilung der Knoten auf den rechten und linken Unterbaum in der Mitte zwischen bestem und schlechtestem Verhalten liegen, also bei einem Verhältnis von $\frac{1}{4}$ zu $\frac{3}{4}$. Auf dieser Basis lässt sich dann der Aufwand ungefähr zu $2.5 \cdot \log\ n$ abschätzen.

Wenn man sich auf diese Art von statistischer (Un-)Sicherheit nicht einlassen will, muss man durch geeignete Maßnahmen sicherstellen, dass die Bäume immer ausgewogen sind. Dazu finden sich in der Literatur eine Reihe von Vorschlägen, z. B. AVL-Bäume, 2-3-Bäume, 2-3-4-Bäume oder Rot-Schwarz-Bäume. Eine genauere Behandlung dieser verschiedenen Varianten geht aber über den Rahmen dieses Buches hinaus. (Genaueres kann man in diversen Büchern finden, z. B. [2, 3, 12, 21, 41, 59, 60].) Wir begnügen uns damit, die Grundidee anhand der Rot-Schwarz-Bäume zu illustrieren. Dazu ist es als Vorbereitung allerdings nützlich, zumindest die Grundidee der 2-3-Bäume und der 2-3-4-Bäume kurz anzusprechen.

18.5.1 2-3-Bäume und 2-3-4-Bäume

Die Idee, Ausgewogenheit dadurch zu erreichen, dass man von Binärbäumen auf 2-3-Bäume übergeht, stammt von J.E. Hopcroft (1970). Diese wurden zur weiteren Effizienzsteigerung dann noch auf 2-3-4-Bäume erweitert.

Definition (2-3-Baum, 2-3-4-Baum)

Ein ***2-3-Baum*** ist ein geordneter, balancierter Baum, in dem jeder innere Knoten zwei oder drei Kindknoten hat. Analog sind 2-3-4-Bäume definiert. ❑

Wir beschränken uns zunächst auf *2-3-Bäume* und betrachten zur Illustration als Erstes die Operation des *Hinzufügens*. Die Grundidee ist hier, dass man bei den Blättern einfügen kann, ohne dass die Balance des Gesamtbaums gestört wird. Betrachten wir den Fall eines 2-Knotens, der direkt über den Blättern liegt:

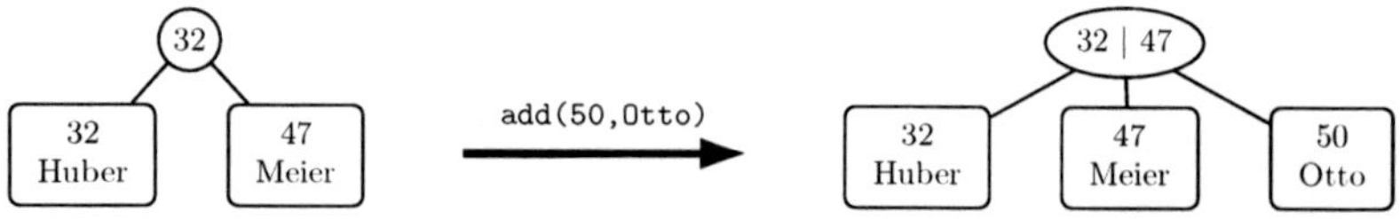

Wir realisieren diese Einfügung in einem Zwei-Schritt-Prozess: Wir reichen den `add`-Auftrag bis zum Blatt durch. Als Ergebnis entsteht dort ein Binärbaum (`Fork`), der aber um eins zu hoch ist. Wir deuten das durch die

Verwendung einer Raute als Knotensymbol an. Der Elternknoten (im Beispiel `32`) erkennt die falsche Tiefe und verwandelt sich in einen 3-Baum (`Fork3`).

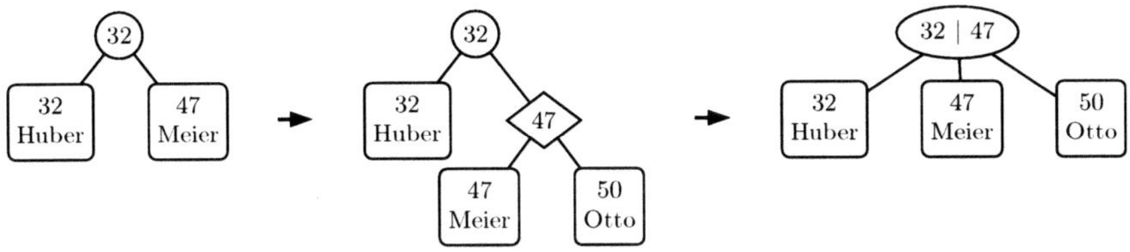

Was passiert, wenn ein 3-Baum einen zu hohen Unterbaum zurückbekommt? Wenn es keine 4-Bäume gibt, bleibt nichts anderes übrig, als zwei 2-Bäume zu kreieren und den entstehenden oberen 2-Baum als zu hoch zu charakterisieren.

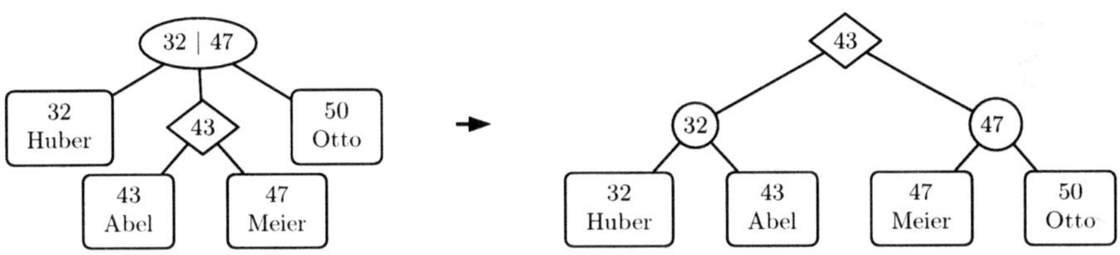

Im schlimmsten Fall propagiert sich das Wachstum bis zur Wurzel hoch. Dann ist der Baum zwar insgesamt höher geworden, aber er ist wieder balanciert.

Beim *Löschen* geht man analog vor. Allerdings entstehen jetzt nicht zu lange, sondern zu kurze Bäume, die entsprechend repariert werden müssen. Als Beispiel betrachten wir einen 2-Baum mit einem zu kurzen Unterbaum. Bei der Reparatur entsteht ein zu kurzer 3-Baum; d. h., der Reparaturbedarf propagiert weiter nach oben.

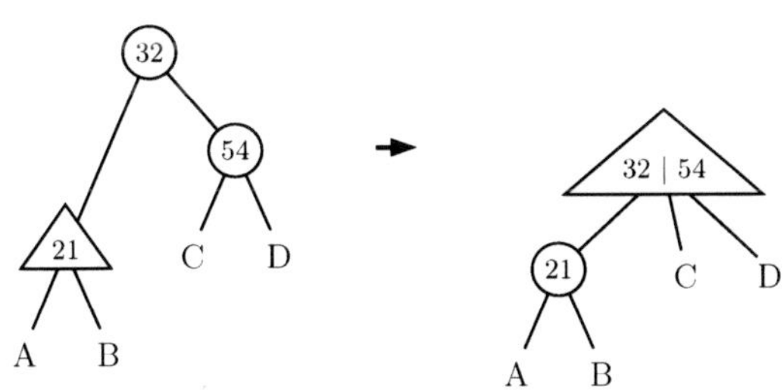

Ein 3-Baum mit einem zu kurzen Unterbaum kann die Reparatur dagegen endgültig durchführen. Wenn der Nachbarknoten ein 2-Knoten ist, verwandelt er sich in einen 3-Knoten und nimmt den zu kurz geratenen Geschwisterknoten einfach als Kind auf.[3]

[3] Die Familienmetapher sollte man jetzt nicht mehr allzu wörtlich nehmen.

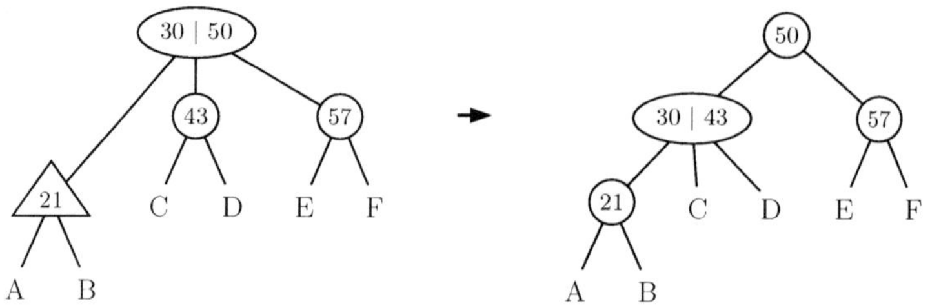

Wenn der Geschwisterknoten ein 3-Baum ist, dann mutiert er in zwei 2-Bäume, von denen einer den zu kurzen Unterbaum als Kind erhält.

Fazit

Wie man an diesen Beispielen sieht, benötigt die Reparatur sowohl beim Hinzufügen als auch beim Löschen im schlimmsten Fall $\log n$ Schritte. Das heißt, alle Operationen auf 2-3–Bäumen sind ***logarithmische*** Prozesse. Und das ist sehr effizient!

Mit den 2-3-Bäumen haben wir also eine Implementierungstechnik gefunden, die keinerlei Beschränkungen bzgl. des dynamischen Wachsens und Schrumpfens der Datenmenge auferlegt und trotzdem alle relevanten Operationen sehr effizient ausführt.

Man kann die Implementierung noch etwas beschleunigen, indem man beim Suchen und Löschen jeweils schon auf dem Weg von der Wurzel zum passenden Blatt die spätere Reparatur *vorwegnimmt.* Allerdings braucht man dazu eine etwas größere Flexibilität – und die liefern die sog. 2-3-4-Bäume. Dann ist am Blatt nur noch genau ein Schritt notwendig. (Näheres entnehme man der Literatur, z. B. [2, 3, 12].)

Das klingt alles zu schön, um wahr zu sein. Und in der Tat gibt es einen Wermutstropfen in dem schönen Kelch der Freude. Wenn man sich die Programme 18.7 bis 18.10 ansieht, dann sind die Operationen `find`, `add` und `del` nur deshalb so überschaubar, weil wir es mit Binärbäumen zu tun haben. Bei den 2-3- und 2-3-4-Bäumen erhalten wir seitenlange Fallunterscheidungen, um herauszubekommen, ob wir links, halblinks, in der Mitte, halbrechts oder rechts arbeiten und ob wir es mit einem 2-Baum, 3-Baum oder 4-Baum zu tun haben. Das macht die Programme unleserlich und fehlerträchtig, und es kostet Laufzeit.

Das alles führt zum Wunsch nach besseren Lösungen. Die Antwort heißt *Rot-Schwarz-Bäume.*

18.5.2 Rot-Schwarz-Bäume

Die Idee der *Rot-Schwarz-Bäume* ist an sich ganz einfach. Man möchte die gute Performanz der 2-3- und 2-3-4-Bäume beibehalten, aber wieder zurückkehren zu den guten alten Binärbäumen. Also stellt man 3-Bäume und 4-Bäume ganz einfach als Binärbäume dar, wie in Abbildung 18.11 illustriert.

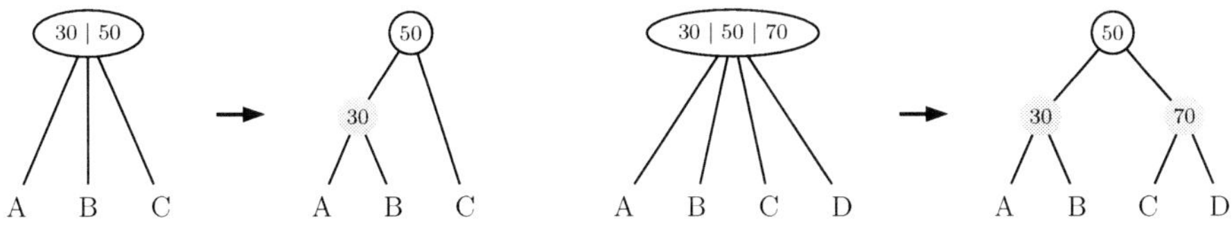

Abb. 18.11. Von 2-3- und 2-3-4-Bäumen zu Rot-Schwarz-Bäumen

Die zusätzlichen Knoten, die sozusagen die interne Struktur der 3- und 4-Bäume darstellen, nennt man *rote Knoten* (bei uns notgedrungen grau gezeichnet). Bei 3-Bäumen kann der rote Knoten auch rechts sein.

Auf Grund dieser Konstruktion kann man die entstehenden Rot-Schwarz-Bäume folgendermaßen charakterisieren:

Definition (Rot-Schwarz-Baum)

Ein ***Rot-Schwarz-Baum*** ist ein geordneter Binärbaum mit folgenden zusätzlichen Eigenschaften:

Die Knoten sind entweder rot oder schwarz; die Blätter sind schwarz.

Alle Pfade von der Wurzel zu den Blättern enthalten gleich viele schwarze Knoten ($\mathbf{I_1}$). Wir nennen das die *schwarze Pfadlänge*.

Es dürfen nie zwei rote Knoten direkt aufeinander folgen ($\mathbf{I_2}$). ❑

Die ***Invarianten*** ($\mathbf{I_1}$) und ($\mathbf{I_2}$) garantieren eine „akzeptable Balanciertheit“. Denn alle Pfade von der Wurzel zu den Blättern haben eine Länge $s \leq l \leq 2s$, wobei s die schwarze Pfadlänge ist. Damit gilt insbesondere $l \approx \mathcal{O}(\log n)$; d. h., die Operationen bleiben logarithmisch.

Der *Aufwand* der Operationen `find`, `add` und `del` wird in der Praxis sogar geringer als bei 2-3- und 2-3-4-Bäumen. Die Pfade werden zwar im *worst case* doppelt so lang, aber dafür ist pro Knoten viel weniger Arbeit zu tun. Weil wir es jetzt wieder mit reinen Binärbäumen zu tun haben, entfallen die Myriaden von Fallunterscheidungen und internen Operationen. Dieser Gewinn wiegt die etwas größere Pfadlänge um ein Mehrfaches auf.

Ein weiterer schöner Nebeneffekt ist, dass die Operation `find` jetzt unverändert aus dem Programm 18.8 übernommen werden kann. Denn die Knotenfarbe spielt an keiner Stelle eine Rolle und kein Knoten wird verändert. Also müssen wir nur die Operationen `add` und `del` umprogrammieren. Und auch hier gilt, dass wir die Grundstruktur der alten Programme beibehalten können, weil wir es nach wie vor mit Binärbäumen zu tun haben.

Programmierung

Bei der Programmierung kann man auf zwei Weisen vorgehen: Entweder man betrachtet alle Operationen auf den 2-3- und 2-3-4-Bäumen und übersetzt sie jeweils in Rot-Schwarz-Bäume. Oder man programmiert direkt auf den Rot-Schwarz-Bäumen (und benutzt die Äquivalenz zu den 2-3- und 2-3-4-Bäumen nur als intuitive Hilfe zum Verständnis). Wir gehen hier den Weg der direkten Programmierung, weil wir die anderen Programme ohnehin nie aufgeschrieben, sondern nur anhand von Beispielen illustriert haben.

Programm 18.11 zeigt, dass es bei den Knotenklassen nur eine winzige Änderung gegenüber dem früheren Programm 18.7 gibt: Es wird ein Attribut

Programm 18.11 Die Knotentypen für Suchbäume

```
abstract class Node {              // innere Klasse von SearchTree<Data>
  int key;

  private byte weight;             // 0 ≙ red,   1 ≙ black
  void setRed ()   { weight = 0; }
  void setBlack () { weight = 1; }
  boolean red ()   { return (weight == 0); }
  boolean black () { return (weight == 1); }

  abstract Data find ( int key );
  abstract Node<Data> add ( int key, Data element );
  abstract Node<Data> del ( int key );
}//end of class Node
```

`weight` für die Farbe hinzugefügt zusammen mit Operationen zum Setzen und Abfragen dieses Attributes. (Weshalb wir eine Zahl nehmen und nicht einen booleschen Wert, wird im Zusammenhang mit der Operation *Löschen* klar werden.) Die Invariante ($\mathbf{I_1}$) lässt sich jetzt sehr elegant formulieren: *Die Summe aller Knotengewichte ist für jeden Pfad gleich.*

Diese Änderungen lassen sich in der abstrakten Superklasse `Node` konzentrieren (die damit nicht mehr ganz so abstrakt ist). `Fork` und `Leaf` bleiben – was die Attribute angeht – unverändert. (Zur Erinnerung: Da es sich um innere Klassen der umfassenden Klasse `SearchTree<Data>` handelt, ist der generische Typparameter `Data` verfügbar.)

Das Grundprinzip.

Sowohl beim Hinzufügen `add` als auch beim Löschen `del` gehen wir nach dem gleichen Prinzip vor:

- Die Invarianten ($\mathbf{I_1}$) und ($\mathbf{I_2}$) dürfen während der Operationen `add` und `del` temporär verletzt werden, müssen aber am Ende wieder hergestellt sein. Genauer: Zum Beispiel darf während der Ausführung von `n.add(...)` die Eigenschaft ($\mathbf{I_2}$) im Knoten `n` oder in den Unterbäumen von `n` verletzt sein. Aber nachdem die Operation `n.add(...)` beendet ist, muss im gesamten Baum von `n` die Invariante ($\mathbf{I_2}$) wieder gelten.
- Wenn die Wurzel rot wird, färben wir sie einfach schwarz. Das erhöht zwar die schwarze Pfadlänge um eins, aber sie bleibt gleich für alle Pfade.

Weil jede Operation an der Wurzel startet und endet, sind nach der Abarbeitung von `add` und `del` beide Invarianten ($\mathbf{I_1}$) und ($\mathbf{I_2}$) wieder etabliert.

Hinzufügen.

Die Hinzufügen in Rot-Schwarz-Bäumen lässt sich mit fünf Transformationen bewerkstelligen, die in Tabelle 18.1 gezeigt werden. (Eigentlich sind es nur drei, weil durch die Links-Rechts-Dualität die Transformationen (4) und (5) völlig analog zu (2) und (3) sind.)

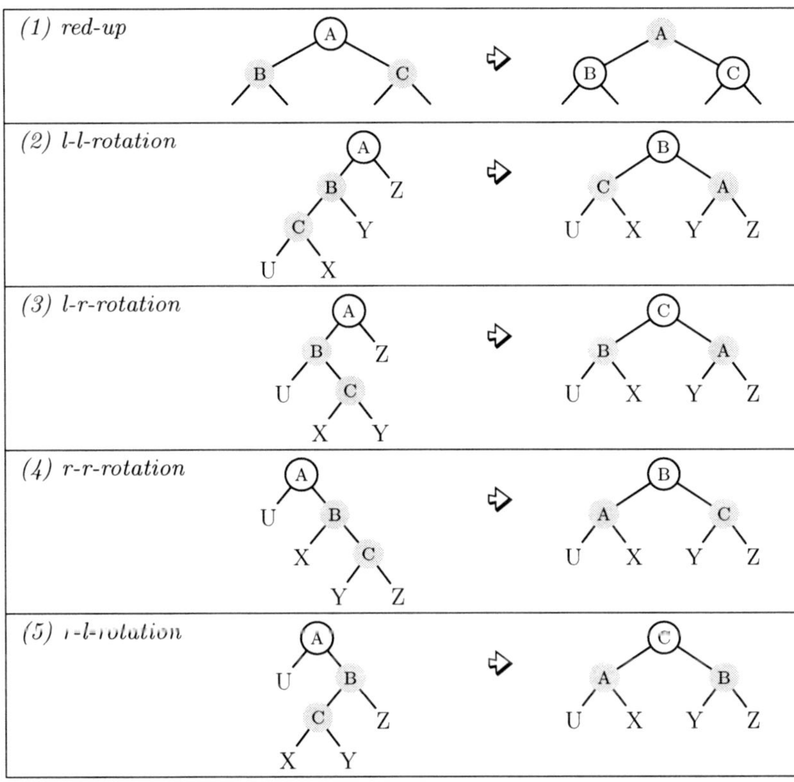

Tabelle 18.1. Transformationen für Rot-Schwarz-Bäume (`add`)

Wenn wir auf dem Weg nach unten einen Knoten `n` mit zwei roten Kindern antreffen, färben wir den Knoten selbst rot und beide Kinder schwarz (vgl. die Operation *red-up* in Tabelle 18.1). Das lässt ($\mathbf{I_1}$) intakt, kann aber ($\mathbf{I_2}$) verletzen; denn der Elternknoten `e` von `n` könnte ja rot sein. Diese Störung muss dann `e` „auf dem Rückweg“ reparieren. Wichtig ist aber, dass dabei eine schwächere Invariante ($\mathbf{I_3}$) erhalten bleibt: *Es folgen höchstens zwei rote Knoten unmittelbar aufeinander.*

Programm 18.12 Hinzufügen in einem Rot-Schwarz-Baum (bei Fork)

```
class Fork extends Node {                   // innere Klasse von SearchTree<Data>
  ...
  Node<Data> add ( int key, Data element ) {        // add bei Fork
     redUp();
    if (key <= this.key) {
      this.left = this.left.add(key,element);
      return leftRot();
    } else {
      this.right = this.right.add(key,element);
      return rightRot();
    }//if
  }//add
  ...
  private void redUp () {
    if (left.red() && right.red()) {
      this.setRed(); left.setBlack(); right.setBlack();
    }//if
  }//redUp

  private Node<Data> leftRot () {
    if (left.red() && ((Fork)left).left.red()) {        // l-l-rotation
        Fork A = this; Fork B = (Fork)left;
        Node Y = B.right;
        A.left = Y; A.setRed();
        B.right = A; B.setBlack();
        return B;
    } else if (left.red() && ((Fork)left).right.red()) {     // l-r-rotation
       «analog»
    } else {                                 // (nichts tun)
      return this;
    }//if
  }//leftRot

  private Node<Data> rightRot () {
    «analog»
  }//rightRot

}//end of class Fork
```

Man beachte, dass alle Transformationen die Invariante ($\mathbf{I_1}$) unverändert lassen. Die Rotationen reparieren die lokale Störung, sodass die Invariante ($\mathbf{I_2}$) an dieser Stelle wieder hergestellt wird. Und wegen der abgeschwächten Invariante ($\mathbf{I_3}$) reicht es, genau diese vier Fälle von möglichen Störungen zu betrachten. Man beachte außerdem, dass alle Rotationen die Inorder-Reihenfolge der Knoten unverändert lassen; das heißt, die Bäume *bleiben geordnet*.

Diese Transformationen werden in Programm 18.12 umgesetzt. (Wir verwenden `this` so, dass die Arbeit am aktuellen Knoten genauso dokumentiert wird wie die Arbeit am linken oder rechten Unterknoten.)

Die grau unterlegten Anweisungen in der Methode `add` zeigen die Ergänzungen gegenüber der Originalversion in Programm 18.9. Am Anfang führen wir – falls möglich – die Transformation *red-up* aus. Und nach der Rückkehr aus dem Unterbaum führen wir – falls nötig – die Reparatur-Transformationen aus. Dabei beschränken wir uns darauf, nur die Transformation (2) aus Tabelle 18.1 explizit aufzuschreiben. Die anderen drei sind völlig analog.

Bei der Programmierung ist es übrigens hilfreich, die Knoten, die man braucht, mit den Namen zu belegen, die sie in den Abbildungen in Tabelle 18.1 haben. Damit umgeht man auch die Gefahren, die bei Verwendung von Ausdrücken wie `this.left = this.left.right` (anstelle von `A.left = Y`) entstehen, wenn man bei der Reihenfolge nicht ganz sorgfältig ist.

Wie man sieht, muss man manchmal Castings einbauen, damit Operationen wie `left` und `right` benutzt werden können. Dass diese Castings wohl definiert sind, liegt an der übergeordneten Programmlogik: Eine Methode wie z. B. `leftRot` wird nur in der entsprechenden Konfiguration angewandt (was vorher überprüft wurde).

Löschen.

Beim Löschen müssen wir ähnliche „Reparatur"-Transformationen vorsehen wie beim Hinzufügen. Allerdings erhalten wir mehr Fallunterscheidungen.

Wir betrachten zunächst das Löschen von *Blättern.* Zur besseren Lesbarkeit wiederholen wir das Bild von Abbildung 18.9 nochmals in Abbildung 18.12, wobei wir jetzt jeweils das Gewicht `weight` mit angeben.

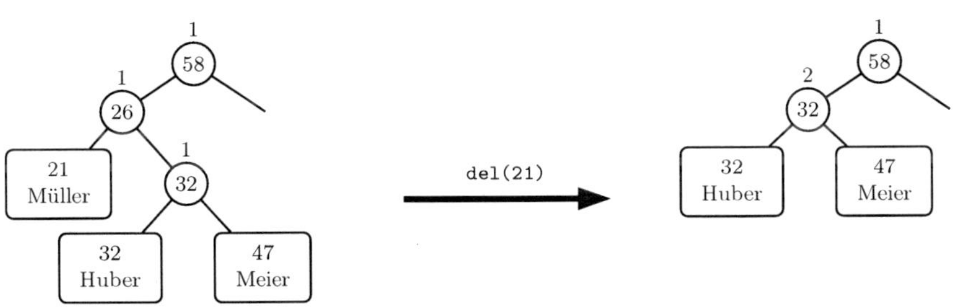

Abb. 18.12. Löschen aus einem Suchbaum (`del`)

Die Abbildung zeigt den problematischen Fall: Der Knoten 26 verliert seinen linken Unterknoten und ersetzt sich deshalb durch seinen rechten Unterknoten 32. Wenn einer der Knoten 26 oder 32 rot ist, macht das nichts aus: Die Invariante ($\mathbf{I}_1$) bleibt erhalten (sofern wir den Knoten 32 auf jeden Fall schwarz setzen). Wenn aber beide schwarz sind, hat sich die Pfadlänge zu den beiden Blättern verkürzt und ($\mathbf{I}_1$) ist verletzt.

Das „reparieren“ wir provisorisch, indem wir das Gewicht des Knotens auf 2 setzen. Damit ist ($\mathbf{I_1}$) – wenn wir die Definition über die Summe der Knotengewichte heranziehen – zumindest pro forma gerettet.

Damit stellt sich aber das Problem, die falschen Gewichte wieder ins Lot zu bringen. Zu diesem Zweck benutzen wir die Transformationen aus Tabelle 18.2. Dabei zeigen wir jeweils die Variante, bei der der *linke* Unterknoten von `A` das falsche Gewicht trägt. Die Varianten für den rechten Unterknoten sind analog.

(1) r-rotation

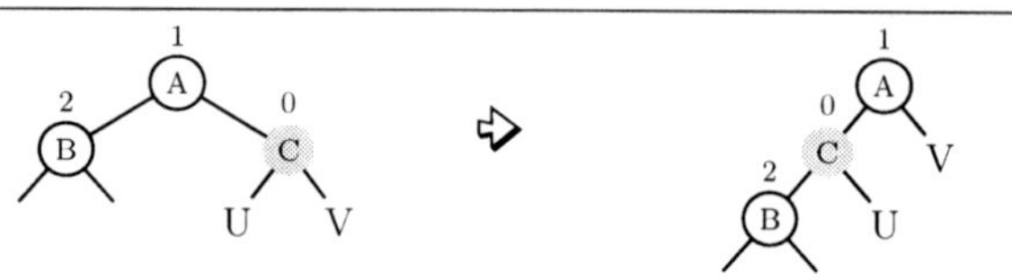

(2) r-l-rotation

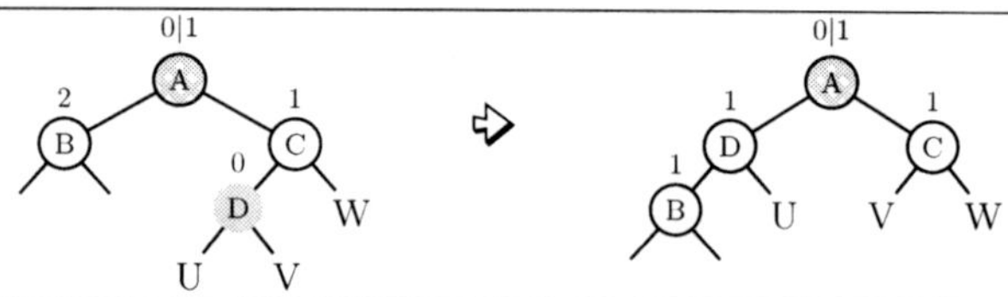

(3) r-r-rotation

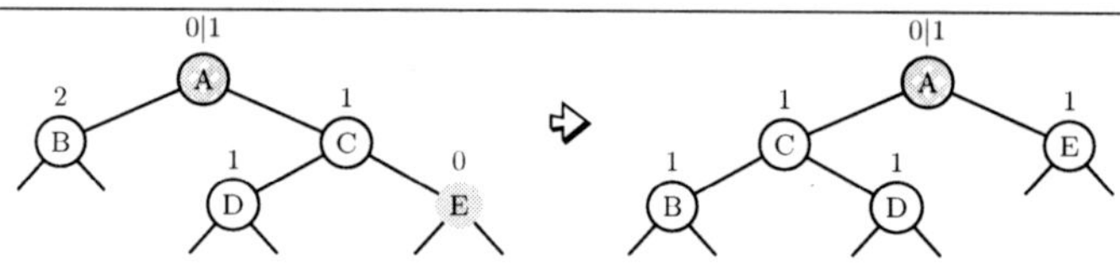

(4) weight-up

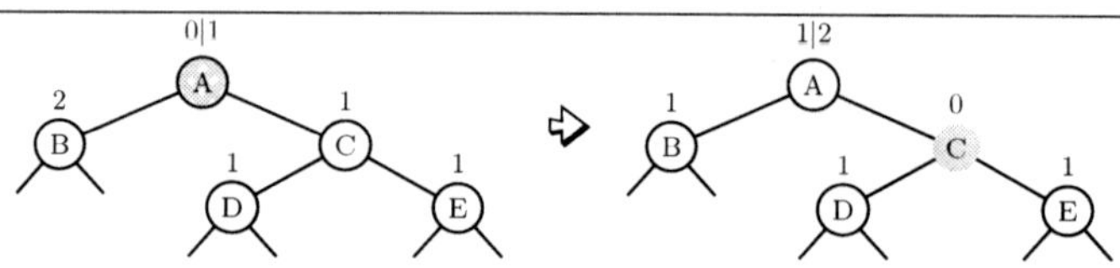

≪(1)–(4) auch analog für *weight* = 2 im rechten Unterbaum≫

Tabelle 18.2. Transformationen für Rot-Schwarz-Bäume (`del`)

Man beachte, dass bei den Transformationen alle Pfadlängen (als Summen der Knotengewichte) erhalten bleiben. Außerdem können nie zwei direkt aufeinander folgende rote Knoten entstehen. Mit anderen Worten: die Invarianten ($\mathbf{I_1}$) und ($\mathbf{I_2}$) bleiben erhalten.

1. Wenn der rechte Unterknoten `C` rot ist, holen wir ihn auf die linke Seite. Jetzt ist auf `C` einer der anderen Fälle (2)–(4) anwendbar. Da `C` rot ist, führt jeder dieser Fälle zu einem korrekten Baum (auch die potenziell kritische Transformation (4)).

Wenn der rechte Kindknoten `C` von `A` schwarz ist, müssen wir abhängig von der Farbe der Enkelknoten `D` und `E` drei Fälle unterscheiden. Dabei spielt es keine Rolle, ob `A` selbst rot oder schwarz ist.

2. Wenn der linke Unterknoten `D` rot ist, stimmen nach der Transformation alle Gewichte und wir sind fertig.
3. Wenn der rechte Unterkonten `D` schwarz ist, können wir immer noch sofort fertig werden, wenn der rechte Unterknoten `E` rot ist. Auch hier stimmen nach der Transformation alle Gewichte.
4. Problematisch ist nur der Fall, dass beide Unterknoten `D` und `E` schwarz sind. Hier erhöht sich das Gewicht des Knotens `A` um 1. Wenn `A` rot war, wird er dadurch einfach schwarz und wir sind auch fertig.
   Wenn `A` aber bereits schwarz war, erhöht sich sein Gewicht auf 2. Damit muss der Elternknoten von `A` die Reparatur auf der nächsthöheren Stufe fortsetzen. Dieser Prozess endet spätestens bei der Wurzel.

Wir verzichten darauf, die (länglichen) Programme für `del` explizit anzugeben. Sie sehen ähnlich aus wie die Methode `add` in Programm 18.12, aber mit noch mehr Fallunterscheidungen.

Fazit

Mit den Rot-Schwarz-Bäumen ist eine sehr effiziente Variante der Binärbäume entstanden, die alle relvanten Operationen – Hinzufügen, Löschen und Suchen – mit logarithmischem Aufwand erledigen lassen. Die Komplexität der Programmierung bleibt dabei in einem durchaus akzeptablen Rahmen.

Es ist offensichtlich, dass auch weitere Operationen wie z. B. `min` und `max` logarithmischen Aufwand haben. Nicht so offensichtlich – aber trotzdem gültig – ist die Feststellung, dass sogar die *Vereinigung* von zwei Rot-Schwarz-Bäumen mit logarithmischem Aufwand machbar ist. (Details findet man in der schon erwähnten Literatur.)

Anmerkung: In den JAVA*-Bibliotheken sind Bäume als eigenständige Strukturen gar nicht vorhanden. Sie werden nur in Klassen wie* `TreeSet` *und* `TreeMap` *als Implementierungen für abstrakte Strukturen wie* `Set` *und* `Map` *angeboten, wobei offen gelassen wird, welche Baumvariante in der Implementierung tatsächlich verwendet wird.*

18.6 Baumdarstellung von Sprachen (Syntaxbäume)

Sprachen sind – oberflächlich betrachtet – Texte, die nach gewissen „grammatikalischen“ Regeln geschrieben sind. Bei genauerem Hinsehen erkennt man, dass diese Regeln auf Baumstrukturen führen. Deshalb werden in der Sprachverarbeitung die eingegebenen Texte intern auch sofort in Bäume umgesetzt; man nennt diesen Prozess ***Parsing*** und die Bäume ***Syntaxbäume*** (s. Abbildung 18.13). Diese sind dann die Basis für die weitere Verarbeitung.

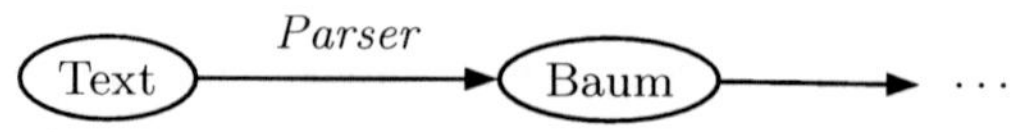

Abb. 18.13. Der Parser-Teil eines Compilers

Das Schreiben von Parsern ist ein nichttriviales Problem, das im Informatik-Studium in vertiefenden Veranstaltungen zum Compilerbau behandelt wird. Deshalb können wir diesen Aspekt hier nicht näher behandeln. Aber wir wollen zumindest einen Eindruck vermitteln, wie Bäume in der weiteren Verarbeitung benutzt werden können.

Anmerkung: Die Verarbeitung von gegebenen Bäumen zu beherrschen ist heute vor allem deshalb wichtig geworden, weil mit den Internet-Sprachen HTML und XML die Baumverarbeitung Einzug in vielfältige Anwendungen gefunden hat. Die vordefinierten Bibliotheken von JAVA *enthalten inzwischen auch eine Fülle von Klassen, die das Arbeiten mit HTML und XML erleichtern sollen.*

Betrachten wir als elementares Beispiel den arithmetischen Ausdruck wie

$$x + 2 * sin(\frac{i * \pi}{2}) * y \tag{18.1}$$

Die Struktur dieses Ausdrucks wird in dem Baum der Abbildung 18.14 widergespiegelt (den ein Parser daraus machen würde):

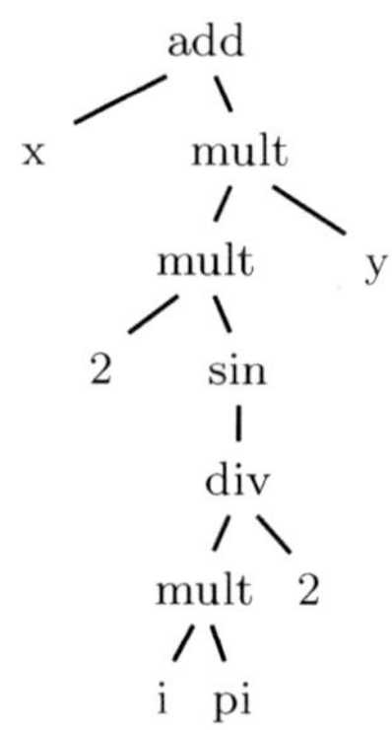

Abb. 18.14. Der Ausdruck (18.1) als Baum

Um solche Bäume darzustellen, haben wir verschiedene Möglichkeiten:

(a) Wir können jedem Operator eine eigene Knotenart zuordnen. Es gibt dann also jeweils eigene Klassen `Add`, `Mult`, ..., `Sin` etc. Das ist eine sehr klare und einfache, aber auch schreibaufwendige Technik.
(b) Wir können zweistellige, einstellige und nullstellige Knoten unterscheiden und den zugehörigen Operator jeweils als Attribut vermerken. Allerdings sollte man bei den nullstelligen zumindest noch zwischen Konstanten (wie 2) und Namen (wie `x` oder `pi`) unterscheiden.

Da die erste dieser beiden Varianten eher den objektorientierten Prinzipien der Vererbung gerecht wird, wählen wir diesen Ansatz. Das führt auf folgende Klassenhierarchie in Abbildung 18.15 (die wir hier aus Platzgründen nur textuell angeben, also ohne die grafische „Blaupausen-Metapher"). Als Beispiel

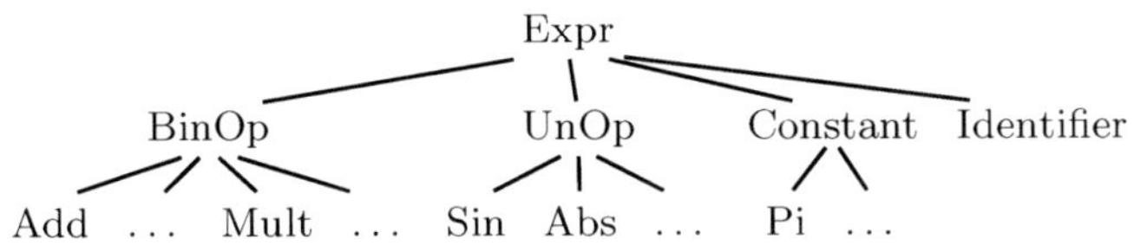

Abb. 18.15. Die Klassenhierarchie der Syntaxbäume für Ausdrücke

für die Verwendung solcher Bäume nehmen wir die einfache Aufgabe ihrer ***Auswertung***. Das heißt, wir wollen eine Funktion `eval` schreiben, die einem solchen Baum den Wert zuordnet, den seine Auswertung liefert. Dabei müssen wir natürlich voraussetzen, dass Namen wie `i` oder `pi` „in der Umgebung" mit Werten assoziiert sind. (Zum Beispiel in einem Taschenrechner geschieht das, indem man zuvor Werte in die entsprechenden Register geschrieben hat; in einem Programm wurden zuvor die entsprechenden Variablen in Zuweisungen gesetzt.) Wir postulieren dazu ein geeignetes Objekt `environment`.

Wir beginnen mit einer abstrakten Superklasse `Expr` für Ausdrücke, in der die Methode `eval()` aber noch nicht ausprogrammiert werden kann.

```
abstract class Expr {
  abstract double eval();
}
```

Wir unterscheiden binäre Operationen wie Addition, Subtraktion, Multiplikation etc. und unäre Operationen wie Sinus, Absolutbetrag etc. Dazu kommen Konstanten und Variablen. Diese beiden Varianten führen zu weiteren abstrakten Klassen.

```
abstract class BinOp extends Expr {
    Expr left;                     // Attribut für linken Unterbaum
    Expr right;                    // Attribut für rechten Unterbaum
    BinOp ( Expr l, Expr r ) {     // Konstruktor
      this.left  = l;
      this.right = r;
    }
}//end of class BinOp
```

```
abstract class UnOp extends Expr {
    Expr arg;                        // Attribut für Argumentbaum
    UnOp ( Expr arg ) {              // Konstruktor
       this.arg  = arg;
    }
}//end of class UnOp
```

Als einziges Beispiel einer Spezialisierung von `BinOp` betrachten wir die Klasse `Mult`, die einen Multiplikationsknoten beschreibt. Die Operation `eval` wird einfach realisiert, indem die beiden Unterbäume evaluiert werden (weil sie vom Typ `Expr` sind, müssen sie eine `eval`-Operation besitzen) und ihre Ergebnisse dann multipliziert werden.

```
class Mult extends BinOp {
    Mult( Expr l, Expr r ) {             // Konstruktor
       super(l,r);
    }
    double eval () {                     // Auswertung
      double x = this.left.eval();
      double y = this.right.eval();
      return x * y;
    }//eval
}//end of class Mult
```

Völlig analog werden die Klassen für die anderen zweistelligen Operatoren beschrieben, also `Add`, `Sub`, `Div` usw.

Zur Illustration geben wir noch einen einstelligen Operator an.

```
class Sin extends UnOp {
    Sin( Expr arg ) {                 // Konstruktor
       super(arg);
    }
    double eval () {                  // Auswertung
      double x = this.arg.eval();
      return Math.sin(x);
    }//eval
}//end of class Sin
```

Für spezielle Konstanten wie π sollten wir aus Gründen der Systematik eigene Klassen wie `Pi` usw. vorsehen.

Für allgemeine Konstanten sollten wir eine Klasse vorsehen, mit der wir z. B. den Wert 2 in der Form `Const(2)` zu einem `Expr`-Knoten machen können.

```
class Const extends Expr {
    private double value;           // Attribut für den Wert
    Const( double val ) {           // Konstruktor
        this.value = val;
    }
    double eval () {                // Auswertung
        return this.value;
    }//eval
}//end of class Const
```

Etwas kniffliger wird der Umgang mit Namen wie `x` oder `i`. Wir beschreiben sie hier der Einfachheit halber als Strings und postulieren ein Objekt `environment`, das die Assoziation zwischen diesen Namen und ihren zuletzt gesetzten Werten „kennt".

```
class Identifier extends Expr {
    private String name;                      // Attribut für den Namen
    Identifier( String name ) {               // Konstruktor
        this.name = name;
    }
    double eval () {                          // Auswertung
        return environment.get(this.name);
    }//eval
}//end of class Identifier
```

Der Beispielausdruck vom Anfang dieses Abschnitts kann dann realisiert werden wie in Abb. 18.16 gezeigt. Die Auswertung dieses Baumes lässt sich einfach durch den Aufruf `e.eval()` erreichen.

```
Expr e = new Add(
           new Identifier("x"),
           new Mult(
             new Mult(
               new Const(2),
               new Sin(
                 new Div(
                   new Mult(
                     new Identifier("i"),
                     new Pi()),
                   new Const(2)))),
             new Identifier("y")));
```

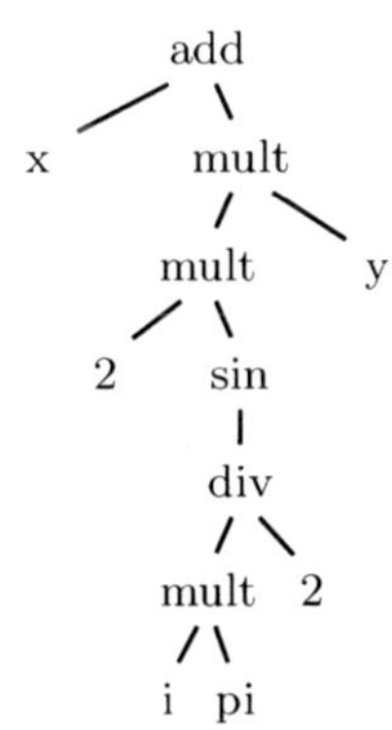

Abb. 18.16. Ein Ausdruck als Baum

Anmerkung: Anstatt ein Objekt `environment` anzunehmen, kann man in manchen Anwendungen auch den Benutzer zur Eingabe des entsprechenden Wertes auffordern. Dann sähe die Methode `eval` so aus:

```
double eval () {
  return Terminal.askDouble("Bitte " + this.name + " eingeben: ");
}
```

Fazit

Die hier gezeigte Programmiertechnik ist zwar etwas schreibaufwendig, weil man für jeden Knotentyp eine neue Klasse einführen muss. Aber sie hat auch *gravierende Vorteile*: Wir können problemlos neue Operatoren (Knotentypen) hinzufügen, ohne irgendetwas an den alten Programmteilen ändern zu müssen. Hätten wir dagegen eine große Funktion `eval` geschrieben, müssten wir dort in einer langen `switch`-Anweisung alle Operatorarten abfragen. Diese Anweisung müsste beim Hinzufügen neuer Operatoren jeweils angepasst werden.

Andererseits macht der hier gezeigte Ansatz größeren Aufwand, wenn wir neben `eval` noch eine weitere Operation einführen wollen. Denn diese müssen wir dann in jeder der Spezialklassen hinzuprogrammieren.

19

Graphen

Graphen sind in unserem Umfeld allgegenwärtig: Ob man jemandem mit Papier und Bleistift einen Wegeplan aufzeichnet, ob man das Organigramm einer Firma malt, ob man chemische Bindungsstrukturen illustriert oder einen elektrischen Schaltplan entwirft – immer benutzt man Graphen. Und man muss kein Mathematiker sein, um mit solchen Graphen zu arbeiten, jeder kann das. Erst die formale Durchdringung ihrer vielfältigen Eigenschaften erfordert mathematisches Können.

19.1 Beispiele für Graphen

Die universelle Nützlichkeit von Graphen liegt in ihrer simplen Grundstruktur: Kästchen („Knoten"), die mit Strichen („Kanten") verbunden sind, evtl. noch garniert mit Attributwerten.

Beispiel 1. Ein Wegenetz ist ganz offensichtlich ein Graph. Ein typisches Beispiel ist in Abb. 19.1 enthalten, das einen kleinen Ausschnitt des ameri-

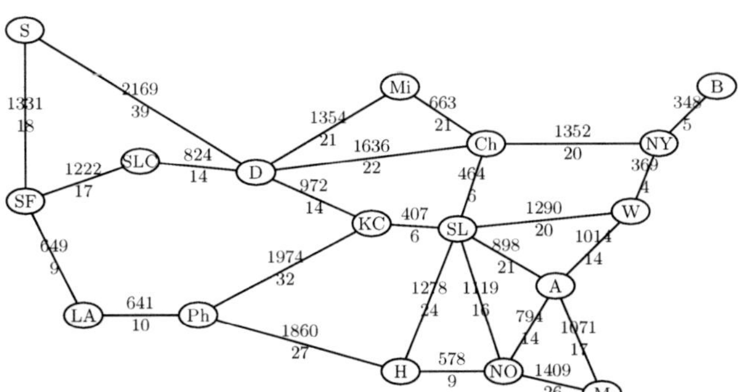

Abb. 19.1. Freeway-Netz

kanischen Freeway-Netzes zeigt. Dabei sind die Knoten mit den Städtenamen markiert und die Kanten mit der Entfernung in Kilometern sowie der geschätzten Reisezeit (bei Busfahrten).

Beispiel 2. Oft muss man größere Abstraktionen vornehmen, um den Graphen hinter einer Aufgabenstellung zu sehen. So kann etwa eine „Landkarte"

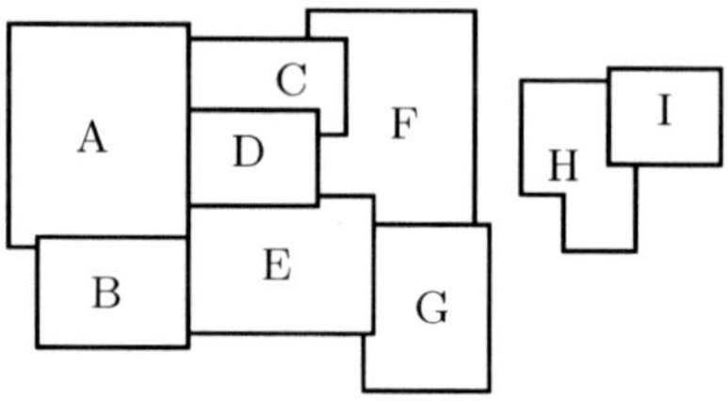

(a) Landkarte

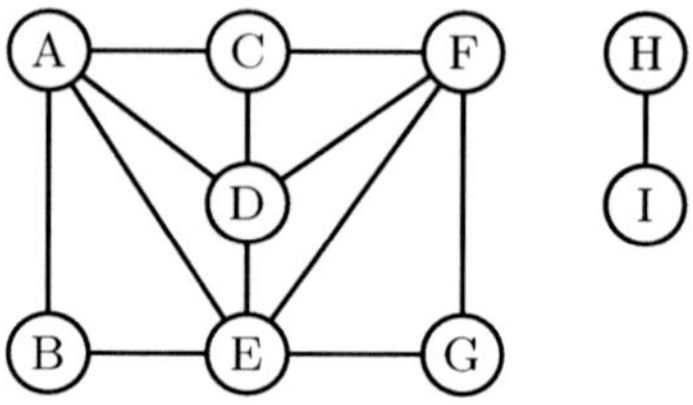

(b) Graph

Abb. 19.2. „Landkarte" als Konfliktgraph

wie in Abb. 19.2 (a) dargestellt werden als ein Graph wie in Abb. 19.2 (b), bei dem die Länder durch Knoten repräsentiert sind und die Grenzen durch Kanten. Ein solcher „Konfliktgraph" stellt dar, wer mit wem potenzielle Interessenkonflikte hat.

Beispiel 3. Manchmal kann eine „offensichtlich" im Problem steckende Graphstruktur sich bei genauerem Hinsehen auch als inadäquat erweisen. So erscheint z. B. das Schienennetz aus Abb. 19.3 (a) bereits direkt als Graph mit den Punkten $A, \ldots, H$ als Knoten und den Streckenblöcken $1, \ldots, 7$ als Kanten. In vielen Anwendungen erweist sich jedoch die Form in Abb. 19.3 (b) als bessere Darstellung.

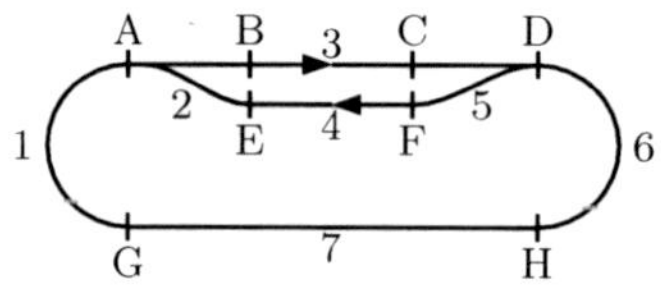

(a)

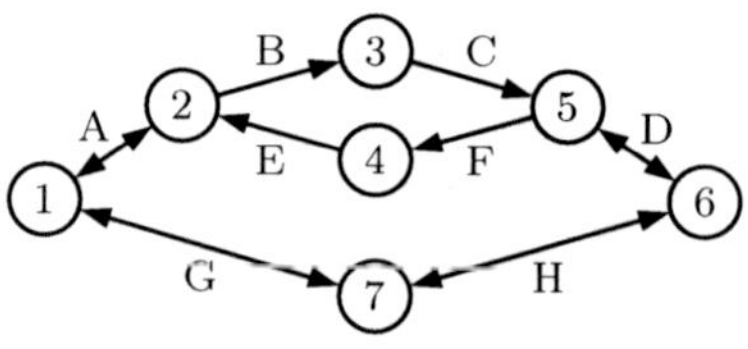

(b)

Abb. 19.3. Schienennetz als Graph

Bei dieser „umgestülpten" Darstellung werden die Streckenblöcke als Knoten repräsentiert und die Übergänge zwischen den Blöcken als Kanten. Die Pfeile geben dabei die zulässigen Fahrtrichtungen an. Eine solche Darstellung ist erheblich besser geeignet, um Probleme der automatischen Zugführung zu beschreiben, als die optisch näher liegende Form (a).

19.2 Grundbegriffe

Aus den obigen Beispielen sieht man unmittelbar die elementaren Grundbegriffe von Graphen.

Definition (Graph)

Ein ***Graph*** $G = \langle V, E \rangle$ besteht aus einer Menge V von ***Knoten*** (*vertices*) und einer Menge $E \subseteq V \times V$ von ***Kanten*** (*edges*).

Wenn die Knoten und/oder Kanten des Graphen mit Informationen annotiert sind, spricht man von ***bewerteten*** Graphen (genauer: von *knoten-* bzw. *kantenbewerteten* Graphen).

Wenn die Kanten *gerichtet* sind, spricht man von ***gerichteten Graphen***, ansonsten von ***ungerichteten Graphen***.

Bei einer Kante $e = (u, v)$ heißen die Knoten u und v ***Endknoten***. Bei gerichteten Kanten heißt u auch ***Startknoten*** und v ***Zielknoten***. ❑

Beispiele: Die Graphen in Abb. 19.1 und Abb. 19.3 sind sowohl knoten- als auch kantenbewertet, der Graph in Abb. 19.2 dagegen ist nur knotenbewertet. Die Graphen in den Abb. 19.1 und 19.2 sind ungerichtet, der Graph in Abb. 19.3 ist gerichtet. (Wir zeichnen einen Doppelpfeil als Abkürzung für zwei Pfeile.)

Definition:

Zwei Knoten x und y heißen ***benachbart***, wenn zwischen ihnen eine Kante existiert, also $(x, y) \in E$ gilt; bei gerichteten Graphen nennen wir y ***Nachfolger*** von x. Wir schreiben das auch in der Form $x \text{ — } y$ bzw. $x \rightarrow y$. ❑

Definition:

Ein ***Pfad*** der Länge k ist eine Sequenz $\langle x_0, x_1, \ldots, x_k \rangle$ von Knoten x_i für die gilt: $x_{i-1} \text{ — } x_i$ (bzw. $x_{i-1} \rightarrow x_i$) für $i = 1, \ldots, k$. Alternativ kann der Pfad auch durch die Folge seiner k Kanten gegeben sein: $\langle e_1, \ldots, e_k \rangle$. Einen Pfad von x nach y schreiben wir auch als $x \text{ -•- } y$ bzw. $x \text{ -•}\!\rightarrow y$.

Ein Knoten y ist vom Knoten x aus ***erreichbar***, wenn es einen Pfad von x nach y gibt. ❑

Definition:

Ein ***Zyklus*** ist ein Pfad, dessen erster und letzter Knoten identisch sind. Ein Pfad heißt ***zyklenfrei***, wenn er keinen zyklischen Teilpfad enthält. (Äquivalent: wenn er keine zwei gleichen Knoten enthält.)

Wegen ihrer Bedeutung hat sich für die *gerichteten azyklischen Graphen* in der Literatur das Kürzel ***DAG*** (*directed acyclic gaph*) eingebürgert. ❑

Definition:

Ein ungerichteter Graph heißt ***zusammenhängend***, wenn jeder seiner Knoten von jedem anderen Knoten aus erreichbar ist.

Ein gerichteter Graph mit dieser Eigenschaft heißt ***streng zusammenhängend***. (Er heißt *zusammenhängend*, wenn der zugehörige ungerichtete Graph zusammenhängend ist.)

Ein (streng) zusammenhängender Teilgraph eines Graphen heißt (strenge) ***Zusammenhangskomponente***. ❑

Beispiele: Das Schienennetz aus Abb. 19.3 ist streng zusammenhängend, während der Konfliktgraph aus Abb. 19.2 unzusammenhängend ist. Das Straßennetz in Abb. 19.1 ist zusammenhängend (aber nur, weil wir Hawaii weggelassen haben).

Anmerkung: Es gibt zahlreiche Varianten von Graphen. Zum Beispiel haben „bipartite Graphen" *zwei Knotenmengen (oft als Kreise und Rechtecke gezeichnet) und die Kanten dürfen jeweils nur unterschiedliche Knoten verbinden. (Diese Graphform liegt den sog.* Petri-Netzen *zugrunde.) Bei einem* „Multigraph" *dürfen zwischen zwei Knoten auch mehrere Kanten existieren.* „Hypergraphen" *liegen vor, wenn die Kanten nicht nur jeweils zwei Knoten, sondern zwei Knotenmengen miteinander verbinden.*

Anmerkung: Auch Bäume sind Graphen. Sie sind spezielle DAGs, bei denen jeder Knoten auf genau einem Pfad von der Wurzel aus erreichbar ist.

Für das Arbeiten mit Graphen in Programmen ist häufig auch noch die folgende Unterscheidung von Bedeutung (die man allerdings in der Literatur nicht so explizit findet):

- ***Statische Graphen***: Bei vielen Aufgabenstellungen sind die Knotenmenge N und die Kantenmenge E *fest vorgegeben* und bleiben während der gesamten Verarbeitung unverändert. (Ihre Bewertungen können sich aber ändern.)
- ***Dynamische Graphen***: Bei anderen Aufgaben ist die Knotenmenge N veränderbar (mit Operationen der Art `addNode` bzw. `delNode`); das erzwingt dann i. Allg. auch die Änderbarkeit der Kantenmenge (`addEdge`, `delEdge`). Manchmal ist dagegen nur die Kantenmenge variabel.

19.3 Eine abstrakte Sicht auf Graphen

Bei Listen ist alles einfach: Man braucht sich eigentlich nur zwischen einfach und doppelt verketteten Zellen entscheiden. Bei Bäumen wird die Sache schon schwieriger: Man kann Binärbäume oder p-adische Bäume nehmen, aber auch spezielle Mischlinge wie 2-3-Bäume, 2-3-4-Bäume oder Rot-Schwarz-Bäume. Bei Syntaxbäumen gibt es sogar – je nach Sprache – eine beliebige Vielfalt von Knotentypen. Außerdem kann man innere Knoten und Blätter unterscheiden oder homogenisieren. Aufgrund dieser Variabilität bietet JAVA für Bäume auch keine vordefinierten Standardklassen an.

Bei Graphen ist alles noch schlimmer: die Vielfalt der Möglichkeiten ist kaum noch zu überschauen. Und so überrascht es nicht, dass JAVA hier gar keine Angebote macht. Und auch in der Literatur ist die Situation nicht gerade erbaulich. Es werden fast immer auf Effizienz getrimmte Spezialimplementierungen von Graphen verwendet, die dazu noch auf die Bedürfnisse des jeweiligen Algorithmus maßgeschneidert sind. (Irgendwie lassen diese sich zwar immer als Spielarten von Adjazenzlisten oder Adjazenzmatrizen – s. Abschnitt 19.4 – interpretieren, aber im Detail stecken meist beträchtliche Unterschiede.) Wer mehrere dieser Algorithmen braucht, muss daher selbst nach geeigneten Komprimissen suchen, um eine passende gemeinsame Implementierungsbasis zu finden.

Daher versuchen wir im Folgenden, eine abstrakte Sicht auf Graphen einzuführen, die auch die objektorientierten Mittel von JAVA ausnutzt (ähnlich wie z. B. in [21]). Dabei nehmen wir in Kauf, dass nicht alles mit gleicher Effizienz realisierbar sein wird.

Anmerkung: Wir stoßen hier auf ein Dilemma, das jedem Entwerfer von Programm-Bibliotheken nur allzu vertraut ist: Wenn man zu viele Operationen vorsieht, entsteht unnötiger Ballast, der teuer ist und Entwicklungszeit verbraucht, ohne dass für die Benutzer ein echter Mehrwert entsteht. Wenn man zu wenige Operationen bereitstellt, müssen die Nutzer nach wie vor viel selbst implementieren, was ihre Produktivität stark reduziert.

Es gibt einen scheinbaren Kompromiss: Man stellt sehr viele Klassen bereit, die ausgefeilte Vererbungsbeziehungen haben und dem Benutzer erlauben, sich seine gewünschten Funktionalitäten individuell zusammenzustellen. Aber in der Praxis führt das schnell zu einer unüberschaubaren Fülle von Fragmenten, in denen sich niemand mehr zurechtfindet und die einen Alptraum bei der Maintenance darstellen.

Knoten und Kanten.

Zunächst brauchen wir Datentypen für Knoten und Kanten. Interessanterweise will man diese aber eigentlich gar nicht kennen. Wie ein Knoten oder eine Kante im Detail aussieht, ist ein technischer Aspekt, der in den internen Strukturen des Graphen verborgen sein sollte. Wir müssen nur in der Lage

```
interface Node<Data>
-----------------------------
Data content();
void setContent(Data c);
```

```
interface Edge<Label>
-----------------------------
<Data> Node<Data> start();
<Data> Node<Data> end();

Label label();
void setLabel(Label l);
```

Abb. 19.4. Interfaces für die Knoten und Kanten von Graphen

sein, Knoten und Kanten überhaupt als Typen benennen und ihre Bewertung abfragen und setzen zu können. Bei Kanten wollen wir uns außerdem den Start- und den Zielknoten beschaffen können. Genau das wird in den beiden Interfaces von Abbildung 19.4 beschrieben.

Man beachte, dass beide Interfaces generisch sind. Die Methoden **`start`** und **`end`** von **`Edge`** müssen zusätzlich polymorph sein, um die Generizität der Klasse `Node` zu berücksichtigen. (vgl. Abschnitt 12.4).

Anmerkung: Wir arbeiten hier grundsätzlich mit knoten- und kantenbewerteten Graphen. Wenn wir eine der beiden Bewertungen nicht brauchen, müssen wir entweder andere Interfaces schreiben (und implementieren) oder die polymorphen Typen mit einer trivialen Klasse `Void` *bzw. der universellen Klasse* `Object` *instanziieren. Außerdem müssen wir in den häufigen Fällen, in denen die Bewertungen Zahlen sind, mit den Klassen* `Integer`, `Float` *etc. anstelle der Typen* `int`, `float` *etc. arbeiten.*

Bei Graphen unterscheiden wir statische und dynamische Graphen, wobei die dynamischen eine Subklasse der statischen sind. Mit anderen Worten, die dynamischen Graphen können alles, was statische Graphen auch können, und zusätzlich beherrschen sie noch die Änderung von Graphen.

Statische Graphen.

Das Interface `Graph` in Abbildung 19.5 beschreibt statische Graphen. Wir

```
interface Graph<Data,Label> extends Iterable< Node<Data> >
-----------------------------------------------------------
Set< Node<Data> > nodes();
Set< Edge<Label> > edges();

Iterator< Node<Data> > iterator();

boolean isEmpty();
int nrOfNodes();
int nrOfEdges();

Set< Node<Data> > neighbours ( Node<Data> x );

boolean connected ( Node<Data> a, Node<Data> b );
Edge<Label> edge ( Node<Data> a, Node<Data> b );

Label label ( Node<Data> u, Node<Data> v );
Data content ( Node<Data> u );

void setLabel ( Edge<Label> e, Label l );
void setLabel ( Node<Data> u, Node<Data> v, Label l );
void setContent ( Node<Data> u, Data c );

DynamicGraph<Data,Label> thaw ();    // „auftauen“
```

Abb. 19.5. Ein Interface für (statische) Graphen

können sowohl die Knoten- als auch die Kantenmenge erhalten. Und es gibt einen Iterator, mit dem wir über alle Knoten iterieren können – und zwar mit der neuen `for`-Schleife, weil `Graph` als Subinterface von `Iterable` definiert ist. (Man könnte auch einen Kanteniterator einführen; aber der wird so selten gebraucht, dass sich der Aufwand nicht lohnt.)

Zu einem gegebenen Knoten können wir die Menge aller Nachfolger abrufen, wir können aber auch nur fragen, ob zwei Knoten miteinander verbunden sind. Alternativ können wir uns auch die Kante geben lassen, mit denen zwei Knoten verbunden sind (möglicherweise `null`, falls sie unverbunden sind).

Wir können einen Graphen `g` nach den Bewertungen von gegebenen Knoten und Kanten fragen und wir können diese Bewertungen auch setzen. Diese Operationen sind eigentlich überflüssig, denn wir könnten sie auch unmittelbar auf den Knoten bzw. Kanten selbst ausführen; aber es gibt Graphimplementierungen, bei denen dieser direkte Weg effizienter ist.

Hinweis: Wir haben nicht festgelegt, was die Methode `label(u,v)` liefert, wenn es *keine* Kante $e = (u, v)$ gibt. Im Allgemeinen wird das `null` sein, aber es können auch spezielle Werte sein wie z. B. $+\infty$ oder `NaN` im Falle von `Float`; das hängt von den implementierenden Klassen ab.

Mit der Operation `g.thaw()` können wir einen statischen („eingefrorenen") Graphen wieder dynamisch machen („auftauen"). Dabei wird aber nicht unbedingt eine Kopie erzeugt, sondern i. Allg. nur ein Schutz entfernt.

Wir haben das Interface sowohl bzgl. der Knotenbewertung als auch bzgl. der Kantenbewertung generisch gemacht. Auf diese Weise wir sicher gestellt, dass die Typen der Bewertungen an allen Knoten bzw. Kanten jeweils gleichartig sind.

Dynamische Graphen.

Dynamische Graphen sind Subklassen der statischen Graphen, die das Hinzufügen und Löschen von Knoten und Kanten ermöglichen. Das wird im Interface `DynamicGraph` in Abbildung 19.6 beschrieben. Sowohl beim Hinzufügen von

```
interface DynamicGraph<Data,Label> extends Graph<Data,Label>
--------------------------------------------------------------
Node<Data> addNode ();
Node<Data> addNode ( Data content);

Edge<Label> addEdge ( Node<Data> u, Node<Data> v );
Edge<Label> addEdge ( Node<Data> u, Node<Data> v, Label l);

void del ( Node<Data> u );
void del ( Edge<Label> e );

Graph<Data,Label> freeze ();    // „einfrieren"
```

Abb. 19.6. Ein Interface für dynamische Graphen

Knoten als auch beim Hinzufügen von Kanten werden diese implizit erzeugt.

Das heißt, es gibt keine unabhängig aufrufbaren Konstruktoren für `Node` und `Edge`. Damit behält die jeweilige Graph-Implementierung die volle Kontrolle über die interne Struktur ihrer Kanten und Knoten.

Wenn ein Graph vollständig erzeugt ist, kann er mit der Operation `freeze()` in einen statischen Graphen „eingefroren“ werden. Auch hier wird i. Allg. keine Kopie generiert, sondern nur ein impliziter Schutz erzeugt, indem `add` und `del` nicht mehr verfügbar sind.

Man beachte, dass die Typsicherheit durch die Operationen `freeze` und `thaw` auch beim Konvertieren zwischen dynamischen und statischen Graphen erhalten bleibt.

19.4 Implementierung von Graphen: Adjazenzlisten und Adjazenzmatrizen

Wenn wir in Computerprogrammen mit Graphen arbeiten wollen, müssen wir sie durch geeignete Datenstrukturen repräsentieren. Das heißt, wir müssen die im vorigen Abschnitt 19.3 beschriebenen Interfaces mit geeigneten Klassen instanziieren. Dabei gibt es zwei Haupttechniken:

Adjazenzlisten. Hier wird zu jedem Knoten die Menge seiner Nachbarn angegeben, üblicherweise in Form einer Liste.

Adjazenzmatrizen. Da die Kantenmenge $E \subseteq V \times V$ eine zweistellige Relation ist, kann sie als Matrix geschrieben werden.

Beispiel 1. Der Konfliktgraph in Abb. 19.2 kann durch die Adjazenzlisten in Abb. 19.7 ebenso beschrieben werden wie durch die daneben stehende Matrix. In dieser Matrix bedeutet eine ‘1’, dass die beiden Knoten durch eine Kante

A	$\mapsto$	{B,C,D,E}
B	$\mapsto$	{A,E}
C	$\mapsto$	{A,D,F}
D	$\mapsto$	{A,C,E,F}
E	$\mapsto$	{A,B,D,F,G}
F	$\mapsto$	{C,D,E,G}
G	$\mapsto$	{E,F}
H	$\mapsto$	{I}
I	$\mapsto$	{H}

	A	B	C	D	E	F	G	H	I
A		1	1	1	1				
B	1				1				
C	1			1		1			
D	1		1		1	1			
E	1	1		1		1	1		
F			1	1	1		1		
G					1	1			
H									1
I								1	

Abb. 19.7. Adjazenzliste und -matrix zum Graph aus Abb. 19.2

verbunden sind, eine ‘0’ (oder auch – wegen der besseren Lesbarkeit – ein leeres Feld), dass hier keine Kante existiert. Programmiertechnisch lassen sich diese beiden Fälle z. B. durch die booleschen Werte `true` für ‘1’ und `false` für ‘0’ repräsentieren. □

Man beachte, dass bei *ungerichteten Graphen* die Adjazenzmatrix symmetrisch zur Diagonalen ist. (Es würde also eine obere Dreiecksmatrix zur Speicherung reichen. Weil das aber die Zugriffe kompizierter macht, nimmt man üblicherweise die Duplizierung in Kauf.)

Die Nachfolgermengen in der linken Darstellung werden üblicherweise als verkettete Listen (vgl. Kap. 17) dargestellt oder auch – wenn die Nachfolgermengen sehr groß sind – als Suchbäume (vgl. Kap. 18).

Die Knotenmenge selbst wird dabei oft als Array dargestellt. Das führt dann auf das gleiche Problem, das wir auch bei den Adjazenzmatrizen haben: Arrays in JAVA werden grundsätzlich mit $\{0, 1, \ldots, n\}$ indiziert. Damit sieht die Situation von Abbildung 19.7 in der Praxis eher so aus, wie in Abbildung 19.8 dargestellt.

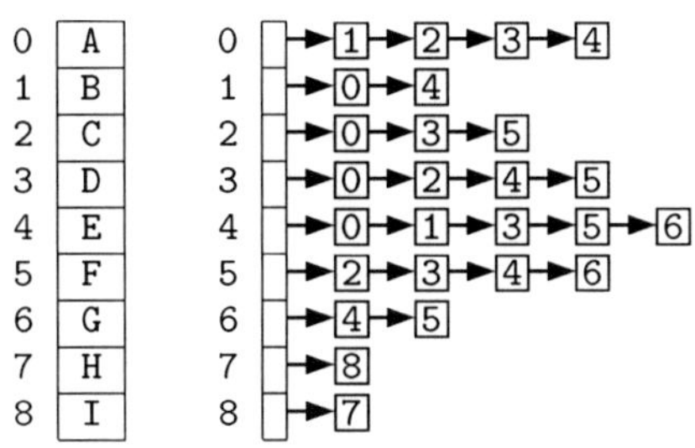

(a) (b)

	0	1	2	3	4	5	6	7	8
0		1	1	1	1				
1	1				1				
2	1			1		1			
3	1		1		1	1			
4	1	1		1		1	1		
5			1	1	1		1		
6					1	1			
7									1
8								1	

(c)

Abb. 19.8. JAVA-artige Adjazenzliste und -matrix zum Graph aus Abb. 19.2

- *Adjazenzliste* (Abbildung 19.8 (a) + (b)): Es gibt einen Array für die Knotenbewertungen und dazu einen weiteren Array für die Adjazenzlisten. Alternativ zu diesem zweiten Array könnte man auch im Array (a) Knotenzellen eintragen, die dann sowohl die Bewertung als auch die Adjazenzlisten enthalten.
- *Adjazenzmatrix* (Abbildung 19.8 (a) + (c)): Auch hier gibt es den Array für die Knotenbewertungen. Dazu kommt eine Adjazenzmatrix für die Kanten.

Bei beiden Darstellungen verbirgt sich das Konzept „Knoten" letztlich hinter den Indizes. Deshalb gilt hier für die Implementierung des Interfaces `Node`, dass die Knoten jeweils ihren Index als Attribut enthalten müssen. (Dieses Attribut ist natürlich für den Anwender verschattet.) Und `Edge` enthält die Indizes des Start- und Zielknotens.

Diese Implementierungen funktionieren bei *statischen* Graphen sehr gut. Bei *dynamischen* Graphen stoßen wir aber auf das Problem, dass man die notwendige Arraygröße i. Allg. nicht vorhersagen kann. Deshalb bieten sich alternativ JAVA-Klassen wie `ArrayList` oder `HashMap` an.

Damit ergeben sich für die Operationen `freeze()` und `thaw()` folgende naheliegenden Implementierungen: Im dynamischen Graphen arbeitet man zunächst mit flexiblen Strukturen wie `ArrayList` oder `HashMap`. Wenn der Graph dann fertig aufgebaut ist und für die weitere Verarbeitung eingefroren werden soll, werden die entsprechenden Arrays und Matrizen kreiert (deren Größe jetzt bekannt ist). Das geschieht in der Operation `freeze()`. Mit `thaw()` kann dann wieder die entsprechende Rückumwandlung vollzogen werden.

Beispiel 2. Wenn wir es mit *kantenbewerteten* Graphen zu tun haben, müssen wir die Kantenattribute noch in die Listen bzw. in die Matrix mit einbauen. Das Schienennetz aus Abb. 19.3 kann dargestellt werden wie in Abb. 19.9. In den Adjazenzlisten werden jetzt Paare angegeben, bestehend aus

```
1  ↦  {(2,A), (7,G)}
2  ↦  {(1,A), (3,B)}
3  ↦  {(5,C)}
4  ↦  {(2,E)}
5  ↦  {(4,F)}
6  ↦  {(5,D), (7,H)}
7  ↦  {(1,G), (6,H)}
```

	1	2	3	4	5	6	7
1		A					G
2	A		B				
3					C		
4		E					
5				F		D	
6					D		H
7	G					H	

Abb. 19.9. Adjazenzliste und -matrix zum Graph aus Abb. 19.3

dem Zielknoten und der Kantenmarkierung. In der Adjazenzmatrix wird für die Einträge der Typ `bool` (der ja nur vorhanden/nicht vorhanden ausdrückt) einfach durch den Typ der Kantenwerte ersetzt.

Auch hier würde eine mehr JAVA-orientierte Darstellung so ähnlich aussehen wie in Abbildung 19.8. □

Je nachdem, ob wir Adjazenzlisten oder Adjazenzmatrizen nehmen, werden einige der Operationen aus unseren `Graph`-Interfaces einfacher oder komplexer. Das sieht man bei den Operationen `edges()` und `neighbours()`. Bei Adjazenzlisten können wir einfach die bereits vorgegebenen Listen benutzen, während wir bei Adjazenzmatrizen die entsprechenden Zeilen durchlaufen und die Treffer sammeln müssen.

Umgekehrt ist eine Operation wie `label(u,v)` bei den Adjazenzmatrizen ein Matrixzugriff, während bei bei Adjazenzlisten eine möglicherweise sehr lange Listentraversierung notwendig wird.

Anmerkung: Wie wir gesehen haben, benutzen wir die Listen hier eigentlich nur als Darstellung für Mengen. Falls diese Mengen sehr groß sind, wird bei vielen Algorithmen der Suchprozess nach einem bestimmten Knoten sehr langsam. Dann sollte man auf die effizienteren Darstellungen mittels geordneter Bäume (vgl. Abschnitt 18.4) umsteigen.

19.5 Traversierung von Graphen

Es gibt eine gewaltige Fülle von Algorithmen über Graphen. Diese Vielfalt spiegelt die große Anwendungsbreite dieser Datenstruktur wider. Natürlich können wir im Rahmen dieses Buches nur einen exemplarischen Eindruck von den hier einschlägigen Programmiertechniken vermitteln. Zu diesem Zweck wählen wir ebenso elementare wie charakterische Aufgaben aus. Diese präsentieren wir hier auf einem möglichst abstrakten Niveau, basierend auf unseren `Graph`*-Interfaces aus Abschnitt 19.3.*

Eine ganz nahe liegende Fragestellung zu einem gegebenen Graphen G ist,

... ob von einem bestimmten Knoten x aus ein bestimmter anderer Knoten y erreichbar ist (1:1-Problem);
... was der kürzeste Weg von x nach y ist (1:1-Problem);
... welche Knoten von x aus erreichbar sind (1:n-Problem);
... wie lang die kürzesten Wege von x zu allen erreichbaren Knoten sind (1:n-Problem);
... von welchen Knoten aus x erreichbar ist (n:1-Problem);
... wie lange die kürzesten Wege von allen Knoten zu allen anderen Knoten sind (n:n-Problem);
usw.

19.5.1 Entwurfsmuster für Graphtraversierung

Algorithmen zur Graphtraversierung folgen einem einheitlichen Grundmuster, das wir zunächst auf einem abstrakt-konzeptuellen Niveau beschreiben. Man beachte, dass wir nicht festlegen müssen, ob der Graph gerichtet oder ungerichtet ist; das spielt nämlich auf dieser Abstraktionsebene keine Rolle.

Prinzip der Programmierung: *Konzeptueller Entwurf* (Design)

Im Software-Engineering ist es üblich, eine gegebene Aufgabe zuerst konzeptuell zu lösen (*Lösungsentwurf, -design*); dabei verwendet man häufig einen Programmiersprachen-ähnlichen „Pseudocode", der sich eher an einem menschlichen Leser als an einem Compiler orientiert. Erst im zweiten Schritt wird dieser Entwurf dann in einer konkreten Programmiersprache wie z. B. JAVA implementiert.

Für unser Programmdesign wählen wir eine gedankliche Modellierung, die sich in vielen Anwendungen als hilfreich erweist: Färbung.

Methode: *Traversierung mit „Färbung"*

Die Grundidee des Verfahrens ist ganz einfach und lässt sich am besten dadurch erklären, dass wir die Knoten (und/oder Kanten) in Gedanken „färben":

- ***schwarz*** sind diejenigen Knoten, die wir bereits besucht haben;
- ***grau*** sind diejenigen Knoten, die auf den Besuch „warten“;
- ***weiß*** sind alle übrigen Knoten („terra incognita“).

Am Anfang sind alle Knoten weiß. Im Laufe der Verarbeitung wechseln sie (möglicherweise) ihre Farbe über grau nach schwarz. Die Arbeit ist beendet, wenn keine grauen Knoten mehr da sind.

Damit entsteht eine Situation folgender Art: Es gibt einen schwarzen „Kern“ (um den Startknoten x herum); dieser Kern ist umgeben von einem „grauen Rand“ (engl.: *fringe*); der Rest ist weiß.

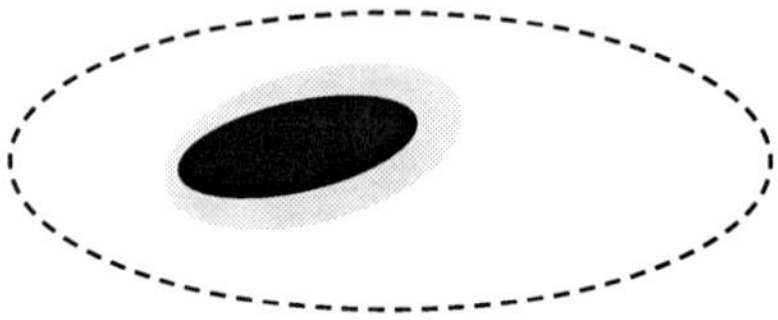

Der Algorithmus kann dann so gestaltet werden wie in Programm 19.1 – *in Pseudocode!* – skizziert. (In einem solchen Pseudocode dürfen wir insbesondere mathematische Operationen verwenden, als ob sie in der Programmiersprache verfügbar wären.)

Programm 19.1 Muster für Traversierungs-Algorithmen (Pseudo-Code)

```
... traverse ( Graph g, Node x ) {          // PSEUDOCODE !
  // Traversierung des von x erreichbaren Teilgraphen
  Set<Node> black = ∅;                      // anfangs leer
  Set<Node> gray  = ∅;
  gray.add(x);;                             // zu Beginn ist nur x grau
  while ( ! gray.isEmpty() ) {              // solange es graue Knoten gibt
    Node y = removeArb() ;                  // wähle beliebigen grauen Knoten
    black.add(y);                           // färbe y schwarz
    gray = gray ∪ (g.neighbours(y) \ black)); // aktualisiere graue Knoten
     «action»
  }//while
  ...
}//traverse
```

Solange es graue Knoten gibt, picken wir einen beliebigen heraus und färben ihn schwarz. Dann färben wir seine unmittelbaren Nachbarn grau – allerdings nur die, die nicht schon schwarz sind. Damit halten wir immer die folgende invariante Eigenschaft ein: *Schwarze Knoten sind erreichbar und alle ihre Nachbarn sind zumindest „registriert“ (=grau). Graue Knoten sind ebenfalls erreichbar, aber ihre Nachbarn sind i. Allg. noch nicht registriert worden.*

Da es sich um ein Entwurfsmuster handelt, lassen wir offen („...“), ob die Methode ein Resultat liefert oder nicht. Deshalb gibt es nur einen Platzhalter «`action`» für das, was im konkreten Algorithmus eigentlich zu tun ist.

Das Muster enthält noch einen besonders wichtigen Freiheitsgrad, indem es mittels `arb(gray)` einen *beliebigen* grauen Knoten auswählt. Wie wir gleich sehen werden, erlaubt das wichtige Spezialisierungen.

Evaluation:

Aufwand: Im Laufe des Verfahrens wird jeder erreichbare Knoten zunächst genau einmal grau und später einmal schwarz gefärbt. Der Aufwand ist also $\mathcal{O}(2 * k)$, wobei $k \leq n$ die Zahl der erreichbaren Knoten ist.

Standardtests: Man muss alle möglichen Arten von Graphen durchprobieren, insbesondere zusammenhängende, nicht zusammenhängende und (bis auf x) leere. Es müssen sowohl zyklische als auch nichtzyklische Graphen betrachtet werden. Außerdem sollte es den Fall geben, dass alle Knoten erreichbar sind, und den Fall, dass keiner erreichbar ist.

Man beachte, dass i. Allg. das Programm 19.1 nur denjenigen *Teilgraphen* traversiert, der vom gegebenen Knoten `x` aus erreichbar ist. Häufig müssen wir aber sicherstellen, dass *alle* Knoten betrachtet werden. Dafür gibt es nur den Weg, über alle Knoten zu iterieren und – sofern sie noch weiß sind – `traverse` auszuführen. Das wird im Programm 19.2 skizziert. (Dazu muss `traverse` so adaptiert werden, dass es die Menge `black` übernimmt.)

Programm 19.2 Muster für vollständige Traversierung (Pseudo-Code)

```
... traverseAll ( Graph g ) {          // PSEUDOCODE !
    // Traversierung des ganzen Graphen
    Set<Node> black = ∅;               // anfangs leer
    for ( Node x : g ) {
      if ( black.contains(x) ) {
        // do nothing
      } else { // x ist weiß
        ... traverse(g, black, x);
    }//for
    ...
}//traverse
```

Anmerkung: Auf den ersten Blick könnte es scheinen, dass man hier unnötige Doppelarbeit macht. Denn mit dem Iterator betrachtet man ja schon alle Knoten; weshalb sie also noch mittels `traverse` *zusätzlich abarbeiten?*

Der Grund ist einfach: Der Iterator betrachtet die Knoten in der Reihenfolge, in der sie zufällig abgespeichert wurden. Die Methode `traverse` *dagegeben berücksichtigt die Kausalität, die in den vorhandenen Kanten steckt – und die ist in vielen Aufgaben essenziell.*

19.5.2 Tiefen- und Breitensuche

Viele Algorithmen sind prinzipiell unabhängig davon, *wie* wir den Graphen traversieren; das spiegelt sich in Programm 19.1 in der (grau unterlegten) Operation `Node y = arb(gray)` wider. Es gibt aber auch Aufgaben, bei denen die Reihenfolge eine essenzielle Rolle spielt.

Es gibt zwei prinzipielle Möglichkeiten für wohlorganisierte Traversierungs-Strategien:

- ***Breitensuche*** (engl.: *breadth-first search*).
- ***Tiefensuche*** (engl.: *depth-first search*)

Betrachten wir als Beispiel den Landkarten-Graphen aus Abb. 19.2 und berechnen dort die von B aus erreichbaren Knoten.

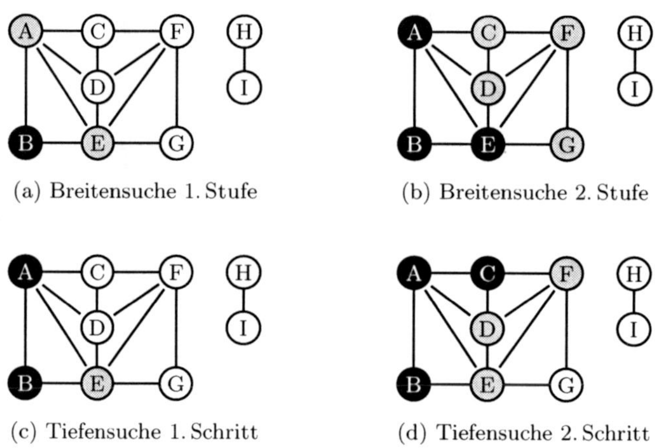

Abb. 19.10. Traversierung des Graphen aus Abb. 19.2

Die erste Zeile von Abbildung 19.10 illustriert die ***Breitensuche***: Zuerst müssen wir alle Nachbarn „ersten Grades“ von B behandeln (also A und E), bevor wir zu den Nachbarn „zweiten Grades“ übergehen (also C, D, F und G).

Bei der ***Tiefensuche*** nehmen wir dagegen zuerst irgendeinen Nachbarn „ersten Grades“ – zum Beispiel A – und dann sofort einen „Nachbarn des Nachbarn“ A, also zum Beispiel C. (Die grauen Knoten in (c) und (d) illustrieren jeweils, welche Knoten noch „hängen“, also später noch bearbeitet werden müssen.)

In der programmtechnischen Implementierung unterscheiden sich die beiden Strategien nur minimal. Wir müssen in Programm 19.1 nur die Menge `gray` der grauen Knoten geeignet repräsentieren. (Das hatten wir schon bei der Baumtraversierung in Abschnitt 18.3 gesehen).

- Wenn wir die Menge `gray` als *Queue* realisieren (vgl. Abschnitt 17.3.6), dann erhalten wir *Breitensuche.*
- Wählen wir dagegen ein *Stack*-artiges Verhalten (vgl. Abschnitt 17.3.5), dann erhalten wir *Tiefensuche.*

Tiefensuche mittels Rekursion

Aus dem Compilerbau weiß man, dass rekursive Methoden mit Hilfe von Stacks implementiert werden. Deshalb überrascht es nicht, dass man die Tiefensuche auch ganz ohne die explizite Menge (Stack) `gray` programmieren kann, indem man stattdesssen rekursive Aufrufe benutzt. Dies wird in Programm 19.3 illustriert.

Programm 19.3 Muster für Tiefensuch mittels Rekursion (Pseudo-Code)

```
... traverse ( Graph g, Node x ) {                // PSEUDOCODE !
   // Traversierung des von x erreichbaren Teilgraphen
   Set<Node> black = ∅;                           // anfangs leer
   black.add(x);                                  // x selbst ist besucht
   for ( Node y : g.neighbours(x) ) {             // für alle Nachbarn
     if ( black.contains(y) ) {
       // do nothing (schwarze Knoten sind schon besucht)
     } else { // Knoten ist weiß
       black.add(y);                              // färbe y schwarz
       «action»
       ... traverse(g,y);                         // rekursiver Aufruf
   }//for
   ...
}//traverse
```

19.5.3 Eine genuin objektorientierte Sicht von Graphtraversierung

Das Traversierungsmuster in den Programmen 19.1–19.3 ist „klassisch" formuliert. Das heißt, es benutzt keine spezifischen Techniken der Objektorientierung und kann deshalb genauso in anderen Programmiersprachen wie PASCAL oder C implementiert werden.

In objektorientierten Ansätzen geht man aber gerne einen anderen Weg (wie wir schon in den Abschnitten 18.4 und 18.6 erörtert haben). Anstatt eine große Methode zu schreiben, die die ganze Datenstruktur abarbeitet, *verteilt* man die Aktivitäten auf alle Knoten der Struktur. Das heißt, der monolithische Algorithmus wird realisiert, indem er in eine Fülle von kleinen Einzelaktionen zerlegt wird. Wie würde das bei den Programmen zur Graphtraversierung aussehen?

Methode: *Meldung beim Anführer*

Jeder Knoten des Graphen wird mit zwei zusätzlichen Methoden `reportTo` und `register` versehen.

- Der Startknoten x wird zum „Anführer"; er fordert mit `reportTo(this)` alle seine Nachbarn auf, sich bei ihm zu melden, wozu diese seine Operation `register` verwenden können.
- Jeder Knoten gibt die Aufforderung an seine jeweiligen Nachbarn weiter.
- Um die Terminierung sicherzustellen, muss jeder Knoten sich merken, ob er schon einmal gefragt wurde (indem er sich schwarz färbt).

In der Implementierung sieht das etwa so aus wie in Programm 19.4. Man beachte, dass auch dieses Design eine *Tiefensuche* implementiert.

Programm 19.4 Objektorientiertes Muster der Graphtraversierung

```
class Node {
  ...
  void reportTo ( Node leader ) {
    if (! leader.isBlack(this) ) {
      leader.register(this);
      for ( Node y : this.neighbours()) {
        «action»
        y.reportTo(leader);
      }//for
    }//if
  }//reportTo
  void register ( Node other ) {
    blackNodes = blackNodes.add(other);
  }//register
  ...
}//Node
```

Die Methode `register` (die nur vom Anführer x ausgeführt wird) sammelt alle ankommenden Meldungen in einer Liste. Gegebenenfalls müssen – je nach Anwendung – die Knoten auch noch ihre Teilergebnisse an den Leader melden.

Dieses Design berücksichtigt noch einen wichtigen Aspekt: Die Knoten färben sich nicht selbst schwarz (was eigentlich besser zur Objektorientierung passen würde), sondern übertragen diese Kontrolle dem Leader. Würden sie sich selbst schwarz färben, müsste nach dem Ende des Algorithmus in einer zweiten Nachrichtenwelle allen Knoten mitgeteilt werden, dass sie sich wieder weiß färben dürfen.

19.6 Anwendungen der Graphtraversierung

Im folgenden wollen wir einige Standardalgorithmen auf Graphen betrachten und zeigen, wie sie das Prinzip der Graphtraversierung konkret umsetzen.

19.6.1 Erreichbarkeit (von einem Knoten aus)

Die einfachste Standardaufgabe ist die Berechnung der von einem gegebenen Knoten x aus erreichbaren Knoten.

Aufgabe: *Erreichbare Knoten*

Gegeben: Ein Graph G sowie ein Knoten x von G.

Gesucht: Die Menge aller von x aus erreichbaren Knoten.

Voraussetzung: Der Graph ist statisch, d. h., er ändert sich während der Berechnung nicht.

Methode: *Traversierung (Breiten- oder Tiefensuche)*

Wir konkretisieren das Entwurfsmuster von Programm 19.1. Dazu müssen wir insbesondere die Mengen und Mengenoperationen systematisch in JAVA realisieren. Dabei ist zu bedenken, dass wir nicht für alle Mengen die gleiche Art der Darstellung wählen müssen, sondern jede individuell und möglichst optimal implementieren können.

Programm 19.5 zeigt eine mögliche Konkretisierung des Traversierungsmusters. Dabei haben wir uns für die *Breitensuche* entschieden (denn die Operation `addAll` hängt die neue Liste hinten an).

Programm 19.5 Erreichbarkeit in einem Graphen

```
class Reachability {                                    // Rahmenklasse
  Set<Node> reachable ( Graph g, Node x ) {             // Hauptmethode
    Set<Node> black = new HashSet<Node>(g.size());          // anfangs leer
    LinkedList<node> gray  = new LinkedList<Node>();
    gray.add(x);                                        // anfangs ist nur x grau
    while ( gray.size() != 0 ) {                        // solange es graue Knoten gibt
      Node y = gray.removeFirst();                      // wähle grauen Knoten
      black.add(y);                                     // färbe y schwarz
      gray.addAll(nonblackNeighbours(g, y));            // aktualisiere graue Knoten
    }//while
    return black;
  }//reachable
  ...
}//end of class Reachability
```

Die Methode `nonblackNeighbours(...)` haben wir hier nicht ausprogrammiert. Sie löscht nur aus der Liste der Nachbarn alle schwarzen Knoten heraus.

Übung 19.1. Man vervollständige die obigen Programmfragmente zu einem lauffähigen JAVA*-Programm und teste es aus.*

Übung 19.2. Man programmiere die rekursive Tiefensuche für `reachable`*, die ohne die Liste* `gray` *auskommt.*

19.6.2 Variation: Aufspannender Baum

Programm 19.5 stellt nur die generelle Erreichbarkeit fest. Die Frage, *wie* man von `x` zu einem der erreichbaren Knoten `y` gelangt, bleibt unbeantwortet.

Aber das Programm lässt sich leicht so erweitern, dass auch diese Frage beantwortet wird. Anstelle einer Knotenmenge liefern wir einen speziellen Baum ab, nämlich einen sog. ***aufspannenden Baum***. (Wenn man zu jeder Zusammenhangskomponente einen solchen Baum erzeugt, spricht man von einem *aufspannenden Wald.*)

Programm 19.6 zeigt die entsprechende Variation. Die grau unterlegten Stellen zeigen die wesentlichen Änderungen gegenüber Programm 19.5. Daneben müssen wir allerdings auch noch die kompakte Listenoperation `gray.addAll(nonblackNeighbours(g, y))` in eine `for`-Schleife auflösen, weil wir jetzt die Kanten einzeln an den Baum anhängen müssen.

Programm 19.6 Variation für aufspannende Bäume

```
SpanTree spanningTree ( Graph g, Node x ) {
    Set<Node> black = new HashSet<Node>(g.size());
    SpanTree tree = new SpanTree();             // anfangs leerer Baum
    LinkedList<node> gray  = new LinkedList<Node>();
    gray.add(x);                                // anfangs ist nur x grau
    while ( gray.size() != 0 ) {                // solange es graue Knoten gibt
      Node y = gray.removeFirst();              // wähle grauen Knoten
      black.add(y);                             // färbe y schwarz
      for ( Node z : g.neighbours(y) ) {        // alle Nachbarn von y
        if ( ! black.contains(y) ) {
          gray.addLast(z);                      // hinten anhängen
          tree.addEdge(z,y);                    // Rückwärtskante
        }//if
      }//for
    }//while
    return tree;
}//spanningTree
```

Die Klasse `SpanTree` stellt dabei eine besondere Art von Bäumen (bzw. Wäldern) dar, wie in Abbildung 19.11 illustriert wird:

- Die Kanten zeigen „rückwärts", also vom Kind- zum Elternknoten.
- Deshalb führen die Pfade durch den Baum von den Blättern zu der Wurzel.

Mit dieser invertierten Art der Baumdarstellung ist die Frage „Wie komme ich von x zu y?" leicht zu beantworten: Man geht den (eindeutigen) Weg von y zurück zu x und invertiert dann diesen Weg.

Die Bedeutung dieser Struktur ist, dass man mit ihrer Hilfe *alle* Knoten des Graphen erreichen kann, ohne aber auf Doppelverarbeitung oder gar Zyklen achten zu müssen. Wenn man einen Graphen oft traversieren muss, kann es sich daher lohnen, zuerst einen aufspannenden Baum (bzw. Wald) zu bilden und dann mit den einfacheren Traversierungsalgorithmen auf diesem Baum zu arbeiten. (Es ist auch nicht schwer, auf dieser Basis entsprechende Iteratoren zu schreiben.)

Beispiel. Der Konfliktgraph aus Abb. 19.2 enthält z. B. den aufspannenden Wald aus Abb. 19.11. Dabei sind B und H die Wurzeln der beiden aufspannenden Bäume. (Wie man sieht, gibt es zu einem Graphen i. Allg. sehr viele aufspannende Bäume.) □

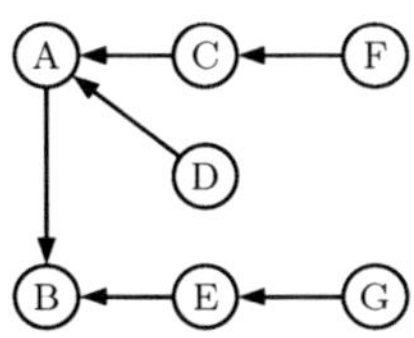

Abb. 19.11. Aufspannender Wald zum Graphen in Abb. 19.2

Die Implementierung von `SpanTree` im Rahmen der Klasse `Graph` ist einfach: Man kann z. B. einen Array einführen, der jedem Knoten (=Index) seinen Vorgänger zuordnet. Man kann aber auch in jedem Knoten ein Feld `pred` vorsehen.

Anmerkung: Was wir hier erhalten, ist ein (mehr oder weniger) zufällig konstruierter aufspannender Baum. Das ist zu unterscheiden von der Berechnung der sog. ***minimalen aufspannenden Bäume****. Wenn man diese sehr speziellen Bäume braucht, muss man zu entsprechend spezialisierten Algorithmen greifen. (Die bekanntesten stammen von Kruskal und Prim, s. z. B. [12]).*

19.6.3 Variation: Kürzeste Wege (von einem Knoten aus)

Wenn wir nicht nur wissen wollen, *ob* ein Knoten y von x aus erreichbar ist, sondern auch seine *Entfernung* von x benötigen, müssen wir unseren Algorithmus leicht adaptieren. (Die Strategie bleibt aber die gleiche.)

Aufgabe: *Kürzeste Wege*

Gegeben: Ein Graph G sowie ein Knoten x von G.

Gesucht: Der jeweils kürzeste Weg von x zu allen Knoten.

Voraussetzung: Der Graph ist statisch, d. h., er ändert sich während der Berechnung nicht. Außerdem sind die Kanten mit Zahlen bewertet.

Methode: *Relaxation*

Das Grundprinzip der folgenden Algorithmen ist ***Relaxation***: Man hat Schätzungen für die Weglängen (im schlimmsten Fall $+\infty$) und ersetzt sie durch bessere Schätzungen, wenn kürzere Wege entdeckt werden.

Das fundamentale Grundprinzip hinter dieser Technik ist die (offensichtliche) Eigenschaft, dass in einem kürzesten Pfad $x \dashrightarrow z$ von x nach z auch jeder Teilpfad $x \dashrightarrow y \dashrightarrow z$ der kürzeste Weg von x nach y sein muss. (Trivial durch Widerspruch zu zeigen.)

In der Literatur gibt es mehrere Lösungen für dieses Problem. Wir betrachten hier die Algorithmen von Bellman-Ford und Dijkstra.

- Dijkstras Algorithmus ist der schnellere, funktioniert dafür aber nur bei nicht-negativen Kantengewichten.
- Der Algorithmus von Bellman und Ford ist weniger effizient, kann dafür aber mit *negativen* Kantengewichten umgehen (sofern es keine negativen Zyklen gibt!)

Dijkstras Algorithmus

Dijkstras Algorithmus (aus dem Jahre 1959) ordnet die (grauen) Knoten nach ihrer bisher gefundenen Distanz zum Startknoten `x`. Die Operation `gray.removeArb()` des allgemeinen Traversierungsmusters in Programm 19.1 wird jetzt durch `gray.removeMin()` konkretisiert. Das heißt, von allen grauen Knoten wird derjenige genommen, der (zur Zeit) am nächsten beim Startknoten `x` liegt.

Für unsere Korrektheitsüberlegungen verwenden wir folgende Notation: $\delta_{\mathtt{x}}(\mathtt{y})$ ist die (gesuchte) tatsächliche minimale Entfernung von x nach y.

Programm 19.7 präsentiert diejenige Variante des Algorithmus, die nicht nur die Längen bestimmt, sondern gleich den zugehörigen *aufspannenden Baum*liefert (mit den Entfernungen als Kantengewichten). Dieses Programm enthält noch einige zusätzliche Änderungen gegenüber dem allgemeinen Traversierungsmuster von Programm 19.1 bzw. Programm 19.6, durch die einige kleinere Optimierungen erreicht werden:

- Zu jedem Knoten `y` wird die (aktuelle Schätzung der) Entfernung zum Startknoten `x` vermerkt. Dies geschieht am Anfang mit der Operation `init(g,x)`; dabei wird jeder Knoten auf die pessimistische Anfangsschätzung $+\infty$ gesetzt. Im Laufe des Algorithmus werden bessere Schätzungen mittels `g.setDist`$_{\mathtt{x}}$`(...)` vermerkt. (Der Index $_x$ dient nur der Lesehilfe.)

Programm 19.7 Dijkstras Algorithmus für die kürzesten Wege

```
SpanTree shortesPaths ( Graph g, Node x ) {
  Set<Node> black = new HashSet<Node>(g.size());
  SpanTree tree = new SpanTree();
  Heap<Node> gray  = init(g,x);                // (siehe Text)
  while ( ! gray.isEmpty() ) {                 // solange es graue Knoten gibt
    // ASSERT ∀ y ∈ black : dist_x(y) = δ_x(y)
    Node y = gray.removeMin();                 // nimm kleinsten Knoten
    black.add(y);                              // y ist komplett
    // ASSERT ∀ y ∈ black : dist_x(y) = δ_x(y)
    for ( Node z : g.neighbours(y) {           // alle Nachbarn von y
      // relaxation
      newDist = g.dist_x(y) + g.label(y,z);
      if (newDist < g.dist_x(z) {              // kürzeren Weg gefunden
        // ASSERT z ∉ black
        g.setDist_x(z,newDist);                // kürzere Distanz vermerken
        gray.adapt(z);                         // (siehe Text)
        tree.set(z,y);                         // Rückwärtskante
      }//if
    }//for
  }
  return tree;
}
```

Dabei gehen wir davon aus, dass wir diese Entfernungen als Teil der Knotenbewertungen repräsentieren. Deshalb lesen und setzen wir sie mit entsprechenden Graphoperationen `g.dist(...)` und `g.setDist(..)`.

- Die Menge der grauen Knoten wird als ***Heap*** realisiert (s. Abschnitt 8.3.5). In dieser speziellen Baumstruktur kann man sehr effizient (Größenordnung $\mathcal{O}(\log v)$, wobei v die Zahl der Knoten ist) das Minimum erhalten und entfernen; dies geschieht in der Operation `removeMin()`.
  Man kann auch sehr effizient (ebenfalls $\mathcal{O}(\log v)$) einen Knoten, dessen Wert sich verkleinert hat, an die richtige Stelle transportieren; dies geschieht in der Operation `adapt(z)`.
- Damit dies alles möglich wird, muss der Heap mit `init(g,x)` initial aufgebaut werden, was den Aufwand $\mathcal{O}(v)$ braucht.
  Dabei erlaubt der Algorithmus eine Besonderheit: Die Mengen der weißen und grauen Knoten werden *nicht* mehr explizit unterschieden, sondern von Anfang an gemeinsam im Heap verwaltet. Die Unterscheidung erfolgt implizit, weil die einen (noch) die Distanz $+\infty$ haben und die andern nicht mehr.
- Der aufspannenede Baum kann sich immer wieder ändern; deshalb muss ggf. eine ganz neue Kante von `z` zu seinem Vorgänger hinzugefügt werden oder aber es muss eine existierende Kanten von `z` aus zu einem andern

(besseren) Vorgänger umgeleitet werden. Dies geschieht in der Operation `tree.set(...)`.

Die **Korrektheit** dieses Algorithmus ergibt sich aus folgenden Beobachtungen:

- **Invariante** (I_1): Die aktuellen Distanzen $dist_x(y)$ sind die kürzesten Wege, die von x aus nur über schwarze Knoten nach y führen. Das gilt am Anfang, weil *black* leer ist. Und innerhalb der Schleife werden nur Entfernungen angepasst, die über (das gerade schwarz gewordene) y führen.
- **Invariante** (I_2): $\forall\, y \in black : dist_x(y) = \delta_x(y)$; d. h. für alle schwarzen Knoten ist die berechnete Distanz $dist_x(y)$ tatsächlich die kürzeste Distanz. Diese Invariante ist am Anfang trivial korrekt, weil die Menge *black* leer ist.
  Sie wird innerhalb der Schleife erhalten, weil der Knoten y, der hinzugefügt wird, von allen Knoten die minimale Distanz zu x hat. Und weil es keine negativen Kanten gibt, muss jeder Weg über einen anderen grauen Knoten länger sein.
- Aus dem gleichen Grund muss in der `for`-Schleife nicht zusätzlich abgefragt werden, ob z schwarz ist. Denn weil die neue Distanz kürzer ist als die bisher bekannte, kann wegen (I_1) der Knoten z nicht schwarz sein.

Evaluation:

Aufwand: Sei v die Anzahl der Knoten und e die Anzahl der Kanten.
- Der Aufbau des Heaps liegt in der Ordnung $\mathcal{O}(v)$.
- Jede `removeMin()`-Operation liegt in der Ordnung $\mathcal{O}(\log v)$. Sie wird für jeden Knoten einmal ausgeführt. Insgesamt ergibt das also den Aufwand $\mathcal{O}(v \cdot \log v)$.
- Dei Operation `adapt(z)` impliziert eine Adaption des Heaps, was den Aufwand $\mathcal{O}(\log v)$ macht. Das kann schlimmstenfalls bei jeder Kante einmal erfolgen. Insgesamt ergibt dies den Aufwand $\mathcal{O}(e \cdot \log v)$.

In der Addition ergibt sich ein Aufwand $\mathcal{O}((v+e) \cdot \log v)$.[1] Das entspricht $\mathcal{O}(e \cdot \log v)$, wenn alle Knoten von x aus erreichbar sind

Standardtests: Man muss alle möglichen Arten von Graphen durchprobieren, insbesondere zusammenhängende, nicht zusammenhängende und (bis auf x) leere. Es müssen sowohl zyklische als auch nichtzyklische Graphen betrachtet werden. Außerdem sollte es den Fall geben, dass alle Knoten erreichbar sind, und den Fall, dass keiner erreichbar ist.
Ein besonders kritischer Test ist die Betrachtung von negativen Kanten. Dabei sieht man, wie robust der Algorithmus auf fehlerhafte Eingaben reagiert. (Wird eine Exception ausgelöst? Terminiert er? Oder liefert er einfach nur sinnlose Zahlen? Wenn ja, kann man das erkennen?)

---

[1] Man kann den Aufwand sogar auf $\mathcal{O}(v \log v + e)$ drücken, wenn man sog. Fibonnacci-Heaps benutzt (s. [12]).

Der Bellman-Ford-Algorithmus

Dieser Algorithmus liegt in der Ordnung $\mathcal{O}(e \cdot v)$ (während Dijkstras Algorithmus in der Ordnung $\mathcal{O}(e \cdot \log v)$ liegt). Dafür kann er aber mit negativen Kantengewichten umgehen.

Programm 19.8 Der Bellman-Ford-Algorithmus für die kürzesten Wege

```
SpanTree shortesPaths ( Graph g, Node x ) {
  SpanTree tree = new SpanTree();
  for ( int i = 0; i < g.nrOfNodes(); i++ ) { // n mal!
    for ( Edge e : g.edges() ) {              // für alle Kanten e = (y,z)
      Node y = e.start();
      Node z = e.end();
      // relaxation
      newDist = g.distx(y) + g.label(y,z);
      if (newDist < g.distx(z) {              // kürzeren Weg gefunden
        g.setDistx(z,newDist);                // kürzere Distanz vermerken
        tree.set(z,y);                        // Rückwärtskante
      }//if
    }//for e
  }//for y
  return tree;
}//shortestPaths
```

Die **Korrektheit** dieses Algorithmus folgt ganz einfach daraus, dass für jeden Pfad $x \rightarrow v_1 \rightarrow \ldots \rightarrow v_n$ (spätestens) im i-ten Schritt die berechnete Entfernung zum Knoten v_i auch die tatsächlich kürzeste ist: $dist_x(v_i) = \delta_x(v_i)$. Das lässt sich durch Induktion zeigen. Und da der längste zyklenfreie Pfad schlimmstenfalls alle Knoten enthalten kann, muss man entsprechen of iterieren. Das erledigt die äußere `for`-Scheife.

Der Algorithmus kann sogar so erweitert werden, dass er einen Fehler meldet, wenn der Graph negative Zyklen enthält. Man muss nur ganz am Ende noch eine Schleife einfügen, die prüft, ob (am Ende des Algorithmus) tatsächlich die minimalen Entfernungen vorliegen.

```
SpanTree shortesPaths ( Graph g, Node x ) {
   ⋮
  for ( Edge e : g.edges() ) {
    Node y = e.start();
    Node z = end(e);
    if ( distx(z) > distx(y) + e.label() { ERROR(); }
  return tree;
}//shortestPaths
```

19.6.4 Transitive Hülle (kürzeste Wege von allen zu allen)

In den Algorithmen des vorigen Abschnitts sind wir immer von einem Startknoten x ausgegangen. In vielen Fragestellungen will man aber die entsprechenden Beziehungen zwischen *allen* Knoten berechnen.

Beispiel. Aus einem Wegegraphen wie in Abb. 19.1 will man oft eine Entfernungstabelle ableiten, die die Gesamtentfernung zwischen je zwei beliebigen Städten wiedergibt. (Solche Tabellen finden sich üblicherweise in Straßenkarten oder Taschenkalendern.)

Auch hier gibt es die üblichen Variationen:

- Wenn wir nur wissen wollen, *ob* es eine Verbindung gibt, reichen uns boolesche Werte aus. Man spricht dann auch von der ***transitiven Hülle*** G^* des Graphen G.
- Wir betrachten im Folgenden aber den Fall, dass wir die minimalen Entfernungen wissen wollen.

Aufgabe: *Alle minimalen Wege*
Gegeben: Ein kantenbewerteter Graph G (mit nichtnegativen Werten).
Gesucht: Die minimalen Entfernungen zwischen allen Knoten.
Voraussetzung: Der Graph ist statisch, d. h., er ändert sich während der Berechnung nicht.

Eine naive Lösung bestünde darin, einfach den Dijkstra-Algorithmus für Erreichbarkeit zu nehmen und ihn nacheinander auf alle Knoten anzuwenden. Das würde aber zu viel Doppelarbeit führen. Eine bessere Lösung wurde von Floyd bzw. Warshall vorgeschlagen.[2]

Methode: *Relaxation und „Färbung" (nach Floyd und Warshall)*
Die Grundidee des Verfahrens lässt sich wieder gut erklären, indem wir die Knoten in Gedanken „färben":
- Am Anfang sind alle Knoten weiß; der Graph enthält die Originalkanten.
- In jedem Schritt färben wir einen beliebigen weißen Knoten schwarz.
- Der Graph wird dabei immer so verändert, dass er für jedes Knotenpaar die Länge des kürzesten Pfades wiedergibt, der nur über schwarze Zwischenknoten läuft. (Anfangs- und Endknoten dürfen weiß sein.)

Beispiel: In Abb. 19.12 ist die Arbeitsweise des Floyd-Warshall-Algorithmus illustriert. Zunächst sind alle Knoten weiß, alle Kanten haben ihre ursprüngliche Bewertung. In Bild (b) haben wir den Knoten B schwarz gefärbt. Das

[2] Warshall hat 1962 die Variante für reine Erreichbarkeit (auf booleschen Adjazenzmatrizen) angegeben; Floyd hat im selben Jahr die Variante für die minimalen Wege beschrieben.

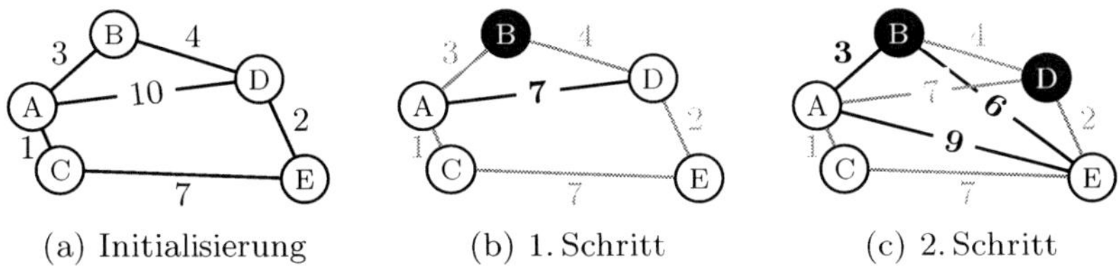

Abb. 19.12. Illustration des Floyd-Warshall-Algorithmus

erlaubt jetzt den neuen Weg $A — B — D$. Weil dieser Weg kürzer ist als die alte Kante $A — D$, wird die Bewertung dieser Kante entsprechend adaptiert.

In Bild (c) haben wir als Nächstes den Knoten D schwarz gefärbt. Damit entstehen die Wege $A — D — B$, $A — D — E$, $B — D — E$, $A — B — D — A$ und $A — B — D — E$. Die Effekte der beiden letzten (langen) Pfade sind schon in denen der anderen (kurzen) Pfade enthalten, weshalb wir sie grundsätzlich ignorieren können. Also betrachten wir die drei kurzen Pfade: Der erste ist länger als die Kante $A — B$ und bewirkt daher keine Änderung. Die beiden anderen Wege führen dagegen zur Einführung neuer Kanten mit den entsprechenden Bewertungen.

Programm 19.9 zeigt die Implementierung dieser Idee auf relativ abstraktem Niveau.

Programm 19.9 Floyd-Warshall-Algorithmus für die transitiven Hülle

```
Graph closure ( Graph graph ) {
  Graph g = graph.copy();                      // Original erhalten
  Set<Node> white  = g.nodes();                // anfangs alle Knoten weiß
  while (white != ∅) {                         // solange es weiße Knoten gibt
    Node y = removeArb(white);                 // beliebigen Knoten auswählen
    for ( Node a : g.nodes() ) {               // für alle Knotenpaare
      for ( Node b : g.nodes() ) {
        dist = g.label(a,y) + g.label(y,b);    // neue Länge
        if (g.edge() == null) {                // noch keine Kante
          g.addEdge(a,b,dist);                 // neue Kante
        } else {                               // Kante existiert
          e.setLabel(min(g.label(a,b),dist);   // Minimum eintragen
        }//if
      }//for b
    }//for a
  }//while
  return g;
}//closure
```

Zunächst erzeugen wir eine Kopie des Graphen (weil wir i. Allg. das Original noch brauchen und es deshalb nicht zerstören sollten). Das Schwarzfärben repräsentieren wir diesmal dadurch, dass wir die jeweils verbleibenden weißen Knoten in einer Menge `white` halten.

Wenn wir einen Knoten schwarz gefärbt haben, betrachten wir die durch ihn möglichen neuen Wege und berechnen jeweils ihre Länge. Dann gibt es drei mögliche Situationen: Wenn noch keine Kante existiert, dann wird eine mit der entsprechenden Länge hinzugefügt (vgl. Abb. 19.12 (c)). Wenn eine Kante existiert, aber die Entfernung größer ist als das neue `dist`, dann wird die Bewertung aktualisiert (vgl. Abb. 19.12 (b)). Andernfalls bleibt die Kante invariant.

Evaluation:

Aufwand: Im Laufe des Verfahrens wird jeder Knoten schwarz gefärbt. Für jeden Knoten werden dann alle Paare von Nachbarn betrachtet, was im schlimmsten Fall n^2 sind, wobei n die Zahl der Knoten des Graphen ist. Der Aufwand ist also $\mathcal{O}(n^3)$.

Implementierung mit Adjazenzmatrizen

Die Implementierung kann sehr effizient erfolgen, wenn man spezifische Darstellungen wählt:

- Der Graph sollte als Adjazenzmatrix dargestellt werden. Dabei werden nicht vorhandene Kanten am besten durch die Entfernung „$+\infty$“ repräsentiert.
- Da für die Matrix-Darstellung die Knoten ohnehin von $0, \ldots, n-1$ durchnummeriert sind, kann man auf die Menge `white` verzichten; die Knoten werden einfach der Reihe nach schwarz gefärbt; d. h., die `while`-Schleife kann durch eine `for`-Schleife ersetzt werden.
- Der Kern der Schleife ist die Behandlung aller Paare von Knoten (die beiden `for`-Schleifen im obigen Programm 19.9). Wegen unserer Entscheidung, nicht vorhandene Kanten durch $+\infty$ zu repräsentieren (statt durch `null`), wird die `if`-Anweisung einfach zum `else`-Zweig reduziert. Damit ergibt sich insgesamt das folgende Programmfragment (wobei `m` für die Adjazenzmatrix von `g` steht):

```
for (a = 0; a < n; a++) {
   for (b = 0; b < n; b++) {
      m[a][b] = min( m[a][b], m[a][y] + m[y][b] ); }}
```

  Von der Struktur her ist dies übrigens eine spezielle Form von Matrixmultiplikation.

Übung 19.3. Man vergleiche experimentell den Aufwand des Floyd-Warshall-Algorithmus mit dem Aufwand, der bei der naiven Lösung mit dem iterierten Dijkstra-Algorithmus entsteht.

19.7 Relationen-Probleme als Graphprobleme

Es gibt einen elementaren Zusammenhang zwischen (Ordnungs-)Relationen und Graphen. Eine partielle Ordnung „$\geq$" lässt sich einem gerichteten Graphen zuordnen (und umgekehrt), indem allen Elementen a, b mit $a \geq b$ eine Kante $a \rightarrow b$ zugeordnet wird. Damit lassen sich dann Probleme, die mit solchen Ordnungen zu tun haben, als Graphprobleme auffassen und lösen.

19.7.1 Topologisches Sortieren (Totalisierung partieller Ordnungen)

In vielen Ingenieurdisziplinen, z. B. beim Bauen von Häusern, Flugzeugen oder Autos, ist man mit folgender tpischer Situation konfrontiert: Man hat eine Menge von Aktionen, zwischen kausale (zeitliche) Abhängigkeiten bestehen. Diese Aktionen muss man jetzt so nacheinander ausführen, dass keine der kausalen Abhängigkeiten verletzt werden.

Beispiel. In [12] wird eine hübsche „Alltags"-Situation für solche kausalen Abhängigkeiten präsentiert: die Reihenfolge, in der man sich anzieht (s. Abbildung 19.13).Dabei gibt der obere Graph die elementaren Kausalitäten an

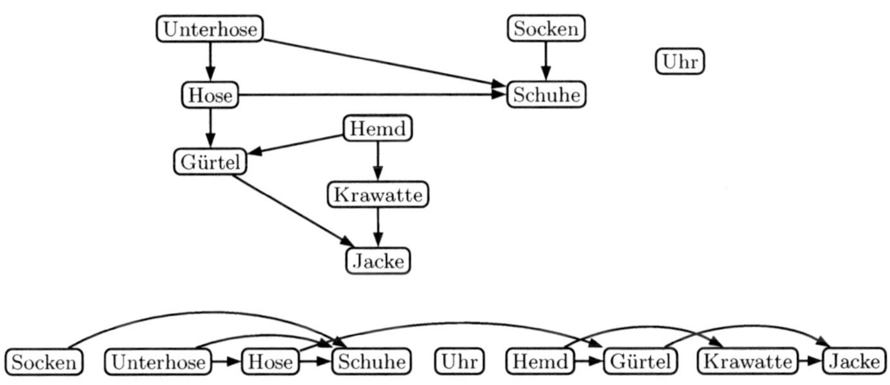

Abb. 19.13. Kausalitäten beim Anziehen

und der untere *eine* der vielen Möglichkeiten, die Tätigkeiten in eine zeitliche Reihenfolge zu bringen, die mit den Kausalitäten verträglich ist. □

Abbildung 19.13 illustriert auch den fundamentalen Begriff *„mit den Kausalitäten verträgliche Anordnung"*: Wenn man die Knoten linear anordnet und dann die ursprünglichen Kanten des Graphen einträgt, darf keine Kante rückwärts zeigen.

Aufgabe: *Topologisches Sortieren*

Gegeben: Ein gerichteter azyklischer Graph g (ein DAG).
Gesucht: Eine Liste aller Knoten von g, die mit den Kanten von g verträglich ist (im obigen Sinne: keine Kante zeigt in der Liste „rückwärts").
Voraussetzung: Der Graph enthält *keine Zyklen.*

Methode: *Tiefensuche)*

Wir traversieren den Graphen mit Tiefensuche und bauen dabei die topologisch sortierte Liste auf. Genauer: Wir bilden entsprechende Teillisten, die wir dann geeignet konkatenieren.
Da wir alle Knoten berücksichtigen müssen, brauchen wir eine Methode im Stil von `traverseAll()` aus Programm 19.2, die über alle Knoten iteriert und dabei jeweils lokal eine Operation im Stil von `traverse()` aus Programm 19.1 aufruft.

Zur Korrektheitsanalyse sind folgende Notationen nützlich.Seien a und b Knoten und A und B Mengen von Knoten (ggf. auch dargestellt durch Listen):

- Mit $a \not\rightsquigarrow b$ drücken wir aus, dass es *keinen* Pfad von a nach b gibt.
- Mit $A \boxed{\not\rightsquigarrow} B$ drücken wir aus, dass es *keinen* Pfad von irgendeinem Knoten in A zu irgendeinem Knoten in B gibt. Das heißt, die Mengen A und B sind voneinander separiert. Meistens schreiben wir die Relation aber in der „Rückwärtsrichtung" $B \boxed{\not\leftsquigarrow} A$.
- Außerdem verwenden wir in den Assertions die Kurznotationen $g.white$ und $g.black$ für die Mengen der weißen und schwarzen Knoten.

In Programm 19.10 wird die umfassende Schleife der topologischen Sortierung ausgeführt (im Stile von `traverseAll()` aus Programm 19.2). Man beachte, dass das Argument `g` jetzt ein `Dag` ist, also ein *zyklenfreier* Graph. Außerdem lassen wir hier offen, wie die weißen bzw. schwarzen Knoten implementiert sind; wir verbergen diese Details hinter den Operationen `g.isWhite()` und `g.setBlack(...)`.

Die Assertions enthalten die wesentlichen Korrektheitsargumente, basierend auf der Invarianten (I_1) : $g.white \boxed{\not\leftsquigarrow} g.black \supseteq list$. Sie besagt, dass es keinen Weg zurück von den schwarzen zu den weißen Knoten gibt, und dass die jeweilige Liste zu den schwarzen Knoten gehört.

Hinweis: Es gibt noch eine weitere Invariante, die wir allerdings aus Gründen der Lesbarkeit nicht explizit hinschreiben: (I_0) : $compatible(list, g)$, d. h., die Reihenfolge der Knoten in den jeweiligen Listen ist verträglich mit den Kanten im Graphen.

Die zweite Assertion hängt von den Eigenschaften der Methode `tSort` ab (vgl. Programm 19.11). Die Liste $\texttt{l}_1$ besteht ebenfalls nur aus schwarzen Knoten. Außerdem gilt (was wir nicht explizit annotiert haben), dass alle Knoten in $\texttt{l}_1$ *vor* dem Aufruf noch weiß waren. Deshalb folgt auch $l_1 \boxed{\not\leftsquigarrow} list$.

Weil $\texttt{l}_1$`.addAll(list)` die Elemente von `list` *hinter* den Elementen von $\texttt{l}_1$ anfügt, bleiben die Invarianten (I_0) und (I_1) gültig.

Programm 19.10 Topologisches Sortieren

```
List<Node> topSort ( Dag g ) {
   // Traversierung des ganzen Graphen
   List<Node> list = new List<Node>();
   for ( Node x : g ) {
     // ASSERT (I1) : g.white ⊠ g.black ⊇ list
     if ( g.isWhite(x) ) {
       List<Node> l1 = tSort(g,x);          // sortiere von x erreichbare Knoten
       // ASSERT g.white ⊠ g.black ⊇ l1 ∧ l1 ⊠ list
       list = l1.addAll(list)               // l1 und list konkatenieren
       // ASSERT (I1) : g.white ⊠ g.black ⊇ list
   }//for
   return list;
}//topSort
```

Programm 19.11 enthält die „lokale“ Sortierung der von x aus erreichbaren Knoten (im Stile von `traverse()` aus Programm 19.1). Beim Aufruf gilt – wie wir aus Programm 19.10 wissen – dass der Knoten `x` selbst weiß ist.

Programm 19.11 Topologisches Sortieren: Lokale Traversierung

```
List<Node> tSort ( Dag g, Node x ) {
   // ASSERT x ∈ g.white
   // Traversierung des von x erreichbaren Teilgraphen
   List<Node> list = new List<Node>();            // anfangs leer
   for ( Node y : g.neighbours(x) ) {             // für alle Nachbarn von x
     // ASSERT (I1) : g.white ⊠ g.black ⊇ list
     if ( g.isWhite(y) ) {
       List<Node> l1 = tSort(g,y);                // rekursiv sortieren
       // ASSERT g.white ⊠ g.black ⊇ l1 ∧ l1 ⊠ list
       list = l1.addAll(list);
       // ASSERT (I1) : g.white ⊠ g.black ⊇ list
     }//if
   }//for
   // ASSERT (I1) : g.white ⊠ g.black ⊇ list
   list.addFirst(x);
   g.setBlack(x);
   // ASSERT (I1) : g.white ⊠ g.black ⊇ list
   return list;
}//traverse
```

Auch hier gilt wieder die Invariante (I_1) und (wenn auch nicht explizit annotiert) ebenso die Invariante (I_0) für die jeweils betroffenen Listen.

Für den rekursiven Aufruf von `tSort` gilt natürlich auch wieder die entsprechende Zusicherung für das Ergebnis $\mathtt{l}_1$, weshalb dann auch die Invariante wieder für die konkatenierte Liste `list` gilt.

Weil `x` immer noch weiß ist, gilt auch $\{x\} \boxed{\nleftarrow} list$ (denn `g` ist zyklenfrei!) Deshalb muss man `x` vorne an die Liste anfügen, um (I_0) zu erhalten.

Variante: In der Literatur findet sich meistens eine Variante unseres Programms. Dort werden nicht kleine Teillisten erzeugt und dann konkateniert; stattdessen wird eine einzige Liste als Argument durchgereicht, an die dann mittels `list.addFirst(x)` der Knoten `x` vorne angehängt wird. Beide Versionen sind äquivalent, aber unsere macht die Korrektheitsargumente etwas einfacher.

Evaluation:

Aufwand: Der Aufwand liegt in der Größenordnung $\mathcal{O}(v + e)$, wobei v die Knoten- und e die Kantenzahl des Graphen angibt. Denn jeder Knoten wechselt genau einmal die Farbe von weiß nach schwarz und für jeden Knoten werden in der lokalen Methode `tSort` alle ausgehenden Kanten evaluiert – insgesamt also alle Kanten genau einmal. Und wir können davon ausgehen, dass in unserer Listenimplementierung das Addieren (von Elementen oder ganzen Listen) nur ein paar Referenzen umsetzt und deshalb konstanten Aufwand hat. (In der oben angesprochenen Variante wird sogar jeweils nur ein Element vorne angehängt, was offensichtlich $\mathcal{O}(1)$ Aufwand macht.)

Standardtests: Man muss alle möglichen Arten von Graphen durchprobieren, insbesondere zusammenhängende, nicht zusammenhängende und (bis auf x) leere. Außerdem sollte es den Fall geben, dass alle Knoten erreichbar sind, und den Fall, dass keiner erreichbar ist.

Man kann auch die Robustheit testen und den Algorithmus – verbotenerweise – auf zyklische Graphen ansetzen. (Terminiert er? Liefert er Exceptions?)

Auf jeden Fall sollte man aber die *Probe* machen: Ist die Liste tatsächlich mit den Kanten kompatibel? Und enthält die Liste tatsächlich alle Knoten des Graphen?

19.7.2 Strenge Zusammenhangskomponenten (Äquivalenzrelationen)

Wir betrachten das Problem, in einer gegebenen partiellen Ordnung die Äquivalenzklassen zu finden. Genauer: Wir kennen einige Beziehungen der Art $a \geq b$ und wollen wissen, welche Äquivalenzen durch Ketten der Art $a \geq b \geq c \geq d \geq a$ erzeugt werden. Auch dies wird wieder zum Graphproblem, wenn wir $a \geq b$ durch eine Kante $a \rightarrow b$ ausdrücken.

Aber auch im Rahmen von reinen Graphproblemen ist die Kenntnis von strengen Zusammenhangskomponenten wichtig, weil sie uns die maximalen Bereiche liefern, in denen wir mit Zyklen umgehen müssen.

Beispiel. Abbildung 19.14 enthält einen gerichteten Graphen, der 5 strenge Zusammenhangskomponenten besitzt. Davon sind zwei entartet, d. h., sie bestehen nur aus einem Knoten. Man beachte, dass die große Zusammenhangskomponente in der Mitte *zwei* Zyklen umfasst.

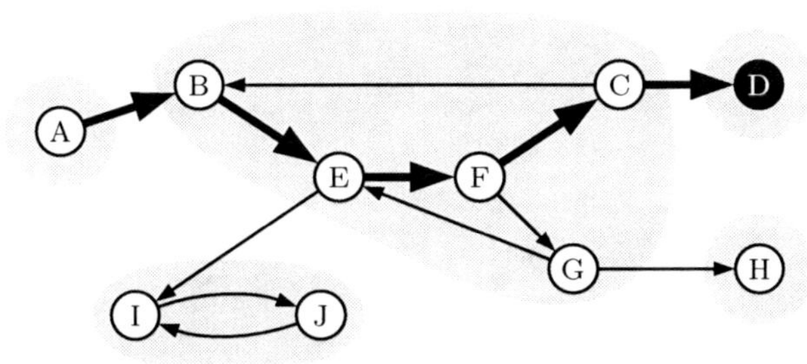

Abb. 19.14. Strenge Zusammenhangskomponenten

Die Abbildung enthält außerdem bereits einen Schnappschuss aus dem Algorithmus, den wir gleich entwickeln werden: Die dicken Kanten repräsentieren einen aktuellen Pfad im Rahmen der Tiefensuche. Der schwarz gefärbte Knoten ist als strenge Zusammenhangskomponente erkannt. □

Aufgabe: *Strenge Zusammenhangskomponenten*

Gegeben: Ein gerichteter Graph g.

Gesucht: Die Menge aller strengen Zusammenhangskomponenten des Graphen.

Voraussetzung: Der Graph enthält *keine Zyklen.*

Methode: *Tiefensuche*

Wir traversieren den Graphen mit Tiefensuche, und zwar in der rekursiven Variante.

Programm 19.12 enthält wieder die äußere Schleife über alle Knoten (im Stil des Musters `traverseAll()` aus Programm 19.2). Zunächst wird in der Methode `initialize` jeder Knoten zu seiner eigenen strengen Zusammenhangskomponente gemacht; wir erhalten also eine Menge von einelementigen Komponenten.

Die eigentliche Arbeit geschieht dann – wie üblich – in der lokalen Tiefensuche (im Stile des Musters `traverse()` aus Programm 19.1), die in der Methode `explore` von Programm 19.13 enhalten ist..

Für die notwendigen Assertions benutzen wir die gleichen Notationen wie im Abschnitt 19.7.1 für das topologische Sortieren.

Programm 19.12 Strenge Zusammenhangskomponenten (äußere Schleife)

```
Set<Component> strongComponents ( Graph g ) {
  // ASSERT g.white = g.nodes
  Set<Component> scc = initialize(g.nodes());
  for ( Node x : g ) {
    // ASSERT (I1) : g.white ⇷ g.black
    if ( g.isWhite(x) ) {                  // starte neue Tiefensuche
      List<Node> path = new List<Node>();
      path.add(x);                         // einelementiger Pfad mit Knoten x
      // ASSERT (I2) : path ⊆ g.white
      explore(g, path, scc);               // Tiefensuche von x aus
      // ASSERT (I1) ∧ (I2)
    }//if
    // ASSERT (I1) ∧ (I2)
  }//for
  return scc;
}//strongComponent
```

- Die wichtigste Invariante besagt, dass schwarze Knoten vollständig verarbeitet sind. Insbesondere gilt $(I_1) : g.white \boxed{\nleftarrow} g.black$; das heißt, es führt kein Weg mehr von den schwarzen Knoten zurück zu den weißen. Also kann man schwarze Knoten ignorieren, weil sie keine neuen Zyklen mehr verursachen können.
- Die zweite Invariante $(I_2) : path \subseteq g.white$ besagt, dass auf dem aktuellen Pfad jeweils nur weiße Knoten liegen.
- Es gibt eine dritte Invariante, die wir nicht explizit annotieren: (I_3): *Alle Elemente der Menge scc sind strenge Zusammenhangskomponenten* (allerdings noch nicht unbedingt maximal groß).

Wie üblich in der Tiefensuche betrachten wir für den aktuellen Knoten x alle Nachbarn y. Dabei gibt es drei Situationen:

- y ist schwarz. Dann können wir y ignorieren.
- y ist weiß und nicht auf unserem Pfad; dann setzen wir die Suche mit y fort. (y wird an den Pfad angehängt.)
- y (ist weiß und) liegt schon weiter vorne auf unserem aktuellen Pfad. Dann haben wir einen Zyklus entdeckt. Diesen Zyklus fügen wir der Menge *scc* der aktuell bekannten Zusammenhangskomponenten hinzu. Dies geschieht mit der Operation `addComponent` (siehe unten).

Wenn alle Nachbarn von x abgearbeitet sind, ist auch x vollständig verarbeitet und kann schwarz gefärbt werden. Das schließt den Spezialfall ein, dass x gar keine (weißen) Nachbarn hat; dann wird es sofort schwarz gefärbt.

Programm 19.13 Strenge Zusammenhangskomponenten: Lokale Traversierung

```
void explore ( Graph g, List<Node> path, Set<Component> scc ) {
  // ASSERT (I₁) : g.white ⊠ g.black
  // ASSERT (I₂) : path ⊆ g.white
  Node x = path.getLast();                    // x bleibt zunächst im Pfad!
  // ASSERT x ∈ g.white
  for ( Node y : g.neighbours(x) ) {          // für alle Nachbarn von x
    // ASSERT (I₁) ∧ (I₂)
    if ( g.isWhite(y) ) {                      // schwarze Knoten ignorieren
      if ( path.contains(y) ) {                // Zyklus entdeckt
        addComponent(scc, path, y);            // Komponentenmenge adaptieren
      } else { // y ist weiß
        path.addLast(y);                       // Tiefensuche fortsetzen
        explore(g, path, scc);
      }//if
    }//if
    // ASSERT (I₁) ∧ (I₂)
  }//for
  setBlack(x);                                 // x ist fertig verarbeitet
  path.removeLast();                           // x aus dem Pfad entfernen
  // ASSERT (I₁) ∧ (I₂)
}//explore
void addComponent ( Set<Component> scc, List<Node> path, Node y ) {
  «siehe Text»
}//addComponent
```

Die zentrale Rolle in diesem Algorithmus spielt natürlich die Methode `addComponent(scc, path, y)`. Hier wissen wir, dass das Schlussstück des Pfades ab dem Knoten y einen Zyklus bildet. Damit müsen wir die Repräsentation der Menge *scc* der strengen Zusammenhangskomponenten genauer betrachten.

Wenn wir für den Augenblick noch die Darstellung der Komponenten selbst offen lassen, dann können wir zumindest sagen, dass jedem Knoten u des Graphen seine aktuelle Zusammenhangskomponente zugeordnet ist (z. B. in einem gesonderten Array oder auch direkt als Attribut des Knotens). Damit lässt sich `addComponent` nach folgendem Verfahren realisieren:

- Man vereinige die Komponenten k_i aller Knoten im Pfad ab dem Knoten y zu einer neuen großen Komponente K.
- Man ersetze in allen betroffenen Knoten ihre alte Komponente k_i durch die neue Komponente K.

Damit dieser Prozess möglichst effizient abläuft, kann man die Zusammenhangskomponenten folgendermaßen implementieren:

- Man wählt für jede Komponente einen ihrer Knoten als Repräsentanten. Jeder Knoten der Komponente zeigt (direkt oder indirekt) auf diesen Repräsentanten. (Der Repräsentant zeigt auf sich selbst oder enthält `null`.) Man hat also eine ähnliche Struktur wie bei den aufspannenden Bäumen (vgl. Abbildung 19.11).
- Wenn man zu einem gegebenen Knoten seine Komponente finden will, muss man diesen Baum bis zur Wurzel – dem Repräsentanten – durchlaufen. (Bei jedem solchen Durchlauf kann der Baum sogar als Nebeneffekt verkürzt werden.)
- Das Vereinigen von zwei Komponenten geschieht dann einfach dadurch, dass der Repräsentant des einen auf den Repräsentanten des anderen zeigt.

Übung 19.4. Man implementiere die Repräsentation der strengen Zusammenhangskomponenten und programmiere damit die Methode `addComponent`.

Eine Alternative

Es gibt auch einen ganz anderen Ansatz zum Finden der strengen Zusammenhangskomponenten (wie z. B. in [12] beschrieben), den wir hier zumindest erwähnen wollen:

- Man führe eine Tiefensuche aus und ordne dabei jedem Knoten seine „finishing time" zu. Die Knoten sind dadurch in der Reihenfolge ihrer Abarbeitung durchnummeriert.
- Dann invertiere man den Graphen; d. h. man erhält den Graphen G^T, in dem alle Kanten von G umgedreht sind.
- Man führe eine erneute Tiefensuche in G^T durch; dabei wähle man die Knoten jeweils in der Reihenfolge absteigender „finishing times" aus Phase 1 aus.
- Die Bäume des so entstehenden Waldes sind die strengen Zusammenhangskompoenten.

Für den Koreektheitsbeweis und die Aufwandsanalyse dieses Algorithmus verweisen wir auf die Literatur, z. B. [12].

19.8 Weitere Graphalgorithmen

Unsere obigen Beispiele sollten genügen, um eine erste Vorstellung von Graphalgorithmen zu bekommen. Natürlich gibt es noch eine Fülle von anderen Aufgabenstellungen im Zusammenhang mit Graphen. Beispiele:

- ***Flussmaximierung***: Graphen können auch Flussnetze darstellen (Verkehrsfluss, Materialfluss etc.). Dabei sind die Kanten mit der maximalen Kapazität der entsprechenden Leitung markiert. An den Knoten können die Materialflüsse gesplittet und zusammengeführt werden. Die Aufgabe ist dann, den maximalen Fluss zwischen (je) zwei Punkten zu bestimmen.
- ***Umleitungen***: Prüfe, ob es zwischen zwei gegebenen Knoten mindestens zwei disjunkte Wege gibt. (Man nennt diese Knoten dann „zweifach verbunden".) Diese Algorithmen sind z. B. in Navigationssystemen essenziell, um Verkehrsstaus zu umfahren.
- ***„Handlungsreisender"***: Finde einen minimalen Weg, der eine bestimmte vorgegebene Menge von Knoten überdeckt.
- ***Graphfärbung***: Insbesondere für Konfliktgraphen ist folgendes Problem spannend: Gegeben sei eine limitierte Anzahl von „Farben"; kann man die Knoten des Graphen so färben, dass keine zwei benachbarten Knoten die gleiche Farbe erhalten? Eine Variante fragt nach der kleinsten Zahl von Farben, mit denen das geht (der sog. *chromatischen Zahl* des Graphen).
  Anwendungen für dieses Problem gibt es z. B. im Compilerbau, wo man versucht, mit den verfügbaren Registern der Maschine eine optimale Verwaltung der Programmvariablen zu erreichen, oder in Stundenplänen, wo z. B. zwei Vorlesungen, die dieselben Personen oder Räume betreffen, nicht gleichzeitig stattfinden können.
  Ein berühmtes Problem der Mathematik war die These, dass für die Färbung einer Landkarte (also für einen Konfliktgraphen im Stil von Abb. 19.2) immer vier Farben ausreichen, egal wie kompliziert die Grenzen verlaufen. Dabei gilt allerdings, dass hier nur eine Teilklasse von Graphen auftritt, nämlich sog. planare Graphen.[3]
- ***Zusammenhangskomponenten***: Wir haben bereits die (strengen) Zusammenhangskomponenten erwähnt. Eine offensichtlich notwendige Aufgabe ist es, ihre Identifizierung zu programmieren.
- ***Minimale aufspannende Bäume***: Wir haben in mehreren unserer Algorithmen „nebenbei" aufspannende Bäume erzeugt. Diese sind aber nicht notwendig minimal in dem Sinn, dass die Summe aller Kantengewichte möglichst klein ist. Für die Berechnung solcher Bäume gibt es spezielle Algorithmen.
- ***„Gleichheit" von Graphen***: Für zwei gegebene Graphen kann man die Frage stellen, ob sie „strukturell gleich" sind. (Mathematisch spricht man dann von ***Isomorphie***.) Das heißt, gibt es eine 1-1-Zuordnung der Knoten und Kanten der beiden Graphen, sodass sie gleich werden?
  In der Darstellung der Adjazenzmatrizen kann man das Problem so formulieren: Lassen sich die Knoten des einen Graphen so umnummerieren

[3] Vor einiger Zeit wurde ein Beweis dieses Theorems erbracht, der – erstmalig in der Geschichte der Mathematik – unter massivem Computereinsatz geführt wurde. Allerdings betrachten viele Leute das Problem nach wie vor als offen, weil sie große Zweifel an der Korrektheit der verwendeten Programme haben.

(und die Zeilen und Spalten der Matrix entsprechend permutieren), dass die Matrix des anderen Graphen entsteht?
Eine Variante ist die Prüfung, ob ein Graph Teilgraph eines anderen Graphen ist.

Viele dieser Probleme fallen in die Klasse der sog. ***NP-vollständigen*** Probleme. Das sind Probleme, von denen man bis heute nur exponentielle Algorithmen kennt; aber die Frage ist ungeklärt, ob sie nicht doch mit polynomialem Aufwand lösbar wären. In der Praxis behilft man sich mit Heuristiken, die üblicherweise ausreichend schnell und gut funktionieren.

Weiterführende Literatur

Die in diesem Kapitel angegebenen Algorithmen sind nur ein kleiner Ausschnitt dessen, was in der Literatur zu Graphalgorithmen bekannt ist. Eine größere Übersicht bieten z. B. die Lehrbücher von Aho und Ullman [2, 3] sowie von Cormen et al. [12] und Sedgewick [59, 60].

Teil VI

Programmierung von Software-Systemen

Moderne Programmierung besteht schon längst nicht mehr aus dem Entwerfen von – mehr oder weniger – cleveren Algorithmen oder von – mehr oder weniger – genialen Datenstrukturen. Man hat es vielmehr mit der Lösung kompletter Aufgaben zu tun, die aus dem Zusammenspiel zahlloser Aspekte bestehen. Die Ein- und Ausgabe auf Dateien, Drucker, Bildschirme gehört ebenso dazu wie Zugriffe auf das interne Rechnernetz oder sogar das ganze Internet. Den Benutzern sind grafische Schnittstellen, sog. GUIs, anzubieten. Das wiederum führt dazu, dass Teile des Programms parallel zueinander ausgeführt werden müssen. Und so weiter.

Viele dieser Aktivitäten können potenziell auf „wohl definierte Fehlersituationen" führen. Das klingt zwar wie ein Oxymoron, ist aber schon vernünftig. Denn Situationen wie «Gesuchte Datei nicht vorhanden», «Unbekannte Internet-Adresse» *oder* «Rechner antwortet nicht» *gehören zum Alltag der Computernutzung. Alle diese Fehler werden als sog. Exceptions vom System an das Programm gemeldet. Und das Programm muss damit geeignet umgehen.*

Für all diese Aspekte stellt JAVA *entsprechende Programmiermittel bereit. Diese gehören allerdings nicht mehr zur Kernsprache, sondern finden sich in den mitgelieferten Bibliotheken. Die überbordende Fülle dieser vordefinierten* JAVA*-Packages macht es a priori hoffnungslos, sie auch nur einigermaßen erschöpfend abzuhandeln. Aber es sollen wenigstens die wichtigsten Konzepte in ihrem Kern angesprochen werden.*

20

Keine Regel ohne Ausnahmen: Exceptions

Es ist traurig, eine Ausnahme zu sein.
Aber noch viel trauriger ist es, keine zu sein.
Peter Altenberg, Fechsung

Fehler- und Ausnahmesituationen sind ein universelles Phänomen in der Programmierung. Man kann sogar davon ausgehen, dass in einem realen Softwareprodukt mehr Codezeilen in die Fehlerbehandlung investiert werden als in die eigentliche Problemlösung. In Tabelle 20.1 sind einige klassische Fehlerarten aufgelistet (zusammen mit den Namen der zugehörigen „Exceptions" in JAVA).

Operation	*möglicher Fehler*	*Exception*
`x / y`	*Division durch Null*	`ArithmeticException`
`a[i]`	*Index zu groß*	`IndexOutOfBoundsException`
`x.f(...)`	*x enthält kein Objekt*	`NullPointerException`
`file.write(...)`	*Datei existiert nicht*	`IOException`
`solvePDE(...)`	*Singularität*	`[SingularityException]`
`compile(...)`	*Syntaxfehler*	`[SyntaxErrorException]`

Tabelle 20.1. Häufige Fehlerarten

Die ersten Fälle von Exceptions sind in JAVA standardmäßig vorgesehen, die letzten beiden Fälle müssen im Rahmen des betreffenden Anwendungsprogramms selbst definiert werden.

20.1 Manchmal gehts eben schief

Zunächst müssen wir bei der Beschäftigung mit Fehlersituationen zwei grundlegende Aspekte auseinander halten:

- ***Fehlererkennung***: Man muss zur Laufzeit des Programms feststellen, (a) dass ein Fehler vorliegt und (b) welcher Art der Fehler ist.
  Das wird manchmal von der Hardware (z. B. «Division durch Null») oder vom Betriebssystem (z. B. «Datei nicht vorhanden») mitgeteilt. Oft muss aber auch das Programm selbst in der Lage sein, das Problem zu entdecken (z. B. «Singularität» bei Differenzialgleichungen).
- ***Fehlerbehandlung***: Wenn ein Fehler erkannt wurde, muss man geeignete Maßnahmen treffen, um seine Auswirkungen zu minimieren. Was das für Maßnahmen sind, hängt von der jeweiligen Anwendung ab, für die das Programm geschrieben ist. (Es macht einen gewaltigen Unterschied, ob der Fehler in einer Textverarbeitung auftritt oder in der Steuersoftware eines Flugzeugs.)

Aus methodischer Sicht kann man zwei Arten von Fehlersituationen unterscheiden:

1. *Vorhersehbare Probleme*, die *vor* Ausführung des betreffenden Programmstücks abgefragt werden können.
   Dazu gehören alle klassischen Programmfehler wie z. B. Division durch Null, Zugriff außerhalb der Arraygrenzen, Lesen von nicht vorhandenen Dateien etc.
2. *Inhärente Probleme*, die erst im Laufe der Programmausführung sichtbar werden.
   Ein typisches Beispiel ist die numerische Lösung einer partiellen Differenzialgleichung, bei der Stabilitätsprobleme (z. B. wegen verstärkenden Rundungsfehlern) erst im Laufe des Approximationsprozesses erkennbar werden. Ein anderes klassisches Beispiel sind Parser. Ihre eigentliche Aufgabe ist die Transformation von Eingabeprogrammen in die jeweilige Interndarstellung – sofern die Eingabe syntaktisch korrekt ist. Die Prüfung der Korrektheit folgt den gleichen Verarbeitungsschritten und ist ebenso aufwendig wie die Transformation, sodass man beides in einem gemeinsamen Durchlauf erledigt.
   In die Klasse der unvorhersehbaren Probleme gehören auch Dinge wie Überschreiten des verfügbaren Speichers (`OutOfMemoryError`).

Diese beiden grundsätzlichen Arten von Fehlersituationen haben entsprechende Konsequenzen für ihre mögliche Behandlung.

1. Die vorhersehbaren Fehler sollten *vermieden* werden. Allerdings ist das nur in unterschiedlichem Maße möglich:
   - Fehler wie *Division durch Null* oder *Verletzung des Indexbereichs* stellen fast immer vermeidbare Programmfehler dar. Sie können durch entsprechenden Code wie
     ```
     if (y!=0) {...}
     ```
     oder
     ```
     for (i=0, i<A.length(), i++) {...}
     ```

von vornherein ausgeschlossen werden, sodass sie zur Laufzeit nicht mehr auftreten können.
Oft ist es auch möglich, durch eine genaue Analyse des umgebenden Codes (oder der Eigenschaften der Anwendungsdaten) zu garantieren, dass die kritischen Situationen nicht auftreten können.[1]
- Fehler wie *Datei nicht vorhanden* oder *illegale Benutzereingabe* unterliegen nicht der Kontrolle des Programmierers. Sie müssen daher im Programm durch explizite *Plausibilitätskontrollen* abgefangen werden, bevor die Programmteile ausgeführt werden, in denen dann die Fehler „zuschlagen“ würden.

2. Inhärente Probleme wie das Auftreten von Singularitäten in numerischen Gleichungslösern oder das Entdecken von Syntaxfehlern in Compilern lassen sich nicht vermeiden. Sie müssen deshalb an der Stelle behandelt werden, an der sie erstmals erkannt werden — und das ist schwierig.

Die erste Gruppe lässt sich vom Prinzip her mit den klassischen Programmiermitteln (`if`, `while`, `for` etc.) behandeln. Bei der zweiten Gruppe führt das in der Praxis zu außerordentlich komplexen Programmstrukturen.

Deshalb wird seit langem versucht, in die Programmiersprachen Features einzubauen, mit denen die programmiertechnische Lösung solcher Probleme einfacher und überschaubarer wird. Dabei stößt man allerdings auf zwei Schwierigkeiten:

- Probleme der Fehlerbehandlung sind offensichtlich *vom Prinzip her komplex*. Deshalb können keine (wie auch immer gearteten) notationellen Hilfen sie einfach aussehen lassen.
- Was immer die Programmiersprache zur Fehlerbehandlung anbietet, wird von manchen Programmierern missbraucht, um damit ganz gewöhnliche `if`- oder `while`-Programme zu ersetzen (aus Unvermögen oder um vermeintlich „effizienter“ zu programmieren). Diese Inkompetenz von Programmierern darf man aber nicht der Sprache anlasten.

In der Informatik wird seit vielen Jahren das Konzept der *Exceptions* zur Behandlung von Fehlersituationen herangezogen. Allerdings verbergen sich hinter diesem Schlagwort die unterschiedlichsten konkreten Techniken. Die Designer von JAVA haben hier – wie in den meisten Entwurfsfragen – einen sehr pragmatischen Ansatz gewählt, den wir im Folgenden studieren wollen.

20.2 Exceptions

Wie nahezu alles in JAVA sind auch (erkannte) Fehlersituationen *Objekte*. Genauer: Wenn zur Laufzeit des Programms eine Fehlersituation erkannt wird,

[1] Dazu sind Techniken erforderlich, die unter dem Begriff *Programm-Verifikation* subsumiert werden.

erzeugt JAVA ein Objekt, das die Beschreibung des Fehlers enthält. Dieses Objekt kann dann benutzt werden, um den Fehler zu behandeln.

JAVA stellt eine ganze Reihe von Klassen bereit, mit denen standardmäßige Fehler beschrieben werden (s. Abbildung 20.1). Die meisten dieser Klas-

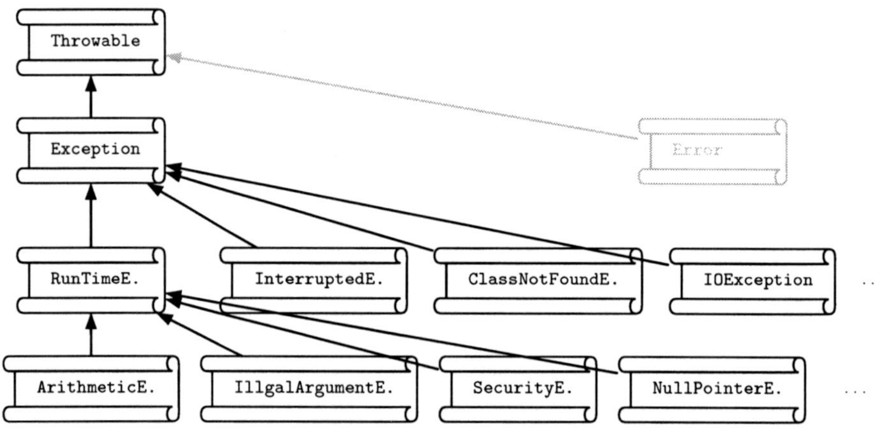

Abb. 20.1. `Exception`-Hierarchie von JAVA (Auszug)

sen sind im Package `java.lang` enthalten, aber die Ein-/Ausgabe-bezogene Exception-Klasse `IOException` und ihre Subklassen stehen in `java.io`.

Wenn wir in unserem Programm eigene Exception-Arten einführen wollen, dann können wir diese als Subklassen von `Exception` einführen:

```
class MyException extends Exception {
    ...
}//end of class MyException
```

Die diversen Exception-Klassen – die von JAVA ebenso wie die selbst definierten – stellen im Wesentlichen nur ihre eigenen Konstruktoren bereit (Abbildung 20.2). Allerdings erben sie von `Throwable` noch einige nützliche Methoden, die in Abbildung 20.3 aufgelistet sind.

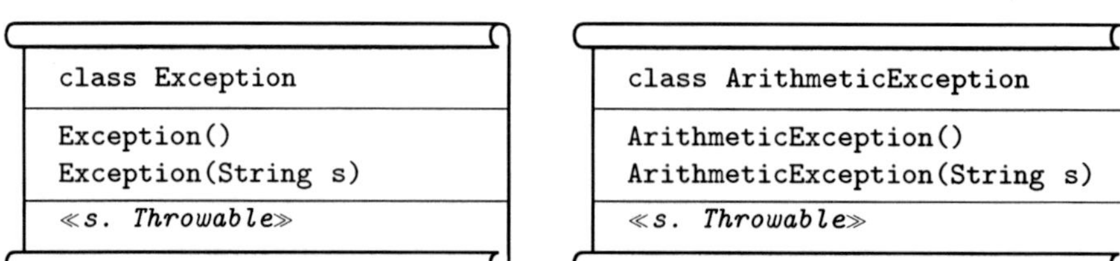

Abb. 20.2. Zwei Exception-Klassen

class Throwable	
Throwable()	Konstruktor
Throwable(String s)	Konstruktor
String getMessage()	assoziierte Fehlermeldung
void printStackTrace()	automatische Trace-Ausgabe

Abb. 20.3. Die Klasse `Throwable`

Mit `getMessage` kann man die Fehlermeldung abfragen, die beim Konstruktor als String mitgegeben wurde. Und `printStackTrace` liefert auf der Standardausgabe einen „Trace", das heißt, die Aufruffolge der Methoden, die zu der Fehlerstelle führten. (Diese Art von Trace lernt jeder Programmierer schon bei den ersten Tests schnell kennen.)

20.3 Man versuchts halt mal: `try` und `catch`

Bis jetzt haben wir nur festgestellt, dass es so etwas wie „Fehlerobjekte" gibt, und beschrieben, wie die entsprechenden Klassen aussehen. Was wir noch nicht angesprochen haben, ist die entscheidende Frage: *Wie gehen wir im Programm mit Fehlersituationen um?* Die Grundphilosophie ist ganz einfach: *Code, der potenziell Fehler enthält, darf nur „versuchsweise" ausgeführt werden.*

Try und Catch

```
try {
   «Programmfragment mit potenziellen Fehlern»
}
catch ( «Exception-Art₁» e₁) {
   «Fehlerbehandlung₁»
}
...
catch ( «Exception-Artₙ» eₙ) {
   «Fehlerbehandlungₙ»
}
finally {
   «Abschluss-Aktivitäten (falls nötig)»
}
```

Um potenzielle Fehlersituationen abfangen zu können, führt JAVA die Schlüsselwörter `try` und `catch` ein.

Das eigentliche Programmstück (also das, was im Normalfall die Lösung der gegebenen Programmieraufgabe bewirkt) muss in die Klausel `try { ...}` eingeschlossen werden. Wenn jetzt irgendwo in diesem Programmfragment eine Exception auftritt, dann wird der Programmablauf sofort unterbrochen und ein Exception-Objekt `e` mit der Fehlerbeschreibung erzeugt, das dann der Reihe nach an die `catch`-Klauseln gereicht wird.

Diese `catch`-Klauseln prüfen (anhand der Art des Exception-Objekts `e`), ob sie für diese Exception zuständig sind. Wenn ja, wird die entsprechende Fehlerbehandlung ausgeführt. (Dabei kann im Code über den „Parameter" $\mathtt{e}_i$ das tatsächliche Objekt `e` angesprochen werden.

Aufgrund von Subklassenbildung können auch mehrere `catch`-Klauseln auf das Exception-Objekt `e` passen. In diesem Fall wird die erste dieser passenden `catch`-Klauseln ausgeführt. (Deshalb muss man sich bei der Aufschreibung an die Regel „die spezifischeren Exceptions zuerst fangen" halten.)

In der Praxis gibt es relativ häufig den Effekt, dass in allen `catch`-Klauseln am Schluss noch gewisse Abschlussaktivitäten stattfinden. Das sind typischerweise Dinge wie *Schließen von Dateien*, *Freigeben von Speicher*, *Ausgabe von Fehlermeldungen* etc. Damit dieser Code nicht in jeder Klausel wiederholt werden muss, bietet JAVA die `finally`-Klausel an.

Man beachte allerdings: Der `finally`-Code wird *immer* ausgeführt, also sowohl am Ende einer fehlerfreien Ausführung des `try`-Teils als auch im Fehlerfall, nachdem alle `catch`-Teile fertig sind. Das geht sogar noch weiter: Der `finally`-Code wird immer ausgeführt, sogar dann, wenn die `try`-Klausel mit `return`, `break` oder `continue` beendet wurde. `finally` ist also in der Tat nur für *Code zum „Aufräumen"* geeignet.

Beispiel. Eine typische Situation könnte folgendermaßen aussehen: Wir wollen eine Datei `"paper.txt"` einlesen. Dazu beschaffen wir uns ein Objekt der Art `FileReader` (s. Kapitel 21), über das wir dann mittels eines Objekts der Art `BufferedReader` (s. Kapitel 21) lesen.

```
try {
   FileReader file = new FileReader("paper.txt");
   BufferedReader in = new BufferedReader( file );
   while (... ) {
     String s = in.readLine();
     ...
   }//while
}//try
catch (FileNotFoundException e) {
   Terminal.println("Datei paper.txt existiert nicht");
}
catch (IOException e) {
   Terminal.println("Unerklärlicher IO-Fehler");
}
```

Wenn es die Datei nicht gibt, wird auch die `while`-Schleife nicht ausgeführt. Die `catch`-Klausel gibt eine entsprechende Nachricht auf dem Terminal aus.

Tritt während eines Schleifendurchlaufs beim Befehl `in.readLine()` ein IO-Fehler auf, dann wird die Verarbeitung abgebrochen und die Meldung der `IOException`-Klausel ausgeführt.

Anmerkung zum „Dateiende": Viele Programmierer tendieren dazu, beim Lesen einer Datei das Erreichen des Dateiendes mithilfe einer `IOException` festzustellen. Das ist aber schlechter Programmierstil! Richtig sollte das etwa so aussehen:

```
...
line = in.readLine();
while (line != null) {
  «verarbeite line»
  line = in.readLine();
}
```

20.4 Exceptions verkünden: `throw`

Wir wissen jetzt, wie wir in gefährdetem Code das Auftreten von Exceptions *abfangen* können. Was wir noch nicht wissen, ist, *wie wir das Auftreten von Exceptions signalisieren können.*

Das ist in den meisten Fällen auch nicht nötig. Denn die überwiegende Mehrzahl aller in der Praxis auftretenden Exceptions sind in JAVA vordefiniert und werden vom Laufzeitsystem automatisch generiert. Das heißt, in den meisten Fällen müssen wir uns tatsächlich nur um das Abfangen der vorhandenen Exceptions kümmern, nicht um das Auslösen eigener.

Trotzdem gibt es Situationen, in denen das Programm selbst eine Exception signalisieren muss:

- Alle anwendungsspezifischen Exceptions müssen vom Programm ausgelöst werden (z. B. «`SingularityException`»).
- Manchmal können wir eine Exception an der Stelle des Auftretens nur partiell reparieren und müssen sie deshalb „nach oben weiterreichen".

Wir können an jeder Stelle eines Programms eine Exception auslösen. Dazu dient das Schlüsselwort `throw`.

Throw Exception
`throw «Exception»;`

Im Allgemeinen werden wir ein neues Exception-Objekt kreieren. Aber es kann auch sein, dass wir das Objekt anderweitig kreiert und in einer Variablen verfügbar haben.

```
throw new Exception( «Text» );
throw someException;
```

Häufig kommt es auch vor, dass eine Exception weitergereicht wird:

```
try {
  ...
}
catch (IOException e) {
  «teilweise Klärung der Probleme»
  throw e;
}
```

Hier muss es „weiter außen“ ein weiteres `try`/`catch`-Paar geben, das die `IOException e` dann weiter verarbeitet.

20.5 Methoden mit Exceptions: `throws`

JAVA orientiert sich häufig an guter Software-Engineering-Praxis. Und dazu gehört, dass man für alle Methoden klar dokumentiert, wie sie sich verhalten. Dazu gehört nicht nur die Angabe von Argument- und Resultattypen (ohne die der Compiler ohnehin nicht arbeiten könnte), sondern auch die Angabe, ob und welche Exceptions die Methode auslösen kann.[2] Das sieht dann z. B. so aus:

```
void solvePDE ( Equations eqns ) throws SingularityException {
  ...
  throw new SingularityException();
  ...
}
```

Der JAVA-Compiler besteht darauf, dass eine Methode alle Exceptions, die aus ihrem Rumpf „hochgereicht“ werden können, in ihrer Kopfleiste nach dem Schlüsselwort `throws` aufführt. (Die Ausnahme von dieser Regel sprechen wir unten an.) „Hochgereicht“ heißt dabei, dass ein `throw` stattfindet, das nicht durch ein `catch` abgefangen wird.

Throws-Liste bei Methoden

```
«Typ» «Name» ( «Parameter» ) throws «E1», ..., «EN» {
    ...
}
```

Man beachte, dass dabei auch im Rumpf stattfindende Prozeduraufrufe als Auslöser von `throw`-Anweisungen fungieren können. Ein typisches Beispiel

[2] In gutem Software-Engineering wird meistens noch gefordert, dass auch alle globalen Variablen, die die Methode verwendet, aufgelistet werden. Auf diesen Überbau verzichtet JAVA (leider).

sind Ein-/Ausgabe-Routinen, von denen die meisten `IOException`s auslösen können. Wenn wir die nicht abfangen, müssen wir sie in unseren Methoden weiterreichen:

```
void meineEingabe () throws IOException {
   ...
   String s = in.readLine();
   ...
}//meineEingabe
```

Weil wir in diesem Beispiel den Aufruf von `readLine` nicht in einem `try/catch`-Paar abfangen, kann die Methode `meineEingabe` zu einer unbehandelten Exception führen. Diese muss dann eben an der Aufrufstelle der Prozedur `meineEingabe` entsprechend behandelt werden (ggf. durch erneutes Weiterreichen).

Ausnahme

JAVA *ist auch hier wieder pragmatisch*! Standardfehler wie *Division durch Null* oder *Arrayindex außerhalb des Bereichs* können praktisch überall im Programm auftreten. Das würde bedeuten, dass wir entweder fast alles, was wir schreiben, in `try/catch`-Paare einbetten oder alle Methoden mit langen `throws`-Listen verunstalten müssten. Deshalb unterscheidet JAVA zwei Arten von Exceptions (vgl. auch Abbildung 20.1):

- *Unchecked Exceptions*: Diese brauchen *nicht* in der Kopfzeile von Methoden mit `throws` angegeben zu werden.
  Dazu gehören alle Subklassen von `RunTimeException` und `Error` (z. B. `AssertionError`).
- *Checked Exceptions*: Diese müssen in der Kopfzeile von Methoden mit `throws` aufgelistet werden, wenn sie im Rumpf geschehen können und nicht mit `catch` abgefangen werden.
  Dazu gehören alle anderen Subklassen von `Throwable` (s. Abbildung 20.1).

21

Ein- und Ausgabe

Was nützt der schönste Algorithmus, wenn man ihn nicht mit Daten füttern kann und wenn er seine Ergebnisse für sich behalten muss. Bisher haben wir uns um dieses Problem herumgemogelt, indem wir eine selbst gebastelte Klasse `Terminal` benutzt haben, die extra für dieses Buch geschaffen worden war.[1] Dieser Trick löst aber nicht das generelle Problem, dass wir mit langfristig gespeicherten Daten auf *Platten, Magnetbändern, CDs, DVDs, Floppys, Memory-Sticks usw.* umgehen müssen. Und wenn wir schon dabei sind, können wir uns auch gleich um *Tastatur, Bildschirm und Drucker* kümmern.

Aber da gibt es ein hässliches Problem.

Der Umgang mit *externen Geräten* führt aus der schönen heilen Welt von JAVA hinaus in die rauen Niederungen der realen Betriebssysteme. Und nirgends unterscheiden die Kontrahenten UNIX und WINDOWS sich so sehr wie im Umgang mit Ein-/Ausgabe.

Für eine Sprache wie JAVA ist das die ultimative Herausforderung. Denn ihre Schöpfer propagieren ja das *Write-Once-Run-Everywhere*, also die Behauptung, dass ein JAVA-Programm auf allen Systemen unverändert laufen kann. Im Wesentlichen hat JAVA diesen Anspruch auch umgesetzt, allerdings um einen hohen Preis. Damit die Unterschiede der Plattformen versteckt werden, braucht es eine beachtliche Hierarchie von Klassen, die in einem komplexen Zusammenspiel die notwendigen Abstraktionen herstellen – und trotzdem noch hinreichend effizient und flexibel sind.

Die ganze barocke Fülle von Möglichkeiten in einem Einführungsbuch auszubreiten ist weder möglich noch lohnend. Deshalb beschränken wir uns auf eine Präsentation der wichtigsten Konzepte und die exemplarische Vorführung einiger zentraler und typischer Klassen. Den Rest kann man bei Bedarf in geeigneten Nachschlagwerken studieren.

---

[1] Eine solche handgestrickte Klasse findet sich in vielen Büchern und Vorlesungen zur Einführung von JAVA. Vielleicht sollten die Designer der Sprache das als Indiz für eine schmerzliche Lücke in ihren Bibliotheken erkennen.

Um sich in der Fülle der über 50 Klassen und Interfaces zurechtzufinden, mag die grobe Ordnung in Abbildung 21.1 helfen. Zum einen braucht

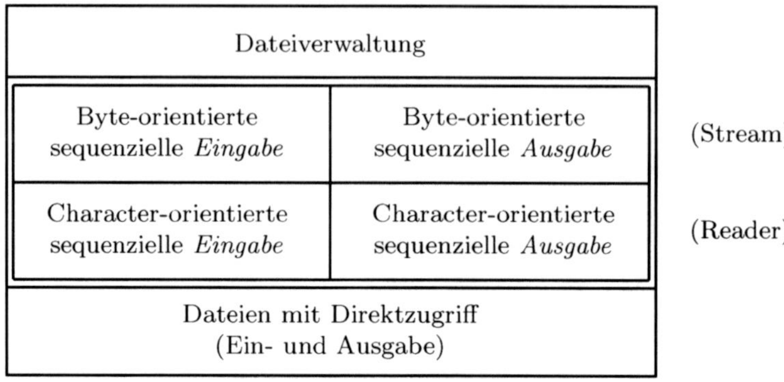

Abb. 21.1. Einteilung der Klassen für die Ein-/Ausgabe

man eine allgemeine Dateiverwaltung; das erledigt eine einizge Klasse, nämlich `File`. Dann unterscheidet man sequenziell arbeitende Dateien und Geräte von Dateien mit Direktzugriff. Letztere werden im Wesentlichen auch in einer einzigen Klasse erledigt, nämlich `RandomAccessFile`. Die große Variationsbreite entsteht nur im Bereich der sequenziellen Ein-/Ausgabe. Hier hat man zwei Gruppen, die mehr oder weniger Duplikate voneinander sind. Die eine arbeitet Byte-orientiert (also im ASCII-Code), die andere Character-orientiert (also im UNICODE). Und innerhalb der beiden Gruppen ist auch noch fast alles doppelt vorhanden, einmal für die Eingabe und einmal für die Ausgabe.

Alle in diesem Kapitel besprochenen Klassen befinden sich im Package `java.io`. Um mit ihnen arbeiten zu können, muss man seinen Programmen also generell den entsprechenden Import voranstellen:

```
import java.io.*;
```

21.1 Ohne Verwaltung geht gar nichts

Bevor man aus Dateien lesen oder in Dateien schreiben kann, muss man sie erst einmal haben. Deshalb beginnen wir mit den Möglichkeiten, Dateien zu verwalten.

Das Problem ist offensichtlich: Außerhalb der Welt des JAVA-Programms gibt es Geräte wie Platten, CDs, Memory-Sticks etc. Auf diesen Speichermedien liegen *Dateien*, also geordnete Ansammlungen von Daten. Verwaltet werden diese Dateien nach den Spielregeln des jeweiligen Betriebssystems (meistens WINDOWS oder UNIX, in Steuerprozessoren, Kleingeräten und PDAs aber auch Spezialsysteme wie QNX, VxWorks oder Palm OS).

Irgendwie muss es von unserem Programm aus einen Zugang zu dieser Welt der Dateien geben (vgl. Abbildung 21.2) – und zwar einheitlich für alle Betriebssysteme. Dabei soll aber nicht nur ein schlichter Zugang möglich

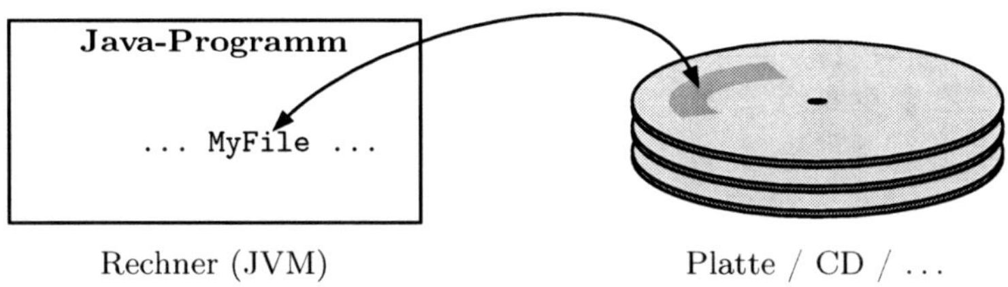

Abb. 21.2. Programm und externe Dateien

sein, sondern ein komplettes Management. Denn wir müssen in der Lage sein, Dateien zu erzeugen und zu löschen, sie zu suchen, sie umzubenennen, ihre Eigenschaften abzufragen usw. Das alles ist in JAVA in einer Klasse zusammengefasst: `File` (s. Abbildung 21.3 und Abschnitt 21.1.2).

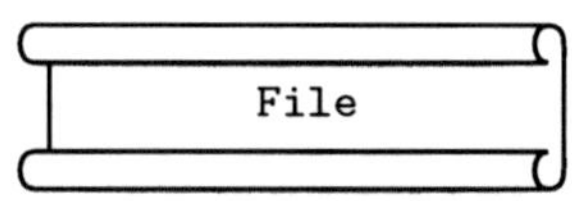

Abb. 21.3. Die Klasse für Dateiverwaltung

21.1.1 Pfade und Dateinamen in Windows und Unix

Als Erstes müssen wir verstehen, wie die Dateiverwaltung in Betriebssystemen aussieht. Die Struktur ist an sich ganz einfach.

- Die eigentlichen Daten (Texte, Fotos, Videos, Musikstücke etc.) sind in ***Dateien*** enthalten. Zu diesen Dateien gehören neben ihrem eigentlichen Inhalt noch gewisse ***Metadaten*** (z. B. Erstellungsdatum und Zugriffsrechte). Außerdem haben die Dateien einen ***Namen***.
  Traditionell wird dieser Name oft zweiteilig geschrieben, wobei der hintere Teil die Art des Dateiinhalts andeutet. So steht z. B. `memo.txt` für eine Textdatei, `brief.doc` für eine Microsoft-Word-Datei, `skript.tex` für einen TEX-Text, `baby.jpeg` für ein JPEG-Foto und `party.mpeg` für ein MPEG-Video.[2]

[2] Eigentlich ist das nur der missglückte Versuch, so etwas wie Typisierung auch auf der Ebene von Dateien zu realisieren. Aber weil die Endungen unverbindlich sind, klappt das nur sehr bedingt (und bietet einen Angriffspunkt für Viren).

- Gruppen von Dateien werden in ***Directorys*** zusammengefasst (auch ***Folder*** oder ***Ordner*** genannt). Directorys können ***Subdirectorys*** enthalten, sodass insgesamt eine baumartige Hierarchie von Directorys entsteht, an deren unterem Ende als Blätter die Dateien stehen. Technisch gesehen sind Directorys allerdings nichts anderes als spezielle Dateien. Deshalb besitzen sie auch Metadaten und Namen.

Absolute Pfade.

Wenn man eine Datei lokalisieren will, muss man den ***Pfad*** durch die Directory-Hierarchie angeben. Das sieht in den verschiedenen Betriebssystemen jeweils unterschiedlich aus:

UNIX	`/home/uebb/pepper/books/javabook/kap1.tex`
WINDOWS	`G:\pepper\books\javabook\kap1.tex`

Die UNIX-Variante ist so zu lesen: Beginnend bei der Wurzel des Dateisystems gehe man zuerst in das Directory namens `home`, von da aus weiter in das Subdirectory `uebb`, dann in `pepper`, dort in `books` und schließlich in `javabook`. Dort nehme man die Datei namens `kap1.tex`.

In der WINDOWS-Variante ist es analog, allerdings mit einer Besonderheit. In den Urzeiten der Microsoft-Betriebssysteme waren die Adressierungsmöglichkeiten sehr beschränkt. Deshalb mussten die Platten in mehrere sog. *Partitionen* eingeteilt werden, die jeweils mit einem Buchstaben benannt wurden. (Auch weitere Geräte wie DVD-Player oder Memory-Stick werden über solche Buchstaben angesprochen.) Dieses Erbe schleppen seither alle WINDOWS-Systeme mit sich herum. Ein solcher Laufwerksbuchstabe bildet hier jeweils die Wurzel der Hierarchie.

Relative Pfade.

Neben den absoluten Pfaden gibt es auch *relative Pfade*. Betrachten wir wieder das obige Beispiel. Wenn ich mich beim Start des Programmes z. B. im Directory `/home/uebb/pepper` befinde, reicht es `books/javabook/kap1.tex` zu schreiben, um an die Datei heranzukommen. Es wäre auch möglich, `./books/javabook/kap1.tex` zu schreiben, weil '`./`' für „aktuelles Directory" steht. Übrigens: Mit '`../`' kommt man in der Hierarchie eine Stufe nach oben.

21.1.2 `File`: Die Klasse zur Dateiverwaltung

Alle Methoden zur Datei- und Directory-Verwaltung sind in der Klasse `File` zusammengefasst (vgl. Abbildung 21.4). Diese Klasse hat drei Konstruktoren. Beim ersten wird der ganze Pfad als String übergeben, beim zweiten werden der Directory-Pfad und der Datei-Name getrennt als Strings übergeben, und beim dritten wird das Directory nicht als String, sondern bereits als `File`-Objekt übergeben. Wenn die Pfade relativ sind, werden sie auf das aktuelle Arbeitsverzeichnis bezogen. Beispiele (UNIX-Version):

```
class File
---------------------------------------------------------------------------
static String separator

File (String pathname)                     Konstruktor
File (String dir, String name)             Konstruktor
File (File dir, String name)               Konstruktor

boolean mkdir ()                           neues Directory
boolean mkdirs ()                          neue Directorys
boolean renameTo (String newname)          umbenennen
boolean delete ()                          Datei löschen
void deleteOnExit ()                       bei Programmende löschen
boolean setReadOnly ()                     nur zum Lesen

boolean exists ()                          Datei vorhanden?
boolean isDirectory ()                     Directory?
boolean isFile ()                          Datei?
boolean canRead ()                         Lesen erlaubt?
boolean canWrite ()                        Schreiben erlaubt?

String getName ()                          Name der Datei
String getPath ()                          Pfad zur Datei
String getAbsolutePath ()                  absoluter Pfad zur Datei
String getParent ()                        Pfad zum Directory
File getParentFile ()                      Pfad zum Directory

long lastModified ()                       Zeitpunkt letzte Änderung
boolean setLastModified (long time)        Zeitpunkt letzte Änderung
long length ()                             Größe der Datei

String[] list ()                           alle Dateien im Directory
File[] listFiles ()                        alle Dateien im Directory
static File[] listRoots()                  alle Wurzeldateien
...
```

Abb. 21.4. Die Klasse `File` (Auszug)

```
File myFile = new File("./books/javabook/kap1.tex");
File myFile = new File("./books/javabook", "kap1.tex");
```

Die Klasse `File` stellt daneben noch eine Fülle von Managementfunktionen für Dateien und Directorys bereit:

- Man kann neue Directorys erzeugen (wobei die Variante `mkdirs()` nicht nur das Directory selbst erzeugt, sondern auch noch alle fehlenden Directorys im Pfad). Man kann Dateien und Directorys löschen oder umbenennen. Und man kann sie nur zum Lesen verfügbar machen. Das boolesche Ergebnis zeigt jeweils an, ob die Operation erfolgreich war.
- Es gibt Methoden, um diverse Eigenschaften der Datei abzufragen.

- Sehr hilfreich ist auch die Möglichkeit, alle Dateien im Directory (als Array von Strings oder als Array von `File`-Objekten) zu erhalten. Die Methode `listRoots()` liefert alle Wurzelverzeichnisse auf dem Betriebssystem (bei UNIX normalerweise nur `"/"`, auf WINDOWS alle Laufwerksbuchstaben `"c:\"`, `"d:\"` etc.).

Was muss man sich unter einem Objekt der Art `File` vorstellen?

Wichtig ist: Es ist nicht die Datei selbst, sondern nur der abstrakte Zugang zur Datei. (In Abbildung 21.2 entspricht das dem Pfeil.) In dieser Hinsicht ist die Situation vergleichbar mit den Referenzen aus Kapitel 16, die ja auch nicht das Objekt selbst sind, sondern nur einen Zugang zum Objekt verschaffen.

Exceptions.

Viele der `File`-Methoden können eine `SecurityException` auslösen. Das geschieht z. B., wenn man Directorys im Pfad hat, für die man keine Leseberechtigung besitzt. Einige der Methoden können auch eine generelle `IOException` auslösen.

21.1.3 Programmieren der Dateiverwaltung

Die Unterschiede zwischen den einzelnen Betriebssystemen stellen natürlich ein hässliches Problem für die Programmierung dar. Aber sie lassen sich durch zwei Maßnahmen einigermaßen sauber auflösen.

1. Man muss das Programm von den problematischen Aspekten – also den Pfadnamen – weitgehend freihalten.

> **Prinzip der Programmierung**: *Dateinamen*
>
> Man sollte nach Möglichkeit Dateinamen niemals als feste Konstanten in Programme einbauen.
> Sinnvolle Alternativen sind: Abfrage beim Benutzer, Angabe beim Programmstart (in der sog. Kommandozeile) oder Ablage in einer Steuerdatei.

Dieses Prinzip ist nicht nur wegen der UNIX/WINDOWS-Problematik notwendig, sondern folgt aus grundsätzlichen softwaretechnischen Überlegungen. Die Nutzer müssen zu jedem Zeitpunkt in der Lage sein, die Organisation ihrer Dateisysteme frei zu gestalten. Wenn Pfadnamen fest in den Programmen verankert sind, werden schon kleinste Umorganisationen in der Umgebung fatal.

2. Wenn sich – aus welchen Gründen auch immer – die Angabe von Dateinamen im Programm nicht vermeiden lässt, dann bekommt man von JAVA wenigstens etwas Unterstützung. Die Klasse `File` enthält die statische Variable `separator`, die das Trennzeichen für das jeweilige Betriebssystem als String bereitstellt, also `"/"`, wenn das Programm unter UNIX läuft, und `"\"` bei WINDOWS. Die Variable `separatorChar` liefert die gleiche Information als `char`. Damit hat man dann zwei Möglichkeiten, um das Problem zu lösen.
   a) Man wählt eine Variante, z. B. die UNIX-Version, als Default und passt die andere durch eine geeignete Substitution an:
   ```
   String pattern = "books/javabook/kap1.tex";
   String path = pattern.replace('/', File.separatorChar);
   ```
   Unter WINDOWS werden jetzt alle `"/"` durch `"\"` ersetzt, in UNIX werden sie durch `"/"` ersetzt (wodurch der String unverändert bleibt).
   b) Wenn man systematischer vorgehen will, kann man die Directoryhierarchie neutral als Array von einzelnen Namen speichern, aus denen man bei Bedarf den Pfad zusammensetzt.
   ```
   String[] hierarchy = { "books", "javabook", "kap1.tex" };
   String path = ".";
   for (int i = 0; i < hierarchy.length; i++) {
      path = path + File.separator + hierarchy[i];
   }//for
   ```

   Beide Beispiele konstruieren den relativen Pfad. Wenn man den absoluten Pfad braucht, kann man z. B. durch die Anweisung
   ```
   String path = System.getProperty("user.dir");
   ```
   das aktuelle Directory als Pfadanfang beschaffen (in unserem Beispiel also `"/home/uebb/pepper"` bzw. `"G:\pepper"`).

Anmerkung: Die Operation `System.getProperty(«request»)` *kann benutzt werden, um weitere nützliche Dinge zu erfragen. Zum Beispiel liefert das Request* `"user.name"` *den Account name des Benutzers und* `"user.home"` *das Home directory des Benutzers.*

21.2 Was man Lesen und Schreiben kann

Wenn man sich mithilfe der Klasse `File` Zugang zu einer Datei verschafft hat, kann man aus ihr lesen oder in sie hineinschreiben.

Aber so einfach ist das nicht!

Es gibt unterschiedliche Arten von Dateien und ganz viele unterschiedliche Arten, sie zu verarbeiten. Und das heißt in JAVA: Es gibt sehr viele Klassen, in denen diese unterschiedlichen Arten des Umgangs codiert sind.

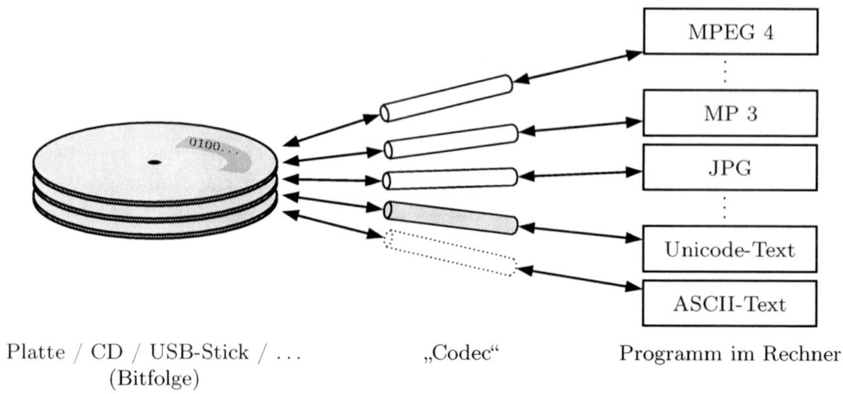

Abb. 21.5. Externe Dateien und „Codecs“

In Analogie zu Begriffen aus der Nachrichtentechnik[3] können wir das Konzept so beschreiben wie in Abbildung 21.5 skizziert:

- Auf der Platte, CD, USB-Stick etc. sind alle Dateien letztlich nur lange ***Bitfolgen***
- Um diese Bitfolgen sinnvoll interpretieren zu können, muss man wissen, welchen ***Formatregeln*** sie unterliegen. Dabei gibt es – abhängig von der Anwendung – eine ungeheure Fülle von Formaten; häufig vorkommende Beispiele sind:
  - Bilder: JPEG, TIFF, GIF, ...
  - Videos: MPEG-1, ..., MPEG-4, WMV, AVI, DIVX, ...
  - Musik: MP3, WMA, ...
  - Sprache: AMR, GSM, ...
  - ...

  Daneben werden in vielen Programmen und Programmiersprachen noch weitere ad-hoc Formate eingeführt (ein typisches Beispiel ist JAVAs „Serializable“ – s. Abschnitt 21.7.1).
- Beim Übertragen zwischen Programm und Platte muss daher eine entsprechenden ***Konversion*** stattfinden. Im Allgemeinen muss diese Konversion von den Programmen selbst geleistet werden. Denn das betriebssystem und die programmiersprache stellen nur die „nackte“ Bitfolge bereit.
  Die Ausnahme bilden *Textdateien*. Hier stellt JAVA einen „Unicode-Codec“ zur Verfügung (in Abbildung 21.5 grau unterlegt).
- Ein Spezialfall sind übrigens ***ASCII-Texte*** – und das ist erfreulicherweise die Mehrzahl der Dateien, mit denen man es üblicherweise zu tun hat. Bei ihnen liefert das „nackte“ Binary I/O ohne jede Umcodierung die gewünschten Texte (in Abbildung 21.5 durch die punktierte Zeichnung angedeutet).

[3] Dort bezeichnet „Codec“ (kurz für Coder/Decoder) die Umwandlung zwischen Analog- und Digitalsignalen.

Aber letztlich haben alle diese Varianten und Variäntchen doch wieder viel gemeinsam. Und nach den Regeln der objektorientierten Programmierung müssen solche Gemeinsamkeiten auch explizit vermerkt werden. Dazu stellt JAVA zwei Interfaces bereit: `DataInput` und `DataOutput` (s. Abbildung 21.6). Beide Interfaces sind weitgehend analog zueinander aufgebaut. Zu jeder Lese-

```
interface DataInput
  void read (byte[] b)
  void readFully (byte[] b)
  ...
  boolean readBoolean ()
  byte readByte ()
  char readChar ()
  short readShort ()
  int readInt ()
  long readLong ()
  float readFloat ()
  double readDouble ()
  String readLine ()
  int skipBytes (int n)
  ...
```

```
interface DataOutput
  void write (byte[] b)
  void write (int b)
  ...
  void writeBoolean (boolean val)
  void writeByte (int val)
  void writeChar (int val)
  void writeShort (int val)
  void writeInt (int val)
  void writeLong (long val)
  void writeFloat (float val)
  void writeDouble (float val)
  void writeBytes (String s)
  void writeChars (String s)
  ...
```

Abb. 21.6. Die Interfaces `DataInput` und `DataOutput` (Auszug)

Methode in `DataInput` gibt es eine korrespondierende Schreib-Methode in `DataOutput`.

In der elementarsten Sicht sind Dateien nichts anderes als (oft sehr große) Folgen von Bytes, also 8-Bit-Elementen. Deshalb gibt es als Basismethoden das Lesen bzw. Schreiben von Byte-Arrays. (Es gibt auch Methoden, um nur Teile das Arrays zu lesen oder zu schreiben.) Beim Lesen gibt es zwei Varianten: `read()` erlaubt dem Programm weiterzuarbeiten, sobald die ersten Bytes verfügbar sind, `readFully()` blockiert das Programm, bis alle Bytes übertragen sind.

Aber diese elementare Sicht einer Datei als blanke Byte-Folge ist oft nicht angemessen. In der Praxis weiß man meistens Genaueres, z. B. dass die Datei aus `float`-Zahlen besteht. Dann möchte man die Daten nicht als bloße Byte-Folge hereinholen, sondern jeweils vier Bytes als das behandeln, was sie sind, nämlich `float`-Werte. Deshalb gibt es für alle primitiven Typen von JAVA entsprechende Lese- und Schreibbefehle.

Bei `writeByte`, ..., `writeInt` ist das Argument jeweils vom Typ `int`. Das ist bequem, weil man ggf. Downcasts vermeidet (und Upcasts automatisch gemacht werden).

Weil man es bei der Ein- und Ausgabe sehr oft mit Strings zu tun hat, gibt es dafür eigene Lese- und Schreibbefehle. Zum Lesen existiert auch eine spezielle Methode `readLine()`, die alle Zeichen bis zum nächsten Zeilenwechsel liefert. (Der Zeichenwechsel selbst ist *nicht* enthalten.) Beim Schreiben von Strings kann man diese entweder als Bytes (also ASCII-Zeichen) oder als Characters (also UNICODE-Zeichen) ausgeben.

Beim Lesen kann man außerdem noch mit `skipBytes` ein Stück der Datei überspringen.

Anmerkung: Seit JAVA *5 gibt es eine Klasse* `Scanner`*, die mehr Unterstützung bietet, wenn man nicht bloße Bytefolgen einlesen will, sondern weiß, dass man es z. B. mit* `int`*- oder* `float`*-Werten zu tun hat. (Für Details verweisen wir auf die* JAVA*-Dokumentation.)*

21.3 Dateien mit Direktzugriff („Externe Arrays")

Es gibt zwei wesentliche Klassen von Dateien. Die einen verhalten sich wie Arrays von Daten, die anderen wie Listen von Daten. Wir beginnen hier mit der ersten Art. Die Klasse `RandomAccessFile` (s. Abbildung 21.8) enthält

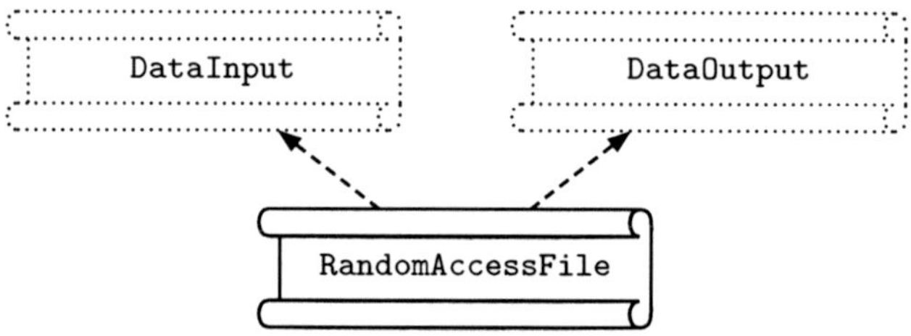

Abb. 21.7. Die Klasse für Dateien mit Direktzugriff

diejenigen Methoden, mit denen man Dateien im sog. Direktzugriff verarbeiten kann. Zur bequemeren Nutzbarkeit stellt sie alle spezifischen Lese- und Schreiboperationen bereit, die in den Interfaces `DataInput` und `DataOutput` gefordert werden (s. Abbildung 21.7).

Die Datei wird wie ein riesiger Array behandelt, der sich auf der Platte (oder einer CD, einer Floppy etc.) befindet. Es gibt einen *File pointer*, also einen Index, der zu jedem Zeitpunkt die *aktuelle Position* in der Datei wiedergibt. Beim Lesen wird von dieser Postition an gelesen, beim Schreiben wird von dieser Postion an geschrieben (d. h. überschrieben). Mit der Methode `seek` kann man an eine bestimmte Position springen und `getFilePointer` liefert die aktuelle Position.

Wenn man beim Schreiben über die Dateigröße hinaus schreibt, wird die Datei entsprechend verlängert.

```
class RandomAccessFile implements DataInput,DataOutput
-----------------------------------------------------------------
RandomAccessFile (String name, String mode)
RandomAccessFile (File file, String mode)

long getFilePointer()                       aktuelle Position
void seek (long pos)                        Position setzen

long length ()                              Länge der Datei
void setLength (long len)                   Dateilänge setzen

void close ()                               Datei schließen

«alle Methoden aus DataInput (s. Abbildung 21.6))»
«alle Methoden aus DataOutput (s. Abbildung 21.6))»
```

Abb. 21.8. Die Klasse `RandomAccessFile` (Auszug)

In den Konstruktoren kann man die Datei entweder als `File`-Objekt (s. Abbildung 21.4) oder als `String` angeben. Der Modus sagt, was man mit der Datei tun darf:

Modus	*erlaubte Aktionen*
`"r"`	nur Lesen
`"rw"`	Lesen und Schreiben
`"rws"`	synchronisiertes Lesen und Schreiben (alles)
`"rwd"`	synchronisiertes Lesen und Schreiben (nur Daten)

Die beiden letzten Optionen stellen sicher, dass jede Änderung sofort auf die Platte geschrieben wird, was mehr Aufwand bedeutet, aber sicherstellt, dass im Falle eines Systemabsturzes keine Daten verloren gehen. Bei `"rws"` werden nicht nur die Daten selbst, sondern auch die Metainformationen (*Änderungsdatum* etc.) gesichert, was etwas mehr Aufwand kostet, aber noch robuster ist.

Exceptions

Nahezu alle Methoden der Klasse können zwei Arten von Exceptions auslösen: `EOFException` zeigt an, dass das Ende der Datei erreicht wurde. `IOException` zeigt an, dass irgendein anderer Fehler aufgetreten ist (z. B. dass die Datei bereits geschlossen wurde).

Bei den Konstruktoren gibt es außerdem noch weitere mögliche Exceptions, z. B. die `FileNotFoundException` oder die `SecurityException`. Letztere entsteht z. B., wenn man als Modus `"rw"` angibt, aber für die Datei nur Leserecht besitzt.

21.4 Sequenzielle Dateien („Externe Listen“, Ströme)

Wesentlich häufiger als im Direktzugriff verarbeitet man Dateien im sequenziellen Zugriff. Das heißt, man liest sie von vorne nach hinten bzw. schreibt sie von vorne nach hinten. Für diese Art der Verarbeitung hat man in JAVA den Oberbegriff *(Daten-)**Strom*** gewählt. Wir werden im Folgenden auch den englischen Terminus ***Stream*** verwenden.

Diese Art der Verarbeitung ist nicht nur für Dateien auf Platte oder CD möglich, sondern für alle möglichen Arten von Geräten, insbesondere Drucker, Magnetbänder, Tastatur, Bildschirm etc. Auch gewisse Arten der Kommunikation von Programmen untereinander und sogar von Programmen auf verschiedenen Rechnern lassen sich über den Mechanismus der sequenziellen Ein-/Ausgabe mit Strömen abhandeln.

Wegen ihrer zentralen Bedeutung werden die Ströme in JAVA in einer reichen Hierarchie von Varianten bereitgestellt. Abbildung 21.9 zeigt einen kleinen Ausschnitt aus dieser Sammlung, aus der wir im Folgenden nur drei Klassen diskutieren werden. Die Abbildung zeigt die Klassen für Eingabe. Zur

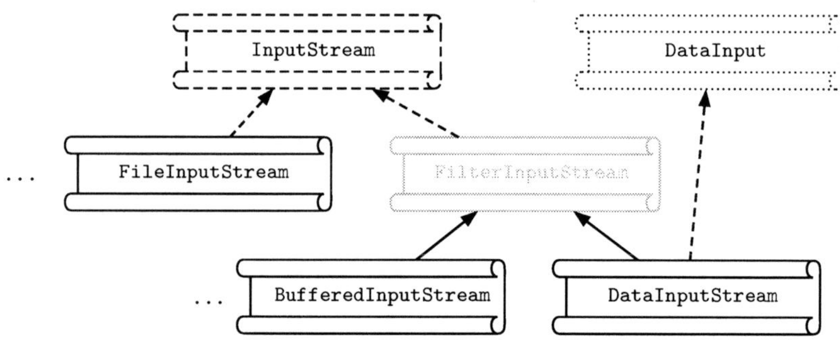

Abb. 21.9. Die Klassenhierarchie der Eingabe-Ströme (Auszug)

Ausgabe gibt es die ganze Hierarchie als Duplikat noch einmal.

An der Spitze der Hierarchie werden die Gemeinsamkeiten aller Arten von Strömen in einer abstrakten Superklasse `InputStream` (analog: `OutputStream`) zusammengefasst. Darunter liegen die Subklassen für die beiden grundsätzlich verschiedenen Arten von Dateien und Geräten:

- Dateien auf Platten, CDs etc. erlauben zwar direkten Zugriff (mittels der Methoden aus `RandomAccessFile`), können aber auch sequenziell verarbeitet werden. Die Klasse `FileInputStream` tut nichts anderes als die Methoden von `InputStream` zu erben und auf Dateien zu adaptieren.
- Bei den Dateien und Geräten, die nur sequenzielle Verarbeitung erlauben, gibt es in der Klassenhierarchie eine kleine technische Komplikation: JAVA schaltet noch eine Klasse `FilterInputStream` dazwischen. Ihr einziger Zweck ist es, die Bildung der anderen, eigentlich relevanten Subklassen zu

unterstützen. (Bezeichnenderweise ist der Konstruktor auch als `protected` abgeschirmt.) Auch diese Klasse erbt und adaptiert nur die Methoden von `InputStream`. Wir ignorieren diese Zwischenklasse hier und konzentrieren uns auf die beiden wichtigsten ihrer Unterklassen: `DataInputStream` und `BufferedInputStream`.

21.4.1 Die abstrakte Superklasse `InputStream`

Die abstrakte Klasse `InputStream` ist die Basis aller Eingabeströme. Mit anderen Worten: Sie beschreibt den kleinsten gemeinsamen Nenner der Idee „sequenzielles Lesen" unter allen Betriebssystemen (s. Abbildung 21.10).

abstract class InputStream	
InputStream()	Konstruktor
int available ()	verfügbare Bytes
abstract int read ()	ein Byte lesen
int read (byte[] b)	in Array b lesen
int read (byte[] b, int off, int len)	in Teilarray lesen
long skip (long n)	n Bytes überspringen
boolean markSupported()	mark/reset möglich?
void mark (int limit)	markiere aktuelle Pos.
void reset ()	zurück zur Marke
void close ()	Strom schließen

Abb. 21.10. Die Klasse `InputStream` (Auszug)

Man kann mit `read()` ein einzelnes Byte oder einen ganzen (Teil-)Array von Bytes lesen und man kann mit `skip()` eine Reihe von Bytes überspringen. Wie viele Bytes man übertragen kann, ohne dass das Programm blockiert, erfährt man durch `available()`.

Manche Geräte unterstützen die Möglichkeit, beim Lesen ein Stück zurückzusetzen. Für diese Geräte kann man mit `mark()` einen Rücksetzpunkt markieren und bei Bedarf mit `reset()` dorthin zurückkehren.

21.4.2 Die konkreten Klassen für Eingabeströme

Aus der abstrakten Superklasse `InputStream` bzw. aus `FilterInputStream` sind die eigentlich interessierenden konkreten Klassen abgeleitet, die die verschiedenen Arten von Lesen realisieren.

Sequenzielles Lesen aus Dateien: `FileInputStream`

Das Lesen aus Dateien wird von der Klasse **`FileInputStream`** unterstützt. Sie hat genau die gleichen Methoden wie die abstrakte Superklasse **`InputStream`**, redefiniert sie intern aber so, dass sie auf Plattendateien etc. passen. Die Klasse stellt Konstruktoren bereit, mit denen ein Stromobjekt erzeugt werden kann, das mit einer Datei assoziiert ist. Die Datei wird dem Konstruktor dabei normalerweise als **`File`**-Objekt übergeben. Zur Bequemlichkeit kann aber auch der Pfad als String übergeben werden, sodass der Konstruktor **`FileInputStream`** ein bisschen von der Rolle des Konstruktors **`File`** (s. Abbildung 21.4) mit übernimmt.[4]

```
class FileInputStream extends InputStream
--------------------------------------------------------------
FileInputStream (File file)             Konstruktor
FileInputStream (String name)           Konstruktor
«alle Methoden aus InputStream»
```

Abb. 21.11. Die Klasse `FileInputStream`

Sequenzielles Lesen komfortabel gemacht: `DataInputStream`

Die Operationen aus **`InputStream`** sind etwas schwach. Wie wir schon in Abschnitt 21.2 diskutiert haben, möchte man in der Praxis komfortablere Methoden haben. Diese sind in den Interfaces **`DataInput`** und **`DataOutput`** fest-

```
class DataInputStream extends InputStream implements DataInput
--------------------------------------------------------------
DataInputStream (InputStream in)        Konstruktor
«alle Methoden aus InputStream»
«alle Methoden für DataInput»
```

Abb. 21.12. Die Klasse `DataInputStream`

[4] Diese Art von bequemen Abkürzungsnotationen ist zwar manchmal angenehm, macht die Programmierkonzepte für Dateien aber auch unübersichtlich und unnötig mystisch.

gelegt. Die Klasse `DataInputStream` reichert die Basisklasse `InputStream` genau um diese Komfortfunktionen an. Man beachte, dass der Konstruktor `DataInputStream` einen anderen InputStream als Argument braucht. Diese merkwürdig anmutende Situation werden wir in Abschnitt 21.5 genauer diskutieren.

Beschleunigtes Lesen: `BufferedInputStream`

Beim Lesen und Schreiben auf externe Geräte gibt es ein massives Effizienzproblem: Die Geräte sind um Größenordnungen langsamer als der Rechner. Das heißt, die meiste Zeit verbringt das Programm mit dem Warten auf Daten.[5] Ein wichtiges Mittel der Beschleunigung des Gesamtablaufs ist es, die Daten nicht in kleinen und kleinsten Häppchen zwischen Gerät und Rechner zu übertragen. Stattdessen werden im Hintergrund immer große Blöcke auf einmal übertragen. Dazu müssen die Daten in sog. ***Puffern*** zwischengespeichert werden. Der zusätzliche Platzbedarf wird durch den Effizienzgewinn allemal aufgewogen.

Aus Sicht des Programms ist diese Zwischenpufferung völlig transparent. Deshalb stellt die Klasse `BufferedInputStream` genau die Methoden von

```
class BufferedInputStream extends InputStream

  BufferedInputStream (InputStream in)              Konstruktor
  BufferedInputStream (InputStream in, int size)    Konstruktor
  «alle Methoden aus InputStream»
```

Abb. 21.13. Die Klasse `BufferedInputStream`

`InputStream` bereit. Dass die Daten nicht vom Gerät selbst, sondern aus dem Zwischenpuffer kommen, bleibt völlig verborgen.

Auch hier braucht der Konstruktor wieder einen bestehenden Strom als Argument (s. Abschnitt 21.5). Man kann dem Konstruktor auch die gewünschte Puffergröße mitgeben; ansonsten wählt JAVA eine Defaultgröße.

21.4.3 Ausgabeströme

Die Klassen für Ausgabeströme sind völlig analog zu denen für Eingabeströme organisiert. An der Spitze der Hierarchie steht die abstrakte Superklasse `OutputStream`. Mit `write()` kann man ein einzelnes Byte oder einen

[5] In allen modernen Betriebssytemen wird diese Zeit genutzt, um den Rechner anderen Programmen zur Verfügung zu stellen.

abstract class OutputStream	
`OutputStream ();`	Konstruktor
`abstract void write (int b)`	ein Byte schreiben
`void write (byte[] b)`	Array b schreiben
`void write (byte[] b, int off, int len)`	Teilarray schreiben
`void flush ()`	Puffer leeren
`void close ()`	Strom schließen

Abb. 21.14. Die abstrakte Klasse `OutputStream`

(Teil-)Array von Bytes schreiben.

Manchmal will man verhindern, dass die Ausgabe nur zwischengepuffert wird. Mit der Methode `flush()` erzwingt man, dass alle Bytes aus den Zwischenpuffern tatsächlich sofort ausgegeben werden.

Über dieser Basisklasse werden dann die Klassen `FileOutputStream`, `FilterOutputStream`, `DataOutputStream`, `BufferedOutputStream` etc. völlig analog zu den Eingabeströmen definiert.

Eine Besonderheit ist `PrintStream`. Diese Klasse stellt im Wesentlichen die Methoden `print()` und `println()` zur Verfügung, mit denen textuelle Ausgabe besonders erleichtert wird.

- `print()` gibt Standardrepräsentationen aller primitiven JAVA-Datentypen aus, also `int`, `float` usw. Das heißt, das jeweilige Argument wird zuerst nach `String` konvertiert und dann ausgegeben.
- `println()` macht das Gleiche und fügt zusätzlich noch einen Zeilenwechsel hinten an.
- Seit JAVA 5 gibt es auch noch die beiden (völlig äquivalenten) Methoden `printf` und `format`, die formatierte Ausgabe ermöglichen (nach den Prinzipien, die wir schon in Abschnitt 2.1.5 in Tabelle 2.7 skizziert haben).

21.4.4 Das Ganze nochmals mit Unicode: Reader und Writer

Ein großer Teil der Klassenhierarchie existiert in ähnlicher Form ein zweites Mal. Das Gegenstück der `InputStream`-Hierarchie aus Abbildung 21.9 ist die `Reader`-Hierarchie in Abbildung 21.15.

Der wesentliche Unterschied ist, dass die `Stream`-Hierarchie auf Bytes basiert, während die `Reader/Writer`-Hierarchie auf UNICODE-Zeichen basiert. Für alle Arten von textbasierter Ein-/Ausgabe sollte man deshalb diese modernere Version der Klassen nehmen.

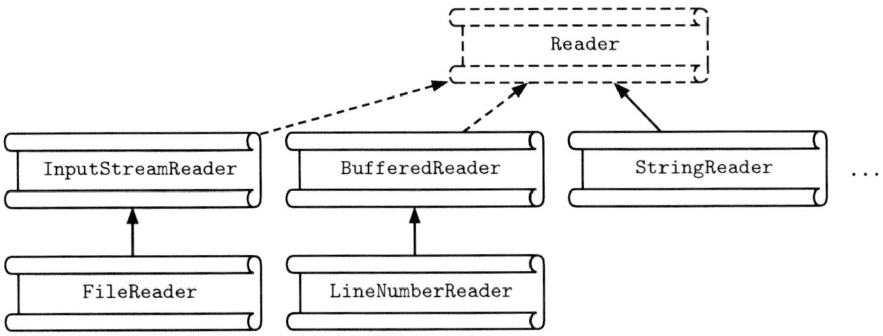

Abb. 21.15. Die Klassenhierarchie der Reader (Auszug)

21.5 Programmieren mit Dateien und Strömen

Jetzt müssen wir versuchen, uns in der Fülle der Möglichkeiten zurechtzufinden. Wir machen das nicht, indem wir ein großes Beispielprogramm schreiben, sondern indem wir kleine, typische Situationen skizzieren.

Um programmiertechnisch richtig mit Dateien und Strömen arbeiten zu können, muss man ein Prinzip verstehen, das JAVA grundsätzlich verwendet: Die verschiedenen Eigenschaften, die ein Strom haben soll, werden durch stückweise Einbettung erreicht.

- Man erzeugt als Erstes einen geeigneten Basisstrom.
- Diesen übergibt man dem Konstruktor eines weiteren Stromes, der zusätzliche Eigenschaften mitbringt.
- Diesen zweiten Strom übergibt man ggf. dem Konstruktor eines dritten, der noch mehr Eigenschaften hinzufügt.
- Und so weiter.

Meistens reichen zwei oder höchstens drei derartige Einbettungen, um einen Strom mit allen gewünschten Eigenschaften herzustellen.

Szenario 1. Wir wollen eine Datei `brief.txt` im aktuellen Arbeitsverzeichnis lesen und Zeile für Zeile auf dem Terminal ausgeben. Weil es um Characters geht, benötigen wir nicht `InputStream`-Klassen, sondern die entsprechenden `Reader`-Klassen.

```
File file = new File("brief.txt");
BufferedReader reader = new BufferedReader(new FileReader(file));
while (true) {                            // Exit mit break!
  String line = reader.readLine();        // Zeile aus Datei lesen
  if (line == null) { break; }            // Dateiende erreicht
  Terminal.println(line);                 // am Terminal ausgeben
}//while
reader.close();
```

In der ersten Zeile wird ein `File`-Objekt für die Datei kreiert. In der zweiten Zeile wird zunächst ein `FileReader`-Objekt erzeugt, das zu dieser Datei assoziiert ist. Aus Effizienzgründen sollte die Eingabe aber gepuffert werden. Deshalb machen wir aus dem `FileReader`-Objekt sofort ein `BufferedReader`-Objekt. Dieses Objekt hat jetzt alle gewünschten Eigenschaften, sodass wir es für die weitere Arbeit verwenden.

Mit `readLine()` lesen wir nacheinander alle Zeilen der Datei. (Leere Zeilen liefern den leeren String `""`, nicht `null`!) Wenn das Ergebnis `null` ist, ist das Dateiende erreicht und wir hören auf.

Man beachte: Der Kürze halber haben wir einige wichtige Dinge weggelassen. 1. Wir haben den Dateinamen als String-Konstante eingebaut. In echten Anwendungen darf man so etwas nicht tun. 2. Wir haben beim Konstruktor `File` nicht geprüft, ob es eine solche Datei gibt. Normalerweise müssten wir die entsprechenden Exceptions abfangen. 3. Die erste Zeile hätten wir auch weglassen und stattdessen den Namen `"brief.txt"` im Konstruktor `FileReader` verwenden können. Aber mit dieser Trennung ist das Programm klarer.

Szenario 2. Wir wollen eine Reihe von Messwerten, die in einem Array `a` stehen, in eine Datei ausgeben. Den Namen der Datei beschaffen wir vom Benutzer.

```
String name = Terminal.ask("Dateiname = ");
File file = new File(name);
DataOutputStream out = new DataOutputStream(
                         new BufferedOutputStream(
                           new FileOutputStream(file)));
for (int i = 0; i < a.length; i++) {
  out.writeDouble(a[i]);
}//for
out.close();
```

Hier wird zunächst aus dem `File`-Objekt, das die Datei identifiziert, ein `FileOutputStream` gemacht. Dieses Objekt wird dem Konstruktor eines `BufferedOutputStream` übergeben, um effiziente Pufferung hinzuzufügen. Zuletzt wird daraus ein `DataOutputStream` gemacht, um auch die komfortablen Methoden wie `writeDouble()` verfügbar zu haben.

Man beachte: Auch hier fehlen wieder alle Prüfungen und das Abfangen der entsprechenden Exceptions.

Szenario 3. Wir schreiben einen Byte-Array `data` auf eine Datei, deren Namen sich in (der ersten Zeile) der Steuerdatei `/home/info/link.ctrl` befindet. Fehler werden dem Benutzer mitgeteilt. Das entsprechende Codefragment ist in Programm 21.1 angegeben.

Wie man hier überdeutlich sieht, erschlägt eine detaillierte und vollständige Fehlerprüfung – d.h., das Abfangen und Bearbeiten aller Exceptions – den eigentlichen Kern des Programms (der hier grau unterlegt ist). Das ist ein zentrales Problem bei jeder Programmierung von Ein-/Ausgabe, das nur

Programm 21.1 Ausschnitt aus einem (schlechten) Ausgabeprogramm

```
String name = null;
boolean cont = true;
try {
  File file = new File("/home/info/link.ctrl");
  FileReader link = new FileReader(file);
  name = link.readLine();
} catch (FileNotFoundException e) {
    Terminal.println("Keine Datei /home/info/link.ctrl");
    cont = false;
} catch (IOException e) {
    Terminal.println("Lesefehler bei /home/info/link.ctrl");
    cont = false;
}//try
if (cont && name == null) {
    Terminal.println("/home/info/link.ctrl ist leer");
    cont = false;
}//if
// Jetzt können wir die eigentliche Ausgabedatei kreieren
if (cont) {
  try {
  File file = new File(name);
    OutputStream out = new FileOutputStream(name);
    out.write(data);
  } catch (FileNotFoundException e) {
      Terminal.println("Datei " + name + " kann nicht erzeugt werden");
      cont = false;
  } catch (SecurityException e ) {
      Terminal.println("Keine Schreibberechtigung für " + name);
      cont = false;
  } catch (IOException e) {
      Terminal.println("Schreibfehler auf " + name);
      cont = false;
  }//try
}//if
```

durch eine systematische Verwendung von gut konzipierten Methoden gelöst werden kann. „Spaghetti-Code“ der obigen Bauart ist genauso schlimm wie ein falsches Programm.

21.6 Terminal-Ein-/Ausgabe

Jetzt können wir erklären, weshalb für dieses Buch und die zugehörige Vorlesung eine spezielle Klasse `Terminal` geschaffen wurde. Um es kurz zu machen:

Für die Ausgabe wäre es nicht notwendig gewesen, aber die Eingabe ist ein Alptraum. Im Folgenden skizzieren wir kurz einige Aspekte dieser Klasse.

In den Betriebssystemen UNIX und WINDOWS gibt es die sog. ***Standardeingabe*** und ***Standardausgabe***. Damit ist im Normalfall die Eingabe von der Tastatur und die Ausgabe auf das Terminal (genauer: das Shell-Fenster) gemeint. Beide werden in JAVA von der Klasse `System` zur Verfügung gestellt:

`InputStream`	`System.in`	*der Standard-Eingabestrom*
`PrintStream`	`System.out`	*der Standard-Ausgabestrom*
`PrintStream`	`System.out`	*der Standard-Fehlermeldungsstrom*

Ausgabe auf das Terminal

Wenn man in einem Programm kleine Meldungen ausgeben will, geht das ganz einfach z. B. in folgender Form:

```
double messung = ...;
System.out.println("Messung = " + messung);
```

Weil `System.out` ein vordefiniertes Objekt der Klasse `PrintStream` ist, kann man sehr schnell und komfortabel ausgeben.

Eingabe von Terminal

Im Gegensatz zum komfortablen Strom `System.out` ist der Strom `System.in` ein ärmliches `InputStream`-Objekt, das nicht viel mehr kann, als einen Byte-Array zu lesen. Wenn man spezielle Arten von Daten will, z. B. `int`- oder `float`-Zahlen, dann erfordert das einen ziemlichen Aufwand. Besonders lästig ist dabei, dass alle möglichen Exceptions auftreten können, die auch abgefangen werden müssen.

Seit JAVA 5 wird eine Klasse `Scanner` (im Package `java.util`) bereitgestellt, das die Arbeit etwas erleichtert. Jetzt kann man z. B. Folgendes schreiben:

```
Scanner scanner = new Scanner(System.in);
System.out.print("Eingabe: ");
float n1 = scanner.nextFloat();
```

Wenn der Benutzer allerdings keine den Regeln entsprechende `float`-Zahl eingibt, bricht das System das Programm mit einer `InputMismatchException` ab. Um das zu verhindern, muss man seinen Lesecode in einen aufwendigen `try/catch`-Rahmen einfügen.

Unsere spezielle Klasse `Terminal` (s. Abschnitt 4.3.6) erledigt diese Arbeit standardmäßig. Deshalb illustrieren wir die Probleme und ihre Lösung anhand (einer vereinfachten Version) dieser Klasse, die im Programm 21.2 auszugsweise angegeben ist.[6]

[6] Diese Klasse ist mit älteren JAVA-Versionen kompatibel und benutzt daher noch nicht die Features aus JAVA 5 wie z. B. formatierte Ausgabe oder die Klasse `Scanner`.

Programm 21.2 Die Klasse `Terminal` (Auszüge)

```
public class Terminal {
  ...
  public static void print ( float value ) {
    System.out.print(normalize(value));
    System.out.flush();
  }//print
  public static float readFloat () {
    BufferedReader reader = new BufferedReader(
                                new InputStreamReader(System.in));
    while (true) { // wird mit return beendet
      try {
        String line = reader.readLine();
        if (line == null) { throw new IOException(); }
        StringTokenizer tokenizer = new StringTokenizer(line);
        String elem = tokenizer.nextToken();
        return Float.valueOf(elem).floatValue();                // return!
      }//try
      catch (IOException e1) { error1(); }
      catch (NoSuchElementException e2) { error1(); }
      catch (NumberFormatException e3) { error2("Float"); }
    }//while
  }//readFloat
  public static float askFloat ( String prompt ) {
    print(prompt);
    return readFloat();
  }//askFloat
  ...
  private static float normalize ( float value ) {
    if (Math.abs(value) < 1e-8F) { return 0.0F; }
    else { return value; }
  }
  ...
  private static void error1 () {
    print("***ERROR***");
  }//error1
  private static void error2 (String kind) {
    print("Ungültige " + kind + "-Zahl! (Nochmal eingeben) ");
  }//error2
}//end of class Terminal
```

Wie man an der Methode `print(float value)` sieht, gibt es sogar bei der Ausgabe mehr zu tun, als nur `System.out.print(...)` zu sagen. Sehr kleine

Werte werden auf 0 normalisiert und mit `flush()` wird sichergestellt, dass die Ausgabe tatsächlich sofort erfolgt.

Das eigentliche Thema ist aber die Eingabe. Zunächst bauen wir wie üblich um den Strom `System.in` zunächst einen `InputStreamReader` und dann einen komfortablen `BufferedReader` herum. Von diesem `BufferedReader` lassen wir uns dann die ganze Zeile geben (die im Falle von `readFloat()` genau eine Gleitpunktzahl enthalten sollte – allerdings noch als String). Das kann eine `IOException` auslösen.

Wir benutzen einen `StringTokenizer`, um ggf. Leerzeichen vor und hinter der Zahl zu löschen. (Wichtiger ist seine Rolle allerdings für die Eingabe von Listen und Matrizen, die ebenfalls in `Terminal` unterstützt werden.) Die Operation `nextToken()` kann eine `NoSuchElementException` auslösen.

Mit der Methode `Float.valueOf(elem)` wird aus dem String `elem` ein `Float`-Objekt gemacht. Das kann eine `NumberFormatException` auslösen. Aus diesem `Float`-Objekt extrahieren wir dann mit `floatValue()` den gesuchten `float`-Wert, den wir als Ergebnis zurückliefern.

Wenn es einen Fehler gegeben hat, wird in der Schleife der Benutzer aufgefordert, den Wert nochmals einzugeben. Im Erfolgsfall wird dagegen mit `return` die Methode (und damit auch die Schleife) beendet.

21.7 ... und noch ganz viel Spezielles

Wir haben in diesem Kapitel nur einen Teil der in JAVA verfügbaren Ein-/Ausgabe-Klassen behandeln können. Für eine detaillierte Auflistung verweisen wir auf die umfangreiche JAVA-Dokumentation. Aber für die wichtigsten der weiteren Klassen soll hier wenigstens die Grundidee erwähnt werden.

21.7.1 Serialisierung

Betrachten wir folgendes Szenario: Ein Benutzer hat in einer langen Arbeitssitzung Daten eingegeben, die aus Effizienzgründen in einen Suchbaum einsortiert wurden. Irgendwann beendet er die Sitzung, um am nächsten Tag weiterzumachen. In dieser Situation muss der Baum in eine Datei ausgelagert und am nächsten Tag wieder eingelesen werden.

Theoretisch müssten wir dazu den Baum durchlaufen und ihn dabei in irgendeine Form von geklammerter Textform bringen. (XML wäre heute für diesen Zweck der übliche Standard.) Beim Einlesen müsste dieser Text dann durch einen Parser wieder in den Baum verwandelt werden. Dieser Ansatz ist aus zwei Gründen schlecht:

1. Das Verwandeln in Text und das Rückverwandeln in Baumform kostet relativ viel Rechenzeit und ist daher ineffizient.
2. Die Programmierung der beiden Umwandlungen – insbesondere das Parsen – ist aufwendig und verlangt ziemliche Expertise. Es ist also eine Verschwendung von Arbeitszeit und verursacht hohe Kosten.

JAVA bietet als Lösung die sog. ***Serialization*** an. Sie besteht aus zwei Aspekten. Zum einen gibt es zwei weitere Subklassen von `InputStream` und `OutputStream` (s. Abbildung 21.16). Diese Klassen stellen neben den üblichen

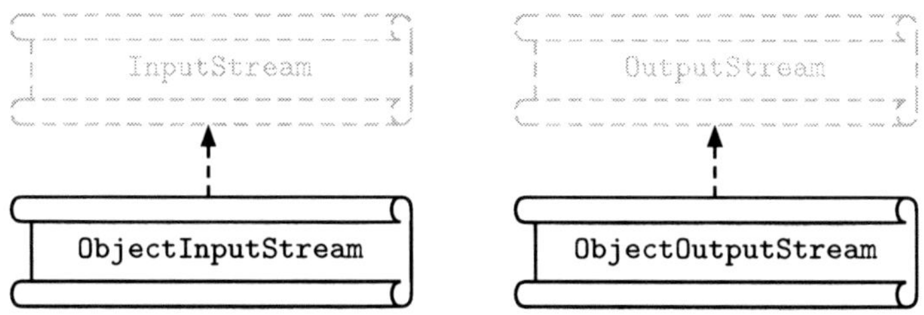

Abb. 21.16. Die Klassen zur Serialisierung (Auszug)

Lese- und Schreibmethoden für Bytes und Byte-Arrays noch die speziellen Methoden `readObject()` und `writeObject()` bereit. Dazu kommen noch einige Methoden, mit denen der Programmierer bei Bedarf zusätzliche Kontrolle über den Serialisierungsprozess erlangen kann.

Zum anderen muss jede Klasse, deren Objekte auf diese Weise ausgebbar sein sollen, das Interface `Serializable` implementieren. Das ist ein sehr merkwürdiges Interface, denn es hat keine einzige Methode! Aber wenn es bei einer Klasse angegeben wird, weiß der Compiler, dass er hier Vorkehrungen für die Serialisierung einbauen muss.

Die in den Klassen `ObjectInputStream` und `ObjectOutputStream` verfügbaren Methoden übernehmen den sehr komplexen Prozess der bedeutungstreuen Ausgabe und des Wiedereinlesens. Dazu müssen die ganzen speicherinternen Referenzen so codiert werden, dass alle Abhängigkeiten – auch das Sharing – erhalten bleiben. Als notwendiger Teil müssen auch die Informationen über die Klasse, zu der das Objekt gehört, mit gespeichert werden.

21.7.2 Interne Kommunikation über Pipes

In Kapitel 22 werden wir sog. Threads kennen lernen. Das sind Programmteile, die gleichzeitig und weitgehend unabhängig voneinander ablaufen. Die Kommunikation zwischen solchen Threads folgt den gleichen Spielregeln wie die Ein-/Ausgabe über Ströme. Also ist es nur konsequent, wenn JAVA dafür Klassen bereitstellt, die sich wie Ströme verhalten (s. Abbildung 21.17).

Üblicherweise werden diese Pipes so genutzt, dass ein Thread (der *Producer*) in die Pipe schreibt, und der andere Thread (der *Consumer*) aus der Pipe liest. Die beiden Pipe-Hälften werden von ihren jeweiligen Threads als `PipedOutputStream` bzw. `PipedInputStream` deklariert und mithilfe der Operation `connect()` verbunden.

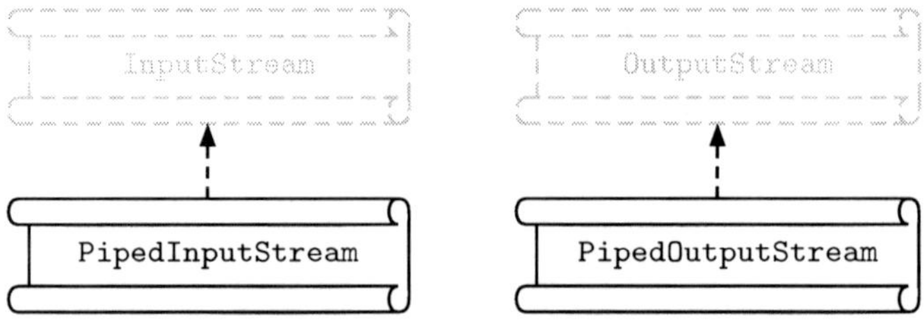

Abb. 21.17. Die Klassenhierarchie für Pipes (Auszug)

21.7.3 Konkatenation von Strömen: `SequenceInputStream`

Wenn man mehrere Ströme nacheinander verarbeiten muss, dann kann man sie mittels der Klasse `SequenceInputStream` konkatenieren. Im Ergebnis können diese Ströme wie ein einziger langer Strom verarbeitet werden.

21.7.4 Simulierte Ein-/Ausgabe

Manchmal kann es aus Gründen eines uniformen Designs – oder auch bloß zum Testen – wünschenswert sein, programminterne Daten so zu behandeln, als ob sie Dateien wären. Mit den Klassen `ByteArrayInputStream` und `ByteArrayOutputStream` bzw. `CharArrayReader` und `CharArrayWriter` kann man aus Byte-Arrays und Character-Arrays lesen und in sie schreiben, so als ob es externe Dateien wären.

22

Konkurrenz belebt das Geschäft: Threads

Alle modernen Betriebssysteme haben die Fähigkeit, mehrere Programme parallel, d. h. gleichzeitig, laufen zu lassen. Allerdings ist das i. Allg. nur eine Pseudo-Gleichzeitigkeit, weil die meisten Computer nur einen Prozessor haben. Der Trick besteht dann darin, die Rechenzeit scheibchenweise auf die verschiedenen Programme zu verteilen. Wegen der Geschwindigkeit der heutigen Prozessoren sieht das für den Beobachter wie echte Parallelität aus.

Parallelarbeit vieler Programme – auch wenn nur ein Prozessor da ist – hat einen großen Vorteil: Wartezeiten des einen Programms können von den anderen genutzt werden. Und Programme warten oft und lange. Wenn z. B. ein Mensch (sehr schnell) auf der Tastatur schreibt, kann ein moderner Rechner zwischen zwei Anschlägen jeweils mehrere Millionen Operationen ausführen. Und auch die schnellsten Platten kommen in ihrem Transfertempo nicht annähernd an die Geschwindigkeit von Prozessoren heran. Aus diesen Gründen gehört Parallelität heute zum Standard von Betriebssystemen.

JAVA ist eine der Programmiersprachen, die auch *innerhalb* eines Programmes Parallelität zulassen. Das ist eine der notwendigen Voraussetzungen, um grafische Benutzerschnittstellen richtig programmieren zu können.

Parallelität zu programmieren ist ein äußerst trickreiches Geschäft. Deshalb lässt sich das Thema in einem Einführungsbuch nur sehr eingeschränkt behandeln. Wer es sehr genau und detailliert wissen möchte, dem sei z. B. das Buch [30] empfohlen. Das Programmieren mit JAVA Threads wird in [42, 51] genauer beschrieben.

22.1 Threads: Leichtgewichtige Prozesse

Den *Ablauf* eines Programms im Rechner bezeichnet man als ***Prozess***. Dabei lassen sich grob zwei Arten von Prozessen unterscheiden (vgl. Abbildung 22.1):

- Die ***Prozesse*** in einem Betriebssystem sind üblicherweise „schwergewichtig". Das heißt, sie haben ihre eigene Ablaufkontrolle und ihren eigenen

Speicherbereich, der vor Zugriffen durch die anderen Prozesse geschützt ist. Kommunikation zwischen solchen Prozessen ist daher nur mit relativ hohem Aufwand möglich und braucht das Betriebssystem zum Nachrichtenaustausch.

- Bei „leichtgewichtigen" Prozessen ist das anders. Sie haben zwar auch jeweils eine eigene Ablaufkontrolle, die ihnen erlaubt, parallel oder pseudoparallel zu arbeiten, aber *sie teilen sich einen gemeinsamen Speicher.* (Man spricht dann von *Shared memory.*) Solche leichtgewichtigen Prozesse nennt man ***Threads***. Sie sind erheblich effizienter, weil die Kommunikation sehr einfach ist – man schreibt und liest ja die gleichen Variablen – und weil nicht Speicherbereiche gegeneinander abgeschirmt werden müssen. Der Nachteil ist allerdings eine deutlich höhere Fehleranfälligkeit der Programmierung.

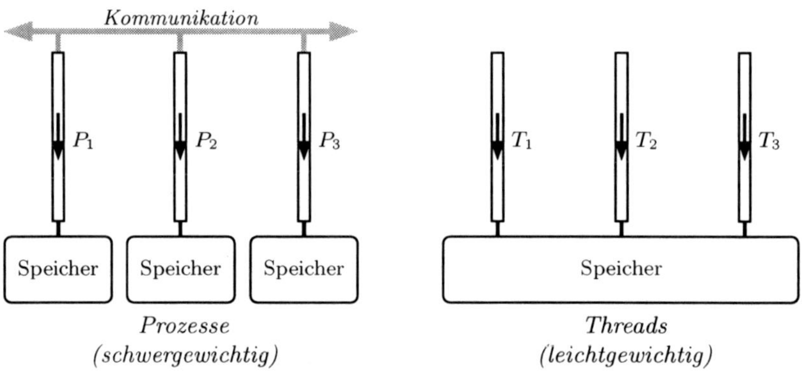

Abb. 22.1. Prozesse und Threads

JAVA arbeitet mit Threads, also leichtgewichtigen Prozessen, die einen gemeinsamen Speicher haben.[1] Beim Start eines JAVA-Programms wird intern ein erster „Ur-Thread" gestartet. Dieser initiale Thread führt die Methode `main` aus. In einem normalen sequenziellen Programm gibt es auch nur diesen einen Thread, in dem alle Arbeit stattfindet, bis das Programm beendet ist.[2]

Wenn Teile eines Programms parallel ausgeführt werden sollen, dann müssen dazu explizit vom Programmierer neue Threads erzeugt werden. (Wie das geht, werden wir gleich in Abschnitt 22.2 sehen.) Während seines Daseins durchläuft ein solcher Thread immer wieder den Lebenszyklus, der in Abbildung 22.2 skizziert ist. Wir sprechen die einzelnen *Zustände* hier nur kurz an;

[1] Wenn das darunterliegende Betriebssytem selbst solche Threads besitzt, dann verwendet JAVA diese. Ansonsten simuliert die JAVA-Maschine JVM die Threads (was deutlich langsamer ist).

[2] Ganz stimmt das nicht. Die Steuerung der Grafik-Operationen (s. Kapitel 23) wird von JAVA intern in einem zweiten Thread ausgeführt. Das ist normalerweise für den Programmierer aber transparent.

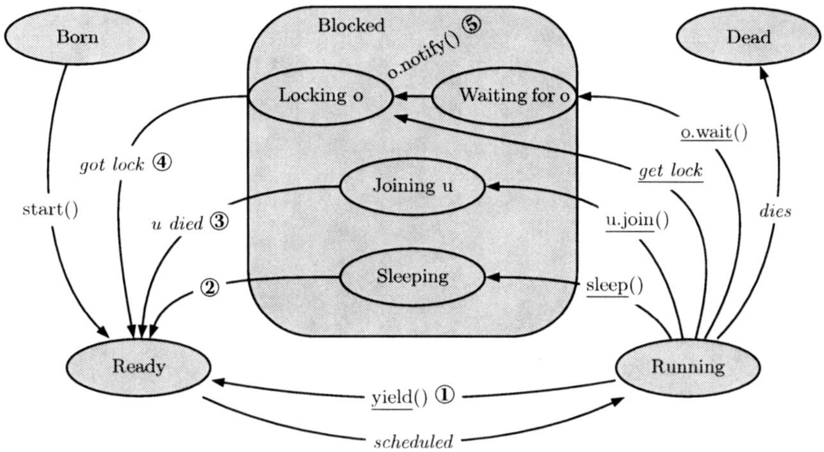

Abb. 22.2. Die Zustände eines Threads

Genaueres wird sich an den entsprechenden Stellen im weiteren Verlauf des Kapitels ergeben. (Die unterstrichenen Methoden werden vom Thread selbst ausgeführt, die übrigen Übergänge werden von anderen Threads oder vom JAVA-System ausgelöst.)

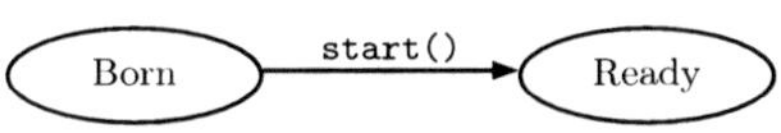

Nachdem ein Thread `t` (mit `t = new ...`) erzeugt wurde, kann er mit `t.start()` *aktiviert* werden. Das heißt aber nicht unbedingt, dass er gleich anfangen darf zu rechnen. Er wird nur auf *bereit* gesetzt. Denn der Rechner kann ja im Augenblick mit anderen Threads beschäftigt sein, die Vorrang haben.

Wenn der Thread `t` bereit ist und keine anderen Threads mit Vorrang mehr da sind, dann darf `t` seine Arbeit beginnen bzw. fortsetzen. Die Entscheidung darüber obliegt einem sog. *Scheduler* (der Bestandteil der JAVA-Maschine JVM ist).

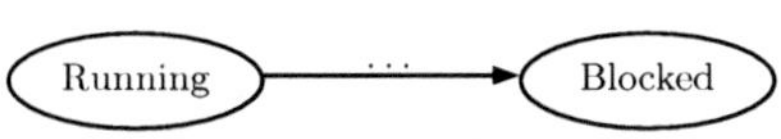

Es gibt diverse Gründe, weshalb ein laufender Thread unterbrochen wird. Er kann sich selbst für einige Zeit schlafen legen (`sleep`) oder er kann auf bestimmte Ereignisse warten, z. B. auf das Ende eines anderen Threads (`join`), auf das Entsperren eines Objekts (`wait`) etc. Jeder dieser Gründe bringt den Thread in einen entsprechenden Unterzustand von *Blocked*. Diese Varianten werden wir im weiteren Verlauf des Kapitels genauer ansehen.

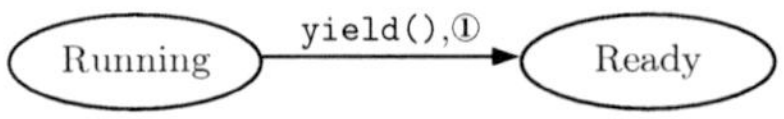

Ein Thread kann auch freiwillig den Prozessor abgeben (`yield`). Dieses Verhalten sollte man in Methoden einprogrammieren, die *langwierige Berechnungen* brauchen, damit sie nicht den Rest des Systems blockieren. Ein Thread kann aber auch unfreiwillig vom Scheduler angehalten werden (①), z. B. weil er seine Zeitscheibe verbraucht hat oder weil ein vorrangiger anderer Thread aufgetaucht ist. Danach ist der Thread aber nicht blockiert, sondern bleibt bereit.

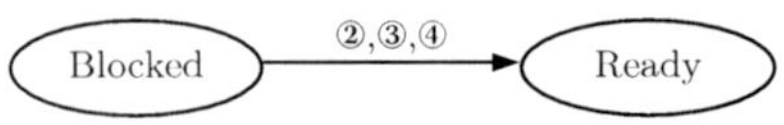

Ein blockierter Thread kann auf verschiedene Weisen wieder zum Leben erwachen; das hängt i. Allg. vom Grund des Blockierens ab (②,③,④,⑤). Sobald dieser Grund nicht mehr gegeben ist, könnte der Thread wieder weiterarbeiten. Aber weil er in Konkurrenz zu anderen Threads steht, wird er erst einmal nur als *bereit* vorgemerkt.

② Wenn der Thread nach Aufruf von `sleep()` schläft (s. Abschnitt 22.2.2), wird er normalerweise nach Ablauf der Zeit automatisch geweckt; er kann aber auch durch einen anderen Thread mittels `interrupt()` vorzeitig geweckt werden.

③ Ein Thread kann auch mittels `t.join()` auf das Ende eines anderen Threads `t` warten (s. Abschnitt 22.2.4). Dann wird er wieder bereit, sobald der andere Thread `t` „gestorben" ist. Auch hier kann eine Zeitschranke gesetzt werden oder vorzeitiges Wecken durch einen anderen Thread mittels `interrupt()` erfolgen.

④ Wenn der Thread z. B. nach Aufruf von `o.wait()`) auf ein Objekt `o` wartet (s. Abschnitt 22.3.2), dann wird er üblicherweise wieder bereit, sobald das Objekt verfügbar ist. Er kann aber auch die Wartezeit begrenzen. Und er kann vorzeitig von einem anderen Thread durch `interrupt()` geweckt werden.

⑤ Innerhalb von *Blocked* gibt es einen Übergang vom Unterzustand *Waiting* nach *Locking*. Wenn ein Thread auf ein Objekt `o` wartet und jemand die Methode `o.notify()` ausführt, kann der Thread – in Konkurrenz zu anderen – versuchen, das Objekt `o` zu erhalten (s. Abschnitt 22.3.2).

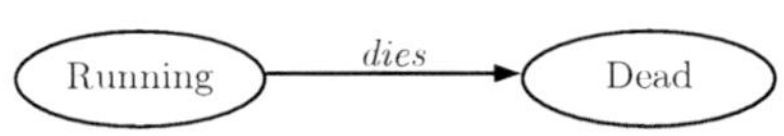

Irgendwann ist ein Thread mit seiner Arbeit zu Ende und „stirbt".

Bei den folgenden Diskussionen werden wir mit ganz einfachen Szenarien beginnen und stückweise Komplikationen hinzufügen. Dabei sollte man zum Verständnis immer wieder das Diagramm aus Abbildung 22.2 zurate ziehen.

22.2 Die Klasse Thread

Die Klasse **Thread** stellt die Operationen bereit, mit denen Threads generiert und kontrolliert werden können. Dazu kommen noch eine Reihe von Methoden, mit denen man Informationen über die Threads beschaffen kann. Abbildung 22.3 listet die wichtigsten dieser Operationen auf. (Weshalb einige

```
class Thread implements Runnable
-----------------------------------------------------------------------
  Thread ()                                Konstruktor
  Thread (Runnable target)                 Konstruktor
  ...
  void start ()                            Thread starten
  void run ()                              Programm des Threads
  void interrupt ()                        wecken
  void join ()                             warten auf anderen Thread
  void join (long millisec)
  boolean isAlive ()                       Thread ist aktiv
  boolean isInterrupted ()
  int getPriority()                        Priorität erfragen
  void setPriority (int prio)              Priorität setzen
  // betrifft laufenden Thread:
  static Thread currentThread ()           aktuelles Thread-Objekt
  static void sleep (long millisec)        pausieren
  static void yield ()                     Kontrolle abgeben
  static boolean interrupted ()
  ...
```

Abb. 22.3. Die Klasse **Thread** (Auszug)

der Methoden **static** sind und andere nicht, braucht uns hier nicht weiter zu kümmern.) Der Konstruktor mit dem **Runnable**-Parameter wird später erläutert (in Abschnitt 22.4).

Zum Verständnis der Klasse Thread ist eine Beobachtung zentral: Prozesse – und damit auch Threads – sind Begriffe aus der Welt der dynamischen Abläufe von Aktivitäten im Rechner. Trotzdem wird in JAVA ein Bezug zur Welt der Objekte hergestellt: *Zu jedem Thread gehört ein Objekt, das ihn kontrolliert.* Der Zusammenhang zwischen beiden ist so eng, dass man sie meistens miteinander identifiziert und z. B. vom Thread t1 spricht, obwohl man eigentlich das Objekt meint, das den Thread t1 kontrolliert.

In den folgenden Beispielen führen wir nacheinander die einzelnen Operationen aus der Klasse **Thread** ein, indem wir immer kompliziertere Beispiele betrachten.

22.2.1 Entstehen – Arbeiten – Sterben

Um einen Thread zu *erzeugen*, muss man sein Kontrollobjekt generieren. Dazu braucht man eine geeignete Subklasse `MyThread` der Klasse `Thread`. Wie die nebenstehende Illustration zeigt, entsteht ein neuer Thread `t1`, indem in einem laufenden Thread `t0` die Anweisung `MyThread t1 = new MyThread()` ausgeführt wird. (Genauer: Es entsteht ein neuer Thread mit Kontrollobjekt `t1`). Aber dieser Thread ist noch nicht aktiv. Erst mit der Anweisung `t1.start()` beginnt er zu arbeiten. (Genauer: Er ist bereit; s. Abbildung 22.2).

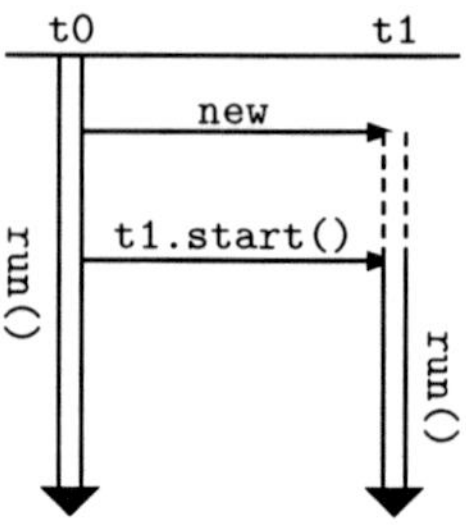

Bleibt die Frage: *Was tut der Thread, wenn er vom Scheduler aktiviert wird?* Die Antwort ist: Er tut, was in seiner Methode `run` programmiert ist. *Und wann stirbt er?* Antwort: Wenn die Methode `run()` zu Ende gekommen ist.

Beispiel: Wir betrachten eine ganz einfache Situation. Wir kreieren zwei

Programm 22.1 Zwei triviale Threads (und ihre Ausgabe)

```
public class ThreadTest {
 static final int LIMIT = 21;
 public static void main(String[] args) {
   Thread ta = new ThreadA();
   Thread tb = new ThreadB();
   ta.start();
   tb.start();
   System.out.println("    done ...");
 }//main
}//end of class ThreadTest

class ThreadA extends Thread {
  public void run() {
    for (int i = 1; i < ThreadTest.LIMIT; i++) {
      System.out.println("A: " + i);
    }//for
  System.out.println("A done");
  }//run
}// end of class ThreadA

class ThreadB extends Thread {
  public void run() {
    for (int i = -1; i > -ThreadTest.LIMIT; i--) {
      System.out.println("          B: " + i);
    }//for
  System.out.println("          B done");
  }//run
}// end of class ThreadB
```

```
    done ...
A: 1
A: 2
A: 3
A: 4
A: 5
A: 6
A: 7
A: 8
              B: -1
              B: -2
              B: -3
              B: -4
              B: -5
              B: -6
              B: -7
              B: -8
              B: -9
              B: -10
              B: -11
              B: -12
              B: -13
              B: -14
              B: -15
              B: -16
              B: -17
A: 9
A: 10
A: 11
A: 12
A: 13
A: 14
A: 15
A: 16
A: 17
A: 18
A: 19
A: 20
A done
              B: -18
              B: -19
              B: -20
              B done
```

Threads, die nichts anderes tun, als Zahlen herauf- bzw. herunterzuzählen und diese am Bildschirm auszugeben (s. Programm 22.1).

In der Methode `main` – also im Ur-Thread – kreieren wir als Erstes die beiden gewünschten Threads und starten sie nacheinander. Wie man an der Ausgabe sieht, bleibt aber zunächst der Ur-Thread noch ein bisschen am Drücker, jedenfalls lange genug, damit er das `"done ..."` ausgeben kann.[3]

Dann erhält Thread `ta` als Erster seine Zeitscheibe. Sie reicht ihm, um die ersten acht Ausgaben zu schaffen. Dann wird er vom Scheduler unterbrochen und Thread `tb` bekommt seine Chance. Er schafft sogar siebzehn Ausgaben, bevor er wieder an `ta` übergeben muss. Und so weiter

Bezogen auf Abbildung 22.2 beginnen beide Threads ihr Dasein im Zustand *Born* und gehen mit `start()` über nach *Ready*. Dann pendeln sie ein bisschen zwischen *Ready* und *Running*, um schließlich im Zustand *Dead* zu enden.

22.2.2 Schlafe nur ein Weilchen ... (`sleep`)

Bei Animationen am Bildschirm sind Computer oft zu schnell, jedenfalls schneller als das menschliche Auge. Deshalb muss man sie bremsen. Die einfachste Möglichkeit dazu ist, den betreffenden Thread ein bisschen Schlafen zu schicken. Das geht mit der Methode `sleep` und ist in Programm 22.2 durch eine kleine Modifikation unseres vorherigen Beispiels illustriert. (Die geänderten Teile sind grau unterlegt.) Der erste Thread `ta` wird vor jeder Ausgabe um 60 ms verzögert, der zweite Thread `tb` nur um 40 ms. Wie man an der Ausgabe sieht, führt das dazu, dass `tb` tatsächlich etwas mehr zum Zuge kommt, wenn auch unregelmäßig.

Ein Thread, der `sleep(n)` ausführt, legt sich selbst für n Millisekunden schlafen. Das heißt, er stellt vorübergehend die Arbeit ein. Nach Ablauf der Zeit wird er wieder aufgeweckt. Allerdings sieht man in Abbildung 22.2, dass er nach dem Wecken nur bereit ist; es kann sein, dass andere, vorrangige Threads ihn noch eine Zeit lang am Weiterarbeiten hindern. (Aus diesem Grund ist es nicht möglich, z. B. in einer unendlichen Schleife mittels `sleep(1000)` eine sekundengenaue Uhr zu programmieren. Eine solche Uhr ginge sehr schnell nach.)

Der Thread kann aber auch *vorzeitig geweckt* werden – genauso wie man auch mitten in der Nacht, lange bevor der Wecker kommt, vom Telefon hochgeschreckt werden kann. Das passiert, wenn ein anderer Thread die Methode `interrupt()` aufruft (s. Abschnitt 22.2.5). In diesem Fall wird eine `InterruptedException` ausgelöst, die man im Programm abfangen muss. (In unserem kleinen Beispielprogramm fangen wir sie zwar ab – der Compiler besteht ja darauf –, unternehmen aber nichts.)

---

[3] Das Programm wurde in JAVA 1.4 ausgeführt unter Windows XP auf einem Pentium 4 mit 2GHz. Auf anderen Systemen können die Tests anders aussehen, weil die relativen Geschwindigkeiten sich unterscheiden und sog. „Race Conditions“ entstehen können.

Programm 22.2 Threads unterbrochen durch `sleep` (und ihre Ausgabe)

```
public class ThreadTest {
    ... «wie in Programm 22.1» ...
}//end of class ThreadTest

class ThreadA extends Thread {
  public void run() {
    for (int i = 1; i < ThreadTest.LIMIT; i++) {
      try {
        sleep(60);
      } catch (InterruptedException e) {}
      System.out.println("A: " + i);
    }//for
  }//run
}// end of class ThreadA

class ThreadB extends Thread {
  public void run() {
    for (int i = -1; i > -ThreadTest.LIMIT; i--) {
      try {
        sleep(40);
      } catch (InterruptedException e) {}
      System.out.println("        B: " + i);
    }//for
  }//run
}// end of class ThreadB
```

```
done ...
                B: -1
A: 1
                B: -2
A: 2
                B: -3
                B: -4
A: 3
                B: -5
A: 4
                B: -6
A: 5
                B: -7
                B: -8
A: 6
                B: -9
A: 7
                B: -10
A: 8
                B: -11
A: 9
                B: -12
                B: -13
A: 10
                B: -14
A: 11
                B: -15
                B: -16
A: 12
                B: -17
A: 13
                B: -18
A: 14
                B: -19
                B: -20
A: 15
A: 16
A: 17
A: 18
A: 19
A: 20
```

Die Methode `sleep()` ist allerdings mit einer gewissen Vorsicht zu genießen. Denn der Thread behält alle Ressourcen, über die er Kontrolle hat (s. Abschnitt 22.3 weiter unten), auch während des Schlafens weiter. Er kann dadurch andere Threads, die auf diese Ressourcen warten, mit bremsen.

22.2.3 Jetzt ist mal ein anderer dran ... (`yield`)

Höflichkeit ist eine Tugend. Und auch Threads haben die Chance tugendsam zu sein. Insbesondere, wenn ein Thread lange interne Berechnungen ausführt und so den Prozessor lange belegt, sollte er von Zeit zu Zeit die Operation `yield()` ausführen. Damit versetzt er sich freiwillig vom Zustand *Running* in der Zustand *Ready* und gibt damit anderen Threads eine Chance (sofern sie die gleiche Priorität haben).

22.2.4 Ich warte auf dein Ende ... (`join`)

Es gibt Situationen, in denen ein Thread auf das Ende eines anderen Threads warten muss, weil die eigene Arbeit erst sinnvoll fortgesetzt werden kann, wenn die des anderen vollständig erledigt ist. Dazu dient die Operation `join`.

Eine typische Anwendung wäre z. B. eine Situation, in der ein größerer Array sortiert werden muss. Um die Interaktion mit dem Benutzer nicht zu stören, lässt man das Sortierprogramm in einem Thread im Hintergrund laufen. Vor dem ersten Zugriff auf den sortierten Array muss man aber warten, bis der Sortier-Thread fertig ist. Die Struktur sieht dann folgendermaßen aus:

```
...
sorter.start();         // Starte Sortier-Thread
«weiterarbeiten»
sorter.join();          // Ende des Sortierens abwarten
...
```

Zur Illustration der `join`-Methode verwenden wir aber kein so aufwendiges Beispiel, sondern adaptieren wieder das Spielbeispiel aus Programm 22.1, wobei wir jetzt nur bis 12 zählen. Außerdem müssen wir die Variable `ta` in `ThreadTest` statisch machen, damit wir sie in `ThreadB` ansprechen können.

Programm 22.3 Zwei triviale Threads (und ihre Ausgabe)

```
public class ThreadTest {
   ... «analog zu Programm 22.1» ...
}//end of class ThreadTest
class ThreadA extends Thread {
   ... «wie in Programm 22.1» ...
}// end of class ThreadA
class ThreadB extends Thread {
   public void run() {
      for (int i = -1; i > -ThreadTest.LIMIT; i--) {
         System.out.println("        B: " + i);
      }//for
      try {
         ThreadTest.ta.join();
      } catch (InterruptedException e) {}
   System.out.println("        B done");
   }//run
}// end of class ThreadB
```

```
        done ...
A: 1
A: 2
A: 3
A: 4
A: 5
A: 6
A: 7
A: 8
                B: -1
                B: -2
                B: -3
                B: -4
                B: -5
                B: -6
                B: -7
                B: -8
                B: -9
                B: -10
                B: -11
A: 9
A: 10
A: 11
A: 12
A: 13
A: 14
A done
                B done
```

Die wesentliche Änderung in Programm 22.3 ist aber, dass wir nach der Schleife in `ThreadB` auf das Ende von `ta` warten. Wie man an der Ausgabe sieht, wird deshalb die Abschlussmeldung `"B done"` auch nicht sofort gezeigt, sondern erst, nachdem `ta` fertig ist.

Vorsicht! Wenn man in unserem Programm die gleiche `join`-Anweisung auch noch in `ThreadA` einbauen würde, hätte man einen sog. ***Deadlock*** erzeugt. Das heißt, jeder der beiden Threads würde auf das Ende des anderen warten und nichts ginge mehr weiter.

Man kann die Methode auch in der Form `ta.join(n)` aufrufen. Dann wacht der Thread entweder auf, sobald der Thread `ta` beendet ist, oder wenn n Millisekunden abgelaufen sind. Das heißt, man gibt eine Maximalzeit vor, die man bereit ist, auf das Ende von `ta` zu warten.

Außerdem kann es (wie immer) passieren, dass ein anderer Thread mittels `interrupt()` den Thread vorzeitig aufweckt (s. Abschnitt 22.2.5), also noch bevor `ta` beendet ist und bevor das Zeitlimit abgelaufen ist.

22.2.5 Unterbrich mich nicht! (`interrupt`)

Jeder kennt die Situation: Man sitzt im Restaurant und möchte bezahlen. Aber der Kellner ist mit allem Möglichen beschäftigt und man wartet und wartet. Endlich schaut er, voll beladen mit Tellern zum Nebentisch stürmend, kurz auf unser hektisches Winken – und beglückt uns mit einem hoffnungsvollen „Komme gleich." Tatsächlich unterbricht er auch einige Minuten später sein anderes Tun und begibt sich an unseren Tisch.

Was ist passiert? Wir haben versucht, ihn zu unterbrechen. Aber wir haben nur erreicht, dass er unseren Unterbrechungswunsch registriert hat. Gekommen ist er, als es ihm passte.

Genau das Gleiche tun die Threads in JAVA. Wenn ein Thread `t1` einen anderen Thread `t2` unterbrechen möchte, dann ruft er dessen Methode `interrupt` auf:

```
t2.interrupt();
```

Was jetzt passiert, hängt davon ab, in welchem Zustand sich `t2` gerade befindet (vgl. Abbildung 22.2).

- Wenn `t2` gerade läuft oder zum Laufen bereit ist, wird nur der Interrupted-Indikator auf `true` gesetzt. Ansonsten passiert erst einmal nichts. (Das ist wie bei unserem Kellner. Und das ist gut so! Denn wenn wir ihn tatsächlich abrupt in seinem Lauf stoppen könnten, würde nur das Tablett durch das Restaurant segeln. Er muss schon selbst entscheiden können, wann er auf den Interrupt-Wunsch reagiert.)
- Wenn der Thread `t2` gerade blockiert ist, dann wird er aufgeweckt. Gleichzeitig wird aber die `InterruptedException` ausgelöst, sodass er sich gleich um den Interrupt kümmern kann. (Der Interrupt-Indikator ist in diesem Fall `false`.)

Das zeigt, dass ein aktiver Thread von Zeit zu Zeit nachsehen muss, ob es einen Unterbrechungswunsch gibt. Dazu stehen ihm zwei Methoden zur Verfügung:

- `Thread.interrupted()` (eine statische Methode) liefert `true`, wenn ein Interrupt-Wunsch für den *aktuellen* Thread vorliegt. Der Indikator wird dabei *gelöscht*! (Wenn man den Interrupt vorläufig ignorieren und später behandeln will, muss man ihn also mittels `interrupt` erneut setzen.)

- `t.isInterrupted()` liefert den Interrupted-Indikator des Threads `t` (ohne ihn zu ändern).

Anmerkung: Man kann zu Recht kritisieren, dass die Wahl des Wortes „`interrupt`*" ziemlich unglücklich ist, denn es weckt völlig falsche Assoziationen. Ein laufender Thread wird gerade nicht unterbrochen, sondern es wird nur ein Unterbrechungswunsch vermerkt. Und wenn der Thread schläft, wird er durch* `interrupt` *sogar aufgeweckt. (Naja, hier wird wenigstens der Schlaf unterbrochen ...)*

22.2.6 Ich bin wichtiger als du! (Prioritäten)

Manche Aufgaben sind dringlicher als andere, zumindest vorübergehend. Also sollte man den entsprechenden Threads Vorrang geben. Eine solche Bevorzugung von Threads gegenüber anderen geschieht über ***Prioritäten***.

Jeder Thread hat eine Priorität. (Die Default-Priorität wird systemabhängig von JAVA vergeben.) Mit der Methode `t.getPriority()` kann man die Priorität des Threads `t` erfragen, mit `t.setPriority(n)` kann man die Priorität des Threads `t` auf den Wert n setzen. Wenn man z. B. schreibt

```
t1.setPriority( t2.getPriority() + 1 );
```

dann hat `t1` eine höhere Priorität als `t2`. Das heißt: Wenn beide im Zustand *Ready* sind (s. Abbildung 22.2) und der Scheduler den nächsten Thread aktiviert, dann gewinnt `t1`.

Beispiel: Wir bauen in unserem Ursprungsprogramm 22.1 in die `for`-Schleife von `ThreadB` die folgende Anweisung ein (unter der Annahme, dass die beiden Variablen `ta` und `tb` lokal verfügbar gemacht wurden):

```
class ThreadB extends Thread {
   ...
   public void run() {
   for (int i = -1; i > -ThreadTest.LIMIT; i--) {
     System.out.println("        B: " + i);
     if (i == -10 ) {
       ta.setPriority( tb.getPriority() + 1 );
     }//if
   }//for
   System.out.println("        B done");
   }//run
}// end of class ThreadB
```

Der Effekt ist, dass nach der Ausgabe von `"B: -10"` der Thread `tb` unterbrochen wird und `ta` seine gesamte Arbeit vollständig erledigen darf, bevor `tb` wieder an die Reihe kommt und seinerseits den Rest seiner Arbeit tut.[4]

[4] Es scheint auf dem Markt auch Versionen der JVM zu geben, in denen das falsch implementiert ist, sodass `tb` zu Ende läuft, bevor `ta` zum Zuge kommt.

22.3 Synchronisation und Kommunikation

Parallele Threads wären ziemlich nutzlos, wenn sie keine Informationen austauschen könnten. Unter den verschiedenen Arten der Kommunikation paralleler Prozesse, die man in der Literatur findet, hat JAVA sich für die einfachste Form entschieden: Die Threads greifen auf die gleichen Variablen zu. Kommunikation heißt in JAVA: Der eine schreibt, der andere liest.

Aber auch das hat seine Tücken.

Wenn ein Prozess Variablen schreibt, die auch von einem anderen Prozess (lesend oder schreibend) genutzt werden, können erstaunliche Dinge passieren. Der Grund ist, dass viele Operationen, die uns als „atomar" erscheinen, in Wirklichkeit aus mehreren Teiloperationen bestehen. Und das bedeutet, dass sie an den unpassendsten Stellen unterbrochen werden können. Im Programm 22.4 illustrieren wir das Problem dadurch, dass wir lokale Hilfsvariablen verwenden.

Wir betrachten eine Klasse `Account` für Bankkonten. Diese Konten haben einen Kontostand `balance` und verfügen über zwei Methoden zum Einzahlen bzw. Abheben. Nehmen wir an, dass ein Thread `t1` eine Summe einzahlt, und

Programm 22.4 Synchronisierter Zugriff auf Bankkonten

```
class Account {
  private long balance;
  synchronized void deposit ( long amount ) {
    long aux = this.balance;                    // ausbuchen
    aux = aux + amount;
    this.balance = aux;                         // einbuchen
  }//deposit
  synchronized void withdraw ( long amount ) {
    long aux = this.balance;                    // ausbuchen
    if (aux >= amount) {
      aux = aux - amount;
      this.balance = aux;                       // einbuchen
    }//if
  }//withdraw
}//end of class Account
```

ein anderer Thread `t2` genau die gleiche Summe abhebt. Danach sollte das Konto unverändert sein. Und meistens ist das auch so.

Wenn das Schlüsselwort `synchronized` – auf das wir gleich genauer eingehen – nicht da wäre, könnte aber Murphy's Law zuschlagen und den Ablauf in Abbildung 22.4 geschehen lassen. Wie dieses Szenario zeigt, hängt die Korrektheit der beiden Methoden `a.deposit()` und `a.withdraw()` für das Konto `a` entscheidend davon ab, dass sie immer vollständig ausgeführt werden. Das

t1		t2		*Konto*
`a.deposit(200)`	*(aux)*	`a.withdraw(200)`	*(aux)*	*1000*
`long aux = balance;`	*(1000)*			
`aux = aux + amount;`	*(1200)*			
		`long aux = balance;`	*(1000)*	
		`aux = aux - amount;`	*(800)*	
`balance = aux;`				*1200*
		`balance = aux;`		*800*

Abb. 22.4. Pathologischer Ablauf bei Threads

heißt, es darf keine andere Methode auf dem Konto `a` gleichzeitig ausgeführt werden. Genau das stellt das Schlüsselwort `synchronized` sicher.

Definition (`synchronized` Methode, Lock)

Wenn ein Thread `t` eine `synchronized`-Methode ausführt, dann erhält er ein sog. ***Lock*** auf das Objekt. Weil ein Objekt zu jedem Zeitpunkt höchstens ein Lock tragen darf, kann kein anderer Thread eine `synchronized`-Methode auf dem Objekt ausführen, solange `t` das Lock hält. ❑

Man muss nicht immer ganze Methoden schützen. Oft genügt es, einen gewissen Block von Anweisungen zu schützen. Und das blockierte Objekt muss auch nicht immer dasjenige sein, das die Methode ausführt. Man kann irgendein Objekt blockieren, je nachdem, was in der jeweiligen Applikation angemessen ist. Programm 22.5 zeigt ein typisches Beispiel. Das Vertauschen

Programm 22.5 Synchronisiertes Vertauschen von Array-Elementen

```
void swap ( Object[] array, int i, int j ) {
  synchronized (array) {
     Object aux = array[i];
     array[i] = array[j];
     array[j] = aux;
  }//synchronized
}//swap
```

von Array-Elementen braucht eine Zwischenspeicherung in einem Hilfselement `aux`. Die Befehlsfolge darf unter keinen Umständen von einem anderen Thread unterbrochen werden. Deshalb wird der Array mit einem Lock versehen.

Definition (`synchronized` Block, Lock)

Man kann auch einen Anweisungsblock absichern, indem man schreibt

`synchronized(«Objekt») { «Anweisungen» }`

Das Lock wird dann auf das angegebene Objekt gesetzt. ❑

Das zeigt übrigens, dass die `synchronized`-Methoden nur eine Schreibabkürzung zur Sprache hinzufügen.

Kurzform	*Langform*

`synchronized void foo(...) {`
`  «Rumpf»`
`}`
	`void foo(...) {`
	`  synchronized(this) {`
	`    «Rumpf»`
	`  }`
	`}`

Wenn eine Methode als `synchronized` deklariert wird, dann ist ihr ganzer Rumpf geschützt, und das Lock wird auf das Objekt (`this`) selbst gelegt.

Mit Hilfe des Schlüsselwortes `synchronized` kann eine Methode „atomar" gemacht werden. Zum Verständnis muss man aber zwei Dinge beachten:

- Es werden nicht Methoden atomar gemacht, sondern Objekte blockiert.
- Wenn das Objekt neben synchronisierten Methoden auch (gefährliche) nichtsynchronisierte Methoden bereitstellt, ist der Schutz weg.

Definition (Monitor)

Wenn ein Objekt nur private Felder hat und diese nur mit `synchronized`-Methoden bearbeitet werden, dann nennt man es einen ***Monitor***. ❑

Solche Monitore spielen eine wichtige Rolle beim Management komplexer Systeme von parallelen Prozessen. (Sie sind eine relativ robuste, aber nicht die einzige Art der Prozesssteuerung; genauere Details findet man z. B. in [30]).

22.3.1 Vorsicht, es klemmt!

Mit der Lock-Technik und Monitoren hat man ein sehr mächtiges Werkzeug zur Synchronisation von Prozessen an der Hand, ... aber auch eine sehr schöne Möglichkeit, subtile Fehler zu machen. Die folgenden beiden Programmfragmente zeigen das Problem überdeutlich:

```
...
synchronized ( A ) {        // Teil von Thread t1
  synchronized ( B ) {
    «Arbeit von t1»
  }
}
...
synchronized ( B ) {        // Teil von Thread t2
  synchronized ( A ) {
    «Arbeit von t2»
  }
}
...
```

Hier kann es passieren, dass der Thread `t1` es schafft, ein Lock auf Objekt `A` zu setzen, und der Thread `t2` das Lock auf `B` bekommt. Und von da an warten beide darauf, dass der jeweils andere nachgibt.

Dies ist eine klassische ***Deadlock***-Situation, also ein Zustand gegenseitigen Blockierens und Wartens. Leider treten diese Situationen in der Praxis längst nicht so offensichtlich auf wie in unserem kleinen Spielbeispiel.

22.3.2 Warten Sie, bis Sie aufgerufen werden! (`wait`, `notify`)

Die obigen Beispiele illustrieren, dass mit `synchronized` eine wesentliche Voraussetzung zur Synchronisation und Kommunikation über gemeinsame Variablen gegeben ist, dass aber noch ein bisschen Ausdrucksmächtigkeit fehlt.

Ein Besuch beim Zahnarzt ist nicht nur wegen der zu erwartenden Aktivitäten des Doktors kein Genuss, sondern meistens auch wegen der mühsamen Art, wie man zu ihm vordringt. Man darf nicht einfach ins Sprechzimmer, sondern wird erst einmal von der Arzthelferin ins Wartezimmer verwiesen. Und dort harrt man des Augenblicks, an dem man aufgerufen wird.

Genauso macht es JAVA. *(Naja, fast ...)*

Dazu verwendet JAVA zwei Methoden, die für jedes Objekt verfügbar sind, weil sie in der Klasse `Object` enthalten sind (vgl. Abbildung 22.5).

```
class Object
-------------------------------------------------------------
  ...
  void wait ()                 Lock aufgeben und warten
  void wait (long milisec)     Lock aufgeben und warten
  void notify ()               einen wartenden Thread wecken
  void notifyAll ()            alle wartenden Threads wecken
  ...
```

Abb. 22.5. Die Klasse `Object` (Auszug)

Wenn ein Thread `t` ein Lock auf ein Objekt `a` hält – d. h., wenn er sich in einer `synchronized`-Methode des Objekts `a` befindet –, dann kann er das Lock vorübergehend aufgeben, indem er die Methode `a.wait()` aufruft. (Dies sollte der Thread immer tun, wenn er auf ein anderes Ereignis warten muss; denn sonst würde er während seiner Wartezeit alle anderen Threads blockieren, die auch auf das Objekt `a` warten.)

Als Effekt des Aufrufs von `a.wait()` wird `t` in die Liste derjenigen Threads aufgenommen, die auf das Objekt `a` warten. (Denn Objekte in JAVA können nicht nur Locks haben, sondern auch Wartelisten von Threads).

Wenn ein anderer Thread `t1`, der inzwischen das Lock auf `a` hält, die Methode `a.notify()` ausführt, wird einer der wartenden Threads aus der Warteliste geholt. (Wenn der Doktor bereit ist, wird einer der Patienten aus dem Wartezimmer geholt.) Wenn unser Thread `t` Glück hat, ist er der erwählte. Dann muss nur noch `t1` sein Lock abgeben, und `t` kann dort fortfahren, wo er freiwillig unterbrochen hat, nämlich hinter dem Aufruf von `wait`.

Die Programme 22.6 und 22.7 zeigen eine typische Verwendung dieser Technik. Es gibt zwei Prozesse, meistens ***Producer*** und ***Consumer*** genannt. Einer legt Elemente in einem Puffer ab, der andere nimmt sie heraus. Der Puffer hat eine Maximalgröße. Das heißt, der Producer kann nur etwas hineinlegen, wenn der Puffer nicht voll ist, und der Consumer kann nur etwas herausnehmen, wenn der Puffer nicht leer ist. (Wir verwenden eine Variante der Struktur `Queue` aus Abschnitt 17.3.6, bei der eine Maximalgröße vorgegeben werden kann.)

Programm 22.6 Puffer zur Synchronisation von Producer und Consumer

```
class Buffer {
  Queue q = new Queue(...);                   // mit Maximalgröße
  synchronized Object get () {
    while (q.empty()) {
      try {
        this.wait();
      } catch (InterruptedException e) {}  // ignorieren
    }//while
    Object result = q.pop();
    this.notify();
    return result;
  }// get
  synchronized void put ( Object x ) {
    while (q.full()) {
      try {
        this.wait();
      } catch (InterruptedException e) {}  // ignorieren
    }//while
    q.push(x);
    this.notify();
  }// put
}//end of class Buffer
```

Dieser Puffer kann jetzt von beliebig vielen Producern und Consumern genutzt werden. Das heißt, mit den Klassen aus Programm 22.7 können wir jetzt generieren

Programm 22.7 Producer und Consumer

```
class Producer extends Thread {
  private Buffer buffer;
  Producer ( Buffer buffer ) { this.buffer = buffer; }
  public void run () {
    while (...) {
      «produce x»
      buffer.put(x);
    }//while
  }//run
}//end of class Producer
class Consumer extends Thread {
  private Buffer buffer;
  Consumer ( Buffer buffer ) { this.buffer = buffer; }
  public void run () {
    while (...) {
      Object x = buffer.get();
      «consume x»
    }//while
  }//run
}//end of class Producer
```

```
...
Buffer b = new Buffer(...);
Producer p1 = new Producer(b); ...; Producer pm = new Producer(b);
Consumer c1 = new Consumer(b); ...; Consumer cn = new Consumer(b);
p1.start(); ...; pm.start(); c1.start(); ...; cn.start();
...
```

Anhand dieses Beispiels wollen wir uns die Arbeitsweise des `wait-notify`-Mechanismus klar machen. Wenn ein Producer $\mathtt{p_j}$ die Methode `buffer.put(x)` ausführt (also insbesondere das Lock von `buffer` hält), dann gibt es zwei Möglichkeiten:

- Der Puffer ist nicht voll. Dann wird die `while`-Schleife übersprungen und sofort die Methode `q.push(x)` ausgeführt. Mit `notify()` wird einer der eventuell wartenden anderen Threads erlöst. Danach ist $\mathtt{p_j}$ mit der Methode `put` fertig und gibt das Lock auf.
- Der Puffer ist voll. Dann betritt der Thread $\mathtt{p_j}$ die `while`-Schleife und führt `this.wait()` aus. Damit wird er blockiert (s. Abbildung 22.2) und in die Warteschlange des Objekts `buffer` eingereiht.
  Irgendwann ruft jemand die Methode `buffer.notify()` auf. Und bei irgendeinem dieser Aufrufe wird unser Prozess $\mathtt{p_j}$ erwählt. Damit bekommt

er insbesondere das Lock zurück. Jetzt macht er direkt hinter `wait` weiter, also dort, wo er unterbrochen wurde.
Doch Vorsicht! Es ist nicht garantiert, dass einer der Consumer das `notify` ausgelöst hat. Es könnte auch ein anderer Producer gewesen sein (oder sonst ein Prozess). Das heißt: Der Thread p_j kann sich nicht darauf verlassen, dass der Puffer jetzt Platz hat. Also muss er das erneut nachprüfen. Das ist der Grund, weshalb das `wait` in einer `while`-Schleife steckt. Wenn p_j Pech hat, ist der Puffer wieder voll, und er muss zurück in den Wartezustand.
Theoretisch kann das ewig so weitergehen. Man spricht dann von *Starvation*. Wenn man dieses Aushungern garantiert vermeiden will, muss man das Programm entsprechend komplexer gestalten. Man spricht dann von *Fairness*. (Für weitere Informationen verweisen wir wieder auf Spezialliteratur wie [30].)

Bei den Consumern funktioniert das Ganze völlig analog, nur dass jetzt geprüft werden muss, ob der Puffer leer ist.

22.4 Das Interface `Runnable`

Bekanntlich hat JAVA ein Problem mit Mehrfachvererbung. Was also tun, wenn man eine Klasse `MyThread extends Thread` schreiben möchte, diese Klasse aber auch von einer anderen Klasse `SomeClass` erben soll? Die Lösung liegt wieder einmal in den Interfaces. Die Klasse Thread implementiert das Interface `Runnable`, das als Einziges eine Methode `run()` fordert (s. Abbildung 22.6).

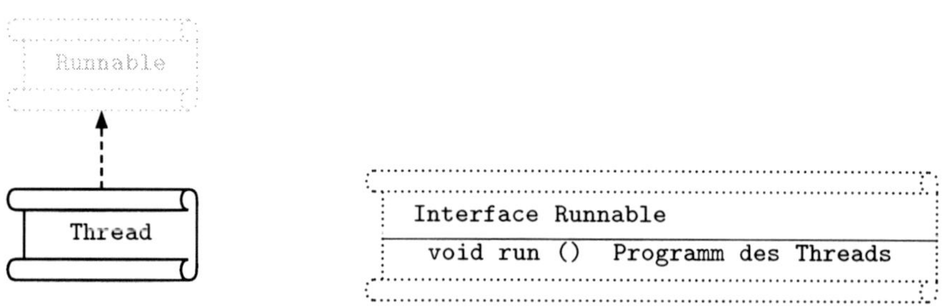

Abb. 22.6. Die Klasse `Thread` und das Interface `Runnable`

Jetzt kann man eine Klasse als Implementierung von `Runnable` deklarieren und dort die gewünschte `run`-Methode programmieren.

```
class MyRunnable extends SomeClass implements Runnable {
  ...
  public void run () { ... }
  ...
}//end of class MyRunnable
```

Die Klasse `Thread` stellt einen Konstruktor bereit, der erlaubt, ein eigenes Kontrollobjekt mitzugeben. Damit lässt sich ein neuer Thread folgendermaßen kreieren:

```
Thread t1 = new Thread( new MyRunnable() );
```

Hier ist wie üblich ein Thread `t1` entstanden. Aber sein Kontrollobjekt ist jetzt das (anonyme) Objekt `new MyRunnable()`, von dem `t1` sich die Methode `run()` holt, die seine Aktivität festlegt.

22.5 Ist das genug?

Mit dem Thread-Konzept hat man ein mächtiges Mittel in der Hand, um auch Aufgaben zu programmieren, bei denen mehrere Prozesse gleichzeitig ablaufen sollten. Das ist insbesondere bei Animationen wichtig.

Die wichtigsten Aspekte haben wir im Laufe dieses Kapitels angesprochen. Aber es gibt noch einige Dinge, die wir nicht diskutieren können, sondern nur kurz erwähnen.

22.5.1 Gemeinsam sind wir stark (Thread-Gruppen)

Manchmal wird die Programmierung kompakter und einfacher, wenn man Threads zu Gruppen zusammenfassen und dann gemeinsam verwalten kann. Insbesondere kann man für alle Threads einen gemeinsamen `interrupt()` auslösen. Ein typischer Fall wären etwa die Producer- und Consumer-Threads aus dem obigen Abschnitt 22.3.2.

Dafür sieht JAVA sog. *Thread-Gruppen* vor, die in einer Klasse `ThreadGroup` definiert sind. Diese Gruppen bilden eine baumartige Hierarchie. Die Wurzel dieser Hierarchie ist eine Thread-Gruppe, die beim Start des Programms erzeugt wird und in Abbildung 22.7 gezeigt ist.

In der *Main Group* liegt der Ur-Thread, der beim Programmstart die Methode `main` ausführt. In dieser Gruppe liegen auch einige Threads, die JAVA zum Management des Grafik-Systems AWT benutzt. Der *Clock Handler* verwaltet die *Timer*-bezogenen Ereignisse. Der *Garbage Collector* ist für das Recycling der Objekte zuständig, die noch im Speicher liegen, aber vom Programm aus nicht mehr erreicht werden können. Der *Idle Thread* kommt nur zum Zuge, wenn alle anderen Threads blockiert sind; dann ist es insbesondere Zeit für den *Garbage Collector*. Der *Finalizer Thread* führt bei Bedarf die `finalize`-Methoden derjenigen Objekte aus, die der *Garbage Collector* aufsammelt.

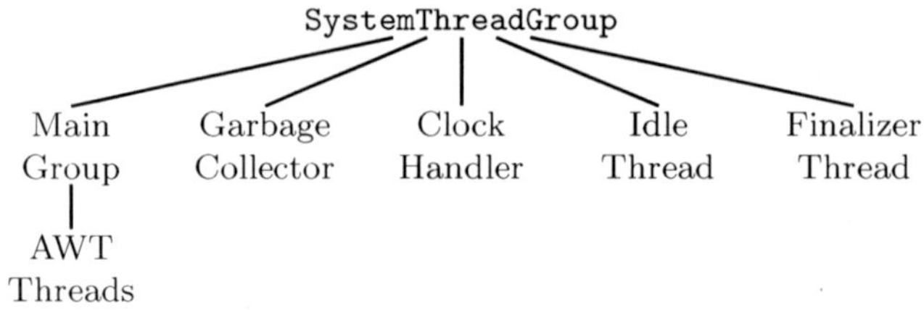

Abb. 22.7. Die `SystemThreadGroup` von JAVA

22.5.2 Dämonen sterben heimlich

Bevor wir Threads kennen gelernt haben, stellte sich der *Lebenszyklus eines Programms* sehr einfach dar. Das Programm wird gestartet, führt seine Methode `main()` aus – aus der heraus die eigentlichen Programmmethoden aufgerufen werden – und hört auf, wenn das Ende von `main` erreicht ist.

Mit den Threads sieht es anders aus: Das Programm endet, wenn der letzte Thread zum Ende gekommen ist. Das heißt, mit dem Ende von `main` ist nur der Ur-Thread vorbei, die anderen können noch weiterarbeiten. (Das ist sehr gut in Programm 22.1 zu sehen, wo `main` mit der Meldung `"done ..."` aufhört und die beiden anderen Threads erst richtig anfangen.)

Manchmal möchte man aber Threads im Hintergrund arbeiten lassen, die genau so lange leben, wie noch aktive Threads da sind. Solche Hintergrundthreads bezeichnet man als ***Daemon-Threads***. Mit der Methode `setDaemon(true)` der Klasse `Thread` wird ein Thread zum „Dämon" gemacht und über die Methode `isDaemon()` wird seine Natur abgefragt.

Der einzige Unterschied zu normalen Threads ist, dass Daemon-Threads das Ende des Programms nicht verhindern können. Das heißt, wenn nur noch Daemon-Threads übrig sind, hört das Programm auf.

Übrigens: Die vier Threads *Garbage Collector*, ..., *Finalizer Thread* in Abbildung 22.7 sind alle Daemon-Threads.

Anmerkung: Manchmal möchte man ein Programm beenden, obwohl noch eine Reihe von echten Threads laufen. (Das passiert z. B. beim Erkennen von fatalen Fehlersituationen.) Dann kann man die Methode `System.exit(...)` *aufrufen. Sie erzwingt das sofortige Programmende.*

22.5.3 Zu langsam für die reale Zeit?

Weil JAVA das Konzept paralleler Prozesse mit Synchronisation und Kommunikation bereitstellt, könnte man denken, dass sich damit auch Steuersoftware für Geräte programmieren lässt. Aber da gibt es noch massive Defizite.

JAVA ist langsam.

Für normale Programmieraufgaben reicht die Geschwindigkeit von JAVA normalerweise aus, aber bei sog. harter ***Realzeit*** sind viele Aspekte von JAVA nicht tolerierbar. Bei der Steuerung einer Benzineinspritzung oder eines Anti-Blockier-Systems, bei der Auslösung eines Airbags usw. geht es um Millisekunden oder noch kleinere Reaktionszeiten. Da ist eine Sprache, bei der vielleicht gerade der Garbage Collector aktiv ist, inakzeptabel.

Es gibt aber unter dem Kürzel RTSJ – *Real-Time Specification for Java* – eine Aktivität, JAVA um die fehlenden Konzepte zu ergänzen. (Das Buch [14] enthält mehr Information.)

22.5.4 Vorsicht, veraltet!

In der JAVA-Bibliothek finden sich noch einige weitere Methoden bei `Thread`, die vielversprechend klingende Namen haben: `suspend()`, `resume()`, `stop()`. Diese Methoden stammen noch aus der ersten JAVA-Version und sind inzwischen als instabil und gefährlich erkannt worden. Deshalb sollte man sie auf keinen Fall mehr benutzen. (In der JAVA-Dokumentation werden solche Features als „deprecated" bezeichnet.)

22.5.5 Neues in Java 5

Die neuen Versionen JAVA 5 und JAVA 6 stellen auch im Bereich der Parallelität ein paar Erweiterungen bereit. Im Wesentlichen handelt es sich dabei um ein Package `java.util.concurrent`, in dem flexiblere und abstraktere Konzepte als die reinen Basis-Threads enthalten sind, darunter z. B. die bekannten und wichtigen *Semaphoren*.

Es werden aber auch *low-level* Konzepte bereitgestellt, die einen direkteren Zugriff auf die Parallelitätsmechanismen der Hardware gestatten. Damit können Experten auch parallele Programme mit hoher Performanz entwickeln.

Die Einzelheiten gehen über dieses Buch hinaus. Wir verweisen auf die JAVA-Dokumentation.

23

Das ist alles so schön bunt hier: Grafik in JAVA

Moderne Softwareprodukte sind ohne ***grafische Benutzerschnittstelle***, kurz ***GUI***, nicht mehr denkbar (und vor allem: nicht mehr verkaufbar). Für diese Art der Schnittstellen haben sich auch die Begriffe *Fenstersysteme* oder *Windowssysteme* eingebürgert. Sie umfassen folgende Konzepte:

- Eine Aufteilung des Bildschirms in *Fenster*; diese Fenster können sich beliebig überlappen.
- Eine innere Strukturierung der Fenster in beliebig geschachtelte Unterfenster, genannt *Komponenten*.
- Eine Bibliothek von vordefinierten Komponentenarten wie z. B. *Textfield, Button, Menue, Scrollbar* etc.
- Darstellung von Texten, Grafiken, Bildern etc.
- Evtl. sogar Multimedia mit Audio und Video.
- Dazu kommt ein Mechanismus zur Verbindung zwischen Fenstersystem und Programm (also die eigentliche Ein-/Ausgabe-Funktion).

Eine auch nur halbwegs erschöpfende Behandlung des JAVA-GUIs ist im Rahmen eines einführenden Buches weder möglich noch sinnvoll. Letztendlich handelt es sich nämlich nur um Hunderte (wenn nicht Tausende) von *Features*, die in vielen Aspekten gleichartig sind. (Eines der Standard-Nachschlagewerke zu den beiden GUI-Bibliotheken AWT und SWING [18], das die Klassen ohne jeden Versuch der didaktischen Aufbereitung nahezu kommentarlos auflistet, umfasst 800 Seiten.) Deshalb beschränken wir uns hier auf eine exemplarische Einführung in die grundlegenden Ideen und Prinzipien und verweisen ansonsten auf die Literatur, z. B. [67, 35, 37].

23.1 Historische Vorbemerkung

Begonnen hat die Entwicklung der GUI-Systeme Anfang der 80er-Jahre im Xerox-Labor in Palo Alto mit den ersten Bitmap-Terminals, den sog. Altos. Aber ihren Siegeszug verdanken sie vor allem der Firma Apple, die GUIs mit den Macintosh-Rechnern populär machte. Auch das X-Windows-System in der UNIX-Welt hat wesentlich zum Durchbruch der GUIs beigetragen. Schließlich war auch Microsoft (nach Überwindung technischer und rechtlicher Probleme) Anfang der 90er-Jahre willens und in der Lage, nachzuziehen. Auf Grund der Marktdominanz dieser Firma kann man erst von diesem Zeitpunkt an sagen, dass GUIs zur Standardausstattung von Software gehören.

Der Siegeszug der GUIs hat vor allem einen Grund: Diese Oberflächengestaltung ermöglicht Arbeitsweisen, die den *Benutzern* entgegenkommen. Sie sind dem menschlichen Arbeitsstil besser angepasst und erscheinen damit „natürlicher" als die früheren Systeme (die eher die technologischen Vorstellungen der Programmierer widerspiegelten). Das zeigt sich u. a. in der sog. *Schreibtisch-Metapher*, über die der Aufbau und die Verwendung von Fenstersystemen den Benutzern nahe gebracht wird.

Eng verbunden mit diesem Siegeszug der GUIs war die Entwicklung der *objektorientierten Programmierung*. Denn es zeigte sich schon bald, dass die traditionellen Programmstrukturen (die an Prozeduren und Schleifen orientiert waren) völlig windschief zu den neuen Interaktionsstrukturen mit den Benutzern lagen. Als erste hat die Sprache SMALLTALK diese Erkenntnis umgesetzt; allerdings war der Bruch mit den Traditionen so radikal, dass die Akzeptanz bei den Programmierern in der Praxis sehr zögerlich blieb. Erst als die Ideen der Objektorientierung mit klassischen Sprachen verbunden wurden und somit z. B. aus C die objektorientierte Variante C^{++} wurde, kam auch hier der Durchbruch. JAVA folgt dieser Tradition insofern, als es zumindest die Syntax von C imitiert.

23.1.1 Awt und Swing (und andere)

Die GUIs stellten die Sprachentwickler aber vor ein diffiziles Problem: Sie waren sehr stark auf die Gegebenheiten der zugrunde liegenden Technik angewiesen, d. h. auf die Hardware und vor allem auf das Betriebssystem. Damit war die Programmierung von GUIs kaum über Systemgrenzen hinweg wiederverwendbar. Das stellte eine gewaltige Herausforderung für das JAVA-Prinzip des „*write once run everywhere*" dar.

JAVA löste dieses Dilemma ursprünglich, indem es eine Klassenbibliothek bereitstellte, die so etwas wie den kleinsten gemeinsamen Nenner der heute üblichen Fenstersysteme darstellt. Das Ergebnis war das ***Abstract Windowing Toolkit***, kurz **AWT**, das zur JAVA-Entwicklungsumgebung gehört.

Die ersten Erfahrungen in der Praxis zeigten aber schnell, dass die ursprünglichen Konzepte beträchtliche Defizite aufwiesen, sodass schon im nächsten Release JAVA 1.1 eine weitere Bibliothek, genannt **SWING**, hinzukam, die dann ab Release JAVA 1.2 zum Standard gehörte. Allerdings hatte auch JAVA mit dem klassischen Problem der „*Legacy-Software*" zu kämpfen. Und das hieß: Weil schon eine Menge Software auf der Basis von AWT geschrieben worden war, konnte es nicht einfach gegen das neue SWING ausgetauscht werden.

Stattdessen existieren jetzt beide Bibliotheken nebeneinander, teils in Konkurrenz, teils in Ergänzung zueinander.

- AWT ist das etwas schlankere System, das für viele einfache Aufgaben nach wie vor ausreichend ist. Seine Implementierung benutzt jeweils die Grafik-Primitiven des Betriebssystems, auf dem das Programm gerade läuft (was bei der Portierung manchmal zu Layout-Überraschungen führen kann).
- SWING geht einen radikal anderen Weg. Es ist in JAVA selbst implementiert, weshalb das *Look-and-feel* über Betriebssystemgrenzen hinweg einheitlich gehalten werden kann. (Man kann SWING-basierte GUIs aber auch an das jeweilige Betriebssystem anpassen.) Durch dieses Design ist SWING nicht nur flexibler als AWT, sondern auch robuster gegen Plattform-spezifische Programmabstürze. Aber man zahlt einen Preis: SWING-basierte Programme sind i. Allg. größer und die SWING-Bibliothek umfasst mehr Klassen und in jeder Klasse mehr Optionen als die alte AWT-Bibliothek.
  Ob SWING durch dieses Vorgehen eher einen Effizienzverlust oder sogar einen Effizienzgewinn zu verzeichnen hat, ist in der Literatur umstritten. Das scheint sehr stark von der jeweiligen Applikation abzuhängen.

Die Koexistenz des neuen SWING mit dem alten AWT führt dazu, dass viele der AWT-Klassen in SWING nochmals eingeführt werden mussten, was natürlich zu Namenskonflikten führt. Diese wurden aufgelöst, indem den SWING-Klassen jeweils ein "J"vorangestellt wurde, also z. B. `Frame` und `JFrame`, `Button` und `JButton`, `Label` und `JLabel` usw.

IBM hat im Rahmen ihrer Programmierumgebung ECLIPSE eine weitere Alternative bereitgestellt: die GUI-Bibliothek **SWT**.

23.1.2 Entwicklungsumgebungen

Auch wenn die GUI-Programmierung unter JAVA im Vergleich zu älteren Sprachen wie C^{++} deutlich einfacher geworden ist, macht sie immer noch viel Arbeit. Vor allem ist es eine längliche und intellektuell wenig herausfordernde Arbeit. Die eigentliche Schwierigkeit liegt in der grafischen Gestaltung der Oberfläche (und da sollten Informatiker sich besser der Hilfe von professionellen Arbeitswissenschaftlern und Grafikern bedienen, die von diesen Aspekten mehr verstehen). Sobald das diffizile Problem des (guten) Designs geklärt ist, beginnt eine relativ langwierige Beschreibung dieses Layouts: Farben, Fonts, Größen, Positionierung etc. brauchen oft Seiten über Seiten von Programmcode.

Das hat schon bald dazu geführt, dass grafische Hilfswerkzeuge entwickelt wurden, mit denen solche Layoutbeschreibungen generiert werden können. Man spricht dann von ***Integrated Development Environments***, kurz ***IDEs***. Diese Werkzeuge wurden sehr schnell von C^{++} und BASIC auf JAVA angepasst, sodass heute mehrere solche Systeme zur Auswahl stehen. Einige der ersten und bekanntesten sind

- *CodeGear/JBuilder* der Firma Borland (`http://www.codegear.com`).

- *VisualAge* der Firma IBM (Nicht mehr verfügbar; jetzt ECLIPSE).
- *Eclipse* der Firma IBM (`http://www.eclipse.org`).
- *NetBeans* der Firma SUN (`http://www.netbeans.org`).

Der Nutzen solcher IDEs ist nicht unumstritten. Manche Programmierer finden, dass zum einen die Beschreibung des grafischen Layouts nicht unbedingt schneller und einsichtiger geht, zum anderen aber die Anbindung an die Programmlogik eher erschwert wird.

So viel zur Historie ...

23.2 Grundlegende Konzepte von GUIs

Bei der Programmierung von GUIs muss man zwei Apekte klar auseinander halten:

- Die *grafische Gestaltung* der Oberfläche, d. h. das äußere Erscheinungsbild.
- Die *Interaktion* Benutzer ↔ GUI ↔ Programm, d. h. die internen Arbeitsabläufe.

Ersteres erfordert vor allem ein gutes Gefühl für Ästhetik und ansonsten viel Schreibarbeit. Letzteres stellt anspruchsvolle Anforderungen an das Programmdesign. In modernen GUI-Systemen hat sich ein grundlegendes Modell etabliert, das im Beispiel von Abbildung 23.1 illustriert wird.

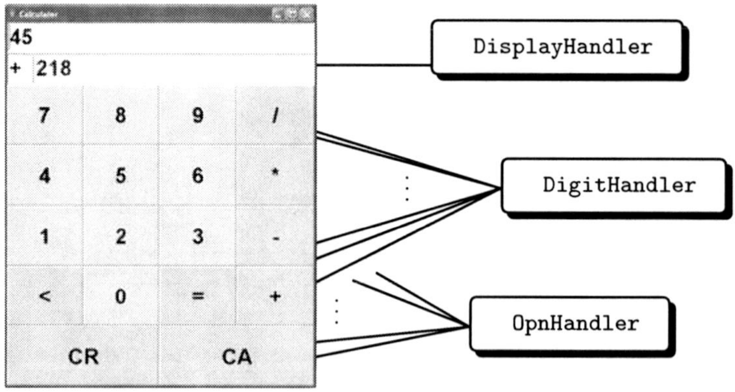

Abb. 23.1. Layout und Interaktion

- Auf der einen Seite gibt es eine Layout-Beschreibung (evtl. über ein IDE erzeugt).
- Auf der anderen Seite gibt es eine Kollektion von Kontroll-Objekten, die folgendermaßen konzipiert sind:

- Jedes Objekt ist zu einer oder mehreren der Layoutkomponenten assoziiert.
- Das Objekt kann auf diejenigen Benutzereingaben, die zu einer „seiner" Komponenten gehören, reagieren und im Programm entsprechende Aktionen auslösen („Eingabe").
- Das Objekt kann umgekehrt auch auf Anforderungen aus dem Programm reagieren und seine Komponente ändern („Ausgabe").

Wir beginnen unsere Erörterung mit dem einfacheren Thema, nämlich der grafischen Gestaltung. Danach wenden wir uns den Interaktionstechniken zu.

Es kann nicht Zweck dieses Buches sein, eine vollständige Übersicht über alle Möglichkeiten der GUI-Gestaltung in AWT oder SWING zu geben. Deshalb beschränken wir uns auf eine repräsentative Auswahl (und verweisen ansonsten auf die voluminöse Literatur). Damit diese Auswahl nicht allzu erratisch erfolgt, orientieren wir uns an den Anforderungen eines konkreten Beispiels, das einerseits noch überschaubar ist, andererseits aber doch einige der GUI-Features braucht.

Beispiel 23.1 *Taschenrechner*

Ein beliebtes Standardbeispiel für GUI-Probleme ist die Simulation eines Taschenrechners. In einer einfachen Ausführung sieht er aus wie in Abbildung 23.1. Der Taschenrechner hat drei Anzeigefelder für den Akkumulatorwert, die aktuelle Operation und den momentanen Stand des Eingaberegisters, und er verfügt über Tasten für Ziffern und Operationen.

Die Architektur: *Model-View-Control*

Für Programme mit Grafik hat sich eine spezielle Architektur als besonders nützlich erwiesen, das sog. ***Model-View-Control***. Diese Architektur dient

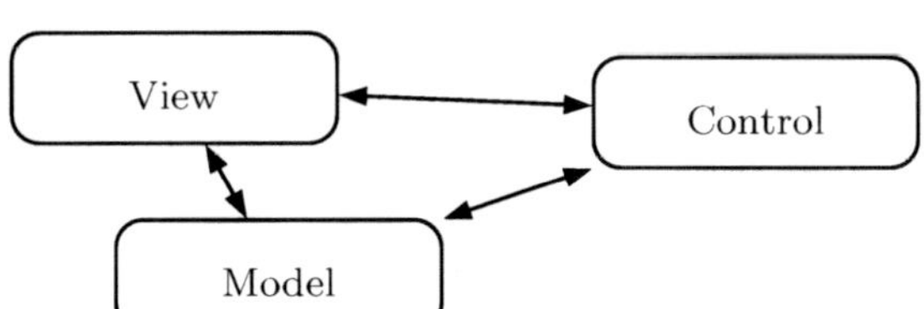

Abb. 23.2. Model-View-Control

vor allem dazu, die unterschiedlichen Aspekte des Programmierens auseinander zu halten und so die Komplexität des Gesamtsystems zu verkleinern. Das Programm wird in drei Bereiche eingeteilt (s. Abbildung 23.2):

- Das *Model* enthält die inhaltlichen Aspekte der jeweiligen Anwendung, in unserem Fall also die internen Daten und Funktionen des Taschenrechners (Akkumulator, Register, Operationen etc.).
- Der *View* enthält alle grafischen Aspekte der GUI-Komponenten.
- Der *Controller* enthält die Steuerung des Gesamtsystems. Dazu muss er insbesondere alle Aktionen des Benutzers abfangen.

Jeder dieser drei Bereiche enthält eine oder mehrere Klassen, die zur Durchführung der entsprechenden Aktivitäten benötigt werden. Das Ziel bei dieser Organisation ist, dass man in jedem der drei Bereiche so wenig wie möglich über die beiden anderen wissen muss, sodass die Menge der gegenseitigen Abhängigkeiten minimiert wird.

Anmerkung: In der Praxis wird diese strenge Trennung aber manchmal wieder aufgeweicht, indem Teile des Controllers mit den entsprechenden View-Komponenten direkt verschmolzen werden. JAVA *erlaubt sowohl die Trennung als auch die Verschmelzung (wie wir im Weiteren noch sehen werden).*

24

GUI: Layout

Zum Arbeiten mit GUIs muss man ein grundsätzliches Verständnis für die allgemeine Arbeitsweise haben. Wie in Abbildung 24.1 skizziert ist, hat man es mit drei Aspekten zu tun:

- Im Programm erzeugt man Objekte, die eine *Beschreibung* des gewünschten GUI-Fensters darstellen.
- Beim Ablauf des Programms wird aus diesen Programm-Objekten im Maschinenspeicher eine *binäre Repräsentation* des Fensters generiert (und kontinuierlich aktualisiert). Das ist üblicherweise eine Matrix von Farbwerten für die einzelnen Pixel.
- Dieser Speicher wird vom Graphiksystem der Maschine bzw. des Betriebssystems ausgelesen und auf dem Bildschirm angezeigt.

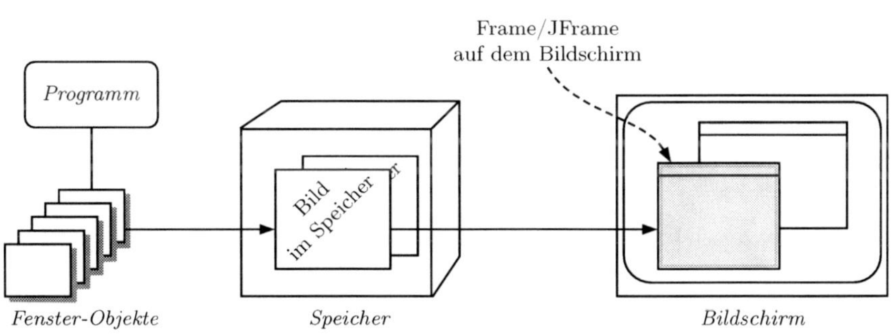

Abb. 24.1. Prozess der Fenstergenerierung

Jedes „Hauptfenster" auf dem Bildschirm entspricht dabei üblicherweise einem `Frame` (in AWT) oder `JFrame` (in SWING). Im Folgenden wollen wir uns mit der Programmierung solcher `Frame/JFrame`-Fenster beschäftigen.

Am besten stellt man sich den Aufbau eines Fensters als eine Überlagerung von Schichten vor, wobei die oberen Schichten die darunterliegenden jeweils (zumindest teilweise) verdecken. Zu unserem Taschenrechner gehört z. B. die Struktur in Abbildung 24.2.

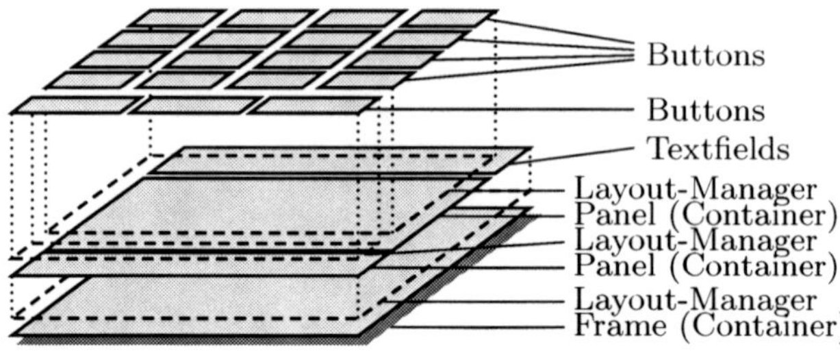

Abb. 24.2. Schichtenweiser Aufbau eines Fensters

Die unterste Schicht ist das „Substrat", auf dem das gesamte Grafikelement sitzt und das als eigenständiges Fenster auf dem Bildschirm positioniert wird. Wir nennen dies das ***Hauptfenster***. Dazu dient in JAVA-SWING die Klasse `JFrame` (in AWT die Klasse `Frame`).

Zum Verständnis von GUIs ist folgende Unterscheidung von zentraler Bedeutung. Es gibt zwei Arten von GUI-Komponenten:

- ***Container*** sind diejenigen Komponenten, die als „Behälter" für andere Komponenten dienen. Sie werden in JAVA durch die (abstrakte) Klasse `Container` beschrieben.
  Zu jedem Container gehört ein sog. ***Layout-Manager***, der festlegt, wie die Elementkomponenten in ihm angeordnet sind.
  Spezialfälle von Containern (also Subklassen von `Container`) sind z. B. `Frame` und `Panel` in AWT bzw. `JFrame` und `JPanel` in SWING.
- ***Basiskomponenten*** sind alle übrigen Komponenten.
  Dazu gehören z. B. `Button`, `TextField` und `Label` in AWT bzw. `JButton`, `JTextField` und `JLabel` in SWING (und viele weitere, die aber in unserem Taschenrechner nicht gebraucht werden).

Abbildung 24.3 zeigt einen winzigen Ausschnitt aus der Klassenhierarchie von AWT (oben) und SWING (unten). Auffallend ist, dass die wesentliche Verbindung zwischen SWING und AWT über `JComponent` läuft, mit Ausnahme der Klasse `JFrame`, die sich direkt auf ihr Gegenstück `Frame` bezieht (vgl. auch Abbildung 24.8 auf Seite 480). Der Grund ist, dass diese Klasse das Hauptfenster auf dem Bildschirm liefert, also am engsten mit dem Betriebssystem verbunden ist – und diese Verbindung wird durch AWT hergestellt.

JAVA stellt im AWT auch noch einige Hilfsklassen zur Verfügung, in denen nützliche und notwendige Methoden und Attribute bereitgestellt werden, etwa `Color` für Farben, `Font` für Zeichensätze, `Dimension` für Größenangaben, `Point` für Koordinatenangaben, `Cursor` für vordefinierte Cursorsymbole etc. (s. Abschnitte 24.3.6 bis 24.3.8).

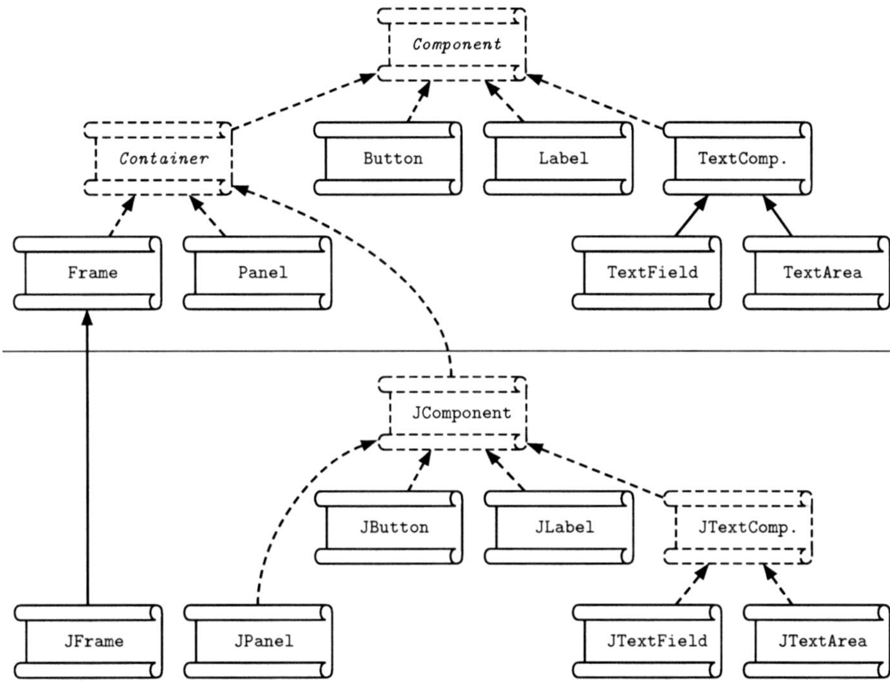

Abb. 24.3. Vererbungshierarchie von AWT/SWING (winziger Auszug)

24.1 Die Superklassen: `Component` und `JComponent`

Da alle Grafikkomponenten Subklassen von `Component` sind (vgl. Abbildung 24.3), werden in dieser Klasse sehr viele (über 130) Methoden eingeführt, die „universell" für das ganze AWT sind. Für SWING wurde eine entsprechende Klasse `JComponent` eingeführt, die als Superklasse für nahezu alle SWING-Klassen dient. Weil sie selbst aber von `Container` und damit von `Component` abgeleitet ist, ist sie viel flexibler als das AWT-Gegenstück.

Eine kleine Auswahl der Methoden ist in Abbildung 24.4 angegeben. (Wir haben hier vor allem diejenigen Methoden aufgenommen, die in unserem Beispiel vorkommen. Für die vollständige Übersicht verweisen wir auf die eingangs erwähnte Literatur.)

Man sieht hier, dass viele der Methoden in zwei komplementären Formen vorkommen: `set...()` setzt das entsprechende Attribut und `get...()` fragt den aktuellen Attributwert ab. Und weil es mehrere Dutzend Attribute gibt – Vordergrund- und Hintergrundfarbe, Zeichensatz, -größe, -stil, Alignment (left, center, right, top, bottom), Fenstergröße und -position, aktiv/passiv, sichtbar/unsichtbar usw. –, hat man eben Dutzende von Methoden zu ihrer Verwaltung.

abstract class JComponent extends Container	
`void setLocation(Point p)`	Position
`void setLocation(int x, int y)`	Position
`void setSize(Dimension d)`	Breite und Höhe
`void setSize(float width, float height)`	Breite und Höhe
`void setBackground(Color c)`	Hintergrundfarbe
`void setForeground(Color c)`	Vordergrundfarbe
`void setFont(Font f)`	Zeichensatz
`void setVisible(boolean b)`	(un)sichtbar machen
`...`	
`Point getLocation()`	Position
`Dimension getSize()`	Breite und Höhe
`Color getBackground()`	Hintergrundfarbe
`Color getForeground()`	Vordergrundfarbe
`Font getFont()`	Zeichensatz
`boolean isVisible()`	sichtbar?
`...`	
`boolean contains(Point p)`	Punkt in Komponente?
`...`	
`void paintComponent(Graphics g)`	zeichnen

Abb. 24.4. Ausgewählte Methoden von `JComponent`

Die meisten der Methoden sind selbsterklärend. Ein Fenster wird zunächst nur *intern* aufgebaut; erst mit `setVisible(true)` taucht es auf dem Bildschirm auf. Und mit `setVisible(false)` wird es wieder unsichtbar. (Die interne Pixelmatrix – vgl. Abbildung 24.1 – ist aber immer noch da, sodass das Fenster mit `setVisible(true)` wieder sichtbar gemacht werden kann).

Mit `paintComponent()` werden Grafiken (neu) gezeichnet. Darauf und auf die verwandten Methoden `paint(0` und `repaint()` von `Component` gehen wir in Abschnitt 24.4 näher ein.

Nicht alle Methoden von `JComponent` sind implementiert, da es sich um eine abstrakte Klasse handelt. Und viele der Methoden werden von Subklassen auch redefiniert. (Außerdem gelten einige Methoden seit JAVA 1.1 als veraltet und sollen nicht mehr benutzt werden.)

24.2 Elementare GUI-Elemente

Wir beginnen die Beschreibung mit den einfachsten Arten von Komponenten, nämlich den elementaren Fenstern. Bei der Auswahl lassen wir uns von dem durchgängigen Beispiel des Taschenrechners leiten (vgl. Abbildung 23.1).

24.2.1 Beschriftungen: `Label`/`JLabel`

Als Einstieg wählen wir die einfachste der Basiskomponenten: Ein ***Label*** ist ein Text, der in eine Komponente eingebettet ist. Labels sind reine *Ausgabetexte*; sie können nur vom Programm aus gesetzt und geändert werden, nicht vom Benutzer am Bildschirm. Die wesentlichen Methoden von `JLabel` sind in Abbildung 24.5 zusammengefasst. Für das Alignment gibt es die drei Werte `CENTER`, `LEFT` und `RIGHT`, die im Interface `SwingConstants` als `static`-Konstanten definiert sind.

class JLabel extends JComponent	
JLabel()	Standard-Konstruktor
JLabel(String text)	Konstruktor mit Text
JLabel(String text, int align)	Konstruktor mit Text und Alignment
void setText(String Text)	Text setzen
void setAlignment(int align)	Alignment festlegen
String getText()	aktuellen Text abfragen
int getAlignment()	aktuelles Alignment abfragen
...	...

Abb. 24.5. Die wichtigsten Methoden von `JLabel`

Die Klassen `Label` und `JLabel` sind sehr ähnlich. Bei `JLabel` gibt es aber auch noch die Möglichkeit, anstelle des Texts oder neben dem Text ein Icon zu zeigen.

Natürlich können auch alle generellen Komponenten-Methoden benutzt werden wie z. B. `setBackground`, `setForeground`, `setFont` etc.

24.2.2 Zum Anklicken: `Button`/`JButton`

Ein ganz wichtiges Element jedes GUIs sind die ***Buttons***. Sie erlauben dem Benutzer, durch Anklicken mit der Maus Aktionen auszuwählen. In der einfachsten Form handelt es sich um `OKAY`-, `CANCEL`-, `HELP`- und ähnliche Buttons. In komplizierteren Fällen kann man auch Ja/Nein-Optionen setzen (`JCheckBox`) oder eine Auswahl aus einer Gruppe von Optionen treffen (`JRadioButton`). Wir beschränken uns hier auf einfache Buttons und verweisen für die anderen Varianten auf die Literatur.

Die Darstellung von Buttons ist ähnlich einfach wie die von Labels. In Abbildung 24.6 sind die wichtigsten Methoden aufgelistet. Wie bei `JLabel` gibt es mehrere Konstruktoren, in denen der Beschriftungstext bzw. das Icon gleich mitgesetzt werden können. (Wir zeigen hier nur zwei dieser Konstruktoren.) Diese Attribute können auch dynamisch mit `setText` oder `setIcon` gesetzt werden.

`class JButton extends JComponent`	
`JButton()`	`Konstruktor`
`JButton(String text)`	`Konstruktor`
`void setText(String text)`	`setze Beschriftung`
`void setEnabled(boolean b)`	`aktivieren/deaktivieren`
`void setActionCommand(String name)`	`„Kennung“ des Buttons`
`String getText()`	`aktuelle Beschriftung`
`String getActionCommand()`	`„Kennung“ des Buttons`
`...`	`...`

Abb. 24.6. Die wichtigsten Grafik-Methoden von `JButton`

Die Methode `setActionCommand(name)` benutzt man, um dem Button einen (eindeutigen) Namen zu geben. Damit kann man später bei Bedarf z. B. feststellen, auf welchen Button der Benutzer mit der Maus geklickt hat.

Natürlich sind auch alle generellen Komponenten-Methoden hier anwendbar, wie z. B. das Setzen von Farben, Fonts, Größen etc.

Das eigentlich Spannende an Buttons, nämlich die Behandlung von Benutzereingaben über Mausklicks – also die Verbindung zum *Controller* –, können wir erst in Kapitel 25 diskutieren.

Beispiel 24.1 *Taschenrechner: Die Buttons*

Wir betrachten wieder unser Standardbeispiel des Taschenrechners. Die nebenstehende Anordnung gibt das Layout des zentralen Tastenfelds wieder.

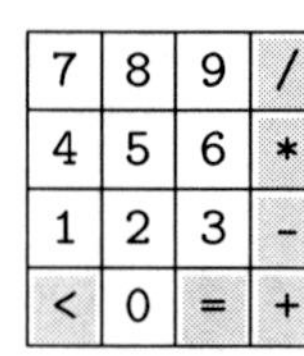

Dieses Tastenfeld soll über Buttons realisiert werden. Dabei können wir die Beschriftungen auch gleich als Namen für die spätere Erkennung nehmen.

Wegen der Gleichartigkeit der Elemente bietet es sich an, mit Arrays und Schleifen zu arbeiten. Allerdings wollen wir die Sache etwas interessanter gestalten und mit zwei verschiedenen Farben arbeiten, eine für die Zahlenfelder und eine für die Operatorenfelder.

```
...
// Der Panel für die Buttons
String[] labels = { "7", "8", "9", "/",          // die Labels
                    "4", "5", "6", "*",
                    "1", "2", "3", "-",
                    "<", "0", "=", "+"  };
Color a = new Color(175,238,238);                 // PaleTurquoise
Color b = new Color(173,216,230);                 // LightBlue
Color[] colors = { a, a, a, b,                    // die Farben
                   a, a, a, b,
                   a, a, a, b,
                   b, a, b, b };
JButton[] matrix = new JButton[16];
for (int i=0; i<4*4; i++) {
   JButton bt = new JButton(labels[i]);           // neuer Button
   bt.setBackground(colors[i]);                   // Farbe setzen
   bt.setActionCommand(labels[i]);                // Kennung setzen
   ...
   matrix[i] = bt;                                // hinzufügen
}//for
...
```

Wir führen zwei 16-Element-Arrays ein, einen für die Beschriftungen und einen für die Farben (wobei wir durch das Programmlayout andeuten, dass wir eigentlich mit (4×4)-Matrizen arbeiten). Die Farbenmatrix enthält zwei zuvor selbst definierte Farben (s. Abbildung 24.15 in Abschnitt 24.3.6), die dem obigen Bild entsprechend verteilt sind. Außerdem kreieren wir eine Matrix mit Platz für 16 Buttons.

In der Schleife werden der Reihe nach 16 Buttons kreiert. Jeder bekommt das entsprechende `labels`-Feld als Beschriftung und das entsprechende `colors`-Feld als Hintergrundfarbe. Außerdem geben wir die jeweilige Beschriftung auch als Kennung zur späteren Identifizierung der Buttons im Programm mit. Die so erzeugten Buttons werden in der Matrix gespeichert. (Die Verwendung dieser Matrix wird in den folgenden Abschnitten gezeigt werden.)

24.2.3 Editierbarer Text: `TextField`/`JTextField`

Neben reinen Ausgabetexten (wofür `JLabel` benutzt wird) braucht man auch Fensterelemente, über die der Benutzer Texte eingeben kann. Dabei unterscheiden AWT und SWING – wie die meisten Fenstersysteme – aus Effizienzgründen zwei Varianten:

- `TextField` bzw. `JTextField` ist ein *einzeiliges* Ein-/Ausgabefeld für Texte.

- `TextArea` bzw. `JTextArea` ist ein *mehrzeiliger* Ein-/Ausgabebereich für Texte.

Die wichtigsten Methoden von `JTextField` sind in Abbildung 24.7 zusammengefasst. (`JTextArea` ist analog.) Die meisten Methoden werden von der Superklasse `JTextComponent` geerbt. (Interessanterweise ist diese Superklasse in SWING eine abstrakte Klasse, während ihr Gegenstück in AWT eine konkrete Klasse ist.)

class JTextField extends JTextComponent	
`JTextField()`	Konstruktor
`JTextField(String text)`	Konstruktor
`JTextField(int cols)`	Konstruktor
`JTextField(String text, int cols)`	Konstruktor
`void setColumns(int cols)`	Breite setzen
`int getColumns()`	Breite abfragen
`void setEditable(boolean b)`	Text editierbar?
`boolean isEditable()`	Text editierbar?
`void setText(String text)`	Text setzen
`String getText()`	ganzer Text
`String getText(int offs, int leng)`	Teiltext
`void select(int from, int to)`	Selektion von ...bis ...
`void selectAll()`	alles selektieren
`void setSelectionStart(int pos)`	Selektion von ...
`void setSelectionEnd(int pos)`	Selektion bis ...
`void setSelectionColor(Color c)`	Hintergrundfarbe
`void setSelectedTextColor(Color c)`	Schriftfarbe
`String getSelectedText()`	selektierter Text
`int getSelectionStart()`	Anfang der Selektion
`int getSelectionEnd()`	Ende der Selektion
`Color getSelectionColor()`	Hintergrundfarbe
`Color getSelectedTextColor()`	Schriftfarbe
`void setCaretPosition(int pos)`	Position der Marke
`int getCaretPosition()`	Position der Marke
`void cut()`	Auswahl ⇒ System-Clipboard
`void copy()`	Auswahl ⇒ System-Clipboard
`void paste()`	System-Clipboard einfügen
...	...

Abb. 24.7. Die wichtigsten Methoden von `JTextField` (und `JTextArea`)

Wie üblich gibt es verschiedene Varianten von Konstruktoren, mit denen man die Größe des Feldes (in Zeilen und Spalten) sowie den initialen Text gleich festsetzen kann. Für alle diese Attribute gibt es auch die entsprechenden `set...`-Methoden, über die man sie jederzeit dynamisch setzen bzw. ändern kann.

Hinweis: Die Methoden ab `setEditable` stammen aus der Superklasse `JTextComponent`.

Mit `setEditable` kann man das Verändern des Textfelds durch den Benutzer erlauben oder verhindern. Mit `setText` kann man das Textfeld vom Programm aus schreiben, mit `getText` kann man den Inhalt des Feldes holen, egal, ob er vom Benutzer oder vom Programm aus geschrieben wurde. Dabei kann man auch nur einen Teil des Textes lesen, und zwar ab Stelle `offs` in der Länge `leng`. *Beachte:* Wie üblich beginnt die Zählung mit 0!

Wie man von Texteditoren weiß, kann man als Benutzer Textteile *selektieren* (z. B. indem man mit dem Cursor darüberstreicht). Mit der Operation `getSelectedText` kann man diesen Textteil ins Programm holen. Man kann aber auch nur seine Anfangs- und Endposition abfragen. Und wie üblich lässt sich die Selektion auch vom Programm aus durchführen. Außerdem kann man bestimmen, in welcher Farbe der Hintergrund und die Schrift des selektierten Teils hervorgehoben werden sollen.

Vorsicht! Die Indizierung der Zeichen im Text beginnt – wie bei Arrays – mit 0. Schlimmer ist aber, dass das `to`*-Argument das erste Zeichen* hinter*(!) der Selektion indiziert. Wenn der Text z. B.* `"0123456789"` *ist, dann wird mit* `select(3,6)` *der Teiltext* `"345"` *ausgewählt.*

Aus Editoren weiß man auch, dass die aktuelle Arbeitsposition durch einen *Cursor* (auch *Caret* genannt) dargestellt wird. Diese Position lässt sich abfragen und auch setzen. (Übrigens kann auch das Caret selbst in Form und Farbe definiert werden.)

Alle Arten von Textfeldern unterstützen das aus Editoren bekannte *Cut-Copy-Paste*-Paradigma. Das heißt, der Benutzer kann mit der Maus *Textteile selektieren* und diese dann löschen oder in irgendein anderes Textfenster auf dem Bildschirm kopieren. (Das funktioniert auch z. B. zwischen einem JAVA-Textfeld und dem Emacs-Editor.)

Anmerkung: `JTextField` *und* `JTextArea` *bieten nur eine äußerst simple Textverarbeitung an, mit denen sich allerdings die meisten Standardaktivitäten schnell und bequem programmieren lassen. Wenn man aber echte Editorfunktionen braucht, muss man selbst entsprechende Programme schreiben, die dann sinnvollerweise auch nicht auf* `JTextField` *oder* `JTextArea` *aufbauen, sondern andere GUI-Komponenten benutzen.* JAVA *stellt dazu eine große Zahl von vordefinierten Klassen bereit, die zum Teil komplette (wenn auch einfache) Editoren realisieren.*

Beispiel 24.2 *Taschenrechner: Die Anzeigefelder*

Unser Taschenrechner in Abbildung 23.1 hat drei Textfelder, die allerdings nur zur Ausgabe dienen: den Akkumulator, die Operation und das Eingaberegister. Wir betrachten nur das letztere (weil wir es später noch brauchen werden).

```
class Register extends JTextField {
  Register () {
    super("0", 12);
    setBackground(Color.white);
    setForeground(Color.black);
    setFont(new Font("SansSerif", Font.BOLD, 18));
    setEditable(false);
  }//Konstruktor
  void show () {
    long value = Model.getModel().getRegister();
    setText(Long.toString(value));
    setBackground(Color.white);
    setForeground(Color.black);
    repaint();
  }//show
}//end of class Register
```

Das Eingaberegister ist ein `JTextField`*. Im Konstruktor wird mittels* `super(...)` *der Konstruktor von* `JTextField` *aufgerufen und der Initialetext auf* `"0"` *und die Länge des Textfelds auf 12 Zeichen festgelegt. Die Farbe des Feldes ist weiß, die Schriftfarbe ist schwarz. Als Zeichensatz für die Schrift wird SansSerif bold (fett) in der Größe 18 Punkt genommen. (Es gibt in* JAVA *einige vordefinierte Fonts; generell ist die Einbindung von Zeichensätzen aber ein kniffliges Unterfangen, auf das wir hier nicht weiter eingehen können.) Mit* `setEditable(false)` *wird schließlich festgelegt, dass das Feld ein reines Ausgabefeld ist; der Benutzer kann nichts über die Tastatur eingeben.*

Wenn man aus dem Programm heraus einen neuen Registerwert zeigen will, ruft man die Methode `show` *auf. Diese Methode holt zunächst aus dem Modell den aktuellen Wert des Akkumulators (vgl. Kapitel 26). Dieser wird dann mittels der Methode* `toString` *der Klasse* `Long` *in einen String verwandelt und mittels* `setText` *zum neuen Inhalt des Textfelds gemacht. Dann werden die Farben wieder gesetzt. (Das ist eine Vorsichtsmaßnahme, weil wir Fehlersituationen (z. B. Division durch Null) durch Änderung der Hintergrund- und Schriftfarbe anzeigen.*

Die Methode `repaint()` *teilt dem System mit, dass das entsprechende Fensterelement sich geändert hat und neu gezeichnet werden muss (s. Abschnitt 24.4).*

24.3 Behälter: `Container`

Was nützen die schönsten Label-, Button- und Textfenster, wenn man sie nicht zusammenbauen kann? Also braucht man ***Container***, d. h., Fenster, in denen andere Fenster enthalten sind. Diese Container haben drei Aspekte:

- Zum einen sind sie selbst ganz normale GUI-Komponenten, für die man alle möglichen Attribute setzen kann: Farbe, Font, Größe, Position usw.
- Zum anderen muss man festlegen, *welche* anderen Fenster sie enthalten; das geschieht durch die Methode `add`.
- Und schließlich muss man sagen, *wie* die enthaltenen Fenster angeordnet werden, also welche Komponente wo positioniert wird. Dazu dienen in JAVA sog. ***Layout-Manager*** (s. Abschnitt 24.3.4).

Man beachte: Weil Container selbst wieder ganz normale Fenster sind, können sie ihrerseits in anderen Containern enthalten sein. Die Hierarchie von Containern und atomaren Fenstern ist also genauso baumartig aufgebaut wie die Hierarchie von Ordnern und Dateien in Betriebssystemen.

Aus technischen Gründen muss man zwei Arten von Containern unterscheiden.

- Die „äußeren" Hauptfenster, die auf dem Bildschirm erscheinen. Diese interagieren relativ direkt mit dem Betriebssystem und müssen daher speziellen Anforderungen genügen. In SWING sind das im Wesentlichen die Fenster `JWindow`, `JFrame` und `JDialog` (die jeweils Unterklassen ihrer AWT-Gegenstücke `Window`, `Frame` und `Dialog` sind).
- Die „inneren" Fenster, die in anderen Containern enthalten sind und damit voll der Kontrolle von JAVA unterliegen. Das sind im Wesentlichen `JPanel` und `JScrollPane` (bzw. `Panel` und `ScrollPane` in AWT). Allerdings wird in SWING die Situation etwas aufgeweicht, weil alle Fenster Unterklassen von `JComponent` und damit von `Container` sind.

24.3.1 Das Hauptfenster: `Frame`/`JFrame`

Jede Anwendung braucht mindestens ein Hauptfenster, das auf dem Bildschirm angezeigt wird und in dem dann die anderen Komponentenfenster enthalten sind. Im Allgemeinen wird man sogar mehr als nur ein solches Hauptfenster besitzen. Abbildung 24.8 zeigt die verschiedenen Arten von Hauptfenstern, die in AWT (oben) und SWING (unten) bereitgestellt werden. (Hier sind auch einige der Klassen gezeigt, die in Abbildung 24.2 aus Platzgründen weggelassen wurden.)

Im Normalfall nimmt man `JFrame` (bzw. `Frame`). Daneben gibt es noch `JWindow`, bei dem aber alle Rahmen und Steuerelemente fehlen, sodass es für den Benutzer schlecht handhabbar ist. Deshalb wird `JWindow` kaum benutzt. Dagegen ist `JDialog` durchaus nützlich. Es soll vor allem kurze Dialoge mit dem Benutzer ermöglichen, z. B. um eine Fehlermeldung oder eine Anfrage auszugeben und darauf eine kurze Antwort (*yes/no/ignore*) zu erhalten. Dazu wird von `JDialog` ein eigenes Fenster auf dem Bildschirm geöffnet.

Im Folgenden konzentrieren wir uns auf die am meisten benutzte dieser Klassen, nämlich `JFrame`. Ihre wichtigsten Methoden sind in Abbildung 24.9 angegeben. Dabei ist die erste Gruppe von Methoden wirklich in `JFrame`

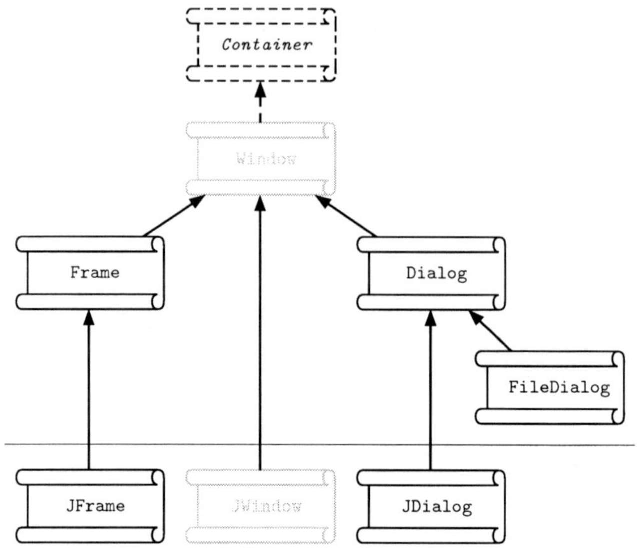

Abb. 24.8. Vererbungshierarchie der Hauptfenster von AWT/SWING

selbst definiert, während die zweite Gruppe von der Superklasse `Frame` geerbt ist. Und die dritte Gruppe stammt sogar aus `Window`, der Superklasse von `Frame`. Die letzte Methode, `setVisible`, stammt aus der obersten Superklasse `Component`; wir haben sie wegen ihrer speziellen Bedeutung für `JFrame` (s. unten) hier noch einmal mit aufgelistet.

Die Klasse `JFrame` stellt zwei Konstruktoren bereit; bei einem kann der Titelstring des Fensters gleich mit angegeben werden; d. h., die Operation `setTitle(...)` ist dann unnötig. Außerdem kann man mit `setJMenuBar` angeben, was für eine Menüleiste das Fenster besitzt. Mit `setCursor` wird das Aussehen des Cursors festgelegt, und mit `setIconImage` wird angegeben, wie das Icon aussehen soll, wenn der Benutzer das Fenster minimiert. Mit `setResizable` wird festgelegt, ob der Benutzer die Fenstergröße verändern kann, oder ob die Größe starr ist. Mit `toFront` wird das Fenster auf dem Bildschirm nach vorne geholt, mit `toBack` unter den anderen Fenstern begraben. Und so weiter. Wie üblich gibt es zu jeder `set...`-Methode auch eine zugehörige `get...`-Methode.

Drei Methoden müssen wir aber gesondert herausgreifen, weil sie für das Funktionieren der Fenstergenerierung mittels `JFrame` essenziell sind:

- `getContentPane()`: `JFrame` ist das Hauptfenster, das auf dem Bildschirm angezeigt wird und in dem alle anderen Fenster enthalten sind (vgl. Abbildung 24.2). Deshalb muss es ein Container sein.
  Trotzdem wird empfohlen, dem `JFrame` *nicht direkt* Kinder hinzuzufügen. Stattdessen sollte man sich mit `getContentPane` den entsprechenden

class JFrame extends Frame	
JFrame ()	Konstruktor
JFrame (String title)	Konstruktor
Container getContentPane()	zugeordneter Container
void setContentPane(Container cont)	Container zuordnen
JMenuBar getJMenuBar()	Menüleiste abfragen
void setJMenuBar(JMenuBar menue)	Menüleiste setzen
void setTitle(String title)	Fenster-Titel
void setCursor(int cursorType)	Bild des Cursors
void setIconImage(Image img)	das Icon für das Fenster
void setResizable(boolean b)	
String getTitle()	Fenster-Titel
int getCursor()	Bild des Cursors
...	
void toFront()	Fenster nach vorne holen
void toBack()	Fenster nach hinten bringen
void pack()	Komponenten anordnen(!)
void setVisible(boolean b)	auf dem Bildschirm zeigen

Abb. 24.9. Ausgewählte Methoden von `JFrame` (und `Frame/Window`)

Container *explizit beschaffen* und dann das Hinzufügen und das Layout-Management mit diesem Container durchführen.

- `pack()`: *Diese Operation ist* ***entscheidend für das Funktionieren*** *des Fenstersystems* (s. Abbildung 24.1, die wir in Abbildung 24.10 nochmals aufgreifen). Mit dem Aufruf `pack()` wird nämlich aus den diversen Fensterobjekten im Programm eine Darstellung des späteren Fensters im Speicher erzeugt (letztlich eine große Matrix von bunten Punkten, sog. *Pixeln*). Dabei wird die gesamte Größenberechnung aller Teilfenster vorgenommen. Vergisst man diesen Aufruf, kann man u. U. ein leeres Fenster erhalten! (Bei `JFrame` sieht man wenigstens noch einen Rahmen ohne Inhalt, bei `JWindows` „sieht" man ein Fenster, das aus einem Pixel besteht – d. h., man vermutet, dass gar keine Ausgabe stattgefunden hat, und sucht verzweifelt den Fehler. An das Fehlen von `pack` denkt man als Letztes.)
- `setVisible(true)`: Die Methoden zur Fensterkonstruktion erzeugen nur *intern im Speicher* eine Darstellung des Fensters (s. Abbildung 24.10). Auf dem Bildschirm wird zunächst nichts angezeigt. Erst mit dem Aufruf `setVisible(true)` wird dieser interne Speicher auf den Bildschirm übertragen.
  Mit `setVisible(false)` kann man das Fenster auch wieder vom Bildschirm verschwinden lassen. Der interne Speicher bleibt dabei erhalten und kann jederzeit wieder sichtbar gemacht werden.

Wie schon bei `pack` ist es auch bei `setVisible` fatal, den Aufruf zu vergessen. Man sieht nichts auf dem Bildschirm und beginnt mit verzweifelter Fehlersuche.

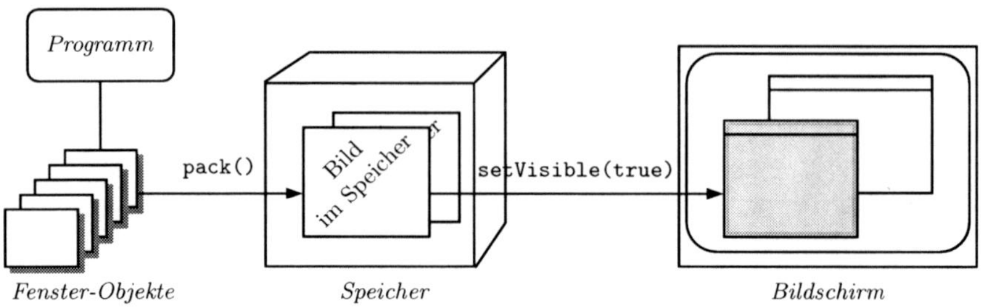

Abb. 24.10. Prozess der Fenstergenerierung

Wenn man – z. B. bei Animationen – schnell aufeinander folgende Bildausgaben hat, erhält man oft ein flackerndes Bild, weil die interne Generierung des neuen Bildes mit dem Übertragen des alten Bildes auf den Bildschirm überlappt. Hier hilft die Technik der sog. Doppelpufferung. Man hat zwei Speicherbereiche für das Bild. Der eine wird von der Ausgaberoutine auf dem Bildschirm gezeigt, der andere vom Programm geändert. Wenn die Änderung abgeschlossen ist, tauschen die beiden Bereiche die Rollen. (Während man diese Technik in AWT noch selbst implementieren musste, liefert SWING hier Unterstützung durch die Methode `setDoubleBuffered` der Klasse `JComponent`.)

Jedes Anwendungsprogramm kann beliebig viele Hauptfenster besitzen. Deshalb definiert man für jedes dieser Fenster eine eigene Klasse, und zwar als Subklasse von `JFrame`. In Beispiel 24.3 wird das exemplarisch vorgeführt.

Beispiel 24.3 *Taschenrechner: Das Hauptfenster*

Der Konstruktor ruft mit `super(...)` *den Konstruktor von* `JFrame` *auf und legt dabei den Fenstertitel fest. Dann wird die Position auf dem Bildschirm gesetzt.*

```
class CalcWindow extends JFrame {
   private Point position = new Point(300,200);
   CalcWindow () {                              // Konstruktor
      super("Taschenrechner");                  // Fenstertitel
      setLocation(position);                    // Position auf Bildschirm
      Container pane = this.getContentPane();  // Container
        «hier werden alle Komponenten erzeugt»
      pack();                                   // Größen bestimmen
      setVisible(true);                         // auf Bildschirm zeigen
   }//CalcWindow
}//end of class CalcWindow
```

Mit `getContentPane` *wird der zum* `JFrame` *gehörige Container beschafft. In diesen Container werden dann alle weiteren Komponentenfenster eingetragen (hier nicht gezeigt). Schließlich kommen die notwendigen Anweisungen* `pack()` *und* `setVisible(true)`*, mit denen die Größen aller Fenster berechnet werden und dann der ganze Frame auf dem Bildschirm gezeigt wird.*

24.3.2 Lokale Container: `Panel`/`JPanel`

`JFrame` ist ein Container, der gleichzeitig ein eigenständiges Fenster auf dem Bildschirm ist. Aber es gibt auch Container, die selbst innerhalb von anderen Containern (insbesondere also innerhalb von Frames) liegen. Ein typisches Beispiel dafür ist das Tastenfeld unseres Taschenrechners: Es ist ein Element des Gesamtfensters, aber es enthält auch die Tasten als Elemente.

Dafür gibt es in AWT die Klasse `Panel` und in SWING die Klasse `JPanel` (s. Abbildung 24.11). `JPanel` ist – wie in Abbildung 24.3 zu sehen ist – eine Subklasse von `JComponent` und damit von `Container`. `JPanel` fügt praktisch nichts Neues zu `JComponent` hinzu, mit Ausnahme zweier Konstruktoren, von denen einer die Angabe eines Layout-Managers erlaubt. (Damit erspart man sich den Aufruf der Methode `setLayout(mgr)`, die in der Superklasse `Container` definiert ist.)

class JPanel extends JComponent	
JPanel ()	Konstruktor
JPanel (LayoutManager mgr)	Konstruktor

Abb. 24.11. Die Klasse `JPanel` (ein interner Container)

Diese Form des Konstruktors ist vor allem deshalb bequem, weil der einzige Zweck eines Panels ist, mithilfe eines Layout-Managers eine Gruppe von Elementen anzuordnen.

24.3.3 GUIs entwerfen

Beim Entwurf von grafischen Benutzerschnittstellen empfiehlt es sich, mit einer kleinen Handskizze anzufangen und diese dann in entsprechende AWT- oder SWING-Elemente umzusetzen. Dies ist in Abbildung 24.12 skizziert.

Es gibt mehrere Layout-Kombinationen, mit denen dieses Design realisierbar ist. Ein Beispiel wäre etwa, mittels `JSplitPane` das Fenster in einen oberen Hauptteil und einen unteren Message-Teil zu trennen. Im Hauptteil

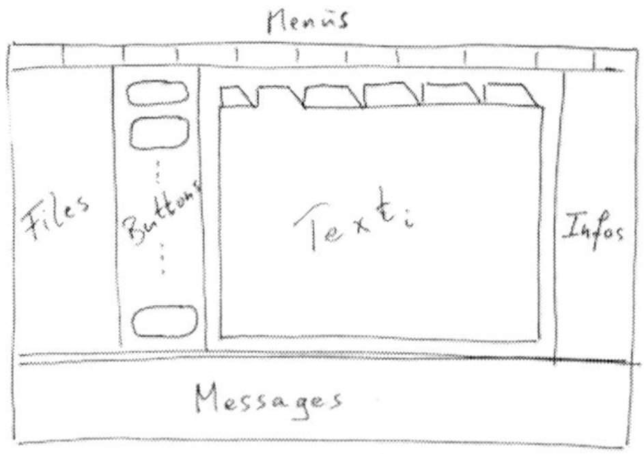


```
JSplitPane
JPane+BorderLayout
JPane+BoxLayout
JTabbedPane
JMenuBar, JMenu, JMenuItem
JButton
JTextArea
JFileList
...
```

Abb. 24.12. Handgezeichnete Skizze eines Fensters

lässt sich dann wieder mittels `JSplitPane` auf der linken Seite der Dateibereich abtrennen, der mittels `JFileList` angezeigt wird. Der Rest des Fensters ist ein `BorderLayout` mit leerem „Nord"- und „Süd"-Teil. Im „Westen" ist ein `BoxLayout` für die Buttons, im Zentrum ist eine `JTabbedPane` für die verschiedenen Textbereiche, und im „Osten" ist noch eine `TextArea` für Informationen. Am oberen Rand des Fensters gibt es schließlich noch eine Menüleiste.

24.3.4 Layout-Manager

Container wie `JFrame` und `JPanel` dienen dazu, andere Komponenten aufzunehmen. Damit stellt sich sofort die Frage, *wie* diese Elemente *angeordnet* werden sollen. Im Prinzip lässt sich das beliebig arrangieren, aber in der Praxis trifft man immer wieder auf einige wenige Standardanordnungen. Und diese werden in AWT und SWING auch durch vordefinierte Klassen unterstützt, die *Layout-Manager* genannt werden.

In Abbildung 24.13 zeigen wir einige der häufigsten Layoutmuster, die man in Applikationen antrifft, und die zugehörigen Layoutklassen von JAVA. Diese Layoutklassen haben zahlreiche Features, die wir hier nicht annähernd ausarbeiten können. Aber im Folgenden sollen doch die wichtigsten Eigenschaften kurz skizziert werden.

- **FlowLayout** (AWT) ist der einfachste Layoutmanager. Die Elemente werden der Reihe nach von links nach rechts hinzugefügt (vgl. Abbildung 24.13 links oben). Wenn der Platz nicht mehr reicht, wird eine weitere Zeile begonnen. Die Elemente behalten i. Allg. ihre natürliche (und unterschiedliche) Größe. Beim Konstruktor kann man auch das Alignment sowie den horizontalen und vertikalen Abstand zwischen den Komponenten festlegen:
  ```
  cont.setLayout(new FlowLayout(FlowLayout.LEFT,hgap,vgap));
  ```
- **BoxLayout** (SWING) kann als die moderne SWING-Variante des altmodischen AWT-FlowLayout aufgefasst werden. Man kann es aber auch als Spezialfall von `GridLayout` ansehen. BoxLayouts können sowohl horizontal als

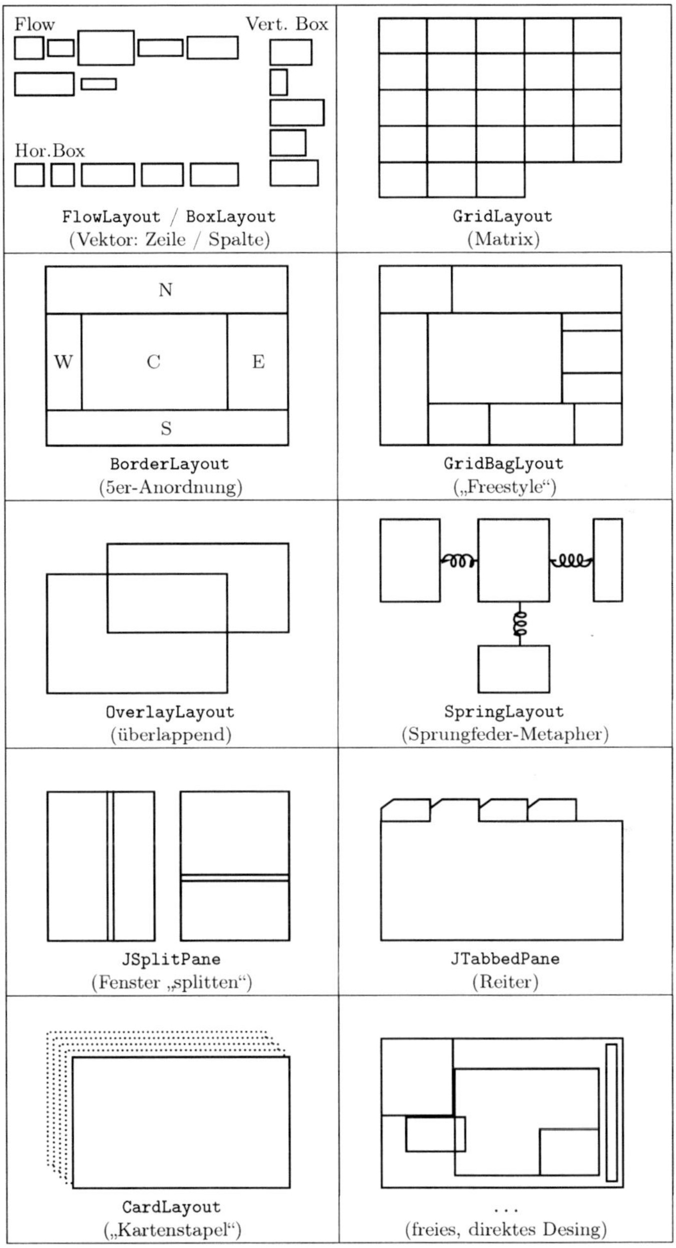

Abb. 24.13. Verwendung von Layout-Managern

auch vertikal definiert werden. Es ist zwar möglich, sie einem existierenden Container mittels `container.setLayout(...)` zuzuordnen, aber üblicherweise werden sie gemeinsam mit der Containerkomponente erzeugt:

```
Box b = Box.createVerticalBox();
```

Im Gegensatz zu FlowLayout kann man hier keine horizontalen oder vertikalen Abstände festlegen; dafür gibt es in der Klasse `Box` spezielle Elemente wie „strut“ und „glue“, mit denen man die Abstände letztlich sogar flexibler gestalten kann.
Wie man in Abbildung 24.13 sieht, werden bei einer horizontalem Box die Elemente auf gleiche Höhe gebracht (orientiert am größten Element). Außerdem werden Elemente, die keinen Platz mehr haben, weggelassen; es wird also kein Überlauf in eine neue Zeile erzeugt. Entsprechendes gilt für vertikale Boxen. (Für weitere Details verweisen wir auf die JAVA-Dokumentation.)
Übrigens: Wenn man mehrere vertikale Boxen (Spalten) nebeneinander in eine horizontale Box packt, entsteht ein Matrix-artiges Alignment der Elemente – ähnlich zum Effekt von `GridLayout`.

- **GridLayout** (AWT) ordnet die Elemente matrixartig an. Zeilen- und Spaltenzahl werden im Konstruktor festgelegt: `new GridLayout(rows,cols)`. Die Elemente werden zeilenweise hinzugefügt. Wenn nicht genügend Elemente vorhanden sind, bleiben die letzten Felder leer. Falls mehr Elemente kommen, als Felder vorgesehen sind, wird die Spaltenzahl erhöht; d. h., die Zeilenzahl bleibt auf jeden Fall fest.
  Man kann die Zeilen- oder Spaltenzahl flexibel machen, indem man den entsprechenden Wert im Konstruktor auf Null setzt. Zum Beispiel entsteht bei `new GridLayout(0,3)` eine 3-spaltige Matrix mit so vielen Zeilen, wie nötig sind, um alle Elemente aufzunehmen. Es ist verboten, beide Werte auf 0 zu setzen.
- **BorderLayout** (AWT) ist der wohl am meisten benutzte Manager, weil er sehr flexibel ist. Er hat fünf Bereiche (von denen einige allerdings auch leer bleiben dürfen). Beim Konstruktor kann man gleich den horizontalen und vertikalen Abstand (in Pixeln) zwischen den fünf Bereichen festlegen:
  ```
  cont.setLayout(new BorderLayout(hgap,vgap));
  ```
  Beim Hinzufügen von Elementen muss die entsprechende Position `NORTH`, `WEST`, `SOUTH`, `EAST` oder `CENTER` angegeben werden; diese sind als statische Konstanten in der Klasse `BorderLayout` verfügbar. Dies sieht dann typischerweise so aus:
  ```
  cont.add(element, BorderLayout.WEST).
  ```
  Bereiche, für die kein `add` erfolgt, bleiben leer. (Es entsteht eine Komponente mit Breite bzw. Höhe 0.) Für die Randelemente wird der jeweils benötigte Platz berechnet; der Rest wird dem Zentrum zugeschlagen.
- **GridBagLayoutLayout** (AWT) ist der flexibelste, aber auch der komplexeste aller Layoutmanager. Die Elemente können unterschiedliche Größe haben und in beliebiger Reihenfolge hinzugefügt werden. Für jedes Element legt beim Hinzufügen ein assoziiertes `GridBagConstraints`-Objekt die Positionierung, die Größe, den umgebende Platz usw. fest. (Für die Details verweisen wir auf die JAVA-Dokumentation.)

- **OverlayLayout** (SWING) erlaubt es, Elemente „übereinander" zu positionieren. (Wer zuerst hinzugefügt wird, ist oben.) Man kann die obere Komponente auch transparent machen.
- **SpringLayout** (SWING) folgt der Metapher von „Sprungfedern", die die Komponenten verbinden. Diese Federn, die in der Klasse `Spring` definiert sind, lassen sich zusammendrücken oder auseinanderziehen und regeln so die Abstände der Komponenten untereinander.
- **JSplitPane** (SWING) ist kein Layoutmanager, sondern ein Container mit einem integrierten Layout. Der Container wird entweder horizontal oder vertikal in zwei Bereiche aufgeteilt, die durch einen sichtbaren *Divider* getrennt werden.
- **JTabbedPane** (SWING) ist – ebenso wie `JSplitPane` – eigentlich kein Layoutmanager, sondern ein Container mit einem integrierten Layout. Die Elemente werden durch beschriftete Reiter (s. Abbildung 24.13) identifiziert und lassen sich durch Anklicken nach oben holen.
- **CardLayout** (AWT) entspricht der Metapher eines „Kartenstapels", bei dem jeweils nur die oberste Karte sichtbar ist. Mit den Operationen `first`, `last`, `next` und `previous` kann man das entsprechende Element nach oben bringen (= sichtbar machen).
- ***Freies Design*** ist ebenfalls möglich: Man benutzt *keinen* Layoutmanager. (Dazu muss man für den entsprechenden Container den Layoutmanager löschen: `container.setLayout(null)`.) Alle Größen und Positionen müssen jetzt absolut festgesetzt werden; dazu dient die Methode `setBounds(...)`. Diese Technik ist derart schwerfällig, dass man davon dringend abraten muss.

Generell gilt für alle Layout-Manager:

- Einem Container wird ein Layout-Manager mittels der Methode `setLayout` zugeordnet. Allerdings sind konkrete Layout-Manager – wie alles in JAVA, was Aktivitäten ausführt – jeweils Objekte. Deshalb müssen wir ein entsprechendes Manager-Objekt mit `new` kreieren. Das führt dann z. B. zu einer Anweisung wie
  ```
  myframe.setLayout( new GridLayout(2,3) );
  ```
- Um einzelne Elemente in einen Container einzutragen, verwendet man die Methode `add(...)`. Die konkrete Form hängt dabei von dem jeweiligen Layout-Manager ab. Das führt dann z. B. zu Anweisungen wie
  ```
  buttons.add( mybutton );                        // GridLayout
  panel.add(buttons, BorderLayout.CENTER);        // BorderLayout
  ```
  Die Elemente werden dann der Reihe nach hinzugefügt (bei `BorderLayout` an die benannte Stelle `NORTH`, `CENTER` etc., bei `GridLayout` zeilenweise).

Die Layout-Manager stellen noch einige nützliche Operationen bereit, mit denen man ihre Eigenschaften setzen bzw. dynamisch verändern kann. Wir geben sie in Abbildung 24.14 an.

Methode	*Bedeutung*	*nur bei ...*
`void setHgap(int gap)`	Spaltenabstand	
`void setVgap(int gap)`	Zeilenabstand	
`void setColumns(int cols)`	Spaltenzahl	`GridLayout`
`void setRows(int rows)`	Zeilenzahl	`GridLayout`
`void setAlignment(int align)`	Alignment	

Abb. 24.14. Einige Operationen von Layout-Managern

Ränder:

Durch einen Layoutmanager werden diverse Komponenten in einer Containerkomponente neben- und übereinander positioniert. Diese Positionierung erfolgt aber i. Allg. nicht sichtbar, sondern nur konzeptuell. (Eine Ausnahme ist der Divider bei `JSplitPane`.) Oft möchte man aber aus optischen Gründen die einzelnen Komponenten auch sichtbar gegeneinander abgrenzen.

Dazu dienen in SWING sog. ***Border-Objekte***. Mit ihnen lassen sich Komponenten dekorieren, sodass sie gegeneinander abgegrenzt sind. Eine typische Verwendung solcher Borderelemente sieht folgendermaßen aus:

```
mycomponent.setBorder( new BevelBorder(BevelBorder.RAISED) );
mycomponent.setBorder( new EtchedBorder() );
mycomponent.setBorder( new TitledBorder("Liste") );
```

Wir beschreiben hier die verschiedenen Borderarten nur; ihr grafisches Aussehen ermittelt man am besten durch Ausprobieren. (Letztlich haben wir es hier mit Geschmacksfragen zu tun.)

- **BevelBorder** liefert eine 3D-Impression, bei der die Komponente entweder als „erhöhtes Plateau“ oder als „vertiefte Senke“ erscheint (mit den Konstanten `BevelBorder.RAISED` bzw. `BevelBorder.LOWERED`). Auch die Farben von Rand und Schatten lassen sich definieren. Außerdem gibt es eine Variante `SoftBevelBorder`, bei der die Ecken sanfter sind.
- **EtchedBorder** zieht einen 3D-artigen Rand um die Komponente. Dieser Rand kann als erhöhte Kante wirken (`EtchedBorder.RAISED`) oder als vertiefter Einschnitt (`EtchedBorder.LOWERED`).
- **LineBorder** zeichnet eine Linie um die Komponenten. Die Strichstärke und die Farbe können frei gewählt werden. Außerdem kann man die Ecken abrunden.
- **MatteBorder** ist ein „mattierter“ Rand, der mit einem gegebenen Icon ausgelegt ist.
- **EmptyBorder** ist ein Rand mit einer gewissen (frei wählbaren) Dicke, aber ohne visuelle Darstellung.

Neben diesen elementaren Borderarten gibt es noch zwei Varianten, die die Kombination mehrerer Borderarten zulassen:

- **CompoundBorder** erlaubt es, zwei andere Borderobjekte zu komponieren: `new CompoundBorder(someInnerBorder,someOuterBorder)`.
- **TitledBorder** hat einen Titel und kann mit einer anderen Border komponiert werden. Der Titel kann links, rechts oder in der Mitte positioniert und über, auf oder unter dem Rand. Beispiel:

```
new TitledBorder(new LineBorder(Color.red),
                 "Messages",
                 TitleBorder.LEFT, TitleBorder.ABOVE_TOP);
```

  Hier wird ein roter Strich um die Komponente gezogen. Der Titeltext „Messages" steht links über dem Strich.

Beispiel 24.4

Wir betrachten wieder unser Standardbeispiel des Taschenrechners. Das Fenster selbst ist ein Frame und damit ein Container. Also müssen wir ihm einen Layout-Manager zuordnen.

Das Gesamtfenster wird als `BorderLayout` *definiert. Oben wird das Display (bestehend aus den Anzeigefeldern für Akkumulator, Operation und Register) hinzugefügt, in der Mitte die Matrix der Buttons, und unten die beiden Buttons* `CA` *und* `CR` *(vgl. Abbildung 23.1). Da wir weder links noch rechts etwas hinzufügen, bleiben diese beiden Teile leer.*

```
class CalcWindow extends JFrame {
 CalcWindow () {                                // Konstruktor
  ...
  Container pane = this.getContentPane(); // Container beschaffen
  pane.setLayout(new BorderLayout());
  Display display = new Display();
  pane.add(display, BorderLayout.NORTH);
  «Anzeigefelder definieren»
  JPanel matrix = new JPanel();
  pane.add(matrix, BorderLayout.CENTER);
  «Button-Matrix definieren»
  JPanel bottom = new JPanel();
  pane.add(bottom, BorderLayout.SOUTH);
  «CA/CR-Buttons definieren»
  pack();                                       // Größen berechnen
  setVisible(true);                             // auf Bildschirm
 }//CalcWindow
}//end of class CalcWindow
```

Die drei Bereiche `display`, `matrix` *und* `bottom` *sind ihrerseits auch wieder Container, die mit entsprechenden Layout-Managern gestaltet werden müssen (hier nicht gezeigt).*

24.3.5 Verwendung des statischen Imports von Java 5

Das Programm in Beispiel 24.4 zeigt eine hässliche Eigenschaft von JAVA sehr deutlich. In den drei Zeilen

```
...
pane.add(display, BorderLayout.NORTH);
...
pane.add(matrix, BorderLayout.CENTER);
...
pane.add(bottom, BorderLayout.SOUTH);
...
```

wird der Programmcode durch die länglichen Konstantenangaben der Art `BorderLayout.NORTH` ziemlich überfrachtet. JAVA 5 bereinigt dieses Problem, indem die Möglichkeit ***statischer Importe*** geschaffen wird (vgl. Abschnitt 13.1.1). Wenn man am Anfang des Programms den Import

```
import static java.awt.BorderLayout.*;
```

schreibt, dann kann man die Konstanten direkt benutzen:

```
...
pane.add(display, NORTH);
...
pane.add(matrix, CENTER);
...
pane.add(bottom, SOUTH);
...
```

Mit dieser Abkürzungsmöglichkeit werden gerade im GUI-Bereich viele Programme deutlich schlanker, weil hier besonders viele statische Konstanten verwendet werden.

Anmerkung: Leider ist das aber nur „die halbe Miete", denn die Konstanten `NORTH`, `SOUTH` *etc. sind immer noch vom Typ* `String`, *was die gesamte Konstruktion nicht sehr typsicher macht. Bei einer wirklich sauberen softwaretechnischen Lösung müsste man für diese Konstanten einen speziellen Typ einführen. Die neuen Enumerationstypen von* JAVA *5 liefern dafür das notwendige Sprachmittel (s. Abschnitt 13.4). Man könnte dann schreiben*

```
public enum Position { north, south, east, west, center };
```

Hier wird eine Klasse `Position` *eingeführt, die die Mitglieder* `north`, `south` *etc. besitzt.*

24.3.6 Mehr über Farben: Color

JAVA ist leider sehr geizig mit seinen vordefinierten Farben (s. Abbildung 24.15). Man kann sie in Programmen in der Form `Color.red`, `Color.RED`, `Color.blue` etc. ansprechen. (JAVA ist hier ein bisschen inkonsequent; obwohl es sich um statische Konstanten der Klasse `Color` handelt, werden sie sowohl in Groß- als auch in Kleinschreibung angeboten.) Weitere Farben muss man selbst erzeugen. Dazu dienen diverse Konstruktoren, von denen wir einige in Abbildung 24.15 zeigen.

```
class Color
// vordefinierte Farben
 Color WHITE       Color BLACK
 Color LIGHTGRAY   Color GRAY     Color DARKGRAY
 Color BLUE        Color CYAN     Color GREEN
 Color YELLOW      Color ORANGE
 Color MAGENTA     Color PINK     Color RED
 Color(int r, int g int b)                           red-green-blue
 Color(int r, int g int b, int a)                    red-green-blue-alpha
 Color(float r, float g, float b)                    red-green-blue
 Color(float r, float g, float b, float a)           red-green-blue-alpha
 Color brighter()                                    gut zum Schattieren
 Color darker()                                      gut zum Schattieren
```

Abb. 24.15. Vordefinierte Farben in `Color`

JAVA benutzt das sog. *RGB-Farbmodell*, bei dem eine Farbe durch ihren Rot-, Grün- und Blau-Anteil definiert wird. (Es gibt noch andere Darstellungen, aber wir beschränken uns auf diese eine.) Insgesamt wird eine Farbe durch 24 Bits beschrieben, wobei jeweils 8 Bits die drei Farbanteile beschreiben. Deshalb sind die drei `int`-Werte im ersten Konstruktor jeweils Zahlen zwischen 0 und 255. Dabei gilt: `Color(0,0,0)` ist schwarz und `Color(255,255,255)` ist weiß.

Es gibt auch `float`-basierte Konstruktoren, bei denen die Farbanteile jeweils zwischen 0.0 und 1.0 liegen müssen.

Die folgende Klasse zeigt exemplarisch die Definition einiger weiterer Farben mithilfe des standardmäßigen RGB-Konstruktors.

```
class MyColors {
  static final public Color PALEBLUE  = new Color(198, 243, 242);
  static final public Color MEDIUMPALEBLUE  = new Color(182, 223, 222);
  static final public Color MIDNIGHTBLUE  = new Color(36, 53, 208);
  static final public Color SMOKEWHITE  = new Color(246, 246, 246);
  static final public Color TURQUOISE  = new Color(10, 210, 203);
  static final public Color LIGHTBLUE  = new Color(178, 238, 255);
  static final public Color MEDIUMBLUE = new Color(157, 210, 225);
  static final public Color FIREBRICK = new Color(158, 25, 11);
}
```

Die zweite Variante des Konstruktors definiert auch noch den sog. Alpha-Wert, d. h. den Grad der Transparenz. Für diesen werden weitere 8 Bits benutzt, wobei 0 für *völlig durchsichtig* steht und 255 für *völlig undurchsichtig.*

Anmerkung: (1) Unglücklicherweise wird die Farbgestaltung noch dadurch erschwert, dass die Farben hardwareabhängig sind. Erstens gibt es ältere Bildschirme, die mit 8 Bit Farbtiefe arbeiten und daher nur 256 Farben haben, während neuere Bildschirme mit 16, 24 oder 32 Bit Farbtiefe sehr viel nuancierter arbeiten. Und zweitens sind manche Systeme (z. B. MOTIF*) sehr ungnädig, wenn zu viele Programme simultan Farben brauchen.*

Anmerkung: (2) SWING *bietet einen besonderen Service. Es gibt eine Klasse* `JColorChooser`*, die auf dem Bildschirm eine Farbpalette präsentiert und zu jeder gewählten Farbe die entsprechenden RGB-Werte anzeigt. Über Regler kann man die Farben sogar sehr fein abstimmen. Die Klasse bietet außerdem eine Methode* `showDialog`*, mit der das Fenster sehr einfach auf den Bildschirm gebracht werden kann. (In der* JAVA*-Dokumentation findet man auch ein Musterprogramm.)*

24.3.7 Fenster-Geometrie: `Point` und `Dimension`

In einigen Methoden kommen geometrische Angaben vor, die über die Klassen `Point` und `Dimension` behandelt werden. Daher geben wir der Vollständigkeit halber in Abbildung 24.16 und Abbildung 24.17 die wichtigsten Aspekte beider Klassen kurz an.

Die Dimension wird bei Bildschirmen in der Einheit *Pixel* gemessen, bei Druckern in der Einheit *Punkt.* (Ein Zoll hat 72 Punkte.) Da es hochauflösende Drucker gibt, die erheblich feiner als in Punkten arbeiten, wurde bei JAVA 1.2 der Übergang von `int` nach `double` vollzogen (in der neuen Klasse `Dimension2D`). Aus Kompatibilitätsgründen gibt es die `int`-basierten Attribute und Methoden aber nach wie vor.

Ganz ähnlich, wenn auch ein bisschen aufwendiger, ist es bei `Point`. Hier hat die abstrakte Klasse `Point2D` sogar drei Unterklassen. `Point` speichert die x- und y-Koordinate als `int`-Werte, `Point2D.Float` als `float`-Werte und `Point2D.Double` als `double`-Werte.

Außerdem gibt es – aus welchem Grund auch immer – Methoden zur Berechnung des Abstands und des quadrierten Abstands zwischen zwei Punkten.

class Dimension extends Dimension2D	
int height	Höhe (Attribut)
int width	Breite (Attribut)
Dimension()	Konstruktor
Dimension(int width, int height)	Konstruktor
void setSize(int width, int height)	Attribute setzen
void setSize(double width, double height)	Attribute setzen
void setSize(Dimension d)	Attribute übernehmen
double getHeight();	Höhe (double-Wert!)
double getWidth();	Breite (double-Wert!)

Abb. 24.16. Die Klasse `Dimension`

class Point extends Point2D	
int x	x-Koordinate (Attribut)
int y	y-Koordinate (Attribut)
Point()	Konstruktor
Point(int x, int y)	Konstruktor
void setLocation(int wd, int ht)	Attribute setzen
void setLocation(double wd, double ht)	Attribute setzen
void setLocation(Point p)	Attribute setzen (Kopie)
void translate(int dx, int dy)	Koordinaten verschieben
double getX();	x-Koordinate (double-Wert!)
double getY();	y-Koordinate (double-Wert!)

Abb. 24.17. Die Klasse `Point`

24.3.8 Größenbestimmung von Fenstern

Wenn man mit den Standardgrößen seiner Fensterelemente vorlieb nehmen kann, funktioniert alles bestens. Aber wenn nicht, dann braucht man gute Nerven! Denn das AWT teilt mit nahezu allen anderen GUI-Systemen eine fatale Eigenschaft: Die automatische Festlegung der Komponentengrößen sorgt immer wieder für Überraschungen.

Beispiel 24.5

Wenn wir bei unserem Taschenrechner im Konstruktor `CalcWin` *des Hauptfensters eine Größenfestlegung* `setSize(new Dimension(width, height))` *vornehmen und keine* `pack()`*-Anweisung einbauen, erhalten wir ein riesen-*

großes Display-Feld. Der Grund: Es ist das **`Center`**-*Feld im* **`BorderLayout`** *und bekommt daher den ganzen überschüssigen Platz ab.*

Wenn wir eine **`pack()`**-*Anweisung hinzufügen, bekommen alle Fensterelemente ihre „natürliche" Größe, und die* **`setSize`**-*Anweisung hat überhaupt keine Wirkung mehr. Das führt insbesondere bei den Tasten unseres Taschenrechners zu einem hässlichen Layout; denn deren natürliche Größe ist sehr klein. Wie lässt sich das ändern?*

- *Eine Möglichkeit ist, mit* **`GridBagLayout`** *zu arbeiten. Das ist ein flexibler, aber auch sehr aufwendiger Layout-Manager, der entsprechend viel (stupide) Programmierarbeit verursacht.*
- *Wir können ein zusätzliches* **`Panel`** *mit* **`BorderLayout`** *benutzen und die Komponenten so umarrangieren, dass das Tastenfeld zum* **`Center`**-*Element wird.*
- *Die letzte Möglichkeit ist, eine spezielle Art von Buttons zu kreieren, die eine andere „natürliche" Größe besitzen. Das ist die beste Lösung.*

Wir betrachten hier die letzte Möglichkeit. Dazu müssen wir uns kurz mit der Größenberechnung im AWT befassen.

1. Jede Komponente besitzt u. a. drei Attribute, die durch entsprechende Methoden abgefragt werden können (s. Abbildung 24.18). Üblicherweise wird

```
abstract class Component
...
Dimension getSize()            tatsächliche Größe
Dimension getMaximumSize()     maximale Größe
Dimension getMinimumSize()     minimale Größe
Dimension getPreferredSize()   „natürliche" Größe
...
```

Abb. 24.18. Methoden zur Größenbestimmung (`Component`)

mit `getPreferredSize` die natürliche Größe der Komponente abgefragt, die dann in den Algorithmus eingeht. Nur in pathologischen Randfällen werden die minimale oder maximale Grenzgröße berücksichtigt.
Die natürliche Größe wird z. B. bei `Label` oder `Button` durch ihren Beschriftungstext fixiert und bei `TextField` und `TextArea` durch die Spalten- und Zeilenzahl, wobei in all diesen Fällen noch die Fontgröße mit eingeht.

2. Ein Container erhält seine natürliche Größe durch seine Elemente und den assoziierten Layout-Manager, sowie die gewünschten Zwischenräume (vgl. Abbildung 24.14). Wie das genau geschieht, hängt vom jeweiligen Manager ab. So bestimmt z. B. `GridLayout` zunächst die maximale Breite und die maximale Höhe aller im Container enthaltenen Elemente und macht diese zur Einheitsgröße für alle Elemente.
3. Zu beachten ist, dass die Klasse `Frame` (genauer: ihre Superklasse `Window`) die Methode `pack` bereitstellt, die die *kleinstmögliche* Größe bestimmt, für die gerade noch alle Elemente aufgenommen werden können.

Wenn wir die Größenbestimmung beeinflussen wollen, müssen wir die natürliche Größe der Komponenten manipulieren. Das geschieht dadurch, dass wir eine Subklasse bilden, in der die Methode `getPreferredSize` redefiniert wird.

Beispiel 24.6 *Änderung der „natürlichen" Größe*

Wir betrachten wieder unser Standardbeispiel des Taschenrechners. Um die Tasten größer zu bekommen, müssen wir uns eine geeignete Subklasse von `Button` *schaffen.*

```
class CalcButton extends JButton {
  CalcButton (String label) {            // Konstruktor
    super(label);
  }
  public Dimension getPreferredSize () { // redefiniert
    return new Dimension(40,40);
  }
}
```

Als Ergebnis erhalten wir jetzt einen Taschenrechner mit etwas größeren Tasten.

Anmerkung: Man sollte tunlichst vermeiden, *für äußere Container feste Größen vorzugeben, denn das führt oft zu merkwürdigen Verhältnissen. Stattdessen sollte man so vorgehen, dass die „natürlichen" Größen sich von innen nach außen automatisch bestimmen.*

24.4 Selbst Zeichnen

Die GUI-Klassen, die wir in diesem Kapitel besprochen haben, besitzen jeweils ein bestimmtes, vordefiniertes Erscheinungsbild. Welche Möglichkeiten haben wir aber, selbst etwas zu zeichnen?

In Abbildung 24.19 wiederholen wir noch einmal das Bild von Abbildung 24.10 auf Seite 482, allerdings mit kleinen Ergänzungen. Das tatsächli-

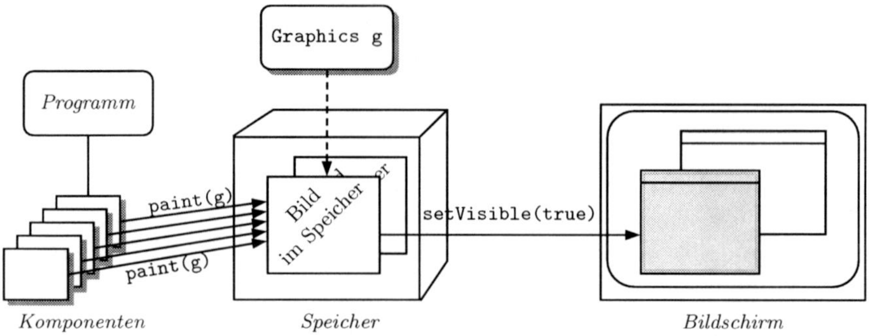

Abb. 24.19. Prozess der Fenstergenerierung

che Zeichnen erfolgt im AWT-System durch sog. `Graphics`-Objekte. Diese Objekte beherrschen Operationen wie `drawLine`, `drawRectangle`, `drawCircle`, `drawString` etc. (von denen wir schon einige in der – für das Buch vordefinierten – Klasse `Pad` kennen gelernt haben; s. Tabelle 4.5 in Abschnitt 4.3.8).

Das Zusammenspiel zwischen dem Programm, den GUI-Komponenten und dem `Graphics`-Objekt ist etwas kompliziert. Es basiert auf den drei Methoden `repaint`, `update` und `paint`, die in der Klasse `Component` definiert sind und deshalb in jeder Komponente verfügbar sind. In Abbildung 24.20 wird das Grundprinzip illustriert (vgl. auch [46]). Es gibt im Wesentlichen zwei Gründe,

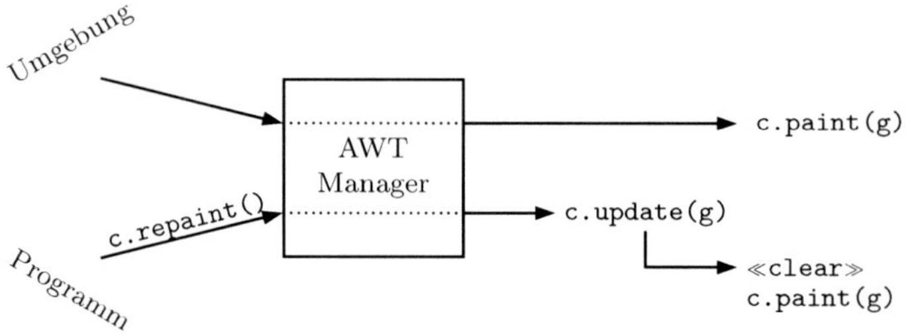

Abb. 24.20. Zeichnen im AWT

weshalb ein (Neu-)Zeichnen von GUI-Komponenten notwendig werden kann:

- *Von der Umgebung initiiert*: Wenn ein Fenster zum ersten Mal auf dem Bildschirm erscheint oder wenn es vorübergehend von einem anderen Fenster verdeckt war und jetzt wieder sichtbar wird, dann informiert die Umgebung den AWT-Manager, dass alle oder zumindest einige der Komponenten gezeichnet werden müssen.
  Der AWT-Manager ruft dann für alle betroffenen Komponenten `c` deren Methode `c.paint(g)` auf (s. nächster Abschnitt).

- *Vom Programm initiiert*: Wenn das Programm entscheidet, dass eine Komponente `c` auf dem Bildschirm geändert werden soll, dann ruft es die Methode `c.repaint()` dieser Komponente auf. Diese Methode informiert den AWT-Manager, dass die Komponente `c` gezeichnet werden muss.
  Der AWT-Manager ruft dann aber nicht direkt `c.paint(g)` auf, sondern die Methode `c.update(g)`, die dann ihrerseits `c.paint(g)` aufruft, nachdem sie den Hintergrund der Komponente gelöscht hat.
  Man beachte: Der Aufruf von ***`repaint()`*** *ist die* ***einzige*** *Art, um aus dem Programm heraus das Neuzeichnen von Komponenten zu bewirken. Die Methoden* `paint` *und* `update` *sollten nie direkt aufgerufen werden!*

Anmerkung: Der kleine Umweg über `update` *soll die Flexibilität erhöhen. Versierte Programmierer können durch Redefinition der Methode* `update` *das Löschen unterdrücken und so spezielle Effekte realisieren. In der Praxis kommt das aber so gut wie nie vor.*

24.4.1 Die Methode `paint`

Die Methode `paint` enthält die Instruktionen, mit denen die betreffende Komponente gezeichnet wird. Wie in Abbildung 24.20 zu sehen ist, wird diese Methode *nicht* direkt aus dem Programm heraus aufgerufen, sondern vom AWT-Manager. Dieser gibt beim Aufruf das zuständige `Graphics`-Objekt `g` (s. Abbildung 24.19) als Argument mit. Dieses `Graphics`-Objekt `g` führt dann das eigentliche Zeichnen aus.

Jede der vordefinierten Komponentenarten – also `Label`, `JLabel`, `Button`, `JButton` usw. – besitzt eine vordefinierte `paint`-Methode, die alle notwendigen Zeichenroutinen enthält. Das heißt, als Programmierer braucht man sich im Normalfall *nicht* mit diesen Fragen zu befassen.

Wenn man aber unbedingt selbst etwas dazuzeichnen will, dann muss man eine Subklasse der entsprechenden AWT-Klasse definieren und dort die Methode `paint` redefinieren. (Das gilt nur für AWT! Bei SWING ist es anders – s. unten.) Beispiel:

```
class MyButton extends Button {
  ...
  public void paint ( Graphics g ) {   // selbst Zeichnen (nur AWT!)
    «eigene Zeichenroutinen»
  }//paint
  ...
}// end of MyButton
```

Das Zeichnen selbst wird von dem `Graphics`-Objekt `g` ausgeführt. Das geschieht über Methoden wie `g.drawLine(...)` etc. Darauf gehen wir gleich in Abschnitt 24.4.4 ein.

JAVA *ist hier übrigens inkonsequent!* Nach den üblichen Spielregeln für Methoden in Subklassen müsste die redefinierte `paint`-Methode mit der Zeile `super.paint(g);` beginnen, damit (im obigen Beispiel) zunächst ein normaler Button gezeichnet wird, bevor unsere zusätzlichen Zeichenaktionen stattfinden. Aber bei `paint` macht JAVA eine Ausnahme: Hier findet das `paint` der Superklasse auch dann statt, wenn wir es nicht explizit aufrufen.

In SWING *geht das anders!* Das Redefinieren der Methode `paint` kann in SWING-Komponenten zu unvorhersagbaren Effekten führen, weil dort `paint` eine Menge interner Arbeit leistet. Wenn wir in SWING selbst zeichnen wollen, müssen wir `paintComponent` benutzen (s. nächster Abschnitt).

24.4.2 Die Methode `paintComponent`

In SWING-Komponenten ruft die Methode `paint(g)` immer die Methode `paintComponent(g)` auf. Sie ist in der Klasse `JComponent` definiert und steht daher in allen SWING-Komponenten zur Verfügung.

Wenn man in eine SWING-Komponente hineinzeichnen will, dann muss man eine Subklasse einführen und die `paintComponent`-Methode redefinieren. Beispiel:

```
class MyButton extends JButton {
  ...
  public void paintComponent (Graphics g) {  // Zeichnen (SWING )
    «eigene Zeichenroutinen»
  }//paintComponent
  ...
}// end of MyButton
```

Ansonsten ist die Situation analog zu `paint` bei AWT. Insbesondere gilt auch hier, dass `super.paintComponent(g)` implizit ausgeführt wird.

24.4.3 Wenn man nur zeichnen will ...

In den vorausgegangenen Abschnitten hatten wir gesehen, dass man in beliebige Komponenten wie Buttons, Labels etc. selbst hineinzeichnen kann, indem man `paint` bzw. `paintComponent` redefiniert. Wie geht man aber vor, wenn man nur auf eine leere Fläche zeichnen will?

In AWT ist es üblich, dazu die Klasse `Canvas` zu nehmen. In SWING wird davon abgeraten; stattdessen sollte man die Klasse `JPanel` benutzen. In beiden Fällen wird dann die Methode `paint` bzw. `paintComponent` redefiniert.

Beispiel 24.7 *Olympische Ringe*

Wenn wir das `RingProgram` *aus Programm 4.2 in Abschnitt 4.3.7 direkt in* SWING *realisieren wollen, ohne die spezielle Klasse* `Pad` *zu benutzen, dann müssen wir folgende eigene Klasse einführen:*

```
class MyPad extends JPanel {
  public void paintComponent ( Graphics g ) {
    g.setColor(Color.red);
    g.drawOval(x[0],y[0],rad,rad);
    ...
  }//paintComponent
}//end of MyPad
```

Die Anweisungen zum Zeichnen, die wir im Programm 4.3 in der Methode `draw` *zusammengefasst hatten, werden jetzt in die Methode* `paintComponent` *geschrieben. (Man kann natürlich auch die Methode* `draw` *beibehalten und dann in* `paintComponent` *nur* `draw(g)` *aufrufen.)*

Außerdem muss ein Objekt `MyPad pad = new MyPad()` *erzeugt und in ein geeignetes Fenster der Art* `JFrame` *eingebettet werden. (All das wird von* `Pad` *automatisch miterledigt.)*

Wie man an diesem Beispiel sieht, werden Operationen wie `setColor`, `drawLine`, `drawRect`, `drawOval` etc. von dem `Graphics`-Objekt `g` ausgeführt. Sie sind in der Klasse `Graphics` definiert (s. Abschnitt 24.4.4).

24.4.4 Zeichnen mit `Graphics` und `Graphics2D`

Wie wir in den vorausgegangenen Abschnitten gesehen haben, werden die eigentlichen Zeichenoperationen wie `drawLine`, `drawRect` etc. von Objekten der Klasse `Graphics` ausgeführt, die in Abbildung 24.21 auszugsweise gezeigt ist.

Mit der Version JAVA 1.2 wurde eine Subklasse `Graphics2D` eingeführt, die einige Schwächen von `Graphics` repariert und einige zusätzliche Möglichkeiten einführt. Unter anderem wird die Positionierung von `int`-Koordinaten auf `float`-Koordinaten umgestellt, was in manchen Anwendungen deutlich bessere Bilder hervorbringt.

Als besonders nützliche Erweiterung werden die Spezialfälle `drawLine`, `drawRect`, `drawOval` etc. auf eine gemeinsame Methode

```
void draw ( Shape s )
```

zurückgeführt, die beliebige „Shapes“ zeichnen kann. Für weitere Details verweisen wir auf die Literatur, insbesondere [18], [46] und vor allem [35].

abstract class Graphics	
void drawLine(x1,y1,x2,y2)	Linie von (x1,y1) nach (x2,y2)
void drawRect(x,y,wd,ht)	Rechteck
void drawOval(x,y,wd,ht)	Ellipse
void fillRect(x,y,wd,ht)	gefülltes Rechteck
void fillOval(x,y,wd,ht)	gefüllte Ellipse
...	
void setFont(font)	setze aktuellen Font
Font getFont()	aktueller Font
void drawString(text,x,y)	schreibe text an die Stelle (x,y)
...	
void setColor(c)	setze Farbe auf c
Color getColor()	aktuelle Farbe
...	

Abb. 24.21. Die Klasse `Graphics` (Ausschnitt)

25

Hallo Programm! – Hallo GUI!

Bisher haben wir beschrieben, wie das grafische Erscheinungsbild eines GUI gestaltet werden kann. Jetzt müssen wir uns damit befassen, wie die Interaktion

vonstatten geht. Dabei müssen wir zwei grundsätzlich verschiedene Aspekte berücksichtigen:

- Zum einen gibt es die Frage, *wie* vom Programm aus die Inhalte von GUI-Komponenten abgefragt („Eingabe“) und verändert („Ausgabe“) werden können.
- Zum andren muss man wissen, *wann* es sich lohnt, die Inhalte von Komponenten zu lesen: Man muss immer genau dann reagieren, wenn der Benutzer aktiv geworden ist (Taste auf der Tastatur gedrückt, Maus geklickt etc.).

Der erste Punkt wird mit den Methoden bewerkstelligt, die wir in den vorausgegangenen Abschnitten (auszugsweise) vorgestellt haben; wir fassen das noch einmal im nächsten Abschnitt 25.1 zusammen. Der zweite Punkt erfordert das genaue Studium eines speziellen Interaktions-Modells, das in JAVA benutzt wird. Dieses Modell ist Gegenstand der Abschnitte 25.2 und 25.3.

25.1 Auf GUIs ein- und ausgeben

Wir fassen hier noch einmal kurz zusammen, wie die Ein-/Ausgabe auf GUI-Komponenten erfolgt. Betrachten wir dazu unser durchgängiges Beispiel des Taschenrechners. Allerdings modifizieren wir das Programm so, dass das `JTextField` für das Eingaberegister auch schreibbar ist; d. h., wir setzen in Beispiel 24.2 im Konstruktor `Register` das entsprechende Attribut mittels `setEditable(true)`.

Jetzt können wir Zahlen nicht nur mithilfe der Maus über die Buttons eingeben, sondern sie auch direkt über die Tastatur in das Displayfeld eintippen. Nehmen wir an, wir geben den String *123456789* ein und benutzen dann die Maus, um den Teilstring 345 zu selektieren. Dann erhalten wir die Situation von Abbildung 25.1. Wenn im Programm – an der passenden Stelle

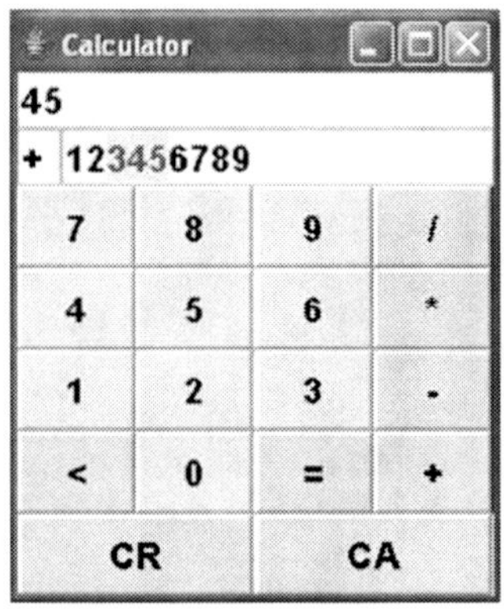

Abb. 25.1. Taschenrechner mit selektierter Eingabe

– folgendes Codefragment steht (s. Abbildung 24.7)

```
...
String text = register.getSelectedText();
Terminal.println(">>> " + text);
...
```

dann erscheint auf der Standardausgabe der String

```
>>> 345
```

Dieses Beispiel zeigt, dass man mithilfe der Operationen `get...()` und `set...()` auf GUI-Komponenten ähnliche Ein-/Ausgabe betreiben kann wie mittels `read()` und `write()` auf dem `Terminal`.

Aber dieses Beispiel deutet auch schon das Hauptproblem an: *Wie wissen wir, wann GUI-Inhalte gelesen werden sollen?* Die Lösung dieses Problems ist Gegenstand des nächsten Abschnittes.

25.2 Von Ereignissen getrieben ...

Die folgenden Programme benötigen den Import `import java.awt.event.*`!

Wir hatten schon früher erwähnt, dass die Programmierung mit GUIs nach einem Modell abläuft, wie es in Abbildung 25.2 skizziert ist. Dieses Modell basiert auf folgenden Prinzipien:

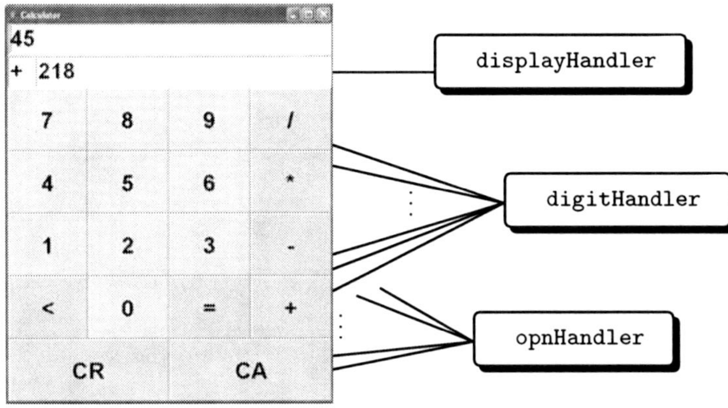

Abb. 25.2. Layout und Interaktion

- Jede GUI-Komponente ist in der Lage, unterschiedliche ***Events*** („Ereignisse") auszulösen.
  Welche Ereignisse ausgelöst werden, hängt von den Aktionen ab, die der Benutzer vornimmt (Taste drücken, Maus klicken, Maus verschieben etc.). Die Generierung der zu den Aktionen passenden Events übernimmt das AWT-System, ebenso wie die Entscheidung, zu welcher GUI-Komponente das Event gehört.
- Zu jeder GUI-Komponente kann man Objekte assoziieren, die auf gewisse Arten von Events „lauschen". Diese Objekte heißen deshalb ***Listener***.
  Wenn an einer GUI-Komponente ein Event auftritt, dann leitet die Komponente dieses Event an alle assoziierten Listener weiter (abhängig von der Art des Events).
- In den Listenern wird der Code programmiert, der beim Auftreten des jeweiligen Events ausgeführt werden soll.

Im Folgenden wollen wir diese Konzepte Stück für Stück erarbeiten. Dabei orientieren wir uns wie üblich an unserem durchgängigen Beispiel des Taschenrechners.

Anmerkung: Bei genauerer Analyse zeigt sich, dass der ganze Listener-Apparat in JAVA *nur deshalb benötigt wird, weil man Methoden nicht zu Parametern von anderen Methoden machen kann. Wir hatten das gleiche Phänomen schon in den Numerikbeispielen von Abschnitt 9.4 und 9.5 kennen gelernt, wo wir mithilfe des Interfaces* `Fun` *einen umständlichen* Workaround *programmieren mussten (vgl. auch Abschnitt 11.3). Mit den Listenern wird genau der gleiche Workaround für das GUI-Management eingeführt (was man durchaus als Designschwäche von* JAVA *sehen darf).*

25.3 Immerzu lauschen ...

Listener sind Objekte, die auf Ereignisse „lauschen“. Das heißt, sie werden vom AWT-System getriggert, sobald ein entsprechendes Ereignis eintritt. Um das Ganze etwas griffiger zu machen, betrachten wir zunächst ein Beispiel.

25.3.1 Beispiel: Eingabe im Displayfeld

Wir betrachten wieder unseren Taschenrechner und nehmen an, dass wir – zum Testen – jedes Mal, wenn das Feld vom Benutzer geändert wird (Ziffer eingetippt, Ziffer gelöscht etc.), den aktuellen String auf dem Terminal ausgeben wollen.

Um das Objekt `displayHandler` aus Abbildung 25.2 zu generieren, benötigen wir eine entsprechende Klasse. Diese Klasse muss nach den AWT-Prinzipien ein passender Listener sein, in unserem Fall ein `TextListener`, der in Abbildung 25.3 beschrieben ist. (Auf die verschiedenen Arten von Listenern gehen wir gleich in Abschnitt 25.3.3 ein.) Wie man erkennen kann, verlangt das Interface `TextListener` nur eine einzige Methode: `textValueChanged` wird immer dann (vom System) aufgerufen, wenn der Text im Feld sich geändert hat – sei es durch Benutzereingabe, sei es durch Programmausgabe. Wir müssen also in unserer Implementierung in diese Methode das hineinprogrammieren, was in solchen Fällen passieren soll.

interface TextListener	
`void textValueChanged(TextEvent e)`	`Text wurde geändert`

Abb. 25.3. Das Interface `TextListener`

Die Klasse in Programm 25.1 leistet genau das. Sie implementiert einen `TextListener`, der in der geforderten Methode `textValueChanged` das Gewünschte leistet. Zur Erinnerung: Das Display besteht aus drei Teilen, dem Akkumulator, dem Operator und dem Eingaberegister. Zu lesen ist jeweils der aktuelle Inhalt des Eingaberegisters. Dieser wird dann (zum Testen) auf dem Terminal ausgegeben. Allerdings müssen dazu ein paar technische Details gelöst werden:

- Der Display-Handler muss wissen, *welches* Textfeld er lesen soll. Deshalb geben wir dem Konstruktor das entsprechende Objekt als Argument mit.
- Der Konstruktor speichert dieses Objekt in die Attributvariable `register`, damit es auch alle anderen Methoden später benutzen können.

Programm 25.1 Die Klasse `DisplayHandler`

```
class DisplayHandler implements TextListener {
   private Register register;                    // lokales Attribut
   DisplayHandler(Register reg) {                // Konstruktor
      this.register = reg;
   }
   public void textValueChanged (TextEvent event) {
      String s = register.getText();
      Terminal.println(s);
   }
}
```

Anmerkung: Die Methode `textValueChanged` bekommt vom System ein Argument vom Typ `TextEvent` mitgeliefert, in dem nähere Details über das aktuelle Event stehen. Wir brauchen diese Informationen aber in unserer Anwendung nicht.

Damit können wir unser ursprüngliches Programm jetzt entsprechend erweitern:

```
...
// Festlegen des Displayfeldes
...
display.setLayout(new BorderLayout());
//Hinzufügen des Eingaberegisters
Register register = new Register();              // Textfeld kreieren
display.add(register, BorderLayout.CENTER);
// Display-Listener
DisplayHandler displayHandler = new DisplayHandler(register);
register.addTextListener(displayHandler);
...
```

- Wir kreieren ein `Register`-Objekt (s. Beispiel 24.2) und fügen es zum Display-Bereich hinzu. (Der Akkumulator ist im Norden und der Operator im Westen; Süden und Osten bleiben leer.)
- Dann kreieren wir den TextListener `displayHandler` (vgl. Programm 25.1), wobei wir ihm das `Register`-Objekt als Argument mitgeben.
- Im letzten Schritt müssen wir dem GUI-Fenster `register` sagen, dass es das Objekt `displayHandler` als einen seiner Listener registrieren soll.

Nach Ausführung dieser Anweisungen gehört das Objekt `displayHandler` als registrierter Listener zur GUI-Komponente `register`. Ab jetzt wird jede Änderung des Textfeldes (egal ob sie durch den Benutzer oder durch das Programm hervorgerufen wurde) von der GUI-Komponente `register` an den Listener `displayHandler` weitergereicht. Dieser reagiert dann, indem er seine Methode `textValueChanged` ausführt. In unserem Programmbeispiel heißt das, dass er den neuen Inhalt des Textfeldes liest und auf dem Terminal ausgibt.

Die Methode `addTextListener` ist eine Methode der Klasse `TextField` (s. Abbildung 24.7).

Anmerkung: **Warnung!** *Wir haben die Methode* `textValueChanged()` *des* `TextListeners` *benutzt, weil sie als erste Illustration der Konzepte besonders einfach ist. Für das konkrete Beispiel unseres Taschenrechners ist sie aber völlig ungeeignet! Denn wir müssen auch auf die Eingabe, die mittels Mausklick auf die Ziffernbuttons erfolgt, reagieren, indem wir die Ziffer jeweils im Displayfeld hinzufügen. Damit ändert sich der Text dort und* `textValueChanged()` *liest ihn sofort wieder ein, weil es nicht unterscheiden kann, ob die Änderung durch Benutzereingabe oder durch Programmausgabe erfolgte. Wir müssen also im Code dieser Methode selbst unterscheiden, weshalb sie aktiviert wurde, und ggf. die Ausgabe unterdrücken, weil sonst eine unendliche Schleife entsteht, in der wir den immer gleichen Text ausgeben und ihn sofort vom* AWT*-System wieder als „neue“ Eingabe zurückgeliefert bekommen. Dieses Abfangen macht das Programm unnötig komplex, sodass andere Listener-Arten für dieses Beispiel besser geeignet sind. (Außerdem gibt es noch einen methodischen Grund, weshalb ein* `TextField` *für unsere Zwecke ungeeignet ist: Der Benutzer kann nämlich neben legalen Zahlen auch beliebige illegale Texte eintippen, was wir im Programm abfangen müssen. Mit den Buttons kann man nur korrekte Zahlen eingeben.)*

25.3.2 Arbeiten mit Buttons

Wenden wir uns den Eingabekomponenten zu, die für unseren Taschenrechner wirklich relevant sind – und die auch in allen modernen GUI-Anwendungen eine zentrale Rolle spielen: Buttons.

In unserem Taschenrechner-Beispiel haben wir insgesamt 18 Buttons (s. Abbildung 25.2). Damit stellt sich eine erste Entwurfsentscheidung für die Programmgestaltung: *Wie viele Listener sollen wir zur Behandlung der Eingabe vorsehen?* Diese Entscheidung muss einen Kompromiss zwischen folgenden Aspekten suchen:

- Wenn wir für jeden Button einen eigenen Listener vorsehen, dann wird der Code dieser Listener besonders einfach.
  Der Nachteil ist aber, dass unser Programm eine große Anzahl von Listener-Objekten einführen muss, was i. Allg. zusätzlich noch eine große Anzahl von Interakionsproblemen schafft.
- Wenn wir nur einen Listener für alle Buttons benutzen, dann muss der in einer langen Fallunterscheidung erst einmal herausfinden, welcher Button es war, der ihn aktiviert hat.
  Dafür werden die Interaktionsprobleme kleiner, weil es nur ein Listener-Objekt gibt und somit kein Informationsaustausch nötig wird.

In unserem Beispiel wählen wir den Kompromiss, dass wir zwei Listener-Objekte einführen (s. Abbildung 25.2): `digitHandler` für die Ziffernbuttons und `opnHandler` für die Operationsbuttons. Die zugehörigen Klassen sind in Programm 25.2 definiert.

```
DigitHandler digitHandler     = new DigitHandler();
OperationHandler opnHandler   = new OperationHandler();
```

Nachdem diese Objekte definiert sind, müssen wir sie noch bei den entsprechenden Buttons als Listener registrieren. Dazu erweitern wir die Schleife in Beispiel 24.1 um die entsprechende Anweisung:

```
...
for (int i=0; i<4*4; i++) {
   JButton b = new JButton(labels[i]);          // neuer Button
   b.setBackground(colors[i]);                  // Farbe setzen
   b.setActionCommand(labels[i]);               // Kennung setzen
   b.addActionListener(handlers[i]);            // Listener hinzufügen
   ...
   matrix[i] = b;                               // hinzufügen
}//for
...
```

Zu diesem Zweck müssen wir natürlich – analog zu den `labels` – einen Array `handlers` der entsprechenden Listener einführen:

```
...
ActionListener dh = digitHandler;   // nur zur Abkürzung
ActionListener oh = opnHandler;     // nur zur Abkürzung
ActionListener[] handlers = {
   dh, dh, dh, oh,
   dh, dh, dh, oh,
   dh, dh, dh, oh,
   oh, dh, oh, oh };
...
```

Jetzt müssen wir noch klären, wie die beiden Klassen `DigitHandler` und `OperationHandler` aussehen sollen. Wir benötigen hier Klassen der Art `ActionListener`. Dieses Interface aus dem AWT sieht eine einzige Methode `actionPerformed()` vor, die vom System immer dann aufgerufen wird, wenn ein sog. `ActionEvent` auftritt. So ein Event wird generiert, wenn der Benutzer eine Aktion ausführt wie z. B. Drücken einer Taste auf der Tastatur oder Klicken mit der Maus.

Das System gibt beim Aufruf von `actionPerformed(...)` ein Argument der Art `ActionEvent` mit, in dem Informationen über die Art der Aktion enthalten sind. Für uns relevant ist die Information, welcher Button angeklickt wurde. Dazu hatten wir beim Generieren der Buttons mit der Methode `setActionCommand()` jeweils den Label auch als „Kennung“ gesetzt. Genau diese Kennung können wir mit der Methode `getActionCommand()` wieder abfragen.

Bei unseren Ziffernbuttons haben wir als Kennungen gerade die Ziffern selbst genommen. Deshalb brauchen wir diese jetzt nur an die aktuelle Zahl

Programm 25.2 Die Klassen `DigitHandler` und `OperationHandler`

```
class DigitHandler implements ActionListener {
   public void actionPerformed (ActionEvent event) {
      String label = event.getActionCommand();
      Byte b = Byte.valueOf(label);
      byte digit = b.byteValue();
      this.model.addDigit(digit);
   }
}// end of class DigitHandler
class OperationHandler implements ActionListener {
   public void actionPerformed (ActionEvent event) {
      String opcode = event.getActionCommand();
      if      (opcode.equals("CA"))  { model.clearAll(); }
      else if (opcode.equals("CR"))  { model.clearRegister(); }
      else if (opcode.equals("<"))   { model.deleteLastDigit(); }
      else if (opcode.equals("="))   { model.equals(); }
      else if (opcode.equals("+"))   { model.add(); }
      else if (opcode.equals("-"))   { model.sub(); }
      else if (opcode.equals("*"))   { model.mult(); }
      else if (opcode.equals("/"))   { model.div(); }
      else { Terminal.println("???"); }                  // Kann nicht sein!
   }
}//end of class OperationHandler
```

anfügen. (Wir nehmen an, dass wir dafür in der Klasse `Model` eine entsprechende Methode `addDigit()` geschaffen haben.) Der einzige Aufwand steckt in der Konversion des Strings in eine Zahl, wozu wir Methoden aus der Klasse `Byte` verwenden müssen.

Für die Operationsbuttons ist der Code etwas aufwendiger. Das gewünschte Verhalten wird wieder in der Operation `actionPerformed()` ausprogrammiert. Jetzt müssen wir allerdings die Kennung abfragen, um die entsprechenden Aktivitäten im Programm auszulösen. (Wir nehmen an, dass wir in der Klasse `Model` die passenden Methoden bereitgestellt haben. Näheres dazu in Kapitel 26.)

25.3.3 Listener-Arten

Um ein besseres Gefühl für die Möglichkeiten der Interaktion mit dem AWT zu gewinnen, geben wir in Abbildung 25.4 noch einen kurzen Überblick über die verschiedenen Arten von Listenern an, ohne sie jedoch im Detail zu diskutieren. (Für genauere Angaben sei wieder auf die Literatur verwiesen.) Die Listener sind nicht „disjunkt“; das heißt, es gibt Benutzeraktionen, auf die mehrere Listener reagieren. So reagieren z. B. sowohl `MouseListener` als auch `MouseMotionListener` auf das Verschieben der Maus.

`ActionListener` lauscht auf Eingabeaktionen	`AdjustmentListener` lauscht z. B. auf Scrollbars	`ComponentListener` lauscht auf Änderungen wie Verschieben, Vergrößern etc.
`ContainerListener` lauscht auf Hinzufügen oder Entfernen einer Komponente zum oder aus dem Container	`FocusListener` lauscht auf Verlust oder Wiedergewinn des Fokus	`ItemListener` lauscht, ob ein „Item“ ausgewählt wurde (Liste, Menü, CheckBox etc.)
`KeyListener` lauscht auf Tastatur-Eingabe	`MouseListener` lauscht auf Bewegungen oder Klicken der Maus	`MouseMotionListener` lauscht nur auf Bewegungen der Maus
`TextListener` lauscht auf Änderungen eines `TextFields` oder einer `TextArea`	`WindowListener` lauscht auf `Window`-Events wie Öffnen, Schließen, Ikonifizieren etc.	

Abb. 25.4. Die Listener des AWT

Zu jedem solchen Listener gibt es eine Klasse, die die zugehörige Event-Art beschreibt, also `ActionEvent`, `AdjustmentEvent` etc. Aus den Event-Objekten, die jeweils vom System als Argumente mit übergeben werden, kann man genauere Informationen über das eingetretene Event erhalten.

Anmerkung: Jedes dieser Interfaces sieht gewisse Methoden vor, die auszuprogrammieren sind, wenn man es durch eine zugehörige Klasse implementieren will. Dabei passiert es relativ häufig, dass man in einem Programm nur eine oder zwei dieser Methoden wirklich braucht, weil die anderen Events nicht berücksichtigt werden sollen. Die Implementierung eines Interfaces verlangt aber zwingend, dass alle erwähnten Methoden realisiert werden. Das AWT unterstützt die Bequemlichkeit der Programmierer, indem zu jedem Interface noch eine passende „Adapter“-Klasse mitgeliefert wird, also z. B. `ActionAdapter`, `MouseMotionAdapter` etc. In diesen Klassen sind alle Methoden als „Nichtstun“ implementiert, sodass man sie erben und die wenigen tatsächlich benötigten Methoden überschreiben kann.

26

Beispiel: Taschenrechner

In den vorigen Abschnitten wurden die einzelnen Aspekte des Taschenrechner-Beispiels nacheinander eingeführt. Allerdings führt das zwangsläufig zu einer etwas zerrissenen Darstellung. Deshalb entwickeln wir das Programm jetzt noch einmal „am Stück" (mit einigen kleinen Adaptierungen). Da das Programm erstaunlich lang wird, müssen wir uns schon Gedanken über seine textuelle Strukturierung machen. Wir orientieren uns dabei an der schon erwähnten Technik, die in der GUI-Programmierung sehr häufig eingesetzt wird:

Model-View-Control.

Diese Organisation dient vor allem dazu, die unterschiedlichen Aspekte des Programmierens auseinander zu halten und so die Komplexität des Gesamtsystems zu verkleinern.

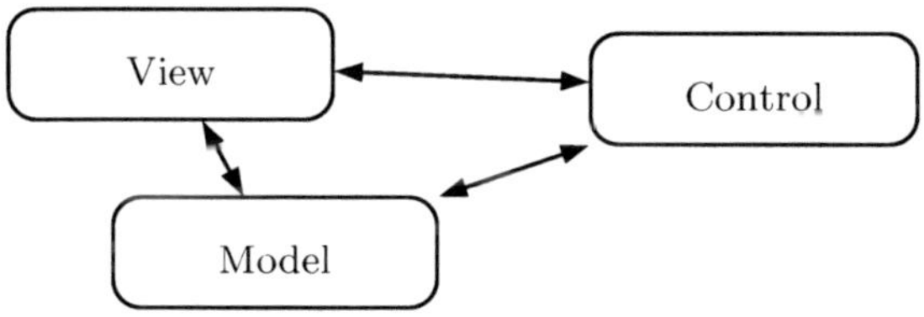

Abb. 26.1. Model-View-Control

Das Programm wird in drei Bereiche eingeteilt (s. Abbildung 26.1):

- Das *Model* enthält die inhaltlichen Aspekte der jeweiligen Anwendung, in unserem Fall also die internen Funktionen des Taschenrechners (Akkumulator, Register, Operationen etc.).
- Der *View* enthält alle grafischen Aspekte der GUI-Komponenten.
- Der *Controller* enthält die Steuerung des Gesamtsystems. Dazu muss er insbesondere alle Aktionen des Benutzers abfangen.

Jeder dieser drei Bereiche enthält eine oder mehrere Klassen, die zur Durchführung der entsprechenden Aktivitäten benötigt werden. Das Ziel bei dieser Organisation ist, dass man in jedem der drei Bereiche so wenig wie möglich über die beiden anderen wissen muss, sodass die Menge der gegenseitigen Abhängigkeiten minimiert wird.

26.1 Taschenrechner: Die globale Struktur

Zuerst geben wir in Programm 26.1 die Gesamtstruktur des Programms im Überblick an. Da das gesamte Programm durch die Benutzereingabe getrieben

Programm 26.1 Struktur des Calculator-Programms

```
package calculator;
/*********************************************************************
*           Taschenrechner
*********************************************************************/
import java.awt.*;
import java.awt.event.*;
import javax.swing.*;
public class Calculator {
   public static void main ( String[] args ) {
      View.initialize();
   }//main
}
class Model {
    «siehe Programme 26.2–26.5»
}
class View {
    «siehe Programme 26.6–26.12»
}
class Control {
    «siehe Programme 26.15–26.18»
}
```

wird, genügt es in `main`, den View zu initiieren. Dieser Aufruf ist allerdings auch nötig, weil sonst gar nichts geschehen würde.

Alle Klassen des Programms werden in einem Package `calculator` zusammengefasst, in dem nur die Klasse `Calculator` selbst `public` ist. Die übrigen Klassen sind jeweils in eigenen Dateien enthalten, die in der ersten Zeile jeweils `package calculator` enthalten müssen (hier nicht gezeigt).

26.2 Taschenrechner: *Model*

Wir beginnen mit dem Modell, also der inneren Arbeitsweise des Taschenrechners. Die wesentlichen Bestandteile sind in Programm 26.2 angegeben.

Programm 26.2 Die Klasse `Model`

```
class Model {
// das (einzige) Model-Objekt
   private static Model model = new Model();
   public static Model getModel() { return model; }
// den Konstruktor verbergen
   private Model () {}
// der interne Zustand
   private long acc = 0;
   private long reg = 0;
   private byte op = NOP;
   private boolean zeroDivide = false;
// die Konstanten für die Op-Codes
   private static final byte NOP = 0;
   private static final byte ADD = 1;
   private static final byte SUB = 2;
   private static final byte MUL = 3;
   private static final byte DIV = 4;
   private static final byte EQU = 5;
// die sichtbaren Methoden
   «siehe Programm 26.3»
// verborgene Hilfsfunktionen
   «siehe Programme 26.4–26.5»
}//end of class Model
```

- Der interne Zustand besteht aus vier Attributvariablen:
  - Ein *Akkumulator*, in dem das jeweils aufgelaufene Zwischenergebnis steht.
  - Ein *Register*, in dem die aktuell eingegebene Zahl steht.
  - Der *Operator*, der aktuell verlangt ist. (Den muss man sich merken, da z. B. bei `"22 + 33 ="` die Addition erst ausgeführt wird, wenn `"="` eingegeben wird.)
  - Ein Fehlerindikator für den Fall, dass durch Null dividiert wird.

  Es ist guter Programmierstil, alle diese Attribute als `private` zu klassifizieren, damit sie von keiner anderen Klasse aus direkt manipuliert werden können. Es darf keinen anderen Zugriff geben als über die Methoden der Klasse `Model`.

- Da es im Programm genau ein Modell geben soll, verwenden wir einen Trick. Der Konstruktor wird mittels `private` versteckt. Dafür definieren wir eine statische Variable `model`, die wir mit dem einzigen Modell-Objekt initialisieren. Aus allen anderen Teilen unseres Programms können wir dann mittels `Model.getModel()` dieses einzige Modell erhalten.
- Die Operatoren repräsentieren wir durch statische Konstanten. (Seit JAVA 5 sollte man hier lieber einen Enumerationstyp verwenden.)

Die sichtbaren Methoden sind in Programm 26.3 angegeben. Es gibt zwei Arten von Methoden. Die einen liefern Informationen über den Modell-

Programm 26.3 Die Klasse `Model` (Fortsetzung)

```
class Model {
   ...
// die sichtbaren Methoden
   void clearReg  () { reg = 0; showAll(); }
   void clearAll  () { acc = 0; reg = 0; op = NOP; zeroDivide = false;
                       showAll();                                       }
   void addDigit  (byte digit) { reg = 10*reg + digit; showAll(); }
   void deleteLastDigit  () { reg = reg / 10; showAll(); }
   void add ()      { exec(ADD); }
   void sub ()      { exec(SUB); }
   void mult ()     { exec(MUL); }
   void div ()      { exec(DIV); }
   void equals ()   { exec(EQU); }
   long getAccumulator () { return acc; }
   long getRegister () { return reg; }
   String getOperation () {
     switch(op) {
       case ADD : return "+";
       case SUB : return "-";
       case MUL : return "*";
       case DIV : return "/";
       default  : return " ";
     }//switch
   }//getOperation
// verborgene Hilfsfunktionen
   «siehe Programme 26.4–26.5»
}//end of class Model
```

Zustand. Sie werden von der `View`-Komponente benutzt, um bei Bedarf die Werte von Akkumulator, Operator und Register zu erfragen. Man beachte, dass wir in der `switch`-Anweisung bei `getOperation()` die normalerweise erforderlichen `break`-Anweisungen weglassen können (und müssen), weil wir in jedem Zweig mittels `return` die Methode insgesamt verlassen.

Die anderen Methoden ändern den Zustand. Deshalb führen alle am Ende die Methode `showAll()` aus. Diese Methode veranlasst die `View`-Komponente, die Anzeige auf dem Bildschirm zu aktualisieren (wie wir noch sehen werden).

Die Ähnlichkeit der Operationen `add`, `sub` etc. legt es nahe, sie in einer gemeinsamen Methode `exec` zu implementieren.

Wie so oft, steckt die eigentliche Arbeit in den Hilfsfunktionen. Sie sind in Programm 26.4 angegeben. Die meisten dieser Methoden dürften selbsterklä-

Programm 26.4 Die Klasse `Model` (Fortsetzung)

```
class Model {
   ...
// verborgene Hilfsfunktionen
   private void exec ( byte nextOp ) {
      execPending();                          // alte Operation rechnen
      if (zeroDivide) {
         showZeroDivide();                    // alles lassen; Fehler melden
      } else {
         reg = 0;                             // Register löschen
         op = nextOp;                         // neue Operation merken
         showAll();                           // zeigen
      }//if
   }//exec
   private void execPending () {
      zeroDivide = false;
      switch(op) {
         case NOP : acc = reg; break;
         case EQU : break;
         case ADD : acc += reg; break;
         case SUB : acc -= reg; break;
         case MUL : acc *= reg; break;
         case DIV : if (reg == 0) { zeroDivide = true; }
                    else { acc /= reg; }//if
                    break;
      }//switch
   }//execPending
// Verbindung zum View
   «siehe Programm 26.5»
}//end of class Model
```

rend sein: Sobald `"="` oder eine der Operationen `"+"`, `"-"` etc. verlangt werden, wird die aktuell „hängende“ Operation ausgeführt, indem der Registerinhalt zum Akkumulator addiert, subtrahiert etc. wird. Danach wird die neue Operation zur „hängenden“ Operation gemacht.

Immer wenn der Zustand des Modells sich ändert, muss die Darstellung auf dem Bildschirm aktualisiert werden. Dazu informiert das Modell den `View`,

Programm 26.5 Die Klasse `Model` (Fortsetzung)

```
class Model {
   ...
// Verbindung zum View
  private void showAll () {
    View.getView().showAll();
  }//showAll
  private void showZeroDivide () {
    View.getView().showZeroDivide();
  }//showZeroDivide
}//end of class Model
```

dass etwas Neues zu zeigen ist. In unserem kleinen Spielbeispiel gibt es nur zwei Varianten. In einem Fall soll alles gezeigt werden, also Akkumulator, Operator und Register. Im anderen Fall muss der Fehler „Division durch Null“ gezeigt werden.

Wie man sieht, bleibt im Modell völlig offen, *wie* der View die Dinge anzeigt. Es werden nur seine entsprechenden Methoden aufgerufen.

Beim View gilt das Gleiche wie beim Modell: Es darf nur ein Objekt geben. Und in beiden Fällen verwenden wir den gleichen Trick: Auch das View-Objekt ist ein verborgenes statisches Attribut der Klasse `View`, das man mit der statischen Methode `View.getView()` erhält (vgl. Programm 26.7).

26.3 Taschenrechner: *View*

Jetzt wenden wir uns dem zweiten großen Bereich zu: dem `View`. Hier werden alle Klassen zusammengefasst, die etwas mit der GUI-Gestaltung zu tun haben. Im Folgenden wird das noch einmal gesammelt, was in den letzten beiden Kapiteln in Bruchstücken schon zu sehen war.

Programm 26.6 zeigt die Grobstruktur dieser Klassen, wobei die Einrückung andeuten soll, welche Fenster wo enthalten sind. Welche Komponenten man zu eigenständigen Klassen macht und welche man direkt über die Standardklassen von AWT und SWING erzeugt, ist weitgehend Geschmackssache. Als Faustregel gilt: Wenn man Methoden hinzufügen oder ändern will, muss man eine eigene Klasse definieren. Aber auch, wenn man mehrere Komponenten mit gleichen Attributen hat, sollte man für sie eine eigene Klasse einführen. Wir versuchen hier, mit möglichst wenigen Klassen auszukommen.

Programm 26.6 Struktur des View-Teils des Programms

```
class View {«siehe Programm 26.7»}
   class CalcWindow extends JFrame {«siehe Programm 26.8»}
      class Display extends JPanel {«siehe Programm 26.9»}
         class Accumulator extends JTextField {«siehe Programm 26.10»}
         class Register extends JTextField {«siehe Programm 26.11»}
         class Operator extends JTextField {«siehe Programm 26.12»}
      class Buttons extends JPanel {«siehe Programme 26.13–26.14»}
```

Programm 26.7 enthält die Klasse `View`, die den gesamten View-Teil des Programms beschreibt. Diese Klasse enthält üblicherweise als Attribute alle

Programm 26.7 Die Klasse `View`

```
class View {
   private static View view = new View();           // das einzige View-Objekt
   public static View getView () { return view; }
   public static void initialize () {}              // (siehe Text)
   private CalcWindow window;                        // das Hauptfenster
   private View () {                                 // Konstruktor verstecken
      this.window = new CalcWindow();
      window.setLocation(new Point(300,200));
      window.addWindowListener(Control.getWindowHandler());
      window.pack();
      window.setVisible(true);
   }
   void showAll () { window.showAll(); }
   void showZeroDivide () { window.showZeroDivide(); }
}//end of class View
```

Hauptfenster des Programms. In unserem Falle gibt es nur ein solches Fenster, nämlich `CalcWindow window`.

Außerdem verwenden wir den gleichen Trick wie beim Modell: Da es nur ein einziges View-Objekt geben darf, wird es als statisches Attribut der Klasse `View` eingeführt und der zugehörige Konstruktor verborgen.

Die Methode `initialize()` ist notwendig, weil wir in `main` irgendeine Methode aufrufen müssen, damit JAVA überhaupt anfängt, Klassen zu laden und ihre statischen Attribute zu setzen.

Im Konstruktor `View` wird das (einzige) Hauptfenster `window` erzeugt und mit einem Titel versehen. Außerdem wird festgelegt, wo das Fenster auf dem

Bildschirm erscheinen soll: Die linke obere Ecke ist 300 Pixel von links und 200 Pixel von oben entfernt.

Es ist in allen GUI-Systemen üblich, dass man im Fensterrahmen spezielle Buttons hat, mit denen man das Fenster minimieren oder auf *full-screen* setzen kann. Und es gibt einen Button, mit dem das Programm beendet werden kann. Auf Ereignisse dieser – in `Frame` und `JFrame` automatisch eingebauten – Buttons reagieren in JAVA die sog. `WindowListener`. Also müssen wir beim Objekt `window` einen solchen Listener registrieren. Das entsprechende Listener-Objekt ist in der statischen Variablen `windowHandler` der Klasse `Control` enthalten (vgl. Programm 26.15).

Danach erfolgen die notwendigen Aufrufe von `pack` und `setVisible`, deren wichtige Rolle wir in Abschnitt 24.3.1 gesehen haben.

Die beiden Methoden `showAll` und `showZeroDivide` werden – wie wir gesehen haben – vom Modell benutzt, um dem View zu sagen, dass sich etwas Relevantes geändert hat. Diese werden vom View einfach an das `window`-Objekt durchgereicht.

Programm 26.8 enthält den zentralen Teil des Views, nämlich die Beschreibung des Hauptfensters in der Klasse `CalcWindow`. Da es sich um ein

Programm 26.8 Die Klasse `CalcWindow` für das Hauptfenster

```
class CalcWindow extends JFrame {
  private Display display;                         // Anzeigefelder
  private Buttons buttons;                         // Tastaturblock
  CalcWindow () {                                  // Konstruktor
      super("Taschenrechner");                     // Fenstertitel
      // assoziierten Container beschaffen
      Container pane = this.getContentPane();
      pane.setLayout(new BorderLayout());
      // Anzeigefelder generieren und hinzufügen
      display = new Display();
      pane.add(display, BorderLayout.NORTH);
      // Tastaturblock generieren und hinzufügen
      buttons = new Buttons();
      pane.add(buttons, BorderLayout.CENTER);
  }//CalcWindow-Konstruktor
  // Triggern des Views
   void showAll () { display.showAll(); }
   void showZeroDivide () { display.showZeroDivide(); }
}//end of class CalcWindow
```

Hauptfenster der Art `JFrame` handelt, muss der zugehörige Container mit `getContentPane` beschafft werden. Um die Komponenten zu positionieren wählen wir den `BorderLayout`-Manager. Die Anzeigefelder sind oben, der Tastaturblock in der Mitte; der Rest bleibt leer.

Die Methoden zum Triggern der Anzeige werden an die Komponente `display` durchgereicht.

Programm 26.9 definiert die Anzeigefelder, also den Akkumulator, den Operator und das Eingaberegister. Die Anordnung von Abbildung 23.1 erhal-

Programm 26.9 Die Klasse `Display` für die Anzeige

```
class Display extends JPanel {
  private Accumulator acc = new Accumulator();
  private Register reg = new Register();
  private Operator op = new Operator();
  Display () {                                                    // Konstruktor
     this.setLayout(new BorderLayout());
     this.add(acc, BorderLayout.NORTH);
     this.add(op, BorderLayout.WEST);
     this.add(reg, BorderLayout.CENTER);
  }//Display-Konstruktor
  // Triggern des Views
   void showAll () { acc.show(); reg.show(); op.show(); }
   void showZeroDivide () { acc.show(); reg.showZeroDivide(); op.show(); }
}//end of class Display
```

ten wir, wenn wir `BorderLayout` verwenden und den Akkumulator oben, den Operator links und das Register in die Mitte setzen.

Das Display erledigt die Aufgabe, den Bildschirm zu aktualisieren, indem es entsprechende Aufträge an seine drei Komponenten weiterreicht. Dabei sieht man, dass die Fehlersituation `showZeroDivide` nur beim Register zu einer besonderen Darstellung führt.

Die Programme 26.10–26.12 definieren die drei Anzeigefenster. Alle sind Spezialfälle von `JTextField`. Sowohl Akkumulator als auch Register können bis zu 12 Ziffern darstellen. Alle drei Felder können nicht editiert werden. Und alle drei Felder führen bei ihrer Generierung sofort die Methode `show` aus, um den Initialwert aus dem Modell anzuzeigen.

Die Methode `show` beschafft den entsprechenden Wert aus dem Modell und wandelt ihn ggf. in einen String um. (Dazu wird von JAVA in der Klasse `Long` die Methode `toString` angeboten.) Dann werden Hintergrund und Schriftfarbe gesetzt. Zuletzt wird mit `repaint()` dem AWT-System gesagt, dass die entsprechende Komponente sich geändert hat und neu auf den Bildschirm gebracht werden muss.

Die Klasse `Register` unterscheidet sich dadurch von `Accumulator`, dass sie auch noch eine Methode `showZeroDivide` besitzt. In dieser Methode wird

Programm 26.10 Die Klasse `Accumulator` für die Akkumulator-Anzeige

```
class Accumulator extends JTextField {
  Accumulator () {                              // Konstruktor
     super(12);                                 // Länge
     setEditable(false);
     show();                                    // initialen Wert zeigen
  }//Accumulator-Konstruktor
  // Triggern des Views
   void show () {
     long value = Model.getModel().getAccumulator();
     setText(Long.toString(value));
     setBackground(Color.white);
     setForeground(Color.black);
     repaint();
   }
}//end of class Accumulator
```

ein konstanter Fehlertext ausgegeben und – um Aufmerksamkeit zu erregen – die Hintergrund- und Schriftfarbe geändert.

Programm 26.11 Die Klasse `Register` für die Eingaberegister-Anzeige

```
class Register extends JTextField {
  Register () {                               // Konstruktor
     super(12);                               // Länge
     setEditable(false);
     show();
  }//Register-Konstruktor
  // Triggern des Views
   void show () {
     long value = Model.getModel().getRegister();
     setText(Long.toString(value));
     setBackground(Color.white);
     setForeground(Color.black);
     repaint();
   }//show
   void showZeroDivide () {
     setText(" DIVISION DURCH NULL! ");
     setBackground(Color.magenta);
     setForeground(Color.yellow);
     repaint();
   }//showZeroDivide
}//end of class Register
```

Die Klasse `Operator` unterscheidet sich nur in zwei Kleinigkeiten von `Accumulator` und `Register`: Die Anzeige benötigt nur ein Zeichen und der

Programm 26.12 Die Klasse `Operator` für die Operator-Anzeige

```
class Operator extends JTextField {
  Operator () {                                  // Konstruktor
     super(1);                                   // Länge
     setEditable(false);
     show();                                     // initialen Wert zeigen
  }//Accumulator-Konstruktor
  // Triggern des Views
   void show () {
     String op = Model.getModel().getOperation();
     setText(op);
     setBackground(Color.white);
     setForeground(Color.black);
     repaint();
   }//Operator-Konstruktor
}//end of class Operator
```

Wert aus dem Modell kommt bereits als String und muss daher nicht mehr konvertiert werden.

Anmerkung: Auf Grund der Ähnlichkeit der drei Klassen `Accumulator`, `Register` *und* `Operator` *könnte man auch noch eine Oberklasse einführen, die ihre Gemeinsamkeiten erfasst. Das betrifft insbesondere die Farbangaben, die eigentlich nicht an drei Stellen stehen sollten. (Analoges gilt für Fonts etc.)*

Neben dem Anzeigeteil ist der Tastaturblock der zweite große Bereich des Taschenrechners. Er ist in den Programmen 26.13 und 26.14 in der Klasse `Buttons` definiert. Diese Klasse hat zwei wesentliche Bestandteile: Die Attribute der Buttons werden über statische Attributvariablen definiert und der Konstruktor übernimmt den eigentlichen Aufbau des Fensters und seiner Komponenten.

Für die Buttons haben wir uns entschieden, drei Arten von Attributen zu verwenden:

- die Beschriftung;
- die Farbe;
- die zugehörigen Listener.

Um das Programm übersichtlicher zu gestalten definieren wir alle diese Attribute in Form von statischen Arrays. Bei der Initialisierung dieser Arrays wählen wir ein Layout, das optisch die Zuordnung zu den jeweiligen Tasten auf dem Bildschirm verdeutlicht. Auf diese Weise vermeidet man unnötige Programmfehler durch „Verzählen".

Programm 26.13 Die Klasse `Buttons` für das Tastatur-Feld

```
class Buttons extends JPanel {
  // statische Attribute für die Buttons
  private static final String[] symbols = {
    "7", "8", "9", "/",
    "4", "5", "6", "*",
    "1", "2", "3", "-",
    "<", "0", "=", "+",
      "CR", "CA"
  };
  private static final Color a = new Color(175,238,238);  // PaleTurquoise
  private static final Color b = new Color(173,216,230);  // LightBlue
  private static final Color[] colors = {
    a, a, a, b,
    a, a, a, b,
    a, a, a, b,
    b, a, b, b,
      b, b
  };
  private static final ActionListener dh = Control.getDigitHandler();
  private static final ActionListener oh = Control.getOperationHandler();
  private static final ActionListener[] handlers = {
    dh, dh, dh, oh,
    dh, dh, dh, oh,
    dh, dh, dh, oh,
    oh, dh, oh, oh,
      oh, oh
  };
  static final Dimension size = new Dimension( 20, 40 );
  // Konstruktor
  «siehe Programm 26.14»
}//end of class Buttons
```

Wie man sieht, gibt es zwei Listener, nämlich einen `digitHandler` und einen `operationHandler`. Beide sind in statischen Variablen der Klasse `Control` definiert. (Wir wenden dort also unseren beliebten Trick ein drittes Mal an.)

In Programm 26.14 findet sich der zweite Teil der Klasse `Buttons`, nämlich der Konstruktor. Da wir eine 4×4-Matrix und eine 1×2-Matrix für die letzte Zeile haben, können wir nicht nur mit einem `GridLayout`-Manager arbeiten. Stattdessen benötigen wir nochmals einen `BorderLayout`-Manager zusammen mit zwei `GridLayout`-Managern.

In die Matrix und die untere Zeile werden jeweils in einer `for`-Schleife die entsprechenden Buttons eingetragen. Diese Buttons werden als normale

Programm 26.14 Die Klasse `Buttons` für das Tastatur-Feld (Fortsetzung)

```
class Buttons extends JPanel {
  ...
  Buttons () {                                    // Konstruktor
     JPanel block = new JPanel();
     block.setLayout(new BorderLayout());
     // der 4×4-Block
     JPanel matrix = new JPanel();
     block.add(matrix, BorderLayout.CENTER);
     matrix.setLayout(new GridLayout(4,4));
     for (int i = 0; i < 16; i++) {
        JButton b = new JButton(symbols[i]);
        b.setPreferredSize(size);
        b.setBackground(colors[i]);
        b.addActionListener(handlers[i]);
        matrix.add(b);
     }//for
     // die untere Zeile
     JPanel bottom = new JPanel();
     block.add(bottom, BorderLayout.SOUTH);
     bottom.setLayout(new GridLayout(1,2));
     for (int i = 16; i < 18; i++) {
        JButton b = new JButton(symbols[i]);
        b.setPreferredSize(size);
        b.setBackground(colors[i]);
        b.addActionListener(handlers[i]);
        bottom.add(b);
     }//for
  }//Buttons-Konstruktor
}//end of class Buttons
```

`JButton`-Objekte kreiert, wobei sie gleich mit ihrer Beschriftung versehen werden. Dann werden die entsprechende Farbe und der zu verwendende Listener hinzugefügt.

Man beachte, dass bei `GridLayout` die Operation `add` die Komponenten zeilenweise hinzufügt. Deshalb passt die Anordnung der Elemente in den statischen Arrays genau mit diesen Schleifen zusammen.

26.4 Taschenrechner: *Control*

Als letzten Bereich betrachten wir `Control`. Hier findet die Ablaufsteuerung des Programms statt. Während es bei klassischer Software meistens ein Hauptprogramm gibt, das in einem gewissen geregelten Ablauf zwischen Eingabe,

Ausgabe und Rechnen wechselt, bricht diese Kontrolle bei GUI-Programmen in viele Einzelteile auseinander.

Jetzt gibt es einzelne *Listener*, die jeweils „ruhen", bis eine für sie gedachte Benutzeraktivität kommt. Dann werden sie aktiv, führen ihren Code aus und „schlafen wieder ein".

Programm 26.15 zeigt die Grobstruktur des Control-Teils unseres Taschenrechners. Dieser Control-Teil besteht aus drei Listener-Objekten: einem

Programm 26.15 Grobstruktur des `Control`-Teils

```
class Control {
   private static final DigitHandler dh       = new DigitHandler();
   private static final OperationHandler oh  = new OperationHandler();
   private static final WindowHandler wh     = new WindowHandler();
   public static DigitHandler getDigitHandler () { return dh; }
   public static OperationHandler getOperationHandler () { return oh; }
   public static WindowHandler getWindowHandler () { return wh; }
   private Control () {}                             // Konstruktor verstecken
}// end of class Control
class WindowHandler extends WindowAdapter {«siehe Programm 26.16»}
class DigitHandler implements ActionListener {«siehe Programm 26.17»}
class OperationHandler implements ActionListener {«siehe Programm 26.18»}
```

`DigitHandler`, einem `OperationHandler` und einem `WindowHandler`. Alle drei werden wieder als versteckte statische Attribute definiert, die mittels `get...()` geholt werden können.

Da die drei essenziellen Listener-Objekte schon verfügbar sind, brauchen wir nicht noch ein zusätzliches `Control`-Objekt zu generieren. Deshalb verstecken wir den Konstruktor (damit niemand ein solches unnötiges Objekt erzeugen kann).

Programm 26.16 zeigt den `WindowHandler`. Er implementiert das Interface `WindowListener`. Da wir aber nur eine Methode wirklich brauchen (und keine Lust haben, auch alle anderen fiktiv zu implementieren), benutzen wir

Programm 26.16 `Control`: Der Window-Handler

```
class WindowHandler extends WindowAdapter {
   public void windowClosing (WindowEvent event) {
      System.exit(0);
   }
}//end of class WindowHandler
```

die vordefinierte Klasse `WindowAdapter` und ändern nur die eine Methode `windowClosing` ab: Wir beenden dort das Programm.

Programm 26.17 zeigt den `DigitHandler`; er implementiert das Interface `ActionListener`. Dort wird nur die Methode `actionPerformed` verlangt. In dieser Methode beschafft der `DigitHandler` die Buttonkennung aus dem

Programm 26.17 `Control`: DigitHandler

```
class DigitHandler implements ActionListener {
   public void actionPerformed ( ActionEvent e ) {
      String label = e.getActionCommand();
      Byte b = Byte.valueOf(label);
      byte digit = b.byteValue();
      Model.getModel().addDigit(digit);
   }
}//end of class DigitHandler
```

`ActionEvent`; das geht mit der Methode `getActionCommand()`. Dieser String wird dann in einen Wert vom Typ `byte` umgewandelt; dazu verwenden wir die Methode `valueOf()` aus der JAVA-Klasse `Byte`. Dieser Wert wird dann dem Modell übergeben mittels der dort definierten Methode `addDigit` (s. Programm 26.3).

Programm 26.18 zeigt den `OperationHandler`, der im Prinzip analog zum `DigitHandler` arbeitet. Allerdings muss er anhand der Buttonkennung ent-

Programm 26.18 `Control`: OperationHandler

```
class OperationHandler implements ActionListener {
   public void actionPerformed ( ActionEvent e) {
      Model model = Model.getModel();
      String code = e.getActionCommand();
      if      ( code.equals("CA") ) { model.clearAll(); }
      else if ( code.equals("CR") ) { model.clearReg(); }
      else if ( code.equals("<") )  { model.deleteLastDigit(); }
      else if ( code.equals("/") )  { model.div(); }
      else if ( code.equals("*") )  { model.mult(); }
      else if ( code.equals("-") )  { model.sub(); }
      else if ( code.equals("+") )  { model.add(); }
      else if ( code.equals("=") )  { model.equals(); }
      else { System.err.println("\nE R R O R ! ! !"); }
   }
}//end of class OperationHandler
```

scheiden, welche der Methoden aus dem `Model` ausgeführt werden soll.

Die Fehlermeldung im letzten `else`-Zweig ist eigentlich unnötig, weil sie nur entstehen kann, wenn wir irgendwo einen massiven Programmierfehler gemacht haben. Aber für die Testphase ist so eine explizite Fehlermeldung auf jeden Fall nützlich.

26.5 Fazit

Das *Model-View-Control*-Paradigma erlaubt tatsächlich eine sehr gute Entkoppelung der komplexen Interaktionen zwischen grafischer Oberfläche, freier Benutzeraktivität und Algorithmik.

In der Literatur finden sich – gerade bei so kleinen Beispielen – auch Abschwächungen des strengen Model-View-Control-Designs. Man verwendet die Grafikkomponenten selbst als ihre eigenen Listener. Das sieht dann z. B. so aus:

```
class DigitButton extends JButton implements ActionListener {
  DigitButton () {                                   // Konstruktor
    ...
    addActionListener(this);
    ...
  }//DigitButton
  public void actionPerformed ( ActionEvent e ) {
    String label = e.getActionCommand();
    Byte b = Byte.valueOf(label);
    byte digit = b.byteValue();
    Model.getModel().addDigit(digit);
  }
}// end of class DigitButton
```

Die Trennung ist hier nicht so sauber wie in unserem strengen Ansatz, aber dafür wird die Programmierung insgesamt etwas knapper. Trotzdem ist die strenge Form eher zu empfehlen, da einerseits die verschiedenen Aspekte des Programms sauber getrennt sind und andererseits beieinander steht, was zusammengehört.

Aber eines zeigt dieses Kapitel auf jeden Fall: Schon ein so harmloses Beispiel wie unser Taschenrechner verursacht einen immensen Aufwand. Das ist eine typische Beobachtung, die für alle GUI-Programme gilt.

Teil VII

Ausblick

Das vorliegende Buch ist eine Einführung in das Programmieren mit JAVA*. Deshalb muss es sich auf zwei Dinge konzentrieren: grundlegende Programmiertechniken und fundamentale Konzepte von* JAVA*.*

Aber JAVA *ist eine professionelle Programmiersprache, für die immer weitere Anwendungsfelder erschlossen werden. Es ist daher a priori hoffnungslos, alle Features und Packages zu diskutieren, die im Rahmen von* JAVA *in den letzten Jahren entstanden sind. Aber wir wollen wenigstens ein Gefühl für die Bandbreite vermitteln, die* JAVA*-Anwendungen inzwischen erreicht haben, und zumindest eine grobe Vorstellung vermitteln, was einige der Schlagworte bedeuten, auf die man allerorten stößt.*

27

Es gäbe noch viel zu tun ...

Zwar weiß ich viel,
doch möcht ich alles wissen.
Goethe, Faust

Dieses Kapitel liefert einen kursorischen Überblick über die wichtigsten Möglichkeiten, die JAVA für fortgeschrittene Aufgaben im praktischen Software-Engineering bereitstellt.

Für genauere Erläuterungen verweisen wir auf die entsprechende vertiefende Literatur. Ein gutes Beispiel für ein fortgeschrittenes Übersichtsbuch ist [46], aber auch [37] liefert eine Menge Information. Einen etwas anderen Weg geht [20], wo diverse JAVA-Features auf dem Weg über illustrierende Beispiele vermittelt werden.

Anmerkung: Die JAVA*-Bibliotheken sind so organisiert, dass zu vielen Themenkreisen ein Hauptpackage existiert, z. B.* `javax.xml`*, und dazu eine Reihe von Hilfspackages, z. B.* `javax.xml.parsers`*,* `javax.xml.namespace` *etc. In diesen Fällen sprechen wir von einer* ***Packagegruppe*** *oder auch von* ***Subpackages*** *(obwohl wir aus Kapitel 14 wissen, dass es sich dabei nicht wirklich um eine hierarchische Struktur handelt).*

27.1 Java und Netzwerke: Von Sockets bis Jini

Computer sind nicht isoliert, sondern eingebunden in Netzwerke. Der Begriff „Netzwerk“ steht dabei für die eine große Bandbreite von Architekturen, angefangen von kleinen Gruppen direkt verbundener Rechner bis hin zum globalen Internet. Und die Verbindung kann über Draht ebenso erfolgen wie über Funk.

Weil viele Programme Kommunikation über ein Netzwerk betreiben müssen, stellt JAVA eine ganze Reihe von Klassen bereit, die die Programmierung solcher Anwendungen unterstützen. Diese Klassen sind in den Packagegruppen `java.net` und `javax.net`.

27.1.1 Die OSI-Hierarchie

Ein internationales Kommunikationssystem wie das Internet kann nur funktionieren, wenn alle Beteiligten sich an gemeinsame Regeln halten. Dabei haben sich heute zwei Standards durchgesetzt. Der eine ist der offizielle ISO-Standard (*International Standard Organization*), der unter dem Namen *OSI*-Modell (*Open Systems Interconnection*) bekannt ist; der andere ist ein de facto Industrie-Standard, der unter dem Namen TCP/IP bekannt ist. Zum Glück lässt sich der Letztere in den Ersteren einbetten.

Ein solcher Standard legt vor allem das ***Protokoll*** fest, an das die Kommunikationspartner sich halten müssen. Dieses Protokoll bestimmt sowohl den Aufbau der übertragenen Daten als auch die zeitliche Abfolge der verschiedenen Arten von Nachrichten.

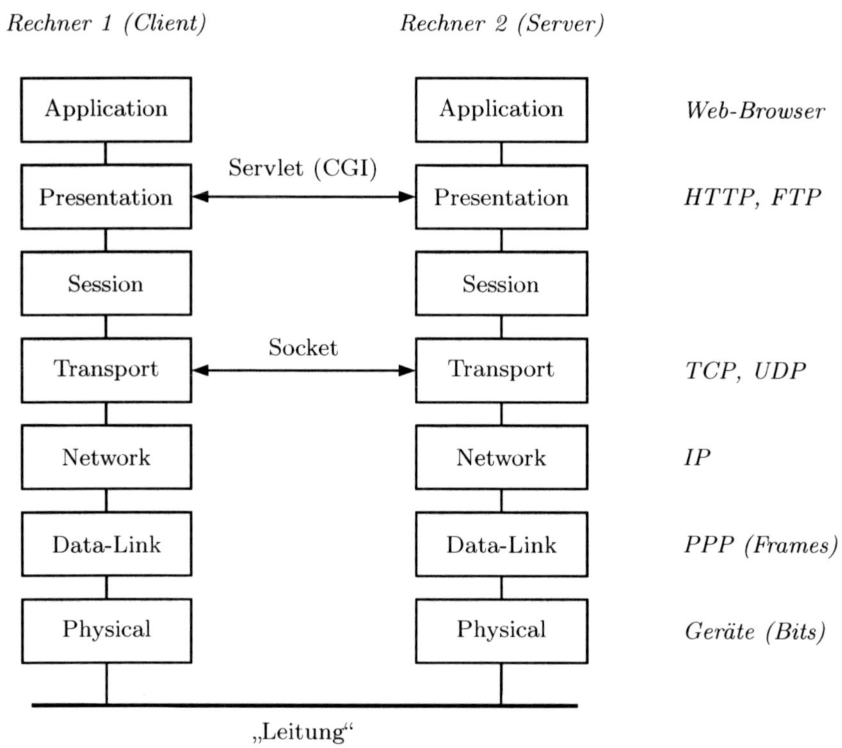

Abb. 27.1. Das OSI-Schichtenmodell

Abbildung 27.1 zeigt die sieben Schichten des OSI-Modells, zusammen mit Beispielen für die einzelnen Schichten. Die untersten beiden Schichten beschreiben die Hardware und die Leitungstechnik mit ihren Protokollen (Art der Modulation, Start- und Stoppbits, fehlerkorrigierende Codes etc.). Sie sind in unserem Kontext nicht von Interesse.

Auch die oberen Schichten sind aus Sicht des JAVA-Systems nicht besonders relevant. Der *Application Layer* enthält ganze Applikationen wie z. B. Web-Browser. Der darunter liegende *Presentation Layer* ist verantwortlich für die konsistente Datenübertragung spezifischer Anwendungen. Ein typisches Beispiel ist das `http`-Protokoll zur Übertragung von HTML-Dateien. Auch die Interaktion von JAVA-*Servlets* (s. Abschnitt 27.2) findet auf dieser Ebene statt. Der *Session Layer* dient dazu, Verbindungen auf- und wieder abzubauen. Das sind z. B. bei einer Telefonleitung die Regeln des Abhebens, Wählens und Auflegens. Zu dieser Art von Protokollen kann z. B. auch ein Login mit Passwort gehören.

Die Unterstützung von JAVA bezieht sich vor allem auf die Protokolle TCP und UDP der *Transport*-Schicht und in eingeschränktem Maße auf das Protokoll IP der *Network*-Schicht. Im Folgenden beschränken wir uns auf die Protokolle TCP und IP.

- Das IP-Protokoll (*Internet Protocol*) dient dazu, Datenpakete von einem Rechner zum anderen zu schicken. Die Adressierung der Rechner erfolgt über sog. IP-Adressen (s. unten).
- Das TCP-Protokoll (*Transmission Control Protocol*) etabliert eine *zuverlässige* Datenübertragung. Es sorgt z. B. dafür, dass die IP-Pakete in der richtigen Reihenfolge am Ziel empfangen werden, dass Duplikate eliminiert werden und dass verloren gegangene Pakete erneut übertragen werden.
  Aus Sicht des Anwendungsprogramms stellt eine TCP-Verbindung daher einen zuverlässigen *Datenstrom* dar und zwar je nach Richtung einen `InputStream` oder `OutputStream`.

IP-Adressen

Jeder Rechner im Internet hat eine eindeutige IP-Adresse (genauso wie jedes Telefon auf der Welt eine eindeutige Telefonnummer hat). In der heute noch dominierenden Version IPv4 besteht eine IP-Adresse aus vier Bytes. Sie wird üblicherweise in einer Form wie `130.149.4.134` geschrieben, wobei die vier Zahlen jeweils ein Byte darstellen, also im Bereich `0,...,255` liegen müssen.

Da man sich solche Zahlen nicht merken kann, gibt es einen weiteren Dienst, den sog. DNS (*Domain Name Service*), der eine – weltweit eindeutige – Zuordnung zwischen IP-Adressen und lesbaren Namen herstellt. So gehört z. B. der Name `www.tu-berlin.de` zur IP-Adresse `130.149.4.134`.

JAVA macht es leicht, für einen Namen die zugehörige IP-Adresse zu ermitteln. Die Klasse `InetAddress` aus dem Package `java.net` enthält eine Methode

```
static InetAddress getByName ( String host )
```

die die IP-Adresse von einem DNS-Server beschafft. Wir können also z. B. schreiben

```
...
InetAddress tub = InetAddress.getByName("www.tu-berlin.de");
...
```

um die JAVA-interne Repräsentation der IP-Adresse `130.149.4.134` zu erhalten. (Diese Adresse brauchen wir später, um über sog. Sockets mit dem Rechner zu kommunizieren; s. Abschnitt 27.1.2.)

In JAVA 1.5 wurden einige Ergänzungen für die Netzwerk-Programmierung eingeführt, vor allem eine Unterstützung der neuen Protokollversion IPv6, die längere IP-Adressen vorsieht.

Ports

Ein Rechner hat i. Allg. eine Vielzahl von Diensten, die eine Verbindung zum Netzwerk brauchen. Um hier eine gewisse Ordnung aufrechtzuerhalten, wurde in den 80er Jahren (in Berkeley UNIX) das Konzept der *Ports* eingeführt. Die Ports sind ein Element der Transportschicht (TCP oder UDP) und dienen zur Identifizierung der gewünschten Services auf einer Maschine.

Ein Port ist eigentlich nur eine Zahl im Bereich $1, \ldots, 65535$. Entscheidend ist, dass die einzelnen Dienste auf einem Rechner bestimmten Ports zugeordnet sind. So wird z. B. Port 80 für `http` (Web-Browser) verwendet, Port 25 für SMTP (Email) und Port 21 für FTP (File Transfer).

Wenn ein Prozess auf einem Rechner mit einem Prozess auf einem anderen Rechner kommunizieren will, dann muss er sowohl die IP-Adresse als auch die Port-Nummer angeben.

JAVA unterstützt die Kommunikation über Ports im Rahmen von sog. Sockets (siehe Abschnitt 27.1.2 unten).

URL

Ressourcen in einem Netzwerk, sowohl lokale als auch globale, werden über sog. URLs (*Uniform Resource Locator*) identifiziert. Sie haben folgende Bestandteile:

`«Protokoll»://[«Benutzer»[:«Passwort»]@]«Rechner»[:«Port»]/«Datei»`

Dabei sind die Angaben zwischen `[...]` jeweils optional; das heißt, bei manchen Protokollen werden sie gebraucht, bei anderen nicht. Ein typisches Beispiel ist

`http://www.tu-berlin.de:80/index.html`

Diese URL beschreibt eine Ressource, die mit dem `http`-Protokoll zu verarbeiten ist und die auf dem Rechner `www.tu-berlin.de` (also IP-Adresse `130.149.4.134`) über den Port 80 erreichbar ist und in der Datei `index.html` steht. (In diesem speziellen Beispiel könnte man sich den Port und die Datei sparen; der Web-Browser ergänzt sie aufgrund der Angabe `http` automatisch.)

JAVA unterstützt das Arbeiten mit URLs, indem es im Package `java.net` Klassen wie `URL`, `URLConnection` etc. bereitstellt. Damit kann man z. B. schreiben

```
...
URL url = new URL( "http:www.tu-berlin.de/index.html" );
InputStream data = url.openStream();
...
```

um Daten aus der entsprechenden Datei zu lesen. (Natürlich können dabei diverse Exceptions ausgelöst werden, die man entsprechend abfangen muss.)

Mit den Methoden der Klasse `URL` und einiger unterstützender Klassen kann man zahlreiche Eigenschaften der URL abfragen, z. B. Hostrechner, Protokoll, Port etc.

27.1.2 Sockets

Die Verbindung zwischen einem Prozess und einem Datenstrom wird über ein sog. *Socket* hergestellt. (Das Konzept der Sockets wurde in den 80er-Jahren im Rahmen von Berkely UNIX entwickelt.) Dabei entspricht das Socket im Wesentlichen der Kombination aus IP-Adresse und Port.

JAVA unterscheidet zwei Arten von Sockets, die in entsprechenden Klassen des Packages `java.net` enthalten sind:

- Die Klasse `Socket` definiert sog. Client-Sockets, die eine Verbindung zu einem Server-Socket herstellen, von dem sie Dienste abrufen wollen.
- Die Klasse `ServerSocket` definiert als Gegenstück zu den Client-Sockets die sog. Server-Sockets, die nach ihrer Generierung auf Anfragen von Clients warten.

Das Programm 27.1 (eine Adaption aus [46]) zeigt eine typische Verwendung von Sockets. Es stellt eine Verbindung zum Server mit dem Namen `time-A.timefreq.bldrdoc.gov` her. Auf Port 13 kann man üblicherweise das Datum und die Zeit abfragen.

27.1.3 Wenn die Methoden weit weg sind: RMI

Mit den Sockets kann man eine einfache Datenübertragung zwischen Rechnern realisieren. Aber in manchen Systemen muss man auch den Programmcode auf verschiedene Maschinen verteilen. Das heißt, ein Client-Rechner muss in der Lage sein, eine Methode aufzurufen, die auf einem Server-Rechner liegt. Dieser Aufruf sollte sich aus Sicht des Programmierers nicht allzu sehr von einem normalen Methodenaufruf unterscheiden.

JAVA stellt für diese Aufgabe das Konzept des *RMI* (*Remote Method Invocation*) zur Verfügung. Die entsprechenden Klassen sind in der Packagegruppe `java.rmi` enthalten.

Die prinzipielle Arbeitsweise des RMI kann man – aus Sicht des Programmierers – folgendermaßen skizzieren:

- Der Client definiert in einem Interface die gewünschten Methoden.

Programm 27.1 Zugriff auf einen Zeit-Server über ein Socket

```
import java.io.*;
import java.net.*;

public class Time {
   public static void main (String[] args) {
      System.out.println("The time is: " + Time.getTime());
   }//main
   private static String getTime () {
      String output = "";
      String serverName = "time-A.timefreq.bldrdoc.gov";
      try {
         InetAddress server = InetAddress.getByName(serverName);
         Socket socket = new Socket(server, 13);
         BufferedReader reader =
            new BufferedReader(
              new InputStreamReader( socket.getInputStream() ));
         String s = null;
         while ((s = reader.readLine()) != null) {
            output += s;
         }//while
      }//try
      catch ( UnknownHostException e ) { output = "Sorry: Unknown host"; }
      catch ( IOException e ) { output = "Sorry: IO-Error"; }
      return output;
   }//getTime
}//Time
```

- Der Server implementiert das Interface und erzeugt entsprechende Objekte.
- Über einen einfachen Namensservice (die sog. RMI-Registry) beschafft sich der Client Referenzen auf die gewünschten Objekte und ruft ihre Methoden auf. Dabei überträgt JAVA die Argumentwerte vom Client an den Server und liefert das Ergebnis vom Server zurück an den Client.

In Wirklichkeit ist der Ablauf allerdings etwas komplexer. Auf dem Client werden sog. *Stubs* erzeugt, die ebenfalls das betreffende Interface implementieren. Der Aufruf einer Methode wird dann tatsächlich vom Stub ausgeführt, der die gesamte notwendige Kommunikation mit dem Server übernimmt (ohne dass man das auf der Client-Seite im Programm sieht).

Für Details verweisen wir wieder auf weiterführende Literatur, z. B. [37] oder [46].

27.1.4 Wie komme ich ins Netz? (Jini)

Mit der immer größeren Verbreitung der Funknetze entsteht ein neues Problem: Kommunikationsgeräte – angefangen von PCs über Mobiltelefone und PDAs bis hin zu winzigen Sensoren – müssen herausfinden, welches Netz in ihrer Umgebung existiert, und sich dann in dieses Netz integrieren. Dabei macht die Funktechnologie das Problem nur besonders aktuell, programmiertechnisch ist es bei drahtgebundenen Netzen das gleiche.

Für diesen Aufgabenbereich gibt es mehrere Produkte auf dem Markt, am verbreitetsten wohl Microsofts *UPnP* (*Universal Plag and Play*).

Die Firma SUN hat für diesen Problemkreis eine JAVA-orientierte Technologie entwickelt, die den Namen ***Jini*** trägt. Sie ist auf einem etwas höheren Niveau angesiedelt als UPnP, ist ansonsten aber für die gleiche Aufgabenstellung konzipiert. Details gehen über den Rahmen dieses Buchs hinaus. Informationen findet man z. B. in [15, 38, 69].

Ein interessanter Teil der Jini-Technologie sind die sog. *JavaSpaces.* Dabei handelt es sich um ein Modell zur Verwaltung von verteilten Objekten, das auf den Ideen der Sprache Linda aufbaut, die von David Gelernter an der Yale University entwickelt wurde. Näheres findet man in [7, 22].

27.2 Java und das Web

Ganz am Anfang seiner Entwicklung war JAVA als „Sprache für das Web“ gedacht. Inzwischen hat es sich aber zu einer ganz normalen (und praktisch überaus bedeutenden) Programmiersprache gewandelt, in der eine Fülle von Software entwickelt wird. Trotzdem ist die Sprache nach wie vor eng mit Netzapplikationen verbunden. Insbesondere ist sie sehr gut geeignet, um die Einbettung von normalen Anwendungen in eine Web-Umgebung zu realisieren.

Die enge Integration von JAVA mit dem Internet zeigt sich in einer reichhaltigen Palette von Packages, die die Programmierung von Web-basierten Applikationen unterstützen. Einige davon sollen im Folgenden kurz skizziert werden.

27.2.1 Applets

Die sog. ***Applets*** waren ursprünglich als die Haupttechnik der JAVA-Programmierung gedacht. Sie stellen eine Möglichkeit dar, um JAVA-Programme direkt aus Web-Seiten heraus zu starten. Damit hat man zwei Arten, um JAVA-Programme auszuführen:

- Die erste Art haben wir bisher immer verwendet (vgl. Kapitel 4). Man hat eine Hauptklasse, in der die Methode `main` programmiert ist. Mit dieser Methode beginnt die Ausführung des Programms. (Ansonsten werden an die Hauptklasse keine weiteren Anforderungen gestellt.)

- Die zweite Art besteht darin, dass ein Web-Browser wie der Internet Explorer oder Netscape Navigator ein Objekt der Klasse `Applet` generiert und nacheinander dessen Methoden `init` und `start` aufruft.

Man kann übrigens beide Techniken im gleichen Programm verwenden. Dann ist es als Stand-alone-Anwendung und auch als Web-Anwendung ausführbar.

Einbindung von Applets in HTML-Seiten

Bevor wir die Klasse `Applet` selbst diskutieren, wollen wir ihre Einbindung in Web-Seiten betrachten. Web-Seiten werden in sog. HTML-Dateien beschrieben. (Auf Details von HTML können wir hier nicht eingehen. Wir verweisen auf die entsprechende Literatur, z. B. [65].) Wir zeigen nur andeutungsweise, wie die Einbindung eines Applets in eine solche HTML-Seite erfolgt.

Als Beispiel betrachten wir das Programm 4.2 zum Zeichnen der Olympischen Ringe (vgl. Kapitel 4, Seite 74). Wir wollen dieses Programm jetzt aus einer Web-Seite heraus starten. Dann sieht die zugehörige HTML-Datei etwa folgendermaßen aus:

```
<HTML>
   <HEAD>
      <TITLE> Olympische Ringe </TITLE>
   </HEAD>
   <BODY>
      <APPLET DATA="java:RingProgramm.class" WIDTH=200 HEIGHT=125>
         Leider scheint Ihr Browser keine Java-Applets zu beherrschen.
      </APPLET>
   </BODY>
</HTML>
```

Dies ist der minimale Rahmen, den man um ein Applet herum benötigt. Er erzeugt eine „nackte“ Web-Seite, die nichts enthält außer einer Überschrift und dem Applet. Falls der Browser die Applet-Technik nicht beherrscht, wird stattdessen der angegebene Text angezeigt.

In dieser einfachen Form des `APPLET`-Tags sucht der Browser das Programm `RingProgramm.class` im selben Directory wie die HTML-Datei. Wenn das Programm in einem anderen Directory steht, muss man den Pfad als `CODEBASE`-Tag angeben. In WINDOWS sieht das z. B. so aus:

```
<APPLET CODE="RingProgramm.class"
        CODEBASE="file://G:/peter/java/applet/rings"
        WIDTH=200 HEIGHT=125>
</APPLET>
```

Wenn die Klasse auf einem Server liegt, kann man als `CODEBASE` auch die entsprechende URL angeben, also z. B.

```
<APPLET CODE="RingProgramm.class"
        CODEBASE="http://www.uebb.cs.tu-berlin.de/books/java/rings"
        WIDTH=200 HEIGHT=125>
</APPLET>
```

Schließlich kann die Klasse auch in einem `jar`-Archiv liegen (s. Anhang Abschnitt A.6). Dieses wird dann über das Tag `ARCHIVE="..."` angegeben.

Man kann in der HTML-Datei auch Parameterwerte angeben, die in dem JAVA-Applet mit der Methode `getParameter()` eingelesen werden können.

```
<APPLET CODE="RingProgramm.class"
        WIDTH=200 HEIGHT=125>
        <PARAM NAME="radius" VALUE=60>
</APPLET>
```

Anmerkung: Das klingt alles sehr schön. Aber in der Praxis gibt es gewaltige Probleme. Die Browser sind nämlich meistens weit davon entfernt, wirklich die neuesten JAVA*-Versionen zu beherrschen. Viele Programmierer schreiben daher Applets noch immer in* JAVA *1.0! Und in manchen Browsern muss man anstelle des* `APPLET`*-Tags ein* `OBJECT`*- oder* `EMBED`*-Tag nehmen. Hinweise zur Problemlösung bei den einzelnen Browsern findet man in der Speziallliteratur, in der Dokumentation der Firma* SUN *sowie auf den FAQ-Seiten (*Frequently Asked Questions*) der Browser.*

Die Klassen `Applet` und `JApplet`

Die Klasse `Applet` ist im Package `java.applet` enthalten. In SWING gibt es die Erweiterung `JApplet`. In Tabelle 27.1 sind einige der wichtigsten Methoden von `Applet` enthalten. Wie man sieht, ist `Applet` eine Subklasse von `Panel` und damit von `Component`. Das heißt, Applets sind grafische Elemente des AWT.

class Applets extends Panel	
Applet ()	Konstruktor
void init ()	Initialisierung (Browser)
void start ()	starten (Browser)
void stop ()	stoppen (Browser)
void destroy ()	Ressourcen freigeben (Browser)
String getParameter(String name)	Parameter aus HTML-Datei holen
...	

Tabelle 27.1. Die Klasse `Applet` (Auszug)

Die ersten fünf dieser Methoden werden vom Browser aufgerufen.

- Mit dem Konstruktor wird ein Applet-Objekt erzeugt.
- Dann ruft der Browser die Methode `init()` auf. Hier müssen alle Initialisierungen programmiert werden, die für das Funktionieren des Applets notwendig sind.
- Danach wird das Programm vom Browser durch den Aufruf der Methode `start()` ausgeführt. (Diese Methode ist also das Gegenstück zur Methode `main` in normalen Anwendungen.)
- Mit dem Aufruf von `stop()` signalisiert der Browser dem Applet, seine Aktivität zu beenden. (Durch Überschreiben dieser Methode kann man ggf. notwendige Aufräumarbeiten erledigen, z. B. Animationen in den Ursprungszustand zurückversetzen.)
- Mit dem Aufruf von `destroy()` (der erst nach `stop` kommen sollte) fordert der Browser das Applet auf, alle belegten Ressourcen freizugeben. Dazu gehört z. B. das Zerstören von Threads, die das Applet gestartet hat.

Im obigen Beispiel hatten wir die Einbettung von `RingProgramm` in eine HTML-Seite gezeigt. Damit das funktioniert, müssen eine Reihe von Änderungen an dem Code von Programm 4.2 (Seite 74) vorgenommen werden.

- Zunächst muss die Klasse `RingProgramm` zur Subklasse von `Applet` gemacht werden.
- Das Setzen der Attribute `rad`, `mx`, `my` etc. muss in die Methode `init()` verlagert werden. Dort kann man die Größe des Radius aus dem in der HTML-Seite angegebenen Parameter erfragen:

```
public void init () {
   try {
      String radius = getParameter("radius")
      this.rad = Double.parseDouble( radius );
   } catch (NumberFormatException e) {
      this.rad = 20;                          // Default-Wert
   }//try
   this.mx = rad + 10;
   ...
}//init
```

- Das Zeichnen kann natürlich nicht mehr mit einem Pad-Objekt erfolgen, sondern muss mit den originären Mitteln von AWT/SWING realisiert werden. Deshalb müssen alle Operationen aus der Methode `draw` von Programm 4.3 in die Operation `paint` des `Applets` (bzw. in die Methode `paintComponent` des `JApplets`) verlagert werden:

```
public void paint (Graphics g) {
   Graphics2D g2 = (Graphics2D)g;
   g2.setColor(Color.red);
   g2.draw( new Circle(center[0], rad) );
   ...
}//paint
```

Dabei haben wir anstelle der AWT-Methoden die entsprechenden SWING-Methoden benutzt. Diese verlangen ein Casting des `Graphics`-Objekts in ein `Graphics2D`-Objekt. Außerdem empfiehlt es sich, eine Klasse `Circle` einzuführen, weil JAVA nur Ellipsen kennt.

27.2.2 Servlets (*Server Applets*)

Der Begriff ***Servlets*** ist ein Kunstwort, das aus *Server Applets* entstanden ist. Der Unterschied lässt sich einfach charakterisieren: Applets laufen auf dem Client, Servlets laufen auf dem Server.

Servlets dienen dazu, *Web-Seiten dynamisch zu machen.* Das heißt, der Server kann Web-Seiten abhängig von Benutzereingaben gestalten und an den Browser des Benutzers schicken. In der OSI-Hierarchie (s. Abbildung 27.1 auf Seite 530) gehören die Servlets auf die Schicht des Presentation Layers.

Es gibt auf dem Markt diverse Techniken, mit denen Web-Seiten dynamisch gestaltet werden können. Die bekanntesten sind:

- *CGI* (*Common Gateway Interface*). Das sind Programme (z. B. PERL-Skripte), die mit dem Browser in wohl definierter Weise interagieren. Der Nachteil ist, dass hier ein neuer Betriebssytem-Prozess generiert wird, was aufwendig ist.
- *Spezielle proprietäre APIs wie z. B. das Netscape Server API oder das Microsoft Internet Server API.* Über diese Schnittstellen interagieren die betreffenden Programme mit dem Browser. Das ist zwar effizient, hat aber den Nachteil, dass ein Fehler in diesen Programmen den ganzen Server abstürzen lassen kann.
- JAVA-*Servlets.* Sie definieren eine Programmierschnittstelle für JAVA-Programme, die auf dem Server laufen.

Servlets sind nichts anderes als JAVA-Klassen, die vom Server ausgeführt werden und die kompatibel zum JAVA Servlet-API programmiert wurden. Die Servlet-Klassen und Interfaces sind in den J2EE-Packages `javax.servlet`, `javax.servlet.http`, `javax.servlet.jsp` etc. enthalten. *Man beachte: Diese Packages sind nur in dem „großen" Produkt J2EE (Java 2 Platform, Enterprise Edition) enthalten*, nicht in dem „kleinen" J2SE (*Java 2 Platform, Standard Edition*), das wir benutzen (s. Anhang). Denn es handelt sich um Technologien, die nur für professionelle Server-Programmierer von Interesse sind.

27.2.3 JSP: *JavaServer Pages*

Die Technologie der ***JavaServer Pages*** kann als Erweiterung des Konzepts der Servlets verstanden werden. Sie tritt in Konkurrenz zu einer Reihe von anderen Produkten auf dem Markt:

- ASP (*Active Server Pages*) von Microsoft. Dabei handelt es sich um Skripte in der Sprache VBScript. ASP läuft nur auf WINDOWS-Systemen.
- PHP (*Personal Home Page*) ist ein open-source GNU-Produkt. Es handelt sich um eine Skriptsprache, deren Kommandos in HTML-Seiten eingebettet werden können.
- PERL ist eine open-source Programmiersprache, die viele Operatoren auf Texten enthält und deshalb – vor allem auch wegen ihrer CGI-Integration – gut zur Verarbeitung von HTML-Seiten benutzt werden kann.

JSP ist im Wesentlichen ein Makro-Präprozessor, der auf einem Web-Server läuft und folgendermaßen funktioniert:

- JSP-Seiten sind HTML-Seiten, die (ähnlich wie bei PHP) spezielle JSP-Tags enthalten.
- Diese speziellen Tags umschließen JAVA-Codefragmente.
- Beim ersten Besuch einer JSP-Seite ruft der Web-Server den JSP-Makroprozessor auf. Dieser wandelt die Seite in ein JAVA-Servlet um, das sofort automatisch compiliert wird.

Anmerkung: Der erste Besucher einer JSP-Seite muss lange warten, weil bei dieser Gelegenheit der gesamte Generierungs- und Übersetzungsprozess abläuft. Für alle folgenden Besucher geht es dann schnell. Der Designer einer JSP-Seite sollte also sicherstellen, dass er selbst der erste Besucher ist.

Detaillierte Informationen zu Servlets und Java Server Pages findet amn z. B. in [5, 34, 28].

27.2.4 Java und XML

Die sog. Markup-Sprache XML (*Extensible Markup Language*) ist die Weiterentwicklung von HTML. XML-Dateien sind wie HTML-Dateien reine ASCII-Texte, die durch spezielle Tags eine syntaktische Struktur erhalten. Allerdings kann (anders als bei HTML) die Menge der Tags erweitert werden, und zwar mithilfe sog. DTDs (*Document Type Definition*), was XML sehr flexibel macht.

Anmerkung: Letztlich ist XML nichts anderes als eine spezielle Notation für Grammatiken. Bedauerlicherweise ist diese Notation aber so aufgebläht und plump (engl. clumsy*), dass sie einen gewaltigen Rückschritt gegenüber den Konzepten darstellt, die in den Formalen Sprachen und im Compilerbau seit Jahrzehnten Standard sind.*

XML wird inzwischen nicht nur benutzt, um Web-Seiten zu beschreiben, sondern dient auch zum Datenaustausch zwischen Applikationen und zur Speicherung von allen möglichen Arten von Informationen. Denn XML kann gut benutzt werden, um programmiersprachliche Datenstrukturen (wie sie seit ALGOL, COBOL, PASCAL etc. gängig sind) in Form von ASCII-Texten zu repräsentieren. In Microsofts .NET-Technologie spielt XML sogar eine zentrale Rolle. Auch bei den EJBs (*Enterprise Java Beans*, s. Abschnitt 27.5) spielt XML eine wichtige Rolle für die Beschreibung.

XML-Dateien müssen von einem Parser in interne Datenstrukturen übersetzt werden. Da das Schreiben von Parsern eine aufwendige und nichttriviale Arbeit ist, die einiges an Expertise verlangt, gibt es in der Packagegruppe `javax.xml` vordefinierte XML-Parser und weitere XML-Tools. (Informationen findet man auf der Web-Seite `http://java.sun.com/xml/`. Auf der Seite `http://java.sun.com/xml/archive.html` sind Archive zum Herunterladen verfügbar.)

Rund um XML gibt es eine ganze Reihe von Tools und Sprachen, die unter Begriffen wie XSLT, SAX, DOM etc. bekannt sind. Die oben genannten JAVA Packages enthalten das API JAXP, das Schnittstellen zu diesen Werkzeugen bereitstellt. (Für Details verweisen wir wieder auf die Dokumentation und entsprechende Spezialliteratur. Ein erster Einstieg findet sich in [46].)

27.2.5 Java und Email

Es gibt auch ein API `JavaMail`, das die Programmierung eines Email-Clients unterstützt. Das API stellt einen Rahmen zum Lesen und Schreiben von Email bereit. Es gibt auch eine Referenzimplementierung für IMAP, POP3 und SMTP. `JavaMail` ist in der J2EE enthalten (s. Anhang). Details findet man auf der Web-Seite `http://java.sun.com/j2ee/1.4/docs/index.html`.

27.3 Sicher ist sicher: Java-Security

Wenn auf einem Rechner Programme laufen, die von einem anderen Computer stammen, dann wird die Frage der Sicherheit hochgradig relevant, insbesondere wenn diese anderen Computer irgendwo im Internet liegen können. JAVA enthält eine ganze Reihe von Mechanismen, mit deren Hilfe Sicherheit gewährleistet werden soll. Diese Mechanismen spielen auf mehreren Ebenen zusammen:

- *Die Sprachebene*: Der JAVA-Compiler und der JAVA-Interpreter (genauer: der Bytecode-Verifier) stellen gemeinsam sicher, dass der Code „sauber" ist: Gefährliche Konstrukte wie Pointer-Arithmetik sind verboten; Typen werden zur Compilezeit und zur Laufzeit geprüft; bei Arrayzugriffen werden die Indexgrenzen geprüft; die Speicherverwaltung erfolgt automatisch; die Einhaltung von `private`, `protected`, `final` etc. wird gesichert; und so weiter.
- *Die Ausführungsebene*: Programme werden in einer sog. *Sandbox* ausgeführt. Ein flexibel gestaltbarer Security Manager überprüft die Interaktion des Programms mit dem darunterliegenden System.

- *Die Organisationsebene*: Programme können signiert werden. Dadurch lassen sich mithilfe einer *Policy-Datei* vertrauenswürdige von potenziell gefährlichen Applets unterscheiden.

27.3.1 Sandbox und Security Manager

Programme, die von der eigenen Festplatte geladen werden, haben vollen Zugriff auf alle Systemressourcen. Programme (Applets), die aus dem Netz geladen werden, müssen dagegen als potenziell gefährlich eingestuft werden. Deshalb werden sie in eine „***Sandbox***“ gesteckt, in der sie nur harmloses Spielzeug bekommen, sodass sie keinen Schaden anrichten können. Als kritisch gelten vor allem:

- Zugriffe auf lokale Dateien und Directorys;
- Öffnen von TCP/IP-Verbindungen (außer zu dem Rechner, von dem das Applet selbst kommt);
- Akzeptieren von eingehenden TCP/IP-Verbindungen;
- Öffnen von Top-Level-Fenstern ohne speziellen Hinweis;
- Erweitern lokaler Packages um eigene Klassen;
- Zugriffe auf Systemeigenschaften (`user.name`, `user.home`, `java.home` etc.)
- Manipulation der Sicherheitsumgebung.

Die mit einer schlichten Sandbox vorgenommene Aufteilung in zwei Welten – die „Guten“ und die „Bösen“ – ist allerdings viel zu grob, um praktisch wirklich von Nutzen zu sein. Deshalb verwendet JAVA in den neueren Versionen ein wesentlich filigraneres Konzept.

Schutzzonen (*Protection Domains*)

Die Klassen und Applets eines JAVA-Programms werden in *Schutzzonen* (*Protection Domains*) eingeteilt (vgl. Abbildung 27.2). Jede Klasse – egal, ob sie

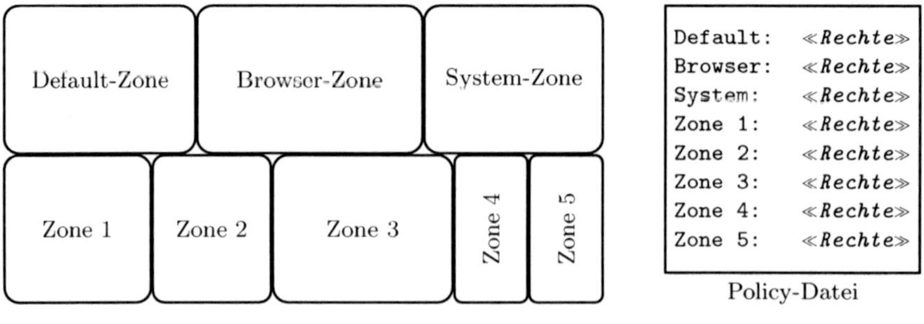

Abb. 27.2. Schutzzonen in der Sandbox (*Protection Domains*)

lokal ist oder aus dem Netz kommt – wird beim Laden in genau eine Schutzzone gesteckt. Die Schutzzonen sind charakterisiert durch

- den Ursprungsort der Klassen (Netzadresse oder Bereich im lokalen Dateisystem);
- ggf. die *Signatur* des Ursprungsortes.

In einer *Policy-Datei* werden den Schutzzonen jeweils gewisse Zugriffsrechte zugeordnet. Welche das sind, wird i. Allg. vom Systemadministrator festgelegt.

- Für die Default-Zone gilt grundsätzlich eine sehr restriktive Sicherheitspolitik; Klassen ohne Signatur oder mit nicht vertrauenswürdiger Signatur werden in diese Zone geladen.
- Die Browser-Zone hat eine spezielle Sicherheitspolitik.
- Die System-Zone enthält die JAVA-Systemklassen, die praktisch alles dürfen.
- Alle übrigen Zonen werden individuell in der Policy-Datei festgelegt.

Zur Laufzeit werden grundsätzlich alle kritischen Aktivitäten vom *Security Manager* abgefangen. Dieser ruft den *Access Controller* auf, der die Rechte mithilfe der *Policy-Datei* nachprüft.

Man kann selbst Klassen zur Definition einer eigenen Sicherheitspolitik definieren. Dazu erbt und modifiziert man die entsprechenden Sicherheitsklassen, die über die Packages verteilt sind, z. B. `java.io.FilePermission` oder `java.net.SocketPermission`.

27.3.2 Verschlüsselung und Signaturen

Zu einem Sicherheitssystem gehört nicht nur der Schutz des Systems vor gefährlichem externen Code, sondern auch die Möglichkeit, sichere Kommunikation zu gewährleisten. Das führt in das Gebiet der *Kryptographie* hinein. Eine auch nur oberflächliche Diskussion dieses Themenkreises würde den Rahmen dieses Buches sprengen. Es genüge daher der Hinweis, dass JAVA seit der Version 1.4 eine große Palette von Klassen bereitstellt (in den Packages `java.security` und `javax.security` sowie ihren Subpackages), mit denen man die wichtigsten Aufgaben relativ leicht programmieren kann, insbesondere

- symmetrische und asymmetrische Verschlüsselungsverfahren;
- digitale Unterschriften;
- Zertifikate.

Für Details verweisen wir auf die JAVA-Dokumentation und entsprechende Spezialliteratur. Einführende Informationen findet man z. B. in [37] und [19], Genaueres in [25] oder [50].

27.4 Reflection und Introspection

Bei der Entwicklung fortgeschrittener Tools stößt man als Programmierer auf die Notwendigkeit, zur Laufzeit Informationen über Klassen und Methoden zu benötigen, die normalerweise nur der Compiler während der Übersetzung verfügbar hat. Dazu gehören der Name einer Klasse oder Methode, die Art und Zahl der Parameter, die Art und Zahl der Attribute etc. Dieses Problem tritt z. B. dann auf, wenn man im eigenen Programm ein Interface benutzt und die implementierende Klasse aus dem Netz geladen wird.

Reflection

Die Möglichkeit, zur Laufzeit Informationen über das Programm abzufragen, die normalerweise nur der Compiler hat, nennt man *Reflection.*

Die beiden entscheidenden Klassen zum Realisieren der Reflection-Technik sind `Object` und `Class`.

- `Object` ist die Urklasse, von der alle anderen Klassen abstammen. Sie stellt insbesondere die Methode
  `Class getClass()`
  bereit, die die Klasse des betreffenden Objekts liefert (als ein Objekt der Klasse `Class`).
- `Class` ist eine Klasse, deren Objekte Klassen beschreiben. Beim Laden jeder Klasse wird vom System ein solches Objekt erzeugt. Die Klasse `Class` stellt Methoden bereit, mit denen man Informationen über eine Klasse erfragen kann, mit denen man Klassen dynamisch laden kann und mit denen man Objekte erzeugen kann. (Man beachte aber, dass die so erzeugten Objekte um eine Größenordnung langsamer arbeiten als statisch programmierte Objekte.)

Introspection

Eine wichtige Anwendung der Reflection-Technik ist die sog. *Introspection.* Diese wird bei *Beans* angewandt (s. Abschnitt 27.5). Da Beans meistens aus einem externen Werkzeug stammen und in das eigene Programm eingebaut werden, ist es wichtig, dass man relevante Informationen über sie erfragen kann, vor allem Attribute, Methoden und Events.

Anmerkung: Da die Beans (s. Abschnitt 27.5) kein konkretes Sprachkonstrukt darstellen, sondern ein methodisches Konzept, ist die Begrifflichkeit hier ziemlich vage. Diese Vagheit überträgt sich dann auch auf zugehörige Ideen wie die Introspection.

27.5 Java-Komponenten-Technologie: Beans

Seit Jahrzehnten träumen Software-Ingenieure einen schönen Traum: Wäre es nicht wunderbar, wenn man nicht jedes Mal alles von Grund auf neu programmieren müsste, sondern die Systeme einfach durch das Zusammenstecken vorgefertigter Teile bauen könnte?

Es gibt gute Gründe (einige davon sind psychologischer Natur) für die Vermutung, dass dieser Traum nie ganz wahr werden wird. Aber ein Stück ist man ihm schon näher gekommen. Es gibt ein aktives und prosperierendes Teilgebiet des Software-Engineering, das unter dem Stichwort *wiederverwendbare Software-Komponenten* oder auch *Komponenten-Technologie* läuft. Wir können hier nicht näher auf diese allgemeinen Konzepte eingehen, sondern beschränken uns auf JAVAs Version dieser Technologie.

Komponenten in JAVA heißen JAVA-Beans oder auch nur kurz *Beans*. Was genau sich hinter diesem Begriff verbirgt, ist leider – wie bei der ganzen Komponenten-Technologie – etwas vage.[1] Generell lassen sich Beans folgendermaßen charakterisieren:

Beans sind JAVA-Klassen, die gewissen Konventionen genügen. Zu diesen Konventionen gehören vor allem:

1. Eine Bean ist mit anderen Komponenten lose gekoppelt. Das heißt, sie muss *Event*-orientiert kommunizieren.
2. Eine Bean hat *Eigenschaften* (*Propertys*), die konfigurierbar sind. Diese Eigenschaften können zur Laufzeit von anderen Komponenten abgefragt werden (s. Punkt 3 *Introspection*).
3. Eine Bean unterstützt *Introspection* (vgl. Abschnitt 27.4).
4. Eine Bean muss *Serialization* (s. Abschnitt 21.7) unterstützen, damit Einstellungen gespeichert werden können.
5. Eine Bean muss einen parameterlosen Konstruktor besitzen (damit sie in grafischen Entwicklungsumgebungen verwendet werden kann).
6. Eine Bean sollte Thread-sicher sein.
7. Einer Bean kann (optional) ein Informationsobjekt zugeordnet werden, mit dessen Hilfe der GUI-Designer weitere Informationen abfragen kann.

Einige dieser Forderungen stammen aus dem generellen Bereich der Software-Komponenten, andere sind spezifisch für JAVA-Beans.

Einige der obigen Forderungen haben technische Konsequenzen für die Programmierung von Beans. So folgt aus den Punkten 2 und 3, dass alle Klassenattribute `private` sein müssen und dass ihre Abfrage und Setzung über `get...`- und `set...`-Methoden erfolgen müssen.

Diese Konventionen sind in der `JavaBeans`-Spezifikation von SUN formuliert. JAVA unterstützt die Programmmierung von Bean-konformen Klassen durch einige Interfaces und Klassen (z. B. `BeanInfo`), die sich in der Packagegruppe `java.beans` finden.

Man kann Beans in zwei Arten unterteilen:

- Grafische Beans. Diese sind letztlich Subklassen von `Component` und lassen sich in grafische Oberflächen einbauen. (Letztlich sind z. B. alle SWING-Komponenten Beans.)

[1] Das war aber in den Anfängen der objektorientierten Programmierung ähnlich. Ein neues Gebiet braucht immer etwas Zeit, um die grundlegenden Begriffe zu präzisieren.

- Nichtgrafische Beans. Dazu gehören vor allem die sog. *Enterprise Beans* (s. unten).

Beans werden sehr häufig im Zusammenhang mit grafischen Entwicklungswerkzeugen (*Application Builder*) benutzt, z. B. *Forte* von SUN oder *VisualAge* von IBM. Dabei kann der Software-Designer in einer grafischen Umgebung die einzelnen Beans zu einem Gesamtbild zusammenbauen, wobei er die *Propertys* über grafische Tools einfach adaptieren kann. Dabei wird typischerweise mit drei Fenstern gearbeitet (s. Abbildung 27.3). In einem Fenster kann man die

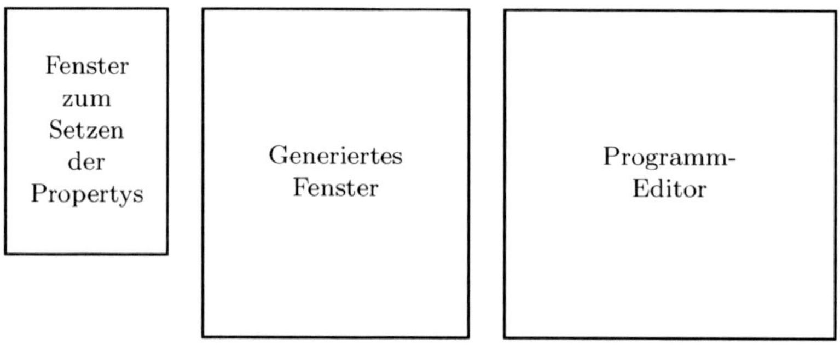

Abb. 27.3. Arbeitsumgebung bei grafischen Entwicklungswerkzeugen

Propertys der gerade bearbeiteten Bean sehen und modifizieren. (Dafür muss die Bean dem Werkzeug Introspection ermöglichen.) In einem zweiten Fenster sieht der Designer, wie das Ergebnis seiner Entwicklung aussehen wird. Das heißt, hier entsteht nach und nach ein Prototyp des endgültigen Gesamtfensters. Und in einem dritten Fenster läuft ein Editor, mit dem man den entstehenden Programmcode weiter bearbeiten kann. Denn in dem Werkzeug wird nur die grafische Gestaltung (also die AWT/SWING-Anteile des Programms) mehr oder weniger automatisiert; die eigentliche Programmlogik muss man immer noch individuell programmieren.

Anmerkung: Eine Klasse Bean-konform zu programmieren macht i. Allg. mehr Aufwand als sie normal zu programmieren, weil einiger Zusatzaufwand – z. B. für Introspection und Serialization – eingebaut werden muss. Dieser Mehraufwand amortisiert sich aber bei der Wiederverwendung. (Das ist zumindest die Hoffnung.)

Enterprise Java Beans

Neben den grafischen Beans, die für alle JAVA-Programmierer von Interesse sein können, machen seit einigen Jahren in zunehmendem Maße auch die sog. *Enterprise Java Beans* (*EJB*) Furore. Dabei handelt es sich um Komponenten, die primär für die Server-Programmierung eingesetzt werden. Das entspricht dem Trend, immer mehr Funktionalität weg vom Client und hin zum Server zu verlagern.

Typischerweise werden mit der EJB-Architektur Anwendungen programmiert, die Geschäftslogik mit Datenbanken verbinden und das Ganze über Web-Portale zugreifbar machen. Daher spielen hier Servlets und JSPs (vgl. Abschnitt 27.2) eine große Rolle.

Die EJB-Architektur steht in Konkurrenz zu anderen Techniken und Produkten auf dem Markt, u. a. COM/.Net von Microsoft und CORBA.

Weitere Details zu EJB gehen über den Rahmen dieses Buches weit hinaus. Einen ersten Einstieg liefert [46].

27.6 Java und Datenbanken: JDBC

In Geschäftsanwendungen spielen *Datenbanken* eine zentrale Rolle. Deshalb muss eine Sprache wie JAVA dem Programmierer natürlich auch eine akzeptable Möglichkeit bieten, den Anschluss an Datenbanken herzustellen.

Deshalb gibt es in JAVA das *JDBC* (*Java Database Connectivity*), mit dem die vielen auf dem Markt verfügbaren *SQL*-artigen Datenbanksysteme angebunden werden können.

JDBC stellt eine Schnittstelle dar, in der SQL-Befehle in JAVA als Strings bearbeitet werden. Dazu kommen Methoden, mit denen man eine Verbindung zur Datenbank herstellen kann, sowie Methoden zur Konvertierung der verschiedenen Datentypen, zum Anlegen und Füllen von Tabellen usw. Die entsprechenden Klassen sind in der Packagegruppe `java.sql` enthalten.

Einführende Informationen zu JDBC findet man z. B. in [37, 46]; Genaueres steht in [17, 62]

27.7 Direktzugang zum Rechner: Von JNI bis Realzeit

JAVA ist weitgehend plattformunabhängig, auch wenn das Verkaufs-Schlagwort vom *write once run anywhere* in dieser Absolutheit nicht ganz gilt. Diese Unabhängigkeit von der jeweiligen Hardware und auch vom jeweiligen Betriebssystem erreicht JAVA dadurch, dass bei der Ausführung eine *Virtuelle Maschine*, die sog. *JVM*, zwischengeschaltet wird (s. Abbildung 27.4). Aber dadurch entstehen auch Probleme, die durch entsprechende Programmierhilfen wenigstens partiell überbrückt werden müssen.

27.7.1 Die Java Virtual Machine (JVM)

Das JAVA-System basiert auf der *JVM* (*Java Virtual Machine*). Abbildung 27.4 zeigt die Rolle der JVM als Mittler zwischen Hardware/Betriebssytem auf der einen Seite und der Applikation auf der anderen Seite.

Die JVM interpretiert den sog. *Bytecode*, der vom Compiler erzeugt wurde. Damit entsteht das Problem, dass man auf die Elemente der realen Maschine

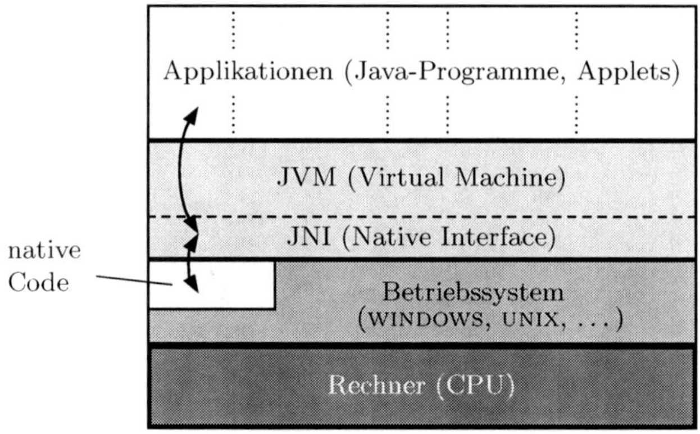

Abb. 27.4. JVM und JNI

und des Betriebssytems nicht mehr ohne Weiteres zugreifen kann. In den berühmten „99,9%“ aller Programmieraufgaben ist das auch nicht nötig. Aber wenn es denn doch sein muss, gibt JAVA wenigstens rudimentäre Unterstützung. Darauf gehen wir im Folgenden ein.

Eine detaillierte Beschreibung der JVM findet sich z. B. in [45].

27.7.2 Das Java Native Interface (JNI)

Wenn eine JAVA-Applikation – aus welchen Gründen auch immer – direkten Zugriff auf Ressourcen des Betriebssystems oder der Hardware braucht, dann kommt das *JNI* (*Java Native Interface*) ins Spiel. Dazu muss der Programmierer eine ganze Reihe von Dingen tun:

1. Die gewünschte Methode wird im JAVA-Programm durch das Schlüsselwort `native` gekennzeichnet. Sie wird ohne Rumpf geschrieben (ähnlich wie in Interfaces). Beispiel:
   ```
   native int getExponent ( double x );
   static {
     System.loadLibrary("MathExtensions");
   }
   ```
   So könnte z. B. eine Funktion aussehen, mit der wir den Exponenten einer Gleitpunktzahl ermitteln wollen.
   Im statischen Initialisierungsteil der Klasse wird die Bibliothek geladen, die den (von uns programmierten) Code der nativen Methode enthält. In unserem Beispiel heißt diese Bibliothek `MathExtensions`.
2. Dann muss die Klasse mit dem JAVA-Tool `javah` compiliert werden. Als Ergebnis entsteht eine Header-Datei für C oder C^{++}. (Dabei werden den JAVA-Namen nach gewissen Konventionen passende C-Namen zugeordnet.)
3. Dann muss ein C- oder C^{++}-Programm geschrieben werden, das die Operation implementiert. Dieses Programm muss die generierte Header-Datei importieren und zu einer Shared Library compiliert werden.

Wie man sieht, ist das ein relatives aufwendiges und fehleranfälliges Verfahren, auf das man nur im äußersten Notfall zurückgreifen sollte. Dazu kommt, dass noch viele Konventionen beachtet werden müssen; diese betreffen z. B.

- Namenskonventionen;
- Transformationen zwischen JAVA-Datentypen und C-Datentypen;
- Zugriff auf JAVA-Methoden aus dem nativen Code heraus;
- Zugriff auf Arrays, Strings, Objekte;
- Verträglichkeit mit dem JAVA Garbace-Collector.

Details zu JNI findet man z. B. in [26, 43].

27.7.3 Externe Prozesse starten

Es gibt noch eine weitere Art der direkten Interaktion mit dem zugrunde liegenden Betriebssystem, die viel harmloser ist als die Verwendung von nativem Code: In manchen Anwendungen ist es notwenig, vom JAVA-Programm aus einen *externen Prozess* im Betriebssystem zu starten.

Für diese Aufgabe enthält das Paket `java.lang` die beiden Klassen `Process` und `Runtime`.

- Die Klasse `Runtime` enthält u. a. eine Methode `exec()`, mit der externe Prozesse gestartet werden können.
- Die Klasse `Process` enthält u. a. Methoden, um mit dem externen Prozess über Ströme zu kommunizieren (analog zur Kommunikation bei Sockets).

Man beachte aber, dass durch die Verwendung dieser Technik das Programm leicht seine Portabilität auf andere Betriebssysteme verlieren kann!

27.7.4 Java und Realzeit

JAVA findet immer mehr Einzug in Kleingeräte wie Mobiltelefone, PDAs und Smartcards, nicht zuletzt durch die Einführung der Version Java 2 Micro Edition (J2ME). Allerdings gibt es noch einen Bereich, in dem JAVA Probleme hat: Für sog. *harte Realzeitanwendungen* (wie z. B. elektronische Motorsteuerung, Antiblockiersysteme etc.) ist JAVA zu langsam und in seinem Zeitverhalten zu unvorhersagbar.

Es gibt aber unter dem Stichwort *Real-Time Specification for Java* (*RTSJ*) eine weit gediehene Aktivität, JAVA realzeitfähig zu machen. Dazu sind aber eine Reihe von Maßnahmen nötig, z. B.

- Der Garbage Collector muss abschaltbar sein. Die RTSJ sieht sogar vier Arten von Speicher vor, die unterschiedliche Geschwindigkeitsprofile haben.
- Vererbung und Exceptions sind kritisch und sollten vermieden werden.

- Mehrdimensionale Arrays sind zu langsam. Das gilt auch für viele der Bibliotheksstrukturen wie z. B. `Vector`.
- Die Parallelität und die Synchronisation mit Threads ist viel zu grob. Hier müssen wesentlich ausgefeiltere Techniken benutzt werden. (JAVA 1.5 enthält bereits einige der nötigen Erweiterungen.)
- Neben der synchronen Ereignisbehandlung müssen auch asynchrone Mechanismen verfügbar sein.

Für generelle Anfordungen an Realzeitsysteme verweisen wir auf [30]. Genaueres über die RTSJ erfährt man in [8].

A

Anhang: Praktische Hinweise

Dieser Anhang liefert einige technische Hinweise zum praktischen Arbeiten mit JAVA. Allerdings beschränken diese sich auf das notwendige Minimum, denn mehr ist in einem Einführungsbuch nicht zu leisten. Genauere Informationen finden sich in der JAVA-Dokumentation und in Büchern wie z. B. [37, 46, 68].

Eine grundlegende Vertrautheit mit dem Betriebssystem wird vorausgesetzt. Die Beispiele orientieren sich vorwiegend an WINDOWS XP. Die Übertragung auf UNIX/LINUX sollte nicht schwer fallen, insbesondere weil UNIX-Nutzer i. Allg. eine etwas größere Vertrautheit mit ihrem Betriebssystem haben.

Zu diesem Buch gibt es *Materialien*, auf die wir in Abschnitt A.10 genauer eingehen. Sie sind über die folgende Webseite zu erhalten:

`http://www.uebb.cs.tu-berlin.de/books/java`

Diese Seite kann auch von der Homepage des Lehrstuhls an der TU Berlin `http://www.uebb.cs.tu-berlin.de` über die entsprechenden Links erreicht werden.

A.1 Java beschaffen

Oft befindet sich JAVA schon auf dem Rechner, oder man hat eine CD mit einem JAVA-System. Falls nicht, kann man sich JAVA vom Internet herunterladen. *Vorsicht! Die Downloads sind sehr groß. Man braucht eine schnelle Verbindung und viel Zeit, um alles zu holen.* Ein guter Ausgangspunkt ist die JAVA-Seite der Firma Sun selbst:

`http://developers.sun.com/downloads/`

Dort sieht man, dass JAVA in mehreren Varianten verfügbar ist. Uns interessiert die sog.

Java SE.

Hier werden mehrere Dinge zur Auswahl angeboten. Zum Zeitpunkt, in dem diese Zeilen geschrieben werden (Juni 2007), ist der folgende Link interessant:

- **Java SE (JDK) 6**. Dies ist das aktuelle Release der Version JAVA 6.

Wir gehen im Folgenden vom Download der neuen Version 6 aus. Beim Anklicken der Download-Seite erhält man folgende Angebote:

- **JDK 6u...**: Das ist das aktuelle Release des *Java Development Kit*, mit dem man neue JAVA-Programme *schreiben* kann.
- **JRE 6u...**: Das ist das aktuelle Release des *Java Runtime Environment*, mit dem man existierende JAVA-Programme *ausführen* kann. Das JRE ist im JDK enthalten.
- **Java SE 6 Documentation**: Das ist die begleitende Dokumentation.

Da wir programmieren wollen, brauchen wir das JDK und die Dokumentation. (Das JRE ist dann mit enthalten.)

Wenn man auf die entsprechenden Download-Seiten geht, werden Versionen für WINDOWS, LINUX, SOLARIS etc. angeboten, aus denen man die gewünschte auswählen muss.

Online-Dokumentation

Wenn man die Dokumentation zu JAVA nicht herunterladen und lokal speichern will, kann man sie auch online im Internet lesen. Die entsprechenden Seiten findet man über `http://java.sun.com/javase/6/docs/`.

Besonders hilfreich beim Programmieren ist die sog. *API Spezification*. Sie enthält die Beschreibung aller Klassen. Man findet sie auf den Seiten `http://java.sun.com/javase/6/docs/api/index.html` Diese Seiten erreicht man auch von der Hauptseite der Dokumentation über das Anklicken der entsprechenden Links.

A.2 Java installieren

Der Download liefert bei WINDOWS eine `.exe`-Datei, bei LINUX eine `.bin`-Datei. Diese muss man nach dem Download ausführen. Wir betrachten wieder die WINDOWS-Variante.

Die Ausführung der `.exe`-Datei bewirkt einen weitgehend automatischen Ablauf der Installation. Man hat nur zwei Entscheidungen zu treffen: Die erste betrifft die Frage, ob man das Runtime Environment JRE allgemein zugänglich machen will (dringend empfohlen), die zweite betrifft den Ort, an dem man das JDK-System speichern will. Für das Weitere gehen wir davon aus, dass wir das System in folgenden Ordner speichern:

`E:\Programme\Java\jdk6` (Ordner für das JDK-System)

Obwohl die Installation unter WINDOWS XP alle wesentlichen Setzungen in der Registry vornimmt, empfiehlt es sich doch, die ***Pfadvariable*** zu setzen. (Das gilt vor allem bei älteren WINDOWS-Systemen.) Man erhält sie in WINDOWS XP durch die Wahl `Start` → `Systemsteuerung` →

System → Erweitert → Umgebungsvariablen. Dort klickt man auf Path und Bearbeiten. Der bisherige Eintrag sollte mit einem ';' enden. Man verlängert ihn um den Ort des JDK-Systems, in unserem Beispiel also folgendermaßen:

```
≪vorhandener Eintrag≫;E:\Programme\Java\jdk6\bin;
```

Man beachte, dass am Ende der Ordner bin angegeben sein muss.

Jetzt kann man einen ersten Test machen. Wenn man in der Shell (in WINDOWS „Eingabeaufforderung" genannt) eintippt

```
java -version
```

dann sollte das System eine Antwort geben, die ungefähr so aussieht:

```
java version "1.6.0-01"
Java(TM) SE Runtime Environment (build 1.6.0-beta2-1-b06)
Java HotSpot(TM) Client VM (build 1.6.0-01-b06, mixed mode, sharing)
```

Dokumentation installieren

Die Dokumentation wurde als komprimierte .zip-Datei heruntergeladen und muss noch ausgepackt werden. Am besten speichert man sie an die gleiche Stelle, an der auch das JDK steht, bei uns E:\Programme\Java\jdk6.

Zum Auspacken kann man jedes unzip-Tool verwenden, insbesondere auch das soeben mit dem JDK installierte Tool jar (s. Abschnitt A.6). Dazu geht man (in unserem Beispiel) in das Directory E:\Programme\Java\jdk6 und führt den folgenden Befehl aus:

```
jar xf ≪Name der zip-Datei≫
```

Dabei muss man den gesamten Pfad der heruntergeladenen Dokumentationsdatei angeben.

Aufräumen

Nachdem das JDK-System und die Dokumentation erfolgreich installiert sind, kann man die heruntergeladenen Dateien löschen, um Platz auf der Platte zu sparen.

A.3 Java-Programme übersetzen (javac)

Wir hatten in Kapitel 4 bereits die einfachste Form beschrieben, in der man JAVA-Programme übersetzen kann. Bei größeren Programmen sollte man etwas mehr Aufwand treiben. Zur Illustration wählen wir das Programm 4.2 zum Zeichnen der olympischen Ringe.[1] Dabei gehen wir davon

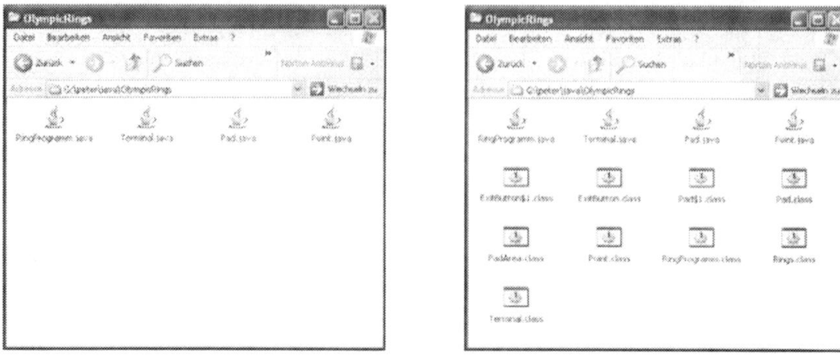

Abb. A.1. Directory vor und nach der Übersetzung

aus, dass die drei Hilfsklassen `Terminal`, `Pad` und `Point` ebenfalls mit übersetzt werden müssen. Die Ausgangssituation ist im linken Bild der Abbildung A.1 skizziert. (In unserem Beispiel sind alle Dateien in dem Directory `G:\peter\java\OlympicRings` enthalten.) Mit dem Befehl

```
javac RingProgramm.java
```

wird der Zustand auf der rechten Seite von Abbildung A.1 erzeugt. Wie man sieht, enthalten die `.java`-Dateien teilweise mehr als eine Klasse, sodass insgesamt neun `.class`-Dateien entstehen.

A.3.1 Verwendung von zusätzlichen Directorys

Wie die rechte Seite von Abbildung A.1 schon andeutet, wird die Situation völlig unübersichtlich, wenn man Programme mit Dutzenden oder Hunderten von Klassen hat. Deshalb muss man weitere Directorys einführen. Wir betrachten zunächst zwei Möglichkeiten, die sich teilweise ergänzen.

Abb. A.2. Verwendung von Hilfsdirectorys

[1] Die Illustrationen beziehen sich auf eine ältere Version von `Pad`, die weniger Hilfsklassen enthielt und daher zu überschaubareren Bilder führte.

- Die drei Hilfsdateien `Terminal.java`, `Pad.java` und `Point.java` werden in einem eigenen Directory `G:\peter\java\tpp` gespeichert (vgl. das linke Bild in Abbildung A.2). Das ist vernünftig, weil wir sie vermutlich auch in anderen Programmen brauchen werden.
- Die `.class`-Dateien werden in ein eigenes Unterdirectory `classes` geschrieben. Dieses müssen wir in unserem Directory `OlympicRings` erzeugen (vgl. das rechte Bild in Abbildung A.2).

In dieser Situation muss der Compiler mit folgendem Befehl aufgerufen werden (wenn er in dem Directory `G:\peter\java\OlympicRings` gestartet wird):

```
javac -sourcepath ..\tpp -d classes RingProgramm.java
```

Wir verwenden hier zwei Optionen des `javac`-Kommandos:

- `-sourcepath` gibt den Ort an, an dem nach weiteren Eingabedateien gesucht werden soll.
- `-d` gibt das Directory an, in das die erzeugten `.class`-Dateien gespeichert werden sollen.

Die betreffenden Directorys kann man durch einen festen Pfad oder – wie in unserem Beispiel – relativ zum aktuellen Arbeitsdirectory angeben.

Als Effekt dieses Compileraufrufs bleibt die Situation von Abbildung A.2 äußerlich unverändert. Die einzige Änderung ist im Ordner `classes` verborgen: Dort stehen jetzt die generierten `.class`-Dateien.

A.3.2 Verwendung des Classpath

Die drei Hilfsklassen `Terminal`, `Pad` und `Point` werden in vielen Programmen gebraucht. Deshalb bietet sich an, sie ein für allemal zu übersetzen. Dazu generieren wir auch im Ordner `tpp` einen Unterordner `tpp\classes` und übersetzen die drei Dateien mit der entsprechenden `-d`-Option.

Wenn wir jetzt unser `RingProgramm` übersetzen wollen, brauchen wir keinen `sourcepath` zu den Hilfsdateien mehr, denn diese sind schon übersetzt. Dafür muss der Compiler aber wissen, wo die zugehörigen `.class`-Dateien zu finden sind.

- `-classpath` gibt den Ort an, an dem nach `.class`-Dateien gesucht werden soll.

Damit heißt das Übersetzungskommando jetzt:

```
javac -classpath ..\tpp\classes -d classes RingProgramm.java
```

Tipparbeit sparen

Der Aufruf des Übersetzers ist jetzt deutlich länger geworden, vor allem, weil bei größeren Programmen die `classpath`-Angabe viele Directorys umfassen kann (s. nächster Abschnitt). Um diese wiederholte längliche Tipparbeit zu sparen gibt es zwei Möglichkeiten:

- Man kann die Kommandozeile in eine `.bat`-Datei schreiben. Dann genügt die Angabe dieser Datei bzw. ein doppeltes Anklicken, um den Befehl auszuführen.
- Man kann im Betriebssystem die Umgebungsvariable `CLASSPATH` einführen und als Wert den Classpath (vollständig) angeben, in unserem Beispiel also `G:\peter\java\tpp\classes`.
  Die dort gespeicherten Dateien stehen dann bei *allen* Aufrufen von `javac` und `java` zur Verfügung. Deshalb sollte man dieses Vorgehen auf solche Klassen beschränken, die in vielen Programmen gebraucht werden.
  Das Erzeugen und Setzen der `CLASSPATH`-Variablen erfolgt analog zum oben beschriebenen Setzen der `PATH`-Variablen.

A.3.3 Konflikte zwischen Java 1.4 und Java 5/Java 6

Was geschieht eigentlich bei den Unverträglichkeiten zwischen JAVA *1.4 und* JAVA *5 oder* JAVA *6?* Nehmen wir an, wir haben JAVA 6 installiert und wollen jetzt ein altes Programm `SomeOldProgram` übersetzen. Weil es ein altes Programm ist, benutzt es JAVA-Klassen wie z. B. `LinkedList` in der alten, nicht-generischen Form. Die Bibliotheken von JAVA 6 enthalten aber die neuen, generischen Klassen. Es gibt mehrere Möglichkeiten:

1. Man compiliert ganz normal mit
   `javac SomeOldProgram.java`
   Dann bekommt man eine Warnung, dass „unchecked operations“ benutzt werden. Ansonsten geht die Übersetzung aber normal durch. Details der Konflikte erhält man mit der Option
   `javac -Xlint:unchecked SomeOldProgram.java`
2. Man kann JAVA in der alten Version 1.4 aufrufen (obwohl man tatsächlich mit der Version 6 arbeitet). Der Aufruf muss dann lauten
   `javac -source 1.4 SomeOldProgram.java`
   Dann gibt es keine Warnungen mehr. Allerdings dürfen dann auch keine Features von JAVA 6 im Programm enthalten sein.

A.4 Java-Programme ausführen (`java` und `javaw`)

Das Ausführen von übersetzten Programmen erfolgt mit dem Kommando `java`. Wir zeigen hier gleich die komplexere Version, die auf eine Organisation mit mehreren Directorys Rücksicht nimmt. In der oben beschriebenen Situation erfolgt der Aufruf des Programms in der Form

```
java -classpath classes;..\tpp\classes RingProgramm
```

Weil die `.class`-Dateien jetzt auf mehrere Directorys verteilt sind, müssen wir sie alle in der `-classpath`-Option angeben. In unserem Beispiel handelt es sich um zwei Directorys, die wir im Classpath getrennt durch ein '`;`' auflisten. (In LINUX muss man als Trennsymbol einen Doppelpunkt '`:`' nehmen.)

Auch die `CLASSPATH`-Variable im Betriebssystem kann eine solche Liste von Directorys enthalten.

Starten durch Anklicken

WINDOWS-Nutzer sind es gewohnt, Programme dadurch zu starten, dass man auf das entsprechende Dateisymbol klickt. JAVA-Programme werden gestartet, indem man eine Shell öffnet (was schon schwer genug ist) und dann das `java`-Kommando mit allen Angaben eintippt.

Es gibt drei Möglichkeiten, um das WINDOWS-adäquate Verhalten *Click-to-run* zu erzielen.

- Man kann eine `.bat`-Datei erzeugen, in die man das entsprechende `java`-Kommando speichert.
- Man kann ein ausführbares `.jar`-Archiv einführen. Darauf gehen wir gleich in Abschnitt A.6 näher ein.
- Man kann eine Verknüpfung erzeugen, die das Programm startet. Dazu klickt man in dem entsprechenden Folder (bei uns `OlympicRings`) mit der rechten Maustaste und wählt `neu` → `Verknüpfung`. In dem folgenden Dialog gibt man als Ziel das obige `java`-Kommando ein, allerdings mit den vollen Pfaden.

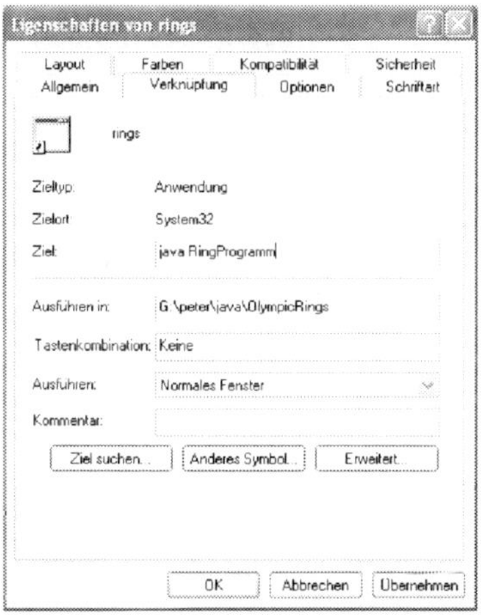

Abb. A.3. Einstellungen der Verknüpfung (vereinfachte Version)

Auf das so entstehende Symbol klickt man nochmals mit der rechten Maustaste und wählt `Eigenschaften` (vgl. Abbildung A.3, die sich allerdings auf die ursprüngliche Situation bezieht, bei der alle `.class`-Dateien im Directory `RingProgramm` liegen). In der Rubrik `Ausführen in` kann man ein Directory angeben, in dem das Programm laufen soll.

Das Verknüpfungssymbol kann man übrigens an beliebige Stelle kopieren, z. B. den Desktop. Es wird immer das gewünschte Programm in dem angegebenen Directory ausgeführt.

Ausführen mit `javaw`

Es gibt Programme, die keine Standardeingabe oder -ausgabe machen. (Bei uns heißt das insbesondere, dass sie ohne `Terminal` auskommen). Diese Programme arbeiten nur mit GUIs. Trotzdem wird bei dem Kommando `java` immer eine Shell erzeugt, auch wenn wir eine der Versionen zum Anklicken verwenden.

Das kann man vermeiden, indem man anstelle des Kommandos `java` die Variante `javaw` benutzt. Ansonsten bleiben alle Angaben unverändert.

A.5 Directorys, Classpath und Packages

Wir hatten in Kapitel 14 die Organisation von Klassen und Interfaces in Packages diskutiert und dabei gesehen, dass die Namensgebung der Packages auf subtile Weise mit den Directory-Pfaden im Betriebssystem verbunden ist. Das hat natürlich Auswirkungen auf die Optionen `-sourcepath`, `-classpath` und `-d`. Wir illustrieren das, indem wir unser Beispiel – zugegebenermaßen etwas artifiziell – aufblähen. Wir führen zwei Packages ein:

- Die Klasse `Terminal` wird in ein Package `tools.terminal` gesteckt. Wie in Kapitel 14 diskutiert, muss dazu die Datei `Terminal.java` als erste Zeile die Anweisung
  ```
  package tools.terminal;
  ```
  enthalten.
- Die beiden Klassen `Pad` und `Point` werden in ein Package `tools.pad` gesteckt.
  Vorsicht! In der Datei `Pad.java` muss in diesem speziellen Fall die Import-Anweisung `import tools.pad.Point;` *eingefügt werden. Sonst nimmt der Compiler die vordefinierte Klasse `Point` aus dem Package `java.awt`!*

Jetzt compilieren wir im Directory `tpp` die drei Hilfsdateien mit den Kommandos

```
javac -d classes Terminal.java
javac -d classes Point.java
javac -d classes Pad.java
```

Als Ergebnis entsteht im Directory `tpp\classes` ein Unterdirectory `tools`. Dieses hat wiederum zwei Unterdirectorys `pad` und `terminal`, in denen die entsprechenden `.class`-Dateien stehen.

Jetzt müssen wir die Datei `RingProgramm.java` entsprechend anpassen:

```
import tools.terminal.*;
import tools.pad.*;
...
```

(Datei RingProgramm.java)

Dann übersetzen wir diese Datei wie üblich:

```
javac -d classes -classpath ..\tpp\classes RingProgramm.java
```

Nach der Übersetzung kann das Programm mit dem folgenden Kommando ausgeführt werden:

```
java -classpath classes;..\tpp\classes RingProgramm
```

Man beachte, dass nur die beiden `classes`-Directorys angegeben werden. Die Unterdirectorys `tools\terminal` und `tools\pad` findet JAVA aufgrund der `import`-Anweisungen selbst.

A.6 Java-Archive verwenden (`jar`)

Größere JAVA-Programme können leicht zu Hunderten von Klassen führen. Diese Menge zu verwalten ist eine nichttriviale Aufgabe. Deshalb wird mit dem JAVA-System auch ein Archivierungswerkzeug mitgeliefert. Es ist an dem UNIX-Tool `tar` angelehnt und heißt deshalb `jar`.

Mithilfe von `jar` können mehrere Dateien und sogar ganze Unterverzeichnisse in einer einzigen Archivdatei zusammengefasst werden. Das beschleunigt insbesondere den Zugriff aus dem Internet erheblich, weil nur einmal eine Verbindung aufgebaut werden muss. Außerdem ist die Archivdatei mit dem weit verbreiteten `zip`-Verfahren komprimiert, sodass sie auch mit den entsprechenden Werkzeugen gelesen werden kann.

In dem Archiv können auch noch weitere Dateien gespeichert werden, die im Programm gebraucht werden, z. B. Bilder, Videos oder Initialisierungsdateien.

Ausführbare `jar`-Dateien.

Neben der kompakten Verwaltung ganzer Programmsysteme bieten `jar`-Archive noch eine weitere Möglichkeit, die für uns interessant ist. Wenn man eine geeignete *Manifest-Datei* hinzufügt, dann kann das Programm unter WINDOWS durch Anklicken der Archivdatei gestartet werden. (Das funktioniert allerdings nur mit Programmen, die nicht mit der Standardein-/ausgabe arbeiten. Das heißt bei uns: Die Programme dürfen `Terminal` nicht benutzen.)

Wir gehen zuerst von der ganz einfachen Situation in Abbildung A.1 auf Seite 554 aus. Um in dieser Situation ein *ausführbares* `jar`-Archiv zu erzeugen, brauchen wir zwei Schritte:

1. Als Erstes generieren wir eine *Manifest-Datei*. Das ist eine Textdatei mit einem beliebigen Namen; als Konvention wird als Suffix üblicherweise `.mf`

genommen. Wir nennen diese Textdatei in unserem Beispiel `manifest.mf`. In diese Datei schreiben wir genau eine Zeile (gefolgt von einer Leerzeile!)

```
Main-Class: RingProgramm

```

(Manifest-Datei)

Damit weiß JAVA, in welcher Klasse die Methode `main` zu suchen ist.

2. Jetzt rufen wir das `jar`-Programm auf (das mit dem JDK-System mitgeliefert und installiert wurde). Im folgenden Beispiel gehen wir davon aus, dass der Aufruf in dem entsprechenden Directory erfolgt; ansonsten müssten die jeweiligen Pfadnamen mit angegeben werden.

   ```
   jar cfmv rings.jar manifest.mf *.class
   ```

   Dieser Aufruf ist folgendermaßen zu lesen:
   - Zuerst kommen die Optionen `cfmv` (wobei die Reihenfolge wichtig ist). `c`: Kreiere Archiv. `f`: Zuerst kommt die Archivdatei. `m`: Dann kommt die Manifest-Datei. `v`: *verbose*.
   - Dann kommt der Name, den die Archivdatei erhalten soll, in unserem Fall `rings.jar`.
   - Dann kommt die Manifest-Datei, in unserem Fall `manifest.mf`.
   - Danach kommen alle Dateien, die ins Archiv aufgenommen werden sollen. In unserem Beispiel können wir mit der Wildcard-Notation alle `.class`-Dateien angeben.

   Als Ergebnis entsteht in dem Directory eine Datei namens `rings.jar`. Diese Datei erlaubt in der WINDOWS-üblichen Weise durch einen Doppelklick das Programm zu starten.

`jar`-Dateien und Packages

Wenn man `jar`-Dateien zusammen mit Packages benutzen will, dann muss man darauf achten, dass sich alle entsprechenden Dateien und Ordner im gleichen Directory befinden. In unserer obigen Variante mit den Packages `tools.terminal` und `tools.pad` muss das Directory `OlympicRings\classes` so aussehen wie links in Abbildung A.4 gezeigt. Wir müssen also insbesondere den Ordner `tools` hierher kopieren.

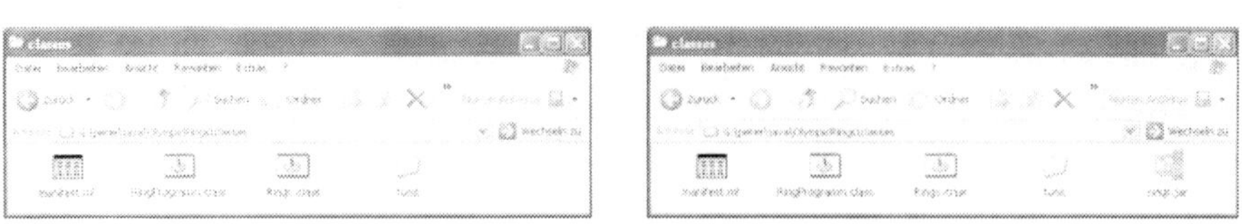

Abb. A.4. Packages und `jar`-Dateien

Nach Aufruf des `jar`-Kommandos (im Directory `OlympicRings\classes`!)

```
jar cfmv rings.jar manifest.mf *.class tools
```

entsteht im selben Directory die Datei `rings.jar`. Sie kann überallhin kopiert werden und startet beim Anklicken das Programm.

Weitere Informationen zu jar-Dateien

Das `jar`-Programm hat noch weitere Optionen; z. B. kann man Dateien extrahieren und Dateien hinzufügen. Auch für die Manifest-Datei gibt es i. Allg. noch viele weitere Einträge, insbesondere, wenn sie im Zusammenhang mit Beans verwendet wird. Aber auf diese Erweiterungen können wir hier nicht näher eingehen. Etwas mehr Informationen finden sich z. B. in [37, 68] und vor allem in der JAVA-Dokumentation.

In dem Package `java.util.jar` stellt JAVA eine Reihe von Klassen bereit, mit denen `jar`-Dateien aus JAVA-Programmen heraus verarbeitet werden können.

Auf eine weitere Nutzungsmöglichkeit von `jar`-Dateien gehen wir in Abschnitt A.9 ein.

A.7 Dokumentation generieren mit javadoc

Wir haben in diesem Buch die Dokumentation darauf beschränkt, Kommentare in die Programme hineinzuschreiben.[2] JAVA unterstützt das Erstellen von fortschrittlicher Dokumentation durch das Werkzeug `javadoc`. Es generiert HTML-Dateien der Art, wie man sie in der JAVA-Dokumentation selbst in der API-Beschreibung findet (z. B. in unserer obigen Beispielinstallation an der Stelle `E:\Programme\Java\jdk6\docs\api\index.html` oder auf der Web-Seite `http://java.sun.com/javase/6/docs/api/index.html`. Das heißt, es werden eine Reihe von HTML-Dateien erzeugt, deren Wurzel die Datei `index.html` ist.

Voraussetzung dazu ist, dass man eine besondere Form von Kommentaren schreibt. Wir illustrieren das in Programm A.1, das einen Ausschnitt aus der Implementierung der Klasse `Terminal` zeigt. Wie man hier erkennen kann, werden die `javadoc`-Kommentare in die Zeichen `/** ... */` eingeschlossen. Am Anfang jeder Zeile darf ein '*' stehen; er wird ignoriert. Ansonsten wird der Text in geeigneter Form in die HTML-Dokumentation eingebaut.

Die `javadoc`-Kommentare müssen jeweils der Klasse, Variablen oder Methode, die sie beschreiben, *unmittelbar vorausgehen.*

`javadoc`-Kommentare kennen eine Reihe von Tags, die eine besondere Bedeutung haben. Diese Tags beginnen mit dem Zeichen '`@`'. Die wichtigsten sind

[2] Genau genommen ist diese Aussage zu schwach. Denn in einem Buch ist jedes Programm eingebettet in eine Fülle von erläuterndem Text. Das ist viel mehr Dokumentation als man in praktischer Software findet.

Programm A.1 Dokumentation von `Terminal`

```
/** Diese Klasse stellt einige einfache Methoden zur Ein- und
* Ausgabe auf einem Terminal zur Verf&uuml;gung.
*     @author  P. Pepper und Gruppe
*     @version 1.1
*/
public class Terminal {
     ...
   /** Gibt eine Zeichenkette aus und erwartet die Eingabe einer
   * Gleitpunktzahl doppelter Genauigkeit (64 Bit).
   * @param prompt  die auszugebende Zeichenkette.
   * @return die eingegebene Gleitpunktzahl.
   */
   public static double askDouble (String prompt) {
        print(prompt);
        return readDouble();
   }
   ...
}//end of Terminal
```

- `@author`. Hier kann man die Autoren angeben (verlangt die Option `-author` in `javadoc`).
- `@version`. Hier kann man die aktuelle Version der Klasse angeben (verlangt die Option `-version` in `javadoc`).
- `@since`. Gibt die Version an, seit der das Feature existiert.
- `@see`. Erlaubt einen Querverweis auf eine andere Klasse oder Methode, z. B. `@see java.awt.Button`.
- `@param`. Beschreibt einen Parameter einer Methode.
- `@return`. Beschreibt den Rückgabewert einer Methode.
- `@exception`. Zeigt an, das die entsprechende Exception ausgelöst werden kann.
- `@throws`. Analog zum `@exception`-Tag.

Das Programm `javadoc` erzeugt HTML-Dateien. Deshalb können in den Kommentartexten auch HTML-Tags verwendet werden. Ein Beispiel findet sich in Programm A.1 in der zweiten Zeile: Das Wort „`Verfügung`" enthält die HTML-Darstellung „`ü`" des Buchstabens „ü" – allerdings nur zur Illustration, denn `javadoc` beherrscht Umlaute. (Wir können hier nicht näher auf HTML eingehen; eine Anleitung findet sich z. B. in [65].)

Der Aufruf von `javadoc` erfolgt in einer der beiden Formen:

```
javadoc [Optionen] «Datei»
javadoc [Optionen] «Package»
```

Ein typisches Beispiel ist `javadoc -author *.java`.

Wie auch beim Compileraufruf `javac` kann mit der Option `-d` das Zielverzeichnis angegeben werden, in das die Dokumentation gespeichert werden soll. Analoges gilt für `-classpath` und `-sourcepath`.

In der Option `-link` kann man den Ort angeben, auf dem die lokale Dokumentation liegt. In unserer Beispielinstallation wäre das

```
-link file///E:/Programme/Java/jdk1.5.0/docs/api/
```

Damit kann man dann z. B. mit dem Tag `@see java.awt.Button` auf die Dokumentation des JAVA-API verweisen. Es kann mehrere `-link`-Optionen geben.

A.8 Weitere Werkzeuge

Das JAVA-System enthält noch eine Reihe weiterer nützlicher Werkzeuge, auf die wir hier nicht näher eingehen können. Eine Beschreibung steht z. B. in [19]. Die wichtigsten sind:

- `javap`. Der JAVA-Disassembler, mit dessen Hilfe der Bytecode in eine für Menschen lesbare Form gebracht wird.
- `jdb`. Der Java-Debugger, mit dessen Hilfe man Programme testen kann.
- `appletviewer`. Ein Werkzeug zum Betrachten von Applets (ohne die vorherige Einbettung in HTML-Dateien).
- `javakey`. Ein Werkzeug zur Verwaltung von Schlüsseln und digitalen Signaturen.
- `keytool`. Ein Werkzeug zur Verwaltung von Schlüsseln und Zertifikaten.
- `jarsigner`. Ein Werkzeug zum Hinzufügen und Prüfen von `jar`-Signaturen.
- `policytool`. Ein Werkzeug zur Erzeugung und Pflege von Policy-Dateien für den Security-Manager.

A.9 Die Klassen `Terminal` und `Pad` dieses Buches

Wie mehrfach erwähnt, wurden für das Buch die zwei Klassen `Terminal` und `Pad` vordefiniert. Die Definitionen dieser Klassen können von der Web-Seite

`http://www.uebb.cs.tu-berlin.de/books/java/klassen/`

heruntergeladen werden. Dort finden sich auch Hinweise zum Installieren der Dateien. Im Wesentlichen gibt es folgende Techniken zum Verwenden dieser Dateien (wie in den vorangegangenen Abschnitten bereits generell diskutiert):

- Man kann die `.java`-Quelldateien in den Ordner kopieren, in dem das gerade entwickelte Programm steht. Dann werden sie ganz normal mit übersetzt.

- Man kann die `.class`-Dateien in einen geeigneten Ordner kopieren. Dieser muss dann in den entsprechenden `-classpath`-Optionen angegeben werden. Alternativ dazu kann man diesen Ordner auch in die Umgebungsvariable `CLASSPATH` aufnehmen.
- Man kann das `jar`-Archiv `javabuch.jar` herunterladen und als sog. *Installed Extension* in das JAVA-System aufnehmen. Das ist eine besonders bequeme, aber etwas kritische Technik, weil sie die Standardkonfiguration von JAVA ändert. Diese Art von Ergänzungen sind allerdings explizit eingeplant und daher durchaus akzeptabel.
  Diese Ergänzung geschieht ganz einfach. Man muss den Extension-Ordner im `jre`-Bereich der JDK-Installation identifizieren. In unserer Beispielinstallation aus Abschnitt A.2 ist das der Ordner
  `E:\Programme\Java\jdk6\jre\lib\ext`
  Dorthin müssen wir die Datei `javabuch.jar` kopieren. Dann können wir die Klassen `Terminal` und `Pad` genauso benutzen, als ob sie Standardbestandteile von JAVA wären. Das heißt, wir brauchen nur noch in unsere Programme den Import zu schreiben
  ```
  import javabuch.*;
  ```
  In den meisten Fällen genügt `import javabuch.Terminal`, weil `Pad` nur selten gebraucht wird.

A.10 Materialien zu diesem Buch

Über die Web-Seite `http://www.uebb.cs.tu-berlin.de/books/java` kann man auch weitere Materialien herunterladen. Dazu gehören u. a.

- Illustrierende Folien (z. B. zur Funktionsweise der Objektgenerierung mit Konstruktoren);
- Animationen in Form von JAVA-Programmen (z. B. zum Sortieren oder zur Arbeitsweise von Suchbäumen);
- Musterprogramme.

Diese Materialien werden kontinuierlich ergänzt und angepasst. Auf der Webseite finden sich die jeweils aktuellen Nutzungshinweise.

Anmerkung zu den Folien:

Die Folien sind als `pdf`-Dateien bereitgestellt, um auf allen Betriebssystemen verfügbar zu sein. Man kann sie zwar i. Allg. direkt im Browser betrachten, besser ist es jedoch, die Dateien herunterzuladen und sie dann im Adobe Reader (in älteren Versionen Acrobat Reader genannt) zu betrachten.

Mit der Tastenkombination ⟨`Shift`⟩ `L` bzw. ⟨`Control`⟩ `L` (je nach Tastatur) geht der Reader in den Full-Screen-Modus über, in dem man mit der Leertaste oder mit der ↓-Taste durch die Folien blättern kann. Mit der Taste ↑ kann man auch rückwärts gehen. Mit ⟨`Shift`⟩`L` verlässt man den Full-Screen-Modus wieder.

Literaturverzeichnis

1. D. Adams. *The Hitchhiker's Guide to the Galaxy.* Del Rey, 1999.
2. A. V. Aho and J. D. Ullman. *Foundations of Computer Science.* Computer Science Press, 1992.
3. A. V. Aho and J. D. Ullman. *Informatik — Datenstrukturen und Konzepte der Abstraktion.* Thomson Publishing, 1996.
4. A. Angermann, M. Beuschel, M. Rau, and U. Wohlfarth. *Matlab – Simulink – Stateflow.* Oldenbourg Verlag, 2005.
5. H. Bergsten. *JavaServer Pages (3rd ed.).* O' Reilly Verlag, 2003.
6. J. Bishop. *Java lernen (2. Aufl.).* Addison-Wesley, 2001.
7. Ph. Bishop and N. Warren. *JavaSpaces in Practice.* Addison-Wesley, 2002.
8. G. Bollella, J. Gosling, B. Brosqol, P. Dibble, S. Furr, and M. Turnbull. *The Real-Time Specification for Java.* Addison-Wesley, 2000.
9. M. Broy. *Informatik – Eine grundlegende Einführung. Bd.1, 2.* Springer-Verlag, 2. Aufl. 1998.
10. S. L. Campbell, J.-Ph. Chancellier, and R. Nikoukhah. *Modeling and Simulation in Scilab/Scicos.* Springer-Verlag, 2006.
11. M. Campione, K. Walrath, and A. Huml. *The Java Tutorial (3. Aufl.).* Addison Wesley, 2000.
12. T. H. Cormen, C. E. Leiserson, R. L. Rivest, and C. Stein. *Introduction to Algorithms, 2nd ed.* MIT Press, 2001.
13. B. Daum. *Java-Entwicklung mit Eclipse 3.* dpunkt.verlag, 2004.
14. P. Dibble. *Real-Time Java Platform Programming.* Prentice-Hall, 2002.
15. W. K. Edwards. *Core Jini (2nd Ed.).* Prentice-Hall, 2000.
16. M. Morrison et al. *JAVA unleashed.* Sams.net Publishing, 1996.
17. M. Fisher, J. Ellis, and J. Bruce. *JDBC API Tutorial and Reference (3rd ed.).* Addison-Wesley, 2003.
18. D. Flanagan. *Java Foundation Classes in a Nutshell.* O' Reilly Verlag, 2000.
19. D. Flanagan. *Java in a Nutshell.* O' Reilly Verlag, 2000.
20. D. Flanagan. *Java Examples in a Nutshell (3rd ed.).* O' Reilly Verlag, 2004.
21. W.H. Ford and W. R. Topp. *Data Structures With Java.* Pearson, 2005.
22. E. Freeman, S. Hupfer, and K. Arnold. *JavaSpaces Principles, Patterns and Practice.* Addison-Wesley, 1999.
23. P. Fritzson. *Principles of Object-Oriented Modelling and Simulation With Modelica 2.1.* Wiley, 2004.

24. E. Gamma, R. Helm, R. Johnson, and J. Vlissides. *Design Patterns – Elements of Reusable Object-Oriented Software.* Addison-Wesley, 1995.
25. L. Gong, G. Elison, and M. Dageforde. *Inside Java 2 Platform Security (2nd ed.).* Addison-Wesley, 2003.
26. R. Gordon. *Essential Jni: Java Native Interface.* Prentice-Hall, 1998.
27. D. Gries. *The Science of Programming.* Springer-Verlag, 1981.
28. M. Hall and L. Brown. *Core Servlets and JavaServer Pages (2nd ed.).* Prentice-Hall, 2003.
29. M Hermann. *Numerische Mathematik.* Oldenbourg Verlag, 2001.
30. R.G. Herrtwich and G. Hommel. *Kooperation und Konkurrenz.* Springer-Verlag, 1989.
31. J. E. Hopcroft. *Einführung in die Automatentheorie, Formale Sprachen und Komplexitätstheorie.* Pearson, 2002.
32. E. Horowitz, S. Sahni, and S. Anderson-Freed. *Grundlagen von Datenstrukturen in C.* Thomson Publishing, 1994.
33. Th. Huckle and S. Schneider. *Numerik für Informatiker.* Springer-Verlag, 2002.
34. J. Hunter. *Java Servlet Programming.* O' Reilly Verlag, 2001.
35. J. Knudsen. *Java 2D Graphics.* O' Reilly Verlag, 1999.
36. D. E. Knuth. *Sorting and Searching, Volume 3 of The Art of Computer Programming.* Addison-Wesley, 1973.
37. G. Krüger. *Handbuch der Java-Programmierung.* Addison-Wesley, 2002.
38. S. I. Kumaran. *Jini Technology – An Overview.* Prentice-Hall, 2001.
39. P. Kunkel and V. Mehrmann. *Differential-Algebraic Equations.* European Mathematical Society Publishing House, 2006.
40. H. W. Lang. *Algorithmen in Java.* Oldenbourg Verlag, 2003.
41. Y. Langsam, M. Augenstein, and A. M. Tenebaum. *Data Structures Using Java.* Pearson, 2003.
42. D. Lea. *Concurrent Programming in Java: Design Principles and Pattern (2nd ed.).* Addison-Wesley, 1999.
43. Sheng Liang. *Java Native Interface.* Addison-Wesley, 1999.
44. Y.D. Liang. *Introduction to Java Programming (5th Ed.).* Pearson, 2005.
45. T. Lindholm and F. Yellin. *The Java Virtual Machine Specification (2nd ed.).* Addison-Wesley, 1999.
46. D. A. Lyon. *Java for Programmers.* Prentice-Hall, 2004.
47. D. R. Musser and A. Saini. *STL Tutorial and Reference Guide.* Addison-Wesley, 1996.
48. C. Myers, Ch. Clack, and E. Poon. *Programming with Standard ML.* Prentice-Hall, 1993.
49. P. Niemeyer and J. Peck. *Exploring JAVA (2. Aufl.).* O' Reilly Verlag, 1996.
50. S. Oaks. *Java Security (2nd ed.).* O' Reilly Verlag, 2001.
51. R. Oechsle. *Parallele Programmierung mit Java Threads.* Fachbuchverlag Leipzig (Hanser Verlag), 2001.
52. P. Pepper. *Funktionale Programmierung in Opal, Haskell und Gofer.* Springer-Verlag, 2003.
53. P. Pepper and P. Hofstedt. *Funktionale Programmierung – Sprachdesign und Programmiertechnik.* Springer-Verlag, 2006.
54. D. Pilone and N. Pitman. *UML 2.0 in a Nutshell.* O' Reilly Verlag, 2005.
55. A. Quarteroni, R. Sacco, and F. Saleri. *Numerische Mathematik, Bd. 1 & 2.* Springer-Verlag, 2002.

56. K. R. Reischuk. *Komplexitätstheorie.* Teubner Verlag, 1999.
57. J. Rumbaugh, M. Blaha, W. Premerlani, F. Eddy, and W. Lorensen. *Object-oriented Modelling and Design.* Prentice-Hall, 1991.
58. W. Savitch. *Absolute Java (3rd ed.).* Pearson, 2008.
59. R. Sedgewick. *Algorithmen.* Pearson, 2002.
60. R. Sedgewick. *Algorithmen in Java.* Pearson, 2002.
61. P. Sestoft. *Java Precisely.* MIT Press, 2002.
62. G. Speegle. *JDBC: Practical Guide for java Programmers.* Morgan Kaufmann, 2001.
63. H. Störrle. *UML 2 für Studenten.* Pearson, 2005.
64. S. Thomson. *Haskell. The Craft of Functional Programming.* Addison-Wesley, 1996.
65. R. Tolksdorf. *Die Sprache des Web: HTML 4.* dpunkt-Verlag, 1999.
66. J. Stoer (und R. Bulirsch). *Numerische Mathematik, Bd. 1 & 2.* Springer-Verlag, 1999.
67. K. Walrath, M. Campione, A. Huml, and S. Zakhour. *The JFC Swing Tutorial (2. Aufl.).* Addison-Wesley, 2004.
68. A. Weinert. *Java für Ingenieure.* Hanser Fachbuch Verlag Leipzig, 2001.
69. H. Wong. *Developing Jini Applications Using J2ME Technology.* Addison-Wesley, 2002.

Sachverzeichnis